Barbara Eder, Hrsg.

Barbara Eder · Andreas Krieg

Biogas - Praxis

Grundlagen · Planung · Anlagenbau ·
Beispiele · Wirtschaftlichkeit · Umwelt

mit Beiträgen von
Elisabeth Huba-Mang, Harald Lindorfer, Heinz-Peter Mang,
Hans Mitterleitner, Heinz Schulz, Karl Heinz Stocker
und Arthur Wellinger

ökobuch
Staufen bei Freiburg

Die Anwendungsempfehlungen in diesem Buch wurden nach bestem Wissen und entsprechend dem aktuellen Stand der Technik zusammengestellt. Für die praktische Umsetzung lassen sich daraus jedoch keine Haftungsansprüche gegenüber Autoren oder Verlag ableiten.

Bibliografische Information: Die Deutsche Bibliothek

Die Deutsche Bibliothek verzeichnet diese Publikation in der Deutschen Nationalbibliografie; detaillierte bibliografische Angaben sind im Internet unter http://dnb.ddb.de abrufbar.

FSC www.fsc.org MIX Papier aus verantwortungsvollen Quellen FSC® C008492

ISBN der 3.- 4 Auflage: 978-3-936896-13-8
ISBN der 5. Auflage 2012: 978-3-936896-60-2

1. Auflage, Staufen 1996
3. vollständig überarbeitete und erweiterte Auflage 2006
5. überarbeitete Auflage 2012

Druck: Beltz Druckpartner, Hemsbach

Quellen der Titelbilder:
oben: Karlshof, Ismaning
mitte: Anlage Prad, Karl Heinz Stocker
unten links: Sonnenblumenfeld, LfL Freising, Barbara Eder
unten rechts: Schnell GmbH, Amtzell

Inhaltsverzeichnis

Vorwort

Vorwort zur 5. Auflage

Es gibt mittlerweile unzählige Bücher und Artikel zum Thema Biogas. Warum ist also wieder eines nötig? Dieses Buch ist eines der wenigen, wenn nicht das einzige, in dem versucht wird, hoch wissenschaftliche und zum Teil schwer verständliche neue Erkenntnisse herunter zu brechen auf die Praxisebene. Unser Ziel ist es, in verständlichen Worten bei gleichzeitiger Tiefe das Wesentliche zu vermitteln. Gleichzeitig werden die wertvollen Praxiserfahrungen der Betreiber hinsichtlich Technik, Überwachung und Prozessbiologie berücksichtigt, so dass es sowohl den Einstieg in die Biogastechnologie für den interessierten Laien, Landwirt und Betreiber wie auch für den Ingenieur und Jungwissenschaftler erleichtern soll.

Noch nie war das Image der Biogasanlagen so schlecht wie aktuell. Selbst die Wochenzeitung „Die Zeit“ schreibt „Nein Danke zu Biogas“ und wir geben einen aktualisierte Fassung heraus? Zum Teil berechtigt und zum Teil populistisch geschürt, werden Biogasanlagen am kritischsten von allen Erneuerbaren Energietechniken beäugt.

Gerade deshalb ist es notwendig, wieder eine aktuelle Fassung dieses Fachbuches aufzulegen. Der Diskussion um Monokulturen und "Teller statt Tank" wurde mit einem vertieften Kapitel zur nachhaltigen Substratproduktion Rechnung getragen. Großes Augenmerk wurde auf die neuen Erkenntnisse in der Prozessbiologie, auf die Nährstoffversorgung der Mikroorganismen und auf die Möglichkeiten der Gasertragssteigerung gelegt. Die aktuellen EEG-Vorgaben wurden ebenso berücksichtigt wie neue Rechtsvorschriften und technische Verbesserungen. Die Energie- und Klimabilanz der Biogasproduktion und Umweltaspekte finden ihren Platz und neue Praxisbeispiele zeigen den aktuellsten Stand der Technik.

Die Politik fährt wiedermal Achterbahn mit den Förderungsmöglichkeiten, ähnlich wie mit der Pflanzenöltechnik. Mit der aktuellen Fassung des EEG bleibt es spannend auf dem Markt, und es wird bestimmt nicht leichter für Anwender und Hersteller der Technik. Und dennoch ist die Biogastechnologie unumstritten eine sinnvolle Ergänzung im landwirtschaftlichen Betrieb!

Ein großer Dank gilt allen, die zum Gelingen dieses Buches beigetragen haben!

Bernried, März 2012 Barbara Eder

Vorwort zur 3. Auflage

Wer hätte gedacht, dass sich in wenigen Jahren soviel verändern kann wie bei der Biogastechnik. Die Novellierung des Erneuerbare Energien Gesetzes EEG und die Erhöhung der Stromeinspeisetarife mit Hilfe verschiedener Boni hat in Deutschland einen bisher nicht gekannten Boom beim Bau von Biogasanlagen ausgelöst. Derzeit dürften in Deutschland rund 4.000 landwirtschaftliche Biogasanlagen in Betrieb sein, für das Jahr 2010 wird gar ein Anstieg auf 10.000 Anlagen prognostiziert.

Durch den Bonus für die Vergärung von nachwachsenden Rohstoffen werden heute in vielen Anlagen eigens für die Biogasanlage angebaute Feldkulturen verarbeitet. Der Landwirt wird mehr und mehr zum Energiewirt, der Bioenergie aus regionalen und nachhaltigen Quellen liefern kann. Allerdings bringt die rasche Entwicklung des landwirtschaftlichen Biogassektors nicht nur Gutes. Die Tendenz zu Großanlagen ist auch auf dem Biogassektor überdeutlich; sie führt dazu, dass dort, wo eine große Biogasanlage steht, oftmals keine zweite mehr gebaut werden kann, da die notwendigen Rohstoffe fehlen. Die vielen Vorteile einer dezentralen Energieerzeugung bleiben dabei auf der Strecke. Hier wäre es wünschenswert, dass die ökologischen Gesichtspunkte beim Einsatz der Biogastechnik stärkere Berücksichtigung finden, auch wenn dies einer Gewinn- bzw. Wirtschaftlichkeitsmaximierung im Wege steht.

Deutschland ist heute Technologieführer auf dem Biogassektor und einige Firmen exportieren diese Technik bereits erfolgreich nach Übersee. Ganz besonders freut mich, dass viele junge Kollegen aus der Anfangszeit heute renommierte, erfahrene und kompetente mittelständische Firmen führen. Noch vor zehn Jahren war es vorwiegend das Interesse an einer umweltfreundlichen Technik, das den einen oder die andere zur Arbeit am Thema Biogas brachte. Über freiwillige und zum Teil unbezahlte Praktika haben damals junge Ingenieure und Ingenieurinnen von den Biogasfirmen der Pionierzeit gelernt. Heute schaffen gerade sie viele Arbeitsplätze und können dadurch den Technologievorsprung gegenüber anderen europäischen Ländern ausbauen. Zugleich hilft uns diese Entwicklung ein Stück unabhängiger vom Öl zu werden.

Sicher macht die Vielzahl der Anbieter es für den Landwirt schwer, bei den verschiedenartigen Lösungsansätzen zu einem Angebotsvergleich zu kommen. Andererseits hat die große Anzahl der Anbieter zweifellos die Fort- und Weiterentwicklung der Technik befördert. So wurde beispielsweise das Einbringen von Substrat, das früher händisch erfolgte, in den letzten 5 Jahren wesentlich weiterentwickelt, so dass heute vollautomatische, mit intelligenten Steuerungssystemen ausgerüstete Fütterungsanlagen für Fermenter zur Verfügung stehen, die zwischen 1 und 50 Tonnen Material pro Tag mühelos verarbeiten. Dies ist nur ein Beispiel dafür, welches Entwicklungs- und Innovationspotenzial und welcher Erfindergeist in dieser Branche steckt.

Die Nachfrage nach diesem Buch (mittlerweile sind auch japanische, tschechische und ungarische Ausgaben verfügbar) und viele technische Änderungen haben eine Überarbeitung notwendig gemacht. Das Kapitel *Biogasprozess* wurde grundlegend überarbeitet, so dass es nun die prozessbiologischen Grundkenntnisse zusammenhängend vermittelt sowie die fördernden und hemmenden Bedingungen und die Prozesssteuerungsmöglichkeiten diskutiert. Zusätzlich werden die prozess- und verfahrenskennzeichnenden Parameter und ihr Berechnungsweg dargestellt und mit einfachen Rechenbeispielen untermauert.

Neu hinzugekommen ist das Kapitel *Substrate*. Darin werden die drei Gruppen der Substrate: Wirtschaftsdünger, nachwachsende Rohstoffe und organische Reststoffe aus Agroindustrie und Kommune hinsichtlich, Ertrag, Gasausbeute und Vergärungseignung näher beschrieben.

Die Möglichkeiten der Feststoffvergärung werden dargestellt, der Schwerpunkt der technischen Beschreibung liegt allerdings nach wie vor bei der Nassvergärung. Hier musste hauptsächlich die Rühr- und Einbringtechnik aktualisiert und erneuert werden.

Desweiteren wurden Kapitel mit den gesetzlichen, genehmigungsrechtlichen, hygienischen und ökologischen Aspekten neu hinzugefügt bzw. aktualisiert. Und natürlich wurden neue Anlagenbeispiele ausgewählt, welche nicht nur die Technik sondern auch neue Finanzierungskonzepte zeigen.

Ohne sie namentlich zu erwähnen, bedanke ich mich an dieser Stelle ausdrücklich bei allen, die mitgewirkt haben, dass dieses Buch neu aufgelegt wurde, und insbesondere bei meiner Familie, bei Franz, Lea und Vincent für ihre Geduld und für ihr Verständnis für die vielen Stunden, die ich am Schreibtisch verbrachte.

In 5 Jahren wird dieses Buch wahrscheinlich wieder zur Bearbeitung vor mir liegen, und was wird dann sein?

Vielleicht ist der Trend zu Megawatt-Anlagen gestoppt, die oft kein schlüssiges Wärmenutzungskonzept haben und die Bauern wieder zum Rohstofflieferanten degradieren und obendrein der Ausbeutung der Böden und der Gene Vorschub leisten.

Vielleicht ist dann die Gaseinspeisung zu vernünftigen Kosten/Preisen möglich.

Vielleicht haben wir dann endlich kostengünstige kompakte Grasvergärungsanlagen für kleinere Betriebe, die eine wirtschaftliche Biogaserzeugung in Grünlandregionen möglich machen.

Und vielleicht haben wir tatsächlich die prognostizierten 10.000 Anlagen erreicht. Ich freue mich auf die nächsten Jahre mit Biogas!

Bernried, im Jänner 2006 Barbara Eder

Vorwort zur 1. Auflage

In den letzten Jahren hat das Interesse am Biogasverfahren sehr stark zugenommen: Das zeigt sich nicht nur an der wachsenden Zahl der Biogasanlagen, die geplant und gebaut werden, sondern auch am Interesse vieler Landwirte, Kommunen, Firmen, Politiker und Privatleute, die die Entwicklungen auf diesem Gebiet aufmerksam verfolgen. Und die Energiewirtschaft steht der dezentralen Stromerzeugung aus Biogas auch nicht mehr so skeptisch gegenüber wie früher. Für die Nahrungsmittelindustrie und die Gastronomie, für Großküchen, Kantinen und für die Abfallwirtschaft bietet die Biogastechnologie die Chance, organische Reststoffe und Abfälle, wie sie in zunehmendem Umfang anfallen, in landwirtschaftlichen Anlagen preiswert zu entsorgen. Und wegen der Umweltvorteile bei dieser Art von Gülle- und Mistbehandlung (z.B. Reduzierung der Geruchsbelästigung) weiß auch die nichtlandwirtschaftliche Bevölkerung diese Technik mehr und mehr zu schätzen.

Für die Landwirte selbst wird das Biogasverfahren aus vielerlei Gründen immer wichtiger, auf die später noch ausführlicher eingegangen wird. Hier zunächst einmal die beiden wichtigsten Gründe: Durch die Nutzung von Biogas im eigenen Betrieb lassen sich nicht nur Fremdenergie und damit Kosten einsparen, in manchen Fällen kann es auch interessant sein, sich durch „landwirtschaftliche Stromerzeugung“ ein zusätzliches Einkommen zu verdienen. Gleichzeitig werden die „Nebeneffekte“ der Biogastechnik immer wichtiger; dazu gehören vor allem die Geruchsminderung von Gülle und Mist, das Vermeiden von Nährstoffverlusten und damit die Einsparung von Kunstdünger, die geringere Ätzwirkung auf Pflanzen beim Ausbringen der Biogasgülle, die bessere Homogenität und damit das leichtere Mischen, Pumpen und Verteilen der Gülle.

Es wächst daher das Bedürfnis nach Informationen über dieses alte und trotzdem aktuelle Verfahren des biologischen Abbaus unter Luftabschluß. Biogastagungen, -lehrfahrten und -seminare werden gut besucht, Literatur zum Thema ist sehr gefragt und die Spezialisten für Planung und Ausführung von Biogasanlagen haben keine Langeweile.

Folgende Gründe haben zu diesem neuen Aufschwung geführt:

- Durch das am 14.12.1990 in Kraft getretene Gesetz zur Einspeisung und Vergütung von Strom aus regenerativen Quellen ist es interessant geworden, Biogas zu verstromen, wodurch eine bessere Nutzung der erzeugten Gasmengen vor allem im Sommer gegeben ist. Die Vergütung von derzeit 15,4 Pf/kWh (Stand 1995) erscheint für beide Partner - Landwirte und EVU's - angemessen. Leistungsfähige, für Biogas geeignete Stromerzeugungsanlagen mit Abwärmenutzung sind heute verfügbar.
- Mit Biogas können Motoren zur Kraft- und Stromerzeugung in einem großen Leistungsbereich von einigen wenigen kW bis zu mehreren hundert kW betrieben werden. Im Vergleich dazu ist die Verstromung von Holz, Stroh und von anderen trockenen Biomassen derzeit nur im Megawattbereich (mehr als 1000 kW) über Dampfturbinen sinnvoll.
- Es wurden Möglichkeiten entwickelt, Biogasanlagen wesentlich billiger und funktionssicherer und damit wirtschaftlicher zu bauen als bisher. Hier sind vor allem die Speicherbiogasanlagen mit Folienhaube zu nennen, aber auch verbesserte Durchfluß- und kombinierte Anlagen. Auch bei den zugehörigen Hilfsaggregaten (Rührwerke, Heizsysteme, Pumpen, Schneidwerke usw.) gab und gibt es Entwicklungsfortschritte.
- Inzwischen liegen umfassende praktische Erfahrungen mit Biogasanlagen vor, entsprechend gibt es versierte Fachleute, die den Landwirten bei Planung und Ausführung von Anlagen helfen können.
- Die seit 1992 zunehmend praktizierte Cofermentation, also die Verwertung organischer Reststoffe aus nichtlandwirtschaftlichen Betrieben zusammen mit Gülle oder Mist, ist für die Landwirte, die Nahrungsmittelindustrie und auch für die Volkswirtschaft sehr interessant. Sie gibt der Anwendung des Verfahrens neue Impulse und verbessert die Wirtschaftlichkeit der Anlagen.
- Die gülleverbessernden Nebeneffekte der Biogaserzeugung, auf die später noch eingegangen wird, lassen sich heute besser beurteilen, teilweise sogar quantifizieren und vor allem nutzen.
- Die anaerobe Güllebehandlung in Biogasanlagen ist eine praktikable Möglichkeit, die Emissionen aus Methan und Ammoniak während der Behandlung und Lagerung von Gülle und Mist zu verhindern. Landwirte mit Biogasanlagen betreiben aktiven Umweltschutz und verbessern das angeschlagene Image der modernen Landwirtschaft.
- Das Denken in Nährstoffkreisläufen hat heute eine größere Bedeutung als noch vor einigen Jahren, insbesondere in Bezug auf den Stickstoff (N_2). In Biogasanlagen lassen sich die Stickstoffverluste von Gülle oder Mist fast vollständig vermeiden. Umso mehr muß jedoch bei der Ausbringung darauf geachtet werden, daß keine großen N-Verluste auftreten.

Was bisher fehlte, war eine praxisorientierte Informationsschrift, welche die wissenschaftlichen Erkenntnisse und praktischen Erfahrungen verständlich vermittelt und dabei die neueren Entwicklungen der Biogastechnik in Deutschland berücksichtigt. Mit dem vorliegenden Buch wird versucht, diese Lücke zu schließen.

Der Verfasser dankt den Mitautoren, dem Verlag und allen, die am Zustandekommen dieser Schrift mitgewirkt haben.

Freising-Weihenstephan,
im März 1996 Heinz Schulz

1 Grundlagen der Biogas-Technik

1.1 Biogas gestern und heute

Biogas entsteht beim Abbau von organischer Substanz (im folgenden kurz Organik genannt) durch Bakterien. Verschiedene Bakteriengruppen bauen die organische Substanz, die vorwiegend aus Wasser, Eiweiß, Fett, Kohlehydraten und Mineralstoffen besteht, ab und zerlegen sie in ihre ursprünglichen Bestandteile Kohlendioxyd, Mineralien und Wasser. Dabei entsteht als Stoffwechselprodukt ein Gasgemisch, das sogenannte Biogas. Das brennbare Methan (CH_4) ist mit 50 bis 85% Hauptbestandteil des Biogases und damit der eigentliche Energieträger.

Dieser natürliche Abbauprozess findet nur im anaeroben Milieu statt, d.h. nur dann, wenn Sauerstoff fehlt. Man nennt diesen Abbauprozess auch Verfaulen und findet ihn in Sümpfen, Seen, Tümpeln u.ä. Ist Sauerstoff vorhanden, so geschieht der Abbau der Organik durch andere Bakterien; in diesem Fall spricht man von Verrotten oder Kompostieren. Weitere natürliche Abbauprozesse sind beispielsweise Verbrennen, Verdauen oder Vergären. Die beim anaeroben Abbauprozess freiwerdende Energie geht nicht wie bei der Kompostierung als Wärme verloren, sondern wird durch die Methanbakterien zum Aufbau der brennbaren Methanmoleküle genutzt.

Faulprozesse sind uralt, es gab sie bereits, als unsere Atmosphäre noch eine ganz andere Zusammensetzung besaß. Dementsprechend gehören die Methanbakterien zu den ältesten und am besten angepassten Lebewesen dieser Erde. Sie leben in Sedimenten bei nur 2°C und wurden in Thermalquellen bis 113 °C gefunden. Es gibt Salz liebende und säuretolerante. Trotzallem ist die Herstellung von Reinkulturen bis heute schwierig. Faulprozesse sind weit verbreitet: Im Schlamm der Meere, Flüsse und Seen (Irrlichter) treten sie ebenso auf wie in Sümpfen und Mooren, in nicht durchlüfteten Bodenschichten, Mülldeponien, Misthaufen, Gülle- und Klärgruben, beim Anbau von Reis sowie im Pansen von Wiederkäuern (die erzeugen ca. 200 Liter Methan pro Tag). Im Wasser wird die Methanerzeugung in Form von aufsteigenden Gasblasen sichtbar. Je nach Vorkommen spricht man von Sumpfgas, Faulgas, Klärgas, Grubengas, Deponiegas oder im landwirtschaftlichen Bereich eben von Biogas.

Letztendlich kann aus jeglicher Organik unter Luftabschluss Biogas gewonnen werden. Die Bakterien brauchen nur genügend Zeit, um schwer abbaubares, beispielsweise verholztes Material aufzuarbeiten. In der Abwasserreinigung wird dieser Prozess gezielt eingesetzt, um auch organische Schadstoffverbindungen abzubauen. Dennoch haben sich bestimmte Substrate als besonders geeignet hervorgetan. Flüssige, breiige und insgesamt sehr wasserhaltige Substrate sind für den Gärprozess besonders gut geeignet, da hier die anaeroben Bedingungen gut erfüllt sind, während sperriges oder holziges Material besser über die Kompostierung oder andere Verwertungsschienen abgebaut und verwertet wird, zumal das darin enthaltene Lignin nicht abgebaut werden kann.

Das im Biogas-Gemisch enthaltene Methan besitzt einen Heizwert von 10 kWh pro m³ (bezogen auf reines Methan) und ist dasselbe Gas, aus dem auch Erdgas be-

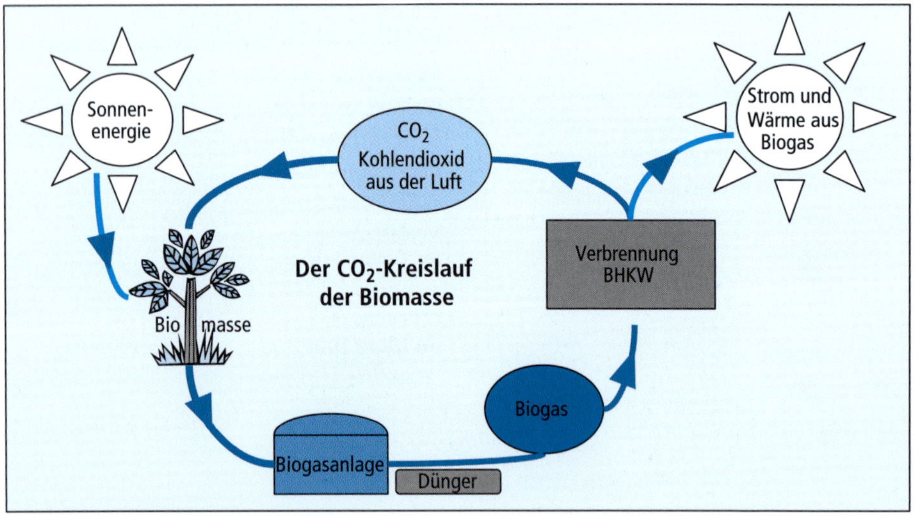

1.1 CO_2-Kreislauf der Organik.

steht. Wird das Gasgemisch in einem Blockheizkraftwerk verstromt, so entstehen bei einem elektrischen Wirkungsgrad des BHKW von z.B. 35% aus 10 kWh brutto 3,5 kWh Strom, der direkt ins Stromnetz eingespeist werden kann. Die restliche Energie wird im Verbrennungsprozess in Wärme umgewandelt. Da Energie nicht verloren geht, steht rein rechnerisch 6,5 kW Wärme zur Nutzung bereit. Die in Biogas gespeicherte und gewonnene Energie ist erneuerbar, da sie aus nachwachsender organischer Substanz stammt. Die Tatsache, dass fossile Energien zur Neige gehen und Alternativen dringend notwendig werden, beschert auch deshalb der landwirtschaftlichen Biogasnutzung zunehmende Bedeutung. Zusätzlich ist die energetische Nutzung von Biogas im Gegensatz zur Verbrennung von Erdgas, Flüssiggas, Öl und Kohle CO_2-neutral. Das bei der Verbrennung im BHKW entstehende CO_2 bewegt sich in einem natürlichen geschlossenen Kohlenstoffkreislauf. Pflanzen benötigen für ihr Wachstum CO_2, welches sie der umgebenden Luft entziehen. Dieses in der Pflanze gespeicherte CO_2 wird im Biogasprozess zu Methan und bei der Verbrennung wieder in CO_2 umgewandelt. Es wird weder weniger noch mehr, es bewegt sich im Kreislauf, so dass es nicht zur Zunahme der CO_2-Konzentration der Atmosphäre beiträgt. Fossile Rohstoffe tun das schon. Sie stammen aus einem Erdzeitalter, welches sich von unseren heutigen Bedingungen wesentlich unterscheidet. Die Nutzung der damals gebildeten Lagerstätten von Erdöl und Gas durch Verbrennung führt deshalb zu einer Erhöhung der CO_2-Konzentration (Abb.1.1).

Einen Nachteil hat Methan aber doch: Entweicht Methan in die Luft, wird es nur sehr langsam unter dem Einfluss von Sonnenlicht, Ozon und durch sogenannte Radikale (sehr reaktionsfreudige HO-Moleküle) zu Kohlendioxid und Wasser oxidiert. Methan ist nach Kohlendioxid (50% Anteil am Treibhauseffekt) der häufigste Luftschadstoff und mit 20% am Treibhauseffekt beteiligt. Außerdem verbraucht es bei der Oxidation Ozon und trägt damit zur Vergrößerung des Ozonlochs in der Stratosphäre bei. Eine Gasfackel, die in Notfällen das Gas zu unschädlichem Kohlendioxid verbrennt, ist deshalb auch aus diesem Grund wichtig.

Bis zur Industrialisierung blieben Methanproduktion und -abbau im Gleichgewicht. Heute ist dieses Gleichgewicht nachhaltig gestört: Bei der Förderung von Kohle, Erdöl und Erdgas entweichen große Mengen Methan unverbrannt in die Atmosphäre. Hinzu kommen die großen Mengen Gas, die weltweit beim Reisanbau und durch die Rinderhaltung freigesetzt werden. Dies führte in den letzten Jahrzehnten zu einem ständigen Anstieg der Methankonzentration in der Erdatmosphäre. Auch vor diesem Hintergrund gewinnt die technische Biogasnutzung an Bedeutung, da sich auf diese Weise wenigstens die Emissionen von Methan bei der offenen Lagerung von Gülle und Mist einschränken lassen.

Die historischen Wurzeln der Biogasnutzung

Die ersten systematischen Untersuchungen über Biogas begann der italienische Naturforscher Alessandro Volta, der sich auch mit dem elektrischen Strom beschäftigt hat und an dessen Namen die Einheit „Volt“ für die elektrische Spannung erinnert. Volta fing um 1776 Sumpfgas im Schlamm oberitalienischer Seen auf und machte damit Verbrennungsversuche. Der englische Physiker Faraday experimentierte ebenfalls mit Sumpf-

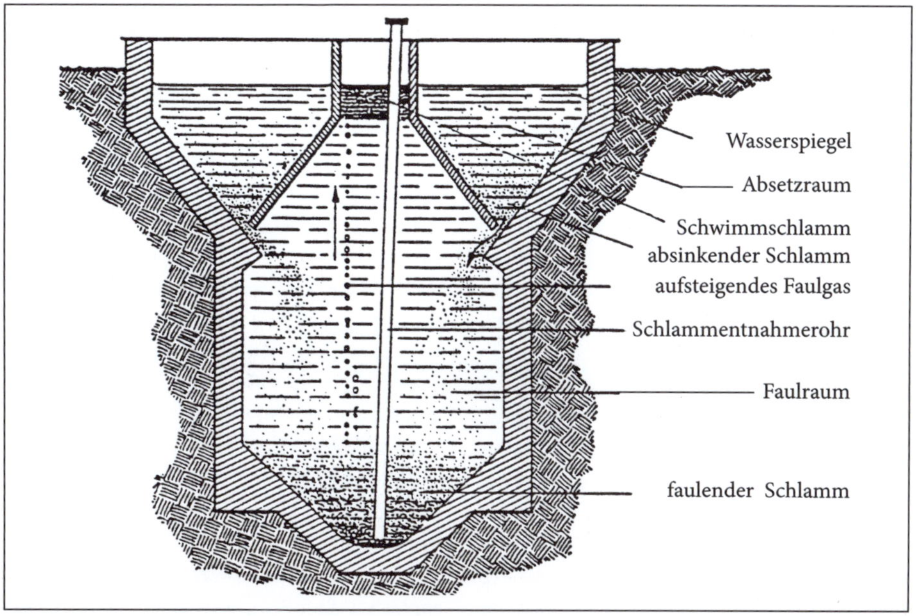

1.2:
Prinzip des Emscherbrunnens (aus Schnell [41])

1.3 Kommunale Biogasanlage (anaerobe Stufe eines Klärwerks).

gas und identifizierte es als Kohlenwasserstoff. Aber erst 1821 gelang es Avogadro, die chemische Formel für Methan (CH_4) zu ermitteln. Auch der berühmte französiche Bakteriologe Pasteur machte 1884 Versuche mit Biogas, das aus Mist gewonnen wurde. Er schlug erstmals vor, den Pferdemist des Pariser Fuhrparks zur Gasproduktion für die Straßenbeleuchtung zu verwenden.

Sehr starke Impulse erhielt der anaerobe Faulprozess, als man Ende des 19. Jahrhunderts entdeckte, dass mit diesem Verfahren Abwasser gereinigt werden kann. 1897 soll in einem Lepra-Krankenhaus in Bombay/Indien die erste Anlage gebaut worden sein, bei der das Gas zur Beleuchtung und ab 1907 zum Betrieb eines Motors für die Stromerzeugung genutzt wurde.
In Deutschland begann der Klärtechniker Imhoff ab 1906 im Ruhrgebiet konsequent mit dem Bau anaerober, zweistöckiger Abwasserreinigungsanlagen, die er als „Emscherbrunnen" (Abb. 1.2) bezeichnete. (Die Emscher, einst ein Fluss, der das Sumpfgebiet Emscherbruch entwässerte, wurde im Zuge der Industrialisierung zum Abwasserkanal, der große Teile des Ruhrgebietes entsorgt.) Heute hat jedes größere Klärwerk eine anaerobe Stufe (Abb. 1.3), wobei das produzierte Klärgas zur Aufheizung der Fermenter oder in einer Kraft-Wärme-Kopplung zur Wärme- und Stromerzeugung genutzt wird.

Bis zum 2. Weltkrieg machte die Klärgasnutzung rasche Fortschritte. Schwimmende Gasglocken, leistungsfähige Rührwerke und Heizsysteme zur Erhöhung der Faulleistung wurden entwickelt. Der Verkauf von Klärgas an die Stadtwerke spielte eine große Rolle. In dieser Zeit wurden auch zunehmend Versuche gemacht, Klärgas als „heimischen Treibstoff" von Wasser, Kohlendioxyd und Schwefelwasserstoff zu befreien, in Stahlflaschen zu verdichten und zum Antrieb von Kraftfahrzeugen zu verwenden.

Vor dem und im 2. Weltkrieg wurde in Deutschland wegen steigender Nachfrage nach „Treibgas" versucht, die Gasproduktion der Klärwerke durch Beigabe fester organischer Abfallstoffe zu erhöhen, also Verfahren anzuwenden, die wir heute als Cofermentation bezeichnen. 1940 wurde in Stuttgart erstmals Fett aus Fettabscheidern mit gutem Erfolg beigegeben. Auf Anregung von Imhoff wurden in Halle Faulversuche mit beigemischten Abfällen wie Süßholzabfall, Panseninhalt, Lignin, Kräuter- und Getreideabfällen durchgeführt. Während Lignin bei einer Verweilzeit von ca. 20 Tagen nur 19 l Gas pro kg Trockenmasse ergab, lieferte Panseninhalt 158 l/kg und Süßholz sogar 365 l/kg, letzteres allerdings bei 45 Tagen Verweilzeit. Sehr detaillierte Cofermentationsversuche machte Dr. Franz Pöpel während der Kriegszeit in Amelsfoort/Holland. Schon damals wurde organischer Hausmüll in die Versuche einbezogen.

1937 hatten die Städte Halle, Pforzheim, Essen, Erfurt, Pössneck, München, Heilbronn und Zürich ihre städtischen Fuhrparks auf Biogas umgestellt [55]. Letztere betreibt heute noch bzw. wieder einen Fuhrpark mit Biogas.

Anfänge der landwirtschaftlichen Biogas-Bewegung

Erst in der Nachkriegszeit wurde die Landwirtschaft als potentieller Lieferant für Biogas entdeckt. Imhoff wies 1947 darauf hin, dass aus dem Stallmist einer einzigen Kuh hundert mal so viel Gas erzeugt werden kann wie aus dem Klärschlamm eines städtischen Einwohners.

An der TU Darmstadt wurde 1947 eine Biogasanlage für kleinere landwirtschaftliche Betriebe mit horizontalem Fermenter (Gärkanaltyp) „System Darmstadt" entwickelt. Nach diesem Prinzip baute Reusch in Hohenstein/Württemberg 1959 – also vor über 50 Jahren – für etwa 6000 DM (entsprechend 3000 €) Materialkosten eine weithin bekannt gewordene Anlage (Abb. 1.4). Weitere bekannte Anlagentypen wurden in Berlin und München (Festmist) entwickelt.

Das KTL (Kuratorium für Technik in der Landwirtschaft), der Vorgänger des heutigen KTBL (Kuratorium für Technik und Bauen in der Landwirtschaft), kümmerte sich von Anfang an um die neue landwirtschaftliche Biogastechnologie und gründete eine „Arbeitsgemeinschaft biologische Humus- und Methangewinnung".

1950 ging die erste größere landwirtschaftliche Biogasanlage in Allerhoop bei Celle/Niedersachsen nach dem System Schmidt-Eggersglüß in Betrieb. Die Fa. Schmidt-Eggersglüß baute etwa 20 Anlagen nach dem Wechselbehälterverfahren (Abb. 1.5).

Dr. Walter Eggersglüß, der Schwiegersohn von Ferdinand Schmidt, war einer der bekannntesten Biogasexperten dieser Epoche. Er wählte die Bezeichnung „Bihugas", um die Düngerwirkung des Faulschlammes zu betonen. Damals wurde ausschließlich Festmist verwendet, der in einer Vorgrube mit Wasser und Faulschlamm vermischt wurde, weil Aufstallungen für Flüssigmist (Spaltenböden, Gitterroste) erst später aufkamen. Die Gesamtzahl der in den 50er Jahren in der BRD erstellten Biogasanlagen dürfte bei 50 liegen, wobei aber viele nach kurzer Betriebszeit wegen mangelhafter Funktion wieder stillgelegt wurden.

Gegen 1955 setzte die „Erdölschwemme" ein. Heizöl kostete damals 0,20 DM/l (0,10 €/l) und die Preise fielen bis 1972 auf 0,08 bis 0,10 DM/l (0,04 bis 0,05 €/l). Gleichzeitig stieg der Masseneinsatz von Mineraldünger. Alle Biogasanlagen wurden bis auf zwei stillgelegt, in Betrieb blieben die Selbstbauanlage von Reusch/Hohenstein und die Schmidt-Eggersglüß-Anlage am Klostergut Benediktbeuern, die 1955 gebaut wurde (Abb. 1.6). Sie ist wie kaum eine andere in die Geschichte der Biogastechnik eingegangen.

Die Biogasanlage des Klosters Benediktbeuern

Die Anlage, bestehend aus 2 Faultürmen, einem Lagerturm sowie aus Gasometer und dem Maschinenhaus, war für 112 Großvieheinheiten (GV) und eine Gasproduktion von 86.400 m^3/Jahr ausgelegt. Sie hat seinerzeit 72.500 € gekostet und 12.500 € Erhaltungskosten verursacht.

Das Biogas wurde in der Klosterküche zum Kochen benutzt, der Überschuss mit einem 70 PS-MAN-Dieselmotor verstromt. Durch das Wechselbehälterverfahren, den Strohanteil und die geringe Faulraumbelastung war die spezifische Gasausbeute in den Jahren 1977 bis 1979 mit einem Durchschnitt von 2,9 m^3 Gas pro GV und Tag sehr hoch. 1980 wurde die Anlage stillgelegt, da die Rinderhaltung aufgegeben wurde; sie lief also 25 Jahre. Noch heute ist die Energieversorgung des Klosters vorbildlich und zukunftsweisend. Sie wird nahezu ausschließlich über nachwachsende Energieträger bewerkstelligt.

Die Folgen der Ölkrise

Eine zweite Biogas-Bewegung begann nach der Ölkrise im Jahre 1972/3. Das KTBL veranstaltete im März 1974 unter dem Eindruck der weltweit einsetzenden Suche nach alternativen Energien ein Fachgespräch „Wie aktuell ist heute Biogas?", bei dem auch schon Aspekte des Umweltschutzes einbezogen wurden. Zahlreiche Landwirte, Bastler, Erfinder, Firmen und Forschungsstellen begannen in den darauffolgenden Jahren, das Biogasverfahren weiterzuentwickeln. Auch Dr. Eggersglüß brachte seine Erfahrungen

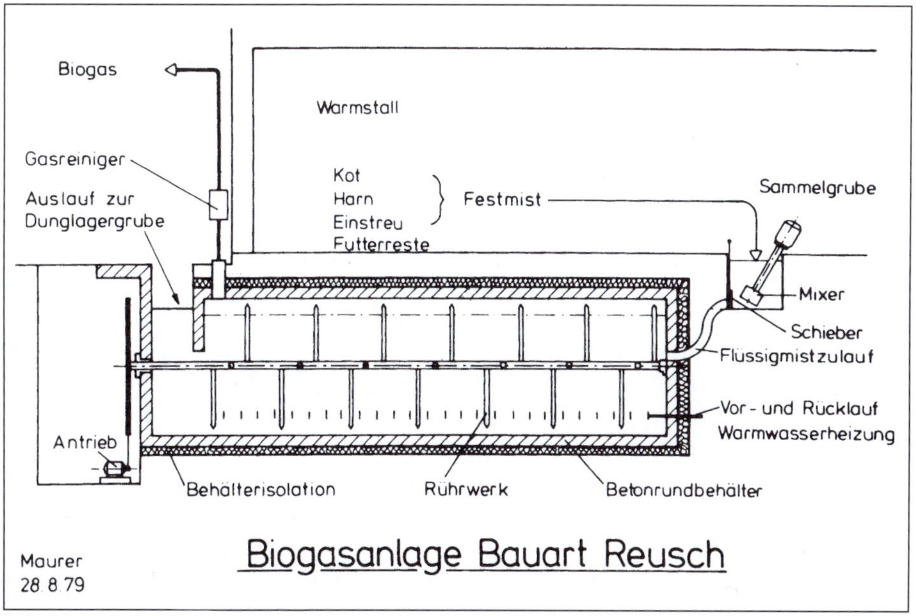

1.4
Schnitt durch die Biogasanlage Reusch in Bernloch (nach Maurer [29]).

ein. Und ein weiterer Biogaspionier, der schon 1953 eine Anlage in Untersontheim gebaut hatte, war sehr aktiv: Fritz Weber, Landwirt und Abgeordneter. 1962 baute er eine verbesserte Anlage in Georgenau mit teils anaerober Vergärung, teils aerobem Abbau und bewußter Schwimmdeckenbildung aus Stroh, das bei Bedarf mit einem Greifer entnommen wurde [54].

1980 waren in Bayern 15 Anlagen (zum Vergleich heute: ca. 1000 Anlagen) und in Baden-Württemberg 10 Anlagen erfasst. In dem von W. Palz 1985 herausgegebenen Werk „Biogasanlagen in Europa" [34] waren 75 deutsche Anlagen aufgelistet, von denen aber einige nie gebaut worden sind. Es gab damals noch ein deutliches Süd-Nord-Gefälle in der Verbreitung der Biogastechnik. Mit Abstand die meisten Anlagen (ca. 80%) fanden sich in Bayern und in Baden-Württemberg, der Rest verteilte sich auf die übrigen Bundesländer. Die Gründe für die starke Verbreitung in Süddeutschland waren vor allem in der Bedeutung der Tierproduktion, in der Betriebsgrößenstruktur und in der Beratung durch Biogasexperten zu sehen. Trotzdem gab es damals acht wirklich große Biogasanlagen in der DDR, die überwiegend zu Forschungszwecken gebaut wurden. Es gibt tatsächlich Anlagen aus dieser Zeit, die heute noch laufen, wie z.B. die 30 kW-Anlage der Familie Frank aus Hohenlohe (1987) und die bekannte, 1982 in Betrieb genommene Anlage Zobes (750 kW) in Plauen. Neben vielen guten Entwicklungen entstand natürlich auch manches Falsche, wie man heute weiß: der im warmen Wasserbad schwimmende Trommelreaktor, die Biogasanlage unterm Stall und die sie-

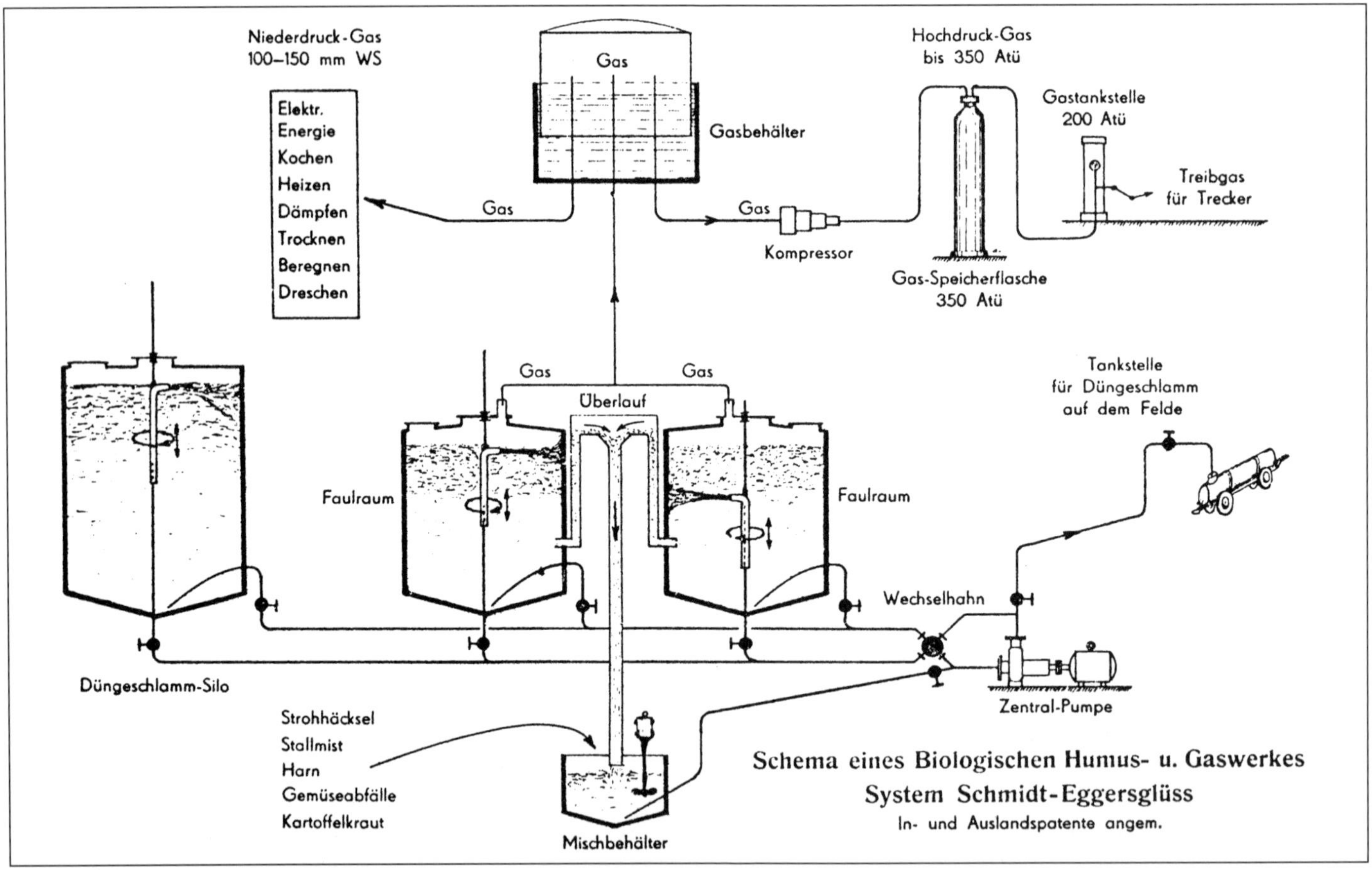

1.5 Schema eines Biologischen Humus- und Gaswerkes System Schmidt-Eggersglüß.

1.6
Die nun schon historische Biogasanlage am Benediktiner-Kloster Benediktbeuern bestand aus zwei Wechselbehältern „Faultürmen" (Bildmitte), dem dazwischenliegenden „Maschinenhaus" mit Gasmotor und Generator, dem Lagerturm (rechts) und dem Wassertassengasometer (Vordergrund links).

1.7
Der Biogaspionier Johann Sedlmeier, Rudelzhofen, beim Bau seiner horizontalen Tank-Biogasanlage, die vielfach nachgebaut wurde.

benschalige Kompaktanlage waren solche Irrwege. Kennzeichnend für diesen Zeitraum war die Anpassung und Verwendung der bereits entwickelten Gülletechnik für den Einsatz in der Biogastechnologie, wie z.B. die Nutzung vorhandener Güllebehälter, der Einsatz von Tauchmotorrührwerken oder die Umrüstung von Serienmotoren zu Blockheizkraftwerken.

Im Zeitraum 1980 bis 1985 wurden die meisten Anlagen gebaut. Mit 165 € pro GV eine der billigsten und besten baute Johann Sedlmeier, Rudelzhofen (Abb. 1.7) in Selbsthilfe aus gebrauchten Komponenten. Die wohl teuerste und am wenigsten genutzte erstellte MBB auf dem Betrieb Schraufstetter, Ismaning, als „Forschungsprojekt". Im Gegensatz zur ersten Biogasbewegung in den 50er Jahren wurden die Anlagen nicht mehr mit Festmist, sondern mit einstreuloser Gülle beschickt. Inzwischen hatten sich nämlich strohlose Aufstallungen mit Gitterrosten und Spaltenböden und entsprechende Flüssigmistverfahren stark durchgesetzt. Dies brachte einerseits Erleichterungen beim Mischen, Fördern und Rühren, andererseits aber auch geringere Gaserträge (verdünntes Substrat). In der Zeit von 1985 bis 1990 ging der Bau neuer Anlagen spürbar zurück, aber nicht ganz. Hier sorgte vor allem die Bundschuh-Biogasgruppe (A. Krieg, E. Holz, E. Schneider, R. Gansloser, E. Köberle, G. Beck) mit ihren jährlichen Lehrfahrten dafür, das Interesse am Biogasverfahren zu erhalten.

1991 wurde in Weckelweiler (Baden-Württtemberg) die 1. Biogastagung abgehalten, 1992 wurde dort der Fachverband Biogas gegründet, der heute über 4000 Mitglieder zählt, und 1994 gab es den ersten offiziellen Biogas-Berater in Baden Württemberg. Mehr Information zur Historie findet sich in [41, 55, 162,163].

Das Stromeinspeisegesetz 1990 und die Novellierungen im Erneuerbare Energien Gesetz 2000

Ein dritter Aufschwung für die landwirtschaftliche Biogasnutzung begann etwa 1990 durch die gesetzliche Regelung der Einspeisevergütung für Strom aus Biogas, unterstützt durch die zunehmende Recycling- und Kreislaufwirtschaft. Durch die Novellierung des Stromeinspeisegesetzes im Jahr 2000 in Form des „Erneuerbare Energien Gesetzes" (EEG), bei der eine höhere und gesicherte Vergütung für Strom aus Biogas festgeschrieben wurde, hält dieser Aufschwung bis heute an.

Zusätzlich begünstigt wurde die Entwicklung zum einen durch intensivere Cofermentation, durch eine neue Generation preiswerter, kompakter Kraft-Wärme-Kopplungsaggregate, durch neue preisgünstige, dauerhaft verschweißte Gasspeicherfolien und durch die Entschwefelung mittels Lufteinblasen. Auch die Wiedervereinigung hat neue Impulse gebracht. In der ehemaligen DDR gab es 8 Biogas-Großanlagen mit bis zu 9000 m³ Inhalt! Von denen waren allerdings 1990 noch etwa 4 in Betrieb [162]. Bis ca. 1993 stieg der Bestand an Biogasanlagen in Deutschland auf über 250, davon befanden sich rund 130 Anlagen in Bayern und ca. 80 in Baden-Württemberg. Allein die garantierte Stromabnahme durch das Stromeinspeisegesetz von 1990 mit einem relativ niedrigen Vergütungssatz von 10 ct/kWh brachte eine Vervierfachung der Anlagenzahl auf 1000 Stück bis zum Jahr 2000. Die Erhöhung der Tarife für eingespeisten Strom sowie die Garantie der Stromabnahme (2000) ließ dann die Anlagenzahl in nur vier Jahren bis 2004 um 250% ansteigen.

Bonus für nachwachsende Rohstoffe durch Novellierung des EEG 2004 und 2009

Den absoluten Durchbruch brachte die Novellierung des EEG im Jahr 2004 mit der Einführung eines Bonus für nachwachsende Rohstoffe, wodurch innerhalb eines Jahres die Zahl der Anlagen auf ca. 4000 gestiegen ist (Anlagen in Betrieb und Bau, Abb. 1.8). Neben anderen Boni erhielten die Anlagenbetreiber für die Vergärung von Energiepflanzen, die speziell für die Biogasanlage angebaut wurden, einen zusätzlichen Bonus von 6 Cent je eingespeister kWh. Dieser Bonus machte es erstmals möglich, dass nicht nur tierhaltende Betriebe Biogas gewinnen, sondern dass auch kleinere und sogar viehlose Betriebe allein auf der Basis von nachwachsenden Rohstoffen Biogas wirtschaftlich erzeugen konnten. Die Biogasbranche in Deutschland erlebte dadurch einen unglaublichen Bauboom. Die Zahl der jährlichen Neuanlagen stieg von 300 in 2004 auf 820 in 2006 und 1100 in 2010! Interessant ist der deutliche Rückgang des Anlagenzubaus auf 200 in den Jahren 2007 und 2008 (vgl. Abb.1.8). Die „Teller oder Tank"-Diskussion und das zunehmend schlechtere Image von Biogasanlagen infolgedessen sowie die in diesen Jahren höchsten Preise für Agrarrohstoffe hatten mit Sicherheit großen Einfluss. Hier werden die Probleme und Engpässe deutlich, wenn Biogasanlagen ausschließlich mit Nahrungs- und Futtermittel betrieben werden oder werden sollen, die zudem noch auf nicht eigenen Flächen wachsen. Hohe Agrarrohstoffpreise erlauben nur in einem geringen Maße einen wirtschaftlichen Biogasbetrieb, hohe Pachtpreise tun ein Weiteres dazu. In solchen Jahren werden dann kaum Biogasanlagen gebaut.

Der NawaRo-Bonus hat im Wesentlichen Anlagen im Leistungsbereich 250 kW aufwärts befördert. Die Anlagen schossen überall aus dem Boden und führten nicht nur zu positiven Reaktionen. Erstmals sah sich die Biogasbranche mit Gegendemonstrationen konfrontiert. Das uneingeschränkte Wohlwollen der Bevölkerung für Erneuerbare Energien und speziell für Biogasanlagen gehört seit diesem Zeitraum der Vergangenheit an.

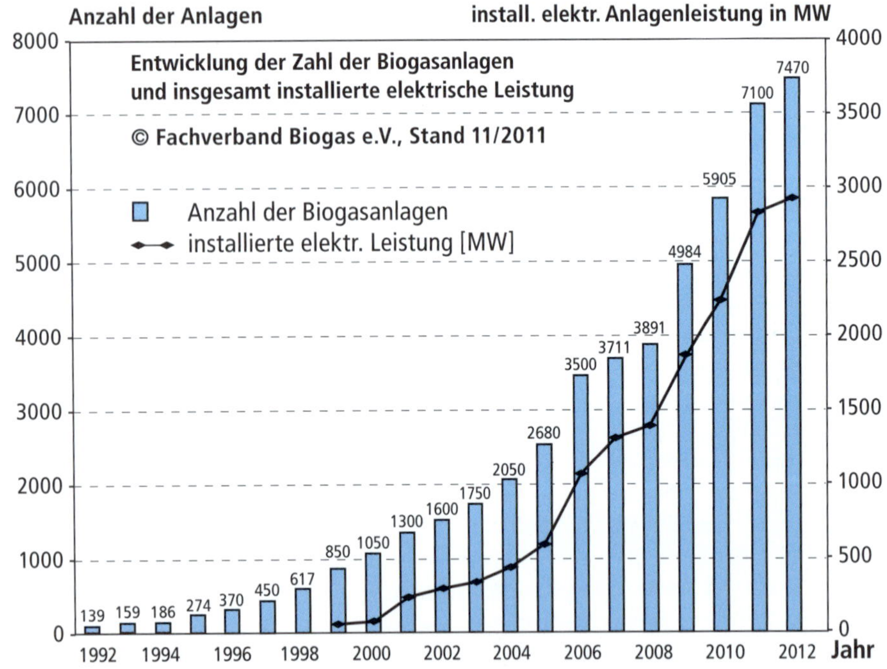

1.8 Entwicklung der Zahl der landwirtschaftlichen Biogasanlagen in Deutschland von 1960 bis 2011. Quelle: Fachverband Biogas e.V.

Biogas heute

Mit insgesamt etwa 7000 landwirtschaftlichen Biogasanlagen ist Deutschland heute europaweit führend. Die erneute Novellierung des EEG im Jahr 2012 lässt einige deutliche Änderungen erwarten. Durch die Abschaffung der Boni außer dem NawaRo-Bonus und durch die Einführung einer verpflichtenden ganzjährigen Wärmeverwertung von 60% des Wärmeanfalls parallel dazu ist davon auszugehen, dass die Zahl der Neuanlagen deutlich zurückgehen wird. Diese Maßnahme erscheint auf den ersten Blick sinnvoll, weil so die Energie (Strom und Wärme) insgesamt sehr effizient genutzt wird und das Kapital sinnvoll eingesetzt wird. Auf den zweiten Blick erscheint die Forderung einer 60% Wärmeverwertung über das ganze Jahr hinweg kaum realisierbar. Im Sommer ist der Wärmebedarf weitaus geringer, so dass der Anlagenbetreiber auf weitere Abnehmer angewiesen ist, die er dann im Winter aufgrund des höheren Bedarfs nicht mehr versorgen/bedienen kann.

Die Beschränkung des Maisanteils in der Substratmischung scheint aufgrund der gestiegenen Maisanbauflächen sinnvoll. Zunehmen werden wahrscheinlich auch die kleinen landwirtschaftlichen Anlagen bis zu 75 kW, da diese eine neue spezielle Förderung erhalten, aber nur, wenn die Firmen es schaffen, für diesen Leistungsbereich kostengünstige Technik anzubieten. Denn bislang machen sich Preiseffekte durch die größeren Anlagen-Stückzahlen noch nicht bemerkbar. Im Gegenteil, größere Anlagen, ein höherer Automatisierungsgrad der Anlagen sowie merklich höhere Sicherheitsanforderungen lassen die Investitionskosten nach wie vor steigen. Die Gaseinspeisung in das öffentliche Erdgasnetz ist vom Gesetz (EEGasG) her möglich, aber technisch und tariflich nach wie vor nicht gelöst.

Insgesamt werden die landwirtschaftlichen Anlagen größer. Waren Anfang 2000 noch Anlagen mit einer installierten Leistung von 100 – 150 kW üblich, 2005 Anlagen mit 250 – 500 kW die bestaunten Großanlagen, so sind heute Anlagen mit über 500 kW Standard. Anlagengrößen von 1 MW sind derzeit keine Seltenheit mehr. Zumeist sind dies dann Anlagen mit Finanzierungspartnern und einem Betreiberkonsortium, die nicht aus der Landwirtschaft stammen. Die Rohstoffe werden über langfristige Lieferverträge von den umliegenden regionalen landwirtschaftlichen Betrieben bezogen. Hier bleibt dem Landwirt die Rolle des Rohstofflieferanten.

Auch die Betreiber der Anlagen werden mit der Größe der Anlagen immer professioneller. Die hohen Investitionskosten und die immer noch schnell verspielte Wirtschaftlichkeit durch einfache Betriebsfehler führen zu einem deutlichen Anstieg der Nachfrage nach Aus- und Fortbildungsmaßnahmen im Biogasbereich. Zum Teil werden solche Qualifizierungsmaßnahmen als Auflage für Genehmigung und Finanzierung gemacht.

Die verwendeten Substrate haben durch die Novellierung des EEG seit 2004 eine deutliche Änderung erfahren. Fast alle Neuanlagen werden mit nachwachsenden Rohstoffen (NawaRo) betrieben. Die Gülle dient, wenn überhaupt zum Verdünnen oder wird im Zuge einer Betriebsumstrukturierung (Wegfall der Tierhaltung) ganz weg gelassen.

Bei den Cofermentationsanlagen bleiben die sehr hohen technischen Sicherheitsanforderungen an diese Anlagen. Die hohen Auflagen im Vergleich zu den Anlagen, die nur nachwachsende Rohstoffe vergären, und der bereits aufgeteilte Markt für entsprechende Substrate führen dazu, dass es wenig Nachfrage nach solchen Anlagen gibt. Daran dürfte auch die aktuelle Änderung des EEG 2012 nichts ändern, welche nun die Verwertung von Bioabfallen in NawaRo-Anlagen erlaubt.

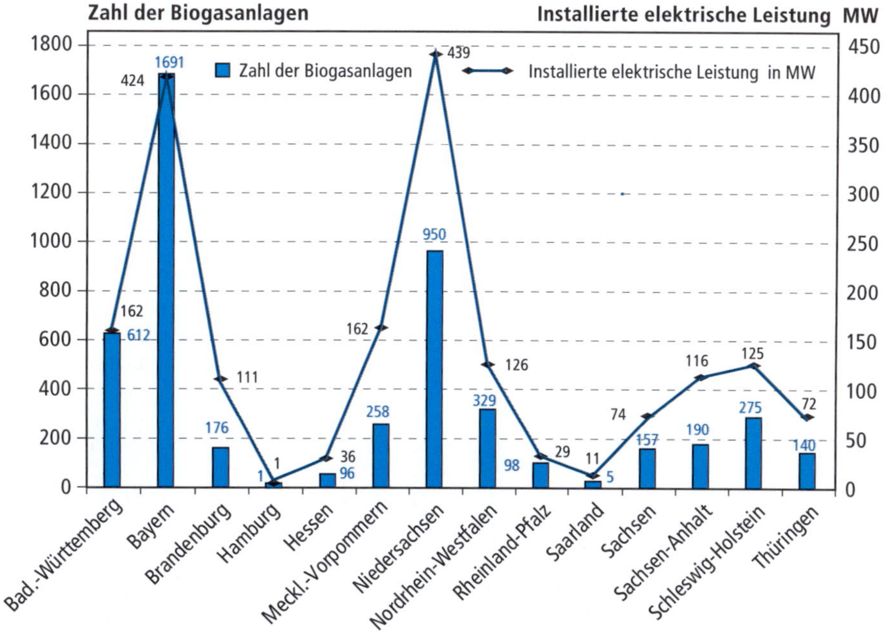

1.9 Anzahl der Biogasanlagen und install. elektrische Leistung nach Bundesländern 2009. Quelle: Fachverband Biogas

Das Potenzial an organischer Substanz, das für die Biogaserzeugung genutzt werden kann, wird unterschiedlich groß eingeschätzt. In jedem Fall ist es bei weitem noch nicht ausgeschöpft. Kaltschmitt [20] hat errechnet, dass mit dem technisch nutzbaren Aufkommen an Mist und Gülle bundesweit 80,9 PJ/a aus Biogas erzeugt werden könnten, wozu 220.000 Biogasanlagen erforderlich wären. Dabei handelt es sich allerdings überwiegend um Anlagen für kleine und sehr kleine Tierbestände unter 75 GV. Nach wie vor ist es bisher nicht gelungen, für diese Betriebsgrößen eine wirtschaftliche Anlagentechnik anzubieten. Vor allem die Potenziale der Grasvergärung, die aufgrund ihrer höheren Produktionskosten (3 - 4 maliges Ernten) im Vergleich zu anderen NawaRo immer ungünstiger dasteht, wurden bislang nicht ausgeschöpft. Berücksichtigt man die für eine nachhaltige Energieerzeugung zur Verfügung stehenden Flächen für die Biogasproduktion in Deutschland sowie Wirtschaftsdünger, landwirtschaftliche Nebenerzeugnisse, Reststoffe aus der Agroindustrie u.ä., so schätzen andere Experten ein Biogaspotenzial in Höhe von bis zu 7800 MW. Dies wären bei der Anlagenleistung von 500 kW insgesamt 16.000 Biogasanlagen und bei einer Leistung von 75 kW ein Biogasanlagenpotenzial von 100.000 (Rauh, 2011). Aber selbst wenn in den nächsten 10 Jahren nur etwa 10% davon gebaut würden, hätten die beteiligten Landwirte, Berater, Ingenieurbüros, Hersteller und Genehmigungsbehörden viel zu tun. Fest steht, dass der weit überwiegende Anteil des Biogaspotentials in der Landwirtschaft zu suchen ist und damit die landwirtschaftliche Biogasproduktion immer ihre Bedeutung behalten wird [62, 164].

Die Technik wurde in den letzten Jahren zum Teil deutlich geändert und verfeinert. Vor allem die Zunahme der nachwachsenden Rohstoffe führte zu einer vollkommen anderen Einbringtechnik. Die klassische Vorgrube ist Vergangenheit, verschiedene neue Einbringsysteme erlauben die direkte und vor allem automatische Beschickung in den Fermenter. Bei der Rührtechnik gibt es durch die Zunahme der Trockensubstanz einen Trend in Richtung großschaufelige Rührsysteme mit hoher Antriebsleistung. An Bedeutung gewonnen haben die Einrichtungen, die zu einem sicheren, stabilen und kontinuierlichen Betrieb führen, wie Prozesskontrolleinrichtungen u.ä.. Auch die Techniken zur Gasaufbereitung wurden verfeinert.

Weiterhin gewinnt die Effizienzsteigerung von bestehenden alten Anlagen (Repowering) durch technische, prozessbiologische und pflanzenbauliche Maßnahmen zunehmend von Bedeutung. Durch die enormen technischen Fortschritte, beispielsweise im BHKW-Bereich, kann die Gesamtleistung spürbar gesteigert werden.

Das Süd-Nord-Gefälle bei der Zahl der Biogasanlagen in den Bundesländern löst sich zunehmend auf. Dennoch bleiben Bayern und Baden-Württemberg, gefolgt von Niedersachsen und Nordrhein-Westfalen Spitzenreiter, was die Anlagenzahl angeht. Betrachtet man aber die installierte elektrische Leistung, so liefern auch die anderen Bundesländer einen wesentlichen Beitrag zur Gesamtleistung des Stroms aus Biogasanlagen (Abb. 1.9).

Parallel zur technischen Entwicklung sind viele Organisationen und Institutionen entstanden, die sich des Themas Biogas annehmen, die wichtigste ist wohl der Fachverband Biogas e.V. (www.biogas.org). Er zählt heute mit über 4.000 Mitgliedern zur europaweit stärksten Vereinigung. Mit seinen Regionalstrukturen ist er in jedem Bundesland vertreten und organisiert Tagungen, Lehrfahrten und Ausstellungen, verbreitet Literatur, vermittelt Biogasexperten für die Planung und die Ausführung von Anlagen (siehe auch Kap. 14) und macht vor allem Lobbyarbeit für die Förderung der landwirtschaftlichen Biogasnutzung.

Erfreulicherweise nimmt auch die Zahl der Ingenieurbüros zu, die den Landwirten bei der Planung und Ausführung von Anlagen helfen können. Die meisten der Anlagen wurden früher mit einem hohen Anteil an Eigenleistung oder zumindest in Eigenregie gebaut. Aufgrund der Komplexität und der hohen genehmigungstechnischen Anforderungen können sich schlüsselfertige Systeme oder Bausätze zunehmend durchsetzen.

Die große Zahl an Planungsbüros führte aber auch dazu, dass sich bislang keine einheitlichen Systeme entwickelt haben. Je nach Region und Anbieter werden verschiedene Lösungen favorisiert. Dem Vorteil der Vielfalt bei den Anbietern und Anlagen steht der Nachteil gegenüber, dass eine Standardisierung bisher kaum möglich ist. Und der Kunde, der in das Thema Biogas neu einsteigt, ist zunächst überfordert mit der Vielfalt an Systemen und Lösungsansätzen und fordert eine Bewertung der verschiedenen angebotenen Anlagensysteme. Leider ist dies häufig nicht möglich, denn es gibt viele technische Lösungen, die gleichwertig sind. Hier kommen dann andere Aspekte zum Tragen, wie Vertrauen zum Hersteller/Planer, Referenzen, Kosten, oder örtliche Nähe, welche die Entscheidung für den einen oder anderen Anbieter bestimmen.

Neben der Biogasanlage für den einzelnen Hof werden inzwischen wieder zunehmend Gemeinschaftsanlagen gebaut. Ansätze dazu hatte es früher schon gegeben, doch gab es Probleme mit der Erfassung und Bewertung der Gülle, mit dem Gülletransport und mit der Verteilung bzw. Verwertung des Gases. Mittlerweile sehen die Betreiber auch die Vorteile solcher Kooperationen beispielsweise bei der Urlaubsplanung, im Krankheitsfall oder bei der Spezialisierung auf Arbeitsschwerpunkte u.ä.

1.2 Für wen kommt eine Biogasanlage in Frage?

Landwirte, die heute Biogasanlagen bauen, verfolgen damit in der Regel ein Hauptziel: nämlich die Erzeugung von Energie. Daneben können noch eine Reihe weiterer Ziele, die in Tab. 1.1 aufgelistet sind, für den Betrieb einer Biogasanlage ausschlaggebend sein. Für jeden Betrieb haben die genannten Ziele natürlich ein anderes Gewicht, daher kann man über die Rangfolge der Ziele streiten. Die Geruchsminderung ist bei ausreichendem Abbaugrad meist ein ganz entscheidender Gesichtspunkt, vor allem für Landwirte, deren Flächen in dichter besiedelten Gebieten liegen. Manchmal ist der Bau einer Biogasanlage entscheidende Voraussetzung dafür, dass überhaupt noch größere Tierbestände gehalten werden können. Und gleichzeitig kann der Betrieb einer Biogasanlage zu zusätzlichen Geruchsemissionen führen. Dieser Umstand hat mancherorts bereits zu Demonstrationen gegen den Bau von Biogasanlagen geführt.

Auch die Möglichkeit, den in den Pflanzen gebundenen Stickstoff über die Vergärung lagerfähig und gezielt einsetzbar zu machen, ist vor allem für ökologisch wirtschaftende Betriebe von großem Interesse. Die Schaffung eines Arbeitsplatzes im Betrieb beispielsweise für den Hofnachfolger oder für die Übergebenden kann ein Argument für den Bau einer Biogasanlage sein. Auch kann es für einen landwirtschaftlichen Betrieb sehr wichtig sein, wenn die Hausabwässer preiswert in die eigene Biogasanlage eingeleitet und teure Kanalanschlussgebühren vermieden werden können. In Kap. 10 werden die Umwelteffekte der Biogaserzeugung näher behandelt.

Grundsätzlich sind folgende Aspekte beim Bau einer Biogasanlage zu berücksichtigen:

1. Man kann mit einer Biogasanlage einen kranken Betrieb nicht gesund machen oder am Leben erhalten. Biogasanlagen können jedoch helfen, gesunde Betriebe gesund zu erhalten.
2. Die Investition in eine Biogasanlage ist mit einer sehr langfristigen Kapitalfestlegung verbunden. Deshalb sollte der Einstieg in die Biogasbranche genauestens und auch für die Zukunft überlegt werden. Denn es prüfe, wer sich lange bindet!
3. Aufgrund der Zunahme der Biogasanlagen kommt es bereits regional zu so hoher Nachfrage an Flächen oder Substrat, dass die Pachtpreise deutlich steigen. Für Betreiber, die überwiegend auf Pacht oder Zukauf von Rohstoffen angewiesen sind, bedeutet dies ein hohes Risiko. Eine kalkulierbare langfristige Rohstoffverfügbarkeit (hoher Eigenanteil an Rohstoffen) ist deshalb wichtig.
4. Die Wirtschaftlichkeit der Anlagen ist trotz hoher Einspeisevergütung noch schnell verspielt. Da die Stromabnahme gesichert ist, entscheidet neben den Rohstoffkosten und Pachtpreisen eine mögliche Wärmenutzung über Gewinn und Verlust. Konzepte mit einer möglichst hohen Wärmenutzung sind daher anzustreben.
5. Die Methanbakterien in der Biogasanlage wollen genauso gehegt und gepflegt werden, wie Tiere im Stall. Das heißt, der erfolgreiche Betrieb einer Biogasanlage erfordert einiges an Sachkunde. Der zukünftige Betreiber muss sich ausreichend aus- und fortbilden und die notwendige Zeit und das Interesse dafür aufbringen können.
6. Es geht nicht ohne Beaufsichtigung und Wartung. Wer nicht bereit ist, sich täglich je nach Anlagentyp und -größe mindestens eine Stunde um die Anlage zu kümmern, sollte besser die Finger davon lassen.

Unter Beachtung dieser Gesichtspunkte kann eine Biogasanlage bei folgenden Betriebsvoraussetzungen sinnvoll und interessant sein:

- Durch die im EEG geregelte Vergütung des Biogasstromes wird der anfallende Strom vollständig ins Netz eingespeist und verkauft. Ein hoher und gleichmäßiger Stromverbrauch ist heute keine notwendige Voraussetzung mehr: er wirkt sich nur dann günstig aus, wenn der eigene Strompreis höher ist als der Verkaufspreis; weiterhin ungünstig bleiben hohe Spitzen in der Leistungsaufnahme, die

aber auch gezielt über die Biogasverstromung gekappt werden können.
- Da die Anlagenpreise in den letzten Jahrzehnten nicht gesunken sind, ist bei sehr kleinen Anlagen die Wirtschaftlichkeit oft schwer erreichbar. Es sollte Gülle oder Mist von mindestens 100 GV zusammenkommen.
- Ein hoher Anteil an eigenen Flächen reduziert die schwer einschätzbaren Risiken wie Entwicklung der Pachtpreise und Flächenverfügbarkeit. Bei Anlagen, die überwiegend mit zugekauften Rohstoffen oder gepachteten Flächen betrieben werden, sollte das Risiko durch langfristige Liefer- und Pachtverträge minimiert werden. Gleiches gilt für die Cofermentation.

Ziele des Biogasverfahrens
• Gewinnung hochwertiger Energie • Gewinnung eines hochwertigen Düngers • Verringerung der Geruchsintensität • Vermeidung von Nährstoffverlusten • Verringerung der Nitratauswaschungen • Verbesserung der Pflanzenverträglichkeit durch verminderte Ätzwirkung und erhöhte Fließfähigkeit • Hygienisierung der Gülle • Verringerung der Keimfähigkeit von Unkrautsamen • Verarbeitung und Behandlung organischer Reststoffe • Vermeidung von Kanalanschlussgebühren • Verminderung der Methan- und Ammoniakbelastung in der Luft • Reduzierung von Treibhausgasemissionen (Kommunen, Unternehmen)

Tabelle 1.1 Ziele des Biogasverfahrens.

- Wer günstig und dauernd geeignete Reststoffe und Abfälle (vgl. Kap. 9) bekommt, kann die Wirtschaftlichkeit seiner Anlage entscheidend verbessern und eventuell durch die Nährstoffrückführung zugekaufte Düngemittel einsparen. Die Wirtschaftlichkeit der Anlage sollte allerdings nicht vom Erhalt der Cosubstrate abhängig oder zumindest durch langfristige Verträge gesichert sein.
- Ein hoher Anteil an Eigenleistung beim Bau hilft, die Anschaffungskosten zu senken, kann die Wirtschaftlichkeit entscheidend verbessern und vermittelt technische Kenntnisse, die später nützlich sind, um Störungen zu beheben.
- Betriebe, die über ausreichend Wärmeverwertungsmöglichkeiten verfügen, sind für Biogasanlagen besonders geeignet.
- Vorhandene Güllebehälter lassen sich oft recht preiswert in eine Biogasanlage integrieren. Wenn neue Güllebehälter erstellt werden müssen, kann man diese oft günstig in das Biogasverfahren einbeziehen.
- Landwirte, die Schwierigkeiten mit der Geruchsbelästigung beim Lagern und Ausbringen von Gülle und Mist haben, können durch eine gute Biogasanlage wirksam Abhilfe schaffen.
- Landwirtschaftlich genutzte Flächen in Wassereinzugsgebieten lassen sich durch Biogasgülle leichter vor Nitratauswaschungen ins Grundwasser schützen.
- Landwirte, die in Richtung ökologischer Landbau, Kreislaufwirtschaft, nachhaltige Landbewirtschaftung, Umweltschutz, nachwachsende Rohstoffe und Ressourcenschonung denken, werden im Biogasverfahren ein besonders geeignetes Instrument finden.
- Kommunen und Firmen, die Probleme mit der Verwertung und Entsorgung feuchter organischer Abfälle haben, können diese mit der Biogastechnik lösen.
- Ländliche Kommunen, die ihrer Aufgabe der Treibhausgasreduktion nachkommen wollen, finden in ihren örtlichen Landwirtschaftsbetrieben gute Kooperationspartner.

2 Der Biogas-Prozess

2.1 Entstehung von Biogas

Prozessverlauf

Biogas ist ein Stoffwechselprodukt von Mikroorganismen, das entsteht, wenn sie organisches Substrat abbauen. Der Abbauprozess besteht im Wesentlichen aus 4 Stufen (Abb. 2.1), wobei mehrere unterschiedliche Bakteriengruppen beteiligt sind. Während man früher bei allen beteiligten Mikroorganismen von Bakterien gesprochen hat, differenziert man heute genauer. Die für die Methanbildung zuständigen Mikroorganismen gehören einer eigenen Gruppe, den Archaeen an. Aus Gründen der Lesbarkeit werden sie trotzdem weiterhin mit Methanbakterien bezeichnet.

1. In der ersten Stufe bauen aerobe Bakterien die hochmolekularen organischen Substanzen (Eiweiß, Kohlehydrate, Fett, Zellulose) mit Hilfe von Enzymen in niedermolekulare Verbindungen wie Einfachzucker, Aminosäuren, Fettsäuren und Wasser um. Diese von hydrolytischen Bakterien ausgeschiedenen Enzyme, haften an der Außenseite der Bakterien (sog. Exoenzyme) und spalten dabei die organischen Bestandteile des Substrates in kleine wasserlösliche Moleküle auf. Polymere (vielzählige Moleküle) werden in Monomere (einzelne Moleküle) aufgespalten. Es können bereits Wasserstoff, Kohlendioxid, Schwefelwasserstoff und Ammoniak gebildet werden. Dieser als Hydrolyse bezeichnete Prozess ist langsam und von der Aktivität der extracellularen Enzyme wie Cellulasen, Amylasen, Proteasen und Lipasen abhängig.
2. Danach können säurebildende, acitogene Bakterien den weiteren Abbau bewerkstelligen. Die einzelnen Moleküle werden in die Zellen der Bakterien eingeschleust, wo sie weiter abgebaut und umgewandelt werden. Es handelt sich dabei um fakultativ anaerobe Bakterien, die den noch verbleibenden Sauerstoff verbrauchen und so die für die Methanbakterien notwendigen anaeroben Bedingungen schaffen. Es werden hauptsächlich kurzkettige Fettsäuren (Carbonsäuren) wie Essig-, Ameisen-, Butter- und Propionsäure (organische Säuren), niedermolekulare Alkohole wie Ethanol und Gase wie Kohlendioxid, Wasserstoff, Schwefelwasserstoff und Ammoniak erzeugt (Abb. 2.2). Dies nennt man die Phase der Versäuerung oder Acidogenese (der pH-Wert sinkt).
3. Dann produzieren Essigsäurebakterien (acetogene Bakterien) aus den zuvor gebildeten organischen Säuren die Ausgangsprodukte für die Methanbildung, nämlich: Essigsäure und Kohlendioxid (Phase der Essigsäurebildung oder Acetogenese). Ein Teil der Essigsäure wird von syntrophen Bakterien weiter zu Wasserstoff abgebaut. Die Bakterien dieser Phase können nur gut arbeiten, wenn der Wasserstoff und die Essigsäure rasch aus ihrer Umgebung entfernt werden (geringer Wasserstoff- und Essigsäurepartialdruck). Passiert dies nicht, stellen sie ihre Arbeit ein und es häufen sich die aus der Hydrolyse und Versäuerungsphase gebildeten, organischen Säuren an und blockieren den weiteren Prozessablauf.
4. Dass dies nicht geschieht, dafür sorgen die Methanbakterien (methanogenen Archaeen), die dazu sehr eng mit den essig-

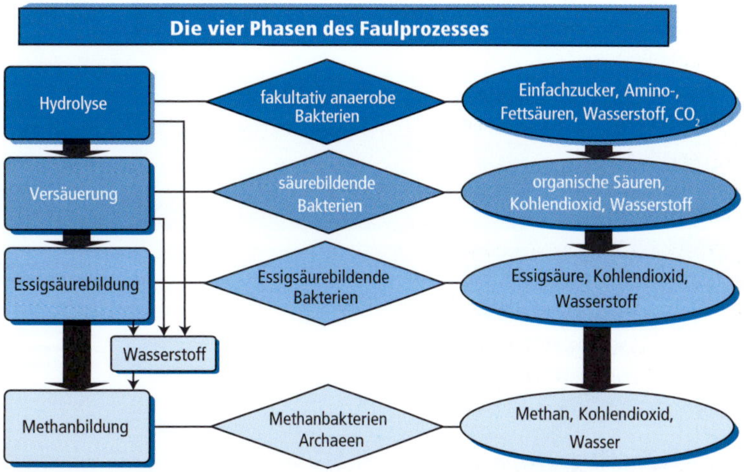

2.1 Die vier Phasen des Faulprozesses

säurebildenden (acetogenen) und syntrophen Bakterien zusammenleben. Diese Abhängigkeit voneinander nennt man Synthrophie. Daraus leitet sich die Forderung des langsamen Rührens ab, denn zu intensives Rühren könnte dieses Zusammenleben stören.

Die eigentliche Methanbildung (Methanoegenese) erfolgt auf zwei Wegen: Einmal verwerten Methanbakterien (hydrogenotrophe methanogene Archaeen) den Wasserstoff mit Kohlendioxid zu Methan und Wasser:

(1) $CO_2 + 4\,H_2 \rightarrow CH_4 + 2\,H_2O$

$\Delta G°' = -131{,}0$ kJ/Mol

Einige Untersuchungen zeigen, dass dieser Weg für landwirtschaftliche Biogasanlagen der häufigere ist [167]. Und die zweite Möglichkeit ist der Umbau der Essigsäure durch die Essigsäure spaltende (acetoklastische) Methanbakterien zu Methan und Kohlendioxid:

(2) $CH_3COO^- + H^+ \rightarrow CH_4 + CO_2$

$\Delta G°' = -35{,}9$ kJ/Mol

Die einzelnen Stufen exakt voneinander zu trennen ist, auch wegen der engen Lebensbeziehungen der Bakterien untereinander kaum möglich. Dagegen können die ersten beiden Stufen (Hydrolyse und Versäuerung), die relativ rasch ablaufen, von den nächsten beiden Stufen einfach über die Wahl der Verweilzeit abgetrennt werden. Da die Hydrolyse und Acidogenese deutlich saurer (gewöhnlich pH 4,7 – 6,5) als die Essigsäure- und Methanbildung (etwa pH 7,5 – 8,5) ist, hat dies darüber hinaus noch den Vorteil, günstige Milieubedingungen zu schaffen. In der Praxis wird eine Hydrolyse allerdings aus Kostengründen nur bei sehr rasch versäuerndem Substrat vorgeschaltet.

Die Bakteriengruppen aus den letzten beiden Abbaustufen sind streng anaerob. Der optimale pH-Wert liegt bei 7 bis 7,5, mit einem tolerierbaren Schwankungsbereich zwischen 7 bis 8,5.

Die Erforschung der Bakterienzusammensetzung im Fermenter und die Ableitung des Fermenterzustands stellen die Wissenschaft vor große Herausforderungen. Denn diese anaeroben Bakterien lassen sich nur sehr schwer heranziehen. Deshalb ist das Wissen noch gering. Bei den für den Biogasprozess relevanten Methanbildnern unterscheidet man bislang die Ordnungen Methanosarcinales (Essigsäure spaltend), Methanobacteriales und Methanomicrobiales (beide Wasserstoff verwertend). Zu den syntrophen/acetogenen Bakterien gehören auch Vertreter wie Streptococcen und Closdridien.

Beim Abbau sind die Verdauungs-(Stoffwechsel-)produkte der jeweiligen Bakteriengruppe die Nahrung für die nächstfolgende Bakteriengruppe (siehe Abb. 2.2). Der Abbau der Organik in den einzelnen Phasen verläuft aber nicht gleich schnell. Die jeweiligen Bakteriengruppen arbeiten mit unterschiedlicher Geschwindigkeit (siehe Abb. 2.3). Während aerobe Bakterien bei ausreichender Nahrung ihre Bakterienmasse in nur kurzer Zeit (20 Minuten bis 10 Stunden) verdoppeln (Generationszeit), sind die anaeroben Bakterien von vornherein langsamer. Die Phase der Essigsäurebildung läuft am langsamsten ab. Die Bakterien benötigen mehrere Tage, um die angelieferten Säuren abzubauen und dadurch ihre Körpermasse zu verdoppeln. Aber auch die Methan-

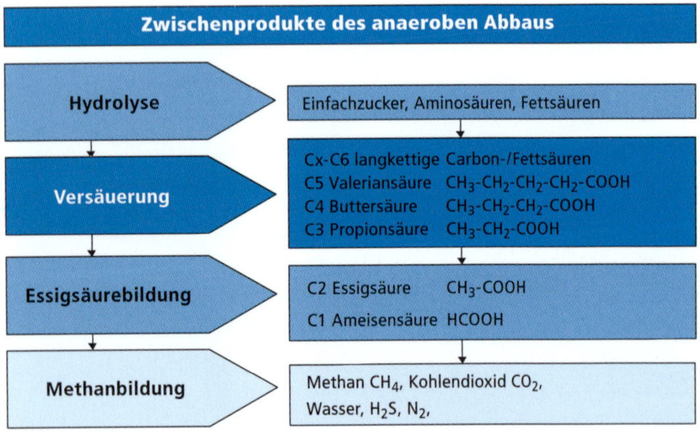

2.2
Die Stoffwechselprodukte (die organischen Säuren) des anaeroben Abbaus.

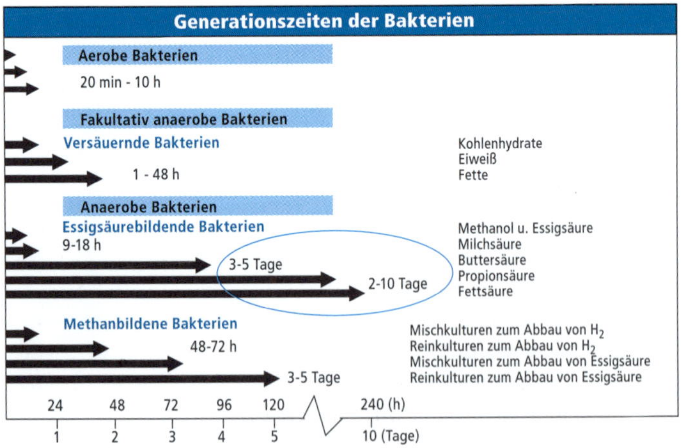

2.3 Generationszeiten der Bakterien. Quelle: Seyfried et al., 1986

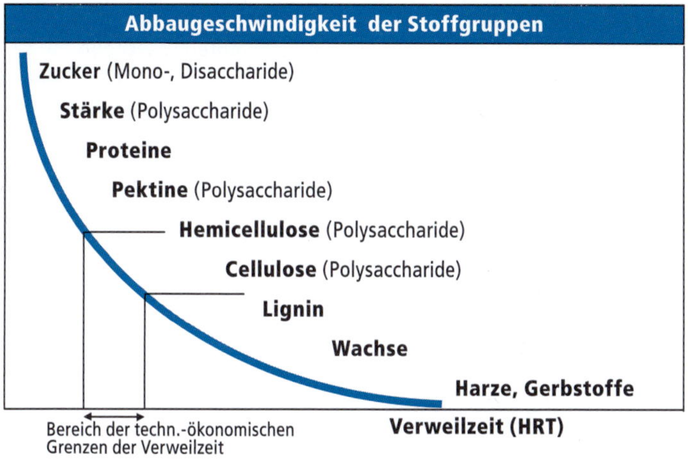

2.4 Abbaugeschwindigkeit der Stoffgruppen (Volmer, 1982).

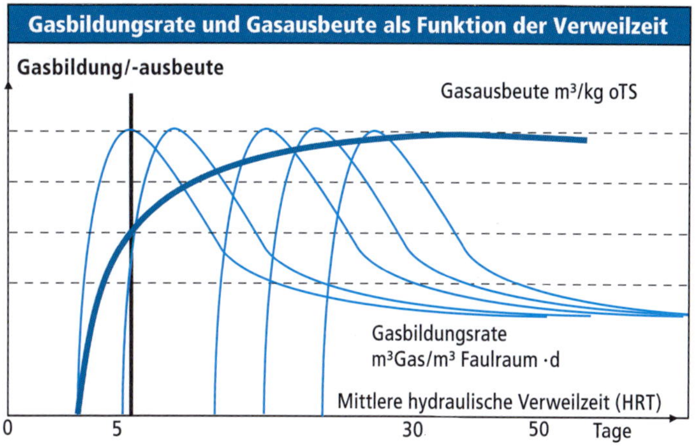

2.5 Einfluss der Verweilzeit auf Gasbildungsrate und Gasausbeute.

bildnern sind langsam. Am schnellsten sind die säurebildenden Bakterien, die den ersten Aufschluss der Organik in wenigen Stunden bis Tagen erledigen. Im Idealfall stellt sich zwischen den Abbauphasen ein Fließgleichgewicht der Stoffkonzentrationen, also zwischen Nährstoffanlieferung und -abbau, ein. Dabei sind die Essigsäure bildenden und die Methanbakterien der Flaschenhals. Der häufigste Fehler in der Praxis ist die Überfütterung durch schnell abbaubares Substrat, was zu einer Anhäufung der Säuren durch die säurebildenden Bakterien führt. Dadurch kommt es zu einem zu raschen pH-Wert-Abfall, den die Essigsäure bildenden und die Methanbakterien nicht vertragen. Zusätzlich führen zu hohe Säurekonzentrationen zur Hemmung der jeweiligen Bakteriengruppe selbst. Die Folge ist ein sinkender Methangehalt im Biogas und infolge des ungenügenden Substratabbaus wird der Fermenterinhalt zähflüssiger.

Das Fließgleichgewicht wird neben der Menge zusätzlich durch die Abbaubarkeit der Substrate beeinflusst (siehe Abb. 2.4). Zucker und Stärke beispielsweise werden aufgrund ihrer einfachen Struktur sehr schnell abgebaut und benötigen nur eine kurze Verweilzeit im Fermenter. Je komplexer die Struktur des Substrates, umso länger dauert der Abbau. Cellulosen und Hemicellulosen haben reich verzweigte Strukturen und werden langsam abgebaut. Lignin, ein Verholzungsstoff in den Pflanzen, dessen Anteil mit zunehmendem Alter der Pflanzen ansteigt, kann nur schwer von den Bakterien angegriffen werden, denn es ist selbst gegen Säuren sehr widerstandsfähig und gilt als nicht abbaubar.

Die Abbaugeschwindigkeit der Substrate hat direkten Einfluss auf die technisch notwendige Verweilzeit. Insofern muss also schon bei der Planung der Biogasanlage klar sein, welches Substrat bzw. welche Substrate vergoren werden sollen. Dennoch bestimmt nicht nur die technisch notwendige Verweilzeit die Dauer des Verbleibs im Fermenter, sondern auch ökonomische Faktoren. Wollte man stark verholztes Material (Kokosfasern, Landschaftspflegematerial) vergären, müsste sehr viel Fermentervolumen vorgehalten werden, um daraus Methan zu gewinnen. Das macht aus ökonomischer Sicht jedoch oftmals keinen Sinn. Die Verweilzeit wird also im Wesentlichen von der Dynamik des anaeroben Abbaus und der Abbaugeschwindigkeit der Substrate bestimmt.

Wird ein Fermenter neu mit Substraten beschickt, so entsteht nach Durchlaufen der einzelnen Phasen des Abbauprozesses langsam Biogas. Die täglich produzierte Biogasmenge nimmt zu, bis ein Maximum erreicht ist. Am Scheitelpunkt ist dann das leicht abbaubare Substrat weitestgehend verwertet und den Bakterien stehen nur noch schwer zugängliche Stoffe zur Verfügung. Dadurch sinkt die tägliche Gasbildungsrate wieder ab, bis letztlich alles verfügbare Material abgebaut wurde bzw. bis das Substrat nicht weiter abbaubar ist. So einen Verlauf der Gasbildungsrate findet man bei den sogenannten *Batchverfahren*.

Bei den heute üblichen kontinuierlichen Verfahren, kommt es durch die laufende Zugabe von Substrat mehrmals täglich zu einer

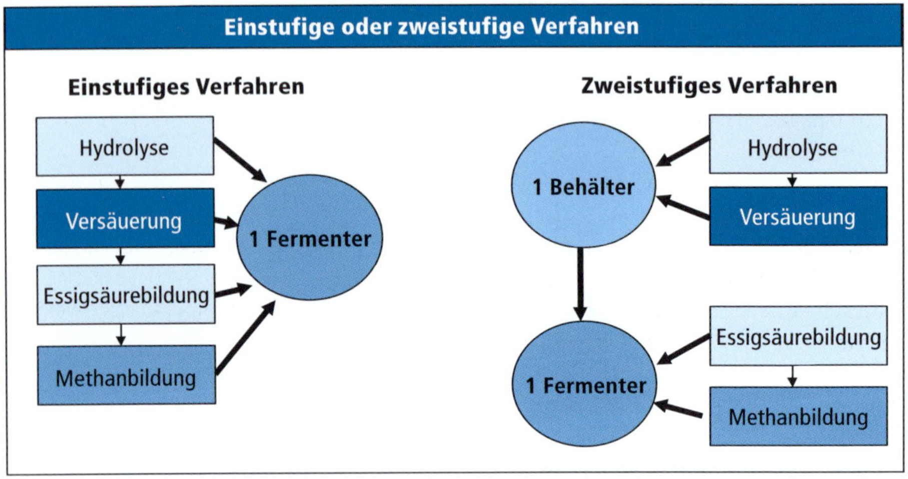

2.6 Einstufige und zweistufige Verfahrensweise.

gleichmäßig hohen Gasbildung (siehe Abb. 2.5).

Die Gasausbeute bezogen auf 1 kg zugeführte organische Substanz nimmt dabei mit zunehmender Verweilzeit kontinuierlich zu, am Anfang rascher, später nachlassend. Am Ende ist der Zuwachs der Gasausbeute so gering, dass ein längerer Verbleib im Fermenter ökonomisch nicht sinnvoll wäre. Beim kontinuierlichen Verfahren findet also in der Regel nie ein vollständiger Abbau der Organik statt.

Ein- und mehrstufige Verfahren

Bei den meisten landwirtschaftlichen Biogasanlagen verlaufen die Abbauprozesse nebeneinander, d.h. sie sind weder räumlich noch zeitlich getrennt. Man nennt sie einstufige Verfahren (Abb. 2.6).

Bei rasch abbauenden Substraten, die dadurch zur Versäuerung neigen, ist es ratsam, für die Hydrolyse und die Versäuerung einen getrennten Behälter vorzusehen, um dem Fermenter die Abbauprodukte anschließend wohl dosiert zuführen (zweistufiges Verfahren) zu können. Der Vorteil ist die Einhaltung der Leistungsfähigkeit der Bakterien durch optimale Lebensbedingungen (vor allem pH-Wert). Dadurch können auch höhere Gasausbeuten erreicht werden. Die Schlempevergärung beispielsweise erfordert eine solche Abtrennung der Phasen. Zusätzlich können die in dieser Phase entstehenden unverwertbaren Gase über einen Biofilter abgeführt werden, so dass insgesamt ein Gas mit einem höheren Methananteil gewonnen wird.

Obwohl die Trennung der Phasen den Lebensbedingungen der Bakteriengruppen entgegenkommt, haben sich zweistufige Verfahren kaum durchgesetzt. Die zusätzlichen Kosten für den zweiten Behälter, für Rührsysteme, Heizung und Pumpen können nur bei sehr speziellen Substraten durch die Vorteile aufgewogen werden. Andererseits findet man in der Praxis recht häufig zwei hintereinander geschaltete Behälter. Hier ist der erste Behälter der eigentliche Fermenter, ausgestattet mit Heizung und Rührwerk, konzipiert für eine kurze Verweilzeit, wobei die Gasproduktion aus der rasch abbaubaren Substanz stammt. Erst im zweiten nachgeschalteten Behälter, der im Prinzip ein Fermenter ohne Heizung ist, erfolgt die Gasbildung aus der schwerer abbaubaren Substanz, die dadurch langsamer vonstatten geht und eine längere Verweilzeit erfordert.

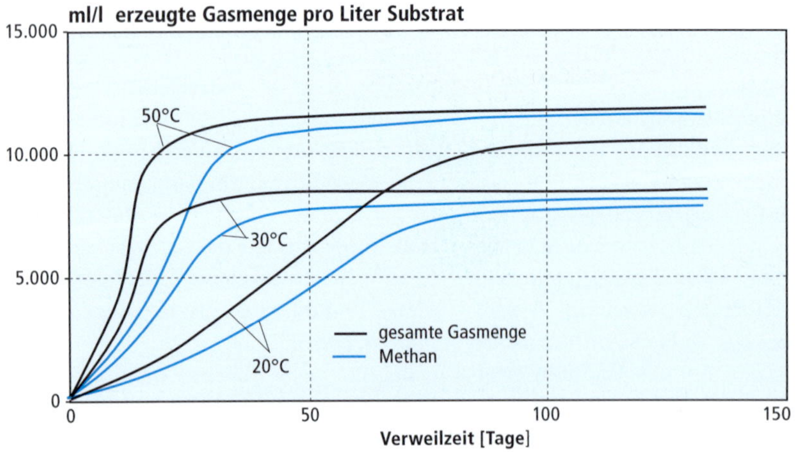

2.7
Einfluss der Faultemperatur und der Verweilzeit auf Menge und Zusammensetzung des erzeugten Gases (aus [2]).

2.2 Günstige Lebensbedingungen für die Bakterien

Damit die Bakterien in diesem mehrstufigen anaeroben Prozess gut funktionieren, brauchen sie bestimmte Lebensbedingungen, die im Folgenden beschrieben sind.

Feuchtes Milieu

Der Abbau der Organik in die einzelnen Bestandteile und der Umbau zu Methan finden nur im feuchtem Milieu statt, denn die Bakterien können nur gelöste Stoffe verarbeiten. Im Gegensatz zu aeroben Bakterien, Hefen und Pilzen können sie in fester Phase nicht existieren. Daher ist auch bei den sogenannten Feststoffverfahren eine ausreichende Befeuchtung des Materials nötig (irreführend manchmal als Trockenvergärung bezeichnet), wobei es zunächst unerheblich ist, ob das Substrat bereits feucht ist oder erst durch Berieselung oder Vermischung feucht gemacht wird.

Luftabschluss

Am anaeroben Abbau von organischer Substanz ist eine Vielzahl von Mikroorganismen beteiligt. Etwa 50% der beteiligten Bakterien sind aerob oder fakultativ anaerob und benötigen bzw. vertragen Sauerstoff. Nur die Essigsäure bildenden und die Methanbakterien sind streng anaerob. Ist noch Sauerstoff im Substrat vorhanden, wie z.B. in frischer Gülle, verbrauchen die aeroben Bakterien diesen zuerst. Dies geschieht in den ersten Phasen des Biogasprozesses. Deshalb sind geringe Sauerstoffmengen, wie sie auch durch das gezielte Einblasen von Luft zum Entschwefeln auftreten oder auch beim Öffnen des Mannlochs geschehen, nicht schädlich.

Viel entscheidender ist das Redoxpotenzial. Das Redoxpotential ist ein Maß für die Bereitschaft der Ionen, die Elektronen aufzunehmen. Das muss, damit die anaeroben Bakterien wachsen können, sehr niedrig sein (-0,1 V). Da Sauerstoff ein hohes Redoxpotenzial (+1,78 V) hat, stört es zunächst die anaeroben Bakterien. Sind aber genügend reduzierende Stoffe mit niedrigem Redoxpotenzial vorhanden, kann auch bei Anwesenheit von Sauerstoff der anaerobe Prozess von statten gehen.

Lichtabschluss

Licht ist für die Bakterien zwar nicht tödlich, hemmt aber den Prozess. Der Lichtabschluss ist in der Praxis durch die blickdichte Abdeckung leicht zu erfüllen.

Gleichmäßige Temperatur

Der Arbeitsbereich der Methanbakterien liegt zwischen 0 und 70°C. Bei höheren Temperaturen werden sie abgetötet, mit Ausnahme weniger Stämme, die bis zu 90°C leben können. Bei Minusgraden überleben sie, stellen aber ihre Tätigkeit ein. In der Literatur wird als untere Temperaturgrenze 3 bis 4°C angegeben.

Die *Geschwindigkeit* des Faulprozesses ist sehr stark temperaturabhängig. Grundsätzlich gilt: Je höher die Temperatur ist, umso schneller erfolgt der Abbau und die notwendige Ausfaulzeit verkürzt sich (Abb. 2.7). Allerdings sinkt mit steigender Temperatur der Methangehalt im Biogas. Das hängt damit zusammen, dass bei hohen Temperaturen das im Substrat gelöste Kohlendioxid verstärkt in die gasförmige Phase (ins Biogas) übergeht, so dass der relative Anteil des Methans abnimmt. Die erzielbaren Gasausbeuten sind bei ausreichender Verweilzeit in etwa gleich hoch. Es existieren drei typische Temperaturbereiche, in denen entsprechende Bakterienstämme sich wohlfühlen:

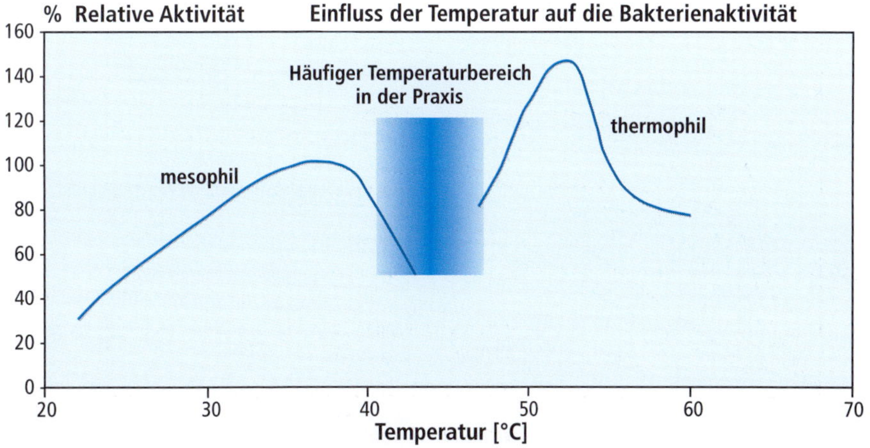

2.8
Einfluss der Temperatur auf die Bakterienaktivität. Dargestellt ist die relative Versäuerungsrate bei der bakteriellen Versäuerung von Glucose in Abhängigkeit von der Temperatur [Zoetemeyer et al., 1982; aus: Böhnke et al., 1993] .

- *psychrophile* Stämme bei Temperaturen unter 25°C,
- *mesophile* Stämme bei Temperaturen von 25 - 45°C,
- *thermophile* Stämme bei Temperaturen über 45°C.

Die psychrophile Betriebsweise spielt aufgrund der langen Verweilzeiten und geringen Gasproduktivität in unseren Breiten keine Rolle. Die meisten Anlagen werden im mesophilen Temperaturbereich zwischen 38 und 42°C gefahren (Abb. 2.8). Anlagen mit thermophiler Betriebsweise werden wieder häufiger nachgefragt, nicht zuletzt deshalb, weil die immer größer werdenden Anlagen über hohe Wärmemengen und auch über entsprechende Prozesssteuerungsmöglichkeiten verfügen.

Der Einfluss der Fermentertemperatur auf die Aktivität der Bakterien ist aus Abb. 2.8 ersichtlich. Je höher die Temperatur, umso empfindlicher sind die Bakterien gegenüber Schwankungen, vor allem, wenn diese kurzfristig auftreten. Ursache ist die geringere Vielfalt der Bakterien im thermophilen im Vergleich zum mesophilen Temperaturbereich. Eine größere Vielfalt an Bakterien kann auf Änderungen besser reagieren und ist weniger sensibel.

Dies wird aus dem relativ schmalen Maximum der Kurve und dem steilen Abfall der Kurve bei thermophiler Betriebsweise deutlich. Während im mesophilen Bereich tägliche Schwankungen von 2 bis 4°C um den Mittelwert kaum einen Einfluss auf die Bakterien haben, sollten sie im thermophilen Bereich nicht größer als 1°C sein. Das Ausfallen der Temperaturanzeige und -regelung und der Ausfall des Rührwerks für ein paar Stunden (vor allem im Winter), kann so eine Temperaturänderung von 1°C nach sich ziehen. Durch die veränderte Temperatur kommt es zu einer Abnahme der Bakterienaktivität, dadurch werden die angelieferten Säuren nicht mehr abgebaut, der pH-Wert sinkt, die Säurekonzentration steigt, der Prozess ist gehemmt. Es dauert Wochen bis sich die Bakterien erholen. Durch Umpumpen und Vermischen mit Substrat aus dem Endlager kann die Erholung der Bakterien beschleunigt werden.

Interessanterweise wurden bei Anlagen, die ausschließlich oder überwiegend nachwachsende Rohstoffe verarbeiten, höhere Temperaturen gemessen als durch die Behälterheizung vorgegeben war. Dabei ist der anaerobe Prozess im Gegensatz zur Kompostierung eigentlich kein exothermer Prozess; die Energie wird vielmehr im Methan gespeichert. Offenbar führen aber hohe Mengen an leicht abbaubarer Substanz wie

Prozessbiologische Richtwerte für landwirtschaftliche Biogasanlagen

Parameter	Fermenter Richtwerte bei Über- bzw. Unterschreiten Gefahr der Hemmung	Bemerkungen
pH	7,0-7,5 (7,5-8,5 bei Gras)	stellt sich in der Regel ein
TS	8-15 % TS	abhängig von Pump- und Rührwerksleistung
Temperatur	38 - 42°C (mesophil) 50 - 55°C (thermophil)	Vorsicht bei Temperaturschwankungen, thermophil empfindlicher, ΔT max. 2°C, mesophil ΔT max. 4°C
NH_4-N	< 4000 mg/l (< 3000 mg/l bei Gras)	je höher Temperatur und pH, desto mehr verschiebt sich das Gleichgewicht von NH_4-N zu NH_3-N im Substrat, bei pH 7 fast nur NH_4-N vorhanden, Messung von NH_4-N ermöglicht mit pH und Temperatur Rückschluss auf NH_3-N, Anpassung an hohe Konzentrationen möglich
NH_3-N	< 600 mg/l	
H_2S/S^{--}	< 200 mg/l	je niedriger pH, desto mehr H_2S-Anpassung möglich
Gesamte organische Säuren	< 4000 mg/l	Die Höhe des Wertes nicht unbedingt aussagekräftig, aber die Erhöhung deutet auf Hemmung hin
Essigsäure	< 3000 mg/l	steigende Säuregehalte deuten auf Hemmung
Propionsäure	< 1000 mg/l	
Essigsäure/Propionsäure-Verhältnis	3:1	
Iso-Buttersäure, Iso-Valeriansäure	keine	Anwesenheit deutet auf eine Hemmung hin
FOS/TAC: Verhältnis Gesamte organische Säuren (FOS) zu Carbonatpuffergehalt (TAC)	< 0,8	Die Höhe des Wertes nicht unbedingt aussagekräftig, aber die Veränderung nach oben deutet auf Hemmung hin
Methanogene Bakterien	> 50 Mio./l	niedrigere Werte deuten auf Hemmung der Methanbildung hin
Bakterien	> 100 Mio./l	niedrigere Werte deuten auf Hemmung in der Hydrolyse und Versäuerungsphase

Tabelle 2.1
Prozessbiologische Richtwerte für landwirtschaftliche Biogasanlagen.
zusammengestellt nach [166, 167,172,174]

bei der Zufuhr von NawaRo zu nicht unerheblichen Oxidationsreaktionen mit entsprechender Wärmefreisetzung. So wurden bei der Vergärung von Mais Temperaturanstiege von 37°C auf bis zu 42°C beobachtet [92]. Dieser Effekt konnte auch im Labor nachgewiesen werden [168]. Rasch abbaubare Substrate und hohe Faulraumbelastungen begünstigen den Temperaturanstieg, der zur Abnahme der Methanbildung und zur Anreicherung von Säuren führen kann. Man kann davon ausgehen, dass sich die Bakterienstämme an die geänderten Bedingungen anpassen und es zu einer Erholung kommt, die aber Wochen dauern kann. Deshalb ist es für Anlagen, die mit einer Selbsterwärmung rechnen müssen, ratsam, entweder gleich ein höheres Temperaturniveau als mesophil zu fahren oder bei Auftreten des Effektes die Temperatur gezielt (1 °C pro Woche) zu steigern, um die Bakterien langsam daran zu gewöhnen. Allerdings ist bei stickstoffreichen Substraten unbedingt auf den Ammonium/Ammoniakgehalt zu achten. Unter Umständen ist hier eine Kühlung des Substrats durch Vermischen mit kälterem Substrat aus dem Lagerbehälter ratsam.

Die Selbsterwärmung senkt natürlich den Prozesswärmebedarf der Anlage und sollte anlagenspezifisch beobachtet und berücksichtigt werden.

Zusätzlich hat die Temperatur auch Einfluss auf die Anwesenheit von Hemmstoffen. Die Bildung von toxischem Schwefelwasserstoff und Ammoniak ist temperaturabhängig. Je höher die Temperatur, desto höher ihre Konzentration im Substrat. Daher sollten beispielsweise Anlagen. die mit viel Grassilage gefüttert werden, nicht thermophil gefahren werden, da eine Hemmung durch Ammoniak wahrscheinlich ist.

Insgesamt erfordern höhere Betriebstemperaturen eine genauere Betriebsführung und -steuerung. In Zeiten, in denen die Biogasanlage in den normalen landwirtschaftlichen Betriebsablauf integriert werden musste, machte der Betrieb im mesophilen Temperaturbereich einfach weniger Probleme. Heute wird mit höheren Fermentertemperaturen gearbeitet, da der Betrieb der Biogasanlage zunehmend zu einem eigenen Betriebszweig mit entsprechender Arbeitskraftausstattung geworden ist.

Über längere Zeiträume (etwa ab 1 Monat) gewöhnen sich die Bakterien an neue Temperaturbereiche, so dass letztendlich jeder Betrieb individuell seine eigene Betriebstemperatur entwickeln kann.

Der pH-Wert

Während die hydrolysierenden und säurebildenden Bakterien bei einem sauren Milieu von pH 4,5 bis 6,3 ihr Aktivitätsoptimum haben, vertragen die Essigsäure- und Methanbildner nur einen neutralen bis schwach alkalischen pH-Wert von 6,8 bis 8. Für alle Bakterien gilt: liegt der pH-Wert außerhalb ihres Optimums, so werden sie in ihrer Aktivität langsamer mit den entsprechenden Folgen auf die Biogasbildung. Bei einstufigen Verfahren ist der pH-Wert für die Methanbildner maßgebend und einzuhalten (Optimum 7). Auf den pH-Wert lässt sich über die zugeführte Menge und die Art der Substrate Einfluss nehmen. Schnell versauernde Substrate führen zu einem pH-Wert-Abfall; sie dürfen daher nur in geringen Dosen und langsam zugegeben werden.

Pufferkapazität

Die Substrate unterscheiden sich außerdem in ihrer Fähigkeit, den pH-Wert abzupuffern. Steigt die H^+-Konzentration, so können die Substrate dies in begrenztem Maße auffangen und die freien Ionen an sich binden. Dadurch bleibt der pH-Wert in einem weiten Bereich konstant. Erst wenn diese Bindungs-(Puffer-) kapazität erschöpft und aufgebraucht ist, sinkt oder steigt der pH-Wert. Allerdings führt diese verzögert messbare Veränderung der H^+-Konzentration dann bereits zu einer Bakterienhemmung und damit zu einer Störung der Gasbildung. Die pH-Messung hinkt also dem Geschehnis hinterher. Sie ist daher zwar eine kostengünstige Maßnahme, um den Prozess zu kontrollieren, aber eine rechtzeitige Prozesssteuerung ist dadurch nicht möglich. Besser hingegen ist die Messung der Pufferkapazität (siehe Kapitel 2.5). Für die Pufferwirkung verantwortlich sind hauptsächlich der Carbonat- und der Ammoniumpuffer:

$$HCO_3^+ \; + \; H^+ \qquad <-> H_2CO_3$$

Hydrogencarbonat-Ion + Wasserstoff-Ion <-> Kohlensäure

$$NH_3^+ \; + \; H^+ \qquad <-> NH_4$$

Ammoniak + Wasserstoff-Ion <-> Ammonium

Während der Carbonat-Puffer im leicht sauren Bereich aktiv wird, kommt der Ammoniumpuffer bei höheren pH-Werten zum Tragen. In der Gülle sind die puffernden Substanzen reichlich vorhanden. Dadurch ist die Gülle über einen weiten pH-Bereich abgepuffert und kann eine Versäuerung gut auffangen.

Bei den nachwachsenden Rohstoffen fehlt diese ausgeprägte Pufferkapazität. Generell scheint sich hier ein höherer pH-Wert einzustellen, so dass dem Ammoniumpuffer eine größere Rolle zukommt. Bei stabilen Faulprozessen stellt sich der pH-Wert von selbst ein.

Um eine Versäuerung aufzufangen und den pH-Wert wieder anzuheben, gibt es mehrere Möglichkeiten. Einmal sollte die Fütterung des Fermenters unterbrochen und damit die Ursache der Versäuerung (zuviel oder zu leicht abbaubares Substrat) behoben werden. Zum anderen kann der Fermenterinhalt mit unbelastetem Inhalt verdünnt werden, beispielsweise mit Gärrest aus dem Lagerbehälter. Der Gärrest sollte aber vorher unbedingt auf Säuren und pH kontrolliert werden. Und als dritte Möglichkeit besteht die Zudosierung von puffernden Substanzen. Vorsicht ist bei Lösch- und Branntkalk geboten, sie können zu störenden Ablagerungen im Fermenter und an den Aggregaten führen. Zudem reagieren sie mit einer starken Hitzeentwicklung (stark exotherm), so dass es kurzfristig zu hohen Temperaturen und infolge zu Schäden kommen kann. Natriumhydrogencarbonat hat sich als unbedenklich erwiesen [171]. Menge und Häufigkeit der Anwendung sollten mit dem Anbieter der Zusatzstoffe abgesprochen werden.

Nährstoffversorgung

Die Bakterien benötigen zum Aufbau ihrer Zellsubstanz selbst auch Nährstoffe, Vitamine, lösliche Stickstoffverbindungen, Mineralstoffe und Spurenelemente. In Mist und Gülle sind diese Stoffe in der Regel ausreichend vorhanden, auch Gras ist reichhaltig an Spurenelementen. Bei ausschließlicher Vergärung von einem Substrat kann es aber zu Mangelerscheinungen kommen. Mais beispielsweise ist besonders arm an Spurenelementen und darüber hinaus schwanken diese auch noch sehr. So zeigte sich in nur mit Mais gefütterten Anlagen besonders niedrige Gehalte vor allem bei den wichtigen Elementen Nickel, Molybdän und Kobalt (vgl. Tab. 2.5 [170]).

Als Anhaltswerte für eine gute Substratzusammenstellung können folgende Nährstoffverhältnisse angegeben werden:

- C : N : P : S = 600 : 15 : 5 : 3
- C : N : P= 125-200 : 5 : 1
- C : N = 10-40 : 1
- N : P = 3-5 : 1

Das C:N-Verhältnis gibt die Relation des Gesamtkohlenstoffgehalts zum Gesamtstickstoffgehalts an. Auf einen Anteil Stickstoff kommen zwischen 10 bis 40 Anteile Kohlenstoff. Sinkt das Verhältnis unter 8:1, so kann es aufgrund des hohen Stickstoffanteils zu hohen Ammonium/Ammoniakgehalten im Substrat und infolge dessen zu starken Bakterienhemmungen kommen (siehe Hemmstoffe). Über die Massenanteile können diese Anteile für jede Substratmischung errechnet werden (siehe Beispiel in Tabelle 2.2). Für eine erste Einschätzung der Substratmischung ist es durchaus sinnvoll, eine solche Berechnung durchzuführen. Vor allem eine mögliche Prozesshemmung durch zu viel Stickstoff ist dadurch bereits im Vorfeld erkennbar.

Bei den Spurenelementen sind es besonders Nickel, aber auch Kobalt, Zink, Molybdän, Wolfram, Selen und Eisen, die für eine optimale Versorgung der Bakterien notwendig sind. Meist sind die Spurenelemente für den Enzymaufbau der Methanbakterien notwendig. Liegt auch nur ein Element im Mangel vor, arbeiten die Methanbakterien nur ungenügend und es kommt zur Anhäufung von organischen Säuren (v.a. Propionsäure und längerkettige verzweigten Säuren wie Iso-Butter- oder Iso-Valeriansäure) mit den bereits erwähnten Folgen (Abnahme des Methangehaltes, steigende Viskosität) [144, 160, 167,169]. Wie dagegen eine optimale Versorgung der Bakterien auf

Berechnung des Nährstoffverhältnisses in Substratmischungen

Nährstoffgehalt [g/kg TS]	C	N	P_2O_5	
Rindergülle (RG)	40	3,2	1,6	C:N:P-Verhältnis = 25 / 2 / 1
Silomais (SM)	96	3,9	0,7	C:N:P-Verhältnis = 137 / 5,6 / 1

Berechnung des CNP-Verhältnisses einer Mischung
im Beispiel aus 1 Teil Rindergülle und 0,7 Teile Silomais

$$\text{Nährstoffgehalt einer Mischung} = \frac{(SM \cdot \text{Anteil } SM) + (RG \cdot \text{Anteil } RG)}{(\text{Anteil } RG + \text{Anteil } SM)}$$

Im Beispiel ergibt sich für C = (96 · 0,7) + (40· 1)/(1+0,7)=(67,2 + 40)/1,7 = 63 C
Analog auch die Nährstoffgehalte N und P_2O_5 berechnen

Ergebnis der Rechnung für die Beispielmischung:

Nährstoffgehalt des Mischsubstrats [g/kg]:	C	N_{ges}	P_2O_5	
	63,33	**3,49**	**1,22**	C:N:P-Verhältnis = 52 / 3 / 1

Nährstoffverhältnis C:N = 17 / 1 Nährstoffverhältnis N:P = 3 / 1

Die Nährstoffzusammensetzung ist damit gut und liegt innerhalb den angegebenen Grenzen.
Das C : N-Verhältnis liegt eher im unteren Drittel, deshalb sollte bei Zuführung zusätzlicher N-reicher Substrate auf eine Hemmung durch zuviel Ammoniak geachtet werden.

Tabelle 2.2
Berechnung des Nährstoffverhältnis im Substrat oder Substratmischung.

die Anlagenleistung wirkt, zeigt anschaulich Abb. 2.9.

Je nach Konzentration können Spurenelemente aber auch hemmend oder sogar toxisch (Silber, Blei, Quecksilber, Cadmium, Gold und Arsen) wirken. Die Übergänge von förderlich zu hemmend bis toxisch sind dabei fließend und von einigen Faktoren wie Faulraumbelastung, pH-Wert etc. abhängig. Eine Überdosierung ergibt also keinen Vorteil, im Gegenteil, im ungünstigen Fall kann eine Prozesshemmung hervorgerufen werden.

Grundsätzlich lässt sich der Bedarf an Spurenelementen und Nährstoffen aus dem Gehalt in der mikrobiellen Biomasse errechnen. Bereits 1983 haben Prof. Scherer und seine Kollegen die Nährstoff- und Spurenelementgehalte von verschiedenen Methanbakterien ermittelt [160]. Daraus ist ersichtlich, dass auch die Methanbakterien einen hohen Bedarf an Hauptnährstoffen und einen geringeren Bedarf an Spurenelementen haben. Auffallend ist der hohe Gehalt an Nickel, Zink und Kupfer in der Biomasse der Methanbakterien (Tabelle 2.3 Spalte 2).

In Tabelle 2.3 sind auch die an der Universität Hohenheim ermittelten Richt- und Optimalwerte [173] angegeben, die als Anhaltswerte für die eigene Biogasanlage verwendet werden können. Hinzu kommen Erkenntnisse der Landesanstalt für Landwirtschaft, Bayern, die für Natrium und Kobalt Mindestkonzentrationen von 10 mg/l Gärrest und 0,03 mg/l Gärrest gefunden haben (Abb. 2.10).

Zusätzlich ist der Nährstoff- und Spurenelementbedarf von der Faulraumbelastung abhängig. Je höher die Faulraumbelastung,

Hemmende, toxische, förderliche und empfohlene Nährstoffkonzentrationen

	Gehalt in Methanbakterien nach Scherer et. al. 1983 %TS bzw. g/kg TS	Gehalt in Gärresten (24 Anlagen) g/kg TS	Erforderliche Konzentration (Krieg/Sahm/Schmack, LFL) mg/l	Richtwerte (Optimum) nach Uni Hohenheim mg/kg TS	Hemmende Wirkung (Böhnke et al. 1993) mg/l	Toxische Wirkung mg/l	Erlaubte Konzentration n. BioabfallVO *) mg/l
Natrium	0,4-1,6	0,3-3,7					
Kalium	0,14-1,0	33-59					
Schwefel	0,56-1,2	3,1-5,5					
Phosphor	0,5-2,8	8,4-13,3					
Magnesium	0,15-0,53	2,5-7,5					
Calzium	85-4500	8,7-28,6					
Kupfer (Cu)	10-160			30-50 (40)	40-250	170-300	8
Cadmium (Cd)					150-600	20-600	0,12
Zink (Zn)	50-690			150-250 (200)	150-600	250-600	32
Nickel (Ni)	70-180	1,5-9,3	0,006-0,5	10-25 (16)	10-300	30-1000	4
Blei (Pb)			0,02-200		300-340	340	12
Chrom III (Cr)			0,005-50		120-300	260-500	8
Chrom VI (Cr)					100-110	200-420	
Kobalt (Ko)			0,003-0,06, Minim. 0,03				
Molybdän (Mb)			0,005-0,05				
Selen (Se)			0,008				
Mangan (Mn)			0,005-50				
Quecksilber (Hg)							0,08
Eisen (Fe 2+)	0,1-0,28	1-3,7	1-10	750-5000 (2400)			
Wolfram		0,2-1,5		0,4-0,8			

*) errechnet mit 8% TS, beispielsweise für Gülle

Tabelle 2.3
Hemmende, toxische, förderliche und empfohlene Nährstoffkonzentrationen im Biogasprozess.

Nährstoffgehalte verschiedener Kulturpflanzen

	Zink mg/kg TS	Selen mg/kg TS	Nickel mg/kg TS	Molybdän mg/kg TS	Kupfer mg/kg TS	Kobalt mg/kg TS
Körnermais	15-24	0,14	0,28-0,87	0,14-0,38	1,6-2,1	0,03
Silomais	12-31		0,38-0,96	0,14-0,64	1,6-5,2	0,03-0,1
Zuckerrübe	9,8-26		0,59-1,3	0,02-0,12	1,8-4,6	0,03-0,25
Gras	35-91		0,36-2,4		6,2	0,1

Tabelle 2.4
Nährstoffgehalte verschiedener Kulturpflanzen aus [161]

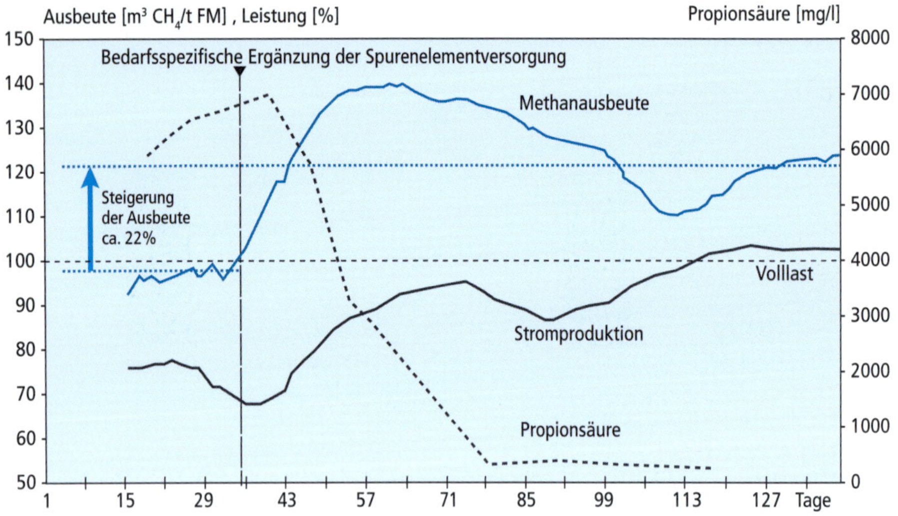

2.9 Entwicklung der Anlagenleistung, der Propionsäuregehalte und der Methanausbeute während der bedarfsgerechten Ergänzung von Spurenelementen (Quelle: [178]).

desto mehr Bakterien sind nötig, um die hohen Chargen auch abzubauen, daher ist bei hohen Faulraumbelastungen ein höherer Nährstoffbedarf nötig und umgekehrt. Bei sehr niedrigen Faulraumbelastungen von unter 2 kg/m³ Faulraum ist ein Spurenelementmangel eher unwahrscheinlich [174]. Hinzu kommt, dass viele der Spurenelemente zusammen mit Schwefel, Phosphor und Kohlenstoff als feste Sulfide, Phosphate und Carbonate ausgefällt werden und dadurch für Bakterien nicht verfügbar sind. Diese Reaktionen sind pH-abhängig. Für die Bakterien relevant ist der bioverfügbare, lösliche Anteil und nicht der Gesamtgehalt im Substrat oder in der Pflanze.

Die richtige Menge zu kalkulieren, ist für den Laien aufgrund der vielen Einflussgrößen auf die löslichen Spurenelemente relativ schwierig. Und aufgrund der Toxizität der Spurenelemente ist ebenso große Vorsicht geboten. Leider lässt sich nur der Eisenmangel optisch erkennen, da wie bei den Pflanzen auch das Substrat heller wird. Allerdings macht eine Analyse auf Spurenelementmangel (Kosten zwischen 70 und 150 €) erst Sinn, wenn alle anderen Faktoren (Hemmung durch Ammoniak, Schwefel, Übersäuerung, zu wenig Substrat, Technik, siehe auch Prozessteuerung) geprüft und als Ursache für einen ungünstigen Prozessverlauf ausgeschlossen wurden.

Bei Anlagen, die fast ausschließlich mit Mais betrieben werden, kann mit großer Wahrscheinlichkeit mit einer Spurenelementunterversorgung gerechnet werden (Tabelle 2.5).

Konzentration einiger Spurenelemente in Biogasfermentern

Spuren-element	Energiepflanzen		Co-Substrate		Richtwerte
	Minimum mg/l	Maximum mg/l	Minimum mg/l	Maximum mg/l	Min.-Max. mg/l
Cu	0,14	5,2	0,44	17,8	1,1 – 3,6
Ni	0,03	2,2	0,04	3,5	0,25 – 0,75
Zn	0,83	33	1,5	50	6,0 – 18,0
Co	0,01	0,45	0,02	1,2	0,06 – 0,3
Mn	0,07	39	2,9	107	9,0 – 30
Mo	0,01	0,63	0,01	0,45	0,16 – 0,5
Se	<0,01	0,14	<0,01	0,6	0,02 – 0,12
W	0,01	0,13	<0,01	0,70	0,05 – 0,2

Tabelle 2.5
Konzentrationen einiger Spurenelemente in Biogasfermentern mit ausschließlich Energiepflanzen (n=600) bzw. organischen Reststoffen (n=80). In mg/l Frischmasse. Die Richtwerte basieren auf 6% TS im Fermenter [178].

Große Stoffoberflächen

Prinzipiell gilt: je kleiner das Substrat, desto besser. Je größer die Angriffsfläche für die Bakterien ist und je zerfaserter das Substrat vorliegt, umso leichter und schneller ist es den Bakterien möglich, das Substrat abzubauen. Zudem lässt es sich leichter mischen, rühren und erwärmen, ohne dass es zu einer Schwimmdecken- oder Sedimentbildung kommt. Über die Verweildauer hat die Zerkleinerung auch Einfluss auf die erzielbare Gasausbeute. Je kürzer die Verweildauer, desto besser sollte das Material zerkleinert sein (Abb. 2.11). Bei einer ausreichend langen Verweilzeit nähern sich die Gasausbeuten wieder an. Bei gequetschten und gemahlenen Getreidekörnern war das im Versuch bereits nach 15 Tagen erreicht.

Gleichmäßige Zufuhr des Substrats

Um eine Überfütterung der Bakterien zu vermeiden, ist eine gleichmäßige Beschickung des Fermenters in möglichst kurzen Zeitabständen günstig. Je leichter abbaubar das Material ist, desto häufiger sollte die Substratzugabe erfolgen. Dadurch wird auch eine zu große Temperaturabsenkung im Einfüllbereich vermieden. Die Fütterung des Fermenters ein- bis zweimal täglich, wie sie früher üblich war, findet man heute nur noch selten. Sie ist bei Substraten mit einer hohen Pufferwirkung (wie bei tierischen Exkrementen) oder bei extrem niedrigen Faulraumbelastungen möglich. Bei Anlagen mit hoher Faulraumbelastung, wie sie heute üblich sind, ist die quasi kontinuierliche Einbringung im Stundentakt enorm wichtig. Automatisierte Einbringvorrichtungen sind am Markt erhältlich und ermöglichen die Einhaltung dieser Forderung (siehe Kap. 4: Verfahrenstechnik).

Entgasen des Substrats

Hohe Abbauleistungen können die Methanbakterien nur vollbringen, wenn das Biogas ständig aus dem Substrat entweichen kann. Wird das Gas nicht aus dem Faulraum entfernt, kann im Faulraum ein hoher Gasdruck von mehreren bar entstehen und u.U. Schaden anrichten. Bei dünnflüssigen Substraten steigen kleine Gasblasen von allein im Substrat auf. Die heutige Tendenz, mit einem möglichst hohen Trockensubstanzgehalt von 18% im Fermenter und mehr zu fahren, behindern den Gasaustritt so stark,

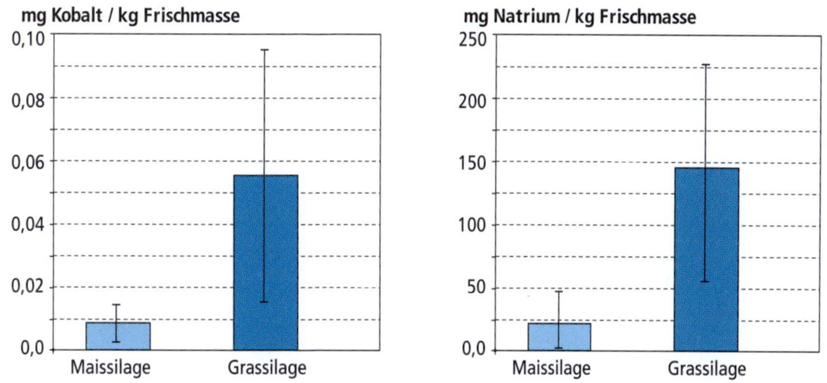

2.10 Kobalt- und Natriumgehalte in Mais und Grassilage [172].

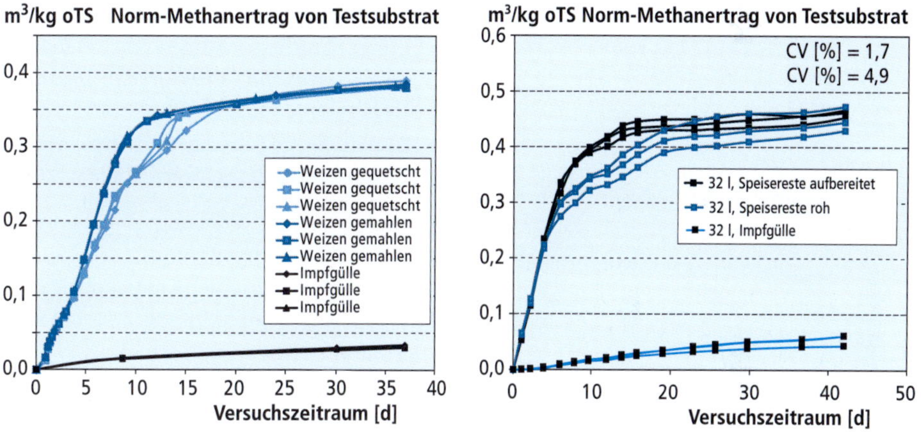

2.11 Einfluss der Substratzerkleinerung auf Gasausbeute und Verweilzeit (Helffrich, Oechsner, 2003).

2.12
Der Ausfall des Rühraggregates hat das Substrat derart aufquellen lassen, dass es die Holzunterkonstruktion und Folienhaube abgerissen hat (Karlshof 2004).

	Wirkung von Fütterungsantibiotika auf die Methanbildung			
	Wirkstoff	c_{max} (mg/l)	Konzentration (mg/l)	Methan 100% = Nenn.
Antibiotika	Bacitracin	29	100 10 3	68% 68% 80%
Antibiotika	Flavomycin	11	50 10 3	104% 101% 100%
Antibiotika	Lasalocid	6	100 10 3	25% 102% 105%
Antibiotika	Monensin	8	5 2 0,5	35% 35% 38%
Antibiotika	Spiramycin	29	50 10 2,5	44% 46% 46%
Antibiotika	Virginia-mycin	29	50 10 3	46% 73% 81%
Synthetische Chemotherapeutika	Arsanil-säure	144	100 10 3	54% 88% 90%
Synthetische Chemotherapeutika	Furazo-lidon	144	200 50 3	41% 93% 97%
Synthetische Chemotherapeutika	Sulfa-methazin	144	100 20 3	101% 99% 102%
Synthetische Chemotherapeutika	Olaquin-dox	58	100 10 1	4% 32% 35%
Desinfektionsmittel	Chloroform CS_2Phenole	0,12*	0,3* 0,03*	11% 10%
Desinfektionsmittel	Aldehyde Alkohole	0,03*	0,16* 0,016*	14% 83%
Desinfektionsmittel	Phenole	0,02*	0,1* 0,01*	94% 92%
Desinfektionsmittel	Aldehyde Alkohole	0,03*	0,5* 0,1* 0,01*	27% 60% 87%

Tabelle 2.6
Wirkung von Fütterungsantibiotika, synthetischen Chemotherapeutika und Stalldesinfektionsmitteln auf die Methanbildung in Standversuchen (aus [17]).

dass das Substrat aufquillt wie ein Hefeteig und sogar eine ganze Fermenterdecke abheben kann (Abb. 2.12). Rühren ist also nicht nur für das Mischen des Substrates notwendig, sondern auch für einen ausreichenden Gasaustritt. Je dickflüssiger das Substrat, umso häufiger muss gerührt werden (siehe Kap. 4: Rühreinrichtungen).

Hemmstoffe

Durch eine Reihe von Substanzen kann die Stoffwechseltätigkeit und das Wachstum der Mikroorganismen gehemmt oder völlig unterdrückt werden:

- Einige Stoffe schädigen die *Zellgrenzschicht oder die -struktur* der Bakterien (Detergentien u.a.).
- Andere Stoffe schädigen die Enzyme des *Zellstoffwechsels* (Schwermetalle u.a.)

Die schädigende Wirkung der Stoffe ist grundsätzlich konzentrationsabhängig. Das heißt, nicht die absolute Anwesenheit eines Stoffes wirkt hemmend, sondern seine Konzentration in Relation zu den anderen Stoffgruppen.

- *Sauerstoff*

Sauerstoff kann über ungenügend aufbereitetes zerkleinertes Substrat eingebracht werden und stört die Methanbakterien.

- *Antibiotika, Chemotherapeutika und Desinfektionsmittel*

Antibiotika, Chemotherapeutika und Desinfektionsmittel können den Faulprozess hemmen oder gar zum Erliegen bringen, insbesondere bei höheren Konzentrationen. Diese können auftreten, wenn ganze Tierbestände gleichzeitig behandelt oder Ställe desinfiziert werden. In diesem Fall kann eine Bypassleitung vom Stall direkt in den Lagerbehälter das Problem umgehen. Die Einzeltierbehandlung wirkt sich nicht negativ aus. Auch gibt es große Unterschiede zwischen den Mitteln. Tabelle 2.6 zeigt, dass es Mittel gibt, die auch in höherer Konzentration nicht schaden, während andere schon bei schwacher Konzentration stark negative Auswirkungen haben.

- *Organische Säuren*

Hemmend wirkt auch die Anhäufung der organischen Säuren, die beim anaeroben Abbau der Organik entstehen (Abb. 2.2). Das Verhältnis der organischen Säuren (Carbon-, Fettsäuren) zueinander gibt Aufschluss über den Prozesszustand. Bei einem stabilen Biogasprozess liegt die Summe der organischen Säuren (ausgedrückt in Essigsäureäquivalente) unter 4000 mg H_{ac}-Eq/l. Durch zu rasche Zugabe von frischen oder sehr leicht abbaubaren Substraten kommt es zu einer raschen Versäuerung und Anhäufung der Säuren auf eine Konzentration bis z.B. über 16.000 mg/l. Zudem kommt es zu einer ungünstigen Verschiebung des Verhältnisses von Essigsäure hin zu Propionsäure (Abb. 2.13). Übersteigen die Werte 3.000 mg/l und bei der Propionsäure 1000 mg/l, so liegt mit großer Wahrscheinlichkeit eine Störung vor. Die Anhäufung der Säuren führt zu einer Kette von Reaktionen, angefangen damit, dass die hohen Säurekonzentration die Bakterien selbst hemmen, dass zusätzlich der pH-Wert sinkt, wodurch die Methanbakterien gehemmt werden, bis hin zum Umkippen oder Erliegen des Abbauprozesses. Gegensteuern kann man hier nur,

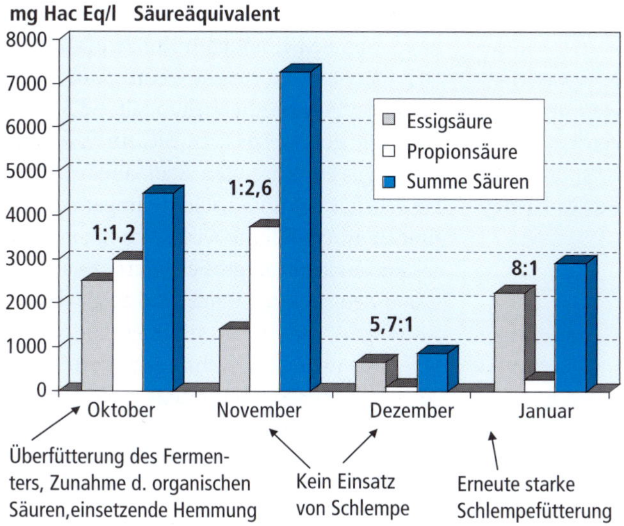

2.13 : Veränderung der organischen Säuren durch Zugabe von Schlempe (Biogasanlage Karlshof).

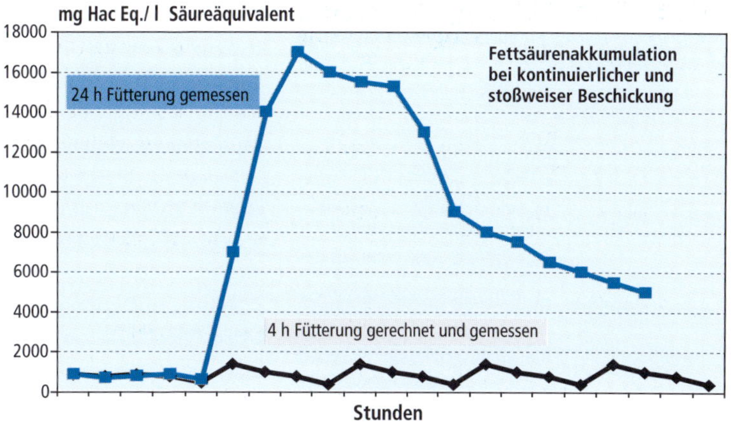

2.14
Einfluss der Fütterungshäufigkeit auf die Summe der organischen Säuren. [93]

indem die Substratzufuhr stark oder ganz gedrosselt wird. Durch Vermischen mit Material aus dem Nachgärbehälter kann die Säurekonzentration verdünnt werden. Auch die stoßweise einmal tägliche Beschickung, wie sie früher aus arbeitswirtschaftlichen Gründen üblich war, führt zu einer starken Anhäufung organischer Säuren, die dann über den Tag hin abgebaut werden (Abb. 2.14).

Eine Adaption an höhere Säurekonzentrationen ist möglich. Entscheidender für die Prozessstabilität ist die Veränderung der Parameter (Trend) über die Zeit. Wichtig hierbei ist die langsame und kontinuierliche Anpassung an das neue Milieu.

- *Schwefelwasserstoff*

Beim Abbau von schwefelhaltigen Substraten (meist Eiweiß = Proteine) entsteht der für fast alle Lebewesen hoch toxische Schwefelwasserstoff (H_2S). Bereits bei einer Konzentration im Rohgas von unter 1 ppm kann man ihn durch seinen üblen Geruch nach faulen Eier festmachen, ab einer Konzentration von etwa 100 ppm wird H_2S nicht mehr wahrgenommen, dennoch bleibt das Gas hoch toxisch (Tab. 2.7)!

Diese verheerende Wirkung hat im November 2005 mehrere Menschenleben gekostet, als sich eine Schwefelwasserstoff-Atmosphäre in der Annahmehalle einer Biogasanlage ausbreitete. Das Gas kam allerdings nicht aus der Anlage, sondern entwich während der Anlieferung aus dem Annahmebehälter.

Je niedriger der pH-Wert, desto höher ist der Anteil von H_2S im Substrat und im Biogas und desto höher ist das toxische Potenzial. Bei mehr als 20.000 ppm H_2S im Gas oder 50 mg H_2S in der Lösung muss mit einer einsetzenden Bakterienhemmung gerechnet werden (Abb. 2.15). Allerdings ist das Risiko der Hemmung bei Einsatz von Gülle und NawaRo äußerst gering, da solche Konzentrationen bei weitem nicht erreicht werden. Die Bakterien, die den Wasserstoff zur Bil-

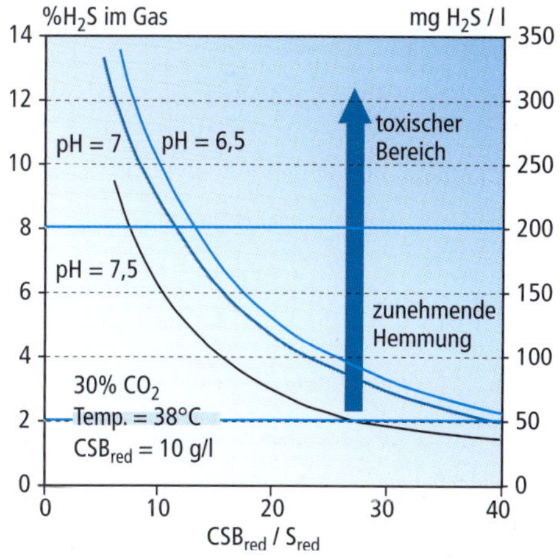

2.15
Einfluss des pH-Wertes auf die Schwefelwasserstoffkonzentration und auf die Hemmung der Bakterien. H_2S-Konzentration in der Gas- bzw. Flüssigphase in Abhängigkeit vom CSB_{red}/S_{red}-Verhältnis bei verschiedenen pH-Werten nach [Kroiss, 1986].

Wirkung von Schwefelwasserstoff	
Konzentration in der Luft 1ppm = 0,0001%	Wirkung
0,03-0,15 ppm	Wahrnehmungsschwelle, Geruch von faulen Eiern
15-75 ppm	Reizung der Augen und Atemwege, Übelkeit, Erbrechen, Kopfschmerz, Bewusstlosigkeit
150-330 ppm ≙ 0,015-0,03%	Lähmung der Geruchsnerven
> 375 ppm ≙ 0,038%	Tod durch Vergiftung (nach mehreren Stunden)
> 750 ppm ≙ 0,075%	Bewusstlosigkeit und Tod durch Atemstillstand in 30-40 Min.
ab 1000 ppm ≙ 0,1%	Schneller Tod durch Atemlähmung in wenigen Minuten

Tabelle 2.7
Wirkung von Schwefelwasserstoff [69].

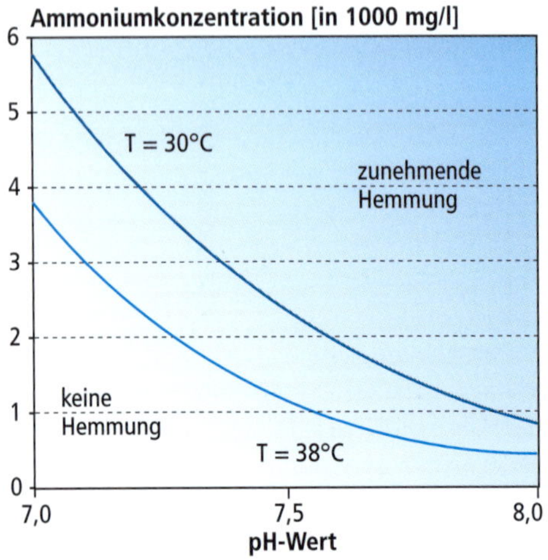

2.16
Hemmung der Bakterien durch Ammoniak in Abhängigkeit der Temperatur und des pH-Wertes. Quelle: Kroiss, 1986)

dung von Schwefelwasserstoff heranziehen, konkurrieren mit den Methanbakterien um den Wasserstoff. Dadurch sinkt die Methanbildung, denn Schwefelwasserstoffbildner sind in der Regel konkurrenzstärker.

Trotzdem ist Schwefel ein wichtiger Nährstoff im Substrat, da er zum Aufbau der Bakterienbiomasse benötigt wird.

- *Ammoniak/Ammonium*

Durch den anaeroben Abbau stickstoffhaltiger Substrate (proteinreiche Substrate wie Kleegras oder Hähnchenmist zum Beispiel) entsteht Ammonium (NH_4). Man kann davon ausgehen, dass etwa $^2/_3$ bis $^3/_4$ des gesamten Stickstoffgehaltes im vergorenen Substrat als Ammonium-Stickstoff vorliegt, welcher den intrazellulären pH-Wert der Mikroorganismen und deren Stoffwechsel hemmend beeinflusst. Dieser steht wiederum im Lösungs-(Dissoziations-)-gleichgewicht mit Ammoniak ($NH_3^+ + H^+ = NH_4$), welches ein starkes Nerven- und Zellgift ist. Sein stechender Geruch ist unverkennbar. Auch hier ist die Verschiebung hin zum giftigen Ammoniak vom pH-Wert und von der Temperatur des Substrates abhängig. Bei hohen pH-Werten und hohen Temperaturen verschiebt sich das Gleichgewicht hin zu Ammoniak. Bei pH = 7 z.B. beträgt das Ammonium-Ammoniak-Verhältnis 99:1. Bei einer Erhöhung auf pH = 9 verändert sich das Verhältnis auf 70:30. Bereits 1986 zeigte Kroiss im Labor, dass bereits ab einer NH_4-Konzentration von 3 g/l mit einer beginnenden Hemmung zu rechnen ist. Er stellte ebenso fest, dass der Effekt mit steigender Temperatur verstärkt wird (Abb. 2.16). Die Hemmung geht oftmals mit deutlicher Schaumbildung einher, verursacht durch im Abbau begriffene Eiweißverbindungen. Entsprechende Richtwerte für den NH_4-Gehalt im Fermenter sind in Tab. 2.1) aufgeführt. Dennoch sind die empfohlenen Werte nicht absolut. Denn wie bereits erwähnt, gewöhnen sich diese äußerst anpassungsfähigen Bakterien an sich verändernde Lebensbedingungen sehr gut, so dass es auch Anlagen gibt, die bei 5 bis 8 g/l Ammonium-N und bis zu 1,15 g/l Ammoniak im Substrat optimal fahren und bei denen sich keine Hemmung feststellen lässt (vgl. Kap. 13.2 Anlage Zirngibl).

Darüber hinaus kann durch Zugabe von Kohlenstoff in Form von rohfaserreichem Material das C/N-Verhältnis erweitert und dadurch der Hemmung entgegengewirkt werden. Auch die Zugabe von Wasser erzielt einen Verdünnungseffekt und reduziert die Belastung. Ebenso führt die Reduktion der Fermentertemperatur zur Reduktion der Toxizität.

Hingegen erhöht die Rückführung von ausgefaultem Material das Risiko einer Ammoniakhemmung. Denn Ammoniak tritt nur in geringen Mengen ins Gas über und ausgefaultes Material ist gekennzeichnet durch ein enges C/N-Verhältnis, dadurch wird der Effekt verstärkt. Allerdings liegt das Ammonium nahezu vollständig in gelöster flüssiger Form vor, so dass die Rückführung von abgepresstem Material gut möglich ist. Diese Zusammenhänge sollten bereits bei der Planung und Dimensionierung des Fermenters berücksichtigt werden.

- *Schlechte Substratqualität und verschimmeltes Material*

Die Biogasbakterien möchten wohl versorgt werden. Bei schlechter Qualität des zugeführten Substrates stellen auch sie ihre Aktivität ein. Dies konnte am Beispiel einer verschimmelten Futterrübenration deutlich gezeigt werden (Abb. 2.17). Es ist anzunehmen, dass nicht nur die schlechte Futterqualität die Bakterienaktivität reduziert, sondern auch die durch die Schimmelpilze ausgestoßenen Toxine die Bakterien direkt hemmen. Dagegen hat sich gezeigt, dass mit Fusarien belastetes Getreide keinen Einfluss auf die Gasausbeute hatte [165].

- *Sekundäre Inhaltsstoffe*

Auch sekundäre Inhaltsstoffe können auf die Biozönose hemmend wirken:

1. Schwefelverbindungen (u.a. in Kohl-, Lauch-, und Zwiebelgewächsen)
2. ätherische Öle (Zitrusschalen, Knoblauch)
3. Oxalsäure (beispielsweise in verschiedenen Kleearten)
4. Cyanide, Tannine u.v.m.

Vor allem, wenn große Chargen von diesen Substraten oder ausschließlich solche in die Biogasanlage gelangen, können diese eine Hemmung verursachen. Dabei gilt auch hier, dass eine Gewöhnung durch langsame Substratumstellung möglich ist.

- *Schwermetalle*

Die *Toxizität* von Schwermetallen hängt von deren *Löslichkeit* in Wasser ab, die wiederum vom pH-Wert abhängig ist. Die Schwermetallionen wirken auf Enzyme des Zellstoffwechsels und können dann Bakterien in ihrer Aktivität negativ beeinflussen. Dabei ist die Grenze zwischen hemmend und toxisch nicht klar auszumachen (Tab. 2.3). Und wiederum gilt es, die hohe Anpassungsfähigkeit von Bakterien zu beachten. Unwirksam werden Schwermetallionen, wenn sie mit H_2S schwerlösliche Metallsulfide bilden und als Feststoff ausfallen. Bei Substraten, die eventuell durch hohe Schwermetallgehalte gekennzeichnet sein könnten (siehe Cofermentation), ist es ratsam, eine Inhaltsstoffanalyse zu verlangen und die Stoffkonzentration mit der Tabelle 2.3 zu vergleichen.

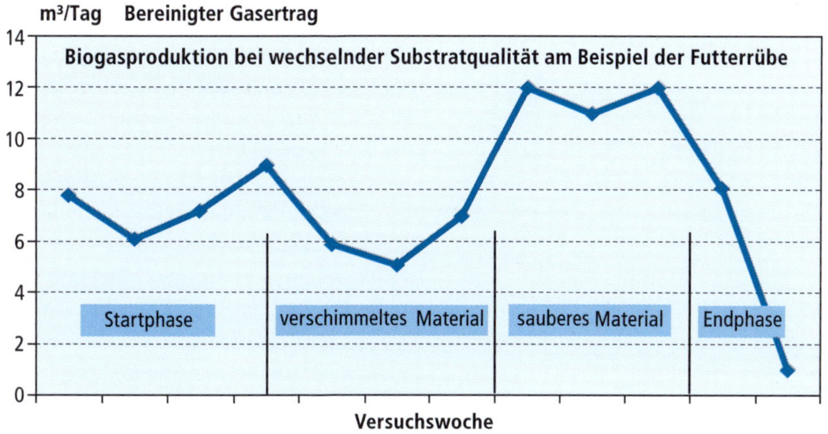

2.17 Hemmung durch verschimmeltes Material.
Quelle: Landwirtschaftliche Lehr- und Versuchsanstalt Triesdorf, 2000

Fördernde Substanzen

Immer wieder wird von Praktikern berichtet, dass sie bei einem gezielten, aber geringen Einsatz von *leicht abbaubaren Substraten* wie Getreideschrot, frischem Senf oder Zuckerrüben einen unglaublichen raschen und guten Abbaueffekt erleben, der dicke Schwimmdecken (bis zu 0,5 m) auflöst und ähnliches. Dieser Effekt kann damit erklärt werden, dass die Zugabe von leicht abbaubaren Substraten zu einer Belebung und Vergrößerung der Bakterienmasse führt, welche dann auch schwerer abbaubares Material besser und schneller abzubauen vermag. Die Kunst in der Zusammenstellung solcher Zusätze liegt darin, es nicht zu übertreiben und einer Versäuerung und damit einem gegenteiligen Effekt vorzubeugen. Bei einer Ration von beispielsweise 4 t Silomais, 4,8 t Mist und 3 t Grassilage hat sich ein Zusatz von 0,5 t Getreideschrot bewährt.

Schon immer und auch heute werden Zusatzstoffe für die Biogasanlage verkauft, die nach Angaben der Hersteller den Prozess stabilisieren, Verweilzeit einsparen und Abbaugrade sowie Gasausbeuten deutlich erhöhen sollen. Da das Angebot und auch die Nachfrage in den letzten Jahren deutlich gestiegen ist (waren früher nur Planer und Hersteller auf den Fachmessen, trifft man heute mindestens genauso viele Anbieter von Zusatzstoffen) und auch der Bedarf zumindest für die Spurenelemente wissenschaftlich nachgewiesen wurde, werden sie im folgenden detaillierter beschrieben.

Zusatzstoffe zur Erhöhung der Gasleistung

Zusatzstoffe werden in Biogasanlagen bereits seit Anbeginn dieser Technologie genutzt. In den letzten Jahren wurde eine große Auswahl an Produkten mit definierten Wirkstoffen entwickelt. Angetrieben wurde diese Entwicklung von einer zunehmend effizienzorientierten Biogasproduktion, die auf die Vergärung von standortverfügbaren Einzelrohstoffen mit hoher Raumbelastung setzt. Dies führte zu einer Vielzahl prozessbiologischer und technischer Herausforderungen und einer parallelen Weiterentwicklung von Zusatzstoffen.

Um den Einsatz von Zusatzstoffen bzw. Gärhilfsstoffen in der Biogasanlagenpraxis rechtlich zu verankern, wurden Zusatzstoffe in der VDI-Richtlinie 4631 wie folgt definiert: *Alle dem Fermenter zur Förderung der mikrobiologischen Abbauprozesse zugeführten Stoffe bzw. Arbeitsmittel, die nicht Substrat sind. Das Gärhilfsmittel selbst hat kein Biogasbildungspotential bzw. es ist vernachlässigbar gering. Gärhilfsmittel können organischer oder anorganischer Zusammensetzung sein (…).*

Infolge der Vielzahl marktverfügbarer Produkte ist es sinnvoll, die Produkte nach den Wirksubstanzen zu klassifizieren. Dabei kristallisieren sich einige Hauptgruppen heraus, denen der Großteil der Produkte zugeordnet werden kann:

- Spurenelement- und Nährstoffpräparate
- Enzymprodukte
- Mineralische Additive - Ionenaustauscher
- Eisenpräparate
- Puffersubstanzen
- Bakterienpräparate
- Algenprodukte und pflanzliche Extrakte

Im den folgenden Kapiteln sollen die zugrunde liegenden Wirkmechanismen und beobachteten Effekte der wichtigsten Produktgruppen beschrieben werden.

- *Spurenelement- und Nährstoffpräparate*

Spurenelemente werden am Markt überwiegend als Granulate aus Metallsalzen, flüssige Spurenelemente in komplexierter Form und als flüssige Spurenelemente in chloridischer Form mit Eisen-II-Chlorid angeboten. Außerdem gibt es vereinzelt Unternehmen bzw. Händler, die Spurenelemente in Mischungen an Zeolithe oder an Humus gebunden oder als Einzelelemente anbieten.

Die am Markt angebotenen Produkte unterscheiden sich neben ihrer biologischen Verfügbarkeit vor allem bezüglich der Toxizität. Chloridische Produkte weisen zusätzlich eine sehr hohe Stahl- und Edelstahl-Korrosivität auf und haben eine ätzende Wirkung bei direktem Hautkontakt. Komplexierte Spurenelemente sind gegen die Ausfällung mit Schwefelwasserstoff geschützt und erlauben dadurch geringere Dosierungsmengen. Zu beachten ist, dass einige der verwendeten Inhaltsstoffe in Spurenelementmischungen hochtoxische, erbgutschädigende und/oder aufs höchste wassergefährdende Eigenschaften haben. Ein Bewusstsein hinsichtlich der erheblichen gesundheitlichen und ökologischen Gefahren hat sich leider noch nicht überall durchgesetzt. Einige Händler von entsprechenden Produkten verzichten gänzlich auf eine entsprechende Kennzeichnung und notwendige Sicherheitshinweise. Teilweise werden solche Stoffe in Reinform in erheblichen Mengen in PKW transportiert und vor den Augen der Betreiber zusammengemischt oder ungesichert auf den Anlagen gelagert. Zur eigenen Sicherheit sollte grundsätzlich jeder direkte Kontakt mit den Produkten oder deren Staub vermieden werden. An die Dosiermenge angepasste, fermentierbare Verpackungen, die ungeöffnet eingesetzt werden können, oder automatisierte Pumpsysteme bieten hier eine sichere Alternative. Komplexierte Spurenelementprodukte weisen insgesamt eine geringere Toxizität auf.

Spurenelemente werden marktüblich als unspezifische Standard-Mischungen angeboten, nur selten wird eine anlagenspezifische Mischung anhand einer vorausgegangenen Fermenteranalyse erstellt.

Bei der Dosierempfehlung für die Spurenelementpräparate gehen die Herstellerfirmen unterschiedliche Wege. Während die überwiegende Anzahl an Herstellern eine kontinuierliche Dosierung empfiehlt, um Schwankungen im Prozess niedrig zu halten und den Bakterien jederzeit ausreichend Nährstoffe zur Verfügung zu stellen, schlagen andere eine zweiwöchige oder sogar monatliche Dosierung vor. Die Dosiermengen sind abhängig von der Konzentration der essentiellen Wirkstoffe in den Produkten und reichen von 0,2 kg bis zu 5 kg pro Tag für 100 kW_{el} Anlagenleistung. Die Kosten und die Qualität der Produkte schwanken ebenfalls erheblich. Für Produkte, die mit hohem Qualitätsstandard produziert werden, muss mit täglichen Kosten zwischen 4 - 7 € pro 100 kW_{el} Anlagenleistung gerechnet werden.

- *Enzympräparate*

Der klassische Anwendungszweck von Enzymprodukten im Biogasbereich ist die Verbesserung der Umsetzung schwer abbaubarer Substanzen und dadurch die Reduzierung der Viskosität im Fermenter. Neben einer Verringerung des Eigenstromverbrauchs durch eine Verkürzung von Rühr- und Pumpzeiten wird auch eine mögliche Verkürzung der Verweilzeit sowie eine erhöhte Abbaueffizienz durch den Einsatz von Enzympräparaten erwartet.

Enzyme sind Proteine, die an allen biochemischen Prozessen beteiligt sind. Bei den in Biogasanlagen eingesetzten Enzymprodukten handelt es sich überwiegend um Mischprodukte aus hydrolytisch wirkenden Enzymen, wie z.B. Cellulasen, Hemicellulasen, Xylanasen und ß-Glucanasen, die den Aufschluss schwer abbaubarer Substanzen unterstützen sollen. Die grundsätzliche Wirkung von Enzymen auf den Biogasprozess wurde sowohl im Labormaßstab als auch in Feldversuchen mehrfach nachgewiesen (z.B. [179, 180, 181, 182] Bedingt durch die Proteinstruktur sind Enzyme im Biogasfermenter selbst einem bakteriellen Abbau unterworfen. Die Zugabe muss daher regelmäßig wiederholt werden.

Auf dem Markt verfügbar sind überwiegend zwei Gruppen von Enzymprodukten, die sich vor allem in der Herstellung unterscheiden:

1. Einzelenzyme, in industriellen Fermentationen von Bakterien oder Pilzen mit standardisierten Nährmedien (z.B. Zellulose) hergestellt, isoliert und später mit weiteren Enzymen vermischt.
2. Aufzucht der enzymbildenden Mikroorganismen auf organischen Substraten in Trockenfermentation entsprechend denen, die auch im Biogasprozess eingesetzt werden, wie z.B. Extraktionsschrote. Ernte sämtlicher produzierter Enzyme inklusive der sie produzierenden Mikroorganismen und allen beteiligten Co-Faktoren, Aufbereitung und evtl. Mischung mit weiteren Enzymen.

Je nach Herstellungsverfahren unterscheiden sich die Enzymprodukte in der Dosierung und in den Kosten erheblich. Auch zur Dosierung werden von den Herstellern sehr unterschiedliche Empfehlungen gegeben, die überwiegend vom definierten Anwendungsziel abhängen. Eine kontinuierliche, tägliche Dosierung wird empfohlen, um den Abbauprozess nach Ermittlung des optimalen Enzymbedarfs dauerhaft auf hohem Niveau zu halten. Die Dosierung ist an die täglichen Fütterungsmengen angepasst und liegt bei ca. 0,25 -1,0 kg am Tag pro 100 kW_{el}. Bei einer Akkumulation von schwer abbaubaren Stoffen im Fermenter oder akuten Viskositätsproblemen wird eine Impulsdosierung über einen Zeitraum von ca. 4 - 6 Wochen empfohlen. Dadurch kann die Rührfähigkeit in kurzer Zeit stark verbessert werden. Eine Impulsbehandlung sollte in regelmäßigen Abständen wiederholt werden, um akkumulierte Zwischenprodukte im Fermenter abzubauen und dadurch das Restmethanpotential des Gärrestes zu reduzieren. Die Kosten von Enzymprodukten liegen bei ca. 6 - 8 € pro 100 kW_{el} und Tag im Jahresschnitt.

- *Mineralische Additive / Ionenaustauscher*

Als mineralische Zusatzstoffe werden im Allgemeinen natürliche oder behandelte Gesteinsmehle bezeichnet, die eine erhöhte Fähigkeit zur Bindung von Ionen besitzen (Ionenaustauscher), wie zum Beispiel Tonminerale (Bentonit, Montmorillonit), Zeolithe oder Kieselgur. Synthetisch hergestellte Ionenaustauscher (z.B. Kunstharze) konnten aufgrund der höheren Kosten bisher noch keinen Einzug in die Biogasbranche halten. Um eine hohe Ionenbindungskapazität zu erreichen und eine Sedimentation zu verhindern, sind die Produkte generell fein vermahlen. Der hauptsächliche Wirkmechanismus liegt in der zumindest zeitweisen Adsorption von Hemmstoffen an die geladenen Oberflächen der Ionenaustauscher. Allerdings ist die Adsorptionskapazität für einen Hemmstoff sehr stark von der Struktur des Zusatzstoffes abhängig. So wird in der Literatur die spezifische Wirkung von Sepiolith bei der Vergärung von Molkereireststoffen oder die positive Wirkung von Bentonit bei der Vergärung von Reststoffen der Olivenölproduktion beschrieben [183, 184]. In der Vergärung von stark stickstoffhaltigen Reststoffen (Schlachtabfälle oder Hühnertrockenkot) sowie industriellen Abwässern haben sich Zeolithe inzwischen erfolgreich zur Prävention von Prozessstörungen oder zumindest als Notfallprodukt etabliert.

Aufgrund der physikalisch definierten Bindungskapazitäten von mineralischen Zusatzstoffen für verschiedene Hemmstoffe kann eine anlagenspezifisch optimale Dosierung berechnet werden. Dafür müssen allerdings die Fermentationsbedingungen (Temperatur, pH-Wert) sowie die Hemmstoffkonzentration bekannt sein.

Es wird sowohl die Dauer- als auch die Impulsdosierung in der Praxis mit Erfolg eingesetzt. Es ist allerdings zu bedenken, dass es sich in Abhängigkeit von der Hemmstoffkonzentration um enorme Dosierungsmengen handeln kann. Eine Sedimentation von groben Produktbestandteilen sowie abrasive Wirkungen auf Bauteile im Fermenter können nicht ausgeschlossen werden.

- *Eisenpräparate*

Eisenpräparate werden in Biogasanlagen überwiegend mit dem Ziel der unterstützenden Entschwefelung des Biogases eingesetzt. Allerdings ist Eisen auch ein essentielles Element für Bakterien und wird in deutlich höheren Mengen benötigt als Spurenelemente, da es in einigen zentralen Enzymen des mikrobiellen Stoffwechsels benötigt wird. Ein sehr positiver Nebeneffekt der Entschwefelung mit Eisen ist die reduzierte Sulfidfällung von essentiellen Spurenelementen durch die hohe Präsenz von gelöstem Eisen im Fermenter. Eisenchloride sind zusätzlich in der Lage, mit freiem Ammoniak im Fermenter zu reagieren, und können damit zur Reduzierung einer Ammoniakhemmung eingesetzt werden. Die Reduzierung der H_2S-Toxizität spielt infolge der überwiegend hohen pH-Werte in den meisten Biogasanlagen nur eine untergeordnete Rolle.

Als Eisenquellen werden überwiegend granuläres Eisenhydroxid und flüssiges Eisen-II-Chlorid eingesetzt. Marktverfügbar sind außerdem Eisensulfat und Eisenoxid in granulärer Form sowie flüssiges Eisen-III-Chlorid und in regional begrenzter Form Eisenhydroxid-Schlamm.

Eisenhydroxid-Produkte werden im Allgemeinen aus den Fällungsschlämmen gewonnen, die bei der Trinkwasseraufbereitung als Restprodukte anfallen. Dementsprechend schwanken die Zusammensetzung und der Eisengehalt in gewissem Rahmen. Der Eisengehalt liegt zwischen 30 und 40%. Eisenhydroxidprodukte reagieren etwas langsamer als flüssige und leicht lösliche Produkte im Fermenter, da sie nur oberflächlich mit den S^{--} -Ionen reagieren.

Eisenchlorid-Produkte werden überwiegend aus Restprodukten der Stahlverarbeitung hergestellt (z.B. Verzinkungsindustrie). Auch hier kann die Zusammensetzung erheblich schwanken. Marktverfügbar sind gereinigte und ungereinigte Eisenchlorid-Lösungen. Bei ersteren Qualitäten sind Schwermetalle im Produkt über einen Fällungsschritt deutlich reduziert. Eisenchlorid-Produkte gibt es in 20%iger, 30%iger und 40%iger Form mit entsprechenden Eisengehalten zwischen 8 – 18%. Das Eisen in den Produkten ist hochverfügbar und reagiert sofort mit den vorhandenen S^{--}-Ionen. Bei stickstoffreichen Substraten führt die Reaktion von Chlorid-Ionen mit Ammoniak zu einer Reduzierung von Ammoniak im Gas sowie zu verminderter Ammoniakhemmung im Fermenter.

Bei Eisenchlorid-Lösungen ist allerdings grundsätzlich zu beachten, dass es sich um starke Säuren mit einer hohen Korrosivität gegenüber Metallen und Edelstahl (im direkten Kontakt) handelt. Im Umgang mit Chlorid-Produkten sind besondere Vorgaben zur Arbeitssicherheit zu beachten. Weiterhin ist die Lagerung auf Anlagen aufgrund der wassergefährdenden Eigenschaften auf 1000 l beschränkt, wenn keine zusätzlichen baulichen Lagervorkehrungen für entsprechende Chemikalien vorhanden sind.

Die Dosierung von Eisenpräparaten erfolgt überwiegend in Abhängigkeit von der geforderten Entschwefelungsleistung bzw. im Fall der Stickstoffhemmung anhand des berechneten Ammoniakgehaltes im Fermenter. Für die Reduzierung von 1000 ppm H_2S in 1000 m^3 Biogas benötigt man ca. 2,5 kg Eisen. Für eine 100 kW Biogasanlage mit ca. 1200 m^3 Biogas pro Tag wären dies ca. 8,5 kg Eisenhydroxid pro Tag mit 35% Eisengehalt oder 22 kg Eisen-II-chlorid (30%).

- *Puffersubstanzen*

Puffernde Substanzen dienen im Allgemeinen dazu, den pH-Wert in Biogasfermentern zu stabilisieren. Eingesetzt werden vor allem Calciumoxid (Branntkalk), Natriumbikarbonat (Na_2CO_3) oder –hydrogenkarbonat ($NaHCO_3$), gelöschter Kalk ($Ca(OH)_2$), Harnstoff und Mischungen verschiedener Puffersubstanzen. Der Einsatz puffernder Substanzen ist in den letzten Jahren stark zurückgegangen. Eine tägliche Dosierung, wie dies von einigen Anlagenbauern und Beratern lange Zeit empfohlen wurde, hat sich als unnötig und teilweise sogar schädlich erwiesen, wenn der Prozess stabil gefahren und die Anreicherung von Hemmstoffen sowie eine Unterversorgung mit Spurenelementen vermieden wird. Nur in Monovergärungen sehr kohlenhydratreicher, stickstoffarmer Substrate wie Zuckerrüben oder einiger Industrieabwässer kann eine kontinuierliche Dosierung von Puffern notwendig sein. Nicht zu unterschätzen ist die Gefahr von Kalkablagerungen an Heizleitungen und Wärmetauschern, wenn durch die Zugabe von kalziumhaltigen Puffern kontinuierlich das Sättigungsgleichgewicht überschritten wird.

Wirkung von Zusatzstoffen im Biogas-Prozess

	Grundsätzliche Wirkung	Besonderheiten	Dosierung
Spurenelement Nährstoff-präparate	Essentiell für die Bildung von Enzymen u. Co-Enzymen sowie im Stoffwechsel v. Mikroorganismen	Essentiell im Prozess; teilweise korrosiv oder toxisch, biologische Verfügbarkeit wichtig	0,2 - 5 kg pro 100 kW_{el} und Tag
Enzyme	Unterstützen den Aufschluss schwer abbaubarer Substrate, Erhöhen die Fließfähigkeit	Nicht essentiell im Prozess. Impuls oder Dauerdosierung möglich.	0,25-1 kg pro 100 kW_{el} und Tag
Bakterien	Erhöhung der Dichte von hydrolytisch wirkenden Bakterien oder Methanbildnern im Fermenter	Dauerhafte Etablierung bisher nicht möglich. Lagerstabilität der Produkte noch schlecht.	Stark variierende Angaben
Mineralische Additive	Adsorption von Hemm- und Schadstoffen, vor allem Stickstoff	z.T. hohe Mengen erforderlich, Gefahr der Sedimentation, abrasive Wirkung	Abhängig von Hemmstoff-konzentration
Puffer-substanzen	Bindung von freien HCO_3-Ionen und Stabilisierung des pH-Werts	Bei Überdosierung Ca-haltiger Produkte Ablagerungen möglich	in Abhängigkeit vom pH-Wert
Eisenpräparate	Essentiell im Stoffwechsel von Mikroorganismen; Ausfällung von H_2S (Entschwefelung)	Hohe Korrosivität von Chloridprodukten. In größeren Mengen nur eingeschränkt lagerfähig.	In Abhängigkeit vom H_2S Gehalt im Gas
Algen / Pflanzliche Produkte	Vermeidung v. Schwimm- u. Sinkschichten; Prozessstabilisierung		0,15 kg/m^3 Fermenter-volumen

Tabelle 2.8
Wirkung von Zusatzstoffen im Biogas-Prozess

Im Gegensatz dazu ist der Einsatz von puffernden Substanzen in übersäuerten Fermentern zur kurzfristigen pH-Wert-Stabilisierung sehr sinnvoll. Je länger ein Fermenter im übersäuerten Zustand verbleibt, umso stärker werden die pH-sensiblen Mikroorganismen geschädigt. Allerdings muss bei der sogenannten „Aufkalkung" vermieden werden, dass durch den übermäßigen Einsatz von stark alkalischen Puffern, zum Beispiel Branntkalk, über den angestrebten pH-Wert hinaus überdosiert wird und damit die Biozönose zusätzlich geschädigt wird. Der Einsatz von Mischungen aus einer Kombination verschiedener Puffer ist zu empfehlen. Die Dosiermenge ist theoretisch schwer zu berechnen. Es empfiehlt sich immer, den Verbrauch an Puffer für 10 - 20 l Fermenterschlamm mit einem pH-Messgerät vor Ort zu bestimmen und dann auf die reale Fermenterfüllmenge hochzurechnen.

- *Bakterienpräparate*

Versuche wie in den 80er und 90er Jahren, Methanbildner dem Fermenter zuzusetzen und die vorhandene Biozönose in ihrer Abbauleistung zu unterstützen, wurden weitgehend eingestellt, da sich die zugegebenen Mikroorganismen nicht im Fermenter etablieren konnten und eine kontinuierliche Zugabe infolge der immensen Herstellungskosten nicht wirtschaftlich war. In den letzten Jahren wurde das Thema von einigen Unternehmen wieder aufgegriffen. Allerdings wird derzeit vor allem mit hydrolytischen Stämmen experimentiert. Ziel des Einsatzes ist es, Mikroorganismen mit der Fähigkeit, schwer abbaubare Stoffe effizienter aufzuschließen, zuzusetzen, um die Abbaugeschwindigkeit und den Abbaugrad generell zu erhöhen. Nach wie vor gelingt es nicht, die etablierte Biozönose nachhaltig zu verändern. Versuche zeigen, dass eine regelmäßige Nachdosierung notwendig ist. Allerdings gibt es einige vielversprechende Ergebnisse, die auf ein gewisses Potential der Effizienzsteigerung hinweisen. Da hydrolytische Bakterien deutlich einfacher zu produzieren sind als strikt anaerobe Methanbakterien, lassen sich die Kosten unter Umständen durch den Mehrertrag darstellen. Allerdings ist die Marktreife noch nicht erreicht.

- *Algenpräparate und pflanzliche Extrakte*

Das Marktangebot an Zusatzstoffen aus pflanzlichen Extrakten ist inzwischen stark angewachsen. Die Verbreitung in Biogasanlagen ist allerdings eher gering einzustufen. Den größten Anteil nehmen dabei Braunalgenpräparate ein. Diese werden in erster Linie zur Verbesserung der Homogenität im Behälter eingesetzt bzw. um Schwimmschichtbildung zu vermeiden.

Der wichtigste Wirkstoff in Algenpräparaten ist die Alginsäure. Sie wird von Braunalgen und von einigen Bakterien gebildet. In der Alge stellt sie das strukturgebende Element der Zellwände dar. In Biogasfermentern verhindern Alginate (Salze der Alginsäure) bei richtiger Dosierung eine Trennung von festen (Fasern) und flüssigen Anteilen und reduzieren damit die Bildung von Schwimmschichten. Der Fermenterinhalt ist leichter zu homogenisieren. Weitere positive Effekte werden durch einen erhöhten Anteil an Spurenelementen und Vitaminen in Braunalgen hervorgerufen, auch wenn dadurch ein Spurenelemente-Mangel nicht vollständig ausgeglichen werden kann. Durch den hohen Eisengehalt ist auch eine gewisse Entschwefelungsleistung zu erkennen. Für diese letzten beiden Wirkbereiche ist allerdings der Einsatz von Spezialprodukten deutlich effizienter und wirtschaftlicher. Die Dosierung von Alginat-Produkten zur Vermeidung von Schwimmschichten erfolgt in Bezug zum Flüssigkeitsvolumen und liegt bei ca. 0,15 kg pro m^3 Fermentervolumen als einmalige Auffüllung bzw. pro Tonne Fütterung als Dauerdosierung. Andere Anbieter solcher Produkten werben mit einem insgesamt verbesserten Substratabbau. Die Stimulierung der Bakterien-Biozönose wird hier als Wirkungsgrund beschrieben. Allerdings werden derartige Wirkungen nur in Einzelfällen wissenschaftlich belegt.

Zusammenfassung

Die vielversprechende Wirkung verschiedenster Zusatzstoffe wurde in Laborergebnissen bewiesen. In der Praxis lassen sich diese Ergebnisse jedoch oft nur erschwert wiederfinden, da die notwendigen konstanten Rahmenbedingungen (Substratzusammensetzung, etc.) fehlen. Zusatzstoffe sind immer dann zu empfehlen, wenn durch sie ein Beitrag geleistet wird, um Volllast zu erreichen oder um Prozessstörungen oder Stillstandzeiten zu vermeiden. Durch den Mehrertrag aus dem Strom-, Wärme- oder Biogasverkauf werden die Kosten der Zusatzstoffe im Allgemeinen gedeckt. Beim Einsatz von unspezifischen Spurenelementmischungen kann es auch zu einer Überversorgung und auch Vergiftung kommen. Außerdem muss auf einen nachhaltigen Umgang vor allem mit toxischen oder umweltschädlichen Stoffen geachtet werden. Grundsätzlich ist eine bedarfsgerechte Dosierung zu empfehlen, um eine Anreicherung von bedenklichen Stoffen auf landwirtschaftlichen Flächen zu vermeiden. Zur Überprüfung der Wirkung des eingesetzten Mittels in der eigenen Anlage sollten für einen Zeitraum von mindestens der zweifachen Verweilzeit alle prozessbeeinflussenden Parameter wie Temperatur, Substratzusammensetzung etc. konstant gehalten werden.

2.3 Substrate und ihr Einfluss auf den Abbauprozess

Substratzusammensetzung und Prozessstabilität

Jedes Substrat, ob Futtermittel, Nahrungsmittel, Bioabfall oder organischer Reststoff, besteht aus den in Abb. 2.18 dargestellten Stoffgruppen. Im Hinblick auf die Eignung eines Substrates gilt es zu beachten, dass nur aus der Trockenmasse und da wiederum nur aus dem organischen Teil der Trockenmasse das Biogas und letztendlich Methan entstehen kann. Deshalb ist der Anteil der organischen Trockenmasse bezogen auf die Gesamtmasse ein erstes Kriterium für die Auswahl der Substratzutaten. Es ist daher nicht verwunderlich, dass der Gasertrag pro Tonne (Mengeneinheit) bei Getreidekörnern um ein Vielfaches höher liegt als bei Ganzpflanzensilagen oder gar Schlempen, die einen deutlichen höheren Wassergehalt haben, aus dem kein Gas entstehen kann.

Der anorganische Anteil, in der Analytik Rohasche genannt, besteht aus Sand, Erde, Steinen, Metallabrieb der verarbeitenden Maschinen und ähnlichen Stoffen, die in das Erntegut, in die Gülle oder in die organischen Reststoffe gelangen. Dieser Anteil ist für den Biogasprozess unerwünscht, weil er nicht zur Gasbildung beiträgt und außerdem zu technischen Problemen wie Sedimentbildung führen kann. Rüben haben beispielsweise einen hohen Anteil an Erde.

Die organische Substanz wiederum setzt sich aus Proteinen, Fetten sowie leicht und schwer abbaubaren Kohlenhydraten zusammen.

Die *Fette* sind Ester des dreiwertigen Alkohols Glycerin, an dem ein bis drei gleiche oder verschiedene Fettsäuren (Carbonsäuren) hängen. Man nennt sie dementsprechend Mono-, Di- oder Triglyceride. Fette sind stets Gemische verschiedener Triglyceride und werden zu Fettsäuren und Glycerin abgebaut. Sie werden zwar langsam abgebaut, können aber trotzdem zu einer raschen Versäuerung führen, da sie in nur wenigen Abbauschritten organische Säuren freigeben.

Proteine (Eiweiß) sind hochmolekulare, aus Aminosäuren aufgebaute Verbindungen. Sie bestehen ebenso wie Kohlenhydrate und Fette aus Kohlenstoff C, Wasserstoff H, und Sauerstoff O, enthalten aber darüber hinaus noch Stickstoff, Schwefel und auch Phosphor. Ein hoher Anteil führt daher zur Ammoniak- und Schwefelproblematik (siehe Hemmstoffe). Die Proteine werden in Peptide, dann in Aminosäuren und letztendlich zu organischen Säuren abgebaut.

In der Gruppe der *Kohlenhydrate* unterscheiden wir sehr einfach abzubauende Verbindungen bis hin zu gemischten Kohlenhydraten mit reich verzweigten und komplexen Strukturen, die nur schwer abbaubar sind:

Wassergehalt verschiedener Substrate	Wassergehalt in %
Schlempen	90 - 94
Rauhfutter, Getreidekörner	12 - 15
Grünfutter, Wurzeln, Knollen	75 - 85
Handelsfuttermittel	10 - 15
Silage	80
Trocken-Grünfutter	5 - 12
Anwelksilage	60 - 70

Tabelle 2.9
Wassergehalt verschiedener Substrate [aus 67].

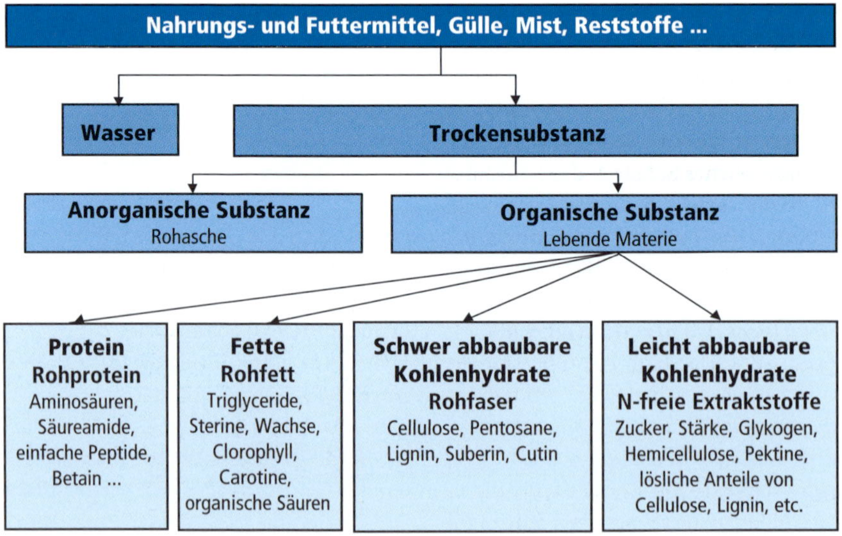

2.18
Einteilung der Substrate in die Stoffgruppen Proteine, Fette und Kohlenhydrate nach Kirchgeßner [67].

- *Monosaccharide*: Einfachzucker, z.B. Glucose, Fructose
- *Oligosaccharide (bis 10 Monosaccharide):* Saccharose (Rohrzucker), Lactose (Milchzucker) Maltose (Malzzucker)
- *Polysaccharide (hohe Molekulargewichte):* Stärke, Glykogen, Cellulose, Inulin
- *Heteropolysaccharide (gemischte Kohlenhydrate mit komplexen Strukturen):* Hemicellulose, Pektine. *Lignin* ist eigentlich kein Kohlenhydrat, wird aber in der Analytik in der Gruppe der Kohlenhydrate erfasst. Es ist der Verholzungsstoff der Pflanzen und ist äußerst widerstandsfähig gegenüber bakterieller Zersetzung und Säuren. Lignin gilt bisweilen als nicht abbaubar.

Kohlenhydrate werden von den Bakterien in Einfachzucker gespalten und bis zu niederen organischen Säuren (Essig-, Butter- und Propionsäure) zerlegt. Die Menge der gebildeten Säuren und der Anteil der einzelnen Säuren sind von der Kohlenhydratzusammensetzung abhängig. Aus der Pansenverdauung der Wiederkäuer (und der Pansen ist nichts anderes als eine Biogasanlage mit äußerst kurzer Verweilzeit) wissen wir, dass stärke- und zuckerreiche Substrate zu einem Anstieg des Propionsäure- und Buttersäureanteils führen, während Cellulose, also rohfaserreiches Substrat, das Fettsäuremuster zugunsten der Essigsäure verschiebt (siehe Tab. 2.10). Zusätzlich beeinflusst das Kohlenhydratmuster den pH-Wert sowie die Keimzahl. Bei stärke- und zuckerreicher Kost verschiebt sich der pH-Wert durch die Anhäufung der Säuren in das saure Milieu,

Einfluss der Kohlenhydratzusammensetzung auf Bakterien, pH- Wert, Abbaugeschwindigkeit und Fettsäurezusammensetzung

	Relativer Anteil in der Ration		
	cellulosereich	**stärkereich**	**zuckerreich**
Keimzahl	relativ klein	relativ hoch	relativ klein
pH-Wert	hoch (6,5)	tief (5,7)	sehr tief (5,1)
Abbau	langsam	schnell	sehr schnell
		Fettsäuremuster	
Essigsäure	hoch	gering	gering
Propionsäure	gering	mittel-hoch	hoch
Buttersäure	gering	mittel-hoch	hoch

Tabelle 2.10 Einfluss der Kohlenhydratzusammensetzung auf Bakterien im Pansen, pH-Wert, Abbaugeschwindigkeit und Fettsäurezusammensetzung (zusammengefasst aus Kirchgeßner, 1987)

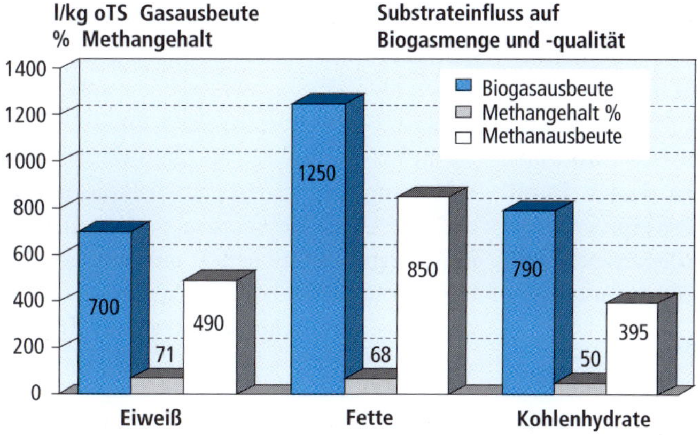

2.19
Einfluss der Stoffgruppen auf Menge und Qualität des Biogases [78].

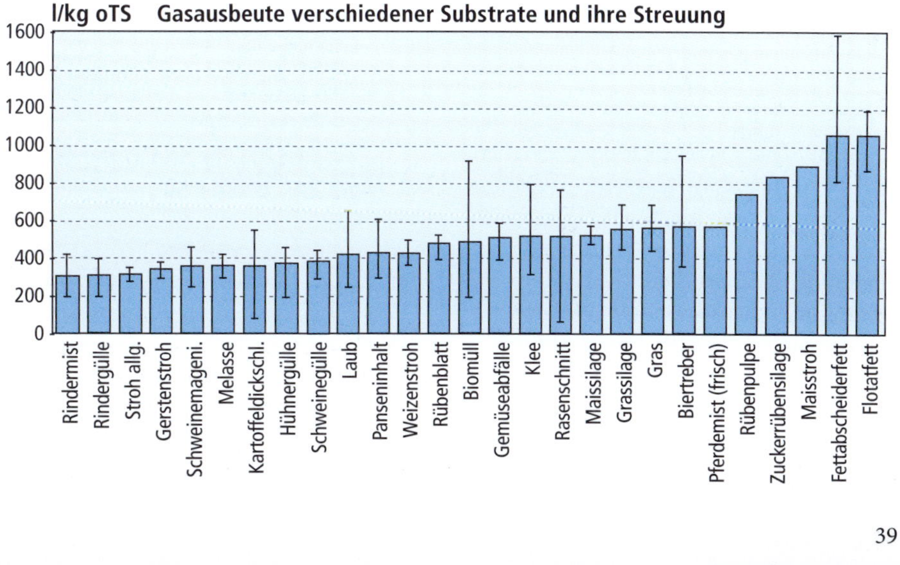

2.20
Streuung der Gasausbeute bei verschiedenen Substraten. Quelle: versch. Autoren i.[109]

die Keimzahl, also die Anzahl der Bakterien, erhöht sich schnell. Das führt zu einem noch rascheren Abbau der zugeführten Kohlenhydrate und zur möglichen Übersäuerung des Fermenters. Der pH-Wert sinkt weiter. Die Propionsäurebildner nehmen zu, die Essigsäurebildner nehmen ab. Die Essigsäurebildung als Ausgangsstoff für die Methanbildung ist gehemmt. Wiederkäuer verweigern die Futteraufnahme (Pansenacidose), die Biogasanlage leider nicht.

Bei Verwendung von sehr zucker- oder kohlenhydratreichen Substraten wie zum Beispiel Getreidekörnern, Maiskörnern oder Zuckerrüben muss deshalb die Zuführung dieser Einsatzstoffe in den Fermenter besonders sorgfältig und achtsam geschehen. Dies ist sicherlich ein weiterer Grund dafür, warum die reine Getreide- oder Zuckerrübenvergärung in der Praxis kaum Verbreitung gefunden hat. Die Prozesshandhabung ist in den üblichen einstufigen Verfahren bislang einfach zu aufwändig.

Einfluss der Substratzusammensetzung auf die Biogasmenge und –qualität

Exakt die Anteile der Stoffgruppen Proteine, Fette und Kohlenhydrate bestimmen die Gasausbeute und den Anteil des Methans im Biogas (Abb. 2.19): Den höchsten Methangehalt im Biogas erzielt die Stofffraktion der Proteine mit 71%; auch Fette liefern Gas mit hoher Qualität und einem Methangehalt von um die 68%. Am schlechtesten schneiden Kohlenhydrate ab, die ein Gas mit nur etwa 50% Methan liefern. Und obwohl Kohlenhydrate insgesamt um 90 Liter mehr Biogas erzielen als Proteine, ist durch den geringen Methananteil die Ausbeute auf knapp 400 Liter Methan pro kg oTS reduziert. Rohfett liefert mit bis zu 850 Liter Methan pro Kilogramm organischer Trockenmasse (kg oTS) die höchste Methanausbeute, während Rohprotein 490 Liter Methan pro kg oTS bringt. Rein auf den Gasertrag bezogen sind also Substratmischungen mit hohen Anteilen an Fetten und Proteinen zu bevorzugen.

Damit wird auch deutlich, dass es keine einheitlichen Gasausbeuten gibt. Denn schwankt die Substratzusammensetzung, schwanken auch Gasmenge und -qualität. Dieser Zusammenhang spiegelt sich in den großen Schwankungen bei den Angaben zu Gasausbeuten bei ein- und demselben Substrat wider (Abb. 2.20). Hinzukommt, dass auch die verschiedenen Labordienstleister unterschiedliche Gasausbeuten zum gleichen Substrat angeben. Dies liegt unter anderem daran, dass sie verschiedene Messgeräte und Inokula verwenden, welche zum Starten des Prozess notwendig sind.

Die Methanausbeuten von Gülle und Mist liegen in etwa zwischen 180 und 270 Liter Methan/kg oTS, von Ganzpflanzen (Gras, GPS, Maissilage) zwischen ca. 300 und 350 l CH_4/kg oTS und Körner und Rüben zwischen 350 und 380 l CH_4/kg oTS (genauere Werte siehe Kapitel 3).

2.4 Prozessbeschreibende Parameter

Faulraumbelastung

Als Faulraumbelastung wird jene Menge an organischer Trockensubstanz bezeichnet, die täglich dem Fermenter zugeführt wird. Sie wird in kg organische Trockensubstanz pro m^3 Fermentervolumen und Tag (kg oTS/m^3·d) angegeben.

Die Faulraumbelastung Br errechnet sich aus der täglich zugeführten Substratmenge, multipliziert mit dem Anteil der organischen Substanz des Substrates, dividiert durch das gesamte Fermentervolumen (siehe Beispiel in Tabelle 2.11):

Br = kg oTS zugeführt pro Tag und pro m^3 Fermentervolumen

Die Höhe der möglichen Faulraumbelastung ist vor allem von der gewählten Fermentertemperatur und von der Verweilzeit abhängig. Je niedriger die Temperatur und je länger die Verweilzeit, desto höher kann die Faulraumbelastung sein, desto mehr Organik kann zugeführt werden.

Die Faulraumbelastung kann anlagenspezifisch bis zu einem Maximalwert gesteigert werden. Je höher die Faulraumbelastung, umso größer wird das Risiko, an die Leistungsgrenze der abbauenden Bakterien zu gelangen und den Prozess zu überlasten. Deshalb ist der Beobachtungs- und Betreuungsaufwand erhöht, wenn die Anlage mit einer hohen Faulraumbelastung betrieben wird.

Häufig findet man Faulraumbelastungen zwischen 2 bis 3 kg oTS/m^3 Faulraum und Tag. Bei höheren Belastungen sollte sehr sorgfältig geschaut werden, ob eine beginnende Hemmung anhand abnehmender Gasmengen festzustellen ist. Denn ab Faulraumbelastungen zwischen 4 bis 5 kg oTS/m³ nimmt die Leistung der Bakterien ab, was zu sinkender Gasproduktion führt [79]. Das System ist überladen. Belastungen unter 1 kg oTS/m³ am Tag gelten als unproblematisch. Die Faulraumbelastung dient als Kontrollparameter für die Auslastung der Anlage. Sie muss bereits bei der Planung und Dimensionierung der Anlage berücksichtigt werden!

Den liegenden, horizontal durchströmten Fermenterbauformen werden aufgrund ihrer Bauform weit höhere Belastungen zugesprochen; in der Literatur findet man Angaben bis 10 kg oTS/m³ und Tag und darüber. Bei so hohen Werten ist jedoch Vorsicht geboten! Wenn man genau hinschaut, dann zeigt sich vielfach, dass hinter den Propfenstromfermentern noch Nachgärbehälter angeordnet sind, die eine Erhöhung des Faulraumvolumens darstellen, so dass insgesamt die Faulraumbelastung nach unten korrigiert werden muss.

Auch muss bei horizontalen Anlagen, in denen ein Teil des ausgegorenen Materials dem frisch zugeführtem Material zugemischt wird, die Verdünnung des Substrates berücksichtigt werden. Durch die Vermischung des Inputmaterials mit ausgegorenem Material wird der zugeführte Gesamtgehalt an organischer Trockenmasse verdünnt und reduziert. Oftmals wird aber nur der Gehalt des Inputmaterials bei der Faulraumbelastung angegeben.

Es empfiehlt sich also, unabhängig von der Fermenterform mit Faulraumbelastungen von unter 4 kg oTS pro m³ und Tag zu fahren.

Bei gegebenem Fermentervolumen sinkt die Verweilzeit, wenn die täglich zugeführte Substratmenge erhöht wird. Dadurch steht den Bakterien weniger Zeit zur Verfügung, das Material abzubauen, und im schlechtesten Fall verlässt unverdautes Material die Anlage. Die Faulraumbelastung und die Verweilzeit müssen deshalb aufeinander abgestimmt werden.

Verweilzeit

Die hydraulische Verweilzeit ist die Zeit, die ein Substrat theoretisch im Fermenter verbleibt. Bei volldurchmischten Fermentern ist sie ein errechneter Durchschnittswert. Beim Pfopfenstromfermenter entspricht die theoretische Verweilzeit schon mehr der tatsächlichen Verweilzeit, da man davon ausgeht, dass die überwiegende Gesamtheit des zugeführten Substrates wie ein Propfen durch den Fermenter gepresst wird. Deshalb benötigen dieselben Substrate im volldurchmischten System eine längere Verweilzeit als im längs durchströmten.

Die Verweilzeit eines Substrates im Fermenter richtet sich nach der Abbaubarkeit des Substrates. Leicht verdauliche benötigen kürzere Aufenthaltszeiten als schwer verdauliche Substrate (Abb. 2.4).

Als Maß für die Mindestverweilzeit im Fermenter ist die Generationszeit der beteiligten Bakterien zu sehen. Denn wird die Verweilzeit so kurz gewählt, dass sie keine Zeit haben, ihre Bakterienmasse zu verdoppeln, kommt es zu einem Nettoverlust an

Beispiel für eine Berechnung der Faulraumbelastung

Einer Anlage werden täglich 6 m³ Silomais, 8 m³ Bullenmist, 6 m³ Grassilage und 0,5 t Getreideschrot zugeführt.
Der Fermenter und der Nachgärbehälter haben ein Volumen von jeweils 800 m³, d.h. es stehen effektiv 1600 m³ Fermentervolumen zur Verfügung.
Zunächst muss das Substrat von Volumenangaben auf Gewicht, dann von Frisch- auf Trockenmasse und zuletzt auf die organische Trockenmasse umgerechnet werden:

- In einer Tonne Mist sind rund 25% Trockenmasse, der Rest ist Wasser.
- 25% von 4,8 t Bullenmist sind 1,2 Tonnen trockene Masse, davon wiederum sind 80% organische trockene Masse, der Rest sind Ascheanteile, Minerale, Steinabrieb etc..
- 80% von 1,2 Tonnen sind 960 kg.

Von dem tatsächlich zugeführten 4800 kg Mist tragen nur 960 kg zur Gasbildung bei, denn nur sie sind organischen Ursprungs. Der Rest ist Wasser und anorganische, mineralische Bestandteile des Mistes.
Analog werden die Anteile der anderen Substrate errechnet.

	Substrat-input m³/d	spez. Dichte kg/m³	Input frisch kg/d	TS-Gehalt %	Input trocken kg/d	Gehalt an oTS %	Input oTS kg/d	Faulraum-belastung kg oTS/m³·d
Mist	8	600	4800	25	1200	80	960	0,60
Silomais	6	650	3900	30	1170	94	1100	0,69
Grassilage	6	500	3000	40	1200	89	1068	0,67
Getreideschrot	0,7	700	500	87	440	98	426	0,27
Gesamt (Summe)							**3554**	**2,2**

Insgesamt wird die Anlage mit einer Faulraumbelastung von 2,2 kg oTS/m³·d gefahren.
Damit liegt die Faulraumbelastung im mittleren Bereich und kann mit Bedacht noch gesteigert werden.

Tabelle 2.11 Beispiel für die Berechnung der Faulraumbelastung

Bakterienmasse aus dem Fermenter und dadurch zur Abnahme der Gasbildung. Da einige Bakteriengruppen zur Verdoppelung ihrer Bakterienmasse bis zu 10 Tage benötigen (siehe Abb. 2.3), ist diese Zeitspanne die untere Grenze der notwendigen Verweilzeit.

Die obere Grenze der Verweilzeit wird durch technische und wirtschaftliche Aspekte definiert. Irgendwann ist der Gaszuwachs so gering, dass das Vorhalten an Fermentervolumen teurer ist als die erzielte Gasmenge.

Die *Verweilzeit* des Substrats im Fermenter hat im Zusammenhang mit der Faultemperatur einen großen Einfluss auf Abbaugrad, Gasausbeute und Gasertrag. Kurze Verweilzeiten bringen hohe *Gasleistungen* (bezogen auf den m³ Faulraum), da vor allem die leicht ausfaulbaren Stoffe abgebaut werden. Betrachtet man aber die gesamte zugeführte organische Substratmenge, so sind kurze Verweilzeiten mit schlechten *Gasausbeuten* (bezogen auf kg oTS) und mit einem geringen Abbaugrad verbunden. Umgekehrt nehmen bei langen Verweilzeiten Gasausbeute und Abbaugrad zu und die Gasleistung pro m³ Faulraum ab.

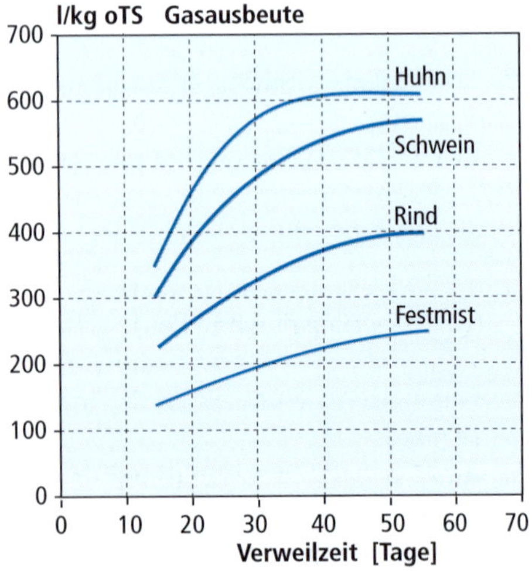

2.21
Spezifische Gasausbeute bei thermophiler Temperaturstufe in Abhängigkeit von der Substratart (Gülle von Hühnern, Schweinen und Rindern sowie Festmist) und der Verweilzeit (nach [56]).

Der Einfluss der Verweilzeit auf die Gasausbeute, bezogen auf die organische Trockensubstanz, ist in Abb. 2.21 dargestellt. Daraus wird ersichtlich, dass es große Unterschiede zwischen den Substraten der verschiedenen Tierarten gibt. Hühnerkot ist im thermophilen Temperaturbereich schon bei 30 Tagen Verweilzeit weitgehend „ausgegast", während Rinder- und Schweinegülle etwa 40 Tage und Festmist 50 Tage dazu brauchen. Man sieht aus dem Kurvenverlauf weiter, dass am meisten Gas in der Anfangsphase der Verweilzeit entsteht, während die Endphase nicht mehr viel bringt. In der Praxis verzichtet man daher auf die letzten Prozent der Gasausbeute. Einen ähnlichen Zusammenhang findet man bei Energiepflanzen und anderen organischen Reststoffen.

Errechnet wird die Verweilzeit, indem man das Behältervolumen durch die täglich zugeführte Substratmenge dividiert. Die hat sich seit 1985 verdoppelt bis verdreifacht, so dass heute die Mehrheit der Anlagen mit einer Verweilzeit von 60 bis 120 Tagen betrieben wird.

Natürlich ist es aus ökonomischer Sicht ratsam, die Verweilzeit und damit das notwendige Fermentervolumen so knapp wie möglich zu kalkulieren, da es direkt mit Kosten verbunden ist. Und dennoch sollte die Verweilzeit so gewählt werden,

- dass die Faulraumbelastung nicht über 4 kg oTS/m³·d steigt,
- dass Änderungen in der Substratzusammensetzung und –menge in einem bestimmten Rahmen möglich bleiben und
- dass sich Erweiterungsoptionen der Anlage realisieren lassen.

Deshalb sollte bei der Dimensionierung des Fermenters ein Sicherheitszuschlag von 20% des Fermentervolumens berücksichtigt werden.

Für Substrate, die rasch abbaubar sind und zur Versäuerung neigen, sowie für Substrate, die durch einen hohen Stickstoffgehalt eine Ammoniakhemmung der Bakterien verursachen können, sollten längere Verweilzeiten eingehalten werden. Überschlägig sollte man bei dem Substrat Gülle mit folgenden Verweilzeiten rechnen:

- 20 - 25°C Prozesstemperatur
  60 - 80 Tage Verweilzeit
- 30 - 35°C Prozesstemperatur
  30 - 50 Tage Verweilzeit
- 45 - 55°C Prozesstemperatur
  15 - 25 Tage Verweilzeit.

Bei Energiepflanzen sollte man eine Aufenthaltszeit im Fermenter von mindestens 42 Tagen vorsehen. Substrate aus der agroindustriellen Verarbeitung haben in der Regel kürzere Verweilzeiten von 20 bis 35 Tagen.

In den Gasanalyselabors wird meist nach 4 bis 6 Wochen je nach Substrat der Gasbildungsversuch beendet, da der Gaszuwachs danach minimal ist. Rechnet man zu dieser Verweilzeit noch einen Sicherheitszuschlag von 2 Wochen, weil im Labor immer bessere Rahmenbedingungen herrschen als in der Praxis, so ist eine Mindestverweilzeit von 50 Tagen in der landwirtschaftlichen Praxis eine realistische Faustzahl.

Abbaugrad

Der *Abbaugrad* gibt an, wieviel *Prozent* der organischen Trockensubstanz *innerhalb der gegebenen Verweilzeit* abgebaut wurde. Ein vollständiger Abbau bis hin zur Mineralisierung ist theoretisch nur möglich, wenn das Substrat kein Lignin enthält. In der Praxis würde ein vollständiger Abbau sehr lange Verweilzeiten erfordern, da die Abbaugeschwindigkeit nicht konstant ist, sondern nach einer ansteigenden Anfangsphase merklich zurückgeht, analog der Gasbildung (Abb. 2.4 und 2.5). Das bedeutet, dass die letzten Prozent des möglichen Gesamtertrages an Gas nur mit großem Aufwand (Behältervolumen) und entsprechend hohen Kosten gewonnen werden können. Hohe Abbaugrade hängen von der Substratzusammensetzung ab, spiegeln eine hohe Gasproduktion wieder und sind deshalb anzustreben. In der Praxis finden sich Abbaugrade von unter 30 bis über 70%. Im Durchschnitt kann bei üblicher Verweilzeit mit einem Abbaugrad der Organik von 60% gerechnet werden. Anlagen mit ausschließlich nachwachsenden Rohstoffen erreichen auch Abbaugrade von 80% der organischen Trockenmasse.

Bei zu geringem Abbaugrad treten die positiven Umwelteffekte des Biogasverfahrens, insbesondere die Verringerung der Geruchs- und der Ätzwirkung kaum in Erscheinung.

2.5 Prozesskontrolle und -steuerung

Wie weiß man, dass die Biogasanlage gut läuft? Da die Biogasproduktion in einem geschlossenen System abläuft, ist man auf äußere Anzeichen angewiesen, um zu erkennen, ob der Fermentationsprozess störungsfrei verläuft.

Bei Biogasanlagen, in denen das erzeugte Gas im Blockheizkraftwerk verstromt wird, kann die aktuell erzeugte Leistung ein Indikator sein. Die Anlagen wurden für eine bestimmte elektrische Ziel-Leistung des BHKW konzipiert. Wird diese konstant erreicht, läuft die Anlage gut. In diesem Stadium können dann ggf. noch Optimierungsmaßnahmen unternommen werden, wie die Abstimmung der einzelnen Aggregate aufeinander in Hinblick auf den Eigenstrombedarf, auf die Optimierung der Wartung mit entsprechender Senkung der Betriebshilfsmittel, auf das Substratmanagement, beginnend bei Fruchtfolge, Sortenwahl, Konservierung bis hin zur Abstimmung der Stoffgruppen Fette, Proteine und Kohlenhydrate aufeinander.

Aber bevor man in die Optimierungsphase einer Anlage eintreten kann, muss zunächst einmal ein stabiler Prozess erkennbar sein. Eine hohe konstante Gasproduktion mit geringen täglichen Schwankungen ist ein erstes Anzeichen für einen stabilen Prozess. Im einfachsten Fall erkennt man den gleichmäßigen und stabilen Prozess an einer ständig gefüllten Gas-Folienhaube.

Eine weitere Kontrollmöglichkeit ist der Vergleich der produzierten Biogasmenge mit der Biogasmenge, die das zugeführte Substrat rechnerisch ergeben müsste. Wenn man diese Gasproduktion auf die täglich zugeführte organische Trockensubstanz (oTS/d) bezieht, erhält man die spezifische Biogasausbeute der Anlage.

Auch die spezifische Gasproduktion, ausgedrückt in m^3 Biogas pro m^3 Fermentervolumen und Tag, kann als anlagenspezifischer Kontrollparameter verwendet werden.

Bleiben diese Leistungsparameter konstant und der Anlagendimensionierung entsprechend hoch, läuft der Prozess stabil, auch wenn damit noch keine Aussage über die Qualität des Gases gemacht ist.

Setzt man die eingespeiste Strommenge zur verbrauchten Gasmenge ins Verhältnis, so kann man über diesen Faktor eine Aussage über die Gasqualität bekommen. Denn sinkt die eingespeiste Strommenge bei gleichbleibendem Gasverbrauch, so liegt dies an der mangelnden Qualität des Biogases (vorausgesetzt technische Störungen am BHKW sind ausgeschlossen).

Ist die täglich produzierte Gasmenge zu niedrig, liegt die Ursache dafür entweder beim Substrat oder bei der Technik. Auf der Substratseite gibt es für eine sinkende oder zu geringe Gasmenge nur vier Gründe:

1. falsche Substratzusammensetzung (Übersäuerung durch in der Regel zuviel leicht abbaubares Substrat oder durch N-Hemmung bei zu N-reicher Zusammensetzung),
2. durch zu hohe Raumbelastung des Fermenters (Überfütterung),
3. durch zu wenig Substrat (Unterfütterung)
4. durch Nährstoffmangel oder Schadstoffe.

Aber erst, wenn die Gründe 1 bis 3 geklärt sind und ausscheiden, lohnt es sich über mögliche substratspezifische Faktoren wie

Spurenelementmangel oder Schadstoffe nachzudenken.

Im technischen Bereich sind es im Wesentlichen die *Einbringsysteme*, das *Rühren* und die *Temperatur*, welche die Gleichmäßigkeit der Gasproduktion beeinflussen. Um den Prozessverlauf kontrollieren und steuern zu können, ist es nötig, einige Parameter zu messen und zu dokumentieren. Dazu gehören insbesondere die folgenden Parameter:

- Temperatur des Substrats im Faulraum
- Die erzeugte Gas- und Strommenge
- Gaszusammensetzung (CH_4, CO_2...)
- Art und Menge des täglich eingebrachten Substrates
- Die tägliche Schwefel- und Ammoniakmessung ist bei bestimmten Substraten oder bei Umstellung der Zusammensetzung zu empfehlen.
- Aktuelle Faulraumbelastung und Verweilzeit
- Regelmäßiges Messen der freien organischen Säuren und der Pufferkapazität, vor allem bei Substratumstellungen.

Mit der Erfassung dieser Parameter können alle wichtigen Prozess-Kennzahlen wie Gas- und Stromproduktion (Soll-Ist-Vergleich), Faulraumbelastung, Verweilzeit, Temperatur, Gasqualität, Schwefel- und Stickstoffkonzentration kontrolliert bzw. errechnet werden. Dabei helfen nicht nur die Werte für sich genommen, sondern auch die Trends, die zeigen, in welche Richtung sich der Prozess entwickelt. Zur Erfassung und Berechnung dieser Parameter gibt es eigens dafür entwickelte einfache Computer-Programme, welche die Betriebskontrolle erleichtern. Desweiteren unterstützen die folgenden Maßnahmen einen stabilen Prozessverlauf, deren Auswirkungen bereits beschrieben wurden:

- Substrattemperatur im Fermenter möglichst genau einhalten und thermostatisch regeln
- Quasikontinuierliche Substratzuführung
- Einbringen großer Mengen kalten Substrats unterlassen
- Umstellungen in der Substratzusammensetzung langsam und stufenweise vornehmen; dies gilt auch für Änderungen in der Tierfütterung.
- Einbringung von Hemmstoffen in hohen Konzentrationen vermeiden
- Ausreichend häufiges Rühren; entstehen beim und nach dem Rühren sehr große Gasmengen, ist dies ein Hinweis auf unzureichendes Rühren.

2.6 Zusammensetzung und Qualität von Biogas

Da nur das Methan im Biogas Energie liefert, ist es ratsam, zur Beschreibung der Gasqualität, der Gasausbeute und der Gasmenge sich auf das Methangas mit seinen normierten Eigenschaften zu beziehen. Denn das Volumen von Gasen ist von der Temperatur und vom Druck abhängig. Hohe Temperaturen führen zur Ausdehnung des Gases und zu einem verringerten volumenbezogenen Heizwert und umgekehrt. Je größer der Luftdruck, umso mehr Gas enthält eine Volumeneinheit und umso größer ist der Heizwert. Außerdem sinkt der Heizwert des Gases mit zunehmendem Feuchtegehalt. Um Gasausbeuten untereinander wirklich vergleichbar zu machen, ist es notwendig, sie auf einen Normzustand (Temperatur 0°C, Luftdruck 1,01325 bar, relative Gasfeuchte 0%) zu beziehen. Insgesamt ist die Angabe der Gasproduktionsrate in Norm-l oder Norm-m^3 Methan pro kg oTS (organische Trockensubstanz) also viel genauer und aussagekräftiger als die Angabe in m^3 Biogas pro m^3 Frischsubstrat (vgl. Abb. 2.22).

Wenn nicht anders angegeben, sind die Kalkulationsdaten in diesem Buch entsprechend normiert. In der Vergangenheit wurden diese Zusammenhänge nicht immer berücksichtigt, so dass viele ältere Aussagen über Gasproduktionsraten kaum verwertbar sind, bei denen Angaben zu Temperatur, Luftdruck, Methangehalt, TS und oTS-Gehalt u.a. fehlen.

Zuweilen erhält man auch von Labors bei gleichen Substraten unterschiedliche Ergebnisse zur Gasausbeute. Dies liegt an den unterschiedlichen Methoden, mit denen solche Messungen im Labor durchgeführt werden. Die einen messen am frischen Substrat, die anderen an trockenem, die einen mit unsiliertem, die anderen mit silierten Material, in 0,5 Liter- bis 10 Liter-Behältern usw. Je nach Rahmenbedingungen differieren die Ergebnisse. Inzwischen steht eine Normierung der Messmethode in Aussicht.

Die unterschiedlichen Methoden und Möglichkeiten der Messung und Berechnung von Gasausbeuten werden in der KTBL-Schrift *Gasausbeuten in landwirtschaftlichen Biogasanlagen[68]* detailliert beschrieben.

Gerade wegen der noch sehr uneinheitlichen Rahmenbedingungen bei der Bestimmung von Kennzahlen wie der Gasausbeute ist es in der Planungsphase wichtig, die Gültigkeit der Zahlenwerte zu prüfen und darauf zu achten, dass realistische Werte zugrunde gelegt werden, die den eigenen Rahmenbedingungen entsprechen.

Die *Qualität von Biogas* wird vor allem durch den Methangehalt bzw. durch das Verhältnis von brennbarem Methan (CH_4) zum „nutzlosen" Kohlendioxid (CO_2) bestimmt. Kohlendioxid verdünnt das Biogas und verursacht Kosten, vor allem bei der Gasspeicherung. Deshalb ist ein möglichst hoher Methan- und ein niedriger Kohlendioxidgehalt anzustreben.

Der üblicherweise erreichbare Methangehalt schwankt zwischen 50 bis 75%.

Der Methangehalt im Biogas wird vor allem durch folgende Kriterien beeinflusst:

- *Die Prozessführung*: Während in einstufigen Biogasanlagen der gesamte anaerobe Abbau in einem Fermenter, also in einer Stufe erfolgt und somit das gesamte Gas als Mischgas anfällt, kann in zweistufigen Anlagen das in der 1. Stufe erzeugte Gas, das zum Großteil aus Kohlendioxid und anderen energetisch nicht nutzbaren Gasen besteht, abgeleitet werden. Das in der 2. Stufe anfallende Gas hat dann einen hohen Methananteil, der bis über 80% betragen kann.
- *Die Nährstoffzusammensetzung des Substrats.* Die Menge und Qualität des erzeugten Biogases ist von der Menge der eingebrachten Stoffe und deren Zusammensetzung abhängig. Proteine und Fette bringen einen höheren Methangehalt. Bei kohlenhydratreichen Substraten wie z.B. Mais kann man mit einem Methangehalt von durchschnittlich 53% rechnen (Abb. 2.19).
- *Die Substrattemperatur*: In der Praxis hat sich gezeigt, dass bei hohen Fermentertemperaturen schlechtere Methangehalte ermittelt werden als bei niedrigeren Temperaturen. Dies ist durch die unterschiedliche Löslichkeit und damit mit der Produktion von gasförmigen CO_2 zu erklären. Je mehr CO_2 in die Gasphase übergeht, desto geringer ist der prozentuale Anteil des CH_4 im Biogas.

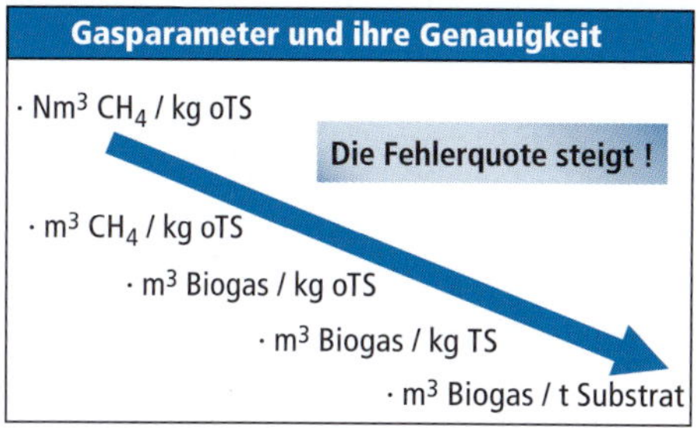

2.22 Aussagewert der Gasparameter.

Nach Methan und Kohlendioxid ist *Schwefelwasserstoff* (H_2S) der wichtigste Bestandteil im Gas. Schwefelwasserstoff ist sehr aggressiv und verursacht Korrosion, was vor allem an Armaturen, Gaszählern, Brennern und Motoren Probleme hervorruft. Deshalb muss das Biogas entschwefelt werden (vgl. Kap. 5). Entschwefeltes Biogas ist fast geruchsfrei.

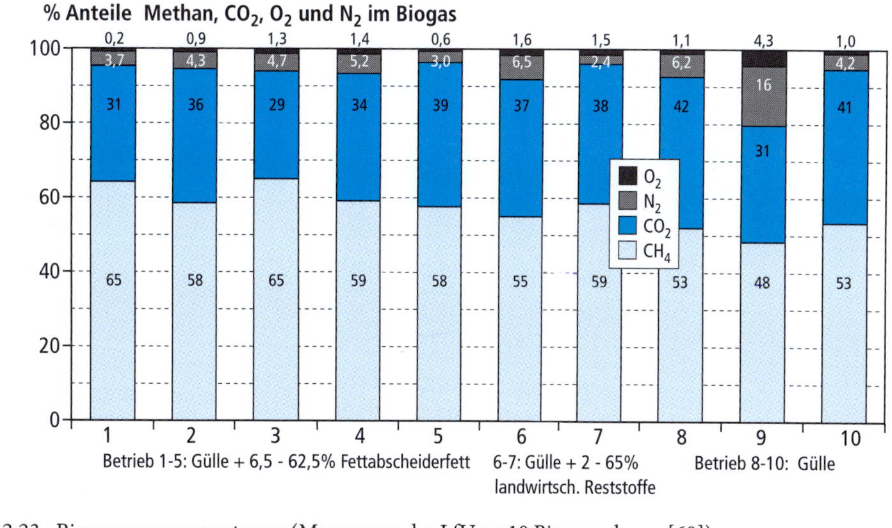

2.23 Biogaszusammensetzung (Messungen des LfU an 10 Biogasanlagen [60]).

Weiter finden sich im Biogas Spuren von *Ammoniak* (NH_3), elementarem *Stickstoff*, *Wasserstoff* und *Sauerstoff* mit einem Gesamtanteil von 6 bis 8% (Abb. 2.23). Schwefelwasserstoff und Ammoniak können vor Ort über Dräger-Röhrchen leicht gemessen werden. Die Röhrchen können mehrmals verwendet werden.

Frisch aus einer Biogasanlage kommendes Gas ist wasserdampfgesättigt. Es ist möglich, dass im Wasserdampf noch Spuren bisher zu wenig erforschter Stoffe gelöst sind, die Probleme bei der Verbrennung von Biogas in Kesseln und Motoren hervorrufen können. Beispielsweise traten bei der Oase-Biogasanlage in Rippershausen rätselhafte weiße, federleichte Flocken auf, die im Verbrennungsraum der Kessel dicke Schichten bildeten. Es dauerte lange, bis dieser „weiße Ruß“ als Siliziumoxid identifiziert werden konnte, das bei der Cofermentation siliconhaltiger Kosmetik-Salben durch komplizierte chemische Reaktionen (Bildung von Silanen) entstand. Die Trocknung des Biogases durch Auskondensieren des Wasserdampfes ist daher eine wichtige Maßnahme der Gasaufbereitung (Kapitel 5). Mit dem Kondenswasser wird nämlich auch ein großer Teil des im Biogas enthaltenen Ammoniaks abgeschieden, das sonst große Schäden an Motoren, insbesondere an Buntmetalllagern hervorrufen kann.

3 Substrate

3.1 Eignung von Substraten

Grundsätzlich sind alle organischen Stoffe sowohl auf anaerobem als auch auf aerobem Wege wenigstens teilweise abbaubar. Dabei gilt prinzipiell: festes, strukturreiches Material wie Baum- oder Strauchschnitt eignet sich besonders für die aerobe Behandlung, d.h. für die Kompostierung, während flüssige, nasse Materialien wie Gülle, Speiseabfälle, Fette etc. sich hervorragend zur anaeroben Behandlung, also Vergärung, eignen.

In Abb. 3.1 sind typische organische Stoffe aufgeführt, die sich entweder für den aeroben oder anaeroben Abbau eignen. Dabei ist vor allem der Trockensubstanzgehalt entscheidend dafür, mit welchem Verfahren (Vergärung oder Kompostierung) das Material am besten behandelt wird.

Ganz grob kann man sagen, dass für das *Nassverfahren* ein Trockenmassegehalt der Substratmischung zwischen 5 und 15% Trockensubstanz (TS) günstig ist. Bei einem Gehalt von weniger als 5% TS würde der Prozess zwar auch noch funktionieren, es müsste jedoch zu viel Wasser nutzlos durch die Anlage geschleppt werden, worunter die Wirtschaftlichkeit leidet. 15% TS ist der obere Grenzwert, bei dem das Substrat noch gepumpt, gemischt und gerührt werden kann. Die *Feststoffverfahren* arbeiten mit stapel- und schüttfähigem Material bei TS-Gehalten von über 25%. Demgegenüber liegt der für die *Kompostierung* günstige Trockenmassegehalt zwischen 40 und 60%.

Wichtig ist weiterhin das *Kohlenstoff-Stickstoff-Verhältnis* (C:N-Verhältnis), das zwischen 10 : 1 bis 40 : 1 liegen sollte. Grundsätzlich bieten die aus der landwirtschaftlichen Tierhaltung stammenden Abfälle günstige Voraussetzungen für die anaerobe Behandlung, da sie eine ausgeglichene Nährstoffzusammensetzung und hohe Pufferkapazität haben. Wichtig für die Rationsgestaltung ist, dass die Faulraumbelastung mindestens unter 4 kg, besser unter 3 kg oTS/m^3 Faulraum bleibt, unabhängig vom Substrat oder von der Mischung (vgl. Kapitel 2.4).

In der landwirtschaftlichen Biogaserzeugung hat es bei den zum Einsatz kommenden Substraten in den letzten Jahren starke Veränderungen gegeben. So kommt es kaum noch vor, dass ausschließlich Gülle oder Mist eingesetzt werden. Nur ausgewählte Großbetriebe in Ostdeutschland betreiben noch reine Gülleanlagen.

Die überwiegende Mehrheit nutzt die Cofermentation. Mit dem Begriff Cofermentation bezeichnet man die Vergärung von Gülle oder Festmist zusammen mit anderen organischen Stoffen. Cofermentationsanlagen werden heute oftmals mit Energiepflanzen, also mit speziell für die Biogasanlage angebauten Substraten wie Silomais, Getreide-Ganzpflanzensilagen, Getreideschrot und Grassilage und mit organischen Rest- und Abfallstoffen betrieben.

Manchmal werden Anlagen auch ganz ohne Gülle nur mit Energiepflanzen betrieben; man spricht dann von NawaRo-Anlagen. Sie haben sich in den letzten Jahren als Standard innerhalb der Biogasbranche etabliert. Vor allem wegen des NawaRo-Bonus sind große zentrale Anlagen aus dem Boden geschossen, die regional leider auch zu Akzeptanzproblemen geführt haben. Auch hat sich durch den enormen Substratbedarf der großen Anlagen ein regelrechter Kampf um noch freie Pachtflächen ergeben, der für die Biogasbranche nicht förderlich war. Denn mittlerweile gibt es Bürgerinititativen auch

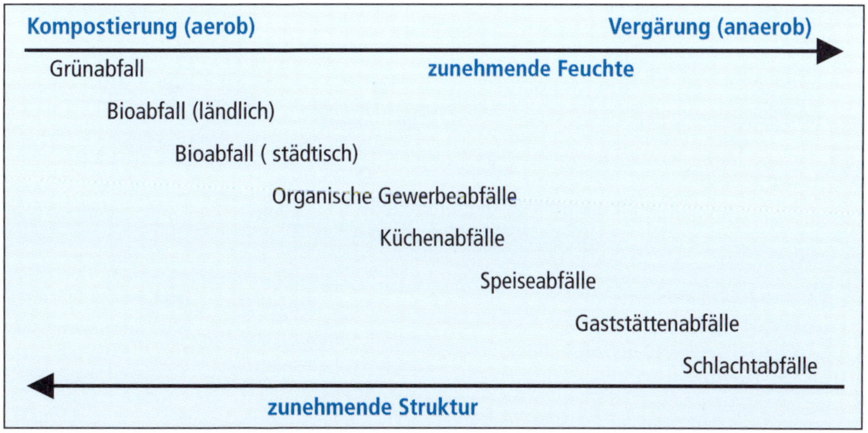

3.1 Aerobe und anaerobe Behandlung organischer Abfälle (nach Wiemer & Partner 1994).

gegen Biogasanlagen. Die Betreiber solcher Anlagen stammen oftmals nicht mehr aus dem landwirtschaftlichen Sektor, ihr einziges Interesse besteht im Erzielen eines hohen risikoarmen Gewinns, der sich nicht an Ressourcenschonung bei Transport und Wärmenutzung orientiert. So stehen heute einige 500 kW-Anlagen regelrecht in der Pampa und tragen, außer zur Stromeinspeisung, nicht zu den sonst bekannten positiven Aspekten der Biogastechnologie bei. Zu Recht werden solche Anlagen mit Skepsis oder Ablehnung betrachtet. Generell kommt den Energiepflanzen aber wegen ihrer hohen Gasausbeute und guten Abbaugrade besonderes Interesse zu.

Werden organische Reststoffe durch Cofermentation in landwirtschaftlichen Biogasanlagen verwertet, so lassen sie sich drei Gruppen zuordnen:

- Reste aus der Pflanzenproduktion,
- Verarbeitungs- und Verzehrabfälle,
- kommunale organische Abfälle.

Durch die Cofermentation mit organischen Reststoffen ergibt sich eine interessante Verknüpfung von Abfall- und Energiewirtschaft, da aus Abfällen Strom und Wärme gewonnen wird (Abb. 3.2).

Die bisherigen Entsorgungs- bzw. Verwertungswege für organische Abfallstoffe aus der Futtermittelherstellung, Humanernährung und Grundstoffgewinnung für Kosmetika sind an einer Kapazitätsgrenze angelangt [81]. Zum einen wird die Deponierung von organischen Abfällen sehr restriktiv gehandhabt; Abfälle dürfen nur dann noch deponiert werden, wenn sie gemäß der Technischen Anleitung Siedlungsabfälle (TA-Si) einen Glühverlust von max. 3% aufweisen, d.h. weniger als 3% organische Stoffe enthalten. Zum anderen gilt durch das Abfallgesetz ein *Verwertungsgebot* für organische Reststoffe [82, 83].

In der landwirtschaftlichen Biogaspraxis werden nicht die hoch belasteten industriellen Abwässer nachgefragt, sondern vielmehr breiartige bis feste Reststoffe aus Haushalten, aus der Agro- und Ernährungsindustrie sowie aus der Landschaftspflege. Viele dieser Reststoffe wie Fette, Rasenschnitt, Gemüseabfälle, Altbrot, Schlempe, Pülpe, Speiseeis, Marmelade und Fleischprodukte kommen für die Kompostierung wegen zu hoher Nährstoffkonzentrationen und mangelnder Struktur sowieso nicht in Frage. Es versteht sich von selbst, dass infektiöses oder stark schadstoffbelastetes Material nicht verwendet werden darf.

Da Energie gewonnen wird, hat die Technik der anaeroben Vergärung gegenüber der Kompostierung eindeutige Vorteile; außerdem ergänzen sich die aeroben und anaeroben Verfahren technisch, ökonomisch und ökologisch in idealer Weise [84, 85].

Eine Reihe von Landwirten verwertet in ihren Biogasanlagen bereits organische Reststoffe wie Brennereischlempe, Gemüseabfälle, Fettschlamm, Molkereiabfälle und kommunalen Grasschnitt. Am häufigsten werden fetthaltige Substrate angenommen.

Als ursprünglicher Erzeuger ist der Landwirt geradezu prädestiniert für die Rücknahme der Verarbeitungsabfälle und der Verzehrreste, weil dadurch der Nährstoffkreislauf nutzbringender als bisher geschlossen werden kann. Ferner eignen sich Landwirte aufgrund ihrer Kenntnisse und Erfahrungen mit biologischen Prozessen besonders als Betreiber von Biogasanlagen.

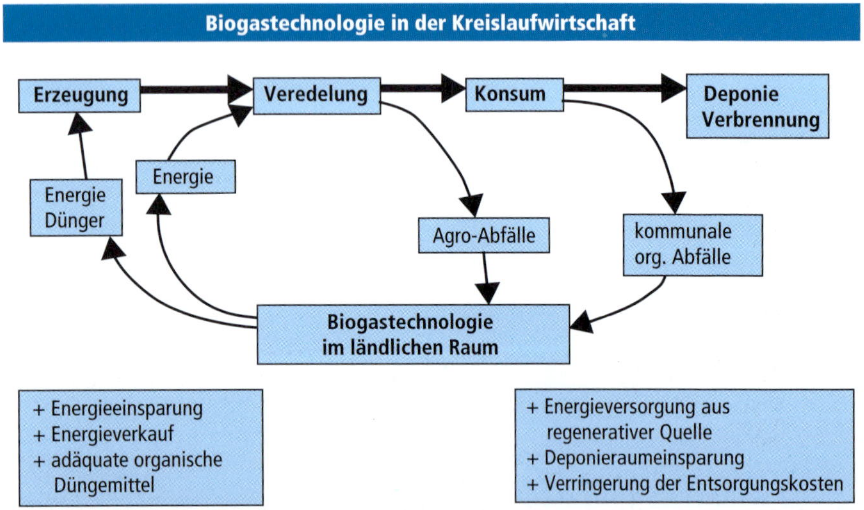

3.2 Der Einsatz der Biogastechnologie ist ein Beitrag zur Kreislaufwirtschaft in der dezentralen Reststoffverwertung.

Konzepte der Reststoffverwertung

Es gibt zwei verschiedene Strategien, die organischen Abfälle landwirtschaftlich zu verwerten (Abb. 3.3): die zentrale und die dezentrale landwirtschaftliche Reststoffverwertung.

Die Bioabfälle werden meistens zentral von einem Fuhrunternehmen eingesammelt. Die Aufbereitung (Reinigung, Sichtung u.a.) der Abfälle kann zentral oder dezentral bei den Betrieben erfolgen.

Die zentrale Aufbereitung hat den Vorteil, dass die größeren Durchsatzmengen eine mechanisierte Aufbereitung eher rentabel machen. Die dezentrale Aufbereitung bei den Landwirten ermöglicht eine gute Kontrolle darüber, was vergoren wird; sie ist zudem kostengünstig und erhöht die Wertschöpfung im Betrieb.

Die eigentliche Behandlung im anaeroben Fermenter kann unabhängig von der Aufbereitung zentral in einer großen Anlage unter Beteiligung vieler Landwirte oder dezentral in Einzelhofbiogasanlagen geschehen. Die Vorteile sind hier ähnlich gelagert wie bei der Aufbereitung: Bei der dezentralen Vergärung wird das Risiko in jeder Hinsicht verteilt. Die zentrale Vergärung hingegen zeichnet sich durch einen deutlich reduzierten Organisations- und Kommunikationsaufwand aus. Die Verwertung des ausgefaulten Materials geschieht in beiden Ansätzen in der Regel dezentral bei den Landwirten.

Beim 1994 für die Landkreise Dingolfing-Landau und Rottal-Inn entwickelte Rottaler Modell (ausgezeichnet als EXPO 2000-Projekt für die Weltausstellung in Hannover) übernehmen die Biogasanlagenbetreiber die Sortierung, Behandlung und Verwertung. Beim Rhadereistedter Modell (seit 1999) geschieht die Sammlung und Aufbereitung zentral und erst die Verwertung in Biogasanlagen dezentral. Ein Vorteil der zentralen Organisationsform besteht darin, dass kostenintensive Aufbereitungstechnologien wie z.B. Windsichter, Trommelsiebe, Magnetabscheider etc. eingesetzt werden können.

Ziele beider Modelle sind u.a. die Schließung der ökologischen Stoffkreisläufe, die Rückführung von Nährstoffen in den landwirtschaftlichen Kreislauf, die Förderung der Landwirtschaft als Dienstleister und die Energiegewinnung aus CO_2-neutralen und nachwachsenden Rohstoffen.

Die Vorteile liegen auf der Hand:

- kurze Transportwege,
- sichere und nachvollziehbare Entsorgung bzw. Abfallverarbeitung,
- kein zusätzlicher Flächenbedarf für die Abfallbehandlung,
- geringes Risiko aufgrund der Verteilung der Abfälle auf mehrere Betriebe und
- hohe Flexibilität bei Ausfall einer Anlage oder bei Abfallüberkapazitäten.

Die Wertschöpfung aus der Abfallbehandlung und der Energieerzeugung bleibt in der Region, und obendrein werden zusätzliche Arbeitsplätze geschaffen. Eine der ersten, die solche Verwertungskonzepte in die Praxis umsetzten, sind die Biogasvereinigung Ostbayern GmbH und die Soltauer Biogasgruppe sowie die Biogasanlage in Rotenburg (Bremervörde, (Rhadereistedter Modell). Letztere ist bekannt geworden durch den tragischen Unfall in der Annahmehalle der Anlage, bei dem mehrere Menschen aufgrund einer extrem hohen Schwefelwasser-

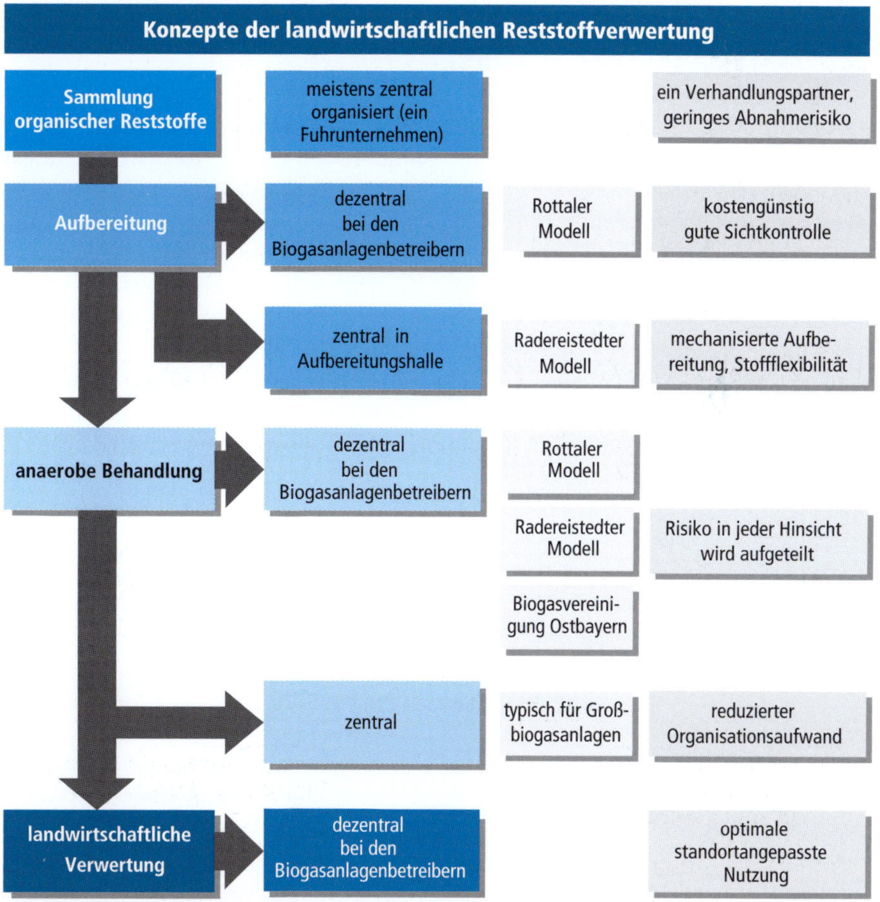

3.3 Konzepte landwirtschaftlicher Reststoffverwertung.

stoffkonzentration ums Leben kamen. Ähnliche Beispiele der Zusammenarbeit unter den Biogasbetreibern lassen sich mittlerweile in ganz Deutschland finden

Das Einleiten von *Hausabwässern* in die Biogasanlage ist einerseits für viele Landwirte interessant, um teure Kanalanschlussgebühren zu sparen; andererseits liegt der Trockensubstanzgehalt von Hausabwässern meist unter 2%, so dass auf ausreichende TS-Gehalte bei den anderen Substraten geachtet werden muss. Auf die Verwendung aggressiver Reinigungs- und Spülmittel sowie auf chemische Rohrreiniger im Haushalt sollte in diesem Fall verzichtet werden. Außerdem muss die Größe der Biogasanlage in einem vernünftigen Verhältnis zur Menge der eingeleiteten Abwässer stehen. Als Faustregel kann gelten, dass je 10 GV (14 m^3 mit 8% TS) das Abwasser einer Person problemlos entsorgt werden kann. Von der abwasserrechtlichen Seite her ist ein Anlagentyp mit möglichst gutem Hygienisierungseffekt (vgl. Kap. 11) zu wählen.

In der Regel wird das Einleiten in die Biogasanlage dann erlaubt, wenn der Ausbau zum Kanal unverhältnismäßig teuer ist oder wenn gar kein Kanalanschluss besteht. Eine Dreikammergrube ist dann nicht mehr erforderlich.

3.2 Aspekte der Substratwahl

Ob sich ein Substrat für die Vergärung eignet, kann nicht allein an Hand der typischen Gasausbeute entschieden werden. Vielmehr sind eine ganze Reihe zusätzlicher Faktoren bei der Auswahl zu berücksichtigen.

Sollen beispielsweise Bioabfälle genutzt werden, unterliegen der Bau und der Betrieb der Anlage dem Abfallrecht. Damit müssen besondere Auflagen erfüllt werden, z.B. die Trennung in saubere und unsaubere Bereiche (Anlieferung und Abfahren). Solche speziellen Auflagen haben großen Einfluss nicht nur bei der Dokumentationspflicht, sondern auch auf die Kosten und die Wirtschaftlichkeit der Anlage, und sollten daher im Vorfeld gründlich bedacht werden.

Ähnliches gilt für Substrate wie Fettabscheiderinhalte oder Speiseabfälle. Sie haben zwar hohe Methanausbeuten, verursachen aber z.T. einen sehr hohen genehmigungsrechtlichen und technischen Aufwand, da sie alle den Anforderungen der Nebenprodukte-Verordnung (EG Nr. 1774/2002) unterliegen.

Substrate mit hohem Wassergehalt wie Schlempen belegen den Fermenterraum recht uneffektiv, verbrauchen Lagerplatz und bringen auf ihr Volumen bezogen wenig Gasertrag.

Substrate mit einer hohen Energiedichte – also hohen TS-Gehalten – (wie z.B. Getreideschrot) sind im Lagerbedarf und der Fermenterraumbelegung zwar besonders effizient, verursachen aber schnell prozessbiologische Störungen und können deshalb nicht in großen Mengen eingesetzt werden.

Schnell abbaubare Substrate wie Zuckerrüben, Speiseabfälle u.ä. führen zu einer raschen Versäuerung im Fermenter und sind deshalb nur schwer allein zu vergären. Sie sollten daher vorzugsweise in einer Mischung mit anderen Substraten eingesetzt werden.

Auch müssen die Lagerfähigkeit, die Konservierungseignung sowie die Kosten der Lagerung und Einbringung der Substrate berücksichtigt werden. Rüben beispielsweise können über lange Zeiträume nur im gemusten, angesäuerten Zustand gelagert werden, wenn ihre hohe Qualität erhalten bleiben soll. Diese Anforderung verursacht aber wiederum hohe technische Lagerkosten. Die Lagerung von Silomais ist dagegen zwar technisch einfach, erfordert aber zuweilen einen hohen Flächenbedarf.

Ebenso ist die Sauberkeit von Substraten zu beachten. Futter- und Zuckerrüben bringen anhaftende Erde und Steine in den Fermenter, so dass ein Sedimentaustrag erforderlich ist.

In Substraten aus der Agroindustrie und der weiterverarbeitenden Industrie können Schadstoffe enthalten sein. Bei der Nutzung dieser Stoffe ist durch entsprechende (regelmäßige) Untersuchungen die Unbedenklichkeit für den Prozess und das Ausbringen sicherzustellen.

Bei der Nutzung von Energiepflanzen spielt neben der Gasausbeute die Ökonomie des Anbaus eine wichtige Rolle; dazu gehören Faktoren wie die Flächenleistung der Kulturen, die Fruchtfolgemöglichkeiten sowie die Nährstoffrückführung, das Produktionsniveau, die Kosten der Bereitstellung (Ernte und Anlieferung) und auch der Pachtpreis.

Auch die dauerhafte Verfügbarkeit der Substrate muss bedacht werden. Werden Cosubstrate vergoren, sollten möglichst langfristige Lieferverträge die Verfügbarkeit sichern. Anlagen, die auf viel Zupachtfläche angewiesen sind, sind risikoreicher zu beurteilen als Anlagen, die mit der überwiegend betriebseigenen Fläche auskommen. Deshalb sollten auch Pachtvereinbarungen möglichst langfristig geschlossen werden.

Und nicht zuletzt hat auch das Vergütungssystem des EEG (Erneuerbare Energien Gesetz) einen Einfluss auf die Wahl der Substrate. Will man die derzeit für die Vergärung in landwirtschaftlichen Biogasanlagen zugelassenen Substrate einer Bewertung unterziehen, so sind sicherlich die Gruppen der Wirtschaftsdünger und der nachwachsenden Rohstoffe bei Berücksichtigung aller Aspekte aus ökonomischer, rechtlicher und prozessbiologischer Sicht zu bevorzugen.

Zusammenfassend sollten bei der Wahl der Substrate die in Tabelle 3.1. aufgelisteten Aspekte Berücksichtigung finden. Im Folgenden wird auf einige Aspekte detaillierter eingegangen.

TS-Gehalt von Substraten, Herstellen von Substratmischungen

Die Pumpfähigkeit des Substrates bzw. des Substratgemisches sowie die hydraulische Beherrschbarkeit im Fermenter (Faulraumbelastung) sind üblicherweise die maßgeblichen technischen Kriterien bei der Nassfermentation. Um ein pumpfähiges Gemisch zu erhalten, sollte der TS-Gehalt der Mischung im Fermenter nicht über 18% liegen. Da ein Teil der TS im Fermenter abgebaut wird (zwischen 30 und 80% je nach Substrat), verdünnt sich die Mischung von selbst, so dass der Fermenter mit Substraten mit höherem Anfangs-TS-Gehalt befüllt werden kann. Ein Beispiel für die Berechnung der Mischungsanteile zeigt Abb. 3.2.

Die Frage lautet, wie viel Mais kann zur Rindergülle mit 8% TS gegeben werden, damit ein pumpfähiges Gemisch erhalten bleibt. Der TS-Gehalt der Mischung wird bei 18% gewählt, da der Abbaugrad von Rindergülle unter 50% liegt. So kann man davon ausgehen, dass sich im Mittel der Verweilzeit ein TS im Fermenter von ca. 12% einstellt. Bei Substraten mit höheren Abbaugraden kann auch ein höherer Anfangs-TS-Gehalt gewählt werden. Allerdings sollte er, um die Rührfähigkeit und einen ausreichenden Feuchtegehalt des Substrates zu erhalten, 25% TS nicht übersteigen (Nassfermentation).

Dadurch sind relativ trockene Stoffe, z.B. der Inhalt der Biotonne, im Beimischungsanteil beschränkt. Dies ist zu umgehen, wenn nach der Vergärung eine Fest-Flüssig-Trennung vorgenommen wird (Abb. 3.4). Das Dünnseparat wird dabei dem trockensubstanzreichen Frischsubstrat wieder zugesetzt (Prozesswasserrückführung). Damit erhöht sich die tägliche Gärsubstratmenge um den Anteil des Prozesswassers, was bei der Bemessung des Fermentervolumens zu berücksichtigen ist. Bei bereits bestehenden Anlagen muss auf die daraus resultierende Verkürzung der Verweilzeit geachtet werden, was aber unter Umständen durch eine Erhöhung der Prozesstemperatur ausgeglichen werden kann.

Aspekte der Substratwahl	
Die Substratwahl hat Einfluss auf	
Genehmigung und rechtliche Anforderungen bei Bau und Betrieb	z.B.Hygienisierungspflicht, BImschG-Genehmigung, aufwändige Dokumentationspflichten
Technik und Betriebskosten der Anlage	z.B. Entmischungsneigung, Rührwerksleistung, Schwerstoffaustrag TS-Gehalt des Substrates bestimmt die Pumpfähigkeit
Technik der Konservierbarkeit und Lagerung	Flüssiglagerung bei Rübenmus
Prozessbiologie	rasche Versäuerung bei leicht abbaubaren Substraten
Wirtschaftlichkeit	Flächenleistung, Produktionskosten, Fermenterraumbelegung, Pachtpreis, Preis für Cosubstrat, Höhe der Gasausbeute
Substratverfügbarkeit	Anteil der eigenen u. zugekauften Substrate, Lieferverträge, Pachtdauer
Höhe der EEG Vergütung	unterschiedliche Vergütungssätze je nach Substrat
Nährstoffbilanz und Gärrestausbringung	Substratzukauf erhöht die Nährstoffmengen im Betrieb, Düngemittelverordnung begrenzen die Ausbringmengen
Klima- und Humusbilanz	Substrate, die als Reststoffe ohnehin anfallen z.B. Gülle, haben eine bessere Klimabilanz, als Substrate, die extra angebaut werden. Kleegras ist ein Humusmehrer, Mais und Zuckerrüben sind Humuszehrer

Tabelle 3.1 Aspekte bei der Substratwahl.

Beispiel-Berechnung zur Ermittlung der Mischungsanteile
Gegeben: Rindergülle mit 8%TS Silomais mit 32% TS Die Mischung soll 18% TS nicht überschreiten.
$x = \frac{\text{TS der Mischung} - \text{TS Rindergülle}}{\text{TS Silomais} - \text{TS Mischung}}$ $= \frac{0{,}18 - 0{,}08}{0{,}32 - 0{,}18} = \frac{0{,}1}{0{,}14} = 0{,}7$
Pro m³ Rindergülle können 0,7 m³ Silomais zugegeben werden, um einen Gesamt-TS-Gehalt von 18% nicht zu überschreiten.

Tabelle 3.2 Berechnung der Mischungsanteile.

Entmischungsneigung von Substraten

Eine Mischung aus mehreren Substraten zeigt je nach Art der Substrate ein sehr unterschiedliches Entmischungsverhalten. Dieses wiederum hat Einfluss auf die Sediment- und Schwimmdeckenbildung und ist bei der Wahl des Rührwerkes (Rührtechnik und –leistung) zu berücksichtigen (siehe dazu auch Kapitel Schwerstoffaustrag).

Grundsätzlich gilt: je dickflüssiger und breiiger ein Substrat oder eine Mischung ist, umso weniger neigt sie zum Entmischen. Ein homogener Brei mit geringer Partikelgröße und hohem TS-Gehalt, wie zum Beispiel Rindergülle vermischt mit pflanzlichen Cosubstraten, zeigt eine geringe Entmischungsneigung. Zur erhöhten Entmischung neigen dagegen dünnflüssige Schweinegülle und Hühnergülle, Kartoffelfruchtwasser und Abwasser in Verbindung mit pflanzlichen Cosubstraten wie nicht zerkleinertes frisches Stroh, Mähgut und dergleichen.

Düngeplanung und Gärrestausbringung

Bei der Vergärung gehen die Nährstoffe im Substrat nahezu nicht verloren und lassen sich deshalb fast vollständig im auszubringenden Gärrest wiederfinden. Die Nährstoffe die im Substrat enthalten sind, können nach der Vergärung vollständig in der Düngeplanung berücksichtigt werden. Bei Phosphor, Kalium, Magnesium und Spurenelementen findet eine 100%ige Nährstoffrückführung statt. Nur bei Stickstoff treten Verluste durch Lagerung und Ausbringung auf. Dazu ist in Tabelle 3.3 der Stickstoffkreislauf für Energiepflanzen am Beispiel von Silomais in einem Biogasbetrieb dargestellt. Ein massereicher Silomais zum Beispiel benötigt zum Wachsen 300 kg Stickstoff je Hektar. Diese Menge wird bei der Ernte vom Feld gefahren und erreicht über die Biogasanlage das Endlager. Im Endlager treten dann rund 5% Verluste auf, meistens in Form von Ammoniakemissionen. Die Ausbring-

3.4 Separator, zur Abtrennung der festen Stoffe aus der flüssigen Phase.

Stickstoffkreislauf der Energiepflanzen im Biogasbetrieb	N-Menge in kg/ha
N-Abfuhr durch Ernte = N-Gehalt im Substrat	**300**
Lagerverluste 5%	– 15
Ausbringverluste 20%	– 57
Zwischenbilanz	**+228**
durch die Vergärung sind rund 62% mineralisch und schnell verfügbar 38% = 85 kg sind organisch gebunden	+143
N-Mineralisierung im Boden	+ 60
N-Auswaschung	– 30
N-Festlegung im Humus (Strohdüngung)	– 25
N-Rückführung durch das vergorene Substrat	**+148 bzw. +173***
Zusätzlicher Stickstoffdüngerbedarf, um 300 kg/ha zu decken	– 152 bzw. – 127*
* = ohne Humusfestlegung; N-Denitrifikation = N-Eintrag aus der Luft, keine Leguminosen	

Tabelle 3.3 Stickstoffkreislauf im Biogassystem. (Quelle: Peretzki/Heigl 2005)

verluste können trotz Schleppschlauch und sofortiger Einarbeitung auf dem Ackerland bis zu 20% betragen, so dass der N-Gehalt des auszubringenden Substrates im Beispiel um 57 kg verringert wird. Von den verbleibenden 228 kg N sind rund 62% in schnellverfügbarer mineralischer Form vorhanden. Von den ursprünglich 300 kg N sind demnach für die Düngebedarfsplanung 143 kg sofort wirksam. Hinzu kommen 60 kg N aus der Mineralisierung des organisch gebunden Stickstoffs im Boden, abzüglich der N-Verluste durch Auswaschung in Höhe von 30 kg. Bei Strohdüngung muss mit einer Stickstofffestlegung (Fixierung) von 25 kg N gerechnet werden. Es kommen also nur 173 kg des Stickstoffes (148 kg bei N-Fixierung) wieder zurück.

Berücksichtigt werden muss die die Obergrenze zur Ausbringung von Stickstoff aus tierischer Herkunft nach der aktuellen Gesetzeslage (Tabelle 3.4), die im Betriebsdurchschnitt bei 170 kg/ha und Jahr für Ackerland und bei 210 kg/ha und Jahr für Grünland liegt. Zudem dürfen nach der Ernte der Hauptfrucht nicht mehr als 40 kg Ammonium-Stickstoff und 80 kg Gesamtstickstoff je Hektar ausgebracht werden. Die erlaubten Nährstoffüberschüsse sind in der aktuellen Düngeverordnung genau festgelegt. Für Stickstoff ist ein Überhang von 60 kg/ha (Betrachtungszeitraum 3 Jahre) und für Phosphor von 20 kg/ha erlaubt (Tab. 3.5). Mit großer Wahrscheinlichkeit ist der Phosphorgehalt der Gärrestmenge der begrenzende Faktor für die Ausbringung. Das kann bedeuten, dass zur Ausbringung des gesamten Gärrestes ein höherer Flächenbedarf notwendig wird. Über die Wintermonate, d.h. vom 15. November bis 15. Januar, dürfen Gülle und flüssige Sekundärrohstoffe gar nicht ausgebracht werden.

Bei Verwendung von zugekauften Substraten (Energiepflanzen, agroindustrielle Reststoffe) muss unbedingt auf eine Rückführung oder ordnungsgemäße Verwertung des Gärrestes geachtet werden.

Auf alle Fälle müssen bereits bei der Planung die auszubringenden Nährstoffe mit der vorhandenen Fläche abgeglichen wer-

Werte aus der Düngeverordnung		
	Ackerland	Grünland
Stickstoff N_{ges}	170 kg/ha·a	210 kg/ha·a

Tabelle 3.4 Vorgaben der Düngeverordnung.

Erlaubter Nährstoffüberschuss		
Kultur	Stickstoff im Mittel der letzten 3 Düngejahre	Phosphat im Mittel der letzten Düngejahre
2006 bis 2008	90 kg/ha	20 kg/ha und Jahr oder im Durchschnitt der Bodenuntersuchung nicht mehr als 20 mg P_2O_5/100 g Boden (CAL) 3,6 mg P/100 g Boden (EUF)
2007 bis 2009	80 kg/ha	
2008 bis 2010	70 kg/ha	
2009 bis 2011	60 kg/ha	

Tabelle 3.5 Erlaubter Nährstoffüberschuss (nach Düngeverordnung [154]).

Nährstoffbedarf verschiedener Energiepflanzen				
Kultur		N	P	K
Silomais	kg /dt FM	0,38	0,16	0,45
CCM	kg/dt FM	1,41	0,41	0,36
Sonnenblumen Korn + Stroh	kg/dt FM	4,91	3,2	11,4
Weidelgräser	kg/dt FM	0,48	0,16	0,65
Kleegras	kg/dt FM	0,52	0,14	0,65
Grassilage	kg/dt FM	0,99	0,34	1,44
Heu, Wiese	kg/dt FM	1,32	0,5	2,02
Streuwiese 90 %TS	kg/t	6	2,5	7
Landschaftspflegematerial 40 % TS	kg/t	6,3	2,1	6,7
Zwischenfrüchte	kg/dt FM	0,35	0,11	0,45
Getreide GPS 35 % TS	kg/dt FM	0,56	0,23	0,47
Stroh 90 %TS	kg/t	5	3	17
Getreidekorn	kg/dt	1,5-1,8	0,8	0,6
Kartoffel	kg/dt FM	0,35	0,13	0,6
Zuckerrübe	kg/dt FM	0,18	0,1	0,25
ZR-Blatt	kg/dt FM	0,41	0,09	0,67

Tabelle 3.6
Nährstoffbedarf verschiedener Energiepflanzen, Gülle und organischer Reststoffe zur Berücksichtigung bei der Düngeplanung (zusammengestellt nach DüVO und [154]).

den. Zur Berechnung der Nährstofffrachten sind in den Tabellen 3.3, 3.6 und 3.22 die Nährstoffgehalte verschiedener Substrate angegeben. In Tabelle 3.19 ist für einige Biogassubstrate der Nährstoffgehalt dargestellt.

Gärrest ist ein hochwertiger organischer Dünger. Viele Untersuchungen dazu haben gezeigt, dass es keine Nachteile bei rein organischer Düngung gibt. Die Düngung mit Gärresten kann also die mineralische Düngung komplett ersetzen. Bei der Düngewirkung ist zu beachten, dass auf Flächen, die bislang nicht regelmäßig organisch gedüngt wurden, nur der schnell verfügbare Stickstoff (NH_4-N) angerechnet werden sollte. Bei regelmäßiger organischer Düngung hingegen werden 55% (bis 5 Jahre) bzw. 85% (über 5 Jahre) des gesamten N-Gehaltes wirksam. Kalium, Phosphor und Magnesium sind bereits im ersten Jahr der Anwendung zu 100% wirksam.

Dasselbe gilt für den Humusgehalt. Werden stark zehrende Fruchtarten immer wieder hintereinander angebaut, so nimmt der Humusgehalt im Boden ab. Humus hat aber vielfältige und besonders wichtige Aufgaben wie z.B.:

- Humus dient als Nährstoff- und Wasserspeicher.
- Humus sorgt für gute Bodenstruktur und beeinflusst damit den Wasser- und Lufthaushalt positiv.
- Humus gibt dem Boden seine braune Farbe und führt zur rascheren Bodenerwärmung.
- Humus ermöglicht eine hohe biologische Aktivität im Boden.

Deshalb ist es für eine nachhaltige Landbewirtschaftung besonders wichtig, den Humusgehalt stabil zu erhalten. In Tabelle 3.8

Wertbestimmende Daten organischer Reststoffe (Einzeluntersuchungen)

	Substrat	TS % von FS	oTS % von FS	N_{ges} g/l	Phosphat g/l	K_2O g/l	Rohprotein % von FS	Rohfett % von FS	Rohfaser % von FS	KW *) g/kg FS
Kommunale Reststoffe	Biomüll	60-75	30-70	0,6 - 2,7	0,2 - 0,4	0,4 - 2				
	Küchenabfälle			0,6 - 2,2	0,3 - 1,5	0,4 - 1,8				
	Garten- und Grünabfälle			0,3 - 2	0,1 - 2,3	0,4 - 3,4				
	Parkrasen-Schnitt	21	19	6,7	0,7	4,2	4,2			
	Extensiv-Weideschnitt	24	18	2,9	0,6	5,3	1,8			
Schlacht-reststoffe	Panseninhalt	17-30	16-30	5,8	3	5				3,8
	Flotatschlamm	12	11	6,0						45
	Flokkulationsschlamm	5	13	5,9	3,8	0,1				84,5
Reststoffe aus der Agro-industrie	Fettabscheiderrückstand	40	39	3,3-10	3	1				386
	Bleicherde	93	19	0,9	5,1	2,7				140
	Lederfalzspäne	47	42	6,9						10
	Maschinenleimleder	22								80
Reststoffe aus der Lebensmittelindustrie	Getreide Ausputz (Staubraum)	86	80	13,0	2,3	9,5				22
	Kartoffelschälreste	22	18	4,5			2,8	0,1	0,4	
	Kartoffelmus	20	18	4,8			3,0	0,2	1,0	
	Kartoffelpülpe	16	15	1,4	0,05	1,8	0,9	0,1	4,4	
	Kartoffelschlempe	7	6	3,9			2,4	0,03	0,6	
	Hefeabpresswasser	5		1,8			1,1			
	Hefemelasserest	72	60	41,4	1,8	57,5	25,9	0,4	0,4	

*) KW = Petroletherextrakt = S Fette und Öle; FS = Frischsubstrat

Tabelle 3.7 Wertbestimmende Daten organischer Reststoffe (Einzeluntersuchungen) [97].

Einfluss der Kulturart auf Humusabbau, N-Entzug und Gärrestmenge							
Kultur	Humusabbau kg C/ha	N-Entzug kg N/ha	notwendige Gärrestmenge[1)] (Humus) m³/ha	darin enthaltener Stickstoff kg N/ha	mögliche Gärrestmenge[1)] N-Entzug m³/ha	darin enthaltener Humus kg C/ha	Humussaldo kg C/ha
Silomais	-800	-220	89	445	44	396	-404
GPS-Getreide	-400	-140	44	220	28	252	-148
Zwischenfrucht	160	-120	-18	-90	24	216	56
2jähriges Mittel	-520	-215	58	288	48	432	-88
[1)] Gärrest: 7% TS, 9 kg humuswirksames C/m³, 5 kg $N_{ges.-netto}$/m³							

Tabelle 3.8 Einfluss der Kulturart auf Humusabbau, N-Entzug und Gärrestmenge [149].

sind die Zusammenhänge zwischen Humus- und Nährstoffgehalt und Gärrestmenge dargestellt. Der Anbau von 1 ha Silomais führt zu einer Humuszehrung von 800 kg Humus-C/ha und einem N-Entzug von 220 kg N/ha. Wollte man den Humusgehalt stabil halten, müssten 89 m³/ha Gärrest wieder zurückgeführt werden. Dieser enthält dann aber zuviel Stickstoff, so dass nur 44 m³ Gärrest/ha ausgebracht werden können. Der Humushaushalt kann dann aber nicht ausgeglichen werden, und es kommt infolge zu einer Abnahme des Humus-C um 404 kg/ha. Ähnlich sieht es beim Anbau von Getreide GPS aus. Auch hier kann kein ausgeglichener Humushaushalt erreicht werden, wenn die Stickstofffrachten berücksichtigt werden sollen. Nur Zwischenfrüchte und Substrate, die viel Organik am Feld belassen wie Körnermais, CCM (Corn-Cob-Mix) oder Kleegras führen zu einer Erhöhung des Humusgehaltes im Boden.

Für eine nachhaltige Energiepflanzenproduktion müssen also nicht nur die Nährstoffmengen in den auszubringenden Gärresten berücksichtigt werden, sondern auch die mögliche Rückführung von Humus. Ein ausgeglichener Humushaushalt ist am einfachsten über eine vielgliedrige und abwechslungsreiche Fruchtfolge zu erzielen.

Der Wert des Gärrestes lässt sich anhand aktueller Düngerpreise (1 €/kg N, 1,24 €/kg P_2O_5 und 0,62 €/kg K_2O) leicht berechnen. Je nährstoffkonzentrierter das Substrat, desto mehr Nährstoff ist im Gärrest und desto höher ist der Düngerwert. Im Schnitt wird für 1 m³ NawaRo-Gärrest ein Wert von etwa 10 € kalkuliert (Tab. 3.9). Damit einher geht die Frage der Transportwürdigkeit. Gärreste mit einem hohen Düngerwert können weiter transportiert werden als Gärreste mit einem niedrigeren Wert. Dementsprechend liegen die Transportentfernungen zwischen 18 und 400 km (vgl. Tabelle 3.9).

Gärrestmengen

Aus ökologischen, aber auch aus ökonomischen Gründen ist die bedarfsgerechte Düngung und Ausbringung von Gärrest mit Bedacht zu planen. Zu berücksichtigen sind die gesetzlichen Vorgaben hinsichtlich Nährstoffobergrenzen und die Sperrzeiten für die Ausbringung (Winter) sowie der Pflanzenbedarf und die witterungsbeeinflusste Ausbringmöglichkeit während der Vegetationsperiode.

So können Zwischenfrüchte im Herbst mit 15 bis 25 m³/ha und bei überwinternden Varianten noch einmal mit derselben Menge im Frühjahr gedüngt werden. Kleegras und

Düngerwert und Transportwürdigkeit				
Kultur	Düngerwert*	Kosten bodennaher Ausbringung	Kosten Transport	max. Transport-entfernung
	€/t Gärrest	€/t Gärrest	€/km·t Gärrest	km
Gülle (Rind, Schwein)	9,3			18
Maissilage	14,3			29
Grassilage	25,0	2,5	0,4	56
Getreide-GPS	16,5			35
Getreide-Korn	166,4			410
* inklusiv Umsatzsteuer				

Tabelle 3.9 Düngerwert und Transportwürdigkeit [153].

Grünland vertragen nach jedem Schnitt zwischen 15 und 25 m^3 Gärrest, insgesamt sollte Kleegras etwa 60 m^3/ha und Grünland etwas mehr, ca. 80 m^3/ha erhalten. Silomais erhält zwischen 40 und 60 m^3/ha (Phosphor beachten!) und Triticale, Winterweizen und –gerste erhalten vorzugsweise im Frühjahr noch eine Gärrestgabe von etwa 20 m^3/ha.

Eine solche bedarfsgerechte und ökologisch sinnvolle Ausbringung von Gärrest erfordert genügend Lagerraumkapazitäten. Da etwa 70 - 80% des Gärrestes im Frühjahr und nur 20 - 30% über dem Sommer bis zum Herbst ausgebracht werden, muss der Lagerraum dahingehend angepasst werden. Die Ausbringung von Gärresten sollte zum Schutz der Bodenstruktur unter Verwendung von Breitreifen mit niedrigem Reifeninnendruck und reduzierter Radlast erfolgen. Dies ist vor allem dann umso wichtiger zu berücksichtigen, wenn die Ausbringung bei ungeeigneten Bodenverhältnissen erfolgen muss. Dasselbe gilt natürlich auch für die Ernte der Substrate, da auch hier oftmals der Boden mit schwerem Gerät befahren wird.

Fermenterraumbelegung und Lagerraumbedarf

Auf Grund der unterschiedlichen Energiekonzentration bezogen auf 1 m^3 Substrat belegen die Substrate verschieden viel Fermentervolumen. CCM (Corn Cob Mix) beispielsweise enthält in 1 m^3 Frischmasse ca. 515 kg organische Trockenmasse (oTS). Im Vergleich dazu enthält Silomais je m^3 nur 216 kg oTS und Schlempe gar nur 5 kg oTS. Der Rest ist Wasser, das durch den Fermenter geschleust werden muss und kein Gas bringt. Würde man die Prozessbiologie und –stabilität außer Acht lassen, dann wäre es sinnvoll, nur hoch energiekonzentrierte Substrate dem Fermenter zuzuführen. Aber bei einer Faulraumbelastung von über 3 kg oTS/m^3 beginnt es prozessbiologisch kritisch zu werden. Abb. 3.5 zeigt die Fermenterbelegung verschiedener Substrate auf 3 kg oTS bezogen. Um 3 kg oTS einzubringen, sind bei Apfelschlempe 120 Liter erforderlich, bei Maiskörnern nur 5 Liter, die entsprechend viel Fermentervolumen beanspruchen.

Der spätere Lagerraumbedarf verändert sich durch den Abbau der organischen Trockensubstanz im Fermenter hingegen nur wenig. Ein Teil der täglich zugeführten organischen Substanz wird abgebaut und als Gas dem Kreislauf entnommen. Je nachdem, wie gut die organische Substanz abgebaut werden kann, reduziert sich ihr Anteil und dadurch auch das Lagervolumen. Allerdings macht dieser Effekt nur bis höchstens 20% des Ursprungsvolumens aus, da die festen Stoffe im Wasser vermischt bleiben und das Wasser nicht weniger wird.

Ein Beispiel zur Berechnung des Lagerraumbedarfs ist in Tabelle 3.10 dargestellt. Desweiteren ist zu berücksichtigen, dass bei einer bedarfsgerechten Düngung die Lagerkapazität mindestens auf 8 Monate erweitert werden sollte (siehe Düngeplanung).

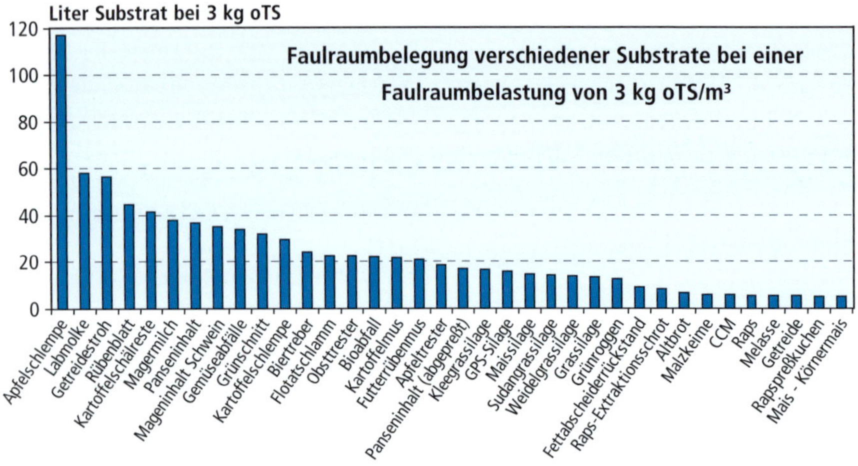

3.5 Fermenterraumbelegung verschiedener Substrate (verändert aus [80]).

Beispielberechnung der erforderlichen Lagerkapazität

	Frischmasse pro Jahr	TS-Gehalt	TS pro Jahr	Abbaugrad der TS	Abgebaute TS-Menge	Restsubstrat-menge
Gülle	1800 t	8%	144 t	40%	57,6 t	1742,4 m³/a
Silomais	1000 t	33%	330 t	60%	198,0 t	802,0 m³/a
Gesamt	**2800 t**		**474 t**		**255,6 t**	**2544,4 m³/a**

Tabelle 3.10
Beispielsrechnung für die Berechnung der Lagerkapazität.

Eignung der Substrate aus wirtschaftlicher Sicht

Die Auswahl der Substrate sollte auch hinsichtlich der zu erwartenden Kosten und der möglichen Erlöse bewertet werden. Die Einnahmen durch die Vergärung der Substrate werden hauptsächlich durch den Verkauf von erzeugtem Strom erzielt, möglicherweise gibt es zusätzliche Erträge in Form von Wärme, Düngerwert und Entsorgungserlösen.

Demgegenüber stehen die substratspezifischen Produktionskosten und die Kosten durch die Verarbeitung in der Biogasanlage. Die Verarbeitungskosten in der Biogasanlage wiederum setzen sich zusammen aus variablen und festen Kosten.
Zu den variablen, d.h. mengenabhängigen Kosten zählen die Kosten für Wartung, Zündöl, Ausbringung und Arbeitsaufwand, zu den Festkosten, d.h. zu den mengenunabhängigen Kosten zählen die Kosten für den Fermenter (volumenabhängig), das BHKW (leistungsabhängig) sowie für Technik und Güllelager. Es ist einleuchtend, dass wasserreiche, energiearme Substrate die Festkosten in die Höhe treiben, gleichzeitig aber geringe variable Kosten verursachen.

Auf der Basis dieser Kostenstruktur können Obergrenzen für die maximal tolerierbaren Bereitstellungskosten von Energiepflanzen ermittelt werden, bei denen eine Nutzung in Biogasanlagen noch wirtschaftlich ist (6% Verzinsung und Lohnansatz) (Tab. 3.11). Demnach dürfen Rindergülle und Kartoffelschlempe nichts kosten, sie verursachen hohe Festkosten und bringen geringe Stromerlöse aufgrund ihres geringen Energiegehaltes pro Einheit. Energiereiche Silagen mit TS-Gehalte um die 35% dürfen Kosten zwischen 35 und 43 €/t Frischmasse verursachen. Am höchsten sind die Körner einzustufen, sie erzielen hohe Erlöse und verursachen relativ geringe Festkosten. Ihre Bereitstellungskosten dürfen zwischen 100 und 190 € je t Frischmasse betragen, ohne dass die Vergärung unwirtschaftlich wird. Die Berechnung erfolgte auf Basis des EEG 2009, aber auch bei Berücksichtigung des EEG 2012 bleiben die tolerierbaren Kosten im dargestellten Bereich.

Die Gegenüberstellung der Anbaukosten und der erzielbaren Stromerlöse in Tabelle 3.12 zeigt, dass bei Substraten, die häufiger geerntet werden müssen, wie Grünland oder Kleegras, gerade mal die Anbaukosten gedeckt werden können. So wird schnell deutlich, dass bei den Energiepflanzen die Rechnung sehr eng ist (Tab.3.12). In vielen Fällen lohnt sich der Anbau von Energiepflanzen

Tolerierbare Bereitstellungskosten für Substrate

Substrate	Bereitstellungskosten in €/t Frischmasse
Rindergülle (8 %TS)	0
Geflügelkot (50%TS)	35
Kartoffelschlempe (6 %TS)	0
Wiesengras frisch (18% TS)	15
Grassilage (35%TS)	35
Weidelgras (35%TS)	42
Maissilage teigreif (28 -35%TS)	26-30
GrünroggenSilage (25%TS)	24
Getreide-GPS (40%TS)	33
CCM (3,5 % Rohfaser, 65%TS)	78
Getreidekorn (87%TS)	114
Rapssamen (88%TS)	195

*errechnet auf Basis EEG 2009 u.60 Tage Verweilzeit

Tabelle 3.11
Tolerierbare Bereitstellungskosten für Substrate [80], [143]

Erträge und Anbaukosten verschiedener Energiepflanzen

	Ertrag dt FM/ha	TS %	Methanertrag m³/ha	Stromerlös [1] €/ha	Anbaukosten [2] €/ha
Getreideganzpflanzensilage	30-50	35	2300-4000	1400-2400	1000-1600
Weizenkorn	6-10	87	1900-3100	1100-1900	800-900
Roggenkorn	4-7	87	1400-2200	850- 1330	700-800
Triticale	5-8	87	1600-2500	1000-1500	700-800
Silomais	40-60	35	3700-5500	2250-3300	1300-2000
CCM	12-16	60	2200-3000	1330-1800	1000-1300
Zuckerhirse	50-86	22	2600-4400	1600-2700	1600-2100
Sudangras	37-74	22	2300-4600	1400-2800	1400-2500
Futterrüben	80-120	18	4544-6816	2800-4000	2200-3107
Topinamburkraut	35-62	29	2400-4300	1500-2600	1700-2500
Ackergras, Leguminosenmischungen (Silage)	26-43	35	2100-3500	1300-2100	1200-2000
Grünland	20-34	35	1650-2800	1000-1700	1000-1800

1) bei Vergütung 16 ct/kWh und η_{el} = 38%; 2) bei 2-20 ha Anbaufläche

Tabelle 3.12
Erträge und Anbaukosten verschiedener Energiepflanzen (verändert aus KTBL Faustzahlen Biogas 2007)

nur auf eigenen Flächen, hohe Pachtpreise können schon nicht mehr gedeckt werden.

Der Gewinn bei Anlagen, die ausschließlich mit Energiepflanzen betrieben werden, ist sehr stark von der Agrarpreisentwicklung beeinflusst. Hohe Agrarpreisindices führen aufgrund der höheren Substratkosten zu geringeren Gewinnen und umgekehrt. Demgegenüber haben Anlagen, die mit Gülle oder agroindustriellen Reststoffen betrieben werden, einen Vorteil. Das Risiko eines Betreibers steigt, je mehr er sich bei der Substratwahl von externen Faktoren abhängig macht.

Bei den Substraten aus der Agroindustrie muss im Prinzip dieselbe Rechnung mit denselben Bewertungszusammenhängen gemacht werden:

- Energiereiches, TS-reiches Material ist prozessbiologisch schwierig zu handhaben, bedingt hohe Faulraumbelastungen und lange Verweilzeiten.
- Die Fermenterraumbelegung und der Lagerbedarf ist bei energiereichen Substraten effizienter und die Gasausbeuten sind hoch.
- Das große Plus, dass Reststoffe aus kommunaler oder agroindustrieller Herkunft haben, ist der erzielbare Entsorgungserlös.

Allerdings hat die große Nachfrage nach Cofermenten in den letzten 20 Jahren zu einem totalen Verfall der Entsorgererlöse geführt, bei gleichzeitig stetig steigenden Anforderungen an Technik, Kontrolle und Dokumentation. Organische Reststoffe werden bereits ohne zusätzliche Erlöse angenommen, bisweilen auch abgeholt. Um dem Preisverfall entgegen zu treten, haben sich Zusammenschlüsse von Betreibern und Organisationskonzepte wie das Rottaler Modell, die Soltauer Biogasgruppe oder die Biogasvereinigung Ostbayern bewährt.

Gefahrenpotenzial der Substrate

Eine grobe Einordnung der Substrate im Hinblick auf die Gefahr von Schadstoff- und Störstoffeinträgen und pathogener Belastungen gibt Tabelle 3.13. Als völlig unbedenklich gelten Energiepflanzen, Gemüseabfälle, Schlempe, Grüngut und Rasenschnitte. Bei den Wirtschaftsdüngern kann ein hygienisches Risiko durch Übertragung und Verbreitung von pathogenen Keimen auftreten. Ein größeres hygienisches Risiko bringen Schlachtabfälle oder Großküchenabfälle, die deswegen auch hygienisiert werden müssen. Bei Bioabfällen ist mit Störstoffen zu rechnen und bei Straßenbegleitgrün kann mit einer erhöhten Schadstoffbelastung gerechnet werden.

Gefährdungspotenzial verschiedener Substrate

		Risikolos	Hygienisch riskant	Störstoffhaltig	Schadstoffhaltig
Energiepflanzen	Mais, Getreideschrot, Grassilage…	X			
Wirtschaftsdünger	Gülle, Mist	X	X		X (durch Futteradditive Cu, Zn)
Kommunale Reststoffe	Grüngut, Rasenschnitt	X			
	Straßenbegeleitgrün				X
	Biotonne			X	
Organische Reststoffe aus der Agroindustrie	Gemüseabfälle, Schlempen, Treber, Trester	X			
	Überlagerte Lebensmittel		X	X	
	Nahrungsmittelverarbeitung und Pharmaindustrie	X			X (Metallabrieb)
	Schlachthofabfälle, (Panseninhalt, Fettabscheiderinhalt u.a.)		X		X
Gastronomie	Speiseabfälle, Fettabscheider und Fette		X	X	X

Tabelle 3.13 Einteilung der Substrate nach ihrem Gefährdungspotenzial [aus 69].

Substratwahl und Rechtsvorschriften

Aus rechtlicher Sicht ist die Vergärung von Wirtschaftsdüngern noch am wenigsten problematisch. Auch bei der Cofermentation mit Energiepflanzen bewegt sich der Betreiber mehr oder weniger im landwirtschaftlichen Tätigkeits- und Rechtsbereich.

Bei der Cofermentation von organischen Rest- und Abfallstoffen allerdings bildet die Biogasanlage den Schnittpunkt zwischen Abfallwirtschaft (Abfallmarkt, AbfG, BioAbfV), Energiewirtschaft (Energiepreise, Konditionen, EEG) und landwirtschaftlicher Urproduktion (Boden- und Gewässerschutz, DüMV, DüngeV, HygieneV, Tierseuchen- und Tierkörperbeseitigungsgesetz) (vgl. Tabelle 3.14). Der Landwirt tritt dabei als Abfallverwerter auf, der die ökologischen

Risiken gegen die ökonomischen Vorteile abwägen muss.

Die wichtigsten Rechtsbereiche sind:

- Das Abfallrecht,
- die Bioabfallverordnung,
- die EU-Hygieneverordnung,
- die Düngeverordnung und Düngemittelverordnung und
- die Wirtschaftsdüngerverordnung.

Das Abfallrecht

Abfälle im Sinne des gültigen Abfallgesetzes sind bewegliche Sachen, derer sich der Besitzer entledigen will oder deren geordnete Entsorgung zur Wahrung des Wohls der Allgemeinheit, insbesondere des Schutzes der Umwelt, geboten ist. Es ist also unwesentlich, ob eine Sache noch einen „Wert" hat bzw. gebrauchsfähig oder weiter verwertbar ist. Juristisch ist somit auch das Gewinnen von Biogas aus der Vergärung von Abfällen unter die Abfallentsorgung einzuordnen. Eigentlich besteht für Abfälle der Zwang zur Benutzung einer Abfallentsorgungsanlage. Aber aufgrund §4, Absatz 1, Satz 2 des AbfG (AbfallGesetz) ist eine Verwertung oder Behandlung von Abfällen auch in Anlagen zulässig, welche nicht überwiegend Zwecken der Abfallentsorgung dienen, sofern diese immissionsrechtlich genehmigt sind. Werden also Abfälle im Sinne des AbfG in einer Biogasanlage verwertet, muss die Anlage nach dem Bundesimmissionsschutzgesetz genehmigt werden (siehe auch Kapitel Genehmigung).

In den Rechtsvorschriften des Abfallrechts werden vor allem die schadstoffseitigen Verwertungsvoraussetzungen geregelt (Tabelle 3.15).

Die Bioabfallverordnung

In der Bioabfallverordnung (BioAbfV) wird die Verwertung von Bioabfällen auf landwirtschaftlich, forstwirtschaftlich und gärtnerisch genutzten Böden geregelt.

Bioabfälle in Sinne der Verordnung sind: „Abfälle tierischer oder pflanzlicher Herkunft zur Verwertung, die durch Mikroorganismen ... abgebaut werden können; ...". Dazu gehören zum Beispiel überlagerte Lebensmittel, Rückstände aus der Konservenfabrikation, Fettabfälle und -abscheiderinhalte, Spelzen, Getreidestaub, Molke, Obst- und Getreideschlempen, Treber, Küchen- und Kantinenabfälle. Ferner ist eindeutig festgelegt, dass „Pflanzenreste, die auf ... landwirtschaftlich genutzten Flächen anfallen ... keine Bioabfälle (sind)". Die Gärrückstände werden als „anaerob behandelte Bioabfälle" definiert.

Gesetzlicher Rahmen und Verordnungen für verschiedene Stoffklassen		
Stoff	**Gesetze**	**Verordnungen**
Wirtschaftsdünger	Düngemittelgesetz	Düngemittelverordnung (bei der Abgabe zur Anwendung innerhalb und außerhalb der Landwirtschaft)
		Düngeverordnung (bei der Anwendung innerhalb der Landwirtschaft)
		EU-Hygiene Verordnung Nr.1774
Bioabfall (Definition BioAbfV)	Abfallgesetz	Bioabfallverordnung (bei der Abgabe zur Anwendung innerhalb der Landwirtschaft und bei der Anwendung innerhalb der Landwirtschaft)
	Düngemittelgesetz	Düngemittelverordnung
		Düngeverordnung
		EU-Hygiene Verordnung Nr.1774
Tierische Reststoffe	Tierkörperbeseitigungsgesetz	selten – Bioabfallverordnung
	Tierseuchengesetz	Düngemittelverordnung (bei der Abgabe zur Anwendung innerhalb und außerhalb der Landwirtschaft)
	oder: Abfallgesetz (selten)	Düngeverordnung (bei der Anwendung innerhalb der Landwirtschaft)
	immer: Düngemittelgesetz	immer - EU-Hygiene Verordnung Nr.1774
Klärschlamm	Abfallgesetz	Klärschlammverordnung (bei Abgabe zur Anwendung innerhalb der Landwirtschaft und bei der Anwendung innerhalb der Landwirtschaft)
	Düngemittelgesetz	Düngemittelverordnung (bei der Abgabe zur Anwendung innerhalb und außerhalb der Landwirtschaft)
		Düngeverordnung (bei der Anwendung innerhalb der Landwirtschaft)

Tabelle 3.14 Gesetzlicher Rahmen für den Umgang mit verschiedenen Substraten.

Die BioAbfV regelt im Einzelnen die Anforderungen an die Behandlung (Hygienisierung, Aufbereitung u.ä.), die Verwertung und Kontrolle von Bioabfällen (§3 und Anhang 1). Der Kernpunkt ist, dass Bioabfällen generell vor der Verwertung (z.B. als Düngemittel) so behandelt werden müssen, dass eine seuchen- und phytohygienische Unbedenklichkeit gewährleistet wird (Anhang 2 BioAbfV, siehe Kapitel 11 Hygiene). Welche Abfallarten verwertet werden dürfen und welchen Ge- und Verboten diese unterliegen, ist im Anhang 1 BioAbfV festgelegt.

Weitere wesentliche Inhalte der Verordnung sind Schadstoffgrenzwerte, Höchstaufbringmengen (Tabelle 3.15), Ausbringungsverbote und Nachweispflichten. Die Bodengrenzwerte entsprechen nicht denen der AbfKlärV, sondern denen der Bodenschutzverordnung. Bei der Überschreitung einzelner Schwermetallgehalte können Ausnahmen für die Aufbringung erteilt werden, wenn Beeinträchtigungen des Wohls der Allgemeinheit nicht zu erwarten sind. z.B. bei geogenen Hintergrundbelastungen. Bei Cadmium ist keine Ausnahme möglich (§4 Abs. 3 BioAbfV). Für organische Schadstoffe sind keine Höchstwerte vorgesehen.

Die Verordnung gilt nicht:

- für Eigenverwertung selbsterzeugter Bioabfälle, die auf eigenen Flächen anfallen, sowie für die durch private Haushalte oder Kleingärtner durchgeführte Eigenkompostierung. Eigenverwertung ist das Aufbringen von betriebseigenen pflanzlichen Bioabfällen auf betriebseigene Böden. Auch die anteilige Rücknahme aus gemeinschaftlicher Verarbeitung landwirtschaftlicher Erzeugerzusammenschlüsse zur Aufbringung auf betriebseigenen Böden gilt als Eigenverwertung.
- wenn die AbfKlärV Anwendung findet.
- wenn die Bioabfälle nach anderen Rechtsvorschriften entsorgt werden müssen (vgl. Tierseuchengesetz u.a.).

Die EU-Hygieneverordnung

Die EU-Hygieneverordnung gilt für alle Substrate tierischer Herkunft, die nicht für den menschlichen Verzehr geeignet sind. Die Substrate werden nach Gefährdungsrisiko in drei Kategorien eingeteilt (siehe Kapitel 11 Hygienisierung). Materialien aus Drittländern müssen immer sterilisiert werden.

Die Verordnung regelt unter anderem:

- die Art und Weise der Behandlung (Sterilisation, Hygienisierung),
- die Abstandsregelungen zwischen Biogasanlage und tierhaltenden Betrieben,
- die Überwachungs- und Dokumentationspflicht,
- die Reinigung und Desinfektion von Fahrzeugen und Behältern, welche die Biogasanlage verlassen.

Schwermetallgehalt (in mg/kg TS) organischer Reststoffe und Grenzwerte der Klärschlammverordnung (AbfklärVO)

Substrat	Pb	Zn	Cd	Cr	Cu	Ni	Hg
Rindergülle	7	230	0,3 - 0,5	8	38	6	
Schweinegülle	7-18	700- 200	0,5 - 1,8	2 - 14	250-760	11-32,5	
Bioabfall		88 - 105	0,3 - 0,6	7 - 25	14 - 21	5,5 - 10	
Bleicherde	3	60		5	2	4	0,02
Maschinenleimleder	5	14	< 0,1	1,4	3	1,2	< 0,1
Teetreber	26	166	< 0,1	21	156	15	< 0,1
Fett	76	205	< 0,1	37	34	15	0,04
Biertreber	0,3-1	76-138	0,1-0,2	0,5-16	5,5-15	0,5-16	
Apfeltrester	3,4	6,7	0,3	1,6	7,8		
Rebentrester		75	0,5	5	150	2,5	
Pressschnitzel		86	1,35	16,9	16,6	7,7	0,04
Ausputz	18,6	240,7	0,15	5,1	9,3	5,8	0,16
AbfklärVO Schlamm	900	2500	10	900	800	200	8
AbfklärVO Bodenprobe	100	200	1,5	100	60	50	1
BioAbfV Gärrückstand 20 t TS/(ha für 3 Jahre)	150	400	1,5	100	100	50	1
BioAbfV Gärrückstand 20 t TS/(ha für 3 Jahre)	100	300	1	70	70	35	0,7
BioAbfV Boden Ton	100	200 (150 b. pH< 6)	1,5	100	60	70	1
BioAbfV Boden Lehm	70	150	1	60	40	50	0,5

Tabelle 3.15
Schwermetallgehalte organischer Reststoffe und Grenzwerte der Klärschlammverordnung (AbfklärVO) und der Bioabfallverordnung (BioAbfV)(in mg/kg TS).

Die Düngemittelverordnung

Die Düngemittelverordnung (DüMV) beinhaltet die Zulassung und Kennzeichnung von Düngemitteln. Organische Reststoffe dürfen nur dann als Düngemittel eingesetzt und in Verkehr gebracht werden, wenn sie gemäß der DüMV als Düngemitteltyp für Sekundärrohstoffdünger zugelassen sind.

Zulässig zur Herstellung von Düngemitteln sind nur Stoffe, die einen pflanzenbaulichen, produktionstechnischen oder anwendungstechnischen Nutzen haben. In der Anlage 1 DüMV sind folgende Angaben zu den Düngemitteltypen näher spezifiziert:

- Typenbezeichnung,
- Mindestgehalte (an Nährstoffen),
- Typenbestimmende Bestandteile, Nährstoffformen und -löslichkeiten,
- Bewertung und weitere Erfordernisse,
- Zusammensetzung; Art der Herstellung und besondere Bestimmungen.

Nur wenn vergorene Substrate (außer reine Wirtschaftsdünger) als Sekundärrohstoffdünger zugelassen sind, dürfen sie zur landwirtschaftlichen Düngung eingesetzt werden. Diese Düngerkategorie muss die abfallrechtlichen sowie düngemittelrechtlichen Vorgaben erfüllen. Außerdem ist die Erfüllung der Anforderungen an die Seuchen- und Phytohygiene Voraussetzung für den Einsatz als Düngemittel.

Die Zulassung erfolgt grundsätzlich nur auf Antrag, zu stellen an das Bundesministerium für Ernährung, Landwirtschaft und Verbraucherschutz (BMELV). Mit Inkrafttreten der Verordnung sind alle Produkte, die den Typ erfüllen, verkehrsfähig und allgemein gültig, d.h. es gibt keine Einzelfallzulassung.

Die Düngeverordnung

Die Düngeverordnung regelt die Anwendung von Wirtschaftsdünger tierischer Herkunft (Festmist, Jauche, Gülle). Neben der Mengenbegrenzung besteht ein generelles Ausbringverbot für Wirtschaftsdünger demnach in der Zeit vom 15. November bis zum 15. Januar (Kernzeit).

Wieviel Hauptnährstoffe auf Gründland und Ackerland im Jahr ausgebracht werden dürfen, zeigt Tabelle 3.14. Auf unbestelltem Ackerland sind Gülle, Jauche, und Geflügelkot unverzüglich einzuarbeiten. Nach der Hauptfruchternte dürfen über diese Stoffe nicht mehr als 40 kg NH_4-N oder 80 kg Gesamt-N pro Hektar ausgebracht werden. Für Wirtschaftsdünger dürfen Lagerverluste an Stickstoff bei Gülle bis etwa 10%, bei Festmist bis zu 25% und Ausbringverluste von bis zu 20% der ursprünglichen Menge in Anrechnung gebracht werden.

Wirtschaftsdüngeverordnung

Neu hinzugekommen ist die Wirtschaftsdüngeverordnung (WDüngeV). Sie regelt das Inverkehrbringen, das Befördern und die Übernahme von Wirtschaftsdünger im Inland und das Befördern nach anderen Staaten. Sie gilt nicht,

- wenn Wirtschaftsdünger eines Betriebes (auch zwischen zwei Betrieben desselben Verfügungsberechtigten) im Umkreis von 50 km, in dem sie angefallen sind, befördert werden,
- die Stoffe der Düngeverordnung unterliegen und die Betriebe nicht zur Erstellung eines Nährstoffvergleiches verpflichtet sind und
- wenn weniger als 200 t Frischmasse pro Jahr in Verkehr gebracht, befördert oder übernommen wurde.

All diejenigen, die unter die WDüngV fallen, müssen Aufzeichnungspflichten über Menge, Nährstofffrachten, Beförderer und Empfänger erfüllen. Zu empfehlen ist hier auch der vom Fachverband Biogas e.V. herausgegebene Leitfaden für Cofermentation, in dem aktuell und sehr detailliert die rechtlichen und genehmigungstechnischen Anforderungen dargestellt werden.

3.3 Wirtschaftsdünger

Gülle (Flüssigmist) ist ein Gemisch aus Kot und Harn von Tieren, die ohne oder mit nur wenig Einstreu auf Spaltböden, Gitterrosten u.ä. gehalten werden. Aus arbeitswirtschaftlichen Gründen hat sich diese Aufstallungsformen in den letzten 40 Jahren vor allem bei der Haltung von Milchkühen, Mastrindern, Mastschweinen und Hühnern sehr stark durchgesetzt.

Festmist: Bei der Haltung von Mutterkühen, Kälbern, Zuchtsauen, Pferden, Schafen und Ziegen oder in Betrieben, die ökologisch wirtschaften, sind hingegen Aufstallungen mit so viel Einstreu üblich, dass *stapelfähiger Festmist* anfällt, der meist kompostiert oder direkt ausgebracht wird.

Gülle und Laufhofmist (einstreuloser Schlamm aus Kot, Harn und Regen von betonierten Fress- und Laufflächen) sind besonders gut für Biogasanlagen geeignet. Für eine Kompostierung kommen diese Substrate ohne andere Zuschläge wegen des hohen Wassergehaltes nicht in Frage. Nur im Gemisch mit größeren Mengen Stroh und anderen rohfaserreichen Materialien werden sie vereinzelt kompostiert.

Tretstallmist ist ein Gemisch aus Kot und Harn von Rindern, innig vermischt mit Stroh. Er entsteht auf einer geneigten Liegefläche, in die am oberen Punkt eingestreut wird. Durch die Bewegung der Tiere wird die 30 bis 70 cm dicke Mistschicht nach unten in den nicht eingestreuten Fressgang getreten. Dort vermischt sie sich mit dem anfallenden Kot und Harn und wird mittels Frontlader oder Faltschieber aus dem Stall gefördert. Je nach Einstreumenge, die zwischen 2 und 6 kg/GV und Tag liegt, schwankt die Konsistenz des Tretstallmistes zwischen dickflüssig und fest. Von Huber, Ballheimer und Haidn [18] wurden bei Milchvieh TS-Gehalte zwischen 14,5 und 24,7% festgestellt. Nur bei hohen Einstreumengen kann der Mist unproblematisch kompostiert werden. Mist mit wenig Einstreu lässt sich dagegen in Biogasanlagen mit guten Rührwerken (vgl. Kap. 4) verarbeiten.

Bei hohen Einstreumengen sind Verdünnungsmaßnahmen nötig: Vermischen mit Wasser, Jauche oder dünnflüssiger Gülle in einer Vorgrube mit einem Schneidmixer. Außerdem sollte das Stroh schon vor dem Einstreuen auf eine Länge von ca. 10 cm zerkleinert werden. Dies kann während der Ernte durch Strohhächsler am Mähdrescher oder durch Schneidwerke im Ladewagen oder an der Großballenpresse gesche-

Umrechnungsschlüssel für die Berechnung von Großvieheinheiten (GV)	
Tierart	**GV/Stück**
Rindvieh	
Kälber und Jungvieh bis 1 Jahr (einschl. Mastkälber, Starterkälber, Fresser)	0,30
Jungvieh, 1 bis 2 Jahre alt	0,70
Färsen (älter als 2 Jahre), Mastrinder, Kühe (einschl. Mutter- und Ammenkühe mit den dazugehörigen Saugkälbern)	1,00
Zuchtbullen, Zugochsen	1,20
Schweine	
Ferkel bis etwa 12 kg	0,01
Ferkel über etwa 12 kg bis etwa 20 kg	0,02
Ferkel und Läufer über etwa 20 kg bis etwa 45 kg	0,06
Läufer über etwa 45 kg bis etwa 60 kg, Mastschweine, Jungzuchtschweine bis etwa 90 kg	0,16
Zuchtschweine (einschl. Jungzuchtschweine über etwa 90 kg)	
Schafe	
Schafe bis 1 Jahr	0,05
Schafe über 1 Jahr	0,10
Pferde	
Pferde unter 3 Jahre und Kleinpferde	0,70
Pferde ab 3 Jahre	1,10
Geflügel	**Tiere/GV**
Jungmasthühner u. Junghennen (1 Altersgruppe, Maximalgew. 1.200 g)	420
Jungmasthühner und Junghennen (2 und mehr Altersgruppen, Maximalgewicht 800 g)	625
Legehennen (1 Umtriebseinheit, Maximalgewicht 1.600 g)	310
Legehennen (2 und mehr Umtriebseinheiten, Maximalgewicht 1.500 g)	330
Anmerkung: Eine Großvieheinheit entspricht 500 kg Lebendgewicht	

Tabelle 3.16
Umrechnungsschlüssel für die Berechnung von Vieheinheiten (VE) und Großvieheinheiten (GV) (nach KTBL-Taschenbuch Landwirtschaft).

hen. Aber auch die stationäre Zerkleinerung auf dem Hof mit Großballenauflöser, Strohmühle oder Einstreumaschine ist möglich, allerdings meist mit erheblicher Staubentwicklung verbunden.

Festmist fällt bei traditionellen Haltungsformen in eingestreuten Anbindeställen und Laufställen bei Strohverbräuchen von 2 bis 12 kg pro GV und Tag an (vgl. Tab.3.17). Nur in Anbindeställen kann mit niedrigem Strohverbrauch stapelbarer Festmist gewonnen werden, weil der Harn der Tiere über eine Rinne in die Jauchegrube abgeleitet wird. Festmist ist leicht zu kompostieren. Wie schon in Kapitel 1 erwähnt, wurde während der ersten landwirtschaftlichen Biogasbewegung in den 50er Jahren ausschließlich Festmist in flüssiger Phase verarbeitet. Heute gibt es kaum Anlagen, die nur mit verflüssigtem Festmist arbeiten. Die schon bei Tretstallmist angeführten Maßnahmen zur Strohzerkleinerung sind hier umso notwendiger. Günstig ist, wenn das Stroh nicht exakt gehächselt oder geschnitten, sondern aufgefasert wird, damit den Methanbakterien eine möglichst große Oberfläche zur Verfügung steht. Ein Strohschläger am Mähdrescher, der das Material aber nicht breit verteilt, sondern auf Schwad (in Reihen) legt, bewerkstelligt dies am einfachsten und billigsten.

Die Zusammensetzung und Menge von Gülle und Mist ist vor allem von der Tierart, von der Nutzungsrichtung, von der Aufstallungsform und vom Leistungsniveau abhängig und damit von der Fütterung, von den Verlusten durch Verdunstung von Ammoniak und Wasser sowie vom Hinzukommen von Einstreu, Futterresten, Niederschlägen und Reinigungswasser.

Jeder Landwirt, der eine Biogasanlage plant, sollte daher eine möglichst repräsentative Probe seines Materials ziehen und diese vor allem auf den organischen Trockensubstanzgehalt untersuchen lassen. Zu berücksichtigen sind weiterhin jahreszeitlich bedingte Schwankungen bei der Zusammensetzung und bei der Menge des Substrats. Solche Schwankungen treten vor allem bei der Rinderhaltung auf, wenn im Sommer mit Gras gefüttert wird oder die Tiere auf der Weide stehen. Entsprechend zeigen die in Tabelle 3.18 aufgeführten Zahlenwerte die Unterschiede zwischen den Wirtschaftsdüngern und die zum Teil große Schwankungsbreite bei den einzelnen Stoffen.

Trockensubstanz und organische Trockensubstanz

Auffallend sind die großen Unterschiede zwischen der Gülle von Rindern und Schweinen und dem Kot von Hühnern, sowie die enorme Schwankungsbreite der einzelnen Werte (Tabelle 3.18).

Dennoch lassen sich einige grundsätzliche Aussagen machen: Schweinegülle hat einen niedrigen, Rindergülle einen mittleren und Hühnerkot einen hohen TS-(Trockensubstanz)-Gehalt. Der für den Biogasertrag wichtige Gehalt an *organischer*

Tabelle 3.17
Anfall an Kot-Harn-Gemisch für verschiedene Tierarten bei 10% TS.

Anfall an Kot-Harn-Gemisch bei 10% TS für verschiedeneTierarten je Tier bzw. je GV								
Tierart		**m³ Gülle je Tier und je**				**m³ Gülle je GV und je**		
	1 Tier =	**Tag**	**Monat**	**Jahr**	**1 GV =**	**Tag**	**Monat**	**Jahr**
Milchkuh	**1,2 GV**	0,055	1,65	19,8	**0,83 Tiere**	0,046	1,38	16,5
Mastbulle	**0,7 GV**	0,023	0,69	8,3	**1,43 Tiere**	0,033	0,99	11,8
W. Jungvieh	**0,6 GV**	0,025	0,75	9,0	**1,67 Tiere**	0,042	1,25	15,0
Kälberaufzucht	**0,2 GV**	0,008	0,24	2,9	**5,00 Tiere**	0,040	1,20	14,4
Kälbermast	**0,2 GV**	0,004	0,12	1,4	**5,00 Tiere**	0,020	0,60	7,2
Schweinemast	**0,12 GV**	0,0045	0,14	1,6	**8,33 Tiere**	0,038	1,13	13,5
Zuchtsau	**0,34 GV**	0,0045	0,14	1,6	**2,94 Tiere**	0,013	0,40	4,8
Ferkel	**0,04 GV**	0,002	0,06	0,7	**25,00 Tiere**	0,050	1,50	18,0
Zuchtsau + 19 Ferkel/a	**0,46 GV**	0,0140	0,42	5,0	**2,17 Tiere**	0,030	0,91	11,0
Legehennen	**0,0033 GV**	0,00020	0,0059	0,071	**300 Tiere**	0,0590	1,77	21,2

Schwankungsbreite bei Substratzusammensetzung und Biogasausbeute				
Tierart	Rinder		Schweine	Hühner
Substrat	Gülle	Festmist	Gülle	Kot
TS %	7 - 17	25 - 40	2,5 - 13	20 - 34
oTS % der TS	44 - 86		52 - 84	70 - 8
kg oTS/GV/Tag	3,0 - 5,4		2,5 - 4,0	5,5 - 10
pH-Wert	6,2 - 8		6,5 – 7,6	7 - 8
Rohfaser % der TS	12 - 24		17	12
Rohfett % der TS	2 - 5,0		9	2
Rohprotein % der TS	10 – 18		24	26
NFE [1]) % der TS	20 - 43		32	27
Gesamt N g/l	3,3 - 9,9		3,9 - 8,0	17
Gasausbeute l/kg oTS [2])	176 - 520		220 - 637	327 - 722
Gasleistung m³/GV/Tag	0,56 – 1,5	1,5 – 2,9	0,60 – 1,25	3,5 – 4,0
Gasleistung im Durchschnitt	Ø 1,11	Ø 2,0	Ø 0,88	Ø 3,75

[1]) NFE = Stickstoffreie Extraktstoffe (Kohlehydrate). [2]) Angaben beziehen sich nicht auf Normbedingungen

Tabelle 3.18
Schwankungsbreite bei Zusammensetzung und Biogasertrag verschiedener Gülle- und Mistarten im mesophilen Temperaturbereich bei 30 bis 35 Tagen Verweilzeit (nach Literaturangaben und eigenen Messungen). [4]

Gasausbeute von Wirtschaftsdüngern (Richtwerte)								
Substrat	TS [%]	davon oTS [%]	Biogas [l_N/kg oTS]	Methangehalt	Methan [l_N/kg oTS]	N	P_2O_5 kg/t FM	K_2O
Rindergülle mit Futterrest	8	80	370	55%	204	3,5	1,7	6,3
Rindergülle ohne Futterrest	8	80	280	55%	154	3,3	1,6	5,9
Schweinegülle	6	80	400	60%	240	3,6	2,5	2,4
Rindermist	25	80	450	55%	248	4,0	3,2	8,8
Hühnerkot, Trockengut o. Stroh	45	75	500	65%	325	18,4	14,3	13,5
Pferdekot, ohne Stroh	28	75	300	55%	164			
NawaRo, Gärrest [154]	6	80				3,5	2,5	5,4

Tabelle 3.19 Richtwerte für Gasausbeuten von Wirtschaftsdüngern (KTBL: Faustzahlen Biogas 2007)

Trockensubstanz (oTS) ist bei Hühnerkot im Durchschnitt höher als bei Rinder- und Schweinegülle (vergl. Kapitel 2.3). Niedrige oTS-Gehalte kommen durch Lehm und Sand im Futter sowie durch Abrieb an Betonflächen und Spaltenböden zustande. Diese Stoffe neigen zur Sinkschichtenbildung im Fermenter ebenso wie im Lagerbehälter.

pH-Wert

Der *pH-Wert* (Säuregrad) von Schweinegülle ist etwas niedriger als der von Rindergülle, während Hühnerkot den höchsten pH-Wert hat (hoher Kalkgehalt). Der Einfluss des pH-Wertes auf die Vergärung und die Gaserzeugung wurde schon in Kapitel 2 beschrieben.

Rohfasergehalt

Beim *Rohfasergehalt* erreicht fütterungsbedingt die Rindergülle die höchsten Werte. Rohfaser wird nur bei langen Verweilzeiten gut abgebaut. Weniger gravierend sind Unterschiede beim Gehalt an Rohprotein und NFE (NFE = stickstofffreie Extraktstoffe = Kohlehydrate wie Stärke und Zucker). Beide Stoffgruppen sind für Mikroorganismen gut abbaubar. Wie schon in Kapitel 2 erwähnt, ist Rohprotein für den Gehalt an Schwefelwasserstoff im Biogas verantwortlich. Ein hoher Rohproteingehalt ist häufig auf zu eiweißreiche Fütterung zurückzuführen. Den Stickstoff brauchen die Methanbakterien zwar nicht zur Gasproduktion, aber zum Aufbau ihrer eigenen Zellsubstanz (Eiweiß). Auf die Veränderungen der Stickstoff-Fraktion durch die anaerobe Behandlung wird in Kapitel 10 eingegangen.

Rohfett

Beim Gehalt an *Rohfett* erreicht Schweinegülle eindeutig die höchsten Werte. Da Fett wegen seines Energieinhaltes und seiner Abbaubarkeit (vgl. Kap. 2) sehr hohe Gaserträge bringt, könnte man glauben, dass Schweinegülle für die Biogaserzeugung besser geeignet ist als Hühner- und Rindergülle. Leider wird dieser Vorteil aber durch den meist niedrigen TS- und hohen Wassergehalt mehr als zunichte gemacht.

Gasausbeuten

Richtwerte für die Gasausbeute der Wirtschaftsdünger sind in Tabelle 3.19 angegeben. Die Rindergülle schneidet bei der Gasausbeute am schlechtesten ab. Das Rind als Wiederkäuer nutzt durch die Pansenflora, die ja auch Methanbakterien enthält, durch den langen Darmtrakt und durch die starke Zerkleinerung neben den leicht verdaulichen Nährstoffen auch einen beträchtlichen Teil der Rohfaser selbst. Dieser Nachteil der Rindergülle wird jedoch in der Regel durch den hohen Trockensubstanzgehalt wieder ausgeglichen.

Das Schwein ist wie der Mensch bekanntlich ein schlechter Futterverwerter, bedingt durch den einhöhligen Magen und den kurzen Darm. Deshalb ist die Gasausbeute deutlich höher als beim Rind, eben weil die Gülle noch relativ viele leicht abbaubare Nährstoffe enthält. Und Hühner haben als Vögel gewichtsbedingt einen kleinen Verdauungsapparat. Die Verdauung ist unvollständig. Im Kot befinden sich noch viele abbaubare Substanzen. Deshalb bringt ihr Kot die höchsten Gasausbeuten. Allerdings ist dieser so trockenmassereich, dass in der Regel eine Verdünnung mit Wasser erforderlich ist. Der hohe N-Gehalt kann zu prozessbiologischen Problemen führen.

Eine Mischgülle von Rindern, Schweinen und Hühnern vermeidet die Nachteile der einzelnen Tierarten-Exkremente. Einige Biogasanlagen laufen erfolgreich damit. Infolge der Spezialisierung der Landwirtschaft werden jedoch viele Biogasanlagen mit den Exkrementen einer einzigen Tierart gespeist; überwiegend sind das Rinder (Milchvieh, Mastbullen, Jungvieh). Eine geringere Zahl von Anlagen arbeitet mit Mastschweinegülle und nur ein paar nutzen Hühnerkot (siehe Beispielsanlage Kapitel 13).

Auch bei den Exkrementen einer einzigen Tierart ist mit Unterschieden in der Zusammensetzung zu rechnen:

- *Gülle von Milchkühen* ist dünnflüssiger als bei Jungvieh oder Mastbullen.
- *Gülle von Jungvieh* bringt wegen der weniger intensiven Fütterung im Vergleich zu Mastbullen einen um etwa 10% geringeren Gasertrag, Milchviehgülle liegt deutlich niedriger im Gasertrag als Bullengülle.
- *Zuchtsauen* nutzen das Futter besser aus als Mastschweine, deshalb bringt Zuchtschweinegülle etwa 10% weniger Gas als Gülle aus der Mast.

Bei allen Tierarten können *Fremdstoffe im Substrat* Probleme bereiten.

Rindergülle enthält je nach Fütterung und Aufstallung Anteile an Futterresten wie Gras, Heu und Silage oder Einstreu. Diese Stoffe schwimmen in der Gülle auf und bilden bei ungünstiger Rührtechnik Schwimmdecken, die so dick und verfilzt sein können, dass sie nur schwer aufzulösen sind. Außerdem muss bei der Fütterung von Gras und Ackerfutter damit gerechnet werden, dass Lehm, Sand oder sogar Steine auf direktem Weg oder über den Tiermagen in die Gülle gelangen, ebenso Metallteile wie Schrauben oder Zinken von Landmaschinen.

Schweinegülle neigt zur Sinkschichtenbildung, vor allem, wenn unverdaute Maiskörner oder Getreideschalen sich absetzen. Wird nicht ausreichend gerührt, können sich im Lauf der Zeit dezimeterdicke Schichten bilden, die nur noch mit der Spitzhacke aufzulösen sind.

Hühnerkot aus Käfighaltung enthält Federn, die zur Schwimmdeckenbildung neigen. Gleichzeitig weist Hühnerkot fütterungsbedingt einen hohen Kalk- und Sandgehalt auf, weshalb hier auch mit Sinkschichtenbildung zu rechnen ist.

Pferdekot ist vor allem durch seinen sehr schwankenden, aber hohen Strohanteil und hohen Fremdstoffanteil (Plastikschnüre) gekennzeichnet.

3.4 Energiepflanzen

Mit der Nutzung von pflanzlichen Kulturen in Biogasanlagen bekommt die landwirtschaftliche Produktion eine neue Ausrichtung: war bislang die Landwirtschaft in Deutschland und Europa auf die Erzeugung von Nahrungs- und Futtermitteln konzentriert, so werden nun zunehmend Flächen zur Energieerzeugung verwendet. Oft zählt die Energieerzeugung bereits als eigener Betriebszweig und stellt bei einigen Landwirten das Haupteinkommen dar.

Mit Ausnahme von Gras von Dauergrünland erfolgt die Produktion von Energiepflanzen generell auf Ackerland, welches dann nicht mehr zur Nahrungsmittelproduktion zur Verfügung steht. Ein Landwirt entscheidet sich in der Regel für die Energiepflanzenproduktion, wenn die Nahrungsmittelproduktion weniger Geld einbringt. Dies hat zur Folge, dass die Nahrungsmittelerzeugung zurückgeht bei mindestens gleichbleibender, eher steigender weltweiter Nachfrage. Dadurch steigen – zumindest nach marktwirtschaftlichen Theorien – die Agrarpreise.

Für die meisten Menschen in Industrieländern sind die Preiserhöhungen der letzten Jahre nicht dramatisch, da ihre Ausgaben für Nahrungsmittel ohnehin nur 10 - 20% des Haushaltsbudgets ausmachen. Anders ist die Lage in Entwicklungsländern, in denen die Menschen teilweise 60 - 80% ihres Einkommens für Nahrungsmittel aufwenden. Dieselben Zusammenhänge gelten, wenn Nahrungsmittel wie Mais in großen Mengen zur Energieerzeugung (z.B. Bioethanol) gekauft und dadurch dem Nahrungsmittelmarkt entzogen werden (z.B. Körnermais in Brasilien). Ethisch bedenklich wird es, wenn reiche Industriestaaten pflanzliche Energierohstoffe aus armen Drittländern ohne Rücksicht auf Umwelt- und Sozialstandards einkaufen.

In Deutschland kann der Rahmen, in dem Biogasproduktion aus Energiepflanzen stattfindet, derzeit durch folgende Zahlen beschrieben werden: Auf 2,3 Mio. ha Ackerland werden nachwachsende Rohstoffe angebaut, davon dient die Ernte von etwa 2 Mio. ha der Energieerzeugung und davon wiederum 800.000 ha speziell der Biogaserzeugung (FNR 2011). Das Gesamtpotenzial an zur Energieerzeugung geeigneten Ackerflächen wird vom Bundesverband Erneuerbare Energien auf 3,7 Mio. ha geschätzt, ohne dass es zu einem Engpass bei der Eigenversorgung mit Nahrungsmitteln kommt. Die 800.000 ha, die derzeit zur Biogasproduktion genutzt werden, entsprechen also gerade einmal 6% der gesamtdeutschen Ackerfläche von 12 Mio. ha. Weltweit sind es nur 2% der Ackerflächen (1500 Mio. ha), welche durch den Energiepflanzenanbau (Biomasse, Biosprit, Biogas) belegt werden.

In Anbetracht dieser Zahlen erscheint der effektive Einfluss des Energiepflanzenanbaus und speziell der Biogasnutzung auf die Flächenbelegung und die Preisentwicklung von Nahrungsmitteln in Deutschland ebenso wie weltweit vernachlässigbar gering. Auch trifft das Argument, der Energiepflanzenanbau gefährde die Nahrungsmitteleigenversorgung, nicht zu. In der EU stiegen 2010 die Agrarausfuhren und vor allem die der Agrarrohstoffe (Weizen, Kartoffel etc.) um insgesamt 21%, während die Einfuhren nur um 9% stiegen, und das waren vor allem tropische Produkte wie Kaffee, Tee und Gewürze, die in Europa nicht produziert werden können. Solange also noch Nahrungsmittel zum Teil subventioniert exportiert werden können (EUROSTAT 2011), ist die Gefahr eines Nahrungsmitteldefizits in Europa wohl gering.

Die Gründe für die dauerhaften Preissteigerungen im Agrarsektor sind sehr vielschichtig und haben oft wenig mit der klassischen Preisbildung durch Angebot und Nachfrage zu tun. Neben klimabedingten Ernteausfällen (Dürre, Überflutungen), Ölpreissteigerung, erhöhtem Nahrungsmittel- und Energiebedarf in Schwellenländern, extrem hohe Verlustraten bei Transport und Lagerung von Agrarerzeugnissen, verfehlter Agrarpolitik, strukturellen und politischen Defiziten wird eine wichtige Ursache vor allem in der Tatsache gesehen, dass auf Nahrungsmittel an der Börse spekuliert werden darf. Der Energiepflanzenanbau hat jedenfalls auf die Nahrungsmittelpreise sowohl weltweit als auch in Deutschland, wenn überhaupt, nur einen geringen Einfluss.

Trotzdem steht das Recht auf Nahrung über dem Recht auf Energie, und alle persönlichen wie auch politischen Handlungen sollten von diesem Grundsatz geleitet werden.

Als Energiepflanzen zur Nutzung in der Biogasanlage kommen im Prinzip alle Feldkulturen in Frage. In der Praxis handelt es sich meistens um solche Kulturen, die über die Verwertung in Biogasanlagen einen höheren Marktpreis erzielen als über den Verkauf als Nahrungs- oder Futtermittel.

Mit überwiegender Mehrheit werden Mais-, Getreide- und Grassilagen als Cosubstrate in Biogasanlagen eingesetzt. Dabei hat der Anteil der Maissilage etwas abgenommen und liegt bundesweit derzeit bei etwa 80% , Gras und Getreide bei je 10%. Je nach Bundesland bzw. Standort kann sich die Substratzusammensetzung stark unterscheiden. So ist in Thüringen beispielsweise der Maisanteil nur mit 60% an der Substratzusammensetzung beteiligt, dafür hat dort das Getreidekorn mit 16% einen höheren Anteil an der Substratmischung [147].

Die Angst vor einer „Vermaisung", wie sie in der Presse und der Bevölkerung beklagt wird, ist unbegründet. Denn der Anteil von Mais an der Ackerfläche liegt bundesweit bei nur 20%. Die aktuell gültigen Vorschriften lassen eine Erhöhung des Maisanbaus nicht mehr erwarten. Mais wird damit auch zukünftig keine dominante Stellung im Ackerbau einnehmen. Generell ist der Maisanteil überall dort hoch, wo hohe Viehdichten vorliegen. Meistens ist dort auch die Anzahl der Biogasanlagen erhöht, da sich mit der Gülle- und Energiepflanzennutzung eine optimale Kombination ergibt. Infolgedessen kann sich dort eine erhöhte Flächenkonkurrenz ergeben.

Nach dem EEG 2012 wird für den Einsatz von Energiepflanzen eine unterschiedliche Vergütung gezahlt. Substrate, die zur Bodenschonung oder –verbesserung beitragen, wie Leguminosen, Zwischenfrüchte (wie z.B. Winterrübsen und Kleegras) oder Substrate, deren Anbau zur Erhaltung der Artenvielfalt beitragen, wie Blühstreifen, erhalten eine höhere Vergütung (siehe Kapitel 8). Welche Substrate wie vergütet werden, regelt die Biomasseverordnung (BiomasseV). Eine aktuelle Fassung findet sich auf der Homepage vom Fachverband Biogas e.V. (www.biogas.org).

Bei der Wahl der einzelnen Kulturarten für die Biogaserzeugung müssen verschiedene Aspekte berücksichtigt werden:

- Wirtschaftlichkeit (Flächenleistung, Anbaukosten)
- Standortanforderungen
- Fruchtfolgestellung
- Nachhaltigkeit der Fruchtfolge (Humus, Nähr- und Schadstoffe)
- Lagerfähigkeit (Silliereignung)
- Prozessbiologisches Verhalten
- Ökologische Aspekte (Artenvielfalt, Nährstoffeffizienz)

Wirtschaftlichkeit

Hohe Flächenleistungen werden überwiegend über den Ertrag erreicht. Standortspezifisch optimierte Erträge wiederum erzielt man durch die richtige Sortenwahl. Nahezu für jede Kulturart gibt es heute spezielle Erfahrungen hinsichtlich der Biogasnutzung. In der Regel geben die Landesanstalten für Landwirtschaft der Bundesländer Empfehlungen zur standortangepassten Sortenwahl heraus, welche jährlich aktualisiert werden. Im Vegetationsverlauf ist grundsätzlich die Kombination von C3- und C4-Pflanzen zu empfehlen (siehe Abb. 3.7). C4-Pflanzen sind sehr nährstoff- und wassereffizient. Für die Bildung von 1 kg Trockenmasse benötigen sie nur 200 - 400 l Wasser, Gerste, Weizen, Sonnenblume hingegen benötigen 600 l je kg Trockenmasse. An trockenen Standorten haben sie daher einen Vorteil (siehe Tabelle 3.20).

C3-C4-Pflanzen-Kombinationen sind optimal

C3	C4
Getreide, Kartoffel, Gräser, Wel. Weidelgras, Hanf, Raps, Rübsen, Sonnenblume, Wintererbse	Mais, Hirse, Zuckerrohr, Sudangras, Amaranth
• Überlegenheit in kühlen und kalten Jahreszeiten	• Wesentlich höheres Ertragspotenzial in den Sommermonaten
• Assimilationsoptimun bei 23°C	• Assimilationsoptimum bei 30°C
• TM-Ertrag: 80 – 120 dt/ha	• TM-Ertrag: 190 – 250 dt/ha
• Wassereffizienz: 500 – 700 l H_2O/kg TM	• Wassereffizienz: 250 – 400 l H_2O /kg TM
• Nährstoffeffizienz: 1 mg N / 39 mg TM	• Nährstoffeffizienz: 1 mg N / 57 mg TM

3.7 Charakteristika der C3- und C4-Pflanzen.

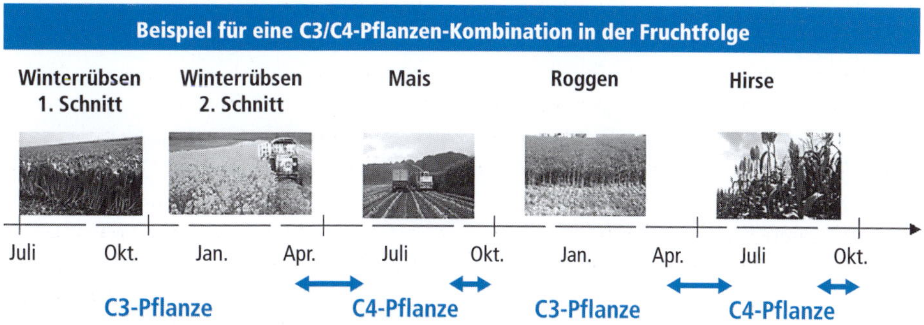

3.8 Beispiel für eine Energiefruchtfolge. Bild: KWS

Die bei Kälte überlegenen C3-Pflanzen stehen den Winter über auf dem Feld, die biomassereichen wärmeliebenden C4-Pflanzen wie Mais, Hirse, Amarant und Zuckerrohr im Sommer. Das ermöglicht u.U. eine zweimalige Ernte in einem Anbaujahr mit einer Jahresgesamtleistung von rd. 250 bis 300 dt Trockenmasse je Hektar und wird oft als Zweikultur-Nutzungssystem bezeichnet

Wasserbedarf verschiedener Ackerfrüchte	
Kulturart	l H_2O / kg TM
Sorghum	200-300
Mais, Rübe	300-400
Gerste, Roggen, Hartweizen	400-500
Kartoffel, Sonnenblume, Weizen	500-600
Raps, Erbsen, Bohnen, Hafer	600-700

Tabelle 3.20
Wasserbedarf verschiedener Ackerfrüchte, um 1 kg Trockenmasse zu bilden [160].

(bekannt durch Dr. Karpenstein-Machan, Kassel und Prof. Dr. Scheffer, Kassel-Witzenhausen). Die Erstkultur (Wintergetreide, Wintererbsen, Winterraps) wird meist im Stadium der Milchreife geerntet, so dass Mitte Juni bis Anfang Juli noch eine Zweitfrucht (Mais, Sonnenblume, Phazelia, Sommergetreide usw.) angebaut werden kann. Durch die frühe Ernte der Erstkultur können die meisten Beikräuter nicht aussamen, so dass auf Herbizideinsatz verzichtet werden kann. Bereits vorhandene Beikräuter können sogar zu einem höheren Trockenmasseertrag beitragen.

Bei der Anlage von *Dauerkulturen* ist zu berücksichtigen, dass die Fläche über viele Jahre oder gar Jahrzehnte belegt ist. Der Landwirt kann nicht mehr flexibel auf die sich ändernden Marktbedingungen reagieren. Dem steht allerdings der geringe Aufwand nach Anlage der Kulturart gegenüber.

Wichtige Parameter zur Erzeugung einer guten Silage			
TS-Gehalt	Silomais Grassilage Getreideganzpflanzensilage		28-35% 30-40%
Häcksellängen	Silomais	feucht trocken	10 mm 5-6mm
	Gras/ Getreideganzpflanzensilage	feucht trocken	6 cm 3 cm
Walzfahrzeug	Gewicht Silageverteilung Verdichtung		min ¼ stdl Bergeleistung max. 30 cm Schichtdicke min. 220 kg TS/m³
Vorschub	Winter Sommer		1 m/Woche 2 besser 3 m/Woche
Gärparameter	ph-Wert Essigsäure Buttersäure		< 4,5 1-3 % i.d.TM 0 bis max. 0,3% i.d.TM
Ammoniak-N am Gesamt-N	Grassilage Maissilage		< 8% < 6%

Tabelle 3.21 Wichtige Parameter zur Erzeugung einer guten Silage [159].

Die Möglichkeiten, durch solche Anbausysteme, durch Entwicklung neuer Sorten und durch die züchterische Bearbeitung von Inhaltsstoffen eine Erhöhung der Flächenleistung zu erzielen, wurden – nicht nur von mir – überschätzt. Die Erfolge der Züchtung sind bislang recht überschaubar geblieben. Die wesentlichen Erkenntnisse des bundesweit groß angelegten Agrarforschungsprojektes „ Entwicklung und Vergleich von energieoptimierten Anbausystemen für die landwirtschaftliche Produktion von Energiepflanzen unter verschiedenen Standortbedingungen Deutschlands (EVA) sind: Unter den in Deutschland (und mitteleuropäischen) bestehenden Klimaverhältnissen wird das Ertragspotenzial durch die Dauer der Wachstumsperiode stark eingeschränkt. Am besten schneiden immer die an den jeweiligen Standort angepassten Sorten ab. Zweikultur-Nutzungssysteme haben selten einen Ertragsvorteil, sehr wohl aber einen ökologischen Vorteil wie Erosionsschutz und Verhinderung von Nährstoffverlagerung. Die größte Schwierigkeit besteht darin, unter den gegebenen Wetterverhältnissen die notwendigen TS-Gehalte für eine sichere Silierung der Substrate zu erreichen. Auch die Einführung von neuen ertragreichen C4-Pflanzen wie Hirse scheiterte bislang an den TS-Gehalten und ihrer Kältempfindlichkeit. Ihrem Leistungspotenzial sind deshalb in unseren Breiten bislang Grenzen gesetzt. Die Fortschritte in der Pflanzenzüchtung auch hinsichtlich der Inhaltsstoffbearbeitung sind noch nicht praxisreif.

Standortfaktoren

Für eine erfolgreiche Biomasseproduktion sind die spezifischen Standortfaktoren wie Niederschläge und Niederschlagsverteilung, Temperatur, Frost und Bodenart u.ä. mit der Kulturart abzustimmen. Die Erzeugung von zwei Kulturen in einem Anbaujahr ist nur an guten Standorten möglich, an denen mindestens 600 mm Niederschlag mit der entsprechenden Verteilung während der Wachstumsperiode zu erwarten ist.

Nachhaltigkeit

Der ausschließliche Anbau von ertragreichsten Kulturen wie Zuckerrübe und Mais wäre zwar unter dem Gesichtspunkt höchster Flächenleistung richtig, würde aber pflanzenbaulich zur Anreicherung von Schädlingen, Krankheiten und zum Netto-Abbau von Humus führen. Substrate sind also so auszuwählen, dass sie den Produktionsfaktor Boden nicht dauerhaft schädigen. Die Einhaltung der *guten fachlichen Praxis* gilt selbstverständlich auch für den Energiepflanzenanbau.

Lagerfähigkeit

Grundsätzlich müssen die Kulturarten, die zur Biogaserzeugung genutzt werden sollen, lagerfähig sein. Bei einer Ganzpflanzennutzung kommt daher überwiegend nur die Silierung in Frage. Für eine verlustarme Silierung sollten die in Tabelle 3.21 beschriebenen Bedingungen erfüllt werden. Denn nur bei guter Silagequalität sind hohe Biogaserträge möglich.

Prozessbiologisches Verhalten

Die Kulturarten unterscheiden sich in ihrem prozessbiologischen Verhalten. Beispielsweise werden Zuckerrüben oder Getreide im Fermenter rasch abgebaut, so dass es in der Folge zu einer Übersäuerung des Fermenters kommen kann. Der Anbau von Kulturarten und ihre Mischungsanteile untereinander sollten daher hinsichtlich des prozessbiologischen Verhaltens aufeinander abgestimmt werden.

Ökologie

Am Ende müssen selbstverständlich auch ökologische Aspekte wie die Erhaltung der pflanzlichen und tierischen Artenvielfalt sowie Gewässer- und Luftreinhaltung bei der Kulturartenwahl berücksichtigt werden. Einfache Möglichkeiten wie das Anlegen von Blühstreifen, Dauerkulturen, Lerchenfenster oder von Bejagungsschneisen werden zunehmend umgesetzt und eingefordert.

Gasausbeuten

In Abb. 3.9. sind für die gängigen Energiepflanzen die erzielbaren Gasausbeuten dargestellt. Erwartungsgemäß schneiden die Substrate mit den höchsten TS-Gehalten und damit die energiekonzentrierten Substrate Getreideschrot, Rüben und Kartoffeln am besten ab. Sie erreichen Methanausbeuten von 350 bis 380 l/kg oTS. Dann gibt es eine große Gruppe, bestehend aus frischen Gras, Rübenblatt, Gras-, Mais-, und Getreideganzpflanzensilage, deren Methanausbeute zwischen 270 und 330 l/kg oTS liegen. Die geringsten Gasausbeuten mit unter 200 l/kg oTS hat Stroh. Es ist damit vergleichbar mit Rindergülle.

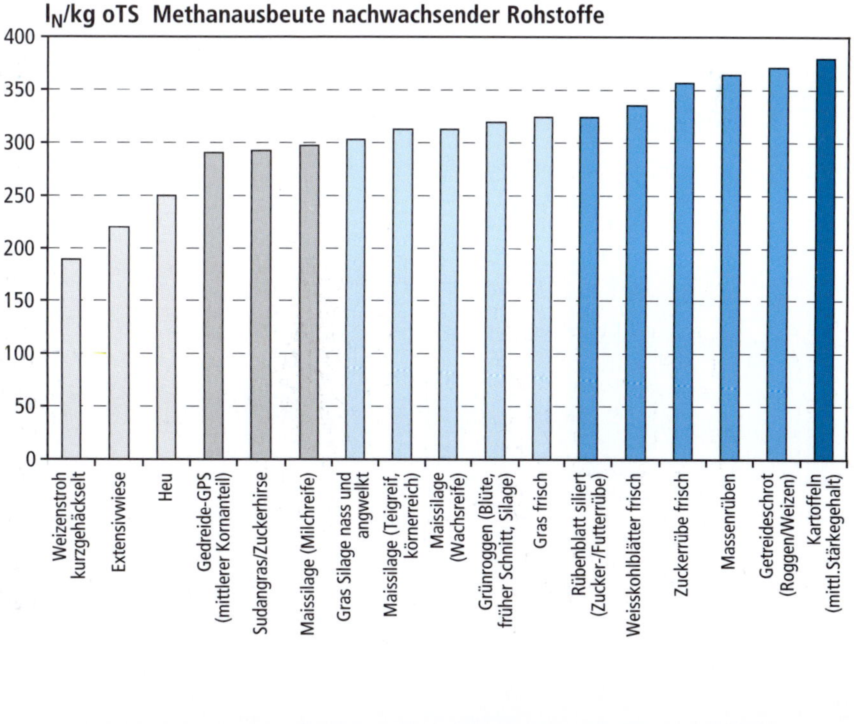

3.9
Typische für die Vergärung geeignete Energiepflanzen und ihre Gasausbeuten (zusammengestellt nach [68] und LFL, Bayern, Ulrich Keymer).

Insgesamt zeigen die Energiepflanzen aber eine eher geringe Streuung, so dass es sich für die Praxis empfiehlt, mit einer vorsichtigen theoretisch erzielbaren Gasausbeute von 300 l Methan/ kg oTS zu rechnen. Deutlich größere Unterschiede zeigen die Energiepflanzen in ihren Hektarerträgen. Multipliziert man den Hektarertrag mit der spezifischen Methanausbeute, erhält man die Methanflächenleistung einer Kulturart (Abb. 3.10). Den höchsten Methan- und Trockenmasseertrag erzielen die Masse- und Gehaltsrüben sowie ertragreiche Silomaissorten mit über 6000 m³ CH_4/ha. Miscanthus als Dauerkultur liefert zwar gute Biomasseneträge von 200 dt/ha, aber die niedrige Methanausbeute reduziert die Flächenleistung auf das Niveau der Gräser und Ganzpflanzensilagen, welche durchschnittlich eine Flächenleistung von 4000 m³ Methan/ ha erzielen.

Körner und Knollen haben zwar eine hohe spezifische Gasausbeute, aber auf die Flächenleistungen bezogen liegen sie mit 3000 m³/ha immer unter den Ganzpflanzensilagen, es fehlt die Biomasse der Restpflanze.

Die Zwischenfrüchte erzielen die geringste Flächenleistung mit unter 2000 m³ CH_4/ ha, da sie während einer nur kurzen Zeit Biomasse bilden können.

Getreideganzpflanzensilage

Getreideganzpflanzensilagen (GPS) werden immer beliebter, da sie gut in eine Energiefruchtfolge passen und auch auf ungünstigen Standorten wie lehmigen Böden und bei niedrigen Frühjahrstemperaturen gute und stabile Erträge bringen. Häufig verwendet wird Roggen als anspruchslose Winterfrucht. Neuere Ergebnisse zeigen, dass sich auch Wintertriticale sehr gut eignet. Hafer hat sich nicht bewährt. Wintergerste eignet sich als frühräumende Frucht dann, wenn noch eine Zweitfrucht angebaut werden soll [145, 146]. Wie immer kommt auch der richtigen Sortenwahl Bedeutung zu; auch Sorten- und Artenmischungen können – wenn auch nur einen kleinen – Ertragsvorteil bringen, wie Ergebnisse der Thüringer Landesanstalt zeigten [147]. Eine Mischung aus Winterroggen und Wintertriticale hat sich da bewährt. Grundsätzlich eignen sich aber alle Getreidearten. Die Auswahl sollte sich nach dem Standort richten. Der optimale Erntetermin liegt zwischen Milch- und Teigreife, also dann, wenn das

3.10
Die Unterschiede der Energiepflanzen werden in ihrer Methanflächenleistung sichtbar (zusammengestellt aus "Faustzahlen für die Landwirtschaft", DLG-Verlag u. KTBL-Richtwerte).

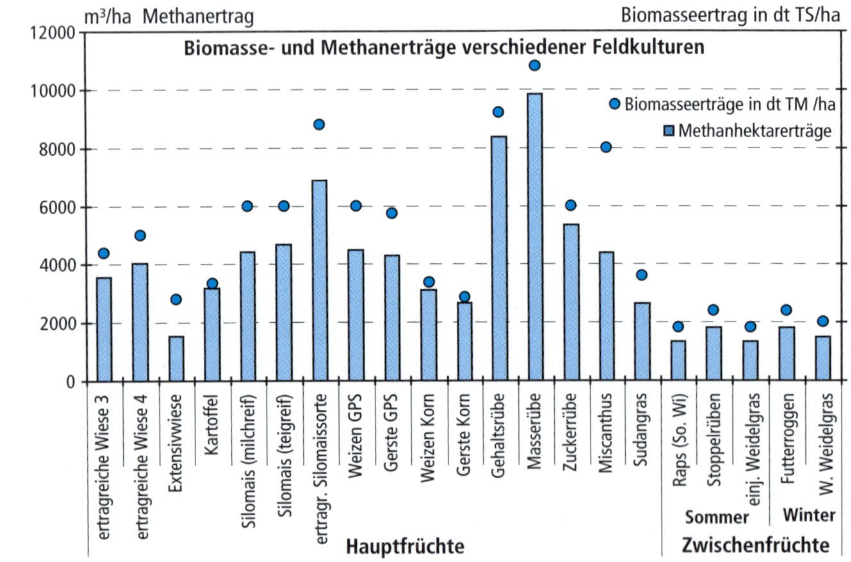

Tabelle 3.22
Rohprotein- und Stickstoffgehalte verschiedener Energiepflanzen [67].

Rohproteingehalt und Stickstoffgehalt verschiedener Energiepflanzen		
	Rohprotein g/kg	N-Gehalt [1)] g/kg
Gerste	104	16,64
Hafer	110	17,6
Roggen	98	15,7
Weizen	119	19
Mais	95	15,2
Kartoffel	20	3,2
Maiskolbenschrot mit Hüllblätter	76	12,2
Grünfutter frisch	33	5,3
Maissilage	24	3,8
Grassilage grasreich	60	9,6
Grassilage klee-, kräuterreich	65	10,4
Kleegrasgemenge	70	11,2
Getreide-GPS (Roggen)	19	3,0

[1)] = 16% des Rohproteingehaltes

Korn ganz gefüllt ist und beim Quetschen der Ähre kaum Saft mehr austritt. Der Trockensubstanzgehalt liegt dann zwischen 28 und 35%. Weizen kann mehr zur Teigreife geerntet werden, Roggen und Triticale etwas früher. Getreide lässt sich nicht so gut silieren wie Mais, deshalb sollte die Häcksellänge möglichst nahe bei 4 mm liegen, um ein Aufspleissen und rasches Versäuern im Silo sowie gutes Verdichten zu ermöglichen. Die GPS-Erträge liegen bei 80 bis 140 dt/ha je nach Standort [145, 146]. Ein zu hoher Anteil in der Substratmischung oder zu hohe Faulraumbelastungen können auch bei GPS zur Hemmung durch Ammoniak führen (Tabelle 3.22).

Ökologisch sind GPS in der Fruchtfolge als positiv zu bewerten. Durch die Bodenbedeckung im Winter und das zeitige Wachstum im Frühjahr vermeiden sie Erosion und Nährstoffauswaschung. Sie unterliegen nicht so starken Ertragsschwankungen, da sie in Trockenjahren noch von der Winterfeuchte profitieren können. Zur Sicherung einer konstanten Substratproduktion gehören sie deshalb in die Energiefruchtfolge.

Silomais

Silomais ist die wichtigste Kulturart bei der Nutzung in Biogasanlagen. Er zeichnet sich, wie alle C4-Pflanzen, durch hohe Trockenmasseerträge aus. Die dafür notwendige Produktionstechnik ist in den Betrieben vorhanden und kostengünstig. Mais lässt sich leicht silieren. Die Züchtung bietet spätreifere Sorten für die Nutzung in Biogasanlagen an, da sie mehr Masse erzielen. Der empfehlenswerte Reifebereich liegt etwa 50 Reifepunkte über dem ortsüblichen Reifebereich.

Der optimale Erntetermin wird von der Silierfähigkeit und dem Wetter bestimmt. In der Regel wird Mais mit einem TS-Gehalt von 28 bis 35% zwischen Milch- und Teigreife geerntet. Eigene umfangreiche Untersuchungen an verschiedenen Silomaissorten zeigten, dass der Erntetermin keinen Einfluss auf die Höhe der Gasausbeute hatte [151]. Sowohl ganz junger Mais (mit geringem Kolbenanteil) wie auch sehr abgereifter Mais (mit einem hohen Kolbenanteil) erzielten gleich hohe Gasausbeuten um 330 l/kg oTS. Getrennte Analysen der einzelnen Fraktionen von Kolben und Restpflanze ergaben, dass der Kolben als energiereichster Teil der Pflanze nur etwas mehr Methan als die Restpflanze lieferte, so dass in Summe der Einfluss des Kolbenanteils auf die Höhe der Methanausbeute gering war. Allerdings zeigte sich ein Einfluss bei siliertem Material. Spät geernteter Mais mit einem TS-Gehalt über 35% ließ sich nicht ausreichend verdichten und führte so zu einer schlechten Silagequalität, was in Folge zu einer niedrigeren Gasausbeute führte. Die Erträge bei Silomais schwanken zwischen 120 und 270 dt/ha, die Gasausbeuten liegen im üblichen Bereich bei 330 Liter pro kg oTS. Er ist gut spätsaatverträglich und erzielt auch als Zweitfrucht bei ausreichender Wasserversorgung noch hohe silierfähige Erträge (siehe Tabelle 3.25). Die Schnittlänge sollte bei ca. 8 mm liegen. Es scheiden sich die Geister, ob noch kürzer zu häckseln Sinn macht. Eine bessere Verdichtung des Silos, größere Oberflächen und dadurch ein rascherer Abbau im Fermenter stehen gegen die zusätzlichen Kosten des Kurzhäckselns und die höheren Sickersaftverluste.

An günstigen Standorten erzielen spätreife Sorten eine sehr hohe Flächenleistung von über 8000 m^3 Methan/ha. Im Durchschnitt liegen die Flächenleistungen aber zwischen 4000 und 6000 m^3 Methan/ha. Die Düngung mit Gärrest verträgt Mais gut. Durch seine sehr hohe Nährstoff- und Wassereffizienz reagiert er bei kurzfristigem Mangel auch nicht sofort mit Ertragseinbußen.

Die wesentlichen negativen Umweltwirkungen von Mais bestehen in seiner Erosionsanfälligkeit, da er spät im Frühjahr gesät wird und spät seinen Bestand schließt. Im Vergleich zu Winterungen bleibt die Fläche im Winter brach oder es muss extra eine Zwischenfrucht angebaut werden. Desweiteren führt sein Anbau als Hackfrucht nach der Zuckerrübe zum höchsten Humusabbau innerhalb der landwirtschaftlichen Kulturarten. Dieser Humusabbau führt einerseits zum Rückgang der Bodenfruchtbarkeit und andererseits zur Zunahme der CO_2-Emissionen (Tabelle 3.8). Der Humusabbau kann allerdings bei Gärrestdüngung deutlich reduziert werden.

Positiv zu erwähnen ist der verminderte Pestizideinsatz im Vergleich zu anderen Kulturarten. Mais benötigt beispielsweise halb so viele Pflanzenschutzapplikationen wie die Sommergerste. Außerdem ist er sehr nährstoff- und wassereffizient. Mais bietet vor allem für wärmeliebende Tierarten und solche, die offenen Boden bevorzugen, Platz und ermöglicht eine ungestörte Vermehrung und Aufwuchs über den Sommer [156]. Brutvogelarten wie Kiebitz und Feldlerche finden unter Mais Schutz [150]. Untersuchungen im Rahmen des EVA-Projektes zeigten, dass es nicht so sehr auf die Fruchtart als auf eine vielgliedrige Fruchtfolge ankommt, um Biodiversität zu fördern.

In eine nachhaltige Biogasfruchtfolge gehört Mais nur alle vier Jahre. Anbautechniken wie Mulchsaat sind zu bevorzugen. Untersaaten, um eine raschere Bestandsentwicklung und Bodenbedeckung im Herbst/Winter zu erhalten, sind gerade in Mais gut möglich.

Siloabdeckung mit Roggen

Aufgrund der zunehmenden Größe von Biogasanlagen steigt auch der Flächenbedarf für die Silos und somit der Aufwand für die Abdeckung (Abb. 3.11). Als Ersatz für die Silofolie hat sich das Einsäen von Roggen in der Praxis verbreitet. Diese natürliche Variante der Siloabdeckung hat einige Vorteile:

- Die Arbeitszeit und die Kosten sind geringer als bei der Abdeckung durch Folie.
- Die Abdeckung ist biologisch abbaubar.
- Auf die Oberfläche kann einfach übersiliert werden, das aufwändige Auf- und Zudecken entfällt.
- Je nach Rationsgestaltung kann dadurch die Anschnittsfläche klein gehalten werden, da nur ein Silo geöffnet werden muss.

Allerdings zeigen Studien, dass die Verluste, im Vergleich zu abgedeckten Silos höher sind. Ein Grund dafür ist, dass die zum Teil extrem hohen Siloberge nicht mehr sicher und ausreichend befahrbar sind und daher nur eine ungenügende Verdichtung stattfindet. Der Richtwert liegt bei 200 kg TM pro m^3. Dadurch kommt es zu einer ungenügenden Milchsäurebildung und einem erhöhten aeroben Abbau. Rechnet man in einem abgedeckten Silo mit etwa 5% Trockenmasseverlusten, so ergaben verschiedene Messungen Trockenmasseverluste von ca. 14% bis sogar 20%, in den oberen Bereichen höhere als in den unteren Siloschichten [152].

Dementsprechend sollte bei Abdeckung durch Ansäen die Oberflächen des Silos klein gehalten werden. Zudem wurden vermehrt Schadnager (Ratten, Mäuse) bei dieser Art der Abdeckung festgestellt.

3.11 Abdeckung der Silos mit Roggeneinsaat.

Lieschkolbenschrot, Corn-Cob-Mix und reine Maiskörner

Lieschkolbenschrot, Corn-Cob-Mix (CCM) und reine Maiskörner erreichen Flächenerträgen von 80 bis 100 dt TM/ha. Sie weisen eine etwas höhere Energiedichte und damit Gasausbeute von ca. 350 l/kg oTS auf, die Methanhektarleistung liegt bei ca. 3500 m^3/ha. Von der Fermenterraumbelegung sind sie günstiger einzustufen als Silomais. Um eine kontinuierliche Beschickung zu gewährleisten, müssen auch sie gelagert und konserviert werden. Prozessbiologisch führen sie schneller zur Versäuerung und Überlastung.

Grünland, Grassilage, Kleegrasgemenge

Die Erträge von Grünland sind je nach Standort und Nutzungsintensität sehr unterschiedlich und schwanken zwischen 40 bis 120 dt Trockenmasse/ha. Grünland ist in der Regel den anderen Energiepflanzen unterlegen, weil es, um vergleichbare Erträge zu erzielen, mindestens dreimal geerntet werden muss. Biogasanlagen mit einem hohen Grasanteil müssen sehr gut durchdacht sein, damit sie sich rechnen. Eine Kombination aus Milch- und Biogasproduktion kann in den wenigen sehr intensiv genutzten Grünlandgebieten einen Vorteil bringen. Um aus dem Grundfutter hohe Milchleistungen zu erzielen, muss in der Regel eine Schnitthäufigkeit von vier und mehr Schnitten erfolgen. Dadurch bleiben der Energieertrag und die Gräserzusammensetzung auf einem qualitativ hohen Niveau. Der erste und qualitativ beste Schnitt dient dann der Milchviehfütterung und überschüssige Folgeschnitte gehen in die Biogasanlage. So können die notwendige Intensität für eine hohe Qualität des Grundfutters erhalten und die dafür nötigen Schnitte sinnvoll genutzt werden.

Die Wissenschaft konnte nachweisen, dass Standort, Nutzungsintensität und Sortenwahl einen Einfluss auf die Methanausbeute haben, wenngleich er gering war. Analysen von Kaiser, 2004, zeigten, dass die intensive Grünlandnutzung (5 Schnitte) höhere Methanausbeuten über 300 Liter/kg oTS lieferte als bei extensiverer Schnittnutzung, bei der die Ausbeuten unter 300 Liter blieben. Auch die Grünlandzusammensetzung zeigte einen wenn auch geringen Einfluss auf die Methanausbeute. Bei Gräsern wie Weidelgras, Wiesenrispe und Wiesenschwingel kann man mit einer Gasausbeute knapp über 300 Liter/kg oTS rechnen. Auch hier ist anzunehmen, dass es mittelfristig „energieertragsoptimierte“ Saatgutmischungen geben wird. Der optimale Schnitttermin kann je nach Alterungsgeschwindigkeit des Bestandes etwas später (3 - 4 Tage) liegen. Die Ansprüche an die Bestandesführung von Grünland sind dieselben wie bei der Futterbereitstellung (Nährstoffbedarf, Sortenwahl). Aus wirtschaftlichen Gründen erscheint ein Maximum von 4 Schnitten pro Jahr auch auf Gunststandorten optimal. Die Schnitthöhe sollte so angepasst werden, dass der Eintrag von Bodenmaterial minmiert wird, da es besonders störend im Fermenter wirkt.

Grassilagen eignen sich gut zur Vergärung. Unbedingt ist aber auf den hohen Rohproteingehalt hinsichtlich der Bakterienhemmung zu achten. Auch tendieren Gras und Kleegras beim Rühren dazu, sich zu verwickeln. Hier ist auf eine sorgfältige Zerkleinerung (3 mm) und angepasste Rührtechnik (langsam rühren) zu achten.

Aus ökologischer Sicht ist Grünland auf Grund seiner dauernden Bedeckung hinsichtlich Erosionsanfälligkeit, Humusabbau und Pflanzenschutzmitteleinsatz sehr positiv zu bewerten. Hohe Schnittnutzungen über 4 Schnitte reduzieren die Artenvielfalt sowohl im Pflanzen- wie auch im Tierreich. Der Humusabbau bei Grünlandumbruch und die dadurch freigesetzten CO_2-Emissionen sind mit 40 t C_{org}/ha und 130 t CO_2/ha sehr hoch, wenn man beachtet, dass der Bioenergiemix in Deutschland aktuell gerade mal 4 t CO_2/ha vermeidet [155].

Klee-, Ackergras und ihre Mischungen

Ähnlich wie das Grünland sind auch Klee und Ackergras bzw. ihre Mischungen zu beurteilen. Sie eignen sich prinzipiell gut zur Biogasproduktion, sind aber wegen der häufigen Schnitte bei einem Ertragsniveau von bis zu 130 dt/ha anderen Energiepflanzen wie Mais unterlegen. Die einjährige Nutzung als Sommerung ist aufgrund des geringen Ertrags nicht sinnvoll. Es dient dann eher als Gesundungsfrucht in der Fruchtfolge und zur Humusmehrung. Nur der überjährige und mehrjährige Anbau ist für eine Biogasnutzung interessant und ermöglicht zudem eine umweltschonende und pflanzenbaulich sinnvolle Ausbringung von Gärrest. Weidelgras betonte Mischungen eignen sich für feuchtere, maritime Standorte, Luzernegras betonte Mischungen auf trockeneren Standorten. Der Anbau von Ackerfutter kann an den Standorten eine Alternative sein, an denen der Maisanbau nur schwer möglich ist. Gute Erfahrungen wurden auch mit Welschem Weidelgras im Winterzwischenfruchtanbau und nachfolgender Zweitfrucht gemacht. Hier konnte über den Winter ein Aufwuchs von bis zu 40 dt/ha TM geerntet werden. Die Methanausbeuten von Kleegras- und Ackergrasmischungen liegen bei etwa 300 l CH_4/kg oTS. Leguminosen erzielen ebenfalls 300 l/kg oTS, Luzerne meist nur 250 Liter/kg oTS.

Die positiven ökologischen Aspekte eines Kleegrasanbaus liegen im geringen Pflanzenschutzmitteleinsatz, in der hohen Nährstoffaufnahme vor dem Winter und im Frühjahr. Dadurch kann der Nährstoffauswaschung sehr entgegengewirkt werden. Außerdem führt ihr Anbau zu einer Humusanreicherung. Die Erosionsgefahr ist durch die ganzjährige Bodenbedeckung weitgehend vermieden. Den Leguminosen kommt wegen ihrer Stickstofffixierungsleistung eine positive Bedeutung zu, so dass sie zu einem sehr hohen Fruchtfolgewert führen.

Sudangras und Zuckerhirse

Erfahrungen mit Sudangras und Zuckerhirse liegen erst seit 5 bis 6 Jahren vor. Beide gehören zu den großkörnigen Sorghumarten (Hirse) und sind wie Mais C4-Pflanzen (Abb. 3.12). Die Zuckerhirse (Sorghum bicolor) zeichnet sich durch eine geringe Bestockung und erhöhten Zuckergehalt aus, das Sudangras (Sorghum sudanese) zeigt eine stärkere Bestockung und kann öfter geschnitten werden. Mittlerweile werden auch Kreuzungen zwischen beiden angeboten (Sorghum bicolor x sudanese). In Amerika wird reines Sudangras als Feldfutter für Heu, Silage und Frischfutter genutzt und weckte hier wegen seiner Massenwüchsigkeit das Interesse der Biogasbetreiber. Bei uns werden sie als Hybridkreuzungen zunehmend als Zweitfrucht nach Getreide-GPS für die Vergärung angebaut. Die jahrhundertelange Anpassung der Pflanze an extrem trockene Gebiete in Afrika führte zu ihrer äußerst ausgeprägten Toleranz gegenüber Wassermangel. Ihr tiefreichendes Wurzelsystem und ihre Fähigkeit, in eine Art Trockenstarre zu verfallen, übertreffen sogar die Trockentoleranz von Mais. Die Pflanze verträgt keinen Frost und friert über den Winter ab. Die Keimtemperatur liegt bei über 12°C, so dass je nach Standort Anfang bis Mitte Mai eine Drillsaat (20 - 22 kg/ha) durchgeführt werden kann. Die Ansprüche an die Saatbeetbereitung sind gering, Grubber und Scheibensämaschine genügen. Die späte Aussaat nach einer Getreideernte im Juni/Juli kann bei Sommertrockenheit zu verspätetem Auf-

3.12 Sudangras. Foto: Feldsaaten Freudenberger

lauf führen und bringt dann bei frühen Kälteeinbrüchen nicht den gewünschten hohen Ertrag. Bei zwei Schnitten können zwischen 120 und 200 dt/ha Trockenmasse erzielt werden, bei einem Schnitt liegen die Erträge zwischen 70 und 150 dt/ha.

Nach einer etwas langsamen Jugendentwicklung ist Sorghum sehr konkurrenzstark. Deshalb kann in der Anfangsphase ein Herbizideinsatz nötig sein, bei dem wegen fehlender zugelassener Mittel ein Ausnahmeantrag bei den zuständigen Landesanstalten für Landwirtschaft nach dem §18 des Pflanzenschutzgesetzes gestellt werden muss.

Geerntet wird spätestens beim Rispenschieben mit einem Feldhäcksler. Sorghum lässt sich grundsätzlich gut silieren. Mit den derzeit am Markt verfügbaren Sorten wird aber ein silierfähiger TS-Gehalt selten erreicht. Bei mehrschnittiger Nutzung muss deshalb angewelkt werden. Nur mit sehr frühreifen Sorghumsorten und bei einer späten Ernte im Oktober können an ausgewählten Standorten TS-Gehalte von 28% erreicht werden. Insofern sind einer breiten Anwendung von Sorghum zur Biogasnutzung bislang noch Grenzen gesetzt. Die Züchtung ist hier gefragt, das Sortenmaterial an die hiesigen Bedingungen anzupassen.

Sonnenblumen

Sonnenblumen sind wegen ihrer beeindruckenden Biomasse und ihrem hohen Ölgehalt von 12 bis 16% Rohfett (zum Vergleich: Mais enthält 2-3% Rohfett) ein interessanter Substratpartner in der Biogasanlage. Sie werden Ende April bis Anfang Mai ausgesät, benötigen ca. 120 bis 160 Tage bis zur Ernte und erzielen TM-Erträge von 100 bis 160 dt/ha bei TS-Gehalten von bis 28%. Die Körbe bei der Ernte sind dann gelbbraun. Als Zweitfrucht liegen die Erträge niedriger bei etwa 90 dt/ha. Da dann weniger Zeit zur Kornbildung und Fetteinlagerung bleibt, sind auch die Fettgehalte in Zweitfruchtstellung zum Teil deutlich reduziert. Auch bei Sonnenblumen ist auf das Erreichen des silierfähigen TS-Gehaltes zu achten, in Zweitfruchtstellung ist das oft nicht gegeben. Sonnenblumen sind außerdem anfällig für Bortrytis und Sklerotinia, was vermehrt zu Lager (vorzeitiges Umfallen) führen kann. Feuchte Witterung im Herbst führt häufig zu Pilzbefall und Schimmelbildung an den Körben. Sonnenblumenkulturen sind deshalb wenig selbstverträglich und sollten nur alle vier Jahre in der Fruchtfolge auftauchen. Ihre Silierfähigkeit ist nicht besonders ausgeprägt, aufgrund des hohen Ligningehaltes (ca. 9 - 15% der TS) liegt auch die Methanausbeute etwas unter 300 l/kg oTS. Ökologisch ist der Anbau von Sonnenblumen ähnlich wie der von Mais einzuschätzen.

Getreideschrote

Die Energieerträge pro Hektar aus dem Getreidekorn bzw. -schrot sind niedriger als die der Getreideganzpflanzensilage. Rein auf die Ertragsleistung pro Flächeneinheit bezogen sind also Getreide-Ganzpflanzensilagen zu bevorzugen. Die reine Getreidevergärung würde aus energetischer Sicht Sinn machen, wenn sie prozessbiologisch in den landwirtschaftlichen Anlagen handhabbar wäre. Getreide wird sehr rasch abgebaut und führt zur raschen Versäuerung. Durch den hohen Rohproteingehalt im Korn erhöht sich außerdem das Risiko einer Bakterienhemmung durch Ammoniak (Tab. 3.22), so dass bei alleiniger Vergärung eine gute Prozesssteuerung und eine zweistufige Anlage zu empfehlen sind.

Bei einem gewissen Anteil an Schrot in der Substratmischung vermelden Praktiker einen deutlich positiven Einfluss auf die Biogasproduktion (auch bei Zuckerrübe): Ein gewisser Anteil an leicht abbaubarer Substanz erhöht die Bakterienaktivität, so dass es zur Erhöhung der Abbaugeschwindigkeit und des Abbaugrades im Fermenter kommt. Vor allem bei Neigung zur Schwimmdeckenbildung können Schrote ihren Platz in der Substratmischung finden. Mit den in Tabelle 3.22 angegebenen Stickstoffgehalten kann eine mögliche Ammoniakhemmung überprüft werden (siehe auch Kapitel 2)

Sollen größere Mengen an fusarienbelastetem Getreide vergoren werden, so werden die Fusarien im Verlauf des Gärprozesses sicher abgetötet. Befallene Körner liefern allerdings eine geringere Gasausbeute, da sie einen geringeren Stärke- und Zuckergehalt aufweisen als gesunde Körner. Experten der Universität Hohenheim fanden auch keinen nachteiligen Einfluss auf die Abbauleistung der Biogasbakterien [164].

Rüben

Rüben liefern hohe Biomasseerträge und hohe Gasausbeuten. Sie werden vor dem Mais gesät und nach dem Mais geerntet und entzerren dadurch die Arbeitsbelastung des Landwirts. Das Rübensubstrat ist in seiner Zusammensetzung sehr homogen und verhält sich im Biogasprozess relativ stabil. Rüben sind sehr leicht abbaubar, im Labor erzielt man den vollständigen Abbau bereits nach vier Tagen, in Praxisanlagen sind Rüben schon nach 10 bis 15 Tagen komplett vergoren. Dies erfordert ein gutes Handling in der Fütterung, um eine Versäuerung durch Überfütterung zu verhindern. Rüben wirken deshalb auf die vorhandene Biozönose stimulierend, so dass ihr Einsatz zu verstärktem Abbau von Schwimmdecken o.ä. führen kann. Futterrüben haben einen etwas geringeren TS-Gehalt von ca. 18% und liefern einen Trockenmasseertrag von ca. 180 dt/ha, Zuckerrüben erzielen zumeist einen TS-Gehalt von 23% und einen Ertrag von 150 dt/ha, wobei sie aufgrund des höheren Zuckergehaltes auch höhere Gasausbeuten erzielen. Der Blattertrag, der ebenso zur Biogaserzeugung genutzt werden kann, liegt bei ca. 60 dt TM/ha mit 15% TS. Futterrüben haben den Vorteil, dass sie weniger verschmutzt sind als Zuckerrüben. Nematoden-resistente und rhizoctonia-tolerante Futterrüben gibt es im Gegensatz zu den Zückerrüben aber noch nicht. Die Züchtung beschäftigt sich auch mit sogenannten Lenzrüben, die über den Winter am Feld stehen und im Frühjahr geerntet werden sollen.

Das Problem bei der Nutzung von Rüben liegt in der Reinigung der mit Steinen und Erde behafteten Rüben und in der Lagerung. Zur Reinigung werden verschiedene, auch mobile Rübenwäscher angeboten.

Die Rüben im Feld zu lassen und bei Bedarf zu ernten, ist aufgrund der hohen Bodenbelastung durch die Erntemaschinen bei überwiegend ungünstigem feuchtem Wetter selten möglich, die Herstellung von Mischsilage mit Mais wegen der unterschiedlichen Erntetermine ebenso. Am häufigsten kommt die Silierung der ganzen Rübe im Fahrsilo zum Einsatz. Die Rübe sollte schonend behandelt werden, sie wird nicht entblättert und nicht geköpft. Auch die Zerkleinerung und anschließende Lagerung im Erdbecken oder Tank ist eine Möglichkeit. Bei dieser Variante ist die Befüllung des Fermenters mit Rübenmus automatisierbar.

Beachtenswert ist der sehr hohe Schwefelgehalt der Rübenblätter, der sowohl in der Prozessbiologie als auch bei der Technik zu Schwierigkeiten führen kann.

Ökologisch sind Rüben ähnlich wie Mais einzustufen, sie führen als Hackfrüchte zum höchsten Humusabbau überhaupt. Deshalb kommt der Rückführung organischer Stoffe und der Fruchtfolgegestaltung eine große Bedeutung zu.

Zwischenfrüchte

Als beste Zwischenfrucht, die auch zur Biogaserzeugung genutzt werden kann, hat sich Grünroggen erwiesen. Er kann in der kurzen Zeit zwischen September und Ende April bis zu 60 dt/ha Trockenmasse erreichen (Tab. 3.23). Nach der Vegetationspause benötigt er mindestens 50 bis 60 Tage zur Reifung. Allerdings hat er dann einen TS-Gehalt von etwa 20% und muss am Feld angetrocknet werden. Die Gasausbeuten sind vergleichbar mit anderen Energiepflanzen. Je nach Standort hat der Anbau einer Vorfrucht auch eine mehr oder weniger starke Auswirkung auf die nachfolgende Hauptfrucht. In Versuchen der bayerischen Landesanstalt ging der Ertrag von Silomais als nachfolgende Hauptfrucht um etwa 50 dt/ha [148] zurück, so dass der Anbau von Grünroggen vor Silomais an den bayerischen Standorten insgesamt keinen Vorteil gegenüber dem alleinigen Anbau von Silomais brachte, sehr wohl aber einen ökologischen Vorteil hinsichtlich Erosion und Nährstoffauswaschung. Um Grünroggen nach Mais zu nutzen, besteht die Möglichkeit der Untersaat mit dem Düngerstreuer kurz vor Bestandsschluss des Maises. Auch unter dem Blickwinkel der Gärrestausbringung kann der Anbau von Grünroggen sinnvoll sein. Hinsichtlich ökologischer Belange ist die frühe Ernte des Grünroggens für die Wildtiere ein Nachteil. Die Nester der Bodenbrüter werden durch die frühe Mahd stark dezimiert.

Auch Weidelgräser haben sich als Winterzwischenfrucht zur Biogasnutzung bewährt. Diese leistungsfähigen Gräser benötigen gute und niederschlagsreiche Standorte. Sie können beispielsweise bereits als Untersaat in Mais angelegt werden. Dadurch werden ein rasches Wachstum und bei guten Wetterbedingungen bereits ein erster Schnitt im Herbst ermöglicht.

Zwischenfrüchte wie Gelbsenf, Ölrettich, Phacelia werden zur Bodenbedeckung und Bodensanierung angebaut. Sie werden gezielt zur Bekämpfung von Bodenschädlingen, Unkrautunterdrückung, Nährstoffaufnahme und Humusanreicherung genutzt. Wichtig ist auf ein sicheres Auflaufen und Abfrieren der Zwischenfrüchte zu achten. Einige Zwischenfrüchte wie Phacelia eignen sich auch zur späteren Mulchsaat von Mais. Aufgrund ihres hohen ökologischen Wertes sollten Zwischenfrüchte immer einen Platz in der Energiefruchtfolge finden.

Trockenmasseerträge[1] von Grünroggen an verschiedenen Orten					
	Gießen	Kalteneber	Nossen	Pulling	Mittel
Mittel der Sorten	83 dt TM/ha	46 dt TM/ha	73 dt TM/ha	73 dt TM/ha	69 dt TM/ha

1) In Praxisschlägen wird etwa um 20 % weniger geerntet.

Tabelle 3.23 Trockenmasseerträge von Grünroggen an verschiedenen Orten aus [148].

Mehrjährige Energiepflanzen-Exoten

Miscanthus (Chinaschilf, Elefantengras)

Miscanthus (Abb. 3.13) ist eine mehrjährige, aus Ostasien stammende C4-Pflanze, die mit einer Höhe bis zu 4 m Trockenmasseerträge bis 250 dt/ha erzielt. Miscanthus ist im Gegensatz zu vielen anderen Energiepflanzen eine Dauerkultur und wird für 15 bis 20 Jahre angelegt. Die Aussaat geschieht über Stecklinge und ist daher etwas aufwändig. Es neigt im ersten Überwinterungsjahr zu Auswinterung und bringt erst ab dem vierten Jahr hohe Erträge. Nach dem Umbruch von Miscanthus treiben die Rhizome wieder aus und können u.U. in der Nachfolgefrucht lästig werden.

In einer Energiefruchtfolge zur Biogaserzeugung findet Miscanthus deshalb und wegen der bescheidenen Gasausbeuten von ca. 200 Nl/kg oTS keinen Platz.

3.13 Miscanthus. Foto: Dr. Pude

Szarvasi

Szarvasi ist ein aus Ungarn stammendes mehrjähriges trockentolerantes hochwachsendes Gras mit tiefreichenden Wurzelwerk, welches zweimal im Jahr (Juni und September) geschnitten werden kann und etwa 180 dt/ha TM liefert. Gasausbeuten von 350 l/kg oTS wurden gemessen. Gesät wird im Frühjahr oder Herbst mit einer Saatstärke von 20 kg/ha und die N-Düngung liegt bei 90 kg/ha pro Schnitt.

Silphie

Durchwachsende Silphie (Silphium perfoliatum) ist auch eine ausdauernde Art aus der Familie der Korbblütler mit vierkantigem Stängel, gelber Blüte und becherartigen Blättern, über die Tauwasser gesammelt werden kann. Die Pflanze stammt ursprünglich aus Nordamerika. Aufgrund ihrer ungenügenden Konkurrenzkraft und weil geeignetes Saatgut fehlt, muss sie als Jungpflanze mit ca. 40.000 Pflanzen/ha im Abstand von 50 cm x 50 cm gesetzt werden. Zur Unkrautbekämpfung muss im 1. und eventuell 2. Anbaujahr mehrmals gehackt werden, da keine zugelassenen Herbizide am Markt erhältlich sind. Geerntet wird ab dem 2. Jahr einmalig im Herbst (September) mit dem Häcksler. Die Pflanzung mit Silphie kann für 15 bis 20 Jahre angelegt werden. Im Schnitt erreicht sie Erträge von ca. 110 dt/ha. Der notwendige TS-Gehalt von 28% zur Silierung wird je nach Standort nur knapp erreicht. Die Methanausbeute liegt bei ca. 320 l/kg oTS. Die sehr hohen Anbaukosten von ca. 6000 €/ha und die geringe Erfahrung hinsichtlich der Ertragsstabilität und Krankheitsanfälligkeit machen ihren Anbau sehr risikoreich (TFZ, Straubing).

Switchgras

Das Switchgras (Rutenhirse, Panicum virgatum L.), ebenfalls ein mehrjähriges Präriegras aus Nordamerika, erzielte in den Triesdorfer Versuchen bei zweimaligen Schnitt einen Ertrag von etwa 110 dt/ha und eine TS-Gehalt von 30% mit Methanausbeuten von 330 l/kg oTS. Es ist gut an Sommertrockenheit angepasst und dadurch für trockene Standorte geeignet. Der erste Schnitt erfolgt relativ spät (ab Juli). Es wird zwischen 0,5 und 3 m hoch und kann auch für Heizzwecke genutzt werden. Die Nutzung erfolgt 10 bis 15 Jahre.

Igniscum

Igniscum ist eine schnellwüchsige, mehrjährige, krautige Pflanze aus der Familie der Knöterichgewäche. Sie wird mit einer Stärke ca. 7500 Pflanzen/ha ausgepflanzt und erreicht ab dem 3. Standjahr hohe Masseleistungen, die für die Biogasnutzung mehrmals mit dem Häcksler geerntet werden. Die züchterische Bearbeitung hat sie standorttreu gemacht, d.h. ihre Neigung, sich über Rhizome zu vermehren, ist deutlich reduziert. Blätter und Stängel frieren im Winter ab und treiben im Frühjahr neu aus.

Sida

Sida (Sida hermaphrodita) ist eine mehrjährige Staude aus der Gattung der Malvengewächse nordamerikanischer Herkunft. Aus Polen liegen jahrzehntelange Erfahrungen vor allem mit der Nutzung als Brennstoff vor. Ähnlich wie bei den anderen mehrjährigen Energiepflanzen erfolgt auch bei ihr im 1. Jahr nach der Pflanzung keine Nutzung, Später wird sie zweimal pro Jahr geerntet, wobei dann TM-Erträge zwischen 140 - 200 dt/ha erreicht werden. Eine jährliche N-Düngung mit 170 kg/ha wird empfohlen. Die Ernte erfolgt mittels Häcksler.

Steinklee

Steinklee (Bokharaklee, engl. sweet clover) gehört zur Familie der Leguminosen und ist in den kontinentalen Gebieten Eurasiens beheimatet. Steinklee kommt hauptsächlich als überjährige oder zweijährige Form vor. Er blüht in vielblütigen, lockerährigen, langgestielten Trauben weiß oder gelb und beeindruckt durch seine Wuchshöhen von bis zu zwei Metern und mehr. Er ist nässetolerant und nach dem Jugendstadium auch sehr trockentolerant und kann auch auf leichtesten Böden hohen Ertrag bringen. In Deutschland wird der Steinklee vor allem in Mischungen zur Böschungsbefestigung im Straßenbau und zu Rekultivierung von Bergbaufolgelandschaften genutzt. Steinklee enthält Cumarin, aber es gibt auch cumarinarme Sorten. Im Ansaatjahr sind abhängig von Standort, Nutzungsregime und Aussaatverfahren Trockenmasse-Erträge von 25 - 90 dt /ha möglich; im Hauptnutzungsjahr 50 - 150 dt/ha TM. Die Ernte mit Maishäckslern ist zu empfehlen. Über seine Siliereigenschaften und Methanausbeuten ist noch wenig bekannt. Er könnte aber nach entsprechender züchterischer Bearbeitung ein interessanter Partner in einer Energiefruchtfolge werdenund ist überdies eine sehr gute Bienenweide.

Rumex

Eine noch weitgehend unbekannte sehr winterfeste mehrjährige (15 - 20 Nutzungsjahre) Energiepflanze ist Rumex, eine Kreuzung von Ampfer mit Spinat. Sie wurde in der Ukraine gezüchtet und erzielt bei dreimaliger Ernte sehr hohe Erträge. Langjährige Erfahrungen liegen aus der Tschechei (Tschechischer Biomasseverband) vor, allerdings überwiegend für die Nutzung als Brennstoff. Sie könnte aber durchaus für die Biogasnutzung interessant werden.

Topinambur

Die Pflanze, welche aus Nord- und Mittelamerika stammt, wächst bis zu 5 Meter hoch und bringt auf guten Standorten Ganzpflanzenerträge von bis zu 20 t TM oder Knollenerträge von bis zu 13 t TM pro Hektar. Es kann sowohl nur das Kraut oder die Knolle oder beides geerntet werden. Die Pflanze ist nicht gut silierfähig, so dass Silierhilfsmittel nötig werden. Bei der Knollennutzung ist die Verschmutzung der Knollen zu beseitigen. Die Pflanze braucht wärmere und niederschlagsreiche Anbauregionen für gute Ertragsleistungen. Der Bestand muss nach dem 3. Jahr ausgedünnt werden, überhaupt ist Topinambur sehr invasiv, d.h. sie wieder los zu werden ist schwer. Die Ernte des Krautes kann von etwa Ende August bis Ende September vor Verholzung der Stängel (etwa 35%TS-Gehalt) mit einem Maishäcksler erfolgen. Bei der Sortenwahl sollte auf hohe Standfestigkeit und geringe Verholzung geachtet werden,

Für viele dieser Energiepflanzen gilt, dass noch relativ wenig Erfahrungen hinsichtlich Ertragsverhalten, Nährstoffbedarf, Pflanzenschutzmaßnahmen und Anbauverfahren vorliegen. Grundsätzlich positiv zu bewerten ist bei diesen mehrjährigen Kulturen, dass sie spätestens im 2. Anbaujahr eine geschlossene Bodendecke bilden, wodurch Wind- und Wassererosion deutlich reduziert werden und ein Herbizideinsatz nur selten nötig wird. Viele dieser Pflanzen können auch durch eine nur einmalige Ernte als holziger Brennstoff verwendet werden. Für die Biogasnutzung ist die Bestandsentwicklung genau zu beobachten, um den optimalen Schnittzeitpunkt zu finden.

Daneben gibt es noch zahlreiche andere Pflanzenarten wie Amaranth, Malve, Quinoa, und Buchweizen, über die hinsichtlich einer Biogasnutzung nachgedacht und geforscht wird. Sie hier aufzulisten, würde den Rahmen sprengen. Hier kann auf verschiedene Institutionen verwiesen werden, wie z.B. auf die landwirtschaftliche Lehr- und Versuchsanstalt in Triesdorf, die Landesanstalt für Landwirtschaft, Forsten und Gartenbau in Sachsen-Anhalt, Carmen e.V. und das TFZ in Straubing (Adressen siehe Anhang), die sich mit diesen sogenannten Exoten unter den Biogaskulturen beschäftigen.

Monovergärung von Energiepflanzen

Bei der alleinigen Vergärung einer einzigen Pflanzenart, also z.B. nur Mais oder nur Gras, ist man mittlerweile sicher, dass die Biogasausbeute ohne zusätzliche Spurenelementversorgung langfristig sinkt [90, 160]. Die einseitige Nährstoffzusammensetzung bei Monovergärung gerade im Mikronährstoffbereich führt zu einer Unterversorgung der Bakterien. Man weiß heute, dass besonders die Spurenelemente Nickel, Kobalt, Eisen und Molybdän für die am Abbauprozess beteiligten Bakterien wichtig sind.

Zumeist fällt eine Unterversorgung der Bakterien mit Spurenelementen nicht auf, da die Bakterien ihre Tätigkeit nicht komplett einstellen sondern nur drosseln. Da die meisten Praxisanlagen, auch wenn sie hauptsächlich mit z.B. Mais gefüttert werden, mit einer mehr oder weniger breitgefächerten Substratmischung fahren und viele Betriebe vor allem beim Anfahren der Anlagen eine „Güllespritze" bekommen, treten oftmals keine Mangelerscheinungen auf. Zudem hält der Einfluss der Gülle bis zum Fünffachen der Verweilzeit an. Bei den heute gängigen Verweilzeiten von nahezu 100 Tagen dauert es also fast zwei Jahre, bis ein solcher Mangel in Erscheinung tritt. Ferner ist zu berücksichtigen, dass sich die Pflanzenarten untereinander in ihren Spurenelementgehalten deutlich unterscheiden (siehe Tab. 2.3). Mais ist eine Pflanze, die relativ geringe Mengen an Spurenelementen in sich trägt [111], während Kleegras reich an Spurenelementen ist. Der Spurenelementgehalt kann aber auch innerhalb einer Pflanzenart merklich schwanken. Dies ist meist auf die unterschiedlichen Element-Konzentrationen im Boden zurückzuführen.

3.14 *(oben und unten)*
Mischfruchtanbau von Mais und Sonnenblume, oben im frühen Stadium, unten kurz vor der Ernte. Foto: KWS

3.15 *(oben und unten)*
Mischfruchtanbau von Mais und Hirse. Fotos: KWS

Wer auf den Zukauf von Spurenelementen verzichten will, sollte also eine ausgewogene Substratmischung fahren. Wer den Verdacht auf Mangel hat, sollte den Fermenterinhalt auf Spurenelementgehalte untersuchen lassen. Die Gehalte in der Pflanze sagen wenig aus, denn sie können im Fermenter durch hohe Schwefelgehalte in für Bakterien nicht verwertbare Formen überführt werden. Die notwendigen Spurenelementgehalte zur optimalen Versorgung der Bakterien sind in Kapitel 2 beschrieben.

Die Monovergärung von Substraten (ausgenommen Monovergärung von nur tierischen Exkrementen) kann allgemein als anspruchsvoll im Prozessverhalten eingestuft werden.

Mischfruchtanbau, Mischung der Substrate

Unter Mischfruchtanbau versteht man den gemeinsamen Anbau von zwei oder mehreren verschiedenen Hauptkulturen. Vorteile dieses Verfahrens können sein:

- Unkrautunterdrückung
- Einschränkung der Ausbreitung von Schädlingen und Minderung des Krankheitsbefalls
- Vermeidung von Lager (vorzeitiges Umfallen der Frucht)
- Bessere Ausnutzung der Nährstoff- und Standortbedingungen
- gleichzeitige Produktion von Nahrungsmitteln und Energieträgern
- Stabile und höhere Gesamterträge
- Einsparung von Betriebskosten
- Geeignete oder höhere Qualitätsmerkmale

Trotz dieser vielen Vorteile hat sich bislang der Mischfruchtanbau zur Verwertung in Biogasanlagen nur wenig durchgesetzt. Daher liegen kaum Erfahrungen zur Produktionstechnik vor. Am ehesten haben biologisch wirtschaftende Betriebe mit solchen Mischsystemen Erfahrung.

Heute angewendet wird beispielsweise der Mischanbau von Mais und Sonnenblume (Abb. 3.14). Da der Mais sehr wenig Fett (2 - 3% der TS) enthält, wird versucht den Fettanteil durch den gleichzeitigen Anbau von Sonnenblumen zu erhöhen und damit die Biogasproduktion zu verbessern. Die Sonnenblume allein ist aber nur schwer silierbar, die Kombination mit dem leicht silierbaren Silomais deshalb günstig. Ansonsten spricht nichts dagegen, solch eine energieoptimierte Mischung erst beim Befüllen im Fermenter oder Silo herzustellen.

Die Fa. Euralis Saaten hat zum Mischfruchtanbau Mais-Sonnenblume einige Erfahrungen gesammelt:

- Aussaat Ende April
- Pneumatische Sägeräte für Rüben oder Mais nutzen und kleine Lochscheibe für Sonnenblume einsetzen
- 75 cm Reihenabstand; 8 bis 9 Pflanzen/m^2 Saatstärke für beide
- 4 Reihen Mais + 4 Reihen Sonnenblume
- Unterfußdüngung nur für Mais notwendig
- Die Erntereife ist erreicht, wenn die Blätter der Sonnenblumen abgereift, Stängel und Korb aber noch gelb sind;
- Sehr kurz häckseln.

Die Anbauversuche zeigten, dass die Gesamttrockenmasse pro ha beim Mischanbau von Mais und Sonnenblume niedriger war als beim Reinanbau von Mais, während der Methanertrag pro ha um 10% höher lag als bei reinem Maisanbau (Tab. 3.24). Es muss also nicht immer auf die Gesamttrockenmasseleistung optimiert werden. Man kann die Ration auch über die Inhaltsstoffe optimieren.

Möglicherweise liegt es an der Bortrytis-Anfälligkeit der Sonnenblume , die dazu geführt hat, dass sich der Mischfruchtanbau nicht durchgesetzt hat. Neuere Erfahrungen zeigen, dass es bei der Sortenwahl von Mais darauf ankommt, dass er in seiner Jugendentwicklung schnell und zügig loslegt. Sonst wird er von der schneller wachsenden Sonnenblume benachteiligt. Diese Anbaukombination sollte bevorzugt in eher trockeneren Gebieten angewendet werden, wobei gute Ergebnisse auch im eher feuchten Allgäu erzielt wurden. Es kommt eben auch auf die richtige Sortenwahl der Sonnenblume an (Reife, Bortrytisanfälligkeit, Standfestigkeit). Sonnenblumen im Reinanbau zur Biomasseproduktion neigen stark zu Lager (frühzeitiges Umfallen), insofern wirkt der Mais im Mischanbau auch als Stützfrucht.

Die Untersuchungen zu Raps-Ganzpflanzensilagen an der LFL Bayern, ebenfalls mit dem Ziel, den Fettanteil in den Rationen zu erhöhen, wurden eingestellt, weil der Geruch des Substrates unzumutbar war und die Nutzung eines solchen Substrates von der Bevölkerung nicht akzeptiert würde. Dies bestätigten auch experimentierfreudige Praktiker.

Um in Trockenjahren auch stabile und sichere Erträge zu erzielen, wird der Mischfruchtanbau von Mais mit Hirse erprobt (Abb. 3.15). In guten Mais-Jahren überwiegt der Mais, in Trockenjahren soll die Hirse die Hauptleistung der Biomasseproduktion übernehmen, so die Idee. Aber auch hier kam es bislang nicht zu einer nennenswerten Verbreitung der Anbaukombination; denn es fehlen an die hiesigen Bedingungen adaptierte Hirsesorten. Die verfügbaren Sorten sind für unsere Breiten nach wie vor spätreif und erzielen kaum silierfähige TS-Gehalte.

Insgesamt besteht zum Mischfruchtanbau weiterhin erheblicher Forschungsbedarf. Experimentierfreudige Landwirte sind gezwungen, ihre eigenen Versuche zu machen. In Zukunft wird aber gerade im Bereich der Energiepflanzen-Vergärung kein Weg an einer nicht nur ertragsoptimierten, sondern auch inhaltsstoffoptimierten Fruchtkombination vorbeigehen.

Vergärung von Schlempe aus landwirtschaftlichen Brennereien

Obwohl Schlempe genau genommen ein Abfallstoff ist, bleibt bei der Mitvergärung von Schlempe aus landwirtschaftlichen Brennereien mit anderen nachwachsenden Rohstoffen der NawaRo-Bonus erhalten, so dass sich eine optimale Verknüpfung zwischen der landwirtschaftlichen Alkoholproduktion und der Biogaserzeugung ergibt.

Schlempe fällt als Reststoff bei der Alkoholerzeugung an. Je nach Ausgangsstoff, aus dem der Alkohol hergestellt wird, gibt

Mischfruchtanbau Mais – Sonnenblume		
	Sonnenblume + Mais	Mais
Trockenmasseertrag dt/ha	150	200
Rohfett in % der TS	6,3	3,6
Methanausbeute m³ CH_4/kg oTS	0,49	0,34
Methanertrag m³/ha	7350	6713

Tabelle 3.24 Mischfruchtanbau Mais-Sonnenblume. Ergebnisse der Fa. Euralis Saaten 2004.

Erträge von Energiepflanzen			
	Substrat	**Ertrag TM dt/ha**	**Bemerkungen**
Hauptfrüchte Winter	Getreide-GPS (Weizen, Triticale)	70 - 140	
	Wintererbsen, Wintergerstengemenge, Winterrübsen	80 - 100	Erbsen erhöhte Auswinterungsgefahr, Ernte bis Anfang Juni
Hauptfrüchte Sommer C4-Pflanzen	Mais	70 - 250	errtragsinstabil, sehr wetterabhängig, sehr nährstoffeffizient
	Sudangrashybride, Zuckerhirse	80 - 170	nur an trockenen Standorten, alternative zu Mais, selten silierfähige TS-Gehalte
	Sonnenblume	125	geringe Standfestigkeit, Bortrytis anfällig
Hauptfrüchte Sommer C3-Pflanzen	Getreide-GPS (Gerste, Roggen, Hafer)	50 - 95	relativ geringe Erträge
	einjähriges Weidelgras	37	
	Weidelgrasmischung	70 - 200	eher feuchte Standorte, 4 Schnitte
	Luzernegras, Rotkleegras	100 - 170	eher trockene Standorte, 4 Schnitte, sehr hohe Nährstoffentzüge
Zwischenfrüchte Winter	Grünschnittroggen	27 - 81	17 - 30% TS, evtl. Anwelken erforderlich
	Landsberger Gemenge	80 - 180	
	Senf	0 - 20	Gründüngung
	Welsches Weidelgras	0 - 60	
Zwischenfrüchte Sommer Saat: Ende Mai, Anfang Juni	Ölrettich	20 - 31	sehr hohe Nährstoffentzüge, erzielt keine silierfähigen TS-Gehalte, Gründüngung
	Zuckerhirse	14 - 54	erzielt keine silierfähigen TS-Gehalte
	Einjähriges Weidelgras	23 - 52	Anwelken nötig, Gründüngung
	Sudangras	100 - 140	
Zweitfrüchte Ernte der Winterung erfolgt i.d.R. Anfang Juni, Saat d. Zweitkultur Mitte Juni, Ernte Mitte Oktober, alle Zweitfrüchte außer Mais keine silierfähigen TS-Gehalte!	Mais	100 - 200	gut spätsaatverträglich, hohe Erträge bei guter Wasserversorgung
	Sonnenblumen	90	
	Zuckerhirse	90	
	Sudangrashybride	80 - 140	geringe Spätsaatverträglichkeit
	Amarant	50	
	Hanf	70	Verholzungsgefahr
Mischfruchtanbau Ertragsergebnisse meist von nur einem Versuchsort, sie können daher stark schwanken!	Mais-Sonnenblumen	100	
	Mais Sonnenblumen-Amarant	100	
	Landsberger Gemenge	80 - 180	
	Mais – Steinklee	80	
	Sommergerste-Lupine-Saflor	60	
	Saflor	115	sehr trockentolerant
	Wicke+Winterroggen	135	
	Kleegrasmischungen	80	

Tabelle 3.25 Erträge von Energiepflanzen.

es Getreide-, Kartoffel- oder Obstschlempe. Schlempen sind gekennzeichnet durch einen sehr niederen TS-Gehalt von unter 5%. Pro m³ Substrat erzielen sie deshalb einen geringeren Gasertrag, bei gleichzeitig großem Faulraumbedarf. Auf die Trockensubstanz bezogen liefern sie mit 250 - 350 l Methan/kg oTS allerdings eine ähnlich hohe Ausbeute wie nachwachsenden Rohstoffe.

Da sie mehr oder weniger stark versäuert sind, führen sie im anaeroben Prozess zu einer raschen Erschöpfung der Kalkreserve (Pufferkapazität). Deshalb muss bei reiner Schlempevergärung immer ein zweistufiges Verfahren gewählt werden, um die Methanbakterien nicht zu überlasten. In Covergärung mit anderen landwirtschaftlichen Substraten (überwiegend einstufige Verfahren) sind sie auch deshalb mit Bedacht zu handhaben, eignen sich aber eben wegen des hohen Wassergehaltes bei der Vergärung von trockensubstanzreichen Stoffen. Schlempe fällt saisonal an und nicht gleichmäßig das ganze Jahr hindurch. Sie benötigt viel Fermentervolumen, das außerhalb der Schlempesaison dann zur Verfügung steht. Hier wird also eine hohe Anforderung an das Substratmanagement des Betriebes gestellt.

3.5 Organische Reststoffe

Substrateigenschaften

Organische Reststoffe eignen sich prinzipiell zur Vergärung und Cofermentation in Verbindung mit tierischen Exkrementen. Speziell bei stofflich sehr einseitig zusammengesetzten Substraten, das sind fermentierbare Einzelsubstanzen – sogenannte Monosubstrate wie z.B. Glykol aus der Industrie –, ist Gülle als „Basissubstrat" für eine stabile Fermentation zu empfehlen [94, 95]. Eine wesentliche Voraussetzung gerade bei der Vergärung von Monosubstraten ist eine ausreichende Versorgung der komplexen Mikroorganismenflora mit allen lebensnotwendigen Nährstoffen und Spurenelementen [96] (vgl. Tabelle 2.3).

Cosubstrate führen zu Änderungen in der Zusammensetzung des Gärsubstrates, insbesondere im Hinblick auf den Trockensubstanz-, Nährstoff- und Schadstoffgehalt. Bei der Vergärung spielen die Schadstoffe in der Regel keine wichtige Rolle, jedoch später beim Einsatz als Dünger.

Nährstoff- und Schadstoffgehalte

Schon bei der Anlagenplanung und vor der Entscheidung für den einen oder anderen organischen Rest- oder Abfallstoff sind Schad- und Nährstoffanalysen anzufordern oder in Auftrag zu geben. Von Ausnahmen (z.B. Brennschlempe, Biertreber u.ä.) abgesehen, können die Schad- und Nährstoffgehalte in Abfällen je nach Herkunft sehr stark streuen. Zur Orientierung dienen die Angaben in Tabelle 3.15 und 3.27. Allgemein gilt, dass in den Reststoffen umso mehr Stör- und Schadstoffe enthalten sein können, je intensiver das Rohprodukt verarbeitet wurde bzw. je nachlässiger die Abfalltrennung vorgenommen wurde. Da die Entstehungsgeschichte der Abfälle einen wesentlichen Einfluss auf den Stör- und Schadstoffgehalt hat, ist es hilfreich, den jeweiligen Be- und Verarbeitungsprozess mitzubetrachten. Bei direkter Abnahme vom Verursacher (Zerlegebetrieb, Konservenhersteller etc.) wird die Zusammensetzung und „Reinheit" der Abfälle sehr konstant sein. Speiseabfälle sowie der Inhalt der Biotonne dagegen unterliegen jahreszeitlichen Schwankungen und können je nach Ursprung mehr oder weniger mit Schad- und Störstoffen befrachtet sein. Werden Gebinde, verpackte Abfälle, Konserven, oder die Biotonne angenommen, ist es ratsam, die Abnahme der aussortierten Störstoffe durch den Abfallzweckverband oder die Rücknahme durch den Abfallverursacher sicherzustellen und die Kosten für die Abfallbeseitigung in die Wirtschaftlichkeitsanalyse mit einzubeziehen. Denn unter Umständen lohnt sich die Vergärung des Abfalls nicht mehr.

Die durch die Cofermentation hinzu kommenden Nährstofffrachten sind in einer betrieblichen Nährstoffbilanz (Hof-Tor-Bilanz) zu ermitteln und mit den zugelassenen jährlichen Höchstmengen an Hauptnährstoffen, die auf landwirtschaftlich genutzte Flächen ausgebracht werden dürfen, zu vergleichen (siehe Tabelle 3.3).

In Betrieben mit hohem Viehbesatz ist aufgrund des Nährstoffgehaltes der Abfälle die Cofermentation unter Umständen nur dann möglich, wenn Nährstoffe in Form von Kompost oder durch überbetrieblichen Absatz des Gärrestes wieder abgeführt werden können. Nach demselben Muster sollte eine Bilanz der Schadstofffrachten aufgestellt werden.

Sofern die stoffliche Verwertung der Reststoffe im Rahmen der gesetzlichen Vorgaben realisierbar ist, muss eine behördliche Genehmigung für das Vorhaben eingeholt werden (vgl. Kapitel 7).

Der Entsorgungsvertrag

Bei der Reststoffverwertung bewegt sich der Anlagenbetreiber in einem sensiblen Umfeld, bei dem ein ständig wachsender Regelungsbedarf besteht. Eine sachgerechte, den rechtlichen Vorschriften entsprechende Entsorgung muss sichergestellt sein. Haftungsregelungen und eine klare Abgrenzung von Verantwortlichkeiten sind notwendig.

Der Entsorgungsvertrag ist ein privatrechtlicher Vertrag (Werkvertrag, Tabelle 3.26). Da Abfälle jedoch zahlreichen öffentlich-rechtlichen Vorschriften unterworfen sind, findet neben den zivilrechtlichen Vorschriften das öffentliche Recht Anwendung, das bei Entsorgungsverträgen zu beachten ist.

So verbleibt beispielsweise die Entsorgungspflicht bei dem nach dem Abfallgesetz Pflichtigen (Körperschaft bzw. Besitzer/Abfallerzeuger). Dies bedeutet, dass im Rahmen eines Entsorgungsvertrages beauftragte Landwirte lediglich Werkzeuge für die technische Durchführung der Entsorgung sind.

Beim Entsorgungspflichtigen bleibt somit:

- die Entsorgungspflicht auch bei Einschaltung eines Dritten;
- letztendlich die Haftung bei Unfällen oder für nicht ordnungsgemäße Entsorgung durch einen Dritten;
- das Eigentum an der Sache.

Dies bedeutet, dass z.B. bei einem Unfall, bei dem das Grundwasser oder ein Nachbar geschädigt wird, sich die Ordnungsbehörden zwar zuerst an den entsorgenden Landwirt als Unfallverursacher halten. Reicht jedoch sein Vermögen nicht aus, um die Beseitigungskosten zu tragen, so wird sich die Behörde an den Abfallerzeuger wenden.

Die Haftung des Abfallerzeugers endet erst mit der ordnungsgemäßen Entsorgung. Dies bedeutet für den Landwirt folgendes: Wird im Nachhinein festgestellt, dass der mitvergorene Stoff schädliche Substanzen enthält, was der Abfallerzeuger verschwiegen hat, handelt es sich nicht um eine ordnungsgemäße Entsorgung, deshalb haftet der Abfallerzeuger. Wird im Nachhinein festgestellt, dass bestimmte Substanzen, die man bisher für nicht giftig gehalten hat, doch hochgiftig sind, gilt die Entsorgung bis zu diesem Bekanntwerden als ordnungsgemäß. Der Abfallerzeuger braucht nicht für Schäden zu haften. Erst die weitere Entsorgung nach Bekanntwerden gilt dann als nicht mehr ordnungsgemäß.

Der Landwirt sollte der direkte Vertragspartner des Abfallerzeugers sein, die Zwischenschaltung von Entsorgern oder anderen Institutionen ist aus folgenden Gründen nicht sinnvoll:

- Die vorgeschalteten Entsorger streichen unter Umständen satte Gewinne ein. Die Arbeit und vor allem das Risiko haben die Landwirte.
- Nur so ist eine direkte und unmittelbare Kontrolle über die Zusammensetzung des Substrates möglich. Die Gefahr der Vermischung von Abfällen beim vorgeschalteten Entsorger entfällt (Anonymität des Substrates).
- Direkt mit dem Abfallerzeuger können unter Umständen vertragliche Regelungen über die Bekanntmachung von Substratinhalten getroffen werden, die nach neuestem Stand der wissenschaftlichen Erkenntnisse möglicherweise giftig sind.

Inhalte eines Entsorgungsvertrages	
Anschriften	des Auftraggebers (AG) und des Auftragnehmers (AN)
Vertragsgegenstand	Entsorgung und ggf. Abholung des Abfallstoffes; Festlegung des max. zulässigen Schadstoffgehaltes
Entsorgung	Festlegung der Art und Weise der Abholung und des Transportes
Entgelt und Entgeltänderung	Festlegung der Zahlungsmodalitäten
Haftung	Haftungen, die der AN übernimmt
Vertragsdauer und Kündigung	Bedingungen, die zur Beendigung des Vertrages führen
Vertragsstörungen	Erfüllt ein Vertragspartner seine Verpflichtungen nicht, so wird die weitere Vorgehensweise geregelt
Vertragsanpassungen	Ändern sich die Rahmenbedingungen, so wird der Vertrag entsprechend angepasst
Unterbeauftragung Dritter	Der Auftragnehmer darf sich Dritter bedienen
Vertraulichkeitsklausel	
Zugangsrechte	Die Zugänglichkeit der Behälter muß gewährleistet sein
Gerichtsstand	Amtsgerichtsort des Auftragnehmers
Schiedsklausel	Einschaltung eines Schiedsgerichtes bei Meinungsverschiedenheiten bezüglich des Vertrages
Änderungsklausel	Änderungen sind schriftlich durchzuführen; werden einzelne Abschnitte ungültig, so müssen rechtlich entsprechende Regelungen gefunden werden

Tabelle 3.26 Inhalte eines Entsorgungsvertrages.

Gasausbeuten

Bei der Vergärung der organischen Reststoffe zeigen die Gasausbeuten eine große Schwankungsbreite. In seltenen Fällen und bei einigen Bioabfallbehandlungsanlagen werden die Ausgangssubstrate genau analysiert und die Prozessbiologie entsprechend gesteuert. Richtwerte für Gasausbeuten organischer Reststoffe sind in Tabelle 3.27 zusammengetragen. Daraus wird deutlich, dass die Substrate sich im Trockensubstanzgehalt und bei den Inhaltsstoffen und damit letztendlich in den Gasausbeuten sehr stark unterscheiden.

Substrate aus der Alkoholherstellung haben einen extrem hohen Wassergehalt und führen zu einer hohen Fermenterraumbelegung ohne effektive Gaserzeugung. Eine hohe Gasausbeute zeigen überwiegend fettreiche und sehr zuckerhaltige Stoffe wie Fettabscheiderinhalt, Flotatschlamm und Fruchtwasser aus der Stärkeproduktion.

Bei der Auswahl von Cosubstraten ist auch ihre Verfügbarkeit und Lagerfähigkeit zu prüfen. Saisonal anfallende Reststoffe stellen eine hohe Anforderung an das Substratmanagement eines Betriebes..

Müssen Substrate gelagert werden, um eine kontinuierliche Verwertung zu ermöglichen, so sind ihre Lagereigenschaften zu berücksichtigen. Manche Substrate neigen

Gasausbeuten organischer Reststoffe								
Substrat		**TS** % von FS	**oTS** % TS	N_{ges} % TS	**Phosphat** % TS	K_2O % TS	**Biogasausbeute** l/kg oTS	CH_4**-Gehalt** %
	Biomüll	60-75	50-70	0,6 - 2,7	0,2 - 0,8	0,4 - 2	150-600	58-65
Kommunale	Küchenabfälle	9-37	80-98	0,6 - 5	0,3 - 1,5	0,4 - 1,8	200-500	45-61
Reststoffe	Parkrasen-Schnitt	12-21	82-92	2-6,7	0,7-2	4,2	550-680	55-62
	Marktabfälle	28-45	50-80	0,6-3			450	62
Reststoffe des Schlachtungs-	Panseninhalt	11-17	80-90	2-5,8	1,6		200-400	58-62
prozesses	Flotatschlamm	5-24	80-95	4-9	0,9-3		900-1200	60-72
Reststoffe der	Fettabscheiderrückstand	2-70	75-93	0,1-3,3	0,1-0,6		700	60-72
Agroindustrie	Bleicherde	93		0,9	5,1	2,7	1500	50-60
Reststoffe der Lebensmittelindustr.	Ausputz (Staubraum)	86	80	13,0	2,3	9,5		
Bierherstellung	Biertreber	25	80	5	1,5		580-750	60
Obstverarbeitung	Apfeltrester	25-45	85-90	1,1	0,3		660-680	65-70
	Rebentrester	40-50	80-90	1,5-3	0,8-1,7		640-690	65-70
Stärkeproduktion,	Kartoffelschälreste	22	18	4,5				
Kartoffelver-	Kartoffelmus	20	18	4,8				
arbeitung	Kartoffelpülpe	16	90	0,5-1,4	0,05	1,8	650-750	52-65
	Fruchtwasser	3,7	75	4-5	0,8-1	2,5-3	1500-2000	50-60
Alkohol-	Kartoffelschlempe	6-7	85-95	5-13	0,9		400-700	58-65
gewinnung	Getreideschlempe	6-8	83-88	6-10	3,6-6		430-700	58-65
	Obstschlempe	2-3	95		0,73		300-650	58-65
Zuckerge-	Pressschnitzel	22-26	95				250-350	70-75
winnung	Melasse	80-90	85-90	1,5	0,3		360-490	70-75
Hefeherstellung	Hefeabpresswasser	5		1,8				
	Hefemelasserest	72	60	41,4	1,8	57,5		
	*) KW = Petroletherextrakt = S Fette und Öle; FS = Frischsubstrat							

Tabelle 3.27
Zusammensetzung und Gasausbeuten organischer Reststoffe [aus 74, 78, 68, 69, 63].

Verfahrenstechniken zur Vorbehandlung	
Störstoffabtrennung	Siebe, Windsichter, Zyklon, Magnetabscheider, Pressen, Manuelle Auslese
Substrataufbereitung	mechanisch (Mixer, Macerator), chemisch (Zugabe von Säuren/Laugen), biologisch (Zugabe von Enzymen), thermisch (Hygienisierung)
Kombinationsverfahren	gemeinsame Sink- und Schwimmstoffabtrennung und mechanische Aufbereitung

Tabelle 3.28
Vorbehandlung von organischen Reststoffen.

Möglichkeiten zur Verbesserung der Betriebsführung bei Cofermentation	
Maßnahme	**Auswirkung**
Vorgrube oder Einbringvorrichtungen mit einem Fassungsvermögen ausreichend für 3 Tage	Puffer für gleichmäßige Beschickung, Zudosierung von Hilfsstoffen möglich, Abscheidung von groben Störstoffen, ggf. Vorverlagerung der Hydrolysestufe, ggf. aerobe Vorbehandlung
2-Stufige-Faulung (Fermenter in Reihe)	Trennung der Abbaustufen, unterschiedliche Rührintensität möglich, unterschiedliche Temperatur möglich
Trennwand im Faulraum	Verminderung von Kurzschlußströmung
Gärtemperatur 25°C bis 28°C	Verlangsamung der Reaktionskinetik, Verbesserung der Pufferkapazität, geringerer relativer CO_2-Anteil im Biogas
Optimierung der C/N-Relation	Vermeidung eines N-Mangels oder Abschwächung einer NH_3-Hemmung
Konstanz der Substratzusammensetzung	Entwicklung der am besten adaptierten Kulturen
Erhöhung der Beschickungsintervalle	Vermeidung von Belastungsstößen mit Zwischenprodukten (z.B. organische Säuren)
Kontinuierliche Beschickung (CO_2-Konzentration als Regelgröße)	Vermeidung von Belastungsstößen mit Zwischenprodukten (z.B. organische Säuren)
Rückführung von Faulsubstrat	"Animpfen" des Substrates mit Bakterien, Verbesserung der Pufferkapazität
Abdeckung vom Güllelager	Restgärgase erfassen

Tabelle 3.29 Maßnahmen zum störungsfreien Betrieb von Biogasanlagen mit Cofermentation.

zur Entmischung oder Versäuerung. Diese Faktoren müssen im konkreten Fall bedacht werden.

Technische Anforderungen der organischen Reststoffe

Reststoffe werden wegen ihrer Stör- und Schadstofffrachten sowie aus seuchenhygienischen Gründen vor der Vergärung einer speziellen Behandlung unterzogen (vgl. Tabelle 3.28). Je nach Zusammensetzung müssen Störstoffe über Siebe, Magnetabscheider oder ähnliches abgetrennt und anschließend muss das Substrat zerkleinert und hygienisiert werden. In der Praxis werden Arbeitsschritte zur Störstoffabtrennung lediglich beim Biomüll und bei verpackten Produkten vorgenommen. Die Substrataufbereitung erfolgt unter Verwendung eines Rührwerks oder einer Tauchschneidpumpe. Geräte zur Feinzerkleinerung, die der Förderpumpe direkt vorgeschaltet sind, sind auf dem Markt erhältlich. Chemische und biologische Zusätze, die überwiegend zur Beschleunigung des anaeroben Abbaues eingesetzt werden, haben bislang aus Kostengründen keine Verbreitung erlangt.

Cofermentationsanlagen neigen zu prozessbiologischen Störungen, weil sie mit häufig wechselnden oder rasch abbaubaren Substraten beaufschlagt werden. Um den Prozess gut überwachen zu können, sind Analysen und Prozesssteuerungstechniken notwendig. Durch entsprechende bauliche Einrichtungen und eine geeignete Betriebsweise der Biogasanlage lassen sich Störungen auf ein Mindestmaß beschränken (vgl. Tabelle 3.29). Jedoch können die Einnahmen aus der Verwertung von Reststoffen gerade bei kleineren Anlagen oftmals den erforderlichen technischen und arbeitswirtschaftlichen Mehraufwand nicht decken.

4 Verfahrenstechnik

4.1 Verfahrensmerkmale

Die große Zahl verschiedener Biogasverfahren lässt sich auf wenige typische verfahrenstechnische Varianten zurückführen. Grundsätzlich können die Verfahren unterschieden werden nach der Art der Beschickung (Batch-/Durchfluss-Verfahren), nach der Art der Mischung (volldurchmischt oder Pfropfenstrom), ob ein- bzw. mehrstufig gearbeitet wird, nach der Prozesstemperatur, d.h. ob im mesophilen oder thermophilen Bereich vergoren wird, und/oder nach der Konsistenz des Substrats (Feststoff- oder Flüssig-/Nassverfahren) (Abb. 4.1 und 4.2).

4.1.1 Beschickung

Batchverfahren

Beim Batch-Verfahren (der englische Begriff „batch" bedeutet hier Ladung, Charge, Füllung, Satz) wird der ganze Faulbehälter auf einmal gefüllt. Die Charge fault dann bis zum Ende der gewählten Verweilzeit, ohne dass Substrat zugefügt oder entnommen wird. Die Gasproduktion setzt nach der Füllung ein, erreicht ein Maximum und flacht dann ab (vgl. Abb. 2.5). Am Ende, d.h. nach Ablauf der Verweilzeit, wird der Faulbehälter in einem Zuge entleert. Dabei behält man einen Teil des Faulschlammes zurück, um die neue Charge mit den „eingearbeiteten" Bakterien anzuimpfen.

Das Batchverfahren ist durch folgende Eigenschaften gekennzeichnet:

- Neben flüssigen Substraten können auch stapelbare Substrate mit hohen Trockensubstanzgehalten verarbeitet werden.
- Wartung und ggf. Reparatur der Fermenter ist nach jedem Zyklus möglich.
- Es wird in den meisten Fällen Impfmasse

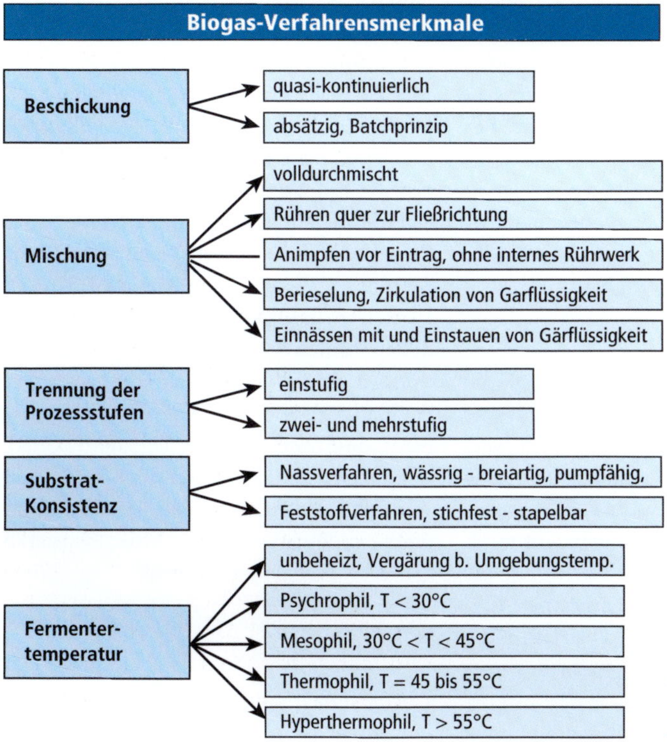

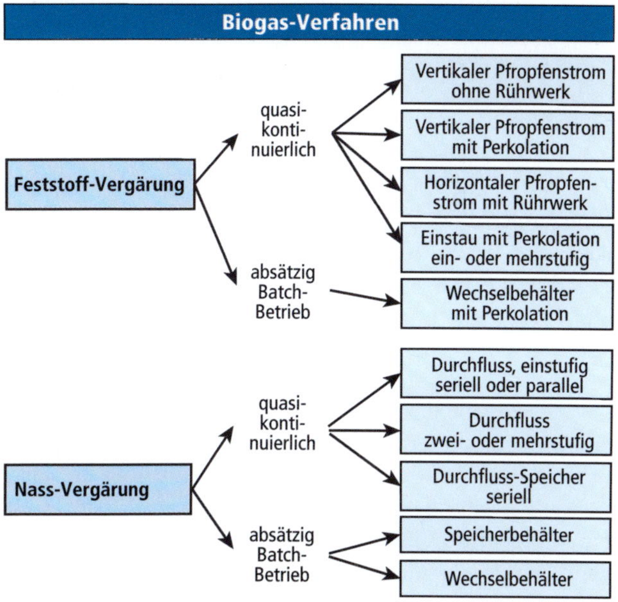

4.1 *links* Merkmale zur Unterscheidung der verschiedenen Biogasverfahren.

4.2 *rechts* Verfahrensvarianten in Abhängigkeit von der Substratkonsistenz.

benötigt, die im Einzelfall einen sehr hohen Anteil ausmachen kann.
- Ungleichmäßige Gasproduktion, wenn nicht mehrere Behälter zeitversetzt betrieben werden.
- Sichere Hygienisierungswirkung.

Durchflussverfahren

Nach dem Durchflussverfahren arbeiten fast alle Biogasanlagen. Die Fermenter sind ständig gefüllt. Mit der Beschickung wird gleichzeitig dieselbe Menge an Substrat dem Fermenter entnommen. Das Durchflussverfahren kennzeichnet:

- Quasikontinuierliche Beschickung mehrmals am Tag
- Permanent stattfindende Faulung.
- Gleichmäßige Gasproduktion in Abhängigkeit der Beschickung.
- Wartung und Reparatur bei gefülltem Fermenter nur an von außen zugänglichen Teilen möglich.

4.1.2 Durchmischung

Volldurchmischte Verfahren

Anlagen, bei denen das Substrat wie in einem Rührkessel voll durchmischt wird, sind in der Praxis sehr häufig anzutreffen. Das frisch zugeführte Material wird mit dem Fermenterinhalt durchmischt, so dass ein Animpfen entfällt und der Prozess sofort beginnen kann. Allerdings entspricht bei einstufigen Durchflussanlagen die Verweilzeit des Substrates dann nur einer errechneten mittleren Verweilzeit, weil durch das Vermischen immer auch ein Teil des frisch eingebrachten Materials den Fermenter verlässt. In der Planung wird diesem Umstand durch höhere Verweilzeiten Rechnung getragen. Die Faulraumbelastung von volldurchmischten Anlagen kann unter günstigen Bedingungen, siehe Kapitel 2.2, 2.3 und 3.2, auf über 6 kg oTS pro m^3 Fermentervolumen und Tag gesteigert werden.

Pfropfenstrom-Verfahren

In Anlagen mit Pfropfenströmung wird das Substrat wie ein Pfropfen in Längsrichtung durch den Faulraum geschoben. Der Behälterdurchmesser ist sehr viel kleiner als dessen Länge, anzustreben ist mindestens ein Verhältnis Durchmesser zu Länge von 1:4. Quer zur Fließrichtung dreht sich ein mechanischer Mischer. Dass sich frisches mit ausgefaultem Material vermischt, wird durch diese Art der Führung stark bis ganz eingeschränkt. Dadurch haben diese Anlagen einen hohen Hygiensierungseffekt. Wird auf einen mechanischen Mischer verzichtet, ist eine vorherige Animpfung notwendig. Allerdings benötigen horizontal aufgestellte Bauformen viel Platz.

Abhängig von der Auslegung des Rührwerks können sie weit höher beladen werden als volldurchmischte Anlagen. In der Praxis sind Werte bis 10 kg oTS/m^3 Fermentervolumen und Tag bekannt. In der Regel wird dem Pfropfenströmfermenter ein großer Nachgärbehalter nachgeschaltet, der eine lange Verweilzeit ermöglicht.

Perkolations-Verfahren

Bei diesen Verfahren wird auf mechanische Rührwerke, mit denen eine homogene Feststoffsuspension im Fermenter erzeugt werden soll, verzichtet. Vielmehr ruhen die Feststoffe im Behälter, während Substratbrühe auf die Oberfläche aufgebracht wird. Das sogenannte Perkolat sickert durch die Feststoffe, wird am Boden gesammelt und erneut aufgebracht. Die Brühe laugt die Feststoffe aus. Mit der Substratbrühe werden zum Einen Abbauprodukte abtransportiert und zum Anderen die Bakterienkultur mit energie- und nährstoffliefernden Substanzen versorgt.

Die Feststoffe können im Fementer als Haufwerk auf einer perforierten Unterlage ruhen oder in der Fermenterbrühe schwimmen (vgl. Kapitel 4.1.4). Perkolations-Verfahren wurden für die Behandlung organischer Abfälle entwickelt als vorgeschaltete Hydrolysestufe und sind heute angepasst an die Vergärung strukturreicher Substrate, wie insbesondere Landschaftspflegematerial und Gärtnereiabfälle.

4.1.3 Trennung der Prozessstufen

Ein- oder mehrstufige Verfahren

Die Ausfaulung des Substrates und die Erzeugung von Biogas können in einem Behälter stattfinden oder auf mehrere verteilt sein. Beim einstufigen Verfahren laufen, wie schon in Kap. 2.1 beschrieben, die vier Phasen des Faulprozesses in einem einzigen Faulraum ab, und zwar bei vollständig durchmischten Anlagen (Rührkesseltypen) zeitlich und räumlich parallel, bei Batch-Anlagen dagegen zeitlich hintereinander. Beim Pfropfenströmer ist ein gewisser zeitlicher Versatz zu beobachten. Bei mehrstufigen Verfahren wird nun versucht, die verschiedenen Phasen des Faulprozesses räumlich zu trennen, und zwar entweder durch mehrere Faulbehälter oder durch Abtrennungen im Faulraum. Damit soll der Umstand berücksichtigt werden, dass für die Versäuerung der Substrate und für die Methanbildung unterschiedliche optimale Milieubedingungen ausgemacht worden sind.

Die mehrstufigen Verfahren werden vorzugsweise eingesetzt:

- wenn das Substrat sicher hygienisiert werden soll,

- wenn bei knappem Faulraumvolumen die Hydrolyse- oder die Gesamtabbaurate gesteigert werden soll,
- wenn unterschiedliche Substrate bei laufend sich ändernden Mengen verarbeitet werden sollen.

4.1.4 Konsistenz

Feststoff-Verfahren nach dem Batchprinzip

Die Verfahren der Feststoffvergärung werden fälschlicher Weise oft als Trockenfermentations-Verfahren bezeichnet. Dieser Begriff ist irreführend, hat sich aber im Sprachgebrauch eingeprägt. Bei jeder Form der Vergärung ist Feuchtigkeit unabdingbar.

Feststoffvergärungsanlagen sind solche Anlagen, bei denen der Feststoff in stapelbarer Form ab einem TS-Gehalt von etwa 20% in den Fermenter gebracht, dort zu einer Miete aufgesetzt und ohne weitere Materialbewegung vergoren wird. Das mit Gärflüssigkeit durchtränkte Substrat ruht während der Faulung und wird anschließend ohne zusätzliche Manipulation (z. B. Separierung) aus dem Fermenter geräumt. Die absätzigen Feststoff-Verfahren finden heute eine gewisse Verbreitung.

Boxenfermenter-Verfahren: Schon seit 1997 liegen Praxiserfahrungen mit der Feststoff-Fermentation in 14 Betonboxen an einer Kompostierungsanlage in Holland vor. Ähnliche Anlagenbauweisen werden in Deutschland von mehreren Firmen angeboten. Dabei handelt es sich um Boxenfermenter, die ähnlich einer Garage (deshalb auch oft Garagenfermenter genannt) aufgebaut sind. Die Boxen werden über ein gasdicht verschließbares Tor mit einem Radlader befüllt und entleert. Die bei der Vergärung abfließende Flüssigkeit (Perkolat) wird in Tanks gesammelt, erwärmt und über dem Substratstapel versprüht. Zudem erfolgt die Anwärmung über eine Fußbodenheizung. Versuche der Universität Hohenheim wie auch des Instituts für Landtechnik Weihenstephan an Praxisanlagen haben gezeigt, dass mit diesen Verfahren die Vergärung von Feststoffen durchaus möglich ist. Substrate, die zu einer starken Verdichtung im Fermenter neigen, sind (ohne ausreichendes Strukturmaterial) für die Monovergärung nicht geeignet. Zudem ist festzustellen, dass dieses Verfahren nur bei der Verwendung von ausreichend Impfmaterial erfolgversprechende Gaserträge ermöglicht (Abb. 4.3 und 4.4).

Es sind eine Reihe weiterer Feststoff-Batchverfahren untersucht und gebaut worden, mit mäßigem Erfolg. Die Fermenterhülle durch einen Folienschlauch zu ersetzen kam über den Versuch nicht hinaus. Das Container-Verfahren scheitert bislang an den vergleichweise hohen Kosten. Bei Fahrsilo-Verfahren (Chiemgauer Biogasanlagen) bestehen die Fermenter aus befahrbaren, betonierten Becken mit einer gasdichten Membranabdichtung. Die Becken sind so ausgebildet, dass sie über eine Einfahrtsrampe mittels Radlader, Frontladerschlepper etc. befüllt oder entleert werden können. Nach der Befüllung wird das Becken bis zum Beckenrand mit Perkolat geflutet und das über den Beckenrand hinausragende Futter mit Perkolat berieselt. Die Fermenter sind mit einer Fußbodenheizung versehen. Die Wärmeverluste über die große Oberfläche der Gasmembran sollen durch eine auf das Substrat aufgelegte Isolierfolie gemindert werden. Auch hier wurde bislang keine Serienreife erreicht.

Kontinuierliche Feststoff-Verfahren

In der Vergangenheit wurden mehrere Anläufe unternommen, Verfahren zur kontinuierlichen Vergärung von landwirtschaft-

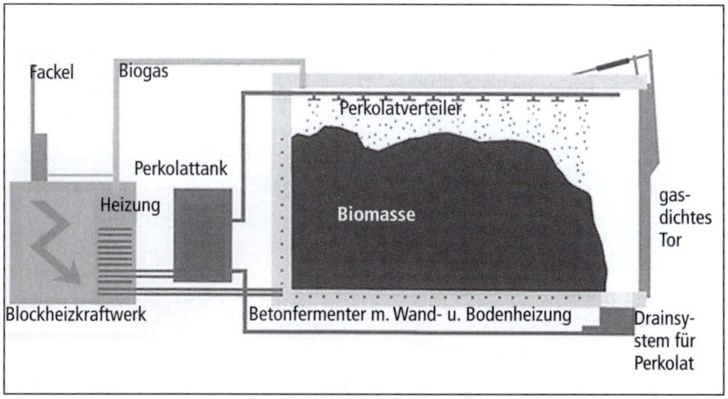

4.3 Schema des Boxenfermenter-Verfahrens mit Perkolation.

4.4 Feststoffvergärung Fröttmaning, München (Fa. Bekon).

lichen Substraten in fester Form, also ohne Zugabe von zusätzlicher Flüssigkeit zu entwickeln. Verschiedene Verfahren wie das DRANCO- (Dry Anaerobic Composting), ein vertikaler Pfropfenstrom-Fermenter ohne Rührwerk, und das Kompogas-Verfahren, ein liegender Pfropfenstrom-Fermenter mit Rührwerk, wurden für die Vergärung von Biomüll entwickelt und sollen hier nicht weiter beschrieben werden. Das ATF- (Anaerobe Trocken-Fermentation) sowie das 3-A-Verfahren (Aerob-Anaerob-Aerob) stammen ebenso aus diesem Bereich, gelangten aber nicht zu Serienreife.

Weitere Versuche wurden in der Schweiz von Wellinger und Baserga in den 90er Jahren mit dem ANACOM-Verfahren (*Ana*erobic-*co*mposting of *m*anure) durchgeführt (Abb. 4.5). Hierbei gelangte der hydraulisch geförderte Feststoff über ein beheiztes Rohr von oben in den Fermenter. Das ausgefaulte Substrat wurde unten mit einer Kombination aus Kratzboden und Austragsschnecke aus dem Fermenter gebracht. Jedoch wurde dieses Verfahren zu Festmistvergärung nicht zur Praxisreife weiterentwickelt.

Die entscheidende Weiterentwicklung des absätzig betriebenen Fahrsilo-Verfahrens beruht darauf, dass die Fermenterbrühe über schwenkbare Düsen gezielt schwallweise auf die eingestauten Feststoffe aufgebracht wird. Die Fermenterbrühe wird am Boden abgezogen, extern beheizt und auf der ganzen Oberfläche verteilt. Schräg nach oben gerichtete, horizontal schwenkbare Düsen und ein variabler Pumpendruck bewirken die gezielte Verteilung und sollen die Bildung einer sich verfestigenden Feststoffmasse verhindern. Die Feststoffe werden regelmäßig ohne weitere Vorbehandlung in den Fermenter eingebracht. Der Abzug für die ausgegärten Feststoffe, die abgepumpt werden, liegt mit gewissem Abstand über dem Behälterboden. Dieses Verfahren mit dynamischer Perkolation wird bereits mit Erfolg praktiziert (Abb. 4.6).

Nassverfahren nach dem Batch-Prinzip

Die Batch-Verfahrenstechnologie wird immer dann gewählt, wenn ein Substrat oder Substratmischungen auf ihr Verhalten im Fermenter und ihre Gasausbeuten analysiert werden sollen. Deshalb werden die meisten Laborversuche im Batch-Betrieb gefahren. Sämtliche Gasertragsanalysen stammen aus Batchversuchen.

Batch-Fermenter zur Nassvergärung haben heute in der Praxis kaum eine Bedeutung. Um einen Batch-Fermenter zügig befüllen und entleeren zu können, braucht man neben dem Faulbehälter einen Vorbehälter und einen Lagerbehälter, jeweils in der gleichen Größe, was das Verfahren natürlich verteuert. Störend ist außerdem die ungleichmäßige Gasproduktion, die nur ausgeglichen werden kann, wenn man mit zwei kleineren Fermentern arbeitet, die um die halbe Verweilzeit versetzt abwechselnd befüllt und entleert werden. Allerdings wird eine Anlage nach diesem Verfahren zusätzlich verteuert, weil zwei kleine Behälter wesentlich aufwendiger sind als ein großer. Nachteilig ist weiterhin, dass im Vorbehälter

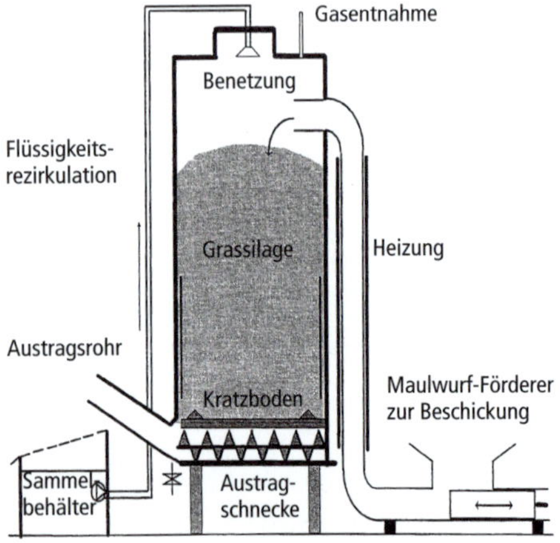

4.5
Biogasfermenter zur kontinuierlichen Vergärung von Festmist (nach [55]).

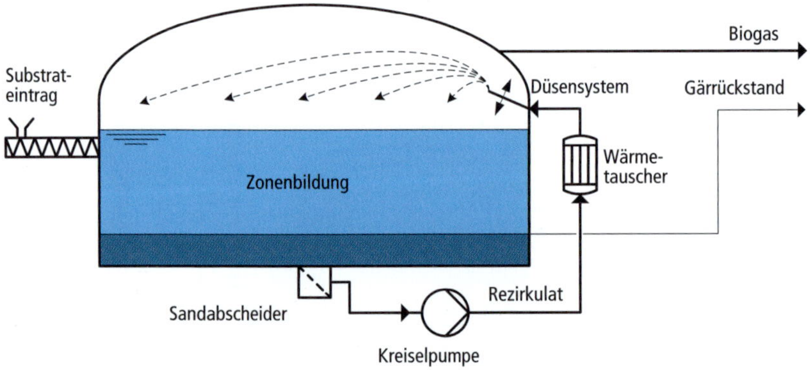

4.6
Schema der kontinuierlichen Feststoff-Vergärung (Sauter-Verfahren).

während der langen Zeit bis zur Entleerung in den Faulbehälter bereits Abbauprozesse ablaufen, die mit Stickstoff- und Methanverlusten verbunden sind.

• *Wechselbehälter-Verfahren*: Das Wechselbehälterverfahren wurde schon in Kap. 1.1 erwähnt, weil es in der ersten landwirtschaftlichen Biogasbewegung ab 1954 eine große Rolle spielte. Dieses Verfahren arbeitet mit 2 Faulbehältern: Aus einer Vorgrube, die etwa den Substratanfall von 1 bis 2 Tagen fasst, wird der entleerte Faulbehälter langsam, aber gleichmäßig befüllt, während der andere ausfault. Ist der erste gefüllt, wird der ausgefaulte auf einmal in den Lagerbehälter entleert und anschließend aus der Vorgrube wieder befüllt. Zwischenzeitlich wird der Lagerbehälter durch Ausbringen des Faulschlamms auf geeignete Flächen immer wieder ganz oder teilweise entleert. Sein Fassungsvermögen sollte daher in der Regel größer sein als das eines Wechselbehälters.

Dieses Verfahren zeichnet sich durch eine gleichmäßige Gasproduktion und gute Hygienisierungswirkung aus, da ja während der gesamten Faulzeit kein Frischsubstrat nachgefüllt wird. Nachteilig sind hier wie beim Batch-Verfahren der hohe Bauaufwand und die gegenüber einem einzigen Fermenter größeren Wärmeverluste.

Problematisch ist beim Wechselbehälterverfahren außerdem, dass der Behälter beim Entleeren belüftet werden muss, sofern nicht der Gasspeicher genügend groß und ausreichend gefüllt ist, um das Volumen des entnommenen ausgefaulten Substrates zu ersetzen.

• *Speicher-Verfahren*: Beim Speicherverfahren sind Fermenter und Lagerbehälter zu einem Behälter zusammengefasst (Abb. 4.6). Beim Ausfahren des ausgefaulten Substrates wird die Speicheranlage also bis auf einen kleinen Rest entleert, der zum Animpfen der nächsten Füllung benötigt wird. Dann wird der kombinierte Faul- und Lagerbehälter langsam befüllt. Die Vorteile der Speicheranlage liegen vor allem auf der Investitionskostenseite: Man braucht nur *einen* großen und damit vergleichsweise preiswerten Behälter. Außerdem sind Speicheranlagen einfach und übersichtlich zu betreiben.

Vorhandene, oben offene Güllebehälter können kostengünstig zu Biogasanlagen umfunktioniert werden. Nachteilig ist die starke Abhängigkeit der Gasproduktion vom Füllstand im Behälter. Bei Speicheranlagen mit fester Decke muss der Gasspeicherinhalt so groß sein, dass beim Gülleausbringen keine Gefahr des Lufteintritts besteht. Problematisch bei den Speicheranlagen mit Folienabdeckung sind die hohen Wärmeverluste. In der Praxis spielen diese Anlagen kaum noch eine Rolle.

Kontinuierliche Nass-Verfahren

Die meisten Biogasanlagen weltweit arbeiten nach dem Durchfluss-Verfahren, entweder in reiner Form oder kombiniert mit dem Speicherverfahren. Dieses Verfahren zeichnet sich gegenüber den anderen dadurch aus, dass der Faulbehälter immer gefüllt ist und nur zur Reparatur oder zur Entfernung von Sinkschichten gelegentlich entleert wird. Aus einem kleinen Vorbehälter werden das flüssige Frischsubstrat und die zu vergärenden Feststoffe aus entsprechenden Einbringvorrichtungen mehrmals täglich in den Faulbehälter eingebracht, wobei gleichzeitig und automatisch am Überlauf des Behälters eine entsprechende Menge von ausgefaultem Substrat in den Lagerbehälter austritt oder abgepumpt wird.

Vorteilhaft beim Durchflussverfahren sind die gleichmäßige Gasproduktion, die gute Faulraumauslastung und damit eine kostengünstige, kompakte Bauweise mit niedrigen Wärmeverlusten. Außerdem lässt sich der Befüllvorgang automatisieren.

Nachteilig ist gegenüber dem Batch- und dem Wechselbehälterverfahren vor allem, dass je nach Rührtechnik und Behältertyp Frischsubstrat mit ausgefaultem Material vermischt wird, wodurch der Hygienisierungseffekt (vgl. Kap. 11) beeinträchtigt wird.

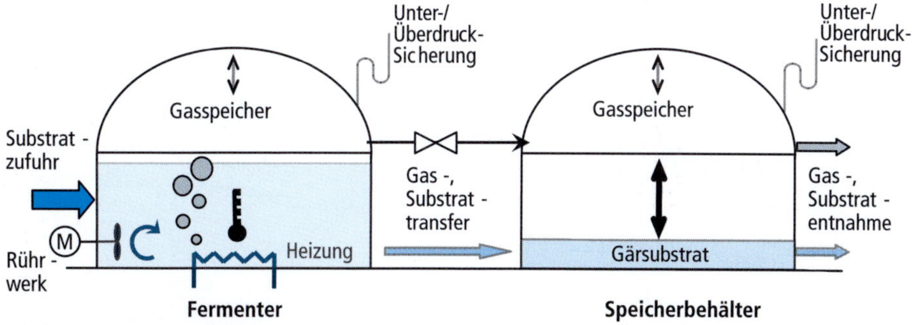

4.7 Schema einer Durchfluss-Speicheranlage.

- *Kombinierte Durchfluss-Speicher-Verfahren:* Kombinierte Durchfluss-Speicheranlagen (Abb. 4.7) werden in Deutschland am häufigsten eingesetzt. Sie entstanden, indem zusätzlich zum Durchflussfermenter die früher offenen Lagerbehälter für die ausgefaulte Gülle mit einer Folienhaube oder mit einer festen Decke versehen wurden, um Stickstoffverluste zu minimieren und zusätzliches Biogas zu gewinnen. Die Praxis hat gezeigt, dass vor allem bei extrem hoch belasteten Fermentern bei den heute üblichen langen Lagerzeiten von bis zu 7 Monaten 20 bis 40% des gesamten Gasertrages aus dem Lagerbehälter kommen. Dieser hat in der Regel eine geringe Dämmschicht und keine Heizung, wird aber gerührt, so dass der Aufwand für die zusätzliche Gasgewinnung relativ gering ist.

Bei Neuanlagen dieses Verfahrenstyps geht man allerdings dazu über, auch die Speicheranlage mit Wärmedämmung und Heizung auszustatten, zum einen, um eine potenzielle Erweiterungsoption der Anlage zu haben, und zum anderen, um mit einer höheren Belastung fahren zu können.

In besonderen Fällen, nämlich wenn der Lagerraum knapp bemessen ist oder wenn aus pflanzenbaulichen Gründen viel Dünger auf einmal ausgebracht wird, kann auch der Durchflussfermenter teilweise entleert werden. Dabei ist sicher zu stellen, dass auch bei Teilfüllung ausreichend gerührt werden kann. Zudem muss hier natürlich darauf geachtet werden, dass bei der Entleerung genügend Biogas im Speicher zur Verfügung steht, um das entnommene Volumen zu ersetzen.

4.2 Bauarten und Baumaterialien für Faulbehälter

Liegende Bauweise

Der Faulbehälter kann entweder stehend (vertikal) oder liegend (horizontal) gebaut werden. Die liegende Bauweise hat den großen Vorteil, dass mechanische Rührwerke, die annähernd den gesamten Faulraum erfassen, eingesetzt werden können (vgl. Kap. 4.6). Damit lässt sich eine gute Durchmischung quer zur Durchflussrichtung erreichen, ohne ausgeprägte Durchmischung in Längsrichtung. Durch die erwünschte sogenannte Pfropfendurchströmung ergeben sich prozessbiologisch günstige Bedingungen (vgl. Kap. 4.2.1).

Nachteilig ist der große Platzbedarf des Behälters. Liegende Fermenter sind in ihrem Volumen heute auf etwa 1.000 m³ begrenzt. Die im Verhältnis zum Volumen recht große Oberfläche (mit entsprechenden Wärmeverlusten) ist von Nachteil. Schweinegülle, Energiepflanzen oder organische Reststoffe sollten, falls sie keine oder wenig anaerobe Bakterien enthalten, bei Pfropfenströmern eingangs mit ausgefaultem Substrat angeimpft werden. Dies kann in der Vorgrube geschehen oder durch eine automatische Impfgut-Rückführung. Liegende Faulbehälter werden meist als zylindrische Stahltanks erstellt und oberirdisch angeordnet (Abb. 4.8). Bei Ausführung in Beton kommt nur ein quadratischer oder rechteckiger Querschnitt in Frage (Abb. 4.9).

4.8 Liegender Stahltank (Foto Archea).

Stehende runde Bauweise

Faulbehälter in stehender Bauweise werden aus statischen Gründen meist mit rundem Querschnitt hergestellt (Abb. 4.10). Gegenüber der horizontalen Ausführung ergibt sich der Vorteil, dass man sie kompakter, also mit einem günstigeren Verhältnis von Oberfläche zu Volumen bauen kann, wodurch sich Materialaufwand und Wärmeverluste verringern. Im Fermentervolumen sind sie nicht begrenzt, so dass heute Baugrößen bis 6.000 m^3 realisierbar sind. Die Anforderungen an die Rührtechnik sind hoch, da in diesem Fall eine für die Homogenisierung ausreichend starke Strömung erzeugt werden muss. Mit zunehmender Bauhöhe und Entmischungsneigung des Gärsubstrates muss die Rührwerkstechnik auch für eine ausreichende vertikale Durchmischung sorgen. In Abhängigkeit von der Behälterdimension, von der Rührtechnik und -leistung sowie vom Substrat sinkt die mögliche Beladung des Fermenters (vgl. Kap. 2.1, 2.3 und 3.2).

Stehende Behälter werden in der Regel nicht ganz gefüllt, sondern man belässt einen Gasraum von 0,5 bis 1,0 m Höhe über dem Substrat. Deshalb kommt man hier in der Regel ohne Gasdom aus.

Oberirdische oder unterirdische Anordnung?

Die oberirdische Anordnung wird meist bei hohem Grundwasserstand gewählt. Sie hat zudem den Vorteil, dass Erdarbeiten eingespart sowie preiswerte Materialien zur Wärmeisolierung von außen verwendet werden können. Nachteilig sind die höheren Wärmeverluste im Winter sowie die ab etwa 6 m Behälterhöhe erhöhten Baukosten.

Halb ober- und unterirdisch werden vertikale Faulbehälter dann erstellt, wenn man wegen anstehenden Grundwassers nicht ganz in den Boden gehen kann.

Völlig im Boden versenkte Anlagen mit befahrbarer Decke haben den Vorteil, dass sie das Landschaftsbild nicht verändern und als Verkehrsraum genutzt werden können (Abb. 4.11). Außerdem sind sie durch den umgebenden Erdboden vor starken Außentemperaturschwankungen geschützt, was sich vor allem in kalten Wintern durch relativ geringen Prozessenergieverbrauch bemerkbar macht. Allerdings müssen erhebliche Erdbewegungen in Kauf genommen werden. Ferner ist die erdeingebundene Perimeterdämmung vergleichsweise teuer. Unterhalb etwa 2,5 Meter Tiefe, bei mesophiler Fermentertemperatur und sofern kein Grundwasser ansteht werden die Kosten der Dämmung in der Regel nicht mehr durch vermiedene Wärmeverluste wettgemacht.

Wenn man einmal von den später in Kap. 4.5 behandelten technischen Einrichtungen wie Pumpen, Rührwerke, Heizung usw. absieht, gehören zum Faulbehälter folgende Elemente:

- Behälterhülle,
- Wärmedämmung,
- Außenverkleidung bei oberirdischen Behältern,
- Folienabdeckung, -haube, oder Gasdom
- Innenanstriche oder -beschichtungen
- Kontrollfenster, Messeinrichtungen und sicherheitstechnische Einrichtungen

4.2.1 Behälterhülle

Die Behälterhülle wird in der Regel entweder aus Beton oder aus Stahl gefertigt, wobei verschiedene Bauformen möglich sind. Preislich gibt es kaum einen Unterschied zwischen den beiden Materialien. Beton wird bei vielen Anlagen angewendet. Vorteil von Beton ist, dass er statische und dynamische Lasten schwerer Aggregate gut aufnehmen kann, bei Stahlfermenter erfordern diese Aggregate eventuell noch zusätzliche Abstützungen bzw. Aussteifungen. Für Stahl und Beton gleichermaßen spricht, dass der Behälter und die Ausrüstung teilweise oder vollständig vorgefertigt werden können, was

4.9 Liegender Betonfermenter.

4.10 Stehende runde Fermenter.

u. U. eine kürzere Bauzeit ermöglicht. Stahlbehälter werden nur oberirdisch gebaut, Betonbehälter können auch ins Erdreich gesetzt werden. Beide Behälterhüllen müssen wärmegedämmt werden. Zu empfehlen ist, die Behälter mit ausreichend vielen Abläufen und großen Öffnungen für Reinigung und Wartung zu versehen.

Behälter aus Stahlbeton

Das gebräuchlichste Material ist bewehrter Beton für den Behälterboden, die Wandung und gegebenenfalls auch für die Behälterdecke. Heute wird kaum noch Beton auf der Baustelle gemischt, sondern als Transportbeton nach Rezeptur bezogen. Zur Optimierung des Verhältnisses Volumen zu Oberfläche sollte eher höher als breiter gebaut werden. Ideal wäre ein Verhältnis 1 zu 1. Bei Fermentern mit fester Decke kann diese günstiger hergestellt werden. Durch die zunehmende Bauhöhe aber erhöht sich der Schalungsaufwand für die Wand. Die Mehrzahl der heutigen Biogasanlagen hat aufgesetzte Gasspeicher, weshalb eine feste Decke entfällt. Dies ist einer der Gründe, weshalb heute die flache und breite Bauform weit verbreitet ist. Die Rührtechnik musste daran angepasst werden (vgl. Kap. 4.6).

Auf den Betonbehälter kann eine Holz- oder Betondecke gelegt werden (Abb. 4.12). Die Holzdecken werden mit einer gasdichten Folie überspannt und sind bis etwa 24 m Behälterdurchmesser vergleichsweise günstig. Bislang sind an den Holzdecken nachweislich keine Schäden durch Korrosion aufgetreten. Für Betondecken spricht, dass Rührwerke und andere technische Einrichtungen wie beispielsweise ein Gasdom preiswert montiert werden können. Bei unterirdischer Bauweise werden Betondecken meist befahrbar ausgeführt. Fermenterdecken werden vorteilhafterweise von außen wärmegedämmt, um Kältebrücken zu vermeiden. Holzdecken können ebenfalls von oben gedämmt werden.

• *Betonqualität*

Mittlerweile gibt es für Beton in Biogasanlagen ein eigenes Merkblatt der Deutschen Zementindustrie e.V. „Beton für Behälter für Biogasanlagen", in dem eigens die Qualitätsanforderungen für den Bau von Biogasanlagen festgehalten sind. Ferner wurde die DIN 1041 aktualisiert. Auf jeden Fall sind die einschlägigen Richtlinien zur Herstellung eines wasserdichten und medienbeständigen Betons einzuhalten. Dazu gehören insbesondere die Sieblinie der Zuschlagstoffe, der Wasser-Zement-Faktor sowie sorgfältiges Verdichten und das Vermeiden von Arbeitsfugen und Schwindrissen. Durch Vorfertigung von Betonbauteilen können hohe Qualitätsstandards günstiger eingehalten werden.

Schwefelige Säuren, die oberhalb des Substratpegels im Gasraum auftreten können, verursachen Korrosion am Beton. Deshalb ist es dringend notwendig, die Qualitätsanforderungen an den Beton, d.h. die geeignete Rezeptur einzuhalten. Zusätzlich kann der Gasraum speziell geschützt werden. Dazu werden die Wände im oberen Bereich sowie die Unterseite der Betondecke entweder mit PE-Platten ausgekleidet oder mit einem 2-Komponenten-Kunststoff beschichtet.

Im flüssigkeitsberührten Bereich des Fermenters sind keine so hohe Anforderungen an den Beton hinsichtlich chemischem Angriff und Druckfestigkeitsklasse zu stellen. Es reicht die Expositionsklasse XA1 sowie

4.11 Ins Erdreich eingebaute Fermenter.

4.12 Fermenterdecke in Holzbauweise, gelagert auf einer Stahl-Mittelstütze.

die Festigkeitsklasse C25/30 aus. Gasberührte Bereiche im Fermenter, die ohne oder mit einer Beschichtung versehen sind, müssen der höchsten Expositionsklasse: XA3, sowie der Festigkeitsklasse C35/45 genügen. Falls kein Sauerstoff in den Fermenter (zur Luftentschwefelung) eingetragen wird, kann im Einzelfall die Expositionsklasse gemindert werden. Ist der Gasraum im Fermenter ausgekleidet, gelten die Anforderungen XA1 und C25/30. Nicht zuletzt muss die Korrosion der Bewehrung durch Karbonatisierung geprüft und einer Expositionklasse zugeordnet werden.

- *Verarbeitung von Ortbeton*

Die Behälterdecke aus Beton ist unbedingt in einem Zuge zu betonieren, sehr sorgfältig zu rütteln und bis zum vollständigen Abbinden abzudecken und feucht zu halten. Der häufigste Fehler, der beim Betonieren von Decken gemacht wird, ist ein zu hoher Wassergehalt, um die Fließfähigkeit zu verbessern und die Verarbeitung zu erleichtern. Schwindrisse und Mikroporen, die beim Aushärten des Betons durch Wasserverdunstung entstehen, führen ohne Innenbeschichtung im späteren Betrieb zu schwer kontrollierbaren Gasverlusten.

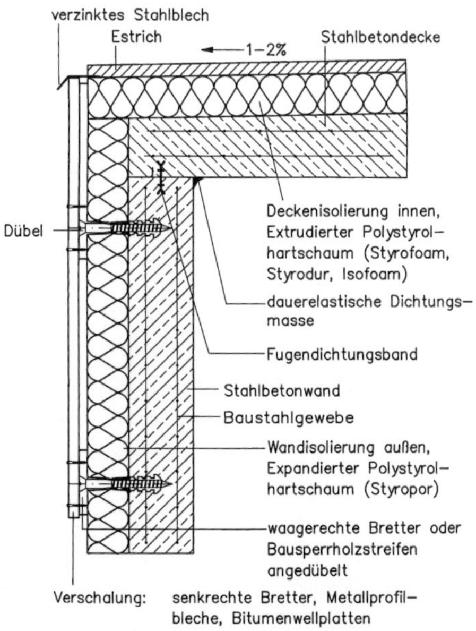

Die Wand-Decken-Fuge ist mit dauerelastischen Fugendichtungsbändern zu versehen, deren Stoßstellen verklebt oder verschweißt werden müssen. Als zusätzliche Sicherheit ist ein Ausspritzen oder Spachteln der Ecke mit dauerelastischen Dichtungsmassen auf Basis von Silikonkautschuk, Polyurethan oder Bitumen-Kautschuk zu empfehlen (Abb. 4.13). Dies wirkt aber nur, wenn der Beton genügend erhärtet und trocken ist und vor dem Aufbringen der Dichtungsmasse ein dazu passender Haftgrund aufgetragen wurde. Wird im Gasbereich ein PE-Inliner angebracht, so sind sämtliche Fugen und Stöße zu verschweißen. Filigrandecken, das sind Betonfertigteile, die mit einer Ortbetonschicht überdeckt werden, sparen die aufwändige Deckenschalung ein. Da der Ortbeton die Gasdichtigkeit gewährleisten muss und nicht die Fertigteile, gelten die zuvor genannten Hinweise für das Erstellen der Ortbetonschicht und die Ausbildung der Übergänge.

Gleichgültig, ob in Ortbeton- oder Betonfertigteil-Bauweise, auf jeden Fall sollte man sich bei Auftragserteilung vom Hersteller eine schriftliche Garantie für die Wasserdichtigkeit und Medienbeständigkeit des Behälters geben lassen.

4.13
Zweckmäßige Ausbildung der Wand-Deckenverbindung, Isolierung und Verschalung bei oberirdischen Beton-Biogasanlagen.

4.14
Fermenterdecke aus emaillierten, verschraubten Stahlplatten, im Gasbereich aus 1.4571-(V4A-) Stahl.

Behälter aus Stahlblech

Neben Stahlbeton ist Stahlblech der zweitwichtigste Fermenterbaustoff. Verwendet wird emaillierter, verzinkter Baustahl S235JR (EN 10025) oder Edelstahl 1.4301 und 1.4571 (EN 10027-2). Im korrosionsgefährdeten Gasraum empfiehlt sich Edelstahl der Güte 1.4571. Die Fermenterhülle wird in der Regel auf ein Betonfundament gesetzt. Es kommen geschraubte, geschweißte Platten oder gewickelte Stahl-Bahnen zum Einsatz. Da die Teile vorgefertigt werden, können Stahlbehälter rascher als Ortbeton-Behälter errichtet werden (Abb. 4.14).

In der Vergangenheit kamen bei dieser Lösung vor allem bei kleineren Anlagen bis 250 m^3 Fermentervolumen überwiegend gebrauchte, aber noch gut erhaltene Tanks für die Lagerung und den Transport von Flüssigkeiten zum Einsatz (Abb. 4.15). Behälter aus 6 bis 10 mm dickem und außen korrosionsgeschütztem Stahlblech und ohne Auflager werden vor Ort auf Streifenfunda-

mente gestellt, wobei eine der Wölbung des Tanks angepasste Holzunterlage die Lage fixiert und gleichzeitig für eine thermische Entkopplung zwischen Tank und Fundament sorgt. Ist das Mannloch, auf dessen Flansch ein Gasdom aufgeschraubt werden kann, an einer Stirnseite angebracht, empfiehlt es sich, den Behälter mit 1 bis 2% Steigung dorthin zu verlegen, um den Gasaustritt zu unterstützen. Liegt das Mannloch in der Mitte des Behälters, ist der Behälter waagerecht aufzustellen. Das Gas muss sich in diesem Fall etwas stärker anstauen, um den kürzeren Weg zum Gasdom zu finden.

Die Erfahrung hat gezeigt, dass ein Korrosionsschutz auf der Behälterinnenseite im Bereich des Güllestandes nicht nötig ist. Lediglich im Eintrittsbereich der noch sauerstoffhaltigen und leicht sauren Frischgülle und vor allem im Grenzbereich zwischen Gülle und Gas ist mit Korrosion zu rechnen. Wer trotzdem sichergehen will, versieht diese Gefahrenzonen mit einem mehrlagigen Bitumenanstrich nach Vorschrift des Herstellers. Achtung: Bei Anstricharbeiten im Tank müssen die Lösemitteldämpfe unbedingt durch Zwangslüftung mit einem Gebläse entfernt werden. Explosionsgefahr beachten!

Auf vollständig gefüllten Fermentern, wie beispielsweise beim Pfropfströmreaktor aus Stahl, wird ein Gasdom aufgesetzt. Dieser hat die Aufgabe, das Gas zu sammeln und von Schaum und Flüssigkeitsteilen zu trennen. Nach oben wird der Gasdom am besten mit einer Glas- oder Plexiglasscheibe verschlossen, um in den Behälter hineinsehen zu können. Dadurch lässt sich eine Schaumbildung rechtzeitig erkennen.

Oftmals behindert Kondenswasser an der Innenseite der Scheibe die klare Durchsicht, was jedoch mit einer einfachen Sprüheinrichtung auf der Innenseite behoben werden kann, die bei Bedarf etwas Leitungswasser gegen die Scheibe sprüht.

Soll das Biogas im Gasdom durch gezieltes Einblasen geringer Luftmengen entschwefelt werden, reicht dessen Größe als Besiedlungsfläche für die Schwefelbakterien nicht aus.

Um Korrosionsprobleme zu umgehen, fertigt man den Gasdom aus Edelstahl. Ein einfaches 6 bis 8 mm dickes Stahlblech (S235JR) ist allerdings ebenfalls ausreichend, wenn es innen vorschriftsmäßig beschichtet wird.

4.15 Ehemalige Lagertanks für Flüssigkeiten und Gas.

• *Gasdichte Bauweise*

Biogasbehälter müssen gasdicht gebaut werden! Während kleine Undichtigkeiten (Haarrisse, Feinporen) in der Bodenplatte sowie an den Wand- und Rohrleitungsanschlüssen im unteren Bereich, wo Gülle ansteht, unkritisch sind, weil sie sich durch Feststoffe in der Gülle „zusetzen", sind solche Fehler im oberen Teil des Behälters, wo Gas ansteht, absolut unzulässig.

• *Dichtigkeitsprüfung*

Manche Bauherren scheuen den Zeitaufwand, der für eine Dichtigkeitsprüfung nötig ist, und befüllen ihren neuen Fermenter gleich mit Gülle. Groß ist dann die Not, wenn Gülle oder Gas durch undichte Stellen entweichen. Denn nun muss die ganze Gülle wieder ausgepumpt und der Behälter gesäubert werden, bevor von innen abgedichtet werden kann. Äußeres Abdichten hilft wenig, da die Dichtungsmassen früher oder später durch den Gülle- oder Gasdruck abplatzen.

Um die Dichtigkeit des Behälters in der Praxis zu prüfen, bieten sich zwei Wege an:

1. Füllen des Behälters mit Wasser, und zwar so, dass auch die Decke unter einem Druck von ca. 0,5 m Wassersäule steht. Dazu schließt man einen transparenten Schlauch an den Anschlussstutzen der Biogasleitung an und montiert das offene Ende maximal 0,5 m oberhalb der Decke. Mit der Befüllpumpe oder direkt aus der Wasserleitung wird jetzt der Behälter soweit gefüllt, bis Wasser aus dem Schlauch fließt. Das offene Schlauchende dient gleichzeitig als Überdruckventil, das

einen zu hohen Innendruck im Behälter verhindert. Auf keinen Fall darf man den gefüllten Behälter verschließen und mit dem Druck der Wasserleitung belasten, weil dann die Decke beschädigt wird.

Ist die Anlage dicht und ausreichend entlüftet, darf sich der Wasserspiegel im Schlauchstück nach dem Füllen nicht senken. Sinkt er rasch, sind die undichten Stellen aufzuspüren und von innen mit dauerelastischer Dichtungsmasse abzudichten. Es ist sehr hilfreich, wenn zur Dichtigkeitsprüfung der Behälter nicht im gesamten Wand- und Deckenbereich außen gedämmt bzw. verkleidet ist. Ist die ganze Betondecke undicht, hilft ein mehrlagiger Innenanstrich auf Bitumen- oder Kunstharzbasis. Bei sehr rauer Betonoberfläche sollte eine Bitumen-Spachtelmasse 1 bis 2 mm dick aufgezogen werden.

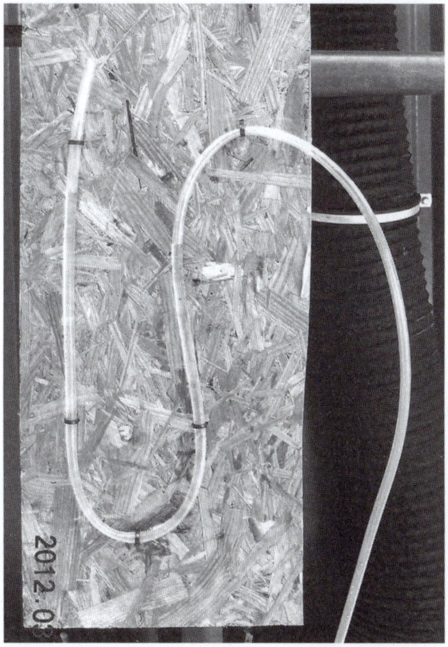

4.16
U-Rohr-Manometer, Eigenbau, zur Prüfung der Gasdichtigkeit.

2. Ein empfindlicherer Nachweis von Undichtigkeiten ist durch das Abdrücken des Behälters mit Luft möglich. Auch hier muss man aufpassen, dass der Druck nicht höher wird als ca. 0,05 bar, entsprechend 0,5 m Wassersäule (WS). Dazu nimmt man einen längeren transparenten Schlauch und biegt ihn zu einem U-Rohr mit 0,6 bis 1 m Schenkellänge (Abb. 4.16). Dieses wird mit Wasser gefüllt, so dass in beiden Schenkeln der Stand ca. 30 bis 50 cm hoch ist. Wird jetzt mit einem Kompressor oder Staubsauger Luft eingeblasen, steigt der Wasserspiegel im äußeren Schenkel des Schlauchs, während er im inneren sinkt. Ist eine Druckdifferenz von 0,5 m Wassersäule im U-Rohr erreicht, wird die Luftzufuhr abgesperrt und die Wassersäule beobachtet. Sinkt der Druck schnell, müssen unter langsamem Einblasen weiterer Luft die undichten Stellen gesucht werden. Große Undichtigkeiten kann man durch Abhorchen orten, kleinere mit Lecksuchspray oder Seifenwasser.

4.2.2 Wärmedämmung

Eine Wärmedämmung des Fermenters, der heizwasserführenden Rohrleitungen und gegebenenfalls des Wärmespeichers ist in unseren Breitengraden unerlässlich. Dabei kann der Fermenter von innen oder außen isoliert werden. Die Vor- und Nachteile sind in Tabelle 4.1.dargestellt. Bewährte Materialien werden im Folgenden genannt.

Mineralwolle

Mineralwolle (Glas, Stein- und Schlackenwolle) ist ein häufig eingesetzter Baustoff zur Außendämmung. Dies liegt am niedrigen Preis und an der Beständigkeit gegenüber hohen Temperaturen, Feuchte und mikrobiellem Abbau. Ist dieses Material erst einmal (mit Atemschutzmaske) vorschriftsmäßig verarbeitet und mit einem Wetterschutz versehen, dürfte die Gesundheitsgefährdung in diesem Einsatzbereich gering sein.

- *Mineralfasermatten*

Mineralfasermatten kommen vor allem in Frage, wenn Rundungen oder Wölbungen zu isolieren sind, und bei Rohrleitungen mit größerem Durchmesser. Eine zweckmäßige, preiswerte und dauerhafte Lösung zur Iso-

Wärmedämmung des Fermenters außen oder innen?

	Vorteile	Nachteile
Innen-dämmung	Wärmedämmung kann nachträglich angebracht werden, oder wird in der Schalung mit eingelegt (bei Decken) Bei vorhandenen Behältern nicht anders möglich	Isolationsmaterial muss gegen Substrat, Bakterien und Säuren resistent sein. Widerstandsfähig gegen mechanische Beschädigungen und gegen Aufschwimmen.
Außen-dämmung	Fermentervolumen voll nutzbar Mechanisch widerstandsfähige Flächen Geringe Dehnungsdifferenzen (Wand/Decke) Betonflächen kontrollierbar	Große Dehnungsdifferenzen zwischen Wand und Decke. Isolation muss druckfest und besonders geschützt werden. Wärmeausdehnung aus einbetonierten Heizschlangen muss statisch berücksichtigt werden.

Tabelle 4.1 Vergleich Innen- oder Außendämmung.

Daten von Wärmedämmstoffen				
Dämm-material	Dichte kg/m³	Wärme-leitzahl λ W/mK	Dicke[2] m	Flächener-giebigkeit m²/m³
Mineralwolle (Matten)	30-50	0,035-0,050[1]	0,101	9,9
Perlite	90	0,055[1]	0,111	9,0
Schaumglas	13-25	0,045[1]	0,091	10,99
expand. Polystyrolschaum	20-45	0,040[1]	0,081	12,35
extrud. Polystyrolschaum	30-80	0,035[1]	0,071	14,08
Polyurethanschaum		0,030[1]	0,061	16,39
[1] Rechenwert; [2] für bzw. bei U = 0,5 W/m²K				

Tabelle 4.2
Technische Daten verschiedener Wärmedämmstoffe.

lierung runder Behälter besteht darin, sie mit 1 bis 2 Lagen Mineralfasermatten zu umwickeln und diese dann zum Schutz gegen äußere Einflüsse mit Bitumenpappe (unter Dach) oder mit Metallprofilplatten (im Freien) abzudecken. Mineralfasermatten sind zwar unempfindlich gegen Durchfeuchtung, im durchfeuchteten Zustand verlieren sie jedoch sehr stark an Dämmwirkung. Mit der Entstehung von Kondenswasser an der Behälteroberfläche ist nicht zu rechnen, da die Faulraumtemperatur in der Regel höher ist als die Umgebungstemperatur.

Zur Dämmung von Stahlbehältern werden beinahe ausschließlich Fasermatten eingesetzt (Abb. 4.17). Bei Betonbehälter ist auf eine ausreichende Hinterlüftung zu achten, da Feuchte nach außen diffundiert. Im Erdbereich sollten Mineralfaserdämmstoffe wegen geringer Druckstabilität und der Gefahr einer Durchfeuchtung nicht eingesetzt werden.

Kunstschaumstoffe

Kunstschaumstoffe sind als Dämmstoff bei Biogasanlagen nicht mehr wegzudenken.

- *Expandierte Polystyrolplatten*

Expandierte Polystyroldämmstoffplatten, bekannt unter dem Handelsnamen Styropor, sind leicht und ohne Staubbelastung zu verarbeiten, lassen sich auf Beton kleben und ohne Einschnitte in größeren Radien biegen. Allerdings dürfen die Platten nicht ständigen Feuchtigkeitsbelastungen ausgesetzt werden, da sie langsam Wasser aufnehmen und dieses nur schlecht wieder abgeben. Das Material wird daher bevorzugt im oberirdischen Bereich eingesetzt, also zur Außenisolierung von Wänden und Decken. Da expandiertes Polystyrol nicht witterungsbeständig ist, muss es bei freistehenden Behältern durch eine Außenverschalung aus Brettern (Abb. 4.18), Metallprofilplatten oder Bitumenwellplatten geschützt werden.

4.17
Behälterdämmung mit Mineralfasermatten.

4.18 Außendämmung eines Betonbehälters mit Styroporplatten

• *Styroporflocken*
Styroporflocken, entweder formgeschäumt oder aus geschredderten Verpackungsformteilen hergestellt, eignen sich gut als sehr preiswerter Schüttdämmstoff, um unter Dach stehende Fermenter zu isolieren. In diesem Fall muss allerdings zunächst eine Außenhülle hergestellt werden, etwa in Form einer Außenmauer, einer Holzverschalung o.ä. Das Material wird aus Säcken eingeschüttet oder aus Containern eingeblasen.

• *Extrudierte Polystyrolschaumplatten*
Extrudierte Polystyrolschaumplatten, bekannt unter den Handelsnamen Styrodur, Styrofoam, Roofmate, Agmate und Isofoam, haben eine hohe Druckfestigkeit und sind güllebeständig. Sie nehmen trotz der geschlossenzelligen Struktur bei ständiger Feuchtigkeitsbelastung über Jahre Wasser auf. Dennoch ist dies das richtige Material, um unterirdische Fermenter zu isolieren. So wird beispielsweise die Bodenplatte von neu zu errichtenden Behältern in der Regel auf solche in einem Sandbett und mit einer Trennfolie abgedeckten verlegten Platten gegossen.

Bei ins Erdreich eingebauten Behältern wird die Betonwand ebenfalls von außen isoliert. Die Fixierung der Platten mit Dübeln oder ähnlichem erleichtert das anschließende Hinterfüllen. Hierbei ist es ratsam, zwischen der Dämmung und dem Erdreich eine Dränplatte oder Noppenfolie einzubauen. Bei Behälterdurchmessern unter 10 m empfiehlt es sich, die steifen Dämmplatten auf der Seite, wo sie an der Wand anliegen, mit einer Kreissäge auf $^2/_3$ ihrer Dicke mit parallelen Einschnitten zu versehen, damit sie sich besser biegen und der Behälterrundung anpassen lassen. Wie viele Schnitte notwendig sind, muss von Fall zu Fall an einer Musterplatte ausprobiert werden.

Durchgehende Fugen und Spalten in der Dämmung sind unbedingt zu vermeiden. In der Praxis besteht die Dämmschicht aus zwei versetzt verlegten Plattenlagen. Unvermeidbare Spalten und Fugen werden mit Bauschaum geschlossen.

Beim Isolieren der Decke werden die extrudierten Schaumstoffplatten auf die Decke gelegt. Mit einem Estrich wird die Dämmung gegen Beschädigung und Witterungseinflüsse geschützt. Die Ausführung der Estrichmatten und die Dicke des Estrichs richten sich nach dem Witterungseinfluss (unter Dach / freie Bewitterung) und der Verkehrslast. Die Druckfestigkeit der Platten reicht aus, um mit Schlepper und Wagen darüberzufahren. Falls die Betondecke nicht direkt befahrbar sein soll, können die Platten mit einer Kiesschicht (mit darunter verlegter Folienabdichtung) begehbar oder mit Stahlblech, dann in der Regel nicht begehbar, abgedeckt werden.

Bei Hochbehältern ist es meistens kostengünstiger, die wesentlich billigeren Styroporplatten oder Mineralfasermatten auf die Decke zu legen. Bei Fasermatten auf der Decke ist wegen der Dachlast auf eine ausreichende Unter-(Trag-)konstruktion zu achten.

• *Polyurethanschaumplatten*
Polyurethanschaum hat eine sehr niedrige Wärmeleitzahl ($\lambda = 0{,}025 - 0{,}035$ W/mK), also beste Dämmwirkung. Es gibt PU-Schaumplatten in offen- und geschlossenzelliger Ausführung sowie Ortschaum zum Aufspritzen an Ort und Stelle.

Die Platten sind teurer als die zuvor behandelten Polystyrol-Materialien, weshalb sie bei Biogasanlagen seltener eingesetzt werden. Das Auf- und Ausschäumen vor Ort ist allerdings kein Verfahren für den Selbstbau, sondern muss durch eine spezialisierte Firma ausgeführt werden.

4.19
Verkleidung der Außendämmung mit Metallprofilplatten.

Dämmstoffdicke

Die optimale Dämmstoffdicke wird vor allem beeinflusst von der Form und der Größe des Faulraumes, der Temperaturdifferenz zwischen Behälterinhalt und Umgebung (Boden- oder Lufttemperatur), dem Dämmstoffpreis und dem Preis bzw. Nutzen für die durch bessere Dämmung eingesparte Prozessenergie (vgl. Tabelle 4.2).

In Kapitel 9 wird genauer beschrieben, wie die wirtschaftliche Dämmschichtdicke in Abhängigkeit von den wichtigsten Einflussgrößen ermittelt werden kann.

Brandverhalten

Oberirdisch angebrachte Wärmedämmung sollte mindestens schwerentflammbar entsprechend der Baustoffklasse B2 sein. In brandgefährdeten Zonen ist die Baustoffklasse B1 (nicht entflammbar) vorgeschrieben.

4.2.3 Außenverkleidung und Witterungsschutz

Bei oberirdischen Betonbehältern mit Außenisolierung und Verschalung muss dafür gesorgt werden, dass von der Decke ablaufendes Niederschlagswasser nicht in die Dämmschicht eindringt. Dies kann man erreichen, wenn die Decke über die Wand auskragend betoniert wird, was jedoch einen verhältnismäßig hohen Schalungsaufwand erfordert. Einfacher ist es, einen Blechkragen zwischen Wand und Decke einzubetonieren. Er muss aber aus einzelnen Stücken bestehen, die sich überlappen, da es sonst Probleme mit der Wärmedehnung geben kann. Die Details einer richtigen Wand-Decken-Verbindung sind in Abb. 4.13 dargestellt.

An der Behälterwand bietet sich eine Verschalung aus Metallprofilplatten (Aluminium- oder lackiertes Stahlblech) oder aus Holzlatten an. Ist das Dämmmaterial ausreichend trägfähig, können die Profilplatten ohne Unterkonstruktion direkt auf die Dämmschicht aufgelegt werden. Auch an der Wand ist bei Mineralfaserplatten eine Stützkonstruktion erforderlich.

Durch die Profilierung der Verkleidung allein wird in der Regel keine ausreichende Hinterlüftung der Dämmschicht gewährleistet. Da sich Profilplatten längs zur Profilierung sehr leicht biegen lassen, stellt man das Profil senkrecht und verbindet die Plattenstöße auf dem Wellenberg durch Ziehnieten miteinander (Abb. 4.19). Auf eine ausreichende Überlappung an den Stößen ist zu achten, damit kein Niederschlagswasser eindringen kann. Bei Bedarf können Überlappungen zusätzlich mit Silikonkautschuk oder dauerelastischen Dichtungsstreifen wasserdicht versiegelt werden. Bei der Abdeckung der Stirnseiten ist darauf zu achten, dass das Regenwasser gut ablaufen kann. Rohranschlüsse, Schaugläser und sonstige Armaturen sind fachgerecht mit Blechmanschetten oder –abdeckungen zu versehen.

4.2.4 Folienhauben und Folienabdeckungen

Die Abdeckung des Faulbehälters mit einer Folienhaube, die gleichzeitig als Gasspeicher dient (vgl. Kap. 5.1), hat im Vergleich zu geschlossenen Fermentern (Tanks) einige Vorteile. Zum einen lässt sich der Behälter durch Abnehmen der Folienhaube notfalls großflächig öffnen. Und zum anderen übernimmt die Folienhaube ganz oder teilweise die Funktion der Gasspeicherung. Zusätzlich ist ab einem Fermenterdurchmesser von etwa 14 m eine freitragende Betondecke vergleichsweise teuer. Nachteilig ist, dass eine direkte Prozesskontrolle anhand online gemessener Gasqualitäten nur eingeschränkt möglich ist, da nur der Inhalt des variablen Gasspeichers für die Messung zugänglich ist.

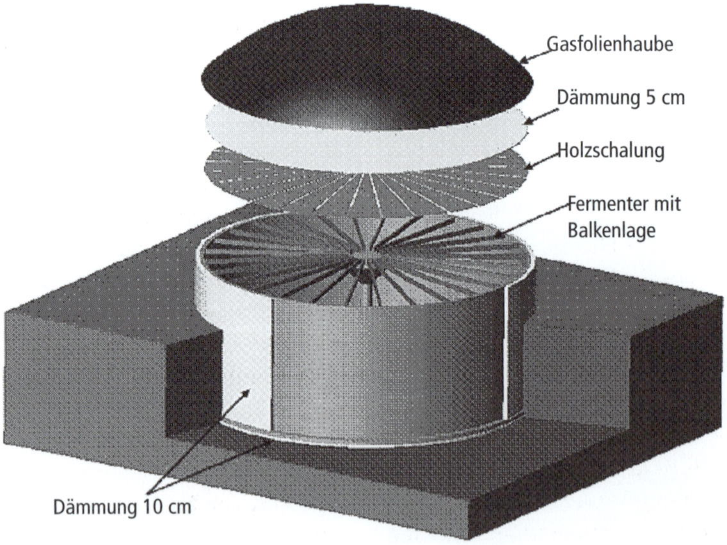

4.20
Schematische Darstellung der Folienhaube mit innenliegender Dämmung der Fermenterdecke (Fa. agriKomp, Weidenbach).

Im Folgenden werden einige Lösungen für Fermenter beschrieben, die sich bisher für zylindrische, oben offene Behälter in der Praxis bewährt haben.

Einfache EPDM-Folienhaube

Bei dieser Bauweise (vgl. Abb. 4.20) wird ein oben offener Behälter mit einer einschaligen Folienabdeckung versehen. Diese Abdeckung dient gleichzeitig als Fermenterdach und als Gasspeicher. Die Plane wird durch eine stützende Unterkonstruktion davor bewahrt, unter den Behälterrand abzusinken und dadurch ein Becken zu bilden.

Die Plane wird meistens aus EPDM-Kautschuk (Ethylen-Propylen-Terpolymer) mit einer Stärke von 1,2 bis 1,5 mm gefertigt. Dieses Material zeichnet sich unter anderem durch hohe UV- und Ozon-Stabilität sowie geringe Methandurchlässigkeit aus. Es enthält weder eine verstärkende Gewebeeinlage noch Weichmacher wie PVC-Planen. Kleinere Beschädigungen des synthetischen Kautschuks können mit Folienflicken ähnlich den Luftschlauchflicken abgedichtet werden. Nachteil der Folie ist, dass sie im Vergleich zu PE-Folien eine zehnfach höhere Gasdiffusionsrate hat. Geruchsemissionen lassen sich bei EPDM-Planen niemals ganz vermeiden. Aufgrund der fehlenden Gewebeeinlage ist eine EPDM-Plane ausgesprochen dehnbar. Ihrer hohen Elastizität zufolge lässt sie sich zuverlässig per Profilverschluss faltenfrei einbauen. Durch diese Eigenschaften sind diese Membranen für den Bau von Biogasanlagen gut geeignet und haben sich in der Praxis bewährt. Spannweiten bis über 35 m Behälterdurchmesser sind möglich. Die Folienhaube wird als ebene Fläche aus Bahnen hergestellt.

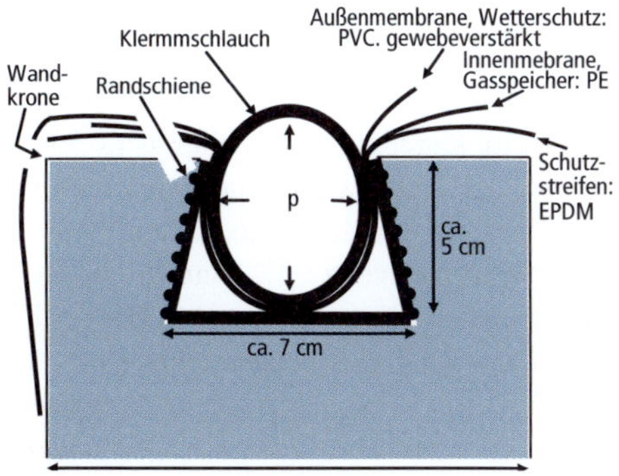

4.21
Schematischer Aufbau der Folienhaubenbefestigung mit einer einbetonierten Klemmschiene aus Kunststoff.

Ist Biogas vorhanden, wird die Folie durch den Gasdruck gehoben, die Gasentwicklung ist sofort sichtbar (Prozesskontrolle). Die EPDM-Folie wird in eine in die Wandkrone eingelassene konische Rinne aus Kunststoff eingelegt und mit einem Gummischlauch, der anschließend aufgepumpt wird, fest eingeklemmt. Bis zu einem Biogas-Überdruck von 5 bis 15 mm WS unter der Folie genügt diese Konstruktion den Anforderungen, bei höheren Drücken besteht die Gefahr, dass Folie und Schlauch aus der Rinne gezogen werden (Abb. 4.21). Die Kunststoff-Rinne muss ganz in den Beton eingelassen werden. Wenn die Seiten teilweise herausragen, kann der Druck des Klemmschlauches den Beton sprengen.

Als Unterkonstruktion dient ein Sparrendach aus Holz. Die Sparren werden außen in Balkenschuhe aus Edelstahl (1.4571) oder in Aussparungen am Rand des Betonbehälters gelegt und in der Mitte durch eine Stütze getragen. Der Abstand der Sparren am Behälterrand kann bis zu 1,50 m betragen. Die Sparren weisen ein geringes Gefälle von 2 bis 5% nach außen auf. Über den Sparren liegt eine geschlossene Bretterschalung, die nur zum Behälterrand einen gewissen Abstand aufweist. Durch diese Öffnung strömt das Biogas über die Schalung in den Gasspeicher. Um die Wärmedämmung der Behälterabdeckung zu verbessern, sind über der Schalung Stryrodurplatten zum Schutz der Gasspeicherfolie verlegt.

Die einfache und flache Folienabdeckung über einem Holzgespärre ist bei nicht gefülltem Gasspeicher windanfällig. Nachteilig ist auch, dass bei Regen oder Schnee die Folie nach unten gedrückt wird und somit nicht das volle Speichervolumen zur Verfügung steht.

Die tiefschwarze einschalige Speicherfolie wird bei Sonneneinstrahlung sehr warm und heizt auch das gespeicherte Biogas. Heißes Gas nimmt bei gleichem Druck ein Mehrfaches an Volumen ein. Das führt in der Praxis dazu, dass in frühen Morgenstunden vermeintlich sehr viel weniger Gas im Speicher ist als an sonnigen Abendstunden.

EPDM-Gasspeicher müssen durch eine Speicherfüllstandsbegrenzung abgesichert werden, da wegen der fehlenden Gewebeeinlage sich der Speicher auf ein vielfaches ausdehnt, ohne dass dafür mehr Druck erforderlich wäre, und letztendlich aus der Verankerung bzw. Abdichtung gezogen wird.

Einfache PVC-Gewebe-Folienhaube mit Mittelstütze

Bei größeren Biogasanlagen werden zunehmend Foliendächer aus PVC-Gewebe mit Mittelstütze verwendet. Damit lassen sich Behälterdurchmesser von bis zu 30 m überspannen. Wie bei den Geruchsabdeckungen von Güllebehältern werden auch hier PVC-Gewebe-Bahnen kegelförmig verschweißt. Als Folienmaterial kommt PVC-beschichtetes Chemiefasergewebe in Frage. Das Material zeichnet sich durch eine hohe Reißfestigkeit aus. Die große Reißfestigkeit erlaubt es sogar, im Speicher einen Druck von bis zu 15 cm WS aufzubauen, ausreichend für den Betrieb von atmosphärischen Brennern (Gas-Infrarotstrahler, Kochherd, Gasfackel). Bei größeren Folienhauben ist es vorteilhaft, den Gasspeicher drucklos zu betreiben und den für die Verbrennung notwendigen Druck mit einem Verdichter zu erzeugen.

Die PVC-Beschichtung ist weichmacherhaltig und versprödet bei freier Bewitterung im Laufe der Jahre. Schadhafte Stellen können – ein Vorteil dieses Materials – mit Folienflicken und PVC-Kleber dauerhaft ausgebessert werden.

In der Behältermitte stützt ein Mast die Dachhaut. Nach außen wird die Folienhaube über Spanngurte außen am Behälter straff gespannt. Die Abdichtung am Behälterrand erfolgt mittels innenliegendem zweiten Saum. Dieser wird an die Wand gasdicht angeschraubt. Diese Art von Speicher ist mit einem in die Bedachung eingearbeiteten und über die Behälterwand abgestützten Gasdom und Serviceschacht aus Edelstahl versehen. Über diese Öffnung können Wartungsarbeiten am Rührwerk vorgenommen werden. Häufig wird dieses Bauteil mit Schaugläsern, Messtechnik und dem Gasanschluss versehen.

Es steht lediglich ein begrenztes Speichervolumen zur Verfügung. Dies kann bei Verwendung einer federkraftgespannten Teleskop-Mittelstütze vergrößert werden.

Gasspeicher unter einem Folien-Behälterdach

Bei dieser Konstruktion wird eine kegelförmige gewebeverstärkte PVC-Plane – getragen durch einen zentralen Stützpfeiler – als äußerer Witterungsschutz eingesetzt. Das Behälterdach wird über den Behälterrand gezogen und festgezurrt. Um einen variablen Gasraum zu erhalten, wird eine zweite innere Folie zwischen Mast und Wand eingebaut. Auch die innere Gasmembran ist formgeschweißt. Bei nicht vollständig gefülltem Gasspeicher beträgt der Gasdruck etwa 1 bis 2 cm WS (Wassersäule), in Abhängigkeit vom Eigengewicht der Gasmembran.

Für die Innenfolie kann als Alternative zu PVC auch EPDM eingesetzt werden. Als preisgünstige Möglichkeit können ferner Folien aus unverstärktem PE/EVA verwendet werden. Polyethylen/Ethylen-Vinylacetat ist ein Copolymerisat, das in zunehmendem Umfang als Teichfolie und als mehrjährig nutzbare Silofolie zum Einsatz kommt. Die Druckbelastbarkeit von maximal 0,5 cm WS ist vergleichsweise gering. Leider lässt sich diese Folie nicht mit lösungsmittelhaltigen Klebern, sondern nur mit Haftklebestreifen flicken. Üblich ist eine Foliendicke von 0,8 bis 1,2 mm.

PE/EVA hat so gut wie keine Elastizität. Verformungen durch Dehnung bleiben bei gleichzeitig reduzierter Materialstärke dauerhaft bestehen. Als Folienhaube mit gewissen Nachteilen behaftet, kommt dieses Material vor allem für drucklos betriebene Gaskissenspeicher zum Einsatz. Nach der Nutzungszeit lässt es sich regenerieren.

In anderen Ländern werden Hauben und Planen auch aus Butylkautschuk gefertigt. Dieses Material konnte sich bei uns nicht durchsetzen.

Doppelfolie als Tragluftdach

Hier wird auf eine starre tragende Dachkonstruktion verzichtet; statt dessen wird in den Raum zwischen innenliegender Gasmembran und äußerer Dachhaut mit einem kleinen Verdichter Außenluft eingeblasen, wodurch sich die Dachhaut straff aufbläht und somit ein selbsttragendes Foliendach erzeugt. Dabei besteht die äußere Wetterschutz-Folie aus kuppel- oder kegelförmig zugeschnittenen PVC-Gewebebahnen, während die innen angebrachte Gasmembran ähnlichen Zuschnitts aus PVC-Gewebe, PE/EVA oder EPDM bestehen kann. Je nach Gasproduktion und –verbrauch hebt oder senkt sich die Innenmembran (Abb. 4.22).

Werden Dachhaut und Gasmembran mittels einer Klemmschiene und Druckschlauch gehalten, beträgt der Stützluft-

4.22 Tragluftdach mit Doppelfolie.

druck etwa 2 bis 3 cm WS. Er wirkt auf die außenliegende Dachhaut ebenso wie auf die Gasmembran. Innenmembran und Dachhaut werden am Behälterrand durch ein außen umlaufendes C-Profil aus Edelstahl mit eingelegtem Druckluftschlauch gasdicht gehalten. Zu Montagezwecken, aber auch zur leichteren Behebung von Schäden, ist unterhalb der Gasmembran eine Stützkonstruktion angebracht. In vielen Fällen ist dies ein Balkengerüst aus Holz, wobei vorteilhafterweise Balkenschuhe und Verbindungselemente aus Edelstahl eingesetzt werden.

Alternativ zur Klemmschiene werden beide Folien mittels Edelstahlschienen oben auf die Behälterwand geschraubt und mit einer dauerhaft elastischen Dichtmasse abgedichtet. Bei Verschraubung der Folien auf dem Behälterrand kann der Gasdruck auf über 10 cm WS gesteigert werden (Abb. 4.23).

Für den Gasdruck im Innern ist zusätzlich noch das Eigengewicht der Gasfolie zu berücksichtigen. Dadurch ist der Gasdruck um etwa 1 cm WS höher als der Stützluftdruck. Diese Art Gasspeicher liefern damit permanent einen geringen Vordruck.

Die Doppelfoliendächer gelten als sturmsicher aufgrund der glatten Außenhaut, der Kegelform sowie der Flexibilität des Tragluftdaches als ganzem. Zusätzlich führt das Einblasen der Stützluft zu einer Minderung der Geruchsbelastung. Im Vergleich zu einer festen Faulbehälterdecke mit einem externen Gasspeicher ist diese Bauart oft preiswerter. Das Verfahren hat zudem den Vorteil, dass es auch für große Spannweiten ohne aufwändige Unterkonstruktionen auskommt. Die Fixierung und Abdichtung mit einem druckbeaufschlagten Klemmschlauch erlaubt eine sehr einfache und zeitsparende Montage und Demontage des Tragluftdaches. Auf einen Gasdom kann verzichtet werden. Nachteilig ist jedoch der hohe Folienbedarf (zwei Folien übereinander) und der ständige Energiebedarf für das Einblasen der Stützluft zwischen die Folien.

Brandverhalten der flexiblen Gasspeicher

Die Foliengasspeicher sind auch hinsichtlich des Brand- und Explosionsrisikos zu bewerten. Bei einem gezielten Brandversuch an einer EPDM-Folienhaube [73] im Jahr 2004 zeigte sich aber, dass die Folie den am meisten befürchteten, mechanischen Beschädigungen standhält und von EPDM-Foliengasspeichern kein erhöhtes Brandrisiko ausgeht.

Bei der Demonstration wurde versucht, mit verschiedenen Mitteln die Folie anzubrennen. Sie hielt stand bei einer brennenden Zigarette, einem mit 5.000 Volt beaufschlagten Weidezaun, bei einem Feuerwerkskörper und einem rotglühenden Eisenstab. Mit einer brennenden Partyfackel hingegen gelang es nach eineinhalb Minuten, ein Loch in die Folie zu brennen. Das Gas trat an der Stelle aus und brannte sauber ab.

4.2.5 Anstriche, Beschichtungen, Dichtungsmaterialien

Der Einsatz von Beschichtungs- und Dichtstoffen kann erforderlich sein, um Beton oder Stahlblech vor Korrosion zu schützen oder poröse Betonflächen oder Anschlüsse dauerhaft abzudichten. Die Beschichtungsmaterialien müssen absolut feuchtigkeits- und temperaturbeständig sein und dürfen obendrein von schwachen organischen Säuren sowie von Schwefelwasserstoff und Ammoniak nicht angegriffen werden. Mit einer mechanischen Beanspruchung der Beschichtung bzw. Dichtung muss gerechnet werden, wenn permanent betriebene Rührwerke sowie Gärsubstrate mit Sand oder Erdanhaftungen eingesetzt werden.

Die Erfahrungen aus der Praxis haben gezeigt, dass ein Korrosionsschutz von Biogasfermentern und Lagerbehältern aus ordnungsgemäß hergestelltem Beton oder aus Stahlblech (> 4 mm Dicke) überall dort nicht nötig ist, wo nur Gülle ansteht. Säurebedingte Korrosion ist dagegen besonders in den Gaswechselzonen der Behälter zu erwarten.

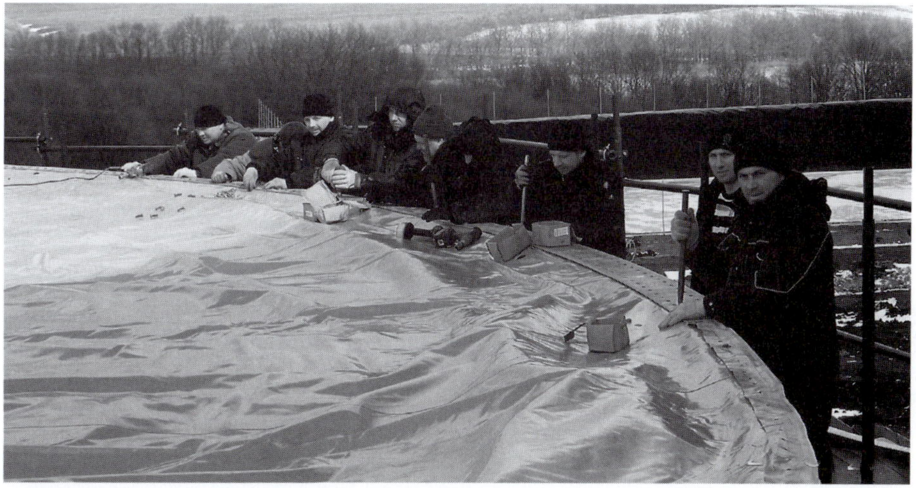

4.23 Verschraubung der Doppelfolie an der Behälterkrone.

Ist es nicht möglich, den Behälter vollständig gefüllt zu halten und das Gas in einem Dom aufzufangen, muss dieser Bereich geschützt werden, vor allem wenn mit Luft entschwefelt wird. Ein Anstrich oder eine Beschichtung oberhalb des Güllestandes im Behälter ist auf jeden Fall anzuraten. Durch eine wirksame Wärmedämmung sollte der Bereich kalter Behälterinnenflächen möglichst klein gehalten werden, da vor allem stark saure Kondensate die Korrosion verursachen.

Für alle Anstriche und Beschichtungen gilt, dass der Untergrund sauber, trocken und fest sein muss. Ein Voranstrich mit guter Fließfähigkeit verbessert die Haftung, vor allem auf Beton oder Putz. Der Hauptanstrich sollte dauerelastisch bzw. plastisch bleiben, um Haarrisse, die beim Schwinden des Betons und beim Betrieb der Anlage auftreten können, zu überbrücken.

Folgende Anstrichstoffe kommen in Frage:

- *Bitumen- oder Bitumen-Kautschuk-Anstriche* sind preiswert, leicht aufzubringen und dauerelastisch, weshalb sie bei Biogasanlagen sehr gern und häufig eingesetzt werden. Zu beachten ist, dass die Lösemittel brennbar sind und nicht eingeatmet werden dürfen.
- *Wasserverdünnbare Dispersionsanstriche* sind nicht feuergefährlich, gesundheitlich unbedenklich und sehr angenehm zu verarbeiten. Die meisten Beschichtungsmaterialien dieser Art sind aber gasdurchlässig und quellen bei ständiger Feuchtigkeitseinwirkung. Deshalb sollten nur solche Materialien verarbeitet werden, die ausdrücklich für Unterwassereinsatz geeignet sind und einen gasdichten Film bilden.
- *Ein- und Mehrkomponenten-Anstriche auf Kunstharzbasis* bilden hoch belastbare, gasdichte und gegebenenfalls auch elastische Schichten. Die Kosten dieser Materialien sind jedoch vergleichsweise hoch, so dass ihr Einsatz nur gerechtfertigt erscheint, wenn mit mechanischen Beanspruchungen zu rechnen ist, wie bei stein- und sandhaltigen Substraten, die bei intensivem Rühren an den Wänden schleifen.

Alle Anstriche sollten in mindestens zwei Schichten aufgetragen werden. Bei sehr rauem Beton oder Putz kann es vorkommen, dass selbst nach mehreren Anstrichen kein dichter Film entsteht. In solchen Fällen hilft eine 1 bis 2 mm dicke Beschichtung auf Bitumen- oder Kunststoffbasis, die mit dem Spachtel aufgetragen wird. Sie braucht aber unbedingt einen dazu passenden Voranstrich.

- *Kunststoff-Inliner* sind PE-Platten oder –Folien, die vor dem Betonieren auf die Innenschalung der Wand und der Decke angebracht werden. Die Inliner sind auf der Betonierseite mit Noppen oder Schlingen versehen. Dadurch wird eine dauerhafte, nicht lösbare Verbindung geschaffen. Polyethylen ist der beste Korrosionsschutz. Alternativ dazu wäre eine nachträgliche Innenbeschichtung auf Polyurethanbasis denkbar.
- *Dichtungsmassen* müssen ebenfalls dauerelastisch oder -plastisch bleiben und für Unterwassereinsatz geeignet sein. Sie sind notwendig zum Abdichten von Rissen, Rohrdurchführungen, Fugen, Flanschen, Deckeln und Einbauten. Heute werden nur noch luft- bzw. feuchtigkeitshärtende Einkomponenten-Dichtstoffe auf Silikon- oder Thiokolbasis verwendet. Sie sollten möglichst an der Behälterinnenseite eingesetzt werden, wo die Dichtung auf Druck belastet wird. Auf Beton oder Putz ist eine Grundierung empfehlenswert.

Keines Korrosionsschutzes bedürfen Teile aus den gebräuchlichen Kunststoffen wie Polyethylen, Polypropylen, PVC, Plexiglas und GFK. Biologisch abbaubare Kunststoffe, die neuerdings zunehmend für Folien und Behälter eingesetzt werden, sind natürlich bei Biogasanlagen ungeeignet, ebenso wie Aluminium und Buntmetalle. Verzinkte Teile korrodieren sowohl im Gülle- wie im Gasbereich, während Edelstähle (bspw. 1.4301, 1.4571) ausreichend beständig sind.

4.3 Substrateinbringung in den Fermenter

Durch den Einsatz der nachwachsenden Rohstoffe und Cosubstrate kommt der Einbring-, aber auch der Rührtechnik eine besondere Bedeutung zu. Dabei gilt grundsätzlich, dass beide Bereiche aufeinander abgestimmt sein müssen, um eine erfolgreiche Biogasproduktion sicherzustellen.

Für die Einbringung von Feststoffen bietet die Industrie eine Vielzahl von Systemen und Produkten an (vgl. Abb. 4.24), wobei der Gewichtsdosierung und regelmäßigen Einbringintervallen Rechnung getragen wird.

Zur Feststoffeinbringung stehen drei Möglichkeiten zur Verfügung:

- über eine Vorgrube in den Fermenter
- indirekt in den Fermenter
- direkt in den Fermenter.

Dabei unterscheiden sich die Einbringvarianten deutlich in der Kapazität und der spezifischen Förderleistung, im Stromverbrauch und in den Kosten. Welche Einbringtechnik für welche Anlage am geeignetsten ist, hängt nicht nur von Substrat und Menge, Kosten und Lage der Anlage u.a. ab, sondern auch von den Vorstellungen und der verfügbaren Arbeitszeit des Betriebsleiters.

4.3.1 Vorgrube

Nur selten gelingt es, den Faulbehälter direkt vom Stall aus durch natürliches Gefälle kontinuierlich mit Gülle zu beschicken. Meist fließt die Gülle in eine Vorgrube, von wo sie in der Regel mehrmals täglich (je häufiger, umso besser) in den Faulbehälter gepumpt wird. Die Vorgrube übernimmt dadurch eine Pufferfunktion. Aber auch zum Beimischen, Zerkleinern und Aufschwemmen (Verflüssigen) von Cofermentationsstoffen oder von Festmist ist eine Vorgrube nützlich.

Werden über die Vorgrube große Mengen an Feststoffen eingebracht, so sollte ihr Fassungsvermögen ausreichen, um den Gülle- und Feststoffanfall von mindestens 3 bis 5 Tagen aufzunehmen, damit auch an Wochenenden oder Feiertagen die Substratzufuhr gewährleistet ist. Die Vorgrube muss gülledicht sein, Gasdichtigkeit ist in der Regel nicht erforderlich. Der Luftzutritt begünstigt die Einleitung der ersten, sauren Phase des Abbauprozesses. Man lässt die Vorgrube deshalb meist oben offen (Achtung, Unfallgefahr beachten!) oder verschließt sie mit einem so großen Deckel, dass das gelegentliche Ausräumen von Sinkschichten – bestehend aus Sand und Steinen – gut möglich ist. Auch muss, falls erforderlich, die Anbringung und Kontrolle eines Rührwerks oder einer Pumpe gut möglich sein. Offene oder nicht dicht abgedeckte Vorgruben sollten nicht in Gebäuden liegen oder abluftseitig mit Gebäuden in Verbindung stehen, denn in der Vorgrube können sich gesundheitsgefährdende und brennbare Gasgemische bilden. Falls nicht anders machbar, sollte die Abluft aus der Vorgrube gezielt abgesaugt sowie das Absaugen überwacht werden (Abb. 4.25 und 4.26).

Vorgruben werden meist in den Boden versenkt, aus Schachtringen gebaut oder bei größerem Volumen in Ortbeton gegossen. Eine zylindrische Form begünstigt Mischvorgänge. Abgepumpt wird nicht am Boden, sondern ca. 50 cm darüber, damit sich Fremdkörper absetzen können. In vielen Fällen ist es praktisch, wenn in die Vorgrube auch der Sinkschichtenabzug aus dem Fermenter mündet, denn hier kann man die dickflüssige Masse mit Wasser oder dünner Faulgülle zum Ausbringen mischen.

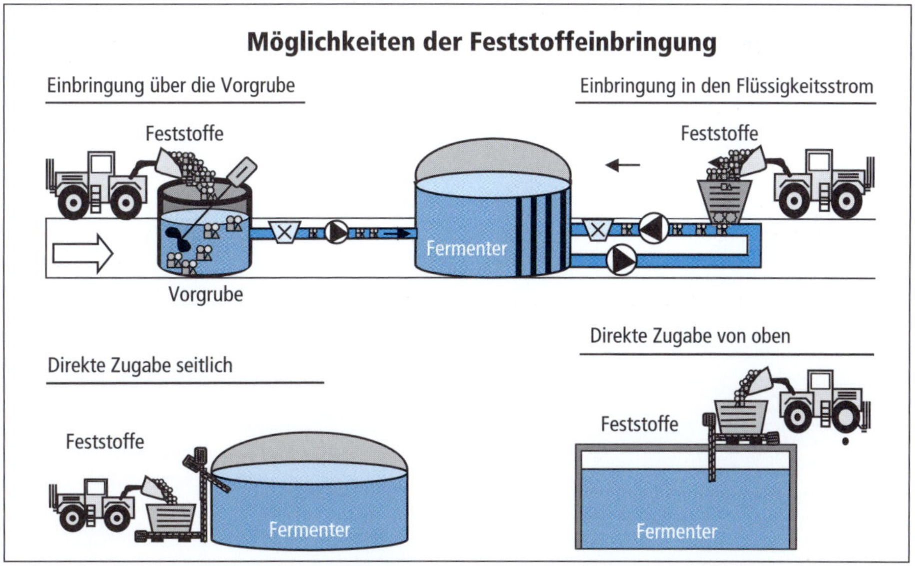

4.24 Übersicht über die verschiedenen Einbringtechniken.

Auch zur Entleerung des Lagerbehälters wird die Vorgrube oft genutzt, weil man hier mit dem Güllefass leicht absaugen und notfalls homogenisieren kann. Bei Verwendung einer Zentralpumpe für die Fermenterbefüllung sowie für die hydraulische Umwälzung und Lagerbehälterentleerung ist eine Vorgrube mit den entsprechenden Rohrleitungen und Schiebern unerlässlich. Die Vorgrube ist vor allem dort vorzufinden, wo ausschließlich flüssige Substrate oder nur geringe Mengen an Feststoffen zugemischt werden.

Bei der Cofermentation größerer Mengen an Feststoffen muss vermehrt ausgefaultes, feststoffarmes Substrat in die Vorgrube geleitet werden, um ein pumpfähiges Gemisch zu erhalten. Dabei steigen das Gesundheits- und Brandrisiko und ebenso der Rühr- und Pumpaufwand und der Verschleiß drastisch an. Wird hierzu Substrat aus dem Lagerbehälter entnommen, muss eine entsprechende Menge an ausgefaultem Substrat erneut durch den Fermenter geschleust werden. Bei gegebenem Faulraumvolumen wird dadurch die Verweilzeit verkürzt. Bei dieser Betriebsweise muss ein entsprechend größerer Faulraum vorgehalten werden.

Vorteile der Vorgrube sind die exakte Dosiermöglichkeit, die gute Vermischung von Flüssigkeiten und Feststoffen bei gleichzeitig geringen Investitionen. Die Nachteile machen sich bei wechselnden Inputstoffen durch hohen Kontroll- und Bedienaufwand, bei mehrtägiger Bevorratung durch hohen technischen und steuerungstechnischen Aufwand, wie zum Beispiel automatisch nachgeführte Rührwerke sowie kontinuierliche Füllstandsüberwachung bemerkbar. Nicht zuletzt sind Vorgruben eine Quelle der Geruchsbelastung.

4.3.2 Vorlagebehälter

Zwischen Vorgrube und Fermenter wird eine kalte Zwischenlagerung mit entsprechend zerkleinertem und homogenisiertem Substrat, beispielsweise Rübenkleinteilen, sowie organischem Mischabfall installiert. Mit schlagkräftiger Technik wird satzweise aus Feststoffen und bedarfsweise Flüssigkeit ein Brei bereitet, der dann über Tage oder Wochen in einem Behälter zwischengelagert wird. Dort findet unter Umgebungstemperatur eine Versäuerung statt. In Abhängigkeit von der Konsistenz (TS-Gehalt, Dichteunterschiede etc.) entmischt sich der saure Brei kaum. Direkt aus dem Behälter wird dann der Fermenter beschickt. Die Vorteile bestehen darin, dass Zeit und Energie gespart und durch die saure Lagerung ein effektiver Aufschluss der Substrate erreicht wird. Ferner kann die Fermenterbefüllung automatisiert sowie weitere Verfahrenstechniken wie beispielsweise eine Hygienisierung relativ einfach eingebunden werden. Wenn der Vorlagebehälter nicht geruchsdicht abgedeckt ist, kann sich die Geruchsentwicklung spätestens in den Sommermonaten negativ auswirken. Im Vorfeld ist zu klären, ob die beabsichtigte Substratmischung auch tatsächlich im Behälter ausreichend homogen bleibt. Eine zu geringe Fließfähigkeit oder mangelnde Homogenität erschwert die Entnahme aus flachen, kostengünstigen Behältern.

Cosubstrate werden heute zunehmend direkt in den Fermenter eingetragen. Um den hohen Aufwand an Zeit und Technik

4.25 Vor- und Mischgrube mit Deckel und Abluftabsaugung.

4.26 Geöffneter Deckel der Vorgrube mit Gitterrost.

beim Einbringen von nicht pumpfähigen Substraten in den Fermenter über die Vorgrube zu umgehen, wurden in den letzten sechs Jahren zahlreiche neue Verfahren entwickelt.

4.3.3 Feststoffzugabe mit Spülflüssigkeit

Hierunter sind diejenigen verfahrenstechnische Lösungen zusammengefasst, welche die Feststoffe über einen Flüssigkeitsstrom, meistens der Fermenterinhalt, direkt eintragen.

- *Einspülschacht*

Hierbei wird Feststoff (Festmist, Gras, Silomais etc.) in einen Schacht, welcher entweder seitlich oder von oben in den Fermenter führt, eingebracht und durch umgepumptes, ausgefaultes Substrat eingespült. Derartige Vorrichtungen wurden vor allem bei kleineren Anlagen mit geringen Feststoffbeigaben verwendet. Problematisch erwies sich bei diesen Vorrichtungen die stoßweise Beschickung ohne Vorratsmöglichkeit mit einhergehenden Geruchsemissionen beim Einspülen. Aus vorgenannten Gründen ist der offene Einspülschacht heute keine Option mehr.

Um die negativen Begleiterscheinungen der offenen Einspülvorrichtungen zu vermeiden, wird der Spülschacht mit Feststoffen befüllt und anschließend mit einem Deckel verschlossen. Erst dann erfolgt der Einspülvorgang. Das Fassungsvermögen kann bis ca. 10 m³ betragen. Hierbei werden derzeit bis zu 48 Einbringintervalle über 24 Stunden angewendet.

- *Feststoffzugabe in Druckleitung*

Als Transportmedium wird hierbei Flüssigkeit aus der Vorgrube oder Fermenterinhalt benutzt. Die mit Feststoffen versetzte Flüssigkeit wird mit einer Verdrängerpumpe, einer Excenter-, Drehkolben- oder Hubkolbenpumpe in den Fermenter gefördert (Abb. 4.27). Je nach Hersteller ist die technische Ausführung verschieden. Das Gerät der Fa. Vogelsang besteht aus einem Vorratsbehälter, aus dem der Feststoff auf eine doppelte Förderschnecke mit anschließender Feinzerkleinerung gegeben wird. Hierbei wird auch das Transportmedium über die Schnecken und den Zerkleinerer geführt. Im Gegensatz dazu verzichtet das Gerät der Fa. Börger auf den Zusatz der Flüssigkeit bereits bei der Dosierung. Vielmehr werden die Feststoffe aus einem Vorratsbunker über eine Stopfschnecke in das vorbeiströmende Transportmedium gedrückt. Die mögliche Feststofffracht sinkt mit steigendem Trockensubstanzgehalt des flüssigen Transportmediums, da dieses immer pumpfähig bleiben muss (Grenze etwa 15% TS). Ferner sind die Geräte, die eine der Feststoffzugabe nachfolgende Pumpe haben, anfällig gegen Fremdkörper.

4.3.4 Direkte Zugabe

Mit zunehmender Vergärung von frischem zerkleinertem bzw. einsiliertem Pflanzenmaterial erlangte der direkte Feststoffeintrag eine große Bedeutung. Basierend auf Tech-

4.27
Varianten der Feststoffzugabe in einen Förderstrom.

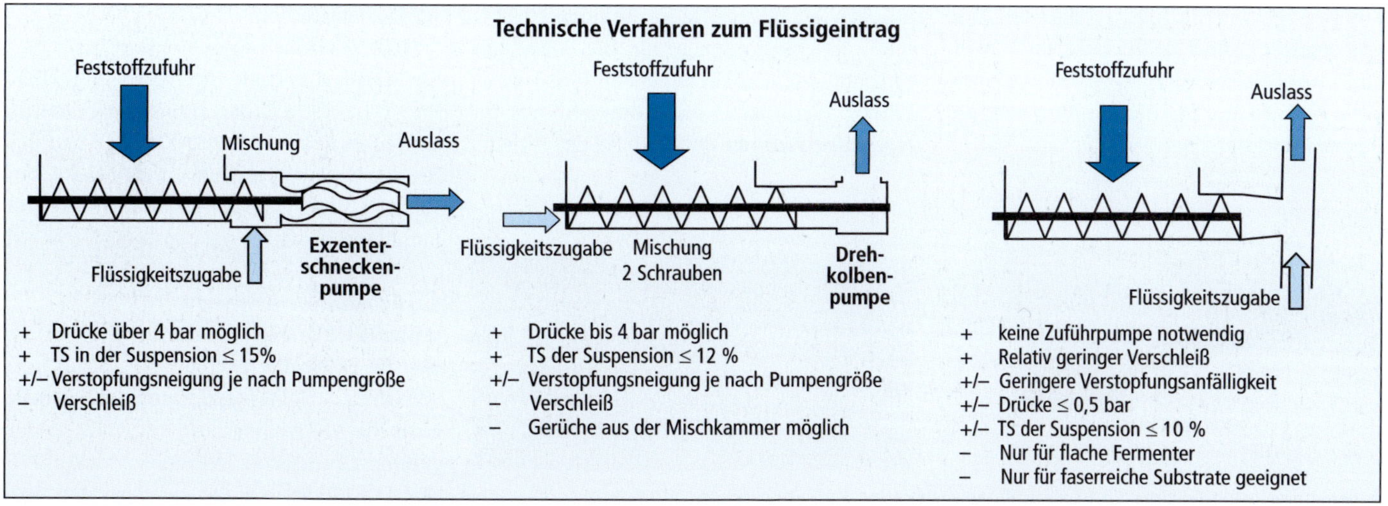

niken der Tierfütterung entwickelten einige Firmen für Ganzpflanzensilagen geeignete Bunker und Eintragssysteme, die jeweils im Fermenter unterhalb der Substratoberfläche enden.

Bei Förderschnecken ist der Durchmesser und die Steigung der Schneckenwendel dem Fördergut anzupassen. Ganzpflanzensilagen werden mit einem Schnecken-Durchmesser ≥ 300 mm gefördert. Wird auch Festmist eingesetzt, können Durchmesser bis 700 mm erforderlich werden.

Futtersäuren in Kombination mit allfälligen Sand und Erdbestandteilen führen bei Werkzeugstahl (S235JR) zu einem raschen Verschleiß. Deshalb wird in der Fördertechnik überwiegend auf Edelstahl und nur im Einzelfall auf Kunststoff zurückgegriffen. Korrosion ist auch ein Thema bei Bunkern und Dosierstationen. Eine entsprechende Beschichtung, besser eine Auskleidung mit Kunststoff oder der Einsatz von Holzwänden verlängern die Standzeit der Behälter.

Wesentliche Entscheidungshilfen für die Auswahl einer geeigneten Einbringtechnik sind das erforderliche Fassungsvermögen sowie Antworten auf die Fragen: „Wo könnten überall Störungen auftreten und wie schwierig sind sie zu beheben?“ „Welche Intensität erfordert die Wartung?“ und „Wie hoch ist die Anschlussleistung bzw. der Strombedarf der Technik?“

- *Schneckenförderer mit Vorratsbunker*

Vor allem für kleinere Biogasanlagen unter 100 kW installierter elektrischer Leistung bietet sich der Einsatz von einfachen Schneckenförderern mit entsprechenden Vorratsbunkern an (Abb. 4.28). Diese können die Feststoffe sowohl in ebenerdige Behältern seitlich in den oberen Bereich oder bei Hochbehältern über entsprechende Schneckenförderer von oben in den Fermenter einbringen. Übliche Bunkergrößen gehen bis ca. 10 m^3. Bei größeren Biogasanlagen kann durch Vergrößerung des Vorratsbunkers bzw. das Vorschalten eines Abschiebewagens das Volumen des Systems um ein Mehrfaches erhöht werden.

- *Umgebaute Futtermischer*

Nachdem bei der Feststoffzuführung vielfach etwa gleiche Voraussetzungen wie bei der Rinderfütterung gegeben sind, werden verstärkt den Verhältnissen angepasste Vertikal- und Horizontalmischer eingesetzt. Diese Technik hat den Vorteil, dass zum einen das einzubringende Gut zerkleinert werden kann und zum anderen neben der guten Mischwirkung auch eine gute Dosierung möglich ist. Nachteilig ist die hohe elektrische Anschlussleistung für die einzelnen Mischorgane, vor allem bei den Vertikalmischern. Wenn auch der Stromverbrauch im Normalbetrieb nur etwa bei 4% der erzeugten elektrischen Leistung liegt, werden doch pro Mischorgan Motore von 20 bis 30 kW benötigt. Derzeit werden hier Mischer mit bis zu 70 m^3 Fassungsvolumen angeboten. Wird in größeren Anteilen, d.h. >33%, Rinder- oder Schweinefestmist eingesetzt, kann dies zum Verstopfen an der Übergabestelle Mischer–Förderschnecke führen.

4.28 Schema und Bild einer Feststoffzugabe seitlich in den Fermenter (Fa. agriKomp).

- *Dosierstationen*

Einige Firmen bieten entweder aus der Erntetechnik entlehnte oder neu entwickelte Dosierstationen an. Hierbei werden die verschiedenen Einsatzstoffe schichtweise in den Vorratsbehälter gebracht und durch entsprechende Fördereinrichtungen (Förderband, Kettenförderer, Abschiebevorrichtungen) zu den Abfräsvorrichtungen gebracht und von dort dem Fermenter zugeführt (Abb. 4.29). Schubböden wiederum haben stirnseitig eine Wand, die nicht ganz bis auf den Boden reicht. Die Mitnehmer der Schubböden tragen das Substrat unten am Boden aus. Kratzkettenförderer und Schubbodensysteme werden bis zu einem Volumen von 200 m^3 gefertigt. Werden sie stirnseitig gegenüber gestellt, kann das Vorlagevolumen verdoppelt werden.

Dosierstationen eignen sich insbesondere für klein gehäckselte, strukturreiche Substrate mit hohem Trockenmasseanteil, substratspezifisch ab etwa 25% TM, weil dadurch im – unten nicht dichten – Gerät keine verschmutzungs- und verschleißfördernde Flüssigkeit austritt.

- *Hydraulische Einbringvorrichtungen*

Während alle bisher angeführten Verfahren die Feststoffe mechanisch seitlich oder von oben dem Fermenter zuführen, besteht auch die Möglichkeit, die Feststoffe in den gefüllten Fermenter hydraulisch einzupressen. Die Geräte wurden auf Basis der Druckentmistungstechnik weiterentwickelt. Die Presskolben werden hydraulisch angetrieben. Vorteilhaft ist, dass die Zugabe in den Fermenter auf sehr viele kleine Chargen verteilt werden kann. Die Zugabe unten in den Behälter ermöglicht auch, dass der Fermenter bei unterschiedlichen Füllständen betrieben werden kann. Die notwendigen Absperrschieber müssen auch bei hohen Drücken bis 20 bar dicht sein. Dazu kommt, dass alle Systeme, die unten eintragen, mit einem selbsttätig schließenden Notschieber gegen Auslaufen gesichert sein müssen.

Kolbenpumpen fördern auch nasse und breiartige Substrate zuverlässig. Futtersäuren in Verbindung mit Sand führen zu hohem Verschleiß an der Kolbenpumpe. Presskolben aus Kunststoff wurden mit Erfolg erprobt. Ist das Fördergut zu trocken, d.h. hat es einen Trockenmasse-Gehalt von mehr als 38 bis 40%, besteht die Gefahr einer zu starken Verdichtung im Pressrohr. Die kompakten Presslinge lösen sich im Fermenter nicht oder nur sehr langsam auf und können rotierende Rührwerke beschädigen oder Abläufe blockieren.

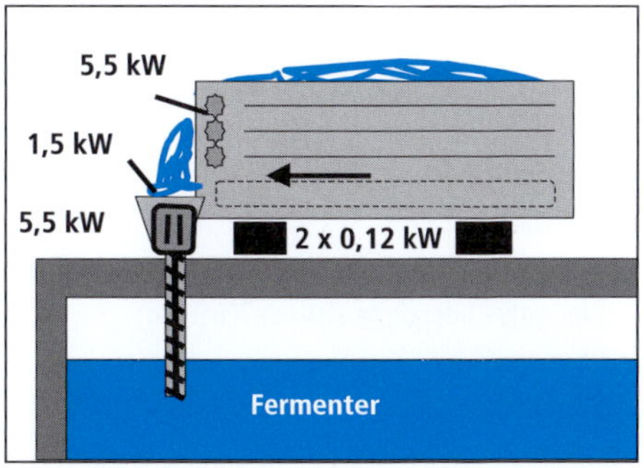

4.29
Kratzkettenförderer mit Eintrag in den Fermenter von oben.

4.4 Lagerbehälter

Lagerbehälter, oft auch Endlager genannt, dienen zur Aufnahme des ausgefaulten Substrats aus Durchflussanlagen. Ihre Größe sollte so bemessen sein, dass das Faulsubstrat für die Zeit der Vegetationsruhe, in der die Pflanzen keine Nährstoffe aufnehmen, gelagert werden kann; das sind je nach Klima und Kultur 6 bis 8 Monate. Bei den meisten neuen Biogasanlagen wird der Lagerbehälter mit einer Folienhaube abgedeckt, um Stickstoffverluste zu vermeiden und das bei der Nachgärung noch entstehende Biogas aufzufangen. Auch wenn man aus Kostengründen vorerst auf eine Abdeckung verzichtet, sollte man sie einplanen. Die offene Lagerung von Gärsubstrat ist bei uns nicht mehr zulässig. Oftmals werden Lagerbehälter auch bereits mit den notwendigen Anschlüssen für eine Fermentererweiterung versehen, um sich für die Zukunft nichts zu verbauen.

Wird der Lagerbehälter gasdicht abgedeckt, sollte auch hier die Innenwand wirksam gegen Korrosion geschützt werden. Bei der Substratentnahme ist darauf zu achten, dass keine Luft unabsichtlich in den Behälter eingesaugt wird. Ist dies nicht zu vermeiden, muss der Lagerbehälter so ausgeführt werden, dass Zündquellen im Betrieb ausgeschlossen sind sowie der Behälter von anderen, gasführenden Anlagenteilen sicher getrennt ist.

4.5 Rohrleitungen, Pumpen, Armaturen

Rohrleitungen, Pumpen und Armaturen sind nötig, um das frische und das ausgefaulte Substrat zu transportieren und den Materialfluss zu steuern.

4.5.1 Rohrleitungen

Bei den Rohrleitungen ist zu unterscheiden zwischen den Füllrohren, durch die das Substrat unter Pumpendruck gefördert wird (z.B. von der Vorgrube in den Fermenter oder vom Lagerbehälter in den Tankwagen), und den Überlaufrohren, die in der Regel durch natürliches Gefälle leerlaufen (z.B. vom Fermenter in den Lagerbehälter und von diesem in die Vorgrube) und daher weniger mit Druck beaufschlagt werden.

Druckleitungen sollten mindestens die Nennweite DN 100, besser DN 125 haben, bei längeren Strecken DN 150 bis DN 200, um Verstopfungen und hohe Druckverluste zu vermeiden. Bei flüssigen Substraten sind Fließgeschwindigkeiten von etwa 1 m/s angemessen. Der daraus sich ergebende Volumenstrom ist unter Berücksichtigung des Rohr-Innendurchmessers zu berechnen. Am Beispiel eines PE100-Rohres mit der Druckstufe PN 10 werden in Abhängigkeit der Nennweiten: DN 100, 125, 150 und 200 bei der Fließgeschwindigkeit von 1 m/s Volumenströme von 445, 725, 950 und 1.865 l/min erreicht. Die Bestimmung der Fließgeschwindigkeit ist wichtig, denn sie geht im Quadrat in den Druckverlust ein. Bei v = 1 m/s liegt eine laminare Strömung vor, deshalb ist die Rohrrauigkeit vernachlässigbar; allein die Fließfähigkeit des Substrats sowie das Längen-Durchmesser-Verhältnis des Rohres beeinflussen in diesem Fall die Rohrreibungsverluste. Ist die Fließgeschwindigkeit aber erheblich geringer als 1 m/s, droht die Gefahr von Verstopfung durch Sedimentation in längeren Rohren.

Druckleitungen werden meist als Stahlrohre mit Schweiß- oder Flanschverbindung oder mit verschraubten Kupplungen mit Nut ausgeführt. Bei Verwendung von Kunststoffrohren müssen entsprechende Wandstärken vorgesehen werden, die den maximalen Pumpendruck aushalten. PVC Rohre haben bei gleicher Druckstufe eine etwas geringe Wandstärke als Rohre aus Polyethylen. Druckrohre aus Kunststoff werden verklebt, verschweißt oder verschraubt (Tab. 4.3).

Die nicht unter Pumpendruck stehenden *Überlauf- oder Rücklaufleitungen* sollten wesentlich größere Durchmesser haben. 200 mm ist der Mindestdurchmesser bei dünnflüssigen Substraten wie Schweinegülle, während bei dickflüssiger Rindergülle besser 300 mm gewählt werden sollten. Noch größere Durchmesser können beim Zumischen von Festmist, Gras oder anderen faserigen Materialien nötig sein. Für diese Leitungen werden fast ausschließlich Abwasserrohre aus PVC oder Polyethylen mit Steckverbindung und Gummiringdichtung verwendet. Steckverbindungen müssen gegen Verschieben in Längsrichtung gesichert sein. Bei Gusseisenrohren bilden sich schneller Ablagerungen als bei den glattwandigen Kunststoffrohren.

Alle Rohrleitungen sollten frostfrei verlegt und – sofern warmes Substrat durchfließt – auch wärmegedämmt werden. Ein leichtes Gefälle von 1 bis 2% zur Auslaufseite hin ermöglicht die Selbstentleerung bei Pumpenstillstand, wodurch die Gefahr der Sedimentbildung (Absetzen schwerer Substratbestandteile) im Rohr verringert wird. Beim Verlegen von Rohrleitungen in aufgeschüttetem Boden ist dieser vorher gut zu verdichten, anderenfalls besteht die Gefahr von Rohrbrüchen infolge von Setzungen. Durch die Art der Rohrführung muss unbedingt vermieden werden, dass Substrat aus dem Fermenter unkontrolliert auslaufen kann. Deshalb führt man bei oberirdisch angeordneten Fermentern das Frischsubstrat bevorzugt von oben zu, oder es werden selbsttätig schließende Absperrschieber eingebaut. Rückschlagklappen sind bei faserreichem Medium nur bedingt funktionssicher.

Werkstoffe für Rohrleitungen			
Verlegung	**Biogas**	**Substrat**	**Heizwasser / Substrat > 60 °C**
Rohrleitung oberirdisch	Edelstahl	PVC / Polyethylen / Polypropylen / Schwarzstahl	Polypropylen / Schwarzstahl
Rohrleitung unterirdisch	Polyethylen	PVC / Polyethylen / Polypropylen	Polypropylen / Schwarzstahl (mit Kunststoffüberzug)

Tabelle 4.3 Werkstoffe für Rohrleitungen in Abhängigkeit vom Medium und der Einbaulage

4.5.2 Pumpen

Pumpen werden benötigt, um zähfließende Substrate zu fördern sowie um Höhenunterschiede zwischen den einzelnen Behälter-Pegelständen der Biogasanlage zu überwinden und gegebenenfalls hydraulische Aggregate anzutreiben (Abb. 4.30).

Kreiselpumpen

Kreiselpumpen sind in der Gülletechnik weit verbreitet. Sie sind einfach und relativ robust gebaut und kommen vor allem bei dünnflüssigen Substraten mit weniger als 8% TS-Gehalt in Frage. Typisch für Kreiselpumpen ist die sehr starke Abhängigkeit der Förderleistung vom Förderdruck (bzw. von der Förderhöhe). Der maximal erreichbare Druck liegt je nach Laufradgeometrie zwischen 4 und 20 bar. Bei Gülle und ähnlichen feststoffreichen Gemischen werden offene Laufräder eingesetzt mit einer Förderhöhe von bis zu 30 m (3 bar). Freistrom- oder Schleuderlaufräder können Förderhöhen bis 50 m (5 bar) erreichen. Bei faser- und feststoffbelasteten Abwässern werden bevorzugt offene oder geschlossene Kanallaufräder mit einer Förderhöhe von bis zu 100 m (10 bar) eingesetzt. Die Fördermengen variieren zwischen 2.000 und 6.000 l/min., bei einer Leistungsaufnahme von 2 bis 18 kW.

Schneidpumpen – eine Sonderform der Kreiselpumpen – haben am Laufrad gehärtete Schneidkanten und eine Gegenschneide am Gehäuse. Dadurch können langfaserige Stoffe in der Gülle wie Stroh und Futterreste zerkleinert werden (Abb. 4.31). Diese Pumpen werden in das Medium eingetaucht, damit treten weniger Ansaugprobleme auf. Aus demselben Grund kommen alternativ an einem tiefen Punkt trocken aufgestellte Pumpen zum Einsatz.

Verdrängerpumpen

Verdrängerpumpen werden vor allem bei Substraten mit höheren Trockenmassege-

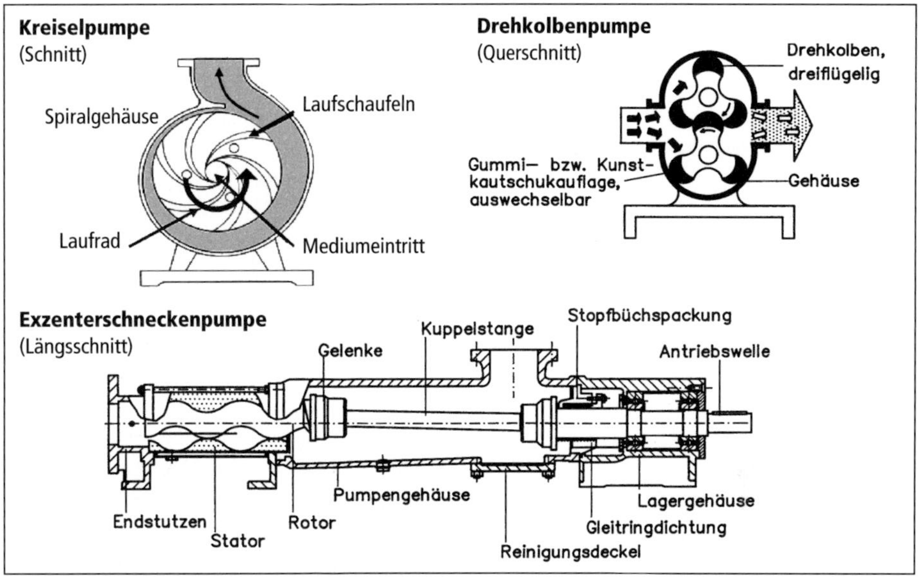

4.30 Typische Förderpumpen für Biogasanlagen.

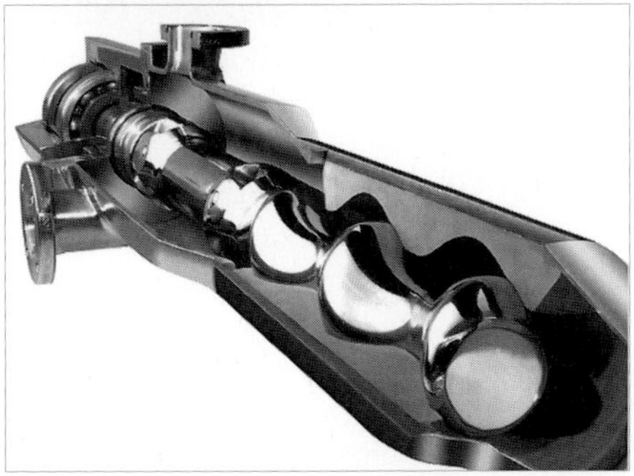

4.31 *(oben)*
Schnittmodell einer oben ansaugenden Tauchschneidpumpe mit Zuführschnecke, deren Flanken als Reißkanten ausgebildet sind.

4.32 *(unten)*
Schnitt durch eine Excenterschneckenpumpe (Fa. Kiesel).

4.33
Drehkolbenpumpe, geöffnet, Blick auf die Rotoren (Fa. Börger).

halten bis etwa 15% eingesetzt. Sie sind selbstansaugend und wesentlich druckstabiler als Kreiselpumpen, das heißt, die Fördermenge ist sehr viel weniger von der Förderhöhe abhängig. Pumpen dieser Bauart können durch Änderung der Drehrichtung auch in Gegenrichtung fördern.

Von den verschiedenen Verdrängerprinzipien kommen in Biogasanlagen hauptsächlich *Exzenterschneckenpumpen* und *Drehkolbenpumpen* zum Einsatz. Erstere haben einen korkenzieherförmigen Edelstahlrotor, der in einem Stator aus elastischem Material läuft. Exzenterschneckenpumpen können bis 8,5 m Tiefe selbst ansaugen und bis zu 24 bar Druck erzeugen, erreichen aber bei gleicher Stromaufnahme nicht so hohe Fördermengen wie Kreiselpumpen (Abb. 4.32). Gegenüber Trockenlauf, Fremdkörpern oder langfaserigen Stoffen sind sie empfindlich. Die Form und Länge des Rotors erlaubt im Vergleich zum Rotor einer Drehkolbenpumpe deutlich höhere Drücke und verlängert bei sonst gleichen Einsatzbedingungen die Standzeit von Rotor und Stator erheblich.

Drehkolbenpumpen (Abb. 4.33) haben zwei gegenläufig rotierende, zwei- oder dreiflügelige Drehkolben in einem ovalen Gehäuse. Die Maximaldrücke liegen zwischen 2 und 10 bar und die Förderleistungen zwischen 500 und 4.000 l/min., bei Antriebsleistungen von 7,5 bis 55 kW. Im Vergleich zu Exzenterschneckenpumpen gleicher Leistungsaufnahme erlauben diese Pumpen die Förderung größerer Fremdkörper.

Pumpen sollten bezüglich des Typs, der Bauart und der Werkstoffe an die chemischen und mechanischen Korrosionsrisiken der Substrate in jedem Fall angepasst werden.

4.5.3 Armaturen

Die wichtigsten Armaturen im Rohrleitungssystem sind Schieber, Rückschlagklappen, Kupplungen, und Reinigungsöffnungen.

Um Rohrleitungen abzusperren, verwendet man *Absperrklappen* und *-schieber*, die per Hand, elektro-motorisch, pneumatisch oder hydraulisch betätigt werden. Absperrklappen lassen sich sehr schnell öffnen und schließen, dichten aber bei feststoffhaltigen Flüssigkeiten nicht vollständig ab. Klappen werden vorzugsweise in Gas- und Heizungsleitungen eingebaut. Mittels Handrad und Spindel betätigte Keilflachschieber dichten sehr gut ab. Das Öffnen und Schließen nimmt aber Zeit in Anspruch, und sie sind empfindlich gegenüber Fremdkörpern.

Deshalb sind bei faserhaltigen Substraten *Messerschieber* sehr empfehlenswert. Sie trennen diese Stoffe beim Schließen durch. Messerschieber mit Handhebelbetätigung, bis DN 200, sogenannte Schnellschlussschieber werden bevorzugt eingesetzt. Handradbetätigte Messerschieber können größere Durchmesser haben und werden häufig als Ausbauschieber, d.h. um ein Gerät oder ein Behälter von der Rohrleitung zu trennen, eingesetzt. Messerschieber mit Fremdantrieb finden sich bei allen Anlagen, in denen Pumpvorgänge automatisiert werden.

Für Schieber mit Sicherheitsfunktion werden durch Federkraft, Luft- oder Öldruck vorgespannte Zylinder eingesetzt. Federkraft- und luftdruckunterstützte Messerschieber sind nur bis zu einer Nennweite von DN 150 brauchbar, sofern die Drücke in der Rohrleitung beim Absperren über 1 bar steigen können. Öldruckunterstützte Schieber können auch bei größeren Durchmessern eingesetzt werden.

Kugelschieber, auch Kugelhahn genannt, eignen sich ebenfalls als Stoffschieber bei Nennweiten bis DN 200. Wie die Messer- oder Keilflachschieber stören sie den Substratfluss nicht und schließen auch bei hohen Drücken zuverlässig. Aus Kostengründen werden Kugelschieber aber nur für die Prozessmedien Wasser, Gas und Luft eingesetzt.

Muss der Förderstrom in mehrere Richtungen geleitet werden, kommen Mehrwege-Schieber in Drei- oder Vierwegausführung in Frage.

Rückschlagventile oder *Rückschlagklappen* werden erforderlich, wenn aus einer unterhalb des Gülleniveaus liegenden Vorgrube direkt in einen höher angeordneten Fermenter gefördert werden muss, was aus Sicherheitsgründen allerdings möglichst vermieden werden sollte. Schließt nämlich die Rückschlageinrichtung nicht ganz dicht, weil Fremdkörper dies verhindern, kann Gülle zurückfließen. Deshalb gehört zu jeder Rückschlagklappe ein zusätzlicher Schieber.

Selten zu lösende *Rohrverbindungen* werden meist als verschraubtes Flanschpaar mit Gummidichtung ausgeführt. Die häufig in der Landwirtschaft eingesetzten 4-Loch-Quadratflansche sind bis etwa 3 bar Druck dicht. Für unter Druck stehende Substratleitungen sowie Gasleitungen ab einer Nennweite von DN 50 sollten Normflansche nach DIN EN 1092 eingesetzt werden, die für einen Nenndruck von PN 10 ausgelegt sind.

Bei leerlaufenden drucklosen Leitungen sind Steckverbindungen mit Gummidichtung üblich. Schnell lösbare Kupplungen sind bei Biogasanlagen normalerweise nur erforderlich, um Pumpen für Reinigungs- und Reparaturzwecke auszubauen. Hier wird ausschließlich mit Kugelkopf-Schnellverschluss gearbeitet.

Reinigungsöffnungen bestehen aus einem T-Stück, von dem ein Schenkel mit einem Deckel verschlossen ist. Nach dem Öffnen des

Deckels können Verstopfungen in der Leitung durch Spülen mit Wasserstrahl oder durch Einführen von Drahtspiralen beseitigt werden, ohne dass die Rohrleitung auseinander genommen werden muss. Deshalb sollte man lieber zu viele als zu wenige Reinigungsöffnungen vorsehen, mindestens aber alle 5 bis 6 m eine Öffnung, sowie eine vor oder hinter jedem Bogen.

4.6 Rühreinrichtungen

In der Regel wird das Substrat in volldurchmischten Fermentern mindestens mehrmals täglich gerührt, um folgende Effekte zu erreichen:

- Vermischen des frischen Substrats mit dem schon faulenden, um das frische Substrat mit aktiven Bakterien zu impfen.
- Verteilung der Wärme, um eine möglichst gleichmäßige Temperatur im Fermenterraum zu erhalten.
- Vermeiden oder Zerstören von Schwimmdecken und Sinkschichten.
- Verbesserung des Stoffwechsels der Bakterien durch Austreiben von Biogasblasen und Heranführen frischer Nährstoffe.

Auch ohne aktive Rühreinrichtung erfolgt im Faulbehälter eine gewisse Durchmischung durch thermische Konvektionsströmungen und durch aufsteigende Gasblasen. Diese passive Durchmischung reicht aber nur bei sehr dünnflüssigen, homogenen Substraten – Abwasser – aus, wie sie im landwirtschaftlichen Bereich sehr selten sind.

Das Rühren kann mechanisch durch im Fermenter laufende Einrichtungen, hydraulisch durch außerhalb installierte Pumpen oder durch Ausnutzen des selbsterzeugten Gasdrucks und durch Einpressen von Biogas erfolgen (Abb. 4.34).

Die notwendigen Rührintervalle und -zeiten müssen für jede Biogasanlage durch Erfahrung ausprobiert werden. Nach Inbetriebnahme rührt man sicherheitshalber lieber etwas häufiger und länger und reduziert dann, bis Schwimmdeckenbildung erkennbar wird. Der Stromverbrauch schwankt bei der Güllevergärung und geringem Cosubstratanteil in einem Bereich zwischen 10 und 100 Wh/m³·d in Abhängigkeit von Behälterform und Rührwerk. Bei reinen NawaRo-Anlagen liegt der spezifische Sromverbrauch zwischen 100 und 500 Wh/m³·d.

Bakterien wachsen in Kolonien und bilden Klumpen. Schnelles Rühren zerschlägt und stört die Bakterien, langsames Rühren ist daher zu bevorzugen.

4.6.1 Mechanische Rührwerke

Bei den mechanischen Rührwerken kann man zwischen Propeller- und Paddelrührern unterscheiden. Zusätzlich lassen sich die Rührwerke in Langsam- und Schnellläufer einteilen (Abb. 4.35). Daneben gibt es eine Vielzahl von Sonderbauformen, die sich in die Bauarten Schrägblatt- und Gitterrührer einordnen lassen.

Mit der zunehmenden Verwendung von nachwachsenden Rohstoffen werden Substrate mit viel höheren Trockensubstanzgehalten (TS) eingesetzt. Höhere TS-Gehalte führen zu einem trägeren Fließverhalten. Deshalb ist bei höheren TS-Gehalten eine Verringerung der Rührflügel-Drehzahl erforderlich. Da bei einer Reduzierung der Drehzahl eine ausreichende Durchmischung nicht mehr gewährleistet ist, müssen der Rührflügel-Durchmesser bzw. die Anzahl der Rührflügel erhöht werden

Rührwerke in horizontalen Fermentern

In horizontalen Tankfermentern, gleich ob aus Stahl (rund) oder aus Beton (eckig), werden mechanische Paddelrührwerke (früher auch Haspelrührwerk genannt) eingesetzt. Typisch für diese langsamlaufenden Mischer ist, dass sie den gesamten Gärraum erfassen, keine nennenswerte Strömung erzeugen und hauptsächlich quer zur Fließrichtung wirken. Das Substrat wandert daher wie ein Pfropfen durch ein Rohr, ohne dass frisches Substrat mit dem ausgefaulten Material vermischt wird (vgl. Abb. 4.35 oben links). Dieses Prinzip der „Pfropfenströmung“ hat positive Effekte in Bezug auf die Hygienisierung und die Prozessbiologie (vgl. Kap. 2 und 11).

Die einzelnen Rührarme sind versetzt an der zentralen Antriebswelle angeordnet und mit kurzen schrägstehenden Paddeln versehen. Da beim Anlaufen des Rührwerks immer nur wenige Paddel in der Sinkschicht und in der Schwimmdecke liegen, treten keine großen Drehmomentspitzen auf. Die Welle sollte je nach Länge des Behälters außer an den Stirnseiten auch im Behälter im Abstand von 4 bis 6 m gelagert werden. Hier kommen Hartholz- oder Kunststoff-Gleitlager zum Einsatz.

Der Antrieb der Welle erfolgt in der Regel mit einem außenliegenden Getriebemotor. Zur Drehzahlreduzierung wurden früher häufig Kettenradübersetzungen, heute aber in der Regel Planetengetriebe oder hydraulische Antriebe eingesetzt. Bei einer Drehzahl

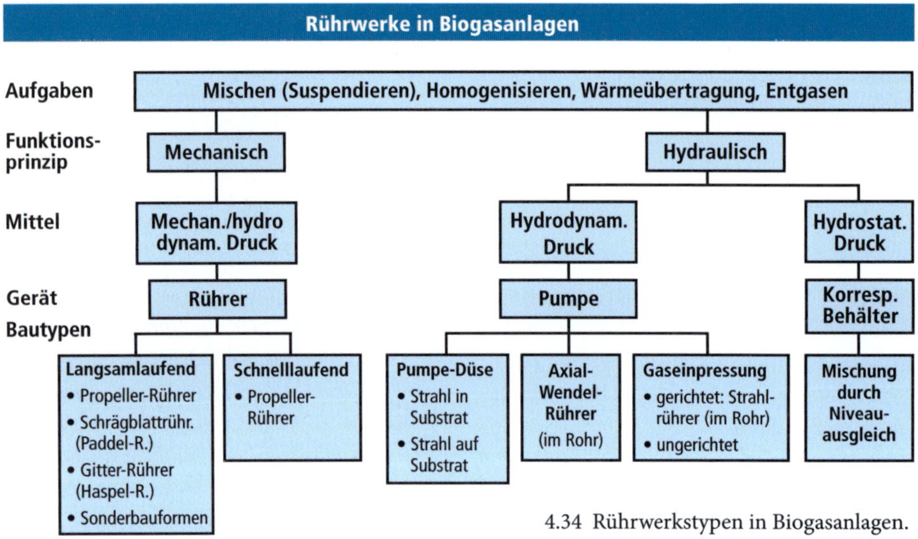

4.34 Rührwerkstypen in Biogasanlagen.

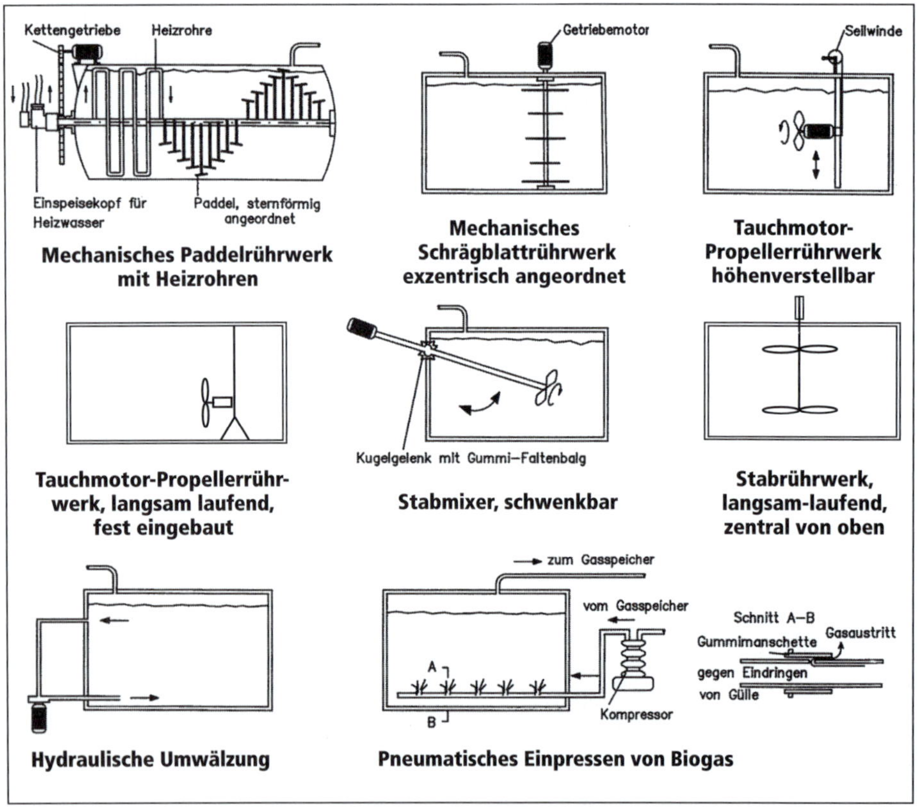

von ca. 2 bis 4 U/min beträgt die notwendige Antriebsleistung für einen Faulbehälter mit ca. 100 m³ Inhalt nur etwa 1 – 1,5 kW. Bei hydraulisch angetriebenen Paddelrührwerken lässt sich die Drehzahl stufenlos regeln. Je nach Zusammensetzung des Substrats und je nach Neigung zur Bildung von Schwimmdecken und Sinkschichten lässt man so ein Rührwerk täglich 6- bis 12 mal jeweils für ca. 5 bis 10 Minuten laufen. Bei Störungen muss der Fermenter komplett entleert werden, um das Rührwerk ausbauen zu können (Abb. 4.36).

Rührwerke in Rührkessel-Fermentern

Über 80% der Fermenter werden als stehende Rundbehälter gebaut, vorwiegend aus Beton. Bei dieser Behälterbauart sind die Anforderungen an die Rührtechnik vielfältig; sie haben sich obendrein durch den zunehmenden Einsatz von Energiepflanzen verändert. Die in Rührkessel-Behältern eingesetzten Rührwerke werden hier nach ihrer Rührflügeldrehzahl bzw. –durchmesser behandelt. Ihre Kennzeichen und Einsatzbereiche sind in Tabelle 4.4 zusammengefasst.

Tauchmotor-Propellerrührwerke

Die herkömmliche Rührtechnik, vor allem in Form schnelllaufender Tauchmotor-Propeller-Rührwerke, kommt aus der Gülletechnik und wurde auf Biogasanlagen übertragen. Bei runden Fermentern, deren Durchmesser-Höhen-Verhältnis größer als 3:1 ist und bis zu einem Volumen von etwa 3.000 m³, werden häufig Tauchmotor-Propellerrührwerke eingesetzt. Der flüssigkeitsdicht gekapselte Elektromotor mit einer Leistung von 2,5 – 25 kW, je nach Be-

4.35
Erprobte Rühreinrichtungen für Biogasanlagen.

hältergröße und Fließverhalten des Substrats, treibt einen Propeller an. Der Propeller erzeugt je nach Stellung eine Strömung in horizontaler oder geneigter Richtung. Der Rotor-Durchmesser der zwei- bzw. dreiflügeligen Rührwerke ist hauptsächlich von der Drehzahl abhängig und liegt zwischen 450 und 800 mm. Neben den E-Motor-getriebenen Tauchmotorpropeller-Rührwerken werden auch schleppergetriebene Propeller-Rührwerke eingesetzt. Zu beachten ist, dass Tauchmotoren normalerweise nur bis zu einer Temperatur von 40°C eingesetzt werden können, da sie sonst nicht mehr ausreichend gekühlt werden.

Tauchmotor-Rührwerke mit direktem Elektroantrieb arbeiten mit einer hohen Umdrehungszahl bis 1500 U/min und eignen sich nur für niedrige TS-Gehalte < 4%. Die TS-Gehalte im Fermenter liegen heute zwischen etwa 6 und 12%, im Einzelfall auch darüber. Daher kommen heute zum Einen herkömmliche Rührwerke mit Propellern zum Einsatz, die einer Schiffsschraube ähnlich sehen und mit 250 bis 500 U/min betrieben werden; der Anschlusswert dieser Rührwerke liegt zwischen 7,5 und 20 kW (Abb. 4.37). Zum Anderen werden vermehrt Rührwerke mit Rotoren eingebaut, bei einem Durchmesser bis zu 1.500 mm und Drehzahlen von unter 100 U/min. Die sichelförmig geschwungenen Rotorblätter erzeugen im Gegensatz zu den herkömmlichen Propellern mit höherer Drehzahl keinen scharfen Rührstrahl, sondern sie verteilen den Rührimpuls auf eine möglichst

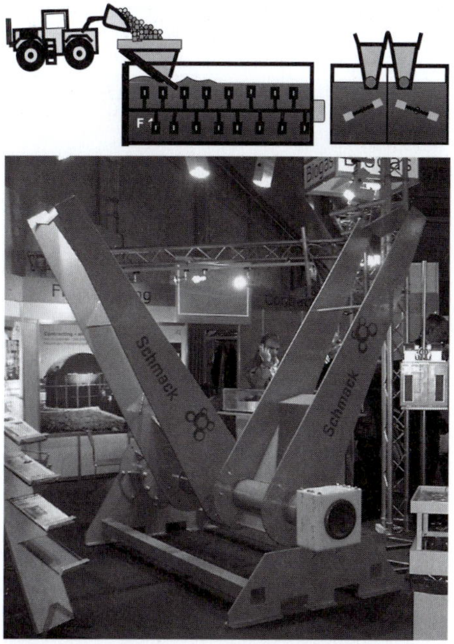

4.36
Schema eines Paddelrührwerks für liegende Fermenter (oben) und Rührwerkteil (unten).

Tabelle 4.4
Übersicht über die gängigen Rührwerke, ihre Eigenschaften und Einsatzbereiche.

Eigenschaften und Einsatzbereiche gängiger Rührwerke		
Rührwerkstyp	**Kennzeichen**	**Einsatzbereiche**
Tauchmotorpropeller-Rührwerk mit Elektromotor	Direktantrieb: 1000 - 1500 U/min mit Getriebe 250 - 800 U/min Rotor-ø: 250 bis 700 mm Antriebsleistung : 7 bis 35 kW höhen-, seiten- und neigungsverstellbar	• Vorgrube • kleinere Fermenter • Ferm. m. begrenztem NawaRo-Einsatz • Einsatz als zusätzliches Rührwerk (z.B. Schwimmdeckenzerstörung)
Tauchmotorpropeller-Rührwerk mit hydraulischen Antrieb und Großflügel	Rotor-ø: 1000 mm, 0 – 160 U/min Rotor-ø: 1600 mm, 0 – 100 U/min höhen- und seitenverstellbar Nennleistung des Antriebsmotors der Hydraulikpumpe: 15 kW	• Relativ große Biogasanlagen • Ein Hydraulikaggregat für bis zu sechs Rührwerke
Horizontale und vertikale Paddelrührwerke	Drehzahl: 0 bis 20 U/min Rotor-ø: bis 4000 mm Antriebsleistung: 11 bis 18,5 kW	• Fermenter bis 6 m Tiefe u. 22 m ø • Einsatz für dicke, faserige Substrate und Langgut
Stabmixer (Langachsrührwerke mit Bodenlager)	Drehzahl: 5 bis 50 U/min Rotor-ø: 1500 bis 3000 mm Antriebsleistung: 7,5 bis 15 kW Zahl u. Durchmesser d. Rührflügel variierbar	• Fermenter bis 8 m Tiefe • Fermenter mit verstärktem NawaRo-Einsatz • Einbau im Wand- und Deckenbereich
Stabmixer (Langachsrührwerke ohne Bodenlager)	Drehzahl: 80 bis 500 U/min Bei Schlepperantrieb bis 1000 U/min Rotor-ø: 500 bis 2650 mm Antriebsleistung: 5 bis 30 kW höhen-, seiten- u. neigungsverstellbar, Kosten zwischen 15.000 und 19.000 €	• Vorgrube • kleinere Fermenter • Fermenter mit verstärktem NawaRo-Einsatz • Einbau im Wand- und Deckenbereich möglich

4.37
Leistungsaufnahme von schnelllaufenden Propeller-Rührwerken in Abhängigkeit von Drehzahl und Durchmesser.

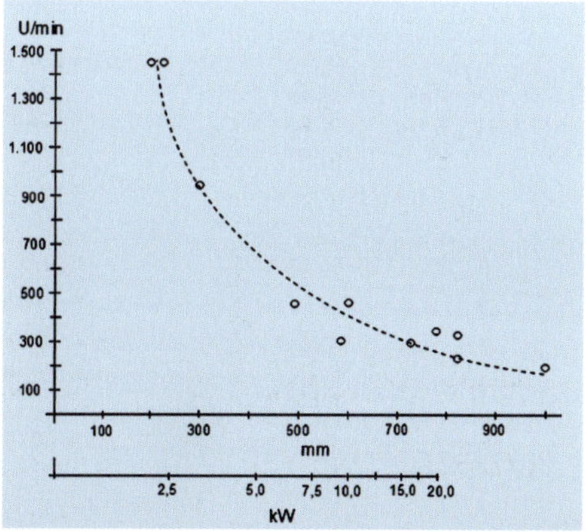

4.38
Tauchmotor-Propellerrührwerk mit Elektroseilwinde und Handhebel zum Schwenken.

4.39 *links unten*
Seitlich eingebautes Stabrührwerk, vertikal und horizontal schwenkbar um 10 - 15°.

große Fläche. Dies hat sich bei hochviskosen Substraten als vorteilhaft erwiesen. Der Anschlusswert dieser Tauchmotorrührwerke liegt zwischen 5 – 15 kW. Rührwerke mit einem Flügel-Durchmesser von etwa 1.200 mm werden im Fermenter auf verschiedenen Höhen fest montiert. Die herkömmlichen Propeller-Rührwerke hingegen sind meist schwenk- und höhenverstellbar.

Eine Höhenverstellung ist günstig zur Vermeidung von Schwimmdecken und Sinkschichten. Als Führung dient ein Quadratrohr. Soll das Rührwerk nicht um eine vertikale Achse geschwenkt werden, reicht für den gasdichten Abschluss ein Rohr, das am unteren Ende in die Gülle taucht und durch das Kabel und Seil zum Rührwerk geführt werden. Dieses dichtet die Durchführung sicher ab (Abb. 4.38). Bei einem seitlich schwenkbaren Rührwerk wird das Seil über Rollen umgelenkt. Zusätzlich ist an der drehbaren Lagerung eine Tauchtasse erforderlich, die mit Wasser gefüllt wird und das drehbare Standrohr gegenüber der feststehenden Lagerung abdichtet.

4.40 *rechts unten*
Senkrecht eingebautes Stabrührwerk(Zentralrührwerk).

Stabrührwerke

Eine ähnliche Funktion wie Tauchmotor-Propellerrührwerke haben Stabrührwerke (Abb. 4.39), die entweder schräg durch die Behälterdecke oder durch die Wand eingeführt werden. Hier sitzt der Motor außen und treibt über eine lange Welle den Propeller an. Diese Rührwerke können im Gegensatz zu Tauchmotor-Propellergeräten auch bei Substrattemperaturen weit über 40°C eingesetzt werden. Ferner können von oben eingebaute Stabrührwerke ausgebaut werden, ohne dass der Fermenter dafür entleert werden muss. Bei zähflüssigen, faserhaltigen Substraten sollte man darauf achten, dass das Rührwerk nicht nur in senkrechter, sondern auch in waagerechter Ebene geschwenkt werden kann.

Zentral von oben gerührt wird meistens in Fermentern mit einem Volumen von über 1.000 m³ und einem Durchmesser-Höhen-Verhältnis von etwa 1:1,2. Der Elektromotor und das Getriebe liegen auch in diesem Fall außen. Je nach Behältergeometrie und Substrat sind an der Achse zwei bis drei Flügelpaare mit bis zu 4.500 mm Durchmesser angebracht (Abb. 4.40). Die Drehzahl dieser senkrecht eingebauten Stabrührwerke liegt bei 15 bis 20 U/min. Im Gegensatz zu den vorgenannten überwiegend horizontal gerührten Faulbehältern erzeugen diese Rührwerke eine Durchmischung von oben nach unten. Das Rührwerk läuft im Dauerbetrieb. Das Faulgut soll permanent homogen gehalten werden. Dadurch entfällt die ansonsten bei absätziger Rührweise notwendige erhebliche Rührleistung, um eine eingetretene Schichtenbildung wieder aufzulösen.

Die Rühreinrichtung eines Fermenters sollte zur Optimierung des Energieverbrauches der Behältergeometrie sowie den Substrateigenschaften angepasst sein. Bei Substraten mit ausgeprägter Neigung zur Entmischung eignen sich tendenziell zentral von oben eingebaute Stabrührwerke im Dauerbetrieb bei großer Spannweite und niedriger Drehzahl besser als Tauchmotorrührwerke. Der Energieverbrauch ist im Einzelfall deutlich geringer (vgl. auch Tabelle 4.5).

Paddelrührwerke

Bei dieser Rührwerksvariante steht das Mischen der Substratbestandteile im Vordergrund. *Paddelrührwerke* erzeugen keine nennenswerte Strömung, mit der die Bestandteile gemischt werden sollen. Die horizontal eingebauten Paddelrührwerke sind aus den Rührwerken in horizontalen Tank-Fermentern entwickelt worden. Die schräg angestellten Mischblätter (sog. Paddel) sollen leichtere und aufschwimmende Substratbestandteile in die Fermenterbrühe drücken sowie einen Schub in Längsachse des Rührwerks erzeugen (Abb. 4.41). Ferner sollte der Fermenterinhalt zum Drehen gebracht werden. Um dies zu erreichen, darf der Mischer nicht mehr als zu 75% in das Substrat eingetaucht sein. Die Mischblätter sollen spätestens am Scheitelpunkt einer Umdrehung völlig frei liegen. Ein Hersteller baut das horizontale Paddelrührwerk so hoch ein, dass lediglich das untere Drittel in das Substrat eingreift.

Horizontal eingebaute Paddelrührwerke mischen bei Behälter-Durchmessern über 16 m den gesamten Fermenterinhalt nur begrenzt. In der Praxis werden deshalb oft zusätzlich Tauchmotor-Rührwerke unterstützend eingesetzt.

Vertikal eingebaute Paddelrührwerke, früher auch Grindelrührwerke genannt, sind eigentlich Schrägblattmischer, außermittig (exzentrisch) angeordnet, sowie am Boden und außen oben gelagert (Abb. 4.42). Die Drehzahl der Mischer liegt bei 10 bis 25 U/min, die elektrische Anschlussleistung bei 10 - 20 kW. Die außermittige Anordnung soll den Fermenterinhalt in Drehung versetzen. Schrägblattmischer können Substrate mit hoher Viskosität, bei der Propeller-Rührwerke an ihre Leistungsgrenze stoßen, noch sicher mischen. Da die Rührorgane strömungstechnisch ungünstiger sind, ist ein etwas höherer spezifischer Energiebedarf erforderlich.

Vergleich von Tauchmotor- und Stabrührwerken	
Tauchmotorrührwerke	**Stabrührwerke**
+ Langjährige Erfahrung + Wird mehrmals für 5-15 Minuten angeschaltet + Höhenverstellbar, taucht vollständig ins Substrat ein + schnell drehender Propeller, gute Schwimmdecken auflösung	+ Motor sitzt außen + Kontinuierliches langsames Rühren möglich + Einbau schräg durch die Behälterdecke oder Behälterwand, waagerecht seitlich oder senkrecht von oben
– Material anfällig – hoher Anlaufstrombedarf – Hohe Umdrehungszahl führt zu hohem Energieverbrauch und hohem Verschleiß	– Schwimmschichten können u.U. nicht gut aufgelöst werden

Tabelle 4.5 Vorteile und Nachteile von Tauchmotor- und Stabrührwerken [76].

4.41 *(links)* Horizontal eingebautes Paddelrührwerk (Fa. agriKomp).
4.42 *(rechts)* Vertikal, exzentrisch angeordnetes Schrägblatt-Rührwerk (Fa. Agraferm).

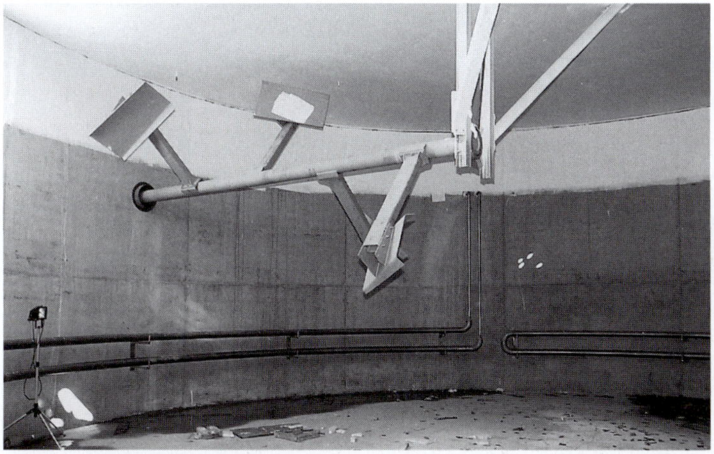

4.6.2 Hydraulische Rührwerke

Hierbei wird der Fermenterinhalt mittels einer intern oder extern aufgestellten Pumpe umgewälzt, oder ganz ohne Pumpe durch schlagartigen Pegelausgleich zwischen zwei Behältern gemischt.

Pumpe-Düse

Zum Aufrühren wird meist eine leistungsfähige Kreiselpumpe eingesetzt. Das Absaugen und Einleiten des Substrates muss so erfolgen, dass der Fermenterinhalt möglichst vollständig aufgerührt wird. Der Zulauf zur Pumpe, mit einer Förderleistung von > 4.000 l/min, sollte entsprechend groß gewählt werden. In der Regel werden saugseitig Nennweiten > DN250 verbaut, so dass das Substrat möglichst ungehindert strömen kann. Pumpe-Düse-Rührsysteme sind bauartbedingt unabhängig vom Durchmesser-Höhen-Verhältnis des Fermenters. Von zentraler Bedeutung ist die Anordnung der Rührdüsen, die überwiegend im unteren Bereich zum Aufrühren von Sedimenten sowie im oberen Bereich des Fermenters angebracht sind. In Neigung und Winkel fest installierte Rührdüsen verlangen eine genaue Kenntnis der Fließ- und Entmischungseigenschaften des Gärsubstrats, oder es muss eine ausreichend hohe Leistungsreserve vorgehalten werden. Aufgrund dieser Unwägbarkeiten werden immer häufiger, auch als Nachrüstung bestehender Rühreinrichtungen, verstellbare Rührdüsen eingesetzt. Hierbei wird das Substrat auf der Schlammoberfläche im Fermenter verteilt. Die horizontale Verstellung in Verbindung mit einem variablen Pumpendruck bzw. variabler Förderleistung der Pumpe, erlaubt es, Schwimmdecken gezielt mit Substrat zu beschwallen (d.h. zu beschweren). Das hydraulische Aufrühren hat den Vorteil, dass sich keine bewegten und damit verschleißenden Teile im Fermenterraum befinden. Diese liegen außerhalb und sind somit gut zugänglich (Abb.4.43).

Beim *Gasdruck-Mischverfahren* (Biogasanlagen System BVT und VSP) wird der Druck des entstehenden Biogases ausgenutzt, um einen Teil des Substrates aus dem Hauptgärraum in Nachgärkammern mit höherem Flüssigkeitsspiegel zu drücken (Abb. 4.44). Dazu wird ein Ventil in der Gasleitung zum Speicher geschlossen und das Gas im oberen Teil des Hauptgärraums angestaut. Durch einen Verbindungskanal steigt die Gülle nun langsam in die Nachgärkammer hoch. Wird das Ventil wieder geöffnet, strömt das Gas in den Speicher; das Substrat fließt mit hoher Geschwindigkeit zurück in den Hauptgärraum und bewirkt dort die Durchmischung. Das Öffnen und Schließen des Gasventils erfolgt automatisch. Bei diesem System gibt es keinen Verschleiß an mechanischen Teilen und keinen Stromverbrauch für das Rühren. Allerdings ist wegen des relativ hohen Gasdruckes der Bauaufwand hoch und es muss großer Wert auf absolute Dichtigkeit des Fermenters gelegt werden.

4.43
Umwälzung des Behälterinhaltses über eine außen aufgestellte Kreiselpumpe (Werkbild Landia).

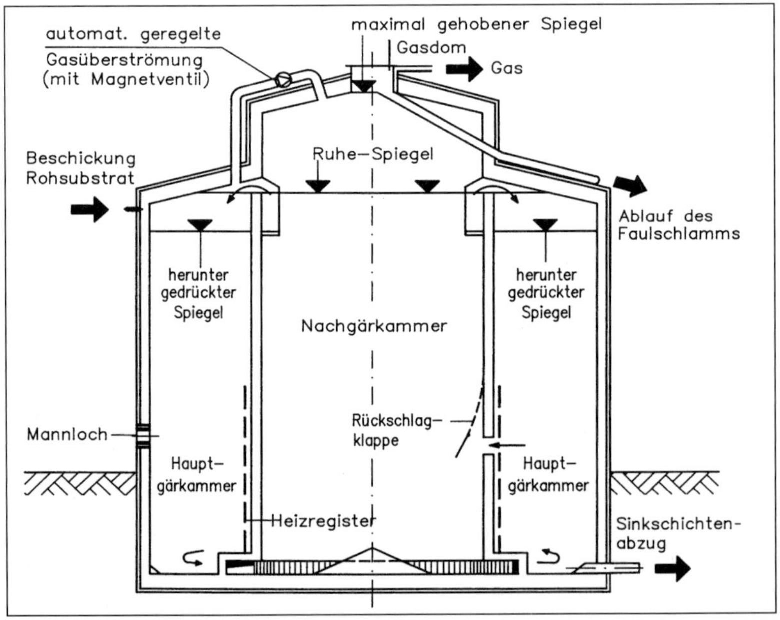

4.44
Patentierte VSP-Biogasanlage: Mischen durch Niveauausgleich zwischen Haupt- und Nachgärkammer.

Biogaseinpressung

Aufsteigende Gasblasen bringen eine vertikale Bewegung, aber kaum horizontale Strömung in das Substrat. Verstärkt wird der Effekt, wenn die Gasblasen über ein im Fermenter zentral und senkrecht angeordnetes Leitrohr eingetragen werden (Gaslift). Das Leitrohr endet oben unterhalb des Substratpegels. Ein Gaslift wird vorzugsweise bei Fermentern mit einem Durchmesser-Höhen-Verhältnis < 1 und bei Substraten, die nicht zum Entmischen neigen, eingesetzt. Gasrührwerke eignen sich auch dann, wenn eine vollständige Vermischung des Fermenterinhalts (Rührkessel-System) vermieden werden soll, um Hygienisierungseffekte (vgl. Kap. 11) auszunutzen. Um die Kompressorleistung möglichst konzentriert auf das Substrat einwirken zu lassen, teilt man die Gaszuführung in mehrere ventil- oder lochscheibengesteuerte Stränge auf.

Gasrührwerke eignen sich vorwiegend für dünnflüssige Substrate. Durch den Einbau einer Zwischenwand im Fermenter kann eine ähnliche Strömung wie bei liegenden Tankfermentern erzielt werden.

4.7 Schwerstoffaustrag

Bei Durchfluss-Biogasanlagen verlässt das Substrat den Fermenter entweder über ein Überlaufrohr oder es wird abgepumpt. Im erstgenannten Fall wird mit dem eingebrachten Frischsubstrat volumengleich Fermenterinhalt verdrängt. Dabei erhöht sich zunächst der Substratpegel im Fermenter, dann beginnt das ausgefaulte Substrat über die Überlaufkante abzufließen, bis wieder Pegelgleichstand erreicht ist. Da ausgefaultes Material schwerer ist als das noch aktive und gasende Material, sollte der Eintritt in das Auslaufrohr etwa 1 bis 1,5 m über dem Boden liegen. Die Nennweite des Überlaufrohres orientiert sich an der Fließfähigkeit des Fermenterinhalts. Liegt der TS-Gehalt im Faulsubstrat unter 6 %, sollte mindestens die Nennweite DN 200 eingesetzt werden, bei TS-Gehalten über 8% ist DN 300 zu bevorzugen. Da das Faulsubstrat nur zeitweise und dann mit geringem Volumenstrom abläuft, sollte der Überlauf nicht waagerecht verlegt werden, denn es ist mit Sedimentation im Rohr zu rechnen. Man sollte hinter der Überlaufkante ein Fallrohr, mindestens 1 m, vorsehen, damit das Faulsubstrat genügend Beschleunigung erfährt, um zügig bis zum Lager zu fließen. Über einen Überlauf können Schwerstoffe wie etwa Sand, Steine und unverdaute Futterreste u.ä. häufig nicht ausgetragen werden, da das aufsteigende Rohr bis zur Überlaufkante mehrere Meter lang und die Fließgeschwindigkeit im Rohr gering ist.

Durch den Abbau der organischen Substanz während des Vergärungsprozesses kommt es zu einer Verringerung der Viskosität des Substrates. Sie verliert auch die Fähigkeit, den Sand in Schwebe zu halten. In der Folge fällt er aus. Daher nützt es in der Regel nichts, wenn man einen Sandfang vor dem Fermenter anordnet. Nur wenn die Viskosität bereits im frischen Substrat so gering ist – beispielsweise bei dünner Schweinegülle –, dass es zu einer Sedimentation kommen kann, macht ein vorgeschalteter Sandaustrag Sinn. Als Richtwert kann gelten: bei einem TS-Gehalt > 8% ist die Sedimentation von Sand u.ä. verschwindend gering. Lange Wartezeiten in einer vorgeschalteten Sandabscheidung sind nicht sinnvoll.

4.45 Bodenräumer zum Austrag von Schwerstoffen.

Prinzipiell gibt es mehrere Möglichkeiten für den Umgang mit Sedimenten im Fermenter:

- Man rührt permanent so stark, dass die Schwerstoffe in Schwebe gehalten werden.
- Man beschickt den Fermenter mit Substraten bei so hohem TS-Gehalt, dass sich beim anaeroben Abbau ein TS-Gehalt im Fermenter von ≥10% einstellt. Die Begleiterscheinung der hohen Viskosität ist, dass mineralische Feinteile im Schlamm gebunden bleiben.
- Man sieht neben dem „normalen" Überlauf einen oder mehrere Sedimentabzüge vor.
- Man lässt die Schwerstoffe sedimentieren, öffnet von Zeit zu Zeit den Fermenter und räumt die Sedimentschicht aus
- Man rüstet den Behälter von vornherein mit einer Sandaustragsvorrichtung aus. Baulich können Sandfangtaschen, mechanisch können Räumer und Austragsschnecken vorgesehen werden.

Kräftiges Rühren im unteren Bereich des Fermenters kann nur eine Behelfsmaßnahme sein, um Sediment auszutragen; sie wirkt auch nur, wenn während des Rührens oder sofort danach große Mengen, d.h. 1 - 2 Meter Füllstand, aus dem Fermenter entnommen werden. Dies kann in Abhängigkeit von der Viskosität, vom TS-Gehalt und vom Sedimentanteil eine erhebliche Rührwerksleistung erfordern. Beim Ablassen des Faulschlammes muss durch entsprechende Konstruktionen auf jeden Fall sicher verhindert werden, dass im Fermenter ein Unterdruck entsteht.

Eine Erfahrung bei der Vergärung von nachwachsenden Rohstoffen ist, dass der *Fermenter-TS* deutlich höher liegt als bei der Vergärung von Gülle u. dgl.. Sedimentationsprobleme sind bei derartigen Anlagen relativ selten. Wenn welche auftreten, dann durch Ablagerungen von organischen Stoffen, hervorgerufen durch mangelhaftes Rühren oder durch nicht aufgelöste verdichtete Biomasse.

Der *Bodenablass* besteht aus einem Rohr, das auf möglichst kurzem Wege in die Vorgrube oder in eine spezielle Auffanggrube mündet. Noch nicht verhärtete Sinkschichten können dann gelegentlich durch Öffnen eines Schiebers abgelassen werden, sofern sie sich in unmittelbarer Nähe der Ablassöffnung befinden. Bei stehenden Faulbehältern mit einem flachen oder gering geneigten Boden stößt die Wirksamkeit der Maßnahme rasch an Grenzen. Auf die Vermeidung von Unterdruck im Fermenter ist besonders zu achten.

Eine sehr pragmatische Lösung, die insbesondere bei Biogasanlagen mit zwei Fermentern in Frage kommt, ist das *Akzeptieren einer gewissen Sedimentation*. In Abhängigkeit von der anfallenden Sedimentmenge muss dann alle 4 bis 5 Jahre ein Fermenter geöffnet und leergeräumt werden. Das dauert bei den heutigen Fermentervolumen von 1.000 m^3 und mehr mehrere Tage. Dazu sind bereits im Planungsstadium eine entsprechende Öffnung und/oder eine Zufahrtsmöglichkeit vorzusehen. Für den Betrieb ist es wichtig zu wissen, dass das nutzbare Fermentervolumen im Laufe der Zeit kontinuierlich durch die Zunahme der Sedimentschichten abnimmt. In gleichem Maße reduziert sich dann natürlich auch die Prozessstabilität. Der Vorteil dieser Methode ist klar: sie funktioniert. Von Nachteil ist natürlich der Verlust des Gases, bzw. des Energieertrages über 2 –4 Wochen und die Unterbrechung des stabilen Prozesses, der erst wieder in Gang kommen muss.

Wenn größerer Mengen an Schwerstoffen zu verarbeiten sind, ist bereits im Planungsstadium der Einbau einer speziellen *Austragvorrichtung* vorzusehen. Stand der Technik ist es, einen Bodenräumer einzusetzen, der über einen außen montierten Motor mit Getriebe angetrieben wird (Abb. 4.45). Die Antriebswelle sitzt senkrecht mittig im Fermenter. Der Kragarm des Bodenräumers rotiert um die zentrale Welle. Der Räumarm kann geschwungen sein, oder auf dem Räumarm sind Ablenkwinkel montiert. Die Schwerstoffe werden zu einem Sedimentsumpf am Behälterrand befördert. Von dort aus werden die Schwerstoffe mit einer langen Schnecke in einen Flachbunker oder Container ausgetragen. Die Schnecke ist so hoch geführt, dass sie über den Substratpegel hinausreicht.

Die beschriebene Technik wird nur bei zumindest teilweise in die Erde eingebauten Fermentern mit einer Wandhöhe von etwa 6 m eingesetzt und erreicht ihre Grenze beispielsweise dann, wenn erhebliche Strohmengen mit verarbeitet werden. Irgendwann ist die Kapazität des Räumers erschöpft, wobei die maximale Fördermenge je nach Gärsubstrat und Betriebsparametern stark variiert.

Bei zentral von oben gerührten Fermentern beschränkt sich die Sedimentation bei ausreichender Rührleistung auf den unteren umlaufenden Randbereich. Im Randbereich werden regelmäßig Schlammabzüge mit einer Nennweite von 200 mm verteilt, je nach Behälterumfang 3 bis 6 Stück. Diese Schlammabzüge werden an einen Sediment-Sammelbehälter angeschlossen oder je nach Sedimentanfall regelmäßig reihum an ein Gülledruckfass geschlossen und dieses durch Eigendruck geflutet.

4.8 Heizeinrichtungen und Prozesswärmebereitstellung

Wie bereits in Kap. 2 ausgeführt, müssen leistungsfähige Biogasanlagen unter unseren Klimabedingungen beheizt werden, um die gewünschte Temperatur im Fermenter aufrecht zu erhalten und Wärmeverluste nach außen auszugleichen. Hierzu wird das Substrat in der Regel über einen Warmwasserkreislauf und wärmeübertragende Rohre im Fermenter oder durch einen externen Wärmetauscher aufgeheizt. Die dafür benötigte Wärmemenge kann in der Regel aus der Abwärme des Blockheizkraftwerkes gedeckt werden. In Einzelfällen wird die Wärme über einen Gas-Heizkessel bereitgestellt.

4.8.1 Externe Wärmetauscher

Bei externen, also außerhalb des Fermenters angeordneten Wärmetauschern werden Substrat und Heizwasser im Gegenstrom durch einen Wärmeübertrager gepumpt. Das Gegenstromprinzip ist thermodynamisch sehr effizient. In der Praxis haben sich vor allem Doppelrohr- und Spiralwärmetauscher bewährt.

Bei *Doppelrohrwärmetauschern* durchströmt das Substrat das Zentralrohr. Im Mantelrohr fließt das Heiz- oder das Kühlwasser. Um die Wärme von heißem Substrat direkt im Gegenstrom auf kaltes Substrat zu übertragen, eignen sich diese Tauscher nicht. Bewährt hat sich in der Vergangenheit die Bauart mit geraden Rohren, die bei größeren Einheiten in Reihe geschaltet zu Rohrbündeln zusammengefasst werden (Abb. 4.46). Das zentrale Rohr sollte, vor allem bei mehreren hintereinander geschalteten bis zu 6 m langen Doppelrohren, eine Nennweite von mindestens DN 100 haben, um Druckverluste gering zu halten. Nach jedem Rohrsegment folgt ein 180° Rohrbogen, um an das folgende Segment anzuschließen. Diese Bögen werden vorzugsweise mit verschraubten Kupplungen mit Nut versehen, denn sie müssen zu Reinigungszwecken leicht demontierbar sein (Abb. 4.47).

Ein breiteres Einsatzspektrum haben Spiralwärmetauscher, die sich durch eine sehr kompakte und platzsparende Bauweise bei hoher Tauscherleistung auszeichnen (Abb. 4.48). Bei ihnen kann das Heiz- oder Kühlmedium auch Substrat sein. Aufgrund des Konstruktionsprinzips können sie modular aufgebaut und leicht erweitert werden und sind obendrein wartungsfreundlich und bei störstofffreien und fein zerkleinerten Substraten wenig verstopfungsanfällig. Weitere Qualitätsmerkmale sind lange Standzeiten bei gleichbleibend hoher Tauscherleistung sowie vergleichsweise geringe Druckverluste.

Eine Variante davon sind liegende, schraubenförmig gedrehte Wärmetauscher. Im Grunde sind dies zwei ineinander gedrehte Spiralen (Doppelschnecke) über einem Zentralrohr. Beide Schneckengänge haben denselben Querschnitt und können auch als Substrat-Substrat-Wärmetauscher eingesetzt werden. Der Querschnitt des Schneckenganges ist rechteckig bei etwa gleichen Kantenlängen von >100 mm. Sie sind weniger störstoffanfällig als die vorgenannten vertikalen Spiralwärmetauscher. Sie nehmen bei gleicher Leistung weniger Fläche als Doppelrohrwärmetauscher in Anspruch, sind aber in ihrer Leistung begrenzt.

4.46 *unten* Doppelrohrwärmetauscher (Schnitt).

4.47 *rechts* Doppelrohrwärmetauscher an der Substratablaufseite.

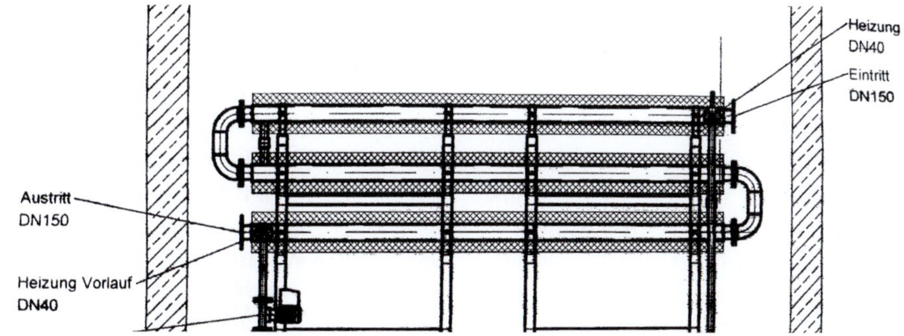

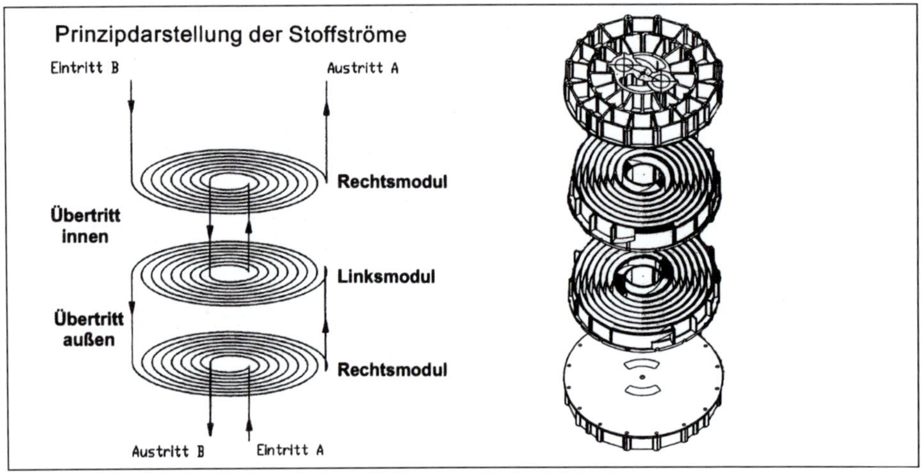

4.48 Schema eines Spiralwärmetauschers.

Aufwendig gestalten sich bei Doppelschnecken-Wärmetauscher die Reinigungsarbeiten, denn sie können bislang nicht zerlegt, sondern nur gespült werden.

Externe Wärmeübertrager haben den entscheidenden Vorteil, dass sie unabhängig vom Faulbehälter sind. Wegen der nicht unerheblichen Kosten kommen sie vor allem bei großen Anlagen – ab etwa einem Durchsatz von 10.000 m^3/a – zum Einsatz. Kostengünstig werden mit einem externen Wärmetauscher mehrere Behälter beheizt. In diesem Fall sind interne Wärmetauschersysteme nicht günstiger.

4.8.2 Interne Wärmetauscher

Interne, also im oder am Fermenter angebrachte Wärmeüberträger arbeiten nach einem anderen Prinzip. Dabei wird nur das Heizwasser, nicht aber das Substrat umgepumpt.

Bodenheizung

Bei vertikalen Fermentern können zur Beheizung in der Bodenplatte Kunststoff-Heizungsrohre (und zwar solche, die gegen Sauerstoffdiffusion geschützt sind) verlegt werden. Die Wärmedämmung aus extrudierten Polystyrol-Hartschaum-Platten befindet sich in diesem Fall unter der Bodenplatte, um Wärmebrücken im Beton zu vermeiden. Wie bei einer Fußbodenheizung im Wohnungsbau werden die Rohre in mehreren Kreisen mit gleicher Länge verlegt und über je einen Verteiler für Vor- und Rücklauf parallel angeschlossen, um den Durchflusswiderstand gering zu halten. Sehr häufig werden Rohre aus vernetztem Polyethylen in den Durchmessern 22 und 25 mm verlegt.

Werden Heizrohre in die Stahlbetonbodenplatte eingegossen, so sollten sie zwischen den Lagen der Stahlbewehrung verlegt werden, damit Wärmespannungen von der Bewehrung aufgenommen werden und eine ausreichende Betonüberdeckung sichergestellt ist. Der Behälterhersteller muss die Bewehrung auf die Wärmeausdehnung hin berechnen sowie einen statischen Nachweis über die Standsicherheit der beheizbaren Betonplatte vorlegen. Die Temperatur des Heizwassers sollte nicht mehr als 20 Kelvin (K) über der Betontemperatur liegen und nicht höher als 60°C sein, um zu hohe Spannungen sowie dauerhafte Substratanhaftungen am Beton zu vermeiden. Ferner muss bei einer Bodenheizung sichergestellt sein, dass sich keine dicke Sinkschicht bildet, die den Wärmeübergang verschlechtern würde. Bodenheizungen eignen sich demzufolge nicht für jedes Substrat und nur für Betriebstemperaturen bis zu 40°C. Ein leistungsfähiges Rührwerk, das auch im Bodenbereich wirksam ist, sollte zudem vorgesehen werden.

Wandheizungen

Beim Einsatz von Wandheizungen werden derzeit hauptsächlich zwei Varianten eingesetzt, nämlich Heizungsrohre *in* der Behälterwand oder Heizungsrohre *vor* der Behälterwand.

Heizungsrohre in der Behälterwand
Einbetonierte Boden- und Wandheizungen sind sehr träge Systeme. Die Heizleistung ist begrenzt durch die verfügbare Boden- bzw. Wandfläche. Bei runden, vertikalen Behältern werden vielfach Wandheizungen aus Kunststoffrohr eingesetzt (Abb. 4.49). Sechs und mehr Heizkreise werden installiert, um die erforderliche Heizleistung realisieren zu können. Der einzelne Heizkreis hat hierbei eine Länge von etwa 100 m. Es werden dieselben Rohre wie bei der Bodenheizung verlegt. Auch sind dieselben Anforderungen an die Verlegung, den Herstellernachweisen sowie an die Betriebsbedingungen zu stellen. Wandheizungen sind unproblematisch im Hinblick auf Sedimente im Behälter, falls die Heizfläche mit einem gewissen Abstand (>1 m) über dem Boden beginnt. Vorteilhaft ist außerdem, dass keine störenden Einbauten im Behälter notwendig sind, dass keinerlei Stoffaustausch zwischen Subs-

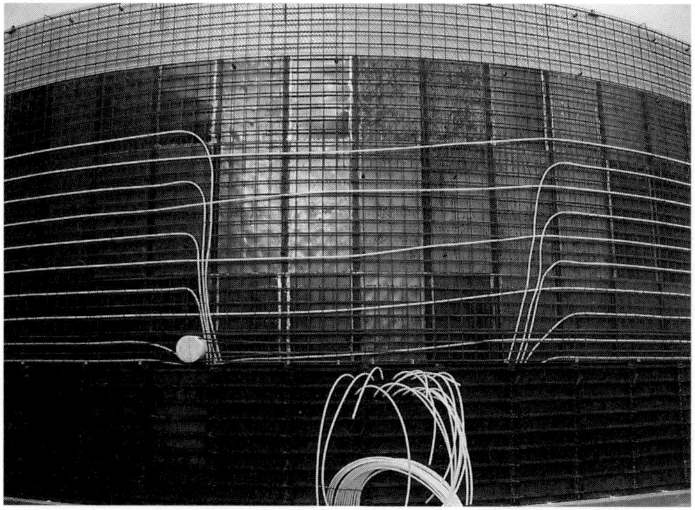

4.49
Integrierte Wandheizung. Fixierung der Heizungsschläuche an der Stahlbewehrung.

4.50
Innenliegende VA-Heizungsrohre mit Abstand zur Behälterwand.

trat und Heizmedium durch Diffusion stattfindet und dass weder Korrosion noch eine Beschädigung der Heizfläche zu befürchten ist. Die Nachteile liegen in den höheren Kosten des Behälters (größere Wanddicke, u.U. mehr Bewehrungsstahl), die Bindung an einen Ortbetonbehälter und in dem zeitaufwendigen Verlegen der Heizungsrohre. Die begrenzte Heizleistung ist im Normalbetrieb nicht relevant, da die Fermentertemperatur auch hier nicht über 40°C liegen sollte. Durch die begrenzte Wärmeübertragungsleistung verlängert sich aber die Zeit, die nötig ist, um den Fermenter auf Betriebstemperatur zu bringen.

Heizungsrohre vor der Behälterwand
Alternativ zur integrierten Wandheizung betoniert man die Rohre nicht ein, sondern befestigt sie innen mit Abstand an der Wand (Abb. 4.50). Zweckmäßigerweise verlegt man die Rohre spiralförmig und lässt sie zur Entlüftung von unten nach oben durchströmen. Je nach Rohrdurchmesser, Behältervolumen sowie geplanter Heizleistung werden die Rohre meist in zwei oder mehr Kreisen parallel angeschlossen. Ein Abstand von 1 m vom Boden sollte mindestens eingehalten werden. Wichtig ist bei innen, d.h. im Gärsubstrat, liegenden Rohrheizungssystemen, dass die Rohre umspült werden. Damit vermeidet man Totzonen, in denen kein Wärmeaustausch mehr stattfindet. Zu beachten ist bei der Dimensionierung von inwandigen Wärmeüberträgern, dass sie bei Stillstand des Rührwerks und zähflüssigen Gärsubstraten erheblich an Leistung verlieren.

Nachteilig bei innen liegenden Kunststoffrohrleitungen ist, dass

- Beschädigungen durch Feststoffe bei wechselnden Füllständen auftreten können;
- durch Diffusion problematischer Substanzen ins Heizungswasser die Rohre und das Heizsystem geschädigt werden können.

Werden Leitungen aus Kunststoff eingesetzt, sollten Mehrschicht-Rohre mit einer Aluminium-Einlage zum Einsatz kommen, bei denen eine Diffusion von Sauerstoff und anderen Stoffen in das Heizmedium ausgeschlossen werden kann. Da auch hier Rohrdurchmesser bis 25 mm eingesetzt werden, müssen die Rohre in einem Abstand von etwa 1 m gehaltert werden. Ein weiterer Nachteil dieser Bauweise ist, dass die Rohre mit nur etwa 5 cm Abstand zur Wand und zum nächsten Rohr verlegt werden. Bei der Berechnung der wirksamen Wärmetauscherfläche sollte man nur den halben Umfang des Rohres zum Ansatz bringen.

Glattwandige Metallrohre im Fermenter als Wärmeübertrager werden verstärkt eingesetzt, weil:

- sie eine ausreichend sichere Befestigung bei größeren Wandabständen ermöglichen,

- nur ein Bruchteil der Rohrleitungslänge erforderlich ist und
- die glatten Metallrohre ein besseres Strömungsverhalten und günstigere Materialeigenschaften für die Wärmeübertragung aufweisen.

Nachteilig bei innen liegenden Stahlrohrleitungen ist, dass

- Anbackungen von Substrat an den Außenflächen durch zu hohe Heiztemperatur und eiweißreichen Substraten eintreten können;
- Korrosion an Schwarzstahl-Rohrleitungen, insbesondere an nicht umspülten Stellen, auftreten kann.

Stahlrohre sollten mit einem Wandabstand sowie mit Abstand zum nächsten Rohr von mindestens 20 cm verlegt werden. Je nach Durchmesser können die Abstände der Rohrhalterungen bis zu 2 m und mehr betragen. In der Regel werden Rohrdurchmesser von 50 mm bis 114 mm verwendet. Mehrere Kreisläufe reduzieren das Ausfallrisiko. Die Rohre werden dem Behälterdurchmesser angepasst vorgebogen geliefert und im Behälter verschweißt.

Eine Firma bietet eine flexible Edelstahlrohrleitung in DN 80 zur Wärmeübertragung im Gärbehälter an. Die Rohre werden ähnlich wie bei den geschweißten Rohren an der Wand befestigt. Jedoch entfallen im Behälter die Verbindungsstellen. Um Endstücke zu verbinden, werden entsprechende Spezialflansche eingesetzt.

Heizungsrohre außen am Behälter

Bei Stahlbehältern können die Kunststoffrohre auch außen um den Behälter gewickelt werden. Konstruktiv bedingt ist hierbei die Wärmeübertragungsleistung je laufender Meter Heizungsrohr wesentlich geringer als bei vom Substrat umspülten Rohrsystemen. Die kostengünstige und betriebssichere Montage wird durch einen höheren Materialbedarf und dessen Kosten aufgewogen. Entscheidender Nachteil ist, dass die Wärmeübertragungsleistung in unseren Breitengraden nicht zur Erhaltung mesophiler Temperaturen ausreicht.

Rührwellenheizungen

Rührwellenheizungen sind eine sehr gute Lösung bei horizontalen Tankanlagen mit Paddelrührwerk bis etwa 120 m³ Volumen. Auf der Seite, an der die Frischgülle in den Behälter fließt, ist auf einer bestimmten Rührwellenlänge, 1/3 bis 2/3 der Tanklänge, anstelle der Paddel eine mehrteilige Schleife aus Stahlrohr angebracht, durch die das Heizwasser fließt. Man verwendet einbaufertige doppelte Drehdurchführungen aus Rotguss am vorderen Wellenende, so dass am hinteren Ende ein Gleitlager auf der Innenseite der Stirnwand ausreicht. Beim Drehen des Rührwerks erfolgt ein sehr guter Wärmeübergang, so dass man mit einer relativ kleinen Wärmetauscherfläche auskommt. Wenn das Rührwerk nicht ständig läuft, sondern nur kurzzeitig eingeschaltet wird, gilt es zu bedenken, dass der Wärmeübergang bei Stillstand erheblich schlechter ist. Ferner eignet sich die Rührwellenheizung nur bei relativ dünnen Substraten (Schweine- und Rindergülle), d.h. bei guter Fließfähigkeit, damit die Kräfte an der zentralen Rührwelle nicht zu hoch werden. In Anlagen, die zum großen Anteil nachwachsende Rohstoffe vergären, kommen diese Rührwerke heute nicht mehr zum Einsatz.

4.8.3 Bestimmung der Heizleistung und Wärmetauscherfläche

Die Heizleistung und die Größe der Wärmetauscherflächen werden von mehreren Faktoren beeinflusst. Dazu gehören vor allem das Volumen und die Temperatur des eingebrachten Substrates, das Fermentervolumen und die -oberfläche, außerdem die Wärme-

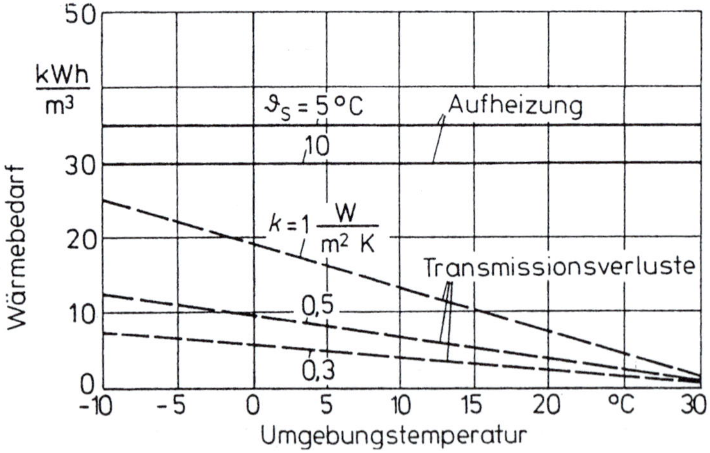

4.51
Prozesswärmebedarf, bezogen auf das Frischsubstratvolumen, für unterschiedliche Substrattemperaturen und Wärmedurchgangskoeffizienten in Abhängigkeit von der Umgebungstemperatur. ϑ_s Frischsubstrat-Temperatur, Reaktortemperatur 35°C; volumenbezogene Oberfläche des Reaktors 1,2 m²/m³, Aufenthaltszeit 20 d, (nach Orth [33]).

dämmung, die vorherrschende Außentemperatur und die Temperaturdifferenz zum Heizwasser, das Temperaturniveau in der Anlage, die Art des Wärmetausches und die Zusammensetzung des Substrats. Deshalb muss die Heizung für jede Biogasanlage individuell berechnet werden.

Doch generell gilt, dass interne Wärmeüberträger ausreichend groß dimensioniert sein sollten, um Leistungsverluste über die Betriebsdauer (vgl. Kap. 4.8.2) zu kompensieren. Eine spätere Vergrößerung der Heizungsflächen ist bei der internen Wärmeübertragung schwierig.

Hauptproblem der Leistungsbestimmung ist die Festlegung des U-Wertes, also der Wärmeübergangszahl an der Heizfläche. Er schwankt nach Walther [53] zwischen 56 und 108 W/m²K je nach Heizsystem und Trockensubstanzgehalt des Substrats. Zu bedenken ist, dass der Wärmeübergang von der Tauscherfläche zum Substrat im Laufe der Zeit immer schlechter, aber nie besser werden kann. Ursache dafür sind Korrosion und Ablagerungen, die vor allem in Form von Krustenbildung bei hohen Wassertemperaturen auftreten. Deshalb sollte man sicherheitshalber nur mit 50 W/m²K rechnen, sofern nicht die Tauscherflächen durch den Rührvorgang stark umströmt werden.

Zur Kalkulation des Prozessenergieverbrauchs hat Orth [33] eine Graphik aufgestellt, die in Abb. 4.51 wiedergegeben ist. Daraus wird ersichtlich, dass bei einer Umgebungstemperatur von 10°C, die wir hierzulande als Jahresmitteltemperatur ansetzen können, und bei einer Substrattemperatur von ebenfalls 10°C der Prozessenergieverbrauch zwischen 6 und 15 kWh pro m³ eingebrachtes Substrat schwankt, je nach Güte der Wärmedämmung. Rechnet man mit kontinuierlicher Beheizung aus einem Warmwasserspeicher und dem heute üblichen U-Wert der Dämmung von 0,3 W/m²K, so ergibt sich bei der angenommenen Verweilzeit von 20 Tagen eine durchschnittliche Heizleistung von 12,5 W/m³ bzw. 1,25 kW für einen 100 m³-Fermenter. Da die Heizung aber auch bei anhaltender Kälte ausreichen muss, sollte sie für -10°C Außen- und 5°C Substrattemperatur auslegt werden. Dies führt beispielsweise zu einer Heizleistung von 22,9 W/m³ bzw. von 2,29 kW/100 m³.

Die hier gewählten Zahlenbeispiele sind keineswegs als Faustzahlen zur Festlegung der Heizleistung geeignet, denn bei anderen Prozesstemperaturen, Außentemperaturen, U-Werten, Volumen-Oberflächen-Verhältnissen und Verweilzeiten können sich erhebliche Abweichungen ergeben, die man aber mit den in Abb. 4.51 dargestellten Linien abschätzen kann.

4.9 Kontroll-, Mess- und Steuerungseinrichtungen

Ohne die Erfassung und Auswertung von Daten und ohne tägliche Kontrolle der wichtigsten Anlagenteile ist der erfolgreiche Betrieb einer Biogasanlage nicht möglich (siehe Kapitel 2). In der Vergangenheit wussten viele Betreiber von Biogasanlagen gerade im unteren Leistungsbereich nicht, was in ihrer Anlage passierte. Ohne bestimmte Parameter zu erfassen, ist eine Kontrolle und Optimierung des Anlagenbetriebs nicht möglich. Es ist also schon ein Mindestmaß an Dokumentation und Interpretation der Daten nötig und zum Teil behördlich gefordert. Je größer die Anlagen sind, desto wichtiger wird die Überwachung, denn ein Ausfall der Anlage hat sofort gravierende Folgen für die Wirtschaftlichkeit.

Im Folgenden werden die Einrichtungen und Messungen beschrieben, die für die Anlagenkontrolle als notwendig bzw. wünschenswert erachtet werden.

4.9.1 Prozessüberwachung

Substratmenge

Die täglich eingebrachte Substratmenge und die Art des Substrates müssen erfasst werden. Dabei ist es wichtig, die Substrate mit ihren Gewichten zu notieren, denn nur dann kann man auf die zu erwartende Gasmenge, die Faulraumbelastung und vieles mehr umrechnen. Je nach Einbringtechnik sind dazu verschiedene Lösungen möglich. In der Vorgrube wird eine Pegelstandsanzeige in Form eines Schwimmers mit Skala angebracht. Pumpfähiges Material kann über eine Durchflussmengenmessung erfasst werden. Die bei den verschiedenen Einbringtechniken gebräuchlichen Vorratsbunker können in der Regel mit Wiegeeinrichtungen (Abb. 4.52) ausgestattet werden, ebenso die Radladerschaufel.

Nur wenn man die durchschnittlich zugeführte Tagesmenge in Verbindung mit dem Trockensubstanzgehalt kennt, lässt sich beurteilen, ob der Gasertrag gut oder schlecht ist.

Trockensubstanzgehalt

Wie schon in Kap. 2 ausgeführt, ist die Bestimmung des Trockensubstanzgehalts und des organischen Trockensubstanzgehalts in den Substraten wichtig zur Beurteilung des Gasertrages und darüber hinaus zur Bestimmung des Abbaugrades.

Zur Trockensubstanzbestimmung wird eine möglichst repräsentative Substratprobe 24 Stunden bei 103°C im Trockenschrank bis zur Gewichtskonstanz getrocknet. Aus dem Gewichtsverlust errechnet sich der TS-Gehalt. Notfalls kann man eine Messung vor Ort durchführen, indem man das Substrat in einer flachen Schale in einem ausrangierten Backofen auf 100 bis 110°C erhitzt. Schwieriger ist die oTS-Bestimmung, bei der das getrocknete Substrat in einem Muffelofen 3 Stunden auf 600°C erhitzt und damit verbrannt wird. Übrig bleibt der Ascheanteil, bestehend aus Mineralstoffen und Sand. In der Regel wird hier ein Schätzwert genommen.

4.52
Die Wiegezelle zwischen Boden des Dosierbehälters und dem Fundament dient der Bestimmung des zugeführten Substratgewichts.

Temperaturmessung im Faulbehälter und im Heizungskreislauf

Zur Temperaturmessung werden an der Fermenterwand, wenn vorteilhaft auf verschiedenen Höhen, stabile Tauchhülsen angebracht, die mindestens 50 cm in das Gärsubstrat eintauchen. Mit einer Temperaturleitpaste wird ein Wärmefühler eingelegt. Es sollte mindestens ein Temperaturfühler im unteren Drittel des Behälters angebracht sein. Wird ein externer Wärmetauscher eingesetzt, kann die Temperatur auch hilfsweise an der den Fermenter verlassenden Rohrleitung erfasst werden.

Heizungsthermometer gehören standardmäßig auch in den Vor- und Rücklauf des Heizsystems. Baut man hier auch noch eine Wasseruhr ein, lässt sich die Durchflussmenge des Heizungswassers bestimmen, so dass in Verbindung mit der Temperaturdifferenz zwischen Vor- und Rücklauf die Heizleistung und der Prozessenergieverbrauch überschlägig errechnet werden können. Mittels Wärmemengenzähler ist eine exaktere Bestimmung der zugeführten Heizenergie möglich.

pH-Wert, Bestimmung der Pufferkapazität

Wie in Kap. 2 ausgeführt, sollte der pH-Wert des ausgefaulten Materials im schwach alkalischen Bereich liegen. Die pH-Bestimmung kann man selbst mit einfachen elektronischen pH-Metern durchführen, wobei der pH-Meter über eine Temperaturkompensation verfügen sollte. Da der pH-Wert sich erst dann ändert, wenn die substratspezifische Pufferkapazität verbraucht ist, ist er für Substrate mit hohem Puffervermögen, d.h. wenn die Konzentration an puffenden Substanzen ein Vielfaches der Säurekonzentration beträgt, sowie bei pH-Werten über 8 kein wirksamer Kontrollparameter. Der pH-Wert reagiert dann zu spät. Vor allem Rindergülle hat ein sehr hohes Puffervermögen, eine pH-Wert-Änderung tritt erst dann ein, wenn der Prozess bereits stark gestört ist. Bei solchen Substraten ist zu empfehlen, die Pufferkapazität zu messen. Diese ist ein Maß dafür, wie viel versäuernde freie Wasserstoffionen H^+ das Substrat noch aufnehmen, sprich neutralisieren kann, ohne dass sich der pH-Wert ändert. Nimmt die Pufferkapazität stetig ab, zeigt dies, dass der Prozess allmählich überlastet wird.

Gemessen wird die Pufferkapazität folgendermaßen: Man nimmt eine Probe von z.B. 50 ml des Gärsubstrates im Becherglas, stellt diese auf einen Magnetrührer und misst mit einem pH-Meter den Ausgangs-pH-Wert der Probe. Nachdem das Messgerät einen konstanten Wert anzeigt, fügt man 0,1 n Schwefelsäure in zwei Schritten hinzu. Zunächst wird mit einer Bürette Schwefelsäure bis zum pH-Wert von 5 hinzugegeben. Die verbrauchte Menge an Schwefelsäure ist ein Maß für das Puffervermögen des Substrates (Kalkreserve). Dann wird der pH-Wert durch weitere Zugabe von Säure von 5 auf 4,4 gesenkt. Diese Menge ist ein Maß für die undissoziierten organischen Säuren (FOS). Bei pH 4,4 ist der Punkt erreicht, von dem bekannt ist, dass hier kein Hydrogenkarbonat und kein Karbonat mehr vorhanden ist, also auch die Pufferkapazität erschöpft ist. Die Menge der zu titrierten Säure (d.h. die Menge, die zugegeben werden muss) ist das Maß für die Pufferkapazität („Karbonathärte"). Die FOS werden folgendermaßen berechnet:

FOS = ((Verbrauch [ml] bis pH 4,4) · (20/Probeeinwaage [mg]) · 1,66 - 0,15) · 500

Ebenso berechnet sich die TAC nach der Formel:

TAC = ((Verbrauch [ml] bis pH5) · (20/Probeeinwaage [mg]) · 250

Das so ermittelte FOS-TAC(Kalkreserve)-Verhältnis sollte unter 0,3 liegen. Ist das Verhältnis größer und steigt an, so ist der Prozess überlastet. Mit relativ geringem messtechnischem Aufwand kann so innerhalb kurzer Zeit eine wertvolle Aussage über die aktuelle Belastung der Biologie getroffen werden. Auch diese Messung lässt sich automatisieren.

Gasmengenmessung

Die täglich erzeugte oder verbrauchte Gasmenge ist ebenfalls ein wichtiger Gradmesser für die Funktion und Leistung der Anlage. Die Messung der Gaserzeugung setzt voraus, dass der Fermenter eine feste Decke hat. Nach einem flexiblen Gasspeicher, wie er vielfach auf Fermentern aufgesetzt ist, kann nur die Gasentnahme erfasst werden. Falls mehrere Gasquellen vorhanden sind, sollte die Gaserzeugung getrennt erfasst werden.

Heute sind überwiegend Fermenter mit aufgesetztem Gasspeicher in Betrieb. Diese Anlagen verfügen über einen Gaszähler vor dem Verbraucher, der in der Regel ein Blockheizkraftwerk (BHKW-Anlage) ist. Werden mehrere BHKW-Anlagen betrieben, sollte jedes über einen eigenen Zähler verfügen, um den Wirkungsgrad der Stromerzeugung kontrollieren zu können. Eine zusätzliche Gasmengenmessung ist erforderlich, wenn die Prozessenergie über einen gesonderten Gasbrenner bereitgestellt wird.

Früher wurden bei kleinen Anlagen, welche eine Gasproduktion bis etwa 50 m^3/h hatten, Balgengaszähler eingesetzt (Abb. 4.53). Diese Bauart ist empfindlich bei Kondensat im Gas. Die Balgengaszähler mussten an einem warmen Ort und hinter einer Gaskühlung eingebaut werden, damit sie über längere Zeit zuverlässig funktionierten. Idealerweise ist der Balgengaszähler immer wärmer als das durchströmende Biogas. Eine ähnliche Empfindlichkeit bei Kondensat und korrosiv wirkenden Gasbestandteilen haben auch Flügelradzähler. Feinmechanische und bewegliche Teile im Inneren des Volumenmessgerätes haben keine lange Lebensdauer, vor allem bei ungereinigtem Biogas.

Präziser und unempfindlicher sind Gasmengenmesser mit folgenden Messprinzipen:

- Thermische Massendurchflussmessung
- Volumenstrom anhand Druckdifferenzmessung
- Volumenstrom anhand Frequenzverschiebung

Entsprechende Messgeräte werden von verschiedenen Herstellern angeboten. Wie bei allen anderen Messgeräten sollte sich der Betreiber vorab versichern, dass das angebotene oder empfohlene Gerät nachweislich tauglich für den geplanten Einsatz ist. Ferner gilt für alle Messtechnik in Rohren und an Behältern, dass sie sich während des Anlagenbetriebs ohne Unterbrechung jederzeit austauschen lassen sollte.

4.9.2 Anlagenüberwachung

Gaszusammensetzung und Störstoffe

Hier geht es in der Praxis fast immer um die Bestimmung des Gehalts an Schwefelwasserstoff (H_2S), seltener um Ammoniak (NH_3) als schädliche Gasbestandteile.

Bei größeren Anlagen ist es die Regel, dass Methan (CH_4), Kohlendioxid (CO_2), Sauerstoff (O_2), H_2S sowie vereinzelt Wasserstoff (H_2) gemessen werden. Mehrere Hersteller bieten hierzu fest eingebaute und mit dem gasführenden System verbundene Geräte an, welche die Gaszusammensetzung mithilfe von Infrarot- oder elektrochemischen Sensoren kontinuierlich messen. Für eine Grundausstattung an Sensoren, welche die vier vorgenannten Gase stationär messen, ist mit Kosten von ungefähr 6.800 € zu rechnen, Handgeräte zur gelegentlichen Messung schlagen mit etwa 3.000 € zu Buche.

Methan (CH_4): Mit der Kenntnis des CH_4-Gehaltes können Aussagen über die Energieausbeute der Substrate gemacht werden. Er ist bei den Energiepflanzen mit 49 - 55% deutlich niedriger als bei Wirtschaftsdüngern, die es auf 58 - 65% CH_4-Gehalt bringen, und er schwankt bei Cosubstraten mit bis zu 75% sehr.

Das Verhältnis Methan zu Kohlendioxid ist in der Motorentechnik ein Maß für die Klopffestigkeit eines Kraftstoffes. Ein konstantes CH_4-CO_2-Verhältnis ist deshalb anzustreben. Allerdings wurden bei hoch belasteten oder sehr unterschiedlich belasteten Prozessen Schwankungen im Methangehalt von bis zu 30% festgestellt. Diese Schwankungen können innerhalb weniger Minuten auftreten. Das Gas aus dem Nachgärer hat prinzipiell eine bessere Qualität und einen bis zu 15% höheren Methangehalt als das

4.53 Balgengaszähler.

Gas direkt aus dem Fermenter. Es ist durchaus vorteilhaft, die Gasleitung vom Fermenter zum Nachgärbehälter und erst von dort zum Verbraucher zu führen. Für eine gute Gasqualität förderlich sind des Weiteren:

- Kontinuierliches Beschicken,
- Gleichbleibende Substratzusammensetzung,
- Kontinuierliches Ausgasen des Fermenterinhalts, gleichmäßiges Rühren,
- Mehrere Gasspeicher sollten im Hinblick auf die Gasentnahme nicht parallel, sondern in Reihe geschaltet werden.

Sauerstoff (O_2): Die Messung des Sauerstoffs gibt Aufschluss über die Sicherheitssituation (Ex-Schutz) und die Effizienz der Entschwefelung.

Schwefelwasserstoff (H_2S) führt zur Korrosion bei Buntmetallen und Aluminium in Gasleitungen sowie in Gasregel- und -magnetventilen. H_2S führt zur Übersäuerung des Motoröls, das dadurch an Schmier- und Kühlwirkung verliert und den Motor schädigen kann. Dieser Effekt erfordert kürzere Ölwechselintervalle. Bei der Verbrennung des Schwefels entsteht Schwefeldioxid, welches in den abgasführenden Leitungen zu Korrosion und zum sauren Regen in der Luft führt. Der Entschwefelung kommt deshalb eine wichtige Bedeutung zu. Eine Konzentration von unter 200 ppm H_2S im Biogas für eine motorische Verwertung ist anzustreben. Soll das Biogas zu Biomethan aufbereitet werden, können H_2S-Gehalte < 5 ppm im Rohgas gefordert sein.

Die Gefährdung der Behälter und der Anlagentechnik durch H_2S im Biogas kann durch folgende Maßnahmen verringert werden:

- Verzicht auf eiweißreiche Substrate (beinahe alle Abfallstoffe tierischen Ursprungs).
- Chemische Bindung von H_2S im Faulschlamm, z.B. an Eisensalze anstelle der Luftentschwefelung.
- Kunststoffbeschichtete Oberflächen in den Gasräumen der Behälter.
- Kein Buntmetall und Aluminium bei allen gasberührten Teilen von Leitungen, Armaturen und Messeinrichtungen.
- Aktivkohlefilter vor dem BHKW.
- Möglichst wenig Starts und Stopps der BHKW.
- Regelmäßige Prüfung der Motoröl-Qualität (Säuren- und Basenzahl), mindestens alle 300 Betriebsstunden.
- Vorbeugend häufigerer Ölwechsel.
- Abgastemperaturen nicht unter 180°C.

Ammoniak: Auch Ammoniak führt zu einer geringeren Klopffestigkeit und zur Selbstzündung im Brennraum. Dies kann unter Umständen zum Schmelzen der Kolben oder Abreißen der Zylinderlaufbüchsen führen. Ammoniak kann im Gegensatz zu H_2S gut über die Abkühlung des Biogases an das Kondensatwasser gebunden werden. Gaswäscher oder Aktivkohlefilter verhindern ebenso, dass Ammoniak in den Brennraum gelangt.

4.54 CO_2-Indikator (Fa. Brigon).

Feuchtigkeit: Wasser und Wasserdampf im Gas führen zu Problemen bei der Gasverwertung. Biogas ist zu 100% mit Wasserdampf gesättigt, wenn es aus dem Fermenter kommt. Je höher die Temperatur, umso mehr Wasser ist im Biogas gebunden. Es können folgende Probleme auftreten:

- Wassersäcke in den Gasleitungen führen zu erhöhten Druckverlusten und Druckschwankungen.
- Feuchte Gasfilter erzeugen ebenfalls Druckverluste.
- Feuchtigkeit vermindert die Standzeit des Aktivkohlefiltermaterials, da sie ebenfalls absorbiert wird.
- Da im Motor Wasser mitverdichtet werden muss, sinkt der Wirkungsgrad des Motors.
- Wasser bildet mit Schwefelwasserstoff schwefelige Säure, die wiederum stark korrosiv wirkt.

Die Entfeuchtung des Gases ist also eine wirksame Maßnahme, um die Qualität zu erhöhen (siehe Gasaufbereitung).

Es gibt eine relativ einfache und preiswerte, dafür aber ungenauere, Methode, die Gaszusammensetzung zu bestimmen:

Methangehalt: Hier verzichtet man auf die direkte Methanmessung, sondern bestimmt auf einfache Weise den CO_2-Gehalt mit einem Brigon-CO_2-Indikator (Abb. 4.54). Dabei wird Biogas durch eine Kaliumhydroxydlösung geleitet. Auf einer Skala lässt sich dann der CO_2-Gehalt an der Höhe der Flüssigkeitssäule direkt ablesen (Kosten 300 €). Die Anzeigegenauigkeit liegt bei ca. 2 Vol%. Da Biogas zu 92 bis 94% aus CH_4 und CO_2 besteht (der Rest sind Feuchtigkeit und Spurengase), kann der CH_4-Gehalt leicht errechnet werden. Wird mit Luft entschwefelt, muss das 4-fache des Luftanteils im Biogas als inerter Luftstickstoff (N_2) zusätzlich berücksichtigt werden.

Nur in bestimmten Fällen macht es Sinn, Schwefelwasserstoff und Ammoniak mittels Prüfröhrchen zu bestimmen: Der *H_2S- und Ammoniak-Gehalt* wird mit Gasprüf-Röhrchen, auch Dräger-Röhrchen genannt, ermittelt. Die üblichen Messbereiche sind: <200 ppm (0,02 Vol%) und < 2000 ppm (0,2 Vol %). Bei dem größeren Messbereich werden 100 ml Prüfgas durch das Prüfröhrchen gesaugt. Durch Verfärbung kann anhand einer Skala mit einer Genauigkeit von 50 ppm der H_2S-Gehalt bestimmt werden. Die Kosten der Prüfröhrchen belaufen sich auf 5 € pro Stück bei Kleinmengen. Wichtig bei der Schwefelmessung ist, nicht immer zur gleichen Uhrzeit zu messen, damit auch tageszeitliche Schwankungen im Prozess erfasst werden. Will der Betreiber über mehrere Monate täglich mehrmals H_2S auf diese Weise bestimmen, können dabei Kosten in Höhe eines mobilen 4-Gas-Messgerätes entstehen. Prüfröhrchen sind ökonomisch nur dann sinnvoll, wenn eine sporadische Messung ausreichend ist.

Aufspüren von Gasleckagen

Zum Aufspüren von Undichtigkeiten im Gasnetz gibt es Gasspürgeräte. Mit einem mobilen Gerät kann man Leckstellen am Fermenter, an Rohrleitungen und Gasspeichern orten (Kosten ab ca. 50 €). Der Festeinbau eines „Gasschnüfflers" empfiehlt sich im Maschinenraum, in dem die Gasstrecke, das BHKW oder der Gaskessel untergebracht sind, sowie in allen weiteren Räumen, wo Biogas – wenn auch nur in geringen Mengen, im Falle eines Schadens oder einer Fehlfunktion – austreten kann.

Stromverbrauch und Stromproduktion

Um den Stromverbrauch der Biogasanlage zu ermitteln, lässt man die wichtigsten Verbraucher, also Substratpumpe(n), Rührwerke, Heizungsumwälzpumpe und Lüfter für die Notkühlung am Stromaggregat, über einen Zwischenzähler laufen. Die theoretische Berechnung des Verbrauchs über den Anschlusswert der Motoren und die Laufzeiten ist zu ungenau, da die Belastung und damit die Stromaufnahme in weiten Grenzen schwanken können.

Zur Messung der Stromproduktion einer Kraft-Wärme-Kopplungsanlage sind mindestens zwei Zähler erforderlich: Einer erfasst die gesamte Produktion und der andere die in das EVU-Netz gelieferte Strommenge. Aus der Differenz errechnet sich der Eigenverbrauch.

Zündölverbrauch für Zündstrahlmotoren

Dieser Kostenfaktor wird oft unterschätzt. Man kann die Zündölmenge kontinuierlich und sehr exakt mit einem Diesel-Durchflusszähler erfassen, der aber relativ teuer ist. Für Motoren, die immer im gleichen Lastbereich laufen, genügt im Grunde eine Gewichts- oder Volumenbestimmung von Hand. Dazu lässt man den Motor eine Stunde lang das Zündöl aus einem Gefäß saugen, in welches das Lecköl von den Einspritzdüsen zurückgeführt wird. Durch Gewichts- oder Volumenbestimmung kann dann z.B. nach einer Stunde der spezifische Verbrauchswert (pro Betriebsstunde) ermittelt werden.

Der Energiegehalt des verbrauchten Zündöls – heute meist Biodiesel (B100) –, ins Verhältnis gesetzt zur Gesamtenergieproduktion (Summe der Energieinhalte aus Biogas und Zündöl), gibt an, wieviel Prozent der Zündölverbrauch vom gesamten Verbrauch ausmacht. In der Praxis und bei den meisten EVU wird ein Zündölanteil von um die 10% der erzeugten Strommenge akzeptiert. Errechnet wird der Zündölanteil wie folgt:

$$\text{Zündölanteil} = \frac{\text{BHKW-Wirkungsgrad in \%} \cdot 10 \cdot \text{Zündöl in l/d}}{\text{Stromerzeugung kWh/d}}$$

$$= \frac{30\% \cdot 10 \cdot 80 \text{ Liter/d}}{2600 \text{ kWh/d}} = 9{,}23\ \%$$

Neue Zündstrahl-BHKW kommen mit einem Zündölanteil von 2 bis 4% aus.

4.9.3 Steuerungs- und Überwachungseinrichtungen

Den Möglichkeiten zur Steuerung und Automatisierung von Biogasanlagen sind kaum Grenzen gesetzt. Je nach Größe der Anlage wird sogar ein bestimmter Automatisierungsgrad genehmigungsrechtlich notwendig. Für kleinere Anlagen sollte ausschlaggebend für den Automatisierungsgrad das persönliche Zeitkonto sein, das zur Verfügung steht, um die Anlage zu betreuen. Unverzichtbar bei Durchfluss-Anlagen ist:

- Die automatische regelmäßige Beschickung des Fermenters mit Substrat. Diese Maßnahme ist für eine stabile Prozessbiologie und eine kontinuierliche Gasproduktion von großer Bedeutung.
- Das automatische Ein- und Ausschalten der Rührwerke. Dem regelmäßigen Rühren kommt gerade bei den dicken Substraten, die heute zunehmend eingesetzt werden, große Bedeutung zu.
- Geregelte Beheizung des Fermenters mittels Thermostat zur Konstanthaltung der Fermentertemperatur.
- Automatische Steuerung der Gasverwertung, um möglichst hohen Auslastungs- und Wirkungsgrad zu gewährleisten.

Zusätzlich sind für einige Aggregate Überwachungseinrichtungen zu empfehlen, die bei Ausfall automatisch den Betreiber oder das Bedienungspersonal alarmieren. Der Ausfall der folgenden Aggregate führt in kürzester Zeit zu hohen Schäden oder Verlusten und sollte deshalb mit automatischen Überwachungs- und Alarmierungsfunktionen ausgestattet werden:

- *Rührwerk:* Ein Ausfall der Rührwerke kann bei dicken Substraten zu einem Anstieg des Fermenterinhaltes führen. Dabei lassen die aufsteigenden Gasblasen das dickbreiige Substrat aufgehen wie einen Hefeteig. Die Kräfte, die dabei entstehen, sind so stark, dass beispielsweise die Decke des Fermenters angehoben werden kann. Zusätzlich kommt es bei Rührwerksausfall zur ungenügenden Temperatur- und Substratverteilung und damit zur Störung der Prozessbiologie. Um dies zu vermeiden, erhält das Rührwerk eine Motorüberwachung und ggf. eine Kontrolle der Leistungsaufnahme.
- *Fermenter:* Der Gärbehälter wird mit einer Grenzfüllstandsüberwachung ausgestattet.
- *Pumpen:* Ein *Manometer* in der Druckleitung hinter der Pumpe ermöglicht die Kontrolle der Pumpe und des Leitungssystems. Steigt der Druck über den normalen Wert an, liegt eine Verstopfung in der Leitung vor oder ein Schieber wurde nicht ganz geöffnet. Sinkt der Druck bei gleichzeitigem Abfall der Förderleistung, liegt eine Verstopfung in der Pumpe oder Verschleiss vor. Selbstansaugende Verdrängerpumpen werden vorzugsweise zusätzlich mit einem Trockenlaufschutz ausgerüstet.
- *Elektromotoren:* Generell sollten alle Antriebe überwacht werden.
- *Gasspeicher:* Bei Foliengasspeichern mit Klemmschienen muss der Druck im Schlauch konstant überwacht werden. EPDM-Foliengasspeicher müssen mit einer Grenzfüllstandssicherung ausgerüstet sein. Formstabile PVC-Gewebe-Speicher sollten mit einer Grenzdrucksicherung ausgestattet sein. Alle Gasspeicher sollten gegen Unterdruck abgesichert sein. Denn Unterdruck im Foliengasspeicher zerstört den Speicher oder gefährdet mindestens die Stützkonstruktion. Unzulässige Unter- und Überdrücke müssen über eine autonome Sicherheitsarmatur vermieden werden.
- *Substratzuführung:* Der Ausfall der Substratzuführung führt zwar nicht unmittelbar zu Schäden, hat aber Einfluss auf die Fermenterbiologie und vor allem auf die Gasproduktion und die Wirtschaftlichkeit. Hier geht bei einer Störung bares Geld verloren.
- *BHKW:* Auch der Ausfall des Blockheizkraftwerkes führt nicht direkt zu einem Schaden, aber unter Umständen muss deshalb Gas abgelassen werden und es entsteht ebenso ein wirtschaftlicher Schaden, vor allem aber ein ökologischer.

Die automatische Erfassung von Gasqualität, Substratanalyse (pH-Wert, Pufferkapazität, Säuren, TS etc.) und Regelung der entsprechenden Aggregate erleichtern zwar die Arbeit, haben aber ihren Preis und können die tägliche persönliche Sichtkontrolle der Anlage auch nicht ganz ersetzen (Abb. 4.55). Genauso ist es mit der *Regelung der Prozesstemperatur.* Die große Masse des Substrats wirkt wie ein sehr träges Heizsystem.

Kontrolle und Wartung

Biogasanlagen verlangen regelmäßige Kontrollen. Zu den *täglichen Arbeiten* gehört der Rundgang über die Anlage und eine Kontrolle auf eventuelle Störung; insbesondere gehören dazu:

- Gaszählerstand und Betriebsstunden des Motors aufschreiben, sofern nicht vom Prozessleitsystem (PLS) erfasst.
- Motorölstand kontrollieren.
- Im Elektroraum am Schaltschrank kontrollieren, ob Störlampen leuchten.
- Störungen an elektrischen Antrieben, Stromaufnahme von Rührwerken und Pumpen am Amperemeter oder über das PLS kontrollieren,
- Wasserdruck der Heizungsanlage prüfen.
- Falls vorhanden, Luftdosierpumpen der Entschwefelungsanlage auf Funktion prüfen.
- Gärtemperatur überwachen.
- Rührintervalle so wählen, dass keine Schwimmdecke oder Sinkschicht entsteht.
- Bei allen Zu- und Abläufen sicherstellen, dass der verfahrenstechnisch vorgeschriebene Gülle-/Substratfluss eingehalten wird.
- Falls vorhanden, den eingestellten Entschwefelung-Luftvolumenstrom der aktuellen Gasproduktionsrate anpassen (Richtwert: max. 5 Vol.% Luft).
- Füllstände in Fermenter und Endlager kontrollieren, falls vorhanden über das PLS.
- Falls vorhanden, Kontrolle der Membrananschlüsse (z.B. Klemmschlauch am Membrangasspeicher) auf Dichtigkeit.

Die wöchentliche Kontrolle umfasst:

- Füllstände in den Tauchtassen der Überdruck- und Unterdrucksicherung und den Kondensatabscheidern prüfen, sofern keine automatische Füllstandsüberwachung mit Verbindung zum PLS vorhanden ist.

- Rührwerk prüfen, beobachten, ob Vibrationen auftreten.
- Sichtprüfung am Motor und an Leitungen.

Die monatlichen Kontrollen umfassen ausserdem:
- Alle Schieber, die nicht häufig bedient werden (z.B. Ausbauschieber) einige Male betätigen, damit diese nicht festsitzen.

Halbjährlich ist zu kontrollieren:
- Be- und Entlüftung im Maschinenraum des Blockheizkraftwerks überprüfen.
- Elektrische Anlagen auf Beschädigungen und Korrosion besichtigen.

- Unterdruckwächter des Gassystems auf Funktion überprüfen.
- Funktion der Gassensoren und Brandmelder überprüfen.
- Gasmagnetventil auf Funktion und Verschmutzung überprüfen.
- Zwischenraum der selbstschließenden Gasabsperrventile auf Dichtheit prüfen.

In Jahresabständen ist zu kontrollieren:

- Kontrolle der gasführenden Anlagenteile auf Beschädigung, Dichtigkeit und Korrosion.
- Frostsicherheit der Sperrflüssigkeiten überprüfen.
- Feuerlöscher überprüfen.

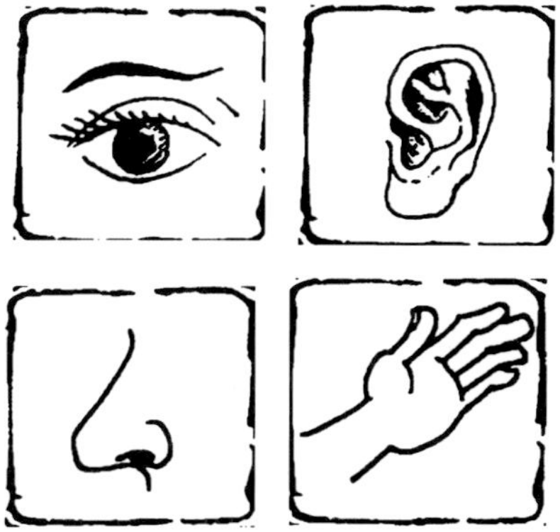

4.55
Schäden und Gefahren kündigen sich meist vorab an. Nutzen Sie Ihre "Sensoren" beim täglichen Rundgang über die Anlage.

4.56 Die Biogasanlage Van Asten in Nordhausen, Thüringen, ist seit 1985 mit wenigen Ersatzmaßnahmen in Betrieb.

5 Gasspeicherung, -aufbereitung und -verwertung

5.1 Gasspeicherung

Im Vergleich zu Sonnenenergie und Windkraft hat Biogas den Vorteil, dass sich diese Energieform relativ kontinuierlich erzeugen und in gewissen Grenzen auch gut speichern lässt. Wärme und Strom aus Sonne und Wind lassen sich nur mit Verlusten speichern. Man denke an die Temperatur- und Wärmeverluste durch Wärmeleitung in einem „Speicher" für Solarwärme oder an die Energieverluste durch Selbstentladung des Akkumulators. Dieser beläuft sich derzeit zwischen 2 und 25% pro Monat, je nach Akkumulatortyp.

Wenn man dagegen Biogas in einem gasdichten Behälter sammelt, lässt sich die darin enthaltene chemisch gebundene Energie für sehr lange Zeit speichern und danach ohne Verluste nutzen. Ein weiterer Vorteil gegenüber festen und flüssigen Brennstoffen ist der hohe Gehalt des Methans (CH_4) an Wasserstoff, dessen 4 Atome umweltfreundlich mit dem Sauerstoff der Luft zu 2 Molekülen Wasser (H_2O) verbrennen, während nur ein Atom Kohlenstoff zu Kohlendioxid (CO_2) reagiert. Hauptnachteil von Biogas ist seine relativ geringe volumenbezogene Energiedichte. So enthalten 1.000 l Biogas drucklos je nach Methangehalt nur soviel Energie wie 0,5 - 0,7 l Heizöl, oder 1,2 - 1,6 kg Holzpellets. Man braucht daher für die drucklose Speicherung ein großes Speichervolumen: das 1.500 bis 2.000-fache im Vergleich zu Heizöl. Nimmt man zum Beispiel einen halbkugelförmigen drucklosen Gasspeicher mit einem Radius von 8 m, so wird dieser etwa 1.000 m^3 fassen können. Bei einem Methangehalt von 55% werden bis zu 5.500 kWh an Energie gespeichert. Dies deckt im Mittel den täglichen Heizbedarf eines Stalles für 100 Zuchtsauen, mit der Nach- und Aufzucht sowie der Mast.

Die erforderliche Größe des Gasspeichers für eine Biogasanlage wird durch die Höhe und die Ganglinie der Gasproduktion und den Verlauf des Verbrauchs bestimmt. Sie muss daher für jede Anlage neu ermittelt werden. Ganz ohne Gasspeicher geht es nicht, da über den Tag gesehen auch Schwankungen im Gasanfall, bedingt durch Aufrühren und Einpumpen von Substrat, auftreten. Vor allem in Fermentern mit einer festen Decke kann Biogas nur sehr begrenzt, das heißt durch Erhöhung des Gasdrucks, gespeichert werden.

Bei der Stromerzeugung sowie der Gasaufbereitung kommt man erfahrungsgemäß mit einem Speicher aus, der zwischen 15 und 30% einer Tagesproduktion aufnehmen sollte. Dabei wird ein 24-Stunden-Betrieb der Gasverwertung vorausgesetzt. Bei der Kraft-Wärme-Kopplung gleicht man ferner den schwankenden Heizleistungsbedarf für Wohnhaus, Stall, Trocknung und Fermenter dadurch aus, dass die Motor- und Abgaswärme in einem Warmwasserspeicher gepuffert wird. Da die Gasqualität und –produktion im Tagesverlauf schwanken, kann es sinnvoll sein, diese Schwankungen durch eine ausreichende Vermischung in einem Gasspeicher auszugleichen. Außerdem muss bei notwendigen Wartungen und Reparaturen an der Gasverwertung, die nur wenige Stunden in Anspruch nehmen, das Gas nicht abgefackelt oder abgelassen werden. Je größeren Schwankungen Gaserzeugung, -verbrauch und –qualität unterliegen, umso besser ist es, größere Speichervolumina vorzuhalten. Ein Kosten-Nutzen-Vergleich sollte in diesen Fällen angestellt werden.

Biogasspeicher unterscheiden sich vor allem durch die Bauart und die Größe sowie durch den Betriebsdruck, bei dem sie arbeiten (vgl. Tab. 5.1).

Gasspeicher für Biogas und Biomethan

Druckstufe	Betriebsdruck mbar	Betriebsdruck mm WS	Betriebsdruck bar	übliche Größe m^3	Ausführung	
Niederdruck	20 - 50 0,5 - 10	200 - 500 5 - 100	-	5 - 200 10 - 3000	Wassertassengasometer, Kissenspeicher, Folienhaube	Biogas
Mitteldruck			5 - 20	1 - 100	Stahl-Druckbehälter	Biogas, LNG*
Hochdruck			200 - 300	0,025 - 0,25	Stahlflaschen	Biomethan, CNG**

*) LNG: Liquified Natural Gas: bei Tiefsttemperatur flüssiges Erdgas
**) CNG: Compressed Natural Gas: unter Hochdruck stehendes Erdgas

Tabelle 5.1
Druckstufen, Größen und Ausführungen von Gasspeichern für Biogas und Biomethan.

5.1.1 Niederdruck-Speicher

Niederdruckspeicher haben bisher die größte Verbreitung gefunden, vor vielen Jahrzehnten vorwiegend in Form von Wassertassengasometern. Seit etwa 30 Jahren haben sich jedoch andere Formen der Niederdruck-Speicherung durchgesetzt. Folgende Möglichkeiten werden nachfolgend kurz beschrieben.

- Wassertassengasometer
- externe Foliengasspeicher (Foliensäcke, -schläuche,-kissen)
- interne Folienspeicher (einfache oder mehrlagige, freitragend oder gestützt)

Wassertassengasometer

Ein Wassertassengasometer (Nassspeicher) besteht aus einer Stahlglocke, die in einen flüssigkeitsgefüllten Behälter taucht (Abb. 5.1). Die Flüssigkeit kann aus dem Substrat selbst bestehen, wenn die Gasglocke auf dem Fermenter oder Lagerbehälter schwimmt. Bei externen Gasometern wird Wasser oder ein Gemisch aus Wasser und Frostschutzmittel verwendet. Je nach Füllung des Gasspeichers taucht die Glocke unterschiedlich tief in die Flüssigkeit ein. Große Wassertassengasometer werden durch Rollen am Außenmantel geführt.

Hauptvorteil des Wassertassengasometers ist es, dass das Gas bei relativ gleichmäßigem Druck gespeichert wird. Die Höhe des Druckes reicht aus, um Gaslampen, -herde und -kessel mit atmosphärischem Brenner (5 bis 10 mbar = 50 bis 100 mmWS) direkt, d.h. ohne zusätzlichen Verdichter, zu betreiben. Gebläsebrenner benötigen wesentlich höhere Drücke (15 bis 20 mbar = 150 bis 200 mmWS), die nur mit sehr schweren Gasglocken erreicht werden.

Im Substrat schwimmende Gasglocken haben sich bei kleinen Biogasanlagen in warmen Ländern (siehe Kap. 12: „Blick über den Zaun") gut bewährt. Bei uns bringen sie zu hohe Wärme- und Gasverluste, obendrein besteht die Gefahr des Einfrierens bei sehr niedrigen Temperaturen. Bei den heute üblichen Speichervolumina von 1.000 m^3 und weit mehr sind Wassertassengasometer auf Biogasanlagen viel zu teuer.

Externe Foliengasspeicher

Wassertassengasometer erfordern einen sehr hohen Bau- und Kostenaufwand, da etwa das 2,2fache des Gasspeichervolumens umbaut werden muss. Deshalb und wegen der erwähnten Nachteile werden bei uns fast ausschließlich *Foliengasspeicher* gebaut, entweder separat als externer Behälter oder in Form einer Folienhaube auf dem Fermenter (vgl. Kap. 4.2.4).

Externe Foliengasspeicher stellt man entweder als liegenden oder hängenden Schlauch bzw. in Kissenform her. (Abb. 5.2) Daneben sind auch andere geometrische Formen möglich. Vorteilhaft ist, dass man durch Vorfertigung oder Verschweißen der Hülle vor Ort fast jede beliebige Form sehr preiswert herstellen kann. Externe Foliengaspeicher haben aus Kostengründen ein Volumen von weniger als 1.000 m^3. Der Speicher ist durch die Flexibilität des Materials fast zu 100% nutzbar, es gibt keine Korrosionsprobleme und die Dichtigkeit gegenüber Methan reicht aus. In den externen Foliengasspeicher wird das Biogas unter Umgebungsdruck bevorratet. Das Gewicht der Folie ist wegen der großen Oberfläche in Verbindung mit einem sehr geringen Foliengewicht vernachlässigbar. Externe Speicher haben gegenüber den Folienhauben den Vorteil, dass man bei Bedarf in den Fermenter einsteigen kann, ohne den Speicherinhalt zu verlieren.

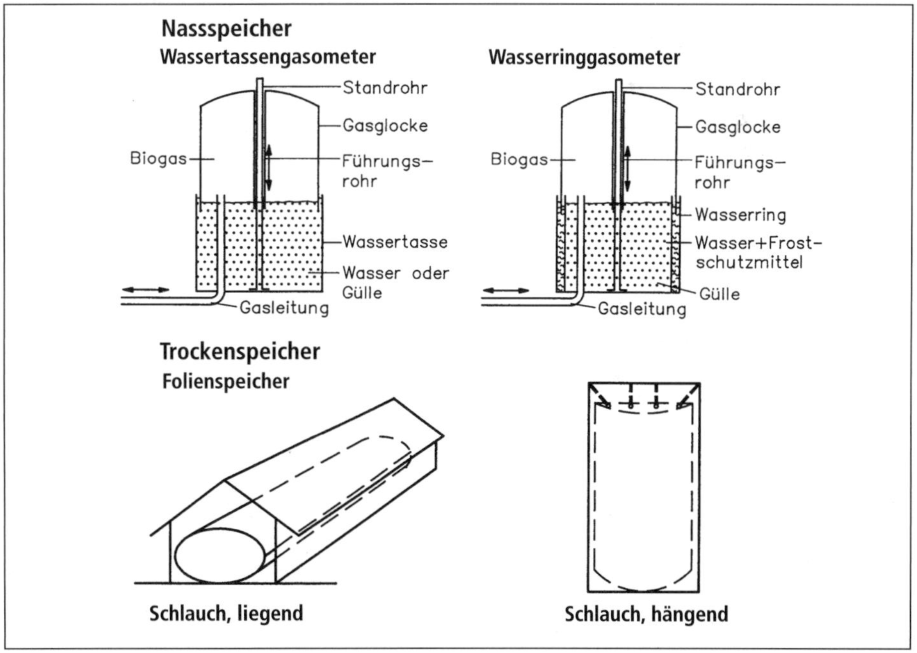

5.1 Nass- und Trockenspeicher für Biogas.

5.2
Externer Foliengasspeicher in Kissenform auf der Decke eines Betonfermenters, hier ebenfalls vor Anbringen der Überdachung.

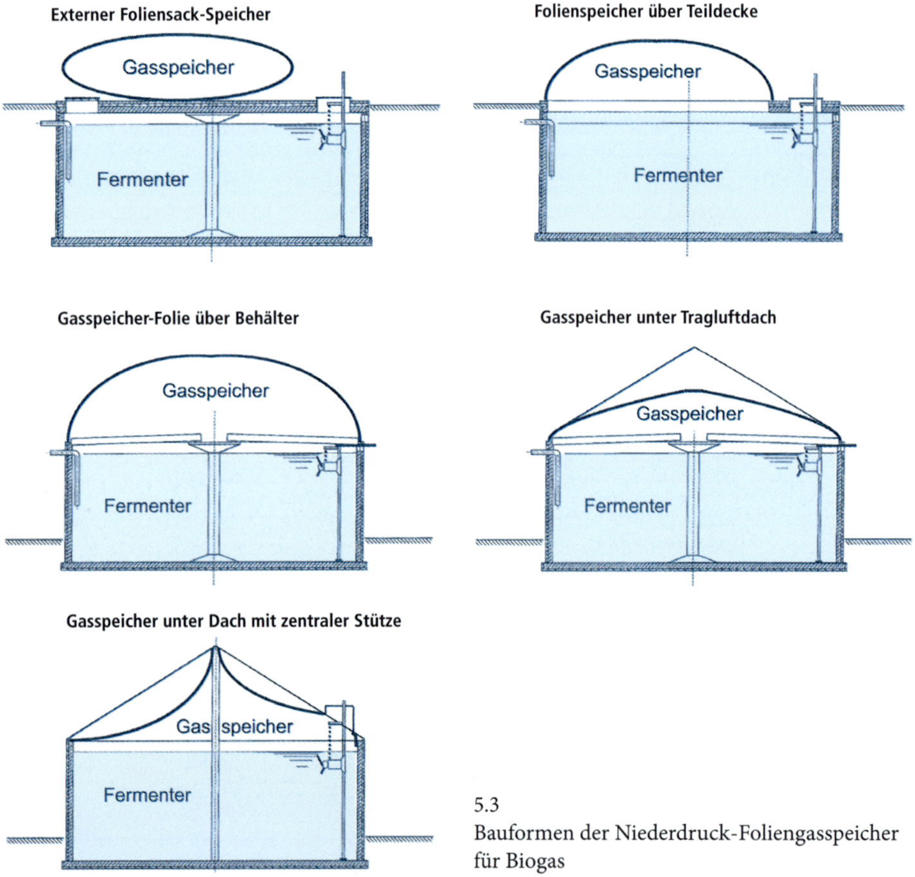

5.3
Bauformen der Niederdruck-Foliengasspeicher für Biogas

Der Speicher muss aber mit einer baulichen Hülle zum Schutz vor Wind und anderen Beschädigungsrisiken versehen werden. Falls kein geeigneter und ungenutzter Raum dafür vorhanden ist, sind im Einzelfall erhebliche Kosten für die Speicherhülle zu veranschlagen. Als Gebäude können Seecontainer, alte Güllelager oder leere Getreidesilos dienen.

Interne Foliengasspeicher

Unter einem internen Foliengasspeicher versteht man die Biogasspeicherung in einer Folienhaube, die über dem oben offenen Behälter (Fermenter, Nachgärer, Lager) angebracht ist (Abb. 5.3). Dieses Verfahren hat den Vorteil, dass zum einen ein großes Gasspeichervolumen möglich ist und zum anderen auf eine Betondecke verzichtet werden kann. Einheiten bis 3.000 m^3, in Sonderfällen auch bis 5.000 m^3 sind mit verfügbaren Techniken zu beherrschen. Eine detaillierte Beschreibung der Folienhaube, des Tragluftdaches und des Foliendaches mit Teleskopstütze findet sich in Kapitel 4.2.4.

Unter einlagigen Folienspeichern aus EPDM, gewebeverstärktem PVC oder PE wird das Biogas unter ganz geringem Überdruck von 0,5 - 1,0 mbar (0,5 - 1 cm WS) gespeichert (vgl. Abb. 4.11). Der Druck kann vergleichsweise erheblich ansteigen bei einer gewebeverstärkter PVC-Membrane und vollem Speicher sowie durch Windlasten. Ferner kann sich bei nur zum Teil gefülltem Speicher Regenwasser auf der Folie sammeln. Mit dem herrschenden Gasdruck können Wasserpfützen nicht verdrängt werden. Hat zudem die Tragkonstruktion unter dem Speicher kein in der Fläche ununterbrochenes Gefälle nach außen, können zunehmend große Pfützen am Ende zu einer Zerstörung des Foliengasspeichers führen.

Bei mehrlagigen Folienspeicher hat die äußere Membrane die Form eines Kegels oder einer Kugelkalotte (vgl. Abb. 4.10). Diese Speicher sind dadurch in gewissem Umfang sicher vor Witterungseinflüssen. Heute werden Tragluftdächer statisch für eine Windlast bis Windstärke 10 (schwerer Sturm, Windgeschwindigkeit bis 102 km/h) berechnet. An Standorten mit höheren Windlasten – besonders Böen sind zu berücksichtigen – ist unbedingt der Speicher entsprechend auszulegen. Unter Tragluftdächer herrscht im teilgefüllten Zustand ein Druck, der vom Stützluftdruck abhängt. Üblich ist heute ein Stützluftdruck von etwa 3 mbar (3 cm WS); manche Hersteller sehen einen Druck bis über 10 mbar (10 cm WS) vor.

Trotzdem ist die Druckerzeugung zum Betrieb von Geräten ohne Gasverdichter problematisch; die Anbringung von entsprechend schweren Gewichten an der Folienhülle hat sich in der Praxis nicht durchgesetzt. Bei der heute üblichen Verstromung von Biogas und der Gasaufbereitung zählt dieser Nachteil nicht, denn in aller Regel werden Gasverdichter eingesetzt.

Der Gasspeicher muss heute mit einer Unter-/Überdrucksicherung, die im Betrieb nicht vom Speicher getrennt werden kann, versehen sein.

5.1.2 Mitteldruck- und Hochdruckspeicher

Mitteldruckspeicher

Mitteldruckspeicher aus Stahl arbeiten mit 5 bis 20 bar Betriebsdruck (Abb. 5.4). Sie werden vereinzelt in lokalen Gasnetzen eingesetzt, oder wenn die Unterbringung von Niederdruckspeichern aus räumlichen Gründen nicht möglich ist. Im Mitteldruckbereich verhält sich Biogas bei der Verdichtung fast wie ein ideales Gas, das heißt, die im Behälter untergebrachte Menge steigt nahezu proportional mit dem Druck. Bei Verdichtung auf 10 bar lässt sich also im Vergleich zum Normaldruck-Speicher die 10fache Menge speichern. Die Verdichtung bis etwa 7 bar gelingt mit einstufigen Kompressoren. Zweistufige Verdichter können das Biogas bis auf 49 bar komprimieren. Das Biogas muss unbedingt vor der Verdichtung entfeuchtet werden. Je nach Betriebsdruck der Gasleitung werden am Speicher oder am Verbraucher Druckminderer eingesetzt.

Auch Gasverteilnetze können die Funktion eines Mitteldruckspeichers übernehmen. Unter 10 bar Überdruck kann bei gleichem Volumen in etwa die 10-fache Energiemenge gespeichert werden. Bei einem Methangehalt von 55% im Biogas und ausgehend von 20°C wird für die Verdichtung von 1 m^3 Biogas auf 10 bar Überdruck eine Energie von 174 Wh/m^3 benötigt. Das entspricht etwa 3,1% des Energieinhalts, der im Biogas steckt.

Hochdruckspeicher

Die *Hochdruckverdichtung* von Biogas, d.h. die Komprimierung auf über 200 bar und die Lagerung in Stahlflaschen, wurde vielfach versuchsweise erprobt, konnte sich

5.4 Mitteldruckgasspeicher, 20 m3, 14 bar. Im Hintergrund der Fermenter, vorne links der Verdichter, rechts der Entfeuchter.

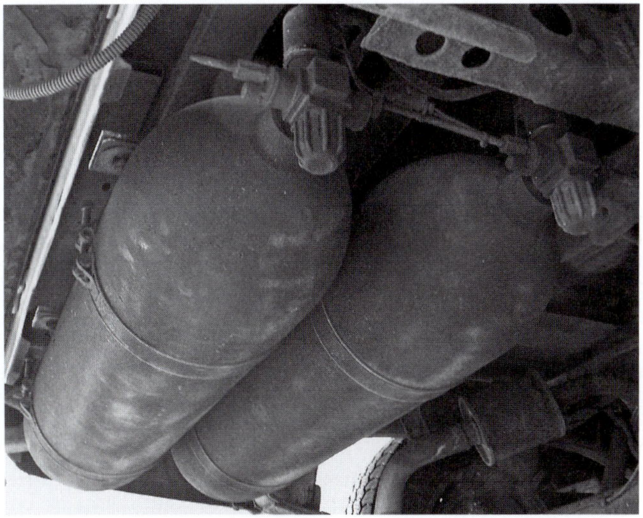

5.5 Hochdruckgasspeicher, 40 l, 250 bar, unter einem Fahrzeugboden.

aber in der Landwirtschaft wegen zu hoher Kosten nicht durchsetzen. Technisch ist es kein Problem, Biogas mit mehrstufigen Kompressoren auf 200 bis 300 bar zu verdichten. Dazu sind theoretisch etwa 4,5% des Energieinhalts vom Biogas notwendig. Das bedeutet in der Praxis, dass etwa 20% des zu verdichtenden Biogases zum Antrieb des Kompressors aufgewendet werden müssen, da ja bei der reinen Kraft- und Stromerzeugung erhebliche Wirkungsgradverluste (>60%) auftreten.

In diesem Druckbereich verhält sich Biogas allerdings nicht mehr wie ein ideales Gas, sondern wesentlich besser. So kann etwa 40 bis 50% mehr Biogas je Volumeneinheit untergebracht werden als es bei einem idealen Gas möglich wäre. In der Hauptsache liegt es daran, dass CO_2 verflüssigt und abgetrennt wird. Biogas muss vor der Hochdruckverdichtung unbedingt entschwefelt und entwässert werden, um zu vermeiden, dass die Flaschen korrodieren.

Die Hochdruckverdichtung wird heute fast ausschließlich bei Biomethan – d.h. bei aufkonzentriertem Biogas auf Erdgasqualität – für den Fahrzeugbetrieb und den Schienenverkehr eingesetzt (Abb. 5.5). Das aufbereitete Biogas verliert dadurch die korrosiven Eigenschaften und wird vielerorts über bereits existierende Erdgasnetze verteilt und an Tankstellen hochverdichtet in kleinen Speichern bis etwa 10.000 l vorgehalten. Je nach Betriebsdruck des Gasverteilnetzes (0,4 – 1 – 16 – 70 bar) muss dort lediglich noch der Differenzdruck aufgebracht werden.

5.2 Gasreinigung und -aufbereitung

5.2.1 Entwässerung und Kondensatabscheidung

Biogas, das frisch aus dem Fermenter kommt, ist annähernd zu 100% mit Wasserdampf gesättigt und hat außerdem meist einen so hohen Schwefelwasserstoffgehalt, dass Korrosion an Rohrleitungen, Armaturen, Gaszählern und Gasverbrauchern auftreten kann. Beim intensiven Rühren sowie bei der Substratverteilung auf die Schlammoberfläche kann es auch zur Bildung von Aerosolen, also sehr fein verteilten Flüssigkeitstropfen aus dem Substrat kommen, die im Gas mitgeführt werden, sich absetzen und zu Verkrustungen führen.

Eine erste grobe Entwässerung des Biogases findet bei Abkühlung auf Umgebungstemperatur im Speicher und in den Rohrleitungen statt. Gasführende Rohre sollten daher frostfrei verlegt oder mit einer Wärmedämmung versehen werden. Außerdem dürfen sie keine syphonartigen Leitungsteile, also Vertiefungen enthalten. Man muss sie immer mit Gefälle verlegen, so dass Kondenswasser entweder in den Fermenter, Lagerbehälter oder Speicher zurückfließen bzw. mit dem Gasstrom am tiefsten Punkt über einen Kondenswasserabscheider abfließen kann.

Im Freien verlegte Gasleitungen dürfen aus Kunststoff bestehen, in Gebäuden müssen Metallrohre verwendet werden.

Auch durch Abkühlen des Biogases mit einem Kälteaggregat kann man Wasser und Schadgase entziehen. Dieses Verfahren ist heute üblich, um dem Gas vor dessen Verwertung möglichst viel Restfeuchte zu entziehen. Wenn das Biogas mit einem Edelstahl-Wärmetauscher auf ca. 0 bis 5°C abgekühlt wird, kondensiert der größte Teil des Wasserdampfes. Bei einer Gastemperatur von 35°C und einer relativen Feuchte von 100% werden ca. 35 g Wasser je m^3 Biogas abgeschieden. Bei einer Gasproduktion von 1.000 m^3/Tag sind das täglich 35 l Kondensat. Dazu ist eine Antriebsleistung für das Kälteaggregat von ca. 3,5 kW erforderlich. Man kann davon ausgehen, dass mit dem Wasser auch wasserlösliche Spurengase wie Ammoniak sowie Aerosole abgeschieden werden. Die Praxis hat jedenfalls gezeigt, dass bei Einsatz dieses Verfahrens die Schäden an den Gasmotoren erheblich reduziert werden können.

Allerdings reicht diese Art der Gasbehandlung allein nicht aus, um einen hohen Gehalt an Schwefelwasserstoff (H_2S) genügend zu reduzieren. In Verbindung mit der weiter unten beschriebenen Entschwefelung durch Einblasen von Luft in den Fermenter bzw. in den Gasraum und einem Aktivkohlefilter, der den Restgehalt an H_2S adsorbiert, ist es aber die empfehlenswerteste Methode der Gasreinigung. Aus ökonomischen Gründen sollte der Restgehalt H_2S vor Eintritt in den Aktivkohlefilter nicht höher als etwa 200 ppm liegen.

Der Kondenswasserabscheider wird am tiefsten Punkt der gasführenden Rohrleitungen angeordnet. Bei mehreren Tiefpunkten sind auch mehrere Abscheider notwendig.

Eine sorgfältige Rohrleitungsplanung kann dahingehend Kosten sparen. Der Kondenswasserabscheider kann offen oder geschlossen ausgeführt sein.

Offene Kondensatabscheider

In Biogasanlagen werden häufig offene Kondensatabscheider eingesetzt. Dieser besteht aus einem Behälter, in dem ein offenes Rohr endet, das von der tiefsten Stelle der gasführenden Rohrleitung abzweigt. Dieses Rohr ist in eine Sperrflüssigkeit – meist das Kondensat selbst – getaucht, damit kein Biogas entweichen kann. Das kondensatableitende Rohr muss so tief in die Sperrflüssigkeit eingetaucht sein, dass bei einer abrupten Unterbrechung des Gasflusses, z.B. durch das Schließen einer Absperrklappe am Ende der Rohrleitung der aus dem Gasmassenfluss resultierende Druckanstieg nicht zum Austreten von Biogas führt. In der Praxis hat sich eine Eintauchtiefe von mindestens 50 cm bewährt, bei Betriebsdrücken in der Gasleitung < 5 mbar (5 cm WS) (Abb. 5.6).
Das Kondensat hat meist einen schwach basischen pH-Wert, bedingt durch Ammoniak. Mit einer Pumpe wird das Kondensat am sinnvollsten in das Gärrestlager gepumpt. Wird die Pumpe über einen Niveauschalter automatisch betrieben, muss sichergestellt sein, dass es bei einer Fehlfunktion nicht zur Entnahme der Sperrflüssigkeit kommt. Dies wird durch eine entsprechend hohe Anordnung der Saugleitung über dem Minimum-Pegel der Sperrflüssigkeit sichergestellt.

Schlussendlich muss der Schacht über eine Entlüftungsmöglichkeit verfügen. Vor dem Öffnen sollte die Schachtluft auf das Vorhandensein brennbarer Gase geprüft werden. Offene Kondesatabscheider dürfen nicht hinter Gasdruckerhöhungsanlagen (Gasverdichter) eingesetzt werden; denn deren Betriebsdruck liegt oft über 60 mbar.

Geschlossene Kondensatabscheider

Unabhängig vom Betriebsdruck arbeiten geschlossene Kondensatabscheider. An der tiefsten Stelle im Rohrleitungssystem wird das Kondensat gesammelt, der Kondensatpegel über einen Schwimmerschalter erfasst und bei Überschreiten eines gewissen Pegels ein Ablassventil geöffnet, wodurch das Kondensat abläuft (Abb. 5.7). Die Entwässerung des feuchten Biogases lässt sich verbessern, indem das Gas über einen Prallabscheider geführt wird. Eine quer zur Fließrichtung angebrachte Platte lenkt den Gasstrom schlagartig um. Dadurch schlagen sich Feuchtigkeit und Aerosole an der Platte nieder und können ausgeschleust werden.

Schwimmer-Kondensatableiter müssen an zugänglicher Stelle angebracht werden, denn sie sind schmutzempfindlich und müssen regelmäßig auf ihre Funktion überprüft werden. Derartige Kondensatableiter haben kein nennenswertes Behältervolumen, wes-

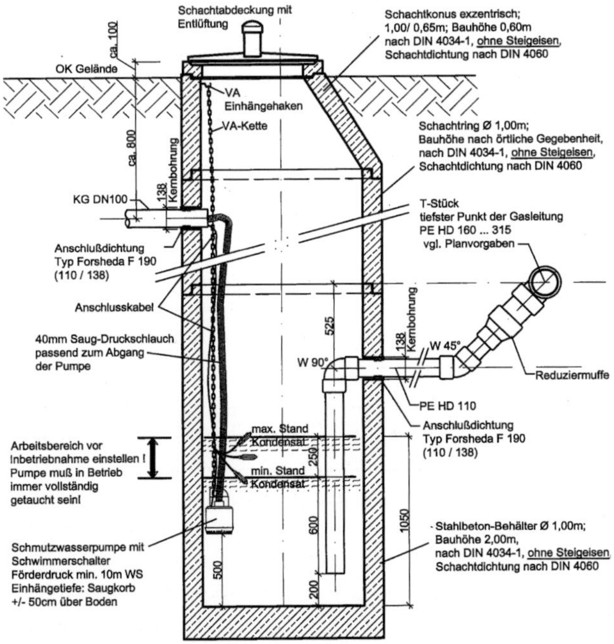

5.6 *links*
Kondensationsschacht mit Ausführungsdetails (Fa. K&F).

5.7 *rechts*
Geschlossener Kondensatabscheider mit selbsttätiger Entwässerung.

halb sie nicht versagen dürfen. Sie werden daher bevorzugt nach einer bereits erfolgten groben Entwässerung eingesetzt.

5.2.2 Entschwefelung

Die Entschwefelung des Biogases ist neben der Entwässerung die wichtigste Maßnahme zur Verringerung der Korrosion und Verlängerung der Laufzeit der Gasverbraucher. Dabei stammt der Schwefelwasserstoff vorwiegend aus proteinhaltigen Substraten mit einem Anteil zwischen 0,02 und 0,5 Vol.% (200 – 5.000 ppm, entsprechend: 0,28 – 7,17 g H_2S). Extremfälle bis 1,5 Vol.% wurden schon gemessen. Folgende Verfahren der Entschwefelung sind möglich:

- Chemisch-physikalische Verfahren.
  - Zugabe von Eisensalzen in das Gärsubstrat
  - Adsorbtion durch eisenhaltige Substanzen (Trockenfilter)
  - Aktivkohlefilter
- Biologische Verfahren.
- Kombinationsverfahren.

Chemisch-physikalische Verfahren

- *Zugabe von Eisenverbindungen*

Durch die Zugabe von Eisenverbindungen in den Fermenter erfolgt die Bildung schwerlöslicher Eisensulfid-Verbindungen, wobei als Fällungsmittel Eisensalze wie Eisenchloride und –sulfate oder Eisenhydroxid verwendet werden. Bei richtiger Anwendung lassen sich gute Reinigungsleistungen erzielen und der H_2S-Gehalt auf unter 50 ppm senken.

Da Eisensalze oft als Nebenprodukt der Stahl- und Chemieindustrie anfallen, muss auf den Schwermetallgehalt geachtet werden. Die Anwender sollten sich die Einhaltung der Grenzwerte der Düngemittelverordnung (DüMV) vom Lieferanten schriftlich bestätigen und zusichern lassen, da ansonsten der Gärrest als Sondermüll eingestuft werden kann. Im Einzelfall lohnen sich die Aufwendungen für den Zusatz von Eisenverbindungen, weil deutlich längere Wartungsintervalle (Ölwechsel, Zündkerzen usw.) und ein geringeres Korrosionsrisiko an Behälter und Technik erreicht werden.

Weiterhin unterstützen vor allem Eisenhydroxide die Milieubedingungen der Mikrobiologie. Auch sorgen die Eisenverbindungen dafür, dass Spurenelemente für die Bakterien besser verfügbar sind, da diese bei ausreichender Versorgung mit Eisen nicht als Sulfide ausgefällt werden.

- *Adsorbtion durch eisenhaltige Gasreinigungsmasse (Trockenfilter)*

Bei den Anlagen vor 1990 wurde die Entschwefelung – wenn überhaupt – mit Eisenhydroxid durch chemische Reaktion vorgenommen. Mit diesem zu Pellets gepresstem Material wurden zylindrische Behälter gefüllt und vom Biogas durchströmt. Durch Reaktion des H_2S mit Eisenhydroxid bildet sich Eisensulfid. Dieses kann einige Male durch Einblasen von Luft regeneriert werden, wobei sich elementarer Schwefel abscheidet. Bei der Regenerierung wird Wärme frei. Die Wärmeentwicklung muss kontrolliert werden, denn die Hitze kann Schäden verursachen.

Reinigungsleistungen auf weniger als 1 ppm H_2S werden bei korrekter Betriebsweise sicher eingehalten. Im Gegensatz zur Aktivkohle kann der Schwefel dem Landwirt als Dünger zur Verfügung gestellt werden, womit der Nährstoffkreislauf geschlossen wird. Dadurch entfallen Entsorgungskosten. Aufgrund zu hoher Kosten und wegen des hohen Wartungsaufwandes wird dieses Verfahren inzwischen kaum noch angewendet.

- *Aktivkohlefilter*

Bei diesem Verfahren wird das Biogas durch einen Reaktionsbehälter mit jodierter Aktivkohle geleitet. Die Aktivkohle ermöglicht Reinigungsleistungen bis unter 1 ppm H_2S, wobei jedoch Vorreinigungsstufen erforderlich sind, um die Kosten für die Aktivkohle vertretbar zu halten. Die beladene Kohle muss entsorgt werden. Von Vorteil ist, dass dieses Verfahren neben der H_2S-Entfernung auch zur Entfernung von Siloxanen und Halogenverbindungen geeignet ist. Ein Kilogramm Aktivkohle kann bis zu 500 g Schwefel binden und kostet in etwa 7 €/kg. In 1 m^3 Biogas mit 200 ppm H_2S sind etwa 0,28 g Schwefel enthalten. Bei einer Gasproduktion von 1.000 m^3/Tag fallen zur Restentschwefelung Kosten von etwa 4 € an, oder etwa 0,2 Cent je kWh Strom.

Das Verfahren ist für einige Anlagenkonzepte, beispielsweise in der Abfallbehandlung, von Vorteil, jedoch sind die erwähnten Entsorgungskosten zu berücksichtigen.

Biologische Verfahren

Heute findet man die biologische Entschwefelung durch gezieltes Einblasen geringer Außenluftmengen in den Gasraum des Fermenters auf beinahe allen Anlagen. Durch die Tätigkeit der Schwefelbakterien (sulfobakter oxydans) wird unter Luftzufuhr der Schwefelwasserstoff in elementaren Schwefel sowie in Schwefelsäure und Wasser umgewandelt. Dabei fällt der Schwefel als gelblicher Belag auf der Substratoberfläche an und wird bei der Ausbringung als Pflanzennährstoff genutzt. Dieser Effekt wurde erstmals von Reinhard Henning an einer Biogasanlage mit Folienhaube und Wasserringabdichtung in Ferkessedougou (Elfenbeinküste) entdeckt, die 1982 im Rahmen eines GTZ-Projektes errichtet worden war. Hier konnten geringe Luftmengen durch den Wasserring diffundieren, der die Folienhaube gegen den Faulraum abdichtete. Durch eine Mess- und Versuchsreihe wurde diese elegante und erfolgversprechende Entschwefelungsmethode 1986 näher untersucht [16].

1990 begann man in Deutschland, das Verfahren in die Praxis einzuführen. Die Ergebnisse der Messungen an mehreren Biogasanlagen wurden in dem Bericht der Herrmannsdorfer Entwicklungsgesellschaft „Entschwefelung von Biogas – Praxiserfahrungen mit dem biokatalytischen Entschwefelungsverfahren“ [23] dokumentiert.

Das Einblasen der Luft erfolgt mit einem kleinen Verdichter, z.B. mit einer Kolbenmembranpumpe oder mit einem -kompressor (Abb. 5.8). Reicht bei großen Anlagen eine Pumpe nicht aus, werden zwei oder noch mehr parallel geschaltet. Bei richtiger Dosierung werden Entschwefelungsraten bis zu 95% erzielt. Die eingeblasenen Luftmengen sind so gering, dass kein brennbares bzw. explosives Gasgemisch entsteht, selbst wenn die Biogasproduktion zeitweise stark zurückgeht.

Folgende Voraussetzungen sind für die Funktion dieses Verfahrens erforderlich:

- Die Bakterien sind im Substrat vorhanden und müssen nicht extra zugeführt werden. Sie brauchen Luft, um den Schwefelwasserstoff in elementaren Schwefel umzuwandeln, und Besiedlungsflächen, die feucht und warm sind und Nährstoffzufuhr aus dem Substrat erhalten. Besiedelungsflächen sind die Fermenterinnen- bzw. Substratoberflächen, wobei 1 m^2 Oberfläche für eine tägliche Biogasmenge von 20 m^3 anzurechnen sind.
- Die eingeblasene Luftmenge sollte zwischen 2 und 5% der anfallenden Biogasmenge liegen. Kleinere und größere Mengen verschlechtern den Effekt, bei kleineren ist die Reinigungsleistung nicht ausreichend und bei größeren leidet die Gasqualität durch den hohen Luftsauerstoffeintrag stark, denn das Gas wird durch den Luftstickstoff verdünnt. Ein Sauerstoffüberschuss führt zur verstärkten Bildung von schwefeliger Säure.
- Der Entschwefelungsprozess reagiert sehr schnell auf Änderungen der Sauerstoffkonzentration. Das Ein- oder Ausschalten der Luftpumpe wirkt sich schon nach einem halben Tag auf den H_2S-Gehalt im Biogas aus. Die Pumpe sollte daher kontinuierlich und nicht absätzig arbeiten.
- Der Schleim aus Schwefel, Bakterien, Wasser und Substratspuren lässt sich leicht abwaschen. Er kann aber im Einzelfall sehr sauer reagieren.
- Für eine gute Reinigungsleistung sind kontinuierliche Gaserträge unerlässlich, da die Dosierung der Luftzufuhr an die Gaserzeugung angepasst sein muss.

Das Verfahren besticht vor allem durch den einfachen Aufbau und Handhabung, die bei richtiger Anwendung ausreichende Reinigung bis auf ca. 100 ppm H_2S im Biogas, sowie die geringen Anschaffungs- und Betriebskosten. Von Nachteil ist, dass der gasberührte Teil der Gärbehälter besonders gegen Säurekorrosion geschützt werden muss. Der mit eingetragene Luftstickstoff führt bei der Gasaufbereitung dazu, dass im Einzelfall Methankonzentrationen über 95% nicht erreicht werden können. Falls sehr hohe CH_4-Gehalte vom Gasnetzbetreiber vorgegeben werden, muss auf die Luftentschwefelung verzichtet werden.

Die Entschwefelung kann auch extern in einem Biofilter oder Gaswäscher stattfinden. Solche separaten Gasreinigungsaggregate sind in der Regel zwischen Gärbehälter und Gasspeicher angeordnet. Durch den Füllkörper, auf dem die Bakterien angesiedelt sind, wird das Biogas geblasen. Im Gegenstromprinzip erfolgt die Einbringung der Spülflüssigkeit. Die Spülflüssigkeit, ein Wassergemisch aus Nährstoffen und Natronlauge (zur pH-Stabilisierung), bringt Feuchtigkeit, versorgt den Baustoffwechsel der Bakterien und spült elementaren Schwefel ab, der als Dünger verwendet werden kann. Der Vorteil dieser Variante ist, dass kein Sauerstoff in den Fermenter eingetragen wird und bei gleichmäßigen Gas- und H_2S-Konzentrationen im Frischgas gute Ergebnisse erzielt werden (Abb. 5.9 und 5.10).

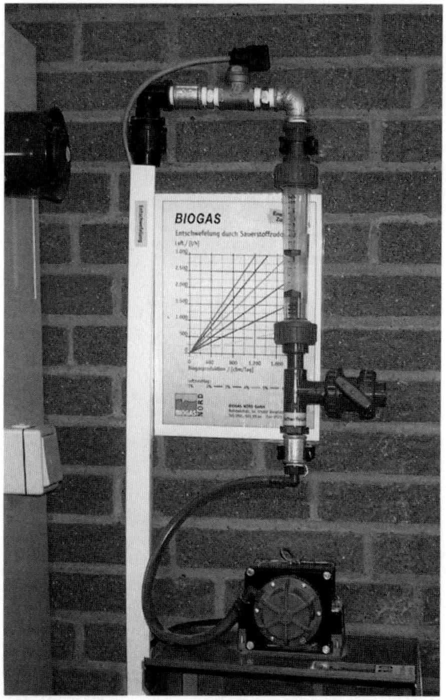

5.8 Dosierung von Luft für die Entschwefelung.

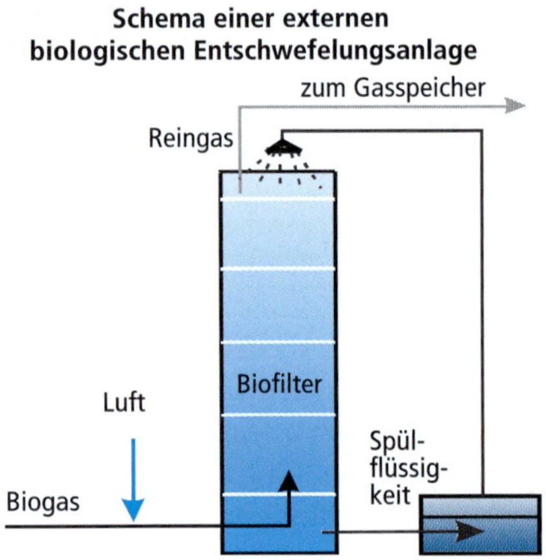

5.9 Schema einer externen Entschwefelung.

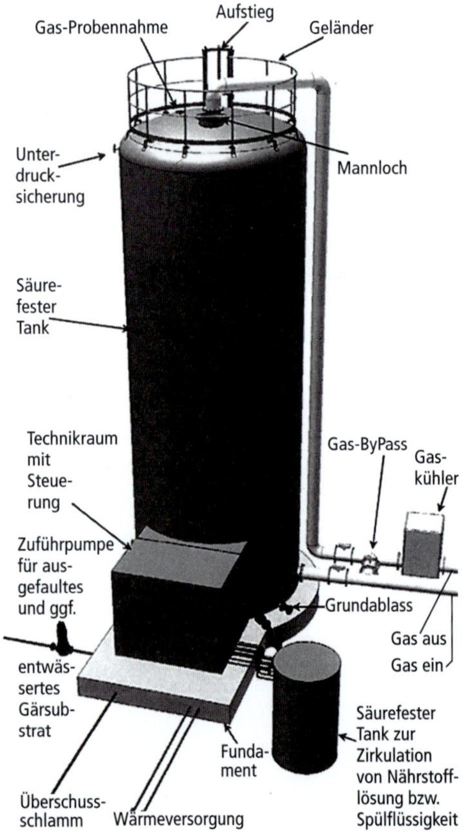

5.2.3 Gasaufbereitung

Die Einspeisung ins Gasnetz bietet der Biogaserzeugung weitere Perspektiven. Dadurch ist es möglich, das Gas dort zu nutzen, wo es auch tatsächlich gebraucht wird. Die hohen Verluste durch fehlende Abwärmenutzer können dadurch reduziert und der Gesamtwirkungsgrad der Energieerzeugung aus Biogas letztendlich deutlich verbessert werden. Nicht zuletzt kann das Erdgasnetz als physikalischer oder bilanzieller Gasspeicher dienen.

In Tabelle 5.2 sind die Qualitätsmerkmale von Erd- und Biogas dargestellt. Daraus geht hervor, dass Biogas auf einen höheren Methananteil (mindestens 89%) und niedrigere Schwefelwasserstoffanteile (< 5 mg/m³, entsprechend 3,48 ppm) gebracht werden muss, um sich den Erdgaseigenschaften anzunähern. Dazu muss es gereinigt und getrocknet werden und mit dem üblichen Druck ins Gasnetz eingespeist werden. Zusätzlich sind für die Einspeisung in das öffentliche Gasversorgungsnetz in Abhängigkeit vom jeweiligen Aufbereitungsverfahren weitere technische Einrichtungen erforderlich [88]:

- Zuleitung für das Biogas zu einer Leitung des öffentlichen Gasnetzes
- Verdichtungsanlage
- Geeichte Gasmengenmessung (Zähler)
- Geeichte Gasbeschaffenheitsmessung
- evtl. Gasmischer, die z.B. eine Zumischung von höher-calorigen Gasen (Propan, Butan) erlauben

Im ersten Schritt der Gasaufbereitung erfolgt eine Vorfilterung, danach die Entschwefelung in einer separaten Einheit und im dritten Schritt (falls die Kohlendioxidentfernung trocken erfolgt) wird die Entfeuchtung und schließlich die Kohlendioxidentfernung durchgeführt. Zur Kohlendioxidentfernung bzw. Methananreicherung im Biogas sind nachfolgende Verfahren möglich:

- Druckwasserwäsche (DWW)
- Aminwäsche
- Druckwechseladsorption, Pressure Swing Adsorption (PSA)
- Membran-Trennverfahren
- Gasverflüssigung

Druckwasserwäsche

Bei der Druckwasserwäsche wird die unterschiedliche Löslichkeit von Kohlendioxid und Methan in Wasser ausgenutzt. Kohlendioxid löst sich unter Druck stehend stärker

5.10 *links*
Externe biologische Entschwefelung mit den erforderlichen Komponenten (Fa. ScanAirClean).

5.11
Gasaufbereitung mittels Druckwasserwäsche.

als Methan, wird somit absorbiert und kann durch die nachgeschaltete Druckentspannung wieder abgetrennt werden (Abb. 5.11). Diese sogenannte nasse Gaswäsche ist ein heute in Europa häufig eingesetztes Verfahren zur Aufbereitung von Biogas. Allein in Schweden wird rund 80% des Biogases mit dieser Technologie aufbereitet.

Aminwäsche

Die Absorption von Kohlendioxid kann durch Zugabe von Lösungsmittel beschleunigt werden. Die Aminwäsche ist wie die Druckwasserwäsche ein nasses Verfahren. Die Fachleute sprechen von einer Chemisorption. Amine haben eine hohe Aufnahmekapazität und lassen sich durch Auskochen einfach regenerieren. An Standorten mit ungenutztem Wärmepotential, weil zum Beispiel bei der Verstromung von Biogas keine Wärmeabnehmer im näheren Umland vorhanden sind, kann die Aminwäsche ihren Kostenvorteil ausspielen.

Druckwechsel-Adsorption

Bei der Druckwechsel-Adsorption handelt es sich um ein so genanntes „trockenes Verfahren“ der Kohlendioxidabtrennung. Das Biogas wird über einen Verdichter (ca. 8 - 10 bar) in die Adsorberbehälter gepresst. Dort bleibt das Kohlendioxid an Aktivkohle oder an Sieben (Molekularsieben auf Kohlenstoffbasis) haften und wird bei nachfolgender Druckentspannung abgetrennt.

Membran-Trennverfahren

Eine weitere Möglichkeit ist die Abtrennung der einzelnen Gasbestandteile mittels Membranen (Membran-Trennverfahren). Die unterschiedliche Durchlässigkeit des Membranmaterials erlaubt es, sowohl Kohlendioxid und Schwefeldioxid gemeinsam als auch selektiv, also getrennt, abzutrennen.

Richtwerte für die Einspeisung von Deponie-, Klär- und Biogas

Beschaffenheit der Rohgase	Hauptkomponenten CH_4 Vol%	CO_2 Vol%	O_2/N_2 Vol%	Spurengase KW** mg/m³	H_2S mg/m³	FCKW mg/m³	H_2O-Taupunkt °C
Mülldeponien	40...60	20... 40	Rest	... 300	... 400	20...1000	
Biogasanlagen*	60...80	20... 40	Rest	-	.. 8000	-	~ 35
Kläranlagen	60...70	20... 40	Rest	... 10	.. 8000	-	
Erdgas H-Gebiet	> 96	Keine bes. Festlegung	O_2 < 0,5	Keine bes. Festlegung	< 5	***	t_s > Bodentemperatur
Erdgas L-Gebiet	> 90						

* in landwirtschaftlichen Betrieben; ** Kohlenwasserstoffe; *** Klär- und Biogase: keine Festlegung erforderlich; Deponiegase: Einspeisung in öffentliche Netze nicht zulässig

Tabelle 5.2
Zusammensetzung von Deponie-, Klär- und Biogas und Anforderungen bzw. technische Richtwerte für die Einspeisung in das öffentliche Gasversorgungsnetz [88].

Gasverflüssigung

Bei der Gasverflüssigung, auch Tieftemperatur-Biogastrennung genannt, nutzt man die unterschiedlichen Siedepunkte der Gaskomponenten, um diese ähnlich einer Destillation abzutrennen. Das Rohgas wird auf etwa -160°C herunter gekühlt. In Abhängigkeit vom Druck werden Kohlendioxid, Schwefelwasserstoff schon bei etwa -100°C in flüssiger Form abgetrennt.

Der Vorteil der Gasverflüssigung liegt in einem hohen Reinheitsgrad des aufbereiteten Gases. Die Verflüssigung wird derzeit nur bei Erdgas zur Belieferung netzferner Gasverbraucher mit konstantem Bedarf, hoher Wertschöpfung und zeitlich kurz bemessenem Betrieb eingesetzt. Dieses Produkt wird "Liquified Natural Gas" (LNG) genannt. Die Tiefkühlung erhöht die volumenbezogene Energiedichte von Erdgas um das 580fache.

Die Rentabilität der Gasaufbereitung auf Erdgasqualität ist dadurch nur bei entsprechend hohem Gasdurchsatz gegeben. Man rechnet, dass sich die Aufbereitung für Anlagen ab einer Gasproduktion von 250 m³/h lohnt. Heute sind etwa zwei Dutzend Aufbereitungsanlage in Betrieb. Der weitere Zubau wird in Zukunft beinahe ausschließlich von den politischen Rahmenbedingungen (Gesetze) sowie der Entwicklung des Erdgaspreises abhängig sein.
Wird das Biogas ins Gasnetz eingespeist, entfällt zwar das BHKW, aber gleichzeitig wird ein Aggregat – ein auf den Wärmebedarf ausgelegtes BHKW oder ein Heizkessel – zur Prozesswärmeversorgung benötigt.

5.3 Gasverwertung

5.3.1 Eigenschaften von Biogas

Biogas ist ein hochwertiger Energieträger, d.h. er kann vielseitig und mit hohem Wirkungsgrad verwertet werden, so vor allem zur Stromerzeugung, zum Kochen, Heizen und zur Warmwasserbereitung, zum Trocknen, Kühlen und für den Betrieb von Infrarotstrahlern. Der Heizwert liegt je nach Methangehalt zwischen 5 und 7 kWh/m³ Biogas, im Durchschnitt bei etwa 6,0 kWh/m³. In Tab. 5.3 sind die wichtigsten brennstofftechnischen Kenngrößen von Biogas im Vergleich zu anderen gasförmigen Energieträgern dargestellt. Daraus wird folgendes ersichtlich: Biogas hat einen wesentlich geringeren volumenbezogenen Heizwert als Erdgas, Propan und Methan, aber einen doppelt so hohen wie Wasserstoff.

Biogas ist bei 60% Methananteil spezifisch etwas leichter als Luft. Dies ist sehr wichtig, denn dadurch sammelt sich ausströmendes Biogas nicht am Boden oder in Vertiefungen wie das schwere Propan. Es vermischt sich vielmehr beim Aufsteigen schnell mit Luft, wodurch die Brand- und Explosionsgefahr vermindert wird. Diese Tatsache darf aber nicht zum Leichtsinn im Umgang mit Biogas führen. Die Zündtemperatur liegt mit 700°C relativ hoch – auch dies ist in sicherheitstechnischer Hinsicht günstig.

Mit einer maximalen Zündgeschwindigkeit in Luft von 0,25 m/s zeigt Biogas ein sehr träges Brennverhalten. Bedingt durch den CO_2-Ballast hat Biogas sehr enge Zündgrenzen, das heißt, es brennt nur, wenn der Methananteil im Gas-Luft-Gemisch bei 6 bis 12% liegt. Im Vergleich dazu haben Propan und erst recht Wasserstoff wesentlich weitere Zündgrenzen, woraus ein entsprechend höheres Gefahrenrisiko resultiert.

Der theoretische Luftbedarf zur vollständigen Verbrennung (stöchiometrisches Verhältnis) liegt bei 5,7 m³ Luft je m³ Biogas. In der Praxis braucht man aber einen Luftüberschuss von 20 bis 30%, da eine ideale Vermischung von Gas und Luft im Brenner oder Motor kaum möglich ist.

Brennbarkeit und Explosionsgefahr

Biogas ist wider Erwarten nicht leicht brennbar oder gar explosiv. Biogas allein – wie andere Brenngase auch – brennt nämlich nicht von selbst, sondern immer nur als Gemisch aus Gas und Luft innerhalb der Zündgrenzen, d.h. bei dem entsprechenden Gas-Luft-Verhältnis (vgl. Abb. 6.1). Würde man versuchen, direkt im Biogasspeicher einen Streichholz zu entzünden, so würde das Streichholz mangels Sauerstoff sofort erlöschen bzw. gar nicht erst zünden, so dass ein Brand oder eine Explosion ausgeschlossen sind.

Große Vorsicht ist jedoch geboten, wenn Biogas durch ein Leck austritt und ein brennbares Gas-Luft-Gemisch entstehen kann. Diese Gefahr besteht zum einen in geschlossenen Räumen und zum andern in der direkten Umgebung der Ausströmstelle, sofern das Gas genügend Zeit hat, sich mit Luft zu mischen, und Windstille herrscht.

Brenntechnische Kenndaten von Biogas und anderen Gasen

Gas		Biogas	Erdgas	Propan	Methan	Wasserstoff
Heizwert	kWh/m³	6	10	26	10	3
Dichte	kg/m³	1,2	0,7	2,01	0,72	0,09
Dichteverhältnis zu Luft		0,9	0,54	1,51	0,55	0,07
Zündtemperatur	°C	700	650	470	650	585
Max. Zündgeschwindigkeit in Luft	m/s	0,25	0,39	0,42	0,47	0,43
Zündgrenze, Gas in Luft	%	6-12	5-15	2-10	5-15	4-80
Theoretischer Luftbedarf	m³/m³	5,7	9,5	23,9	9,5	2,4

Tabelle 5.3
Brenntechnische Kenndaten von Biogas (Zusammensetzung: 60% Methan, 38% Kohlendioxid, 2% Spurengase) im Vergleich zu anderen Brenngasen (nach Köberle [24]).

5.3.2 Nutzung von Biogas

Vorrangig sollte man bestrebt sein, die im Biogas steckende Energie so effektiv wie möglich zu nutzen, insbesondere also die Fähigkeit zur Erzeugung von hohen Temperaturen und von Kraft. Zur Umwandlung in Niedertemperaturwärme ist Biogas eigentlich zu schade, denn diese lässt sich auch mit einem Sonnenkollektor erzeugen oder aus der Motorabwärme gewinnen.

Verbrennung

Die rein thermische Verwertung mit einem Bunsen- oder Gebläsebrenner, also z.B. das Kochen mit Biogas oder Infrarotstrahler für die Jungtieraufzucht, wird hierzulande kaum praktiziert – trotz der vollständigen und schadstoffarmen Verbrennung. Kochen mit Biogas hat sich vornehmlich in Entwicklungsländern (China, Indien, Nepal etc.) durchgesetzt, vor allem wegen der zunehmenden Verknappung des Brennstoffes Holz. Bei Infrarotstrahlern führte die schwankende Gasqualität immer wieder zum Erlöschen der Flamme und zu technischen Problemen aufgrund von Korrosion vor allem durch Schwefelwasserstoff.

Heizen mit Biogas

Beim Heizen mit Biogas unterscheidet man Heizkessel mit atmosphärischem Brenner für kleine Leistungen von 10 bis 30 kW sowie Gebläsebrenner für größere Leistungen (Abb. 5.12). Die Heizkessel arbeiten sinnvoller weise auf einen Pufferspeicher, an den die Hausheizung, die Fermenterheizung, die Brauchwasserversorgung und nach Möglichkeit auch Trockner angeschlossen werden. Eine preiswerte Alternative zum Kessel ist ein Durchlauferhitzer (Gastherme), der mit einem atmosphärischen Brenner arbeitet und vor allem zur Brauchwassererwärmung eingesetzt wird. Der Leistungsbereich liegt zwischen 5 und 30 kW. Bei allen Heizgeräten sind Sicherheitseinrichtungen (Zündsicherung, Flammenwächter) erforderlich, die verhindern, dass Biogas unverbrannt ausströmt.

Bei den heute vorwiegend verwendeten Foliengasspeichern reicht der geringe Gasdruck für den Betrieb von Blockheizkraftwerken, Kesseln und Durchlauferhitzern nicht aus. Hier wird ein Verdichter mit Druckregler erforderlich. Vorzugsweise werden dazu Radialverdichter eingesetzt, die leise und verschleißarm laufen. Ob Seitenkanal-, Zentrifugal-, Drehkolben-, Schrauben- oder Flüssigkeitsringgebläse zum Einsatz kommen, hängt von der Gasmenge und -qualität sowie von den erforderlichen Druckdifferenzen ab. Gemäß den technischen Vorschriften zum Explosionsschutz müssen Gasverdichter entweder gasdicht ausgeführt sein und dürfen keine Zündquelle darstellen oder müssen druckgekapselt ausgeführt werden.

Kühlen mit Biogas

Wärme wird vor allem im Winter benötigt. Um Überschusswärme auch im Sommer verwerten zu können, bietet sich die Nutzung von Kraft-Wärme-Kälte-Koppelungsanlagen an. Hier wird die Wärmeenergie in sogenannten Absorption- oder Adsorptionsanlagen in Kälte transformiert und kann dann für Kühlzwecke z.B. in großen Kühlhäusern Verwendung finden. Leider ist der Wirkungsgrad sehr gering (10 – 20%). Diese Form der Anwendung ist kaum verbreitet.

Biogas als Treibstoff

Für die Nutzung als Treibstoff muss Biogas auf Erdgasqualität gereinigt und aufbereitet werden, da es in der Regel in erdgastauglichen Motoren zum Einsatz kommt (Tabelle 5.4) . Es gibt Fahrzeuge, die wahlweise mit Gas und auch mit Benzin betrieben werden können. Dies wird „bivalenter Betrieb" genannt. Allerdings bieten bisher Hersteller wie Fiat, Ford, Opel, Mercedes, Volvo, VW nur ein paar Modelle auf Erdgas an.

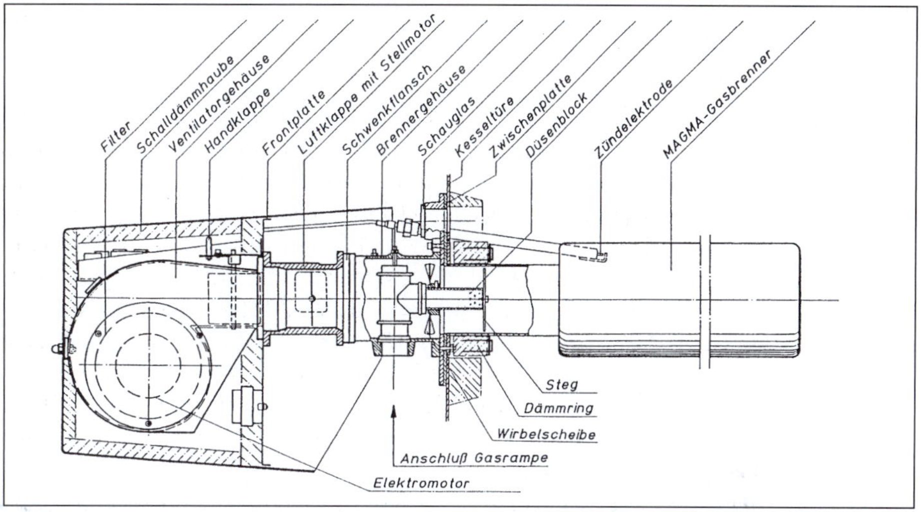

5.12 Dreizler-Gasgebläsebrenner.

Tabelle 5.4
Im Vergleich zu Erdgas ist Biomethan der bessere Treibstoff.

Merkmale Biomethan als Treibstoff	
Längerkettige Kohlenwasserstoffe (Ethan, Propan, Butan)	nicht enthalten
Methan (CH_4)	> 97%
Kohlendioxid (CO_2)	2%
Stickstoffgehalt (N_2)	5%
Sauerstoff (O_2)	0,5%
Schwefelwasserstoff (H_2S)	≤ 5 mg/m³
Ammoniak, Amine	technisch frei
Brenwert	10,7 – 12,8 kWh/m³
Wobbe-Index	13,3 – 15,7 kWh/m³
Methanzahl	115 - 130

Benzinbetriebene Fahrzeuge können auch nachträglich auf Erdgasbetrieb umgerüstet werden. Aber nicht jeder Motor eignet sich gleich gut, da je nach Motorcharakteristik mehr oder weniger große Leistungsverluste – bis zu 15% – in Kauf genommen werden müssen. Für die Ausrüstung sind Kosten in Höhe von 3.000 - 4.500 €, je nach Tankvolumen, zu veranschlagen. Die heute komplexe Motorsteuerung bleibt davon unberührt. Dies führt im Einzelfall dazu, dass gelegentlich wegen der Abgasüberwachung von der Steuerung Fehler diagnostiziert werden, die gar nicht existieren. Aktuelle Fahrzeugmodelle kennen diese Probleme nicht mehr, denn die Motorsteuerung wird bei der Fertigung entsprechend programmiert.

Die Vorteile von Biomethan als Treibstoff sind:

- Höhere Verdichtungszahl möglich, dadurch Steigerung der Leistungsdichte,
- Niedrige Rohemissionen, insbesondere Kohlenmonoxid,
- Niedriges Ozonbildungspotenzial.
- Beim Einsatz in Stadtbussen ergeben sich Vorteile durch die praktisch nicht vorhandenen Partikelemissionen.
- In Ottomotoren mit monovalentem Biomethanbetrieb könnte durch die deutlich höhere Oktanzahl, 115 – 130, der Wirkungsgrad verbessert werden. Der ideale Motor würde ein Verdichtungshältnis von etwa 15:1 aufweisen und seine maximale Leistung schon bei einer Drehzahl von 3.000 bis 4.000 U/min. abgeben.

Da Methan reaktionsträger als Ottokraftstoff ist, müssen der Verbrennungsablauf, z.B. durch frühere Zündzeitpunkte, und auch der Abgaskatalysator angepasst werden.
Die Nachteile des Biomethan-Treibstoffes sind:

- Der Heizwert des für den Motorbetrieb notwendigen Biomethan-Luft-Gemisches liegt im Vergleich zum Benzin-Luft-Gemisch um etwa 15% niedriger. Das bedeutet, dass bei gleichem Verdichtungsverhältnis eine Minderleistung von 15% zu erwarten ist.
- Die langsamere Verbrennungsgeschwindigkeit wirkt sich ebenfalls nachteilig auf die Leistung aus. Dies führt zu Verlusten an nicht vollständig verbranntem Methan über das Abgas.
- Die Speicherung unter Hochdruck (bis 250 bar) erfordert Druckgastanks. Diese haben eine für den platzsparenden Einbau im Pkw ungünstige Geometrie.
- Die Energiedichte von Biomethan beträgt nur 20% der Energiedichte von Dieselkraftstoff. Dadurch wird – bei gleicher Reichweite – ein etwa 5-faches Tankvolumen gebraucht. Auch dafür haben die heutigen Pkw-Modelle nicht ausreichend Platz und kommen mit einer Gas-Betankung im Schnitt nur 300 km weit.
- Die Druckgastanks wiegen erheblich mehr als ein Benzintank. Das Leergewicht des Kraftstofftanks liegt bei etwa dem Gewicht einer erwachsenen Person.

Biogas als Treibstoff ist steuerbefreit. In Deutschland gibt es nur einzelne Anwendungsbeispiele. Der Wüsthof in der Nähe von Soltau vertreibt seit 2004 sein aufbereitetes Biogas unter der Marke sungas®. Der Spatenstich für eine erste Biogastankstelle in Jameln im Wendland erfolgte im Frühjahr 2005. Die zweite Biogastankstelle hat Ende 2011 ihren Betrieb in Dannenberg aufgenommen. Biomethan wird heute bereits über viele Erdgastankstellen vertrieben. Davon gibt es bundesweit derzeit etwa 900. Der Anteil Biomethan ist rein bilanzieller Natur. Die Tankstelle hat einen Liefervertrag für eine gewisse Biomethanmen-

5.13
Mit Biogas betriebene Fahrzeuge der Fa. Kompogas in der Schweiz.

ge, die über eine Aufbereitungsanlage in das Gasnetz eingespeist wird, sie bezieht das Gas aber direkt aus dem Gasverteilnetz.

Im europäischen Vergleich ist die Nutzung von Biogas als Treibstoff in Schweden und Italien weit fortgeschritten. Im Sommer 2005 wurde der erste biogasbetriebene Zug auf der Strecke Linköping-Västervik in Betrieb genommen [87]. Bereits seit 1995 wird in der Schweiz zum Thema Biogasaufbereitung für Treibstoffzwecke geforscht. Dementsprechend wird die Technik bereits angewendet. Die Firma Kompogas war wohl mit eine der ersten Firmen, die Biogas aus ihren Bioabfallanlagen auf Treibstoffqualität gebracht und ihre LKW damit betrieben haben (Abb. 5.13).

Kraft-Wärme-Kopplung

Bei der Kraft-Wärme-Kopplung wird das Biogas als Kraftstoff im Verbrennungsmotor verwendet, der einen Generator zur Erzeugung von Netzstrom (Wechselstrom bzw. Drehstrom) antreibt. Die gleichzeitig anfallende Wärme aus Motor- und Abgaskühlung kann zum Heizen genutzt werden. Von allen Nutzungsarten hat diese die größte Bedeutung erlangt. Die Strompreisgestaltung des aktuellen EEG 2012 fördert gezielt die Nutzung der thermischen Energie. Auch wird Nutzwärme immer wertvoller. Zu Beginn 2012 lag der Heizölpreis bei etwa 90 €/100 l. Bei einem Heizwert von ca. 10 kWh/l belaufen sich die Brennstoffkosten auf 9 ct/kWh. Zuzüglich der Fixkosten für die Heizanlage ergeben sich Kosten für die Nutzwärme von über 10 ct/kWh thermisch.

Die Nutzung der Abwärme erhöht heute also spürbar die Einnahmen aus der Verstromung, die über das EEG 2012 vergütet werden. Für eine weitere Bewertung sind hierbei jedoch noch andere Faktoren wie die Kosten der Verstromung (Netzanschluss, BHKW etc.) und der thermischen Nutzung (Erlöse für Nutzwärme, Ganglinie des Wärmeabsatzes (Nutzungsgrad), Kosten der Wärmeverteilung und des Betriebs) zu berücksichtigen. Die Verstromung hat den großen Vorteil, dass eine gesicherte Stromabnahme zu garantierten Preisen gewährleistet ist, während die Erlöse aus der Nutzwärme fallspezifisch sehr unterschiedlich ausfallen können. Gerade hier kommt es auf die Sorgfalt bei der Planung, auf das Verhandlungsgeschick des Wärmeanbieters und die persönliche oder betriebliche Motivation des Wärmeabnehmers an.

Zwei verschiedene Verfahren zur Stromproduktion bieten sich an:

- *Bedarfsorientierte Erzeugung*
  Hierbei erfolgt die Stromproduktion nach Bedarf, d.h. wenn mehr Strom benötigt wird, wird auch mehr produziert.
- *Gleichmäßige Erzeugung*
  Hier läuft der Motor meist 24 Stunden am Tag, immer mit der gleichen Leistung. Die Leistung des Motors wird durch die Anlagensteuerung über die Gaszufuhr so geregelt, dass möglichst alles anfallende Gas verbraucht und wenig gespeichert wird.

Da derzeit zwischen dem aus Biogas erzeugten und ins Netz geliefertem Strom und dem von dort bezogenen Strom keine große Preisdifferenz besteht, wird in der Regel die direkte Verstromung ohne großes Gaslager, also die gleichmäßige Erzeugung, gewählt. In Zukunft kann die Erzeugung von Regelenergie, d.h. ein Betrieb, der die Schwankungen in der Stromlieferung und Stromabnahme auszugleichen vermag, an Bedeutung gewinnen. Dafür muss u.a. erst eine kostendeckende Vergütungsstruktur geschaffen werden. Dann wird auch die wichtige Frage zu beantworten sein, wie die Energie aus der Biomasse in Verbindung mit einer größeren Leistung der BHKW wirtschaftlich sinnvoll tage- und wochenweise bevorratet und bedarfsorientiert in Strom gewandelt werden kann.

5.4 Stromerzeugung in Kraft-Wärme-Kopplung

Ab Inkrafttreten des „Gesetz über die Einspeisung von Strom aus erneuerbaren Energien in das öffentliche Netz“ (Stromeinspeisegesetz) am 1. Januar 1991 mussten die Betreiber des deutschen Stromnetzes u.a. auch den Strom aus Biogas zu festen Vergütungssätzen aufnehmen. Dieses Datum markiert den Durchbruch der Stromerzeugung in Biogas-Blockheizkraftwerken (BHKW). Aus den Anfängen mit heute steinzeitlich anmutenden Aggregaten (Abb. 5.14) entstanden in nicht einmal 20 Jahren hocheffiziente Kraft-Wärme-Kopplungs-Module. Ausgehend von Pkw-Serienmotoren wurden viele Entwicklungsschritte – wie die bei PKW-Motoren Jahrzehnte dauernde Entwicklung vom Saugmotor über aufgeladene Motoren bis zur Direkteinspritzung – im Zeitraffer durchlaufen, so dass heute auf den Biogasbetrieb angepasste und beim Drehmoment auf die Standarddrehzahl von 1.500 U/min. optimierte Motoren zur Verfügung stehen.

5.4.1 Motoren für den Biogasbetrieb

Für den Einsatz in Biogasanlagen kommen derzeit flüssigkeitsgekühlte Gas-Ottomotoren, auf Gas-Otto-Betrieb umgerüstete Dieselmotoren sowie Zündstrahl-Dieselmotoren infrage (Tabelle 5.5). Gas-Ottomotoren laufen ausschließlich mit Biogas bzw. im Notbetrieb mit Erdgas oder Propangas. Eine Fremdzündung mit Zündkerzen ist erforderlich. Eingesetzt werden können auf Gasbetrieb umgerüstete Ottomotoren sowie umgebaute Dieselmotoren, die mit Gasmischer und Zündanlage anstelle der Einspritzanlage auszurüsten sind.

Bei den Zündstrahl-Dieselmotoren wird das Selbstzünderprinzip beibehalten. Das Biogas-Luft-Gemisch wird verdichtet und dann das zur Gemischentzündung notwendige Quantum an Diesel oder PME (Biodiesel) eingespritzt. Im Notbetrieb kann der Zündstrahlmotor bei verminderter Leistung auch ausschließlich mit Diesel oder PME betrieben werden. In Tabelle 5.6 werden die wichtigsten Merkmale der Gas-Otto- und Zündstrahlmotoren zusammengefasst.

Die Kernaufgaben bei der Stromerzeugung aus Biogas bestehen darin, einen Verbrennungsmotor zu finden, der folgende wichtige Anforderungen erfüllt:

- Günstiger Preis durch Serienproduktion.
- Lange Lebensdauer auch im Volllast- und Dauerbetrieb, deshalb Drehzahl maximal 1500 U/min.
- Guter mechanischer Wirkungsgrad, auch im Teillastbetrieb.
- Gute Zugänglichkeit der zu wartenden Bauteile.
- Schnelle und preiswerte Ersatzteilversorgung.
- Geringe Schall- und Abgasemissionen.
- Großer Schmierölvorrat und lange Ölwechselintervalle.
- Flüssigkeitskühlung zur Abwärmenutzung.
- Unempfindlichkeit gegenüber Feuchtigkeit und Spurenstoffen im Biogas.
- Buntmetallfreie Lager und Dichtungen im Motor.

Beim Kauf des BHKW sollte neben motortechnischen Aspekten vor allem auf die Erfahrung und den Service des Anbieters geachtet werden. Dazu gehört auch, dass in der Nähe mindestens eine Service-Vertretung des Anbieters angesiedelt sein sollte, um bei Problemen rasch vor Ort sein zu können. Was nützen All-Inclusiv-Serviceangebote, wenn ein Tag Anreise nötig ist. Ausfallzeiten in der Strom- und Wärmeproduktion von mehreren Tagen können zu empfindlichen finanziellen Einbußen führen. Mit dem in diesem Fall notwendigen Betrieb der Gasfackel wird im Wortsinn Geld verbrannt.

5.14
15 kW_{el}-Biogas-BHKW auf Basis eines gebrauchten 1,9l-Opel-Benzinmotors (H. Hochreiter).

Umrüstung von Benzinmotoren auf Biogas

Die beim Pkw mit Ottomotor geschätzten Vorteile, bei konstantem Drehmoment über die Drehzahl eine hohe Leistung zu erzielen, bei gleichzeitig geringem Leistungsgewicht (kg/kW), spielen im Biogasbetrieb keine Rolle, denn die Motordrehzahl ist durch die Einsparung einer Getriebeübersetzung und bedingt durch die Polzahl des Generators und die Netzfrequenz konstant bei etwa 1.500 U/min.

Die vom Motor abgegebene Leistung ist das Produkt von Hubraum, Arbeitsdruck und Drehzahl. Eine Drehzahlerhöhung kommt nicht in Frage. Ottomotoren sind im Vergleich zu Dieselmotoren zudem für geringere Drücke ausgelegt. Das begrenzt die mögliche Leistung, weil der mittlere Arbeitsdruck (Mitteldruck) von der Menge des entzündeten Kraftstoffs abhängt. Schlussendlich würde die Hubraumvergrößerung nicht den mechanischen Wirkungsgrad erhöhen, sondern das Mehr an Leistung nur durch den höheren Kraftstoff-Verbrauch erzielen. Dies alles führt dazu, dass der mechanische Wirkungsgrad dieser Motoren im Leistungsbereich bis etwa 50 kW bei nur 23 bis 27% liegt.

Je höher die Nenndrehzahl des Motors, desto kürzer sind im Allgemeinen die Kolbenhübe, um unterhalb der kritischen Kolbengeschwindigkeit, ca. 21 m/sec, zu bleiben. Dadurch verringert sich der Kurbelradius, was wiederum zur Einbuße von Drehmoment führt. Denn das Drehmoment ist das Produkt aus der Kraft am Kurbelzapfen und des Kurbelradius. Ottomotoren mit kurzem Kolbenhub, d.h. der Kolbendurchmesser ist größer als die Hublänge, sind für den Einsatz als stationäre BHKW daher eher ungeeignet, da sie im unteren Drehzahlbereich über wenig Drehmoment verfügen.

Bei der Umrüstung von Benzin auf Biogas muss mit einem Leistungsverlust von 10 bis 15% bei gleicher Drehzahl gerechnet werden, bedingt durch den CO_2-Ballast. Da Biogas eine höhere Klopffestigkeit hat, könnte der Leistungsverlust durch Erhöhung der Verdichtung zum gewissen Teil kompensiert werden. Dazu müsste aber der Verbrennungsraum durch Abschleifen des Zylinderkopfs verkleinert werden, was heute kaum noch jemand macht. Alternativ kann der Motor durch Aufladen, d.h. durch Zufuhr eines komprimierten Gas-Luft-Gemisches, leistungsstärker gemacht werden. In beiden Fällen ist das Resultat ein größerer Höchstdruck bei der Verbrennung. Ob der Motor diesem Druck und der daraus resultierenden höheren Temperatur standhält, muss unbedingt vorab geprüft werden.

Da Biogas keine kühlende und schmierende Wirkung auf die Ventilsitze hat, sollten möglichst Motoren mit gepanzerten Ventilsitzen verwendet werden, wie es für bleifreies Benzin heute üblich ist.

Der Zündzeitpunkt muss im Vergleich zum Benzinbetrieb vorverlegt werden, denn Methan hat eine langsamere Flammgeschwindigkeit.

Entscheidend für die Wahl eines Benzinmotors können der günstigere Motor-Preis und der Umstand sein, dass Benzinmotoren vor allem bei kleinen Leistungen (etwa 5 – 50 kW) technisch einfach und kostengünstig

Motorbauarten und Verbrennungsverfahren			
Merkmal	Benzinmotor: Gas-Otto-Verfahren	Dieselmotor: Gas-Otto-Verfahren	Dieselmotor Zündstrahlverfahren
Preis	niedrig	sehr hoch	hoch
Elektr. Wirkungsgrad	20 - 25%	30–35%, ab 300 kW höher als 35%	30–40%, konstant über alle Leistungsklassen
Lebensdauer	niedrig	mittel	mittel
Geräusch	mittel	stark	stark
Ruß im Abgas	./.	./.	vorhanden
Wartung	hoch	gering	hoch
Zündölverbrauch	./.	./.	ja
Ersatzkraftstoff bei Biogasausfall	Flüssiggas (Benzin)	Flüssiggas	Heizöl, Dieselöl Pflanzenöl

Tabelle 5.5 Merkmale verschiedener Motoren und Verbrennungsverfahren für Biogas.

Zündstrahlmotoren	Gasmotoren
Vorteile • 30 - 40% elektrischer Wirkungsgrade • um 3 - 4% höherer elektrischer Wirkungsgrad als Ottomotoren • Aggregate auch im kleinen Leistungsbereich unter 100 kW • unabhängig von Gasqualität • kostengünstig	**Vorteile** • 34 - 40% elektrischer Wirkungsgrad, aber erst ab 300 kW • hohe Standzeiten (60.000 h) • TA-Luft wird sicher eingehalten • Geringer Wartungsaufwand
Nachteile • Zündöl nötig • Verkoken der Einspritzdüsen • Ruß an Wärmetauscherflächen • Höherer Wartunsgaufwand • Schadstoffausstoß übersteigt u.U. Grenzwerte der TA-Luft • Einzelaggregate über 500 kW selten, dann modulare Bauweise nötig • Niedrige Standzeiten 35.000 Betriebsstunden	**Nachteile** • Aggregate unter 100 kW selten • Als Gasqualität mindestens 45% Methangehalt erforderlich • Teuer • Niedrige elektrische Wirkungsgrade unter 300 kW • Nicht notstromfähig

Tabelle 5.6 Vor- und Nachteile von Motoren nach dem Zündstrahl- und Otto-Prinzip. nach [74]

5.15
Eigens für den stationären Betrieb mit Gas entwickelter Motor. (Fa. GE Jenbacher).

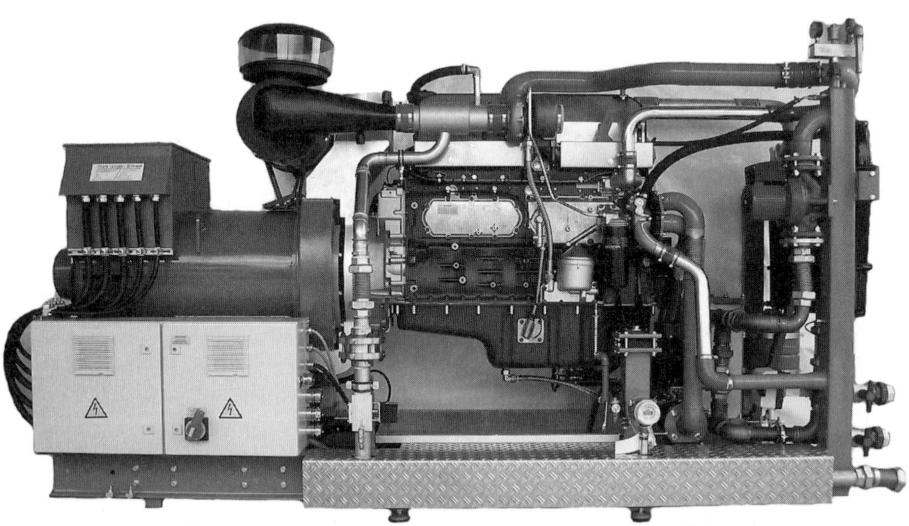

5.16
Zündstrahlaggregat auf der Basis eines Serien-Dieselmotors (Fa. Schnell).

umzurüsten sind und sich obendrein eher für den wärmegeführten Betrieb eignen, d.h. primär zur Bereitstellung von Nutzwärme da sind. Unter solchen Voraussetzungen sollte dann folgende spezielle Motorcharakteristik bevorzugt werden:

- bei bereits geringer Drehzahl ein vergleichsweise hohes Drehmoment,
- Hubverhältnis 1,0 bis 1,2 (Langhuber)
- Vorverdichtung des Gas-Luft-Gemisches mit Gemisch-Kühler
- besser nur zwei Ventile pro Zylinder und max. 4 Zylinder pro Motor
- mittlerer Arbeitsdruck mindestens 10 bar

Umrüstung von Dieselmotoren auf Gas-Otto-Betrieb

Dieser Weg hat sich bei den sogenannten Klärgasmotoren schon vor Jahrzehnten bewährt. Heute werden überwiegend Schiffsmotoren sowie Nutzfahrzeugmotoren aus der Serienfertigung, schon ab kleinen Leistungen von 50 kW aufwärts, umgerüstet. Dabei nutzt man die schwere, robuste Bauweise von Dieselmotoren und ihre hohe Kompression und baut anstelle der Einspritzanlage eine Fremdzündung und einen Gasmischer ein. Die Motoren werden mit Abgas-Turbolader und Gemischkühler und im Einzelfall zusätzlich mit Ladeluftkompressor ausgestattet. Damit lassen sich bei Motor-Leistungen von bis zu 3.000 kW je BHKW elektrische Wirkungsgrade von ca. 40% realisieren. Mit zunehmender Motorengröße steigt der elektrische Wirkungsgrad an, während der thermische Wirkungsgrad etwa in gleichem Maße sinkt. Dieser Zusammenhang spielt bei der Nutzung der Abwärme eine bedeutende Rolle.

Weitere den mechanischen Wirkungsgrad und damit die Kraftstoffeffizienz steigernde Maßnahmen können sein:

- Änderung der Nockenwelle = Veränderung der Öffnungszeiten der Ventile,
- Erhöhung des Verdichtungsverhältnisses (> 14/1),
- Direkteinspritzung von Biogas,
- variabler Einzel-Zündzeitpunkt in Abhängigkeit der Zylindertemperatur u.a.

Ziele aller wirkungsgradorientierten Umbaumaßnahmen sind:

- Steigerung der Zylinderfüllung mit Kraftstoff,
- Verringerung des Methanschlupfes (Methan, das unverbrannt wieder ausgestoßen wird),
- Möglichst vollständige Kraftstoffausnutzung.

Bereits vor der motorischen Verwendung von Biogas wird versucht, wechselnde Gaszusammensetzungen zu vermeiden (Qualität der Biomasse, Regelmäßigkeit der Gaserzeugung, Gasspeicher) sowie alle störenden Einflüsse, wie Feuchte u.a. (Gaskühlung, Gasreinigung) abzustellen. Dies vereinfacht die Einstellung und Regelung der Kraftstoff-Verbrennung. Während bei älteren Gasmotoren ein Mindest-Methangehalt von 50% Voraussetzung für einen einwandfreien Betrieb war, können heutzutage Gasmotoren mit intelligenter Regeltechnik schon mit Biogas ab 40% Methangehalt zurechtkommen. In der Anfahrphase oder bei Notbetrieb können Gasmotore auch mit Erdgas betrieben werden, jedoch benötigen sie im Dauerbetrieb im Gegensatz zu den Zündstrahlmotoren keinen zusätzlichen Brennstoff. (Abb. 5.15).

Zündstrahl-Dieselmotoren

Bei Biogas-BHKW mit Zündstrahlmotoren werden Seriendieselmotoren verwendet, bei denen dem verdichtetem Gas-Luft-Gemisch über Einspritzdüsen geringe Mengen Zündöl zugeführt werden. Dies geschieht nicht nur beim Starten und Warmlaufen des Motors, sondern ständig. Die Motoren stammen hauptsächlich aus der Schlepper- und LKW-Produktion und werden den Erfordernissen der Biogasverstromung (Abb. 5.16) angepasst. Zündstrahlmotoren arbeiten nach dem Dieselprinzip, sind also selbstzündend. Die geringen zugegebenen Zündölmengen haben einen Kühleffekt an den Einspritzdüsen zur Folge, was zur Verkokung und zu höherem Verschleiß führen kann.

Als Zündöl kann leichtes Heizöl verwendet werden, dessen Anteil zwischen 4 und 30% liegt, wobei der höhere Anteil für Schwachlastbetrieb oder bei Zufuhr von Biogas mit geringem Methangehalt zutreffend ist. Seit 1. Januar 2007 erhalten in Deutschland Neuanlagen mit Zündstrahlmotoren für die Stromerzeugung aus Biogas, wenn das Zündöl rein fossiler Herkunft ist, eine geringere Vergütung als beim Einsatz von Gasmotoren. Daher wird leichtes Heizöl häufig durch PME (Biodiesel) ersetzt, um diesen Nachteil auszugleichen.

Der elektrische Wirkungsgrad von BHKW mit Zündstrahlmotoren erreicht Werte zwischen 25 und mehr als 40%. Für die Betriebe, die Biogas über Zündstrahler verstromen, ist der Verbrauch von PME zur Motorzündung eine Notwendigkeit. Durch folgende Umrüstungsmaßnahmen konnte der Zündölverbrauch gesenkt werden:

- Änderung der Nockenwelle = Veränderung der Öffnungszeiten der Ventile
- Pumpe-Düse-Einspritztechnik = Einspritzung in einzelne Zylinder unter 2.000 bar Überdruck
- Variabler Einzel-Zündzeitpunkt durch elektronisch gesteuerte, hier: temperaturgeführte Einspritztechnik

Die Abgastemperaturen sind im Regelfall bei Dieselmotoren höher als bei Benzinmotoren. Dies ist eine Auswirkung des höheren mittleren Arbeitsdrucks. Die Abgastemperatur kann genutzt werden, um zusätzlich Strom zu erzeugen. Hierzu wird im Abgasstrom hinter dem Abgasturbolader eine weitere Abgasturbine eingebaut, die ihrerseits einen Generator antreibt. Damit kann heute bei BHKW ab etwa 250 kW die elektrische Leistung um ca. 10% und damit der elektrische Wirkungsgrad um ca. 4% gesteigert werden.

Wirkungsgrade von Zündstrahl- und Gas-Motor-BHKW

Für die Wirtschaftlichkeit einer Biogasanlage ist der Wirkungsgrad der Verstromung eine entscheidende Größe (Abb. 5.17). Beim Vergleich der Energieeffizienz sind folgende Wirkungsgrade zu unterscheiden:

1. *Der mechanische Wirkungsgrad* des Motors im *BHKW* ist das Verhältnis zwischen der im Motor erzeugten mechanischen Energie und dem Energieinhalt des eingesetzten Brennstoffes. Oftmals werden der mechanische und der elektrische Wirkungsgrad eines BHKW vereinfachend gleichgesetzt (u.a. um sich Wettbewerbsvorteile zu verschaffen), was nicht zulässig ist. Der mechanische Wirkungsgrad ist abhängig von der Motorenbauart und -größe und beträgt für Gas- und Zündstrahl-Motoren etwa bis zu 45%.
2. *Generator-Wirkungsgrad:* Im Generator erfolgt die Umwandlung der mechanischen Energie in elektrische Energie. Der Wirkungsgrad üblicher Generatoren mit Leistungen über 20 kW liegt bei 93 bis

97%. Der Rest wird in Generatorwärme umgewandelt.

3. *Elektrischer Wirkungsgrad:* Um den elektrischen Wirkungsgrad eines BHKW zu ermitteln, muss der mechanische Wirkungsgrad mit dem Generator-Wirkungsgrad multipliziert werden. *Beispiel:* 40% mechanischer Wirkungsgrad und 93% Generator-Wirkungsgrad führen zu einem elektrischen Wirkungsgrad von $0{,}40 \cdot 0{,}93 = 37{,}2\%$.
4. *Thermischer Wirkungsgrad*: Neben der mechanischen Energie entstehen bei der Energieumwandlung im Motor entsprechende Mengen an Abwärme, teils im Abgas, teils im Kühlwasser und ein Rest als Strahlungswärme. Der thermische Wirkungsgrad ist in der Regel höher als der elektrische; er erreicht je nach Motorenbauart und -größe sowie dem Grad der Wärmerückgewinnung bis zu 55%.
4. *Der Gesamt-Wirkungsgrad* errechnet sich als Summe aus elektrischem und thermischem Wirkungsgrad:

Beispiel:
- *elektrischer Wirkungsgrad*: 37,2 %
- *thermischer Wirkungsgrad:* 52,7%
- *Gesamt-Wirkungsgrad:* 89,9 %

Bei der Bewertung der Wirkungsgrade von Gas-Motor- und Zündstrahl-BHKW ist deshalb folgendes zu beachten:

1. Der elektrische Wirkungsgrad von Zündstrahl-BHKW ist bei gleicher Leistung in der Regel um 3 bis 4% höher als von Gasmotor-BHKW auf Otto-Motorbasis. Dieser Unterschied wird umso geringer, je höher die verglichene Leistung ist.
2. Der elektrische Wirkungsgrad ist abhängig von der BHKW-Größe, steigt jedoch nicht linear mit dieser an (s. Abb. 5.17).
3. Der thermische Wirkungsgrad von Zündstrahl-BHKW ist nahezu unabhängig von der BHKW-Größe.
4. Der thermische Wirkungsgrad von Gas-Motor-BHKW ist bei kleinen Einheiten größer als bei großen.

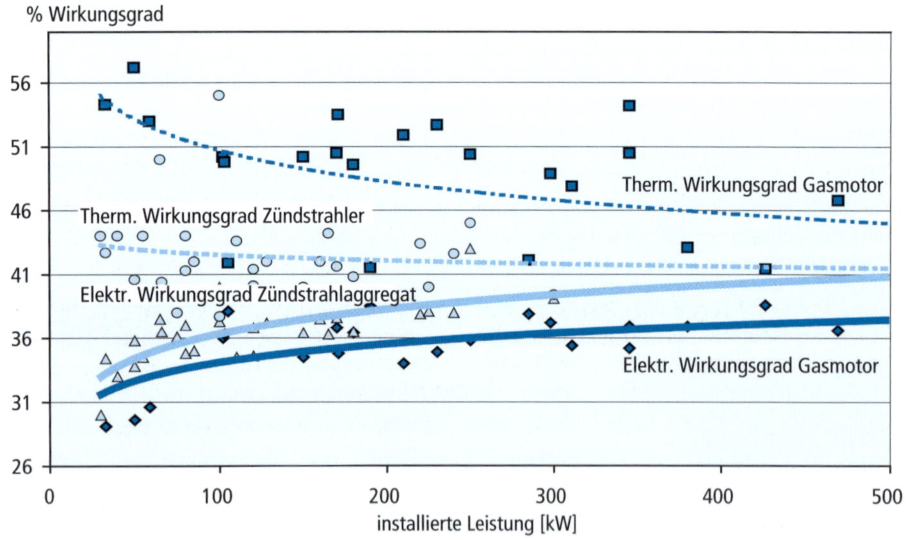

5.17 Wirkungsgrade von Zündstrahl- und Gasmotoren.

5. Der Gesamt-Wirkungsgrad von Gas-Motor-BHKW liegt über dem von Zündstrahl-BHKW.

Emissionen

Bei der Verbrennung von Biogas entstehen hauptsächlich CO_2, O_2 und Wasser. Hinzu kommen umweltrelevante Schadgase wie CO, NO und NO_2 (zusammengefasst als NO_x), SO_2, Formaldehyd und Kohlenwasserstoffe. Für die Schadgase CO und NO_x bestehen Grenzwerte nach der Technischen Anleitung (TA)-Luft, die je nach Motorprinzip und Feuerungswärmeleistung unterschiedlich sind (Tabelle 5.7).

Aggregate über 1 MW Gesamtfeuerungswärmeleistung fallen obendrein unter die Bundesimmissionsschutzverordnung (BImSchV) und müssen diese Grenzwerte einhalten. Für BHKW unter 1 MW gelten diese Vorschriften nicht zwingend, werden aber als Richtwerte herangezogen.

Um die Emissionen gering zu halten, werden Biogas-BHKW im sogenannten Magergemischbetrieb mit einem $\lambda = 1{,}2 - 1{,}6$ gefahren. Die Luftüberschusszahl Lambda (λ) gibt das Verhältnis zwischen zugeführter Luft und Brennstoff an. Bei im Magerbetrieb gefahrenen BHKW verringern sich die Leistung und der Wirkungsgrad geringfügig.

5.4.2 Generatoren für Kraft-Wärme-Kopplungsanlagen

Zur Stromerzeugung werden heute meist Sychrongeneratoren, seltener Asynchrongeneratoren eingesetzt. In früheren Zeiten war dies anders.

Ein *Asynchrongenerator* ist nichts anderes als ein Drehstrom-Kurzschlussläufer-Motor, der mit dem öffentlichen Netz gekoppelt ist. Treibt man ihn mit einer Drehzahl an, die über der im Motorbetrieb erreichten liegt, erzeugt er Strom, der ins Netz eingespeist wird. Gleichzeitig zieht er dabei etwas Strom (Blindstrom) für die magnetische Erregung aus dem Netz. Durch die Netzerregung wird gleichzeitig die Drehzahl in bestimmten, von der Generatorleistung abhängigen Grenzen stabilisiert. Man sagt, der Asynchrongenerator „klebt am Netz". Nur bei zu großer Überlastung tritt der sogenannte Kippschlupf ein, bei dem sich die Drehzahl sprunghaft erhöht und die Leistung sinkt.

Asynchrongeneratoren sind kostengünstig und robust; werden sie im Stillstand – quasi als Anlasser – an das Netz geschaltet, können kleine Gas-Ottomotoren – bis etwa 20 kW - auf diese Weise sogar gestartet werden. Außerdem kommt der Biogasmotor ohne eine weitere Drehzahlregelung aus. Die Gaszufuhr wird mit einer geregelten Gasklappe so eingestellt, dass der Motor die gewünschte Leistung abgibt, die auf einem Messgerät abgelesen wird.

Der Hauptnachteil des Asynchrongenerators liegt darin, dass er bei Netzausfall keinen Strom erzeugen kann, also als Notstromgenerator ungeeignet ist.

Synchrongeneratoren sind selbsterregend, d.h. so gebaut, dass sie auch ohne Netzanschluss Strom erzeugen können. Der zum Aufbau des Magnetfeldes notwendige Strom wird durch einen kleinen, auf der Generatorwelle sitzenden Hilfsgenerator erzeugt und der Ankerwicklung im Rotor zugeführt. Bei Synchrongeneratoren muss die Drehzahl mit der Netzfrequenz synchronisiert, also abgestimmt werden. Zu diesem Zweck muss der Biogasmotor mit einem Drehzahlregler und einem Gasmengenregler ausgerüstet werden. Ab einem Leistungsbereich von 45 bis 50 kW sind Synchrongeneratoren gleich teuer wie Asynchrongeneratoren.

Die Hauptvorteile der Synchrongeneratoren sind: Inselbetriebsfähigkeit und die Lieferung von konstanter Spannung und Frequenz bei konstanter Last.

Emissionsgrenzwerte für Motoren zur Gasverstromung nach der TA-Luft					
	Einheit	Gasottomotor		Zündstrahlmotor	
Feuerungswärmeleistung		unter 3 MW	über 3 MW	unter 3 MW	über 3 MW
CO	mg/m³	1000	650	2000	650
NO_x	mg/m³	500	500	1000	500
Schwefeldioxid	mg/m³	350	350	350	350
Gesamtstaub	mg/m³	20	20	20	20
Formaldehyd	mg/m³	60	20	60	60

Tabelle 5.7 Emissionsgrenzwerte für Motoren zur Gasverstromung nach der TA-Luft.

5.4.3 Maßnahmen zur Netzanbindung

Bei Generatoren im Netzparallelbetrieb ist eine automatische Trennung vom Netz zwingend notwendig für den Fall, dass im Netz der Strom ausfällt oder abgeschaltet wird; anderenfalls bestünde Lebensgefahr für die am Netz arbeitenden Menschen. Insgesamt ist für die Netzanbindung die „Richtlinie für den Parallelbetrieb von Eigenerzeugungsanlagen mit dem Niederspannungsnetz des Elektrizitätsversorgungsunternehmens (EVU)" [52] zu beachten.

Entsprechend ist die Anlagentechnik schon bei der Planung mit dem zuständigen EVU abzustimmen; die Ausführung hat durch einen eingetragenen Installateur zu erfolgen, wobei die vorgeschriebenen Mess-, Steuer-, Schalt- und Schutzeinrichtungen vorzusehen sind; weiterhin sind die Auflagen zur Blindleistungskompensation, die Einhaltung der Zuschaltbedingungen und die Grenzwerte für Netzrückwirkungen zu beachten.

Das Ausmaß der Rückwirkungen der Kraft-Wärme-Kopplung auf das Netz wird von den Betreibern oft unterschätzt; in der Praxis bereiten Netzrückwirkungen mit zunehmender Stromeinspeisung aus Sonne, Wind wachsende Probleme. Unsere bisherige Stromversorgung und die Netze sind nämlich für eine zentrale Stromerzeugung bei dezentralem Verbrauch konzipiert und nicht für dezentrale Einspeisung. Das öffentliche Netz ähnelt einem Baum: in der Nähe des Kraftwerkes oder der Umspannstation ist der Stamm sehr dick und verzweigt sich von dort aus immer weiter, bis zu den dünnen Drähten und niedrigen Spannungen beim Endverbraucher. Würde man in die dicken Hochspannungsleitungen in Kraftwerksnähe einspeisen, könnten diese die relativ ge-

Verwertungsmöglichkeiten und Nutzungswege für Biogas-KWK-Abwärme	
Wärmeversorgung	Wohnhaus und Stallungen, Schwimmbad, Nahwärmeversorgung von Wohnsiedlungen, Gewerbegebieten, Altenheimen, Gewächshäusern
Trocknung	Getreide, Heu, Grünmehl-Pellets Holzpellets und Holzhackschnitzel
Speicherung für die Wintermonate	im Boden durch Wasser-, Kies- oder Erdspeicher
Kälteerzeugung	in Kraft-Wärme-Kälte-Kopplungs Aggregaten

Tabelle 5.8 Mögliche Verwertungs- und Nutzungswege der Abwärme.

ringen Strommengen aus Kleinerzeugungsanlagen problemlos aufnehmen. Biogasanlagen befinden sich aber häufig am Ende der ohnehin nicht überdimensionierten ländlichen Netze. Dies gilt auch für Windkraftanlagen. Deshalb besteht die Gefahr, dass unerwünschte Netzrückwirkungen, vor allem in Form von Spannungsschwankungen beim motorischen Hochfahren von Asynchrongeneratoren und beim Einspeisen höherer Leistungen auftreten. Eine Spannungsänderung von mehr als ±3% ist aber nicht zulässig, um empfindliche Stromverbraucher zu schützen. Deshalb ist die Generatorleistung mit der sogenannten Kurzschlussleistung des Netzanschlusses abzustimmen.

5.18
Pufferspeicher an einem 190 $kW_{el.}$-Biogas-BHKW zur Versorgung der Nachbarhäuser mit Wärme (Hörnle).

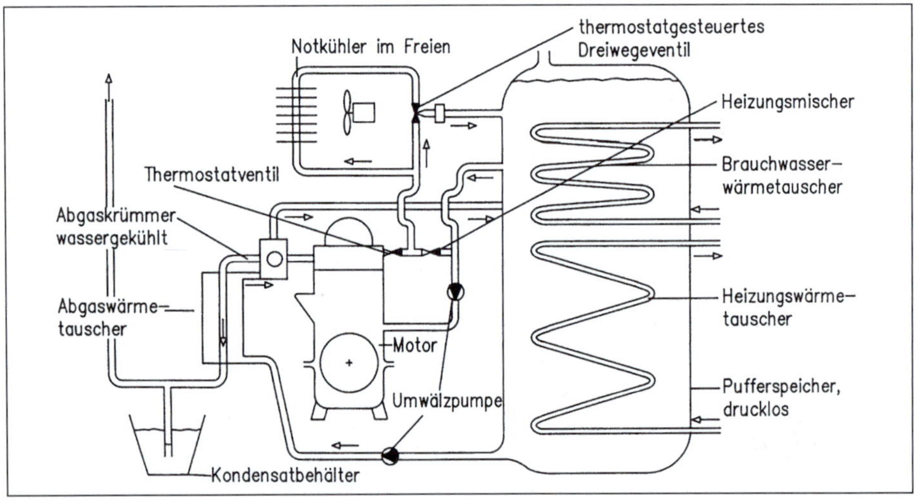

5.19
Hydraulisches Schaltbild (vereinfacht) zur Auskopplung und Speicherung von Motor- und Abgaswärme.

Die Kurzschlussleistung errechnet sich aus dem Widerstand der Stromleitung vom Einspeisepunkt bis zum nächsten Transformator. Dieser Widerstand ist wiederum abhängig vom Querschnitt und von der Länge der Leitung. Bei großem Querschnitt und geringer Länge ergibt sich eine hohe Kurzschlussleistung, die wiederum eine große Einspeiseleistung ermöglicht.

Die Erfahrung hat gezeigt, dass Leistungen bis 15 kW von den meisten Hofnetzen problemlos aufgenommen werden können. Bei höheren Leistungen kann jedoch eine Netzverstärkung oder Spannungskonstanthaltung notwendig werden. In besonderen Fällen (hohe Einspeiseleistung, niedrige Kurzschlussleistung des Netzes) kann nicht mehr auf der Niederspannungsseite eingespeist werden. In diesem Fall muss über einen Trafo in das Mittelspannungsnetz eingespeist werden, was zu höheren Kosten des Netzanschlusses führt.

5.4.4 Abwärmenutzung

Mit zunehmender Biogasanlagengröße fallen nicht nur im Sommer, sondern auch im Winter größere Mengen an überschüssiger Abwärme an. Ein Teil der Abwärme wird zur Temperierung des Fermenters verwendet, oft wird aber der größere Teil über einen Notkühler „entsorgt". Als Notkühler dient ein auf die Motorleistung abgestimmter Lamellen-Wärmetauscher (Auto- oder LKW-Kühler) mit netzstrombetriebenem Ventilator, der thermostatisch gesteuert wird und außerhalb des Maschinenraums angebracht ist.

Ziel der Kraft-Wärme-Kopplung aus Biogas muss es sein, nicht nur den Strom, sondern auch die Motorabwärme möglichst vollständig zu nutzen (Tabelle 5.8). Dies wird über die Neugestaltung des EEG 2012 explizit über den Stromtarif gefördert. Im Winter ist dies vor allem bei kleineren Anlagen im Hofbereich kein Problem, weil neben dem Fermenter noch Wohnhaus und Ställe beheizt werden. Im Einzelfall ist zu prüfen, welche der folgenden Wärmeabnehmer wirtschaftlich sinnvoll in das Energiekonzept eingebunden werden können (Abb. 5.18):

- Trockungsprozesse: Trocknung land- und forstwirschaftlicher Erzeugnisse sowie Abfallprodukte
- Beheizung von Gewächshäusern für Zierpflanzen oder Gemüse
- Wärmebereitstellung für öffentliche Ge-

bäude und Freizeiteinrichtungen (z.B. Freibad)

- Wärmebereitstellung für Industriebetriebe (z.B. Bürogebäude, Produktionshallen, Fertigungsprozesse) sowie Betriebe der Nahrungsmittelverarbeitung
- Nahwärmenetz zur Versorgung von Einfamilienhäusern und größerer Wohneinheiten

Nutzung der Motorabwärme
Bei der Nutzung der Motorabwärme (Abb. 5.19) ist darauf zu achten, dass die Temperaturdifferenz im Kühlsystem des Motors nicht zu groß wird. Die Austrittstemperatur am oberen Teil des Motors wird meist durch den vorhandenen Kühlwasser-Thermostat auf 85 bis 95°C vorgegeben. Die Rücklauftemperatur sollte nicht unter 60°C fallen. Diese Bedingung lässt sich jedoch schlecht aufrecht erhalten, wenn das Kühlwasser direkt in einen Speicher geführt wird, der z.B. gerade auf ein niedriges Temperaturniveau entladen ist. Abhilfe schafft ein Dreiwege-Heizungsmischer in der Kühlwasserleitung zwischen Motor und Speicher.

Die Abgaswärmenutzung erfolgt zweckmäßig in zwei Stufen durch einen Abgaswärmetauscher und im Einzelfall durch ein flüssigkeitsumspültes Abgassammelrohr direkt am Motorblock. Ersterer wird oft als Doppelmantel- oder auch Rohrbündelwärmetauscher gebaut und entgegen der Richtung des Abgasstroms von Wasser durchflossen. Seit der breiten Einführung des Abgasturboladers werden gekühlte Abgassammelrohre nicht mehr eingesetzt. Dabei könnte gerade am Punkt der höchsten Abgastemperaturen über Thermalöl eine Temperatur über dem Siedepunkt von Wasser, ca. 100°C, abgegriffen werden. Über Thermalöl könnte Dampf erzeugt werden.

Bei Zündstrahlmotoren können Rußablagerungen an den Tauscherflächen eintreten, die im Laufe der Zeit den Wärmeübergang verschlechtern und den Strömungswiderstand vergrößern. Dieses Problem tritt heute nur noch bei schlechten Motor-Betriebszuständen auf. Dennoch sollte der Abgaswärmetauscher leicht zu öffnen und zu reinigen sein, was bei manchen Ausführungen leider nicht mehr möglich ist.

Durch Messen der Abgastemperatur kann man die Funktion des Abgaswärmetauschers gut überprüfen. Während bei reinem Erdgas- oder Heizölbetrieb (schwefelarmes Heizöl) die Abgastemperaturen bis auf 100°C gesenkt werden können, dürfen sie bei Biogas als Brennstoff nicht unter etwa 180°C gesenkt werden, um Schwefelkorrosion am Wärmetauscher zu vermeiden. Steigt während des Betriebes die Abgastemperatur, liegt entweder eine Verschmutzung vor oder die Einlauftemperatur des Kühlwassers steigt.

5.4.5 Zukunftsvision Stirling-Motor

Eine Verbesserung hinsichtlich Verschleiß und Wartungsaufwand könnten *Stirling-Motoren* bringen (Abb. 5.20). Der Erfinder Robert Stirling entwickelte gemeinsam mit seinem Bruder James bereits im Jahre1816 eine sichere, einfache und wirtschaftliche Wärmekraftmaschine. Diese wurde zunächst für die Entwässerung von Bergwerken eingesetzt. Die ersten Stirling-Maschinen konnten sich im Wirkungsgrad durchaus mit den Dampfmaschinen messen. In den nachfolgenden Jahrzehnten wurden die Stirling-Maschinen in Kleinserien von verschiedenen Firmen hergestellt. Im Leistungswettbewerb der Jahrhundertwende unterlag die Stirling-Maschine den Verbrennungsmotoren. Erst Mitte der 30er Jahre unseres Jahrhunderts kam es zu neuen Entwicklungen durch die Firma Philips. Das Unternehmen vergab in den nachfolgenden Jahren verschiedene Lizenzen.

Ein Arbeitsmedium (Gas) wird in einem geschlossenen Kreislauf zyklisch von zwei Kolben (Arbeits- und Verdrängerkolben) zwischen einer heißen Stelle (Erhitzer) und einer kalten Stelle (Kühler) hin- und hergeschoben. Das aufgeheizte Gas dehnt sich aus, das abgekühlte zieht sich zusammen. Hierdurch steigt der Druck im Arbeitsmedium. Dieser Gasdruck wirkt über den Arbeitskolben auf den Kurbelantrieb. Die mechanische Energie wird durch den Elektrogenerator in elektrische Energie umgewandelt. Zwischen dem Erhitzerkopf und dem Kühler befindet sich der Regenerator, der dem Gas auf seinem Weg von der heißen zur kalten Seite Wärme entzieht und beim Rückströmen wieder zuführt. In den letzten Jahren wurden moderne Werkstoffe, Dichtungen, wirkungsvolle Wärmeübertragung und günstige Strömungsverhältnisse so eingesetzt, dass die Stirling-Maschine auch in der Kraft-Wärme-Kopplung sinnvoll betrieben werden kann.

Stirlingmotoren sind sehr wartungs- und geräuscharm und weisen sehr geringe Emissionen auf, da es sich nicht um eine innere Verbrennung in einem Motor handelt. Die mechanischen Wirkungsgrade sind relativ niedrig und liegen zwischen 24 und 28%. Aber bis zum direkten Einsatz eines Stirling-Motors bei der dezentralen Stromerzeugung mit Biomasse sind noch technische Entwicklungsarbeiten notwendig.

Es werden derzeit Kleinst-Kraftwärmekopplungen angeboten im Leistungsbereich bis 1 kW und einer Wärmeleistung bis 6 kW. Der Kraftstoff ist allerdings Erdgas oder Propangas; ein Betrieb mit Biomethan wäre möglich. Der Markteintritt größerer Module auf Biogas scheiterte bislang. Der Preis eines

5.20
40 kW-Stirlingmotor von Heidelberg-Motor (Werksphoto Heidelberg-Motor, Starnberg).

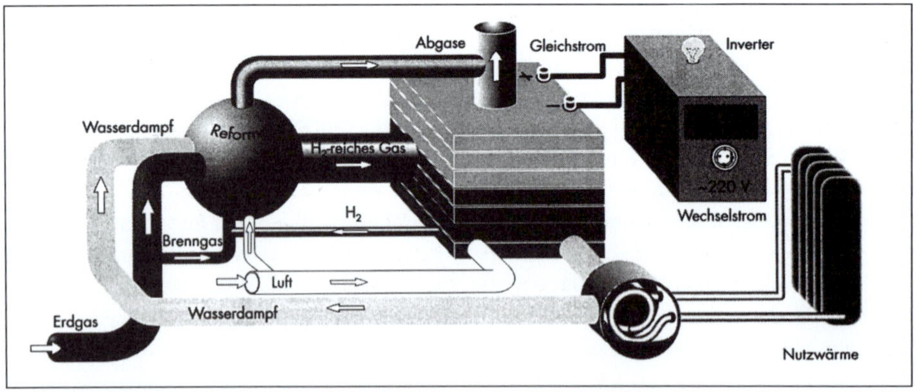

5.21
Schema einer Brennstoffzellenanlage. Anstelle von Erdgas kann auch gereinigtes Biogas als Energieträger eingesetzt werden.
(ASUE: Stationäre Brennstoffzellen).

Kleinst-KWK liegt derzeit bei etwa 17.000 € (vgl. www.senertec.de).

5.4.6 Direkte Stromerzeugung in der Brennstoffzelle

Die Brennstoffzellen-Technologie wurde bereits vor mehr als 100 Jahren erfunden und wird nun seit etlichen Jahren mit Hochdruck zur praktischen Anwendungsreife entwickelt. Erste Anwendungsgebiete sind Kraft-Wärme-Kopplungssysteme (Blockheizkraftwerke) zur Erzeugung von elektrischer und thermischer Energie sowie der Einsatz als Stromquelle für elektrische Fahrzeuge. Im Gegensatz zu batteriebetriebenen Elektrofahrzeugen erreichen mit Brennstoffzellen betriebene Fahrzeuge die Leistungsdichte und Reichweite konventioneller Kraftfahrzeuge mit Verbrennungsmotor. Deutliche Fortschritte in den Materialwissenschaften haben in den letzten Jahrzehnten die Brennstoffzellentechnologie entscheidend vorangebracht.

Brennstoffzellen sind elektrochemische Systeme (Abb. 5.21), welche die chemische Energie aus Oxidationsprozessen direkt in elektrische Energie umsetzen. In einer Brennstoffzelle reagieren Wasserstoff (H_2) und Sauerstoff (O_2) zu Wasser . Dabei entsteht elektrische Energie und Wärme. Sowohl der Brennstoff Wasserstoff als auch der Sauerstoff müssen möglichst in reiner Form vorliegen. Die Brennstoffzelle erreicht enorm hohe elektrische Wirkungsgrade von 50%. Biogas muss dazu aufbereitet und gereinigt werden, um dann vom Methanmolekül, die 4 Wasserstoffatome abzuspalten. Der größte Nachteil der Brennstoffzellen bislang sind nach wie vor die hohen Investitionskosten von 12.000 € pro kW.

5.4.7 Mikrogasturbine

Mikrogasturbinen sind schnell laufende Gasturbinen mit Drehzahlen bis 100.000 Umdrehungen pro Minute. Sie werden in einem Leistungsbereich von 30 bis 500 kW angeboten. In dieser Leistungsklasse wären auf Grund physikalischer Randbedingungen nur mechanische Wirkungsgrade von unter 20% möglich. Mikrogasturbinen verfügen aber in der Regel über einen Rekuperator, einen internen Wärmetauscher, der die verdichtete Luft aus der Brennkammer mit der Wärme aus dem Abgas vorwärmt. Hierdurch sind Wirkungsgrade von 28 – 35% möglich.

Die meisten Mikrogasturbinen sind Einwellenmaschinen. Verdichter, Turbine und Generator sind auf einer Welle angeordnet. Die Funktionsweise ist analog zu großen stationären Gasturbinen. Luft wird angesaugt, verdichtet und in der Brennkammer erhitzt. Als Brenngas kann Biogas eingesetzt werden. Die heißen Gase entspannen sich über eine Turbine und treiben einen Generator und Verdichter an. Hierbei entsteht ein hochfrequenter Strom, der mit einer Leistungselektronik in netzkonformen Strom umgewandelt wird.
Das Biogas muss für diesen Einsatz ebenso wie für die Verbrennung im Gasmotor ge-

reinigt und entfeuchtet werden. Allerdings können Mikrogasturbinen Methangehalte von 35 bis 100% vertragen. Hinsichtlich Schwefelwasserstoff sind die Turbinen sehr robust und können Werte bis zu 70.000 ppm vertragen. Weiterhin weisen sie günstige Emissionenswerte auf.

Auf Grund der Bauweise mit nur einem bewegten Bauteil und dem intelligenten Lagerungssystem sind die Turbinen sehr wartungsarm. Da kein Schmieröl verwendet wird, fallen Ölwechsel komplett aus. Die erste Inspektion steht nach 4.000 Betriebsstunden an und umfasst lediglich die Kontrolle und Reinigung des Luftfilters und der Kontrolle des Brennstofffilters.

Und wie immer bei Neuentwicklungen sind die Investitionskosten derzeit noch um rund 20% höher als vergleichbare BHKW-Systeme. In Bad Hersfeld im Landwirtschaftszentrum Schloß Eichhof wird seit Anfang 2005 eine Mikrogasturbine im Biogasbetrieb getestet (Abb. 5.22) Nach Angaben des Fraunhofer Institut für Windenergie und Energiesystemtechnik (IWES) werden bundesweit derzeit 44 Mikrogasturbinen im Leistungsbereich 28 – 100 $kW_{el.}$ betrieben, davon ca. 7 mit Biogas.

5.22 Mikrogasturbine im Teststand (geöffnet). Foto: ISET

5.4.8 ORC-Technik

ORC steht für Organic-Rankine-Cycle (organischer Kreisprozess, entwickelt vom schottischen Prof. Rankine), bei dem eine Dampfturbine zum Antrieb eines elektrischen Generators genutzt wird. Die ORC-Anlage besteht aus einem Dampferzeuger, im dem das organische Medium unter Zufuhr von Wärme verdampft wird, und einem Entspannungsaggregat, in dem der erzeugte Dampf entspannt und die dabei freigesetzte Energie zum Antrieb eines Stromgenerators genutzt wird.

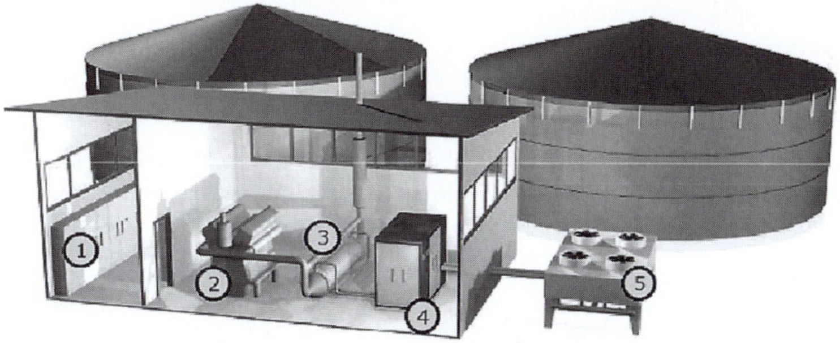

5.23 Schema einer ORC-Anlage zur Abwärmenutzung. Quelle:: Syneco GmbH Bozen, Italien

Aus der gleichen Menge Biomasse kann also mehr Strom erzeugt werden. Das Verfahren ermöglicht die Nutzung niedriger Temperaturen, wie sie in Biogasanlagen anfallen. Man nutzt dabei die Energie im Abgas zum Antrieb des ORC-Prozesses. Die Kühlwasserwärme steht also weiterhin für die externe Wärmenutzung zur Verfügung.

Der elektrische Wirkungsgrad kann in Abhängigkeit vom Temperaturniveau um max. ca. 10% erhöht werden. Mit Investitionskosten von ca. 3000 €/kW und Wartungskosten von 4% der Investitionskosten hat sich diese Technik noch nicht durchgesetzt.

6 Sicherheitstechnik und Inbetriebnahme

6.1 Sicherheitstechnik

Seit dem Bestehen von Biogasanlagen kommt es immer wieder zu schweren Unfällen, die durch Verpuffungen, Brände oder Vergiftungen verursacht werden bzw. damit einhergehen. Es bestehen zum Teil schwere Mängel in der vorhandenen Sicherheitstechnik sowie bei der Umsetzung von sicherheitsrelevanten Anforderungen durch die Anlagenbetreiber. Die Kommission für Anlagensicherheit [KAS-12, Merkblatt Sicherheit in Biogasanlagen, Kommission für Anlagensicherheit beim Bundesministerium für Umwelt, Naturschutz und Reaktorsicherheit, 2009] hat dies 2009 in dem Merkblatt „Sicherheit in Biogasanlagen“ deutlich aufgezeigt. So konnten häufige Defizite in der Auslegung, der Errichtung und dem Betrieb von Biogasanlagen belegt werden. Zum einen wird hier offensichtlich von der planerischen Seite nicht immer genug Wert auf Sicherheit gelegt, zum anderen scheint es zum Teil von Betreiberseite kein gut entwickeltes Bewusstsein dafür zu geben, was es heißt, mit brennbarem und explosionsfähigem Gas umzugehen und zu arbeiten.

Biogasanlagen können in mehrfacher Hinsicht zur Gefahrenquelle werden:

- Akute Gefahr durch Ersticken oder Vergiften beim Einatmen von Kohlendioxid oder Schwefelwasserstoff als Bestandteile im Biogas. Beide Gase sind schwerer als Luft. Ein besonderes Gefahrenmoment entsteht dadurch, dass bei hohen Konzentrationen der faulige Geruch des Schwefelwasserstoffs nicht mehr wahrgenommen wird und man nicht mehr gewarnt ist (siehe Tabelle 6.1).
- Verpuffung von explosionsfähigen Biogas-Luft-Gemischen. Der Explosionsbereich liegt etwa zwischen 4,4 und 17,0 Vol.-% Methananteil in Luft (Abb. 6.1).
- Unfallgefahr besteht vor allem durch sich drehende Teile der Anlage, durch elektrische Einrichtungen, durch unter Druck stehende Leitungen und Behälter sowie durch Absturz von Leitern oder in Gruben.

Beim Betrieb einer Biogasanlage sind diverse sicherheitsrelevante Gesetze und Vorschriften einzuhalten. Übergeordnet können hier das Arbeitsschutzgesetz, die Betriebssicherheitsverordnung, die Biostoffverordnung sowie die Gefahrstoffverordnung genannt werden. Weitere relevante Richtlinien und Gesetze zur Sicherheitstechnik und Arbeitssicherheit sind – ohne Anspruch auf Vollständigkeit – in Tabelle 6.2 zusammengestellt.

Eine Spezifikation der Gesetze erfolgt z.B. über staatliche Regeln, Berufsgenossenschaftliche Vorschriften, Normen und Regelwerken. Speziell für Biogasanlagen wurden vom Bundesverband der landwirtschaftlichen Berufsgenossenschaft die „Sicherheitsregeln für Biogasanlagen“ erarbeitet (Technische Information 4) Hierbei handelt es sich um eine Zusammenfassung der wichtigsten Vorschriften mit Verweis auf zu beachtende Regelwerke. Sie geben sowohl dem Planer als auch dem Betreiber und Arbeitgeber Hilfe für die Errichtung und den Betrieb einer Biogasanlage.

Es werden konkrete Vorgaben für Anlagenteile, Aufstellräume für Gasfeuerungen und BHKW sowie für den Betrieb einer Biogasanlage gegeben.

Die Sicherheitstechnik muss dem aktuellen Stand der Technik entsprechen. Grundsätzlich bedeutet dies auch folgende Reihenfolge bei der Beurteilung der Sicherheit und vorhandener Risiken:

1. Vermeidung von Risiken
2. Verminderung des Risikos
3. Akzeptanz des Risikos

Diese Reihenfolge bedeutet auch, dass z.B. die Bildung von Ex-Zonen (d.h. Bereiche

Toxische Wirkung von Schwefelwasserstoff	
Konzentration in der Luft	**Wirkung**
0,03 - 0,15 ppm	Wahrnehmungsschwelle, Geruch von faulen Eiern,
15-75 ppm	Reizung der Augen, Übelkeit, Erbrechen, Kopfweh
150 - 300 ppm ≙ 0,015-0,03%	Lähmung der Geruchsnerven
> 375 ppm ≙ 0,038%	Tod durch Vergiften (nach mehreren Stunden)
> 750 ppm ≙ 0,075%	Bewusstlosigkeit und Tod durch Atemstillstand innerhalb 30-60 Minuten
ab 1000 ppm ≙ 0,1 %	Rascher Tod durch Atemlähmung innerhalb weniger Minuten
	ppm = Parts per million = 0,0001 %

Tabelle 6.1 Toxische Wirkung von Schwefelwasserstoff (Allgemeine Chemie).

mit Explosionsgefahr) vermieden werden muss. Dies kann durch technische und oder organisatorische Maßnahmen erfolgen.

Neben den technischen Erfordernissen zur Umsetzung von sicherheitsrelevanten Erfordernissen sind insbesondere auch organisatorische Maßnahmen zu berücksichtigen. Das Arbeitsschutzgesetz (ArbSchG) verpflichtet den Arbeitgeber dazu, Gefährdungen für Sicherheit und Gesundheit am Arbeitsplatz zu ermitteln und zu bewerten. Auf dieser Grundlage hat er die notwendigen Maßnahmen zu treffen und die Wirksamkeit der Maßnahmen zu überprüfen. Die Maßnahmen dienen dazu, die Gefährdung zu vermeiden oder hinreichend zu begrenzen. Es sind die nachfolgenden Maßnahmen in der vorliegenden Rangfolge auf Realisierbarkeit zu prüfen:

1. Vermeidung von Gefährdung
2. Verbleibende Gefährdung möglichst gering halten
3. Schutz vor Gefährdung durch Einsatz technischer Maßnahmen
4. Personen aus dem Gefahrenbereich fernhalten
5. Schulen und Unterweisen
6. Schutz vor Gefährdungen durch Einsatz persönlicher Schutzausrüstung

Unter Berücksichtigung der Ergebnisse der Gefährdungsbeurteilung (Abb. 6.2) hat der Arbeitgeber ein Explosionsschutzdokument zu erstellen und jederzeit auf dem letzten Stand zu halten, aus dem u.a. hervorgehen muss,

- wo mit einer Gefährdung durch explosive Gasgemische zu rechnen ist und wie hoch diese Gefahr bewertet wird,
- welche Vorkehrungen getroffen wurden, um die Explosionsgefahr soweit wie möglich zu verringern,
- und die Darstellung der Explosionsschutzzonen.

Zur Erstellung der Gefährdungsbeurteilung ist es für den Arbeitgeber ratsam, professionelle Hilfe in Anspruch zu nehmen. Dies kann z.B. durch eine geschulte Fachkraft für Arbeitssicherheit, die Berufsgenossenschaft oder qualifizierte Fachleute aus der Biogasbranche erfolgen.

Es würde den Rahmen dieser Schrift sprengen, alle Sicherheitsvorschriften, Verordnungen und Schutzmaßnahmen im Einzelnen aufzuführen. Die folgende Auflistung gibt einen Überblick über wichtige technische und organisatorische Anforderungen.

Technische Anforderungen:

- Korrekte Auslegung aller Anlagenkomponenten (Dichtungen, Drucksicherungen, Rohrleitungen, Materialqualitäten).
- Gasführende Leitungen und Armaturen müssen nach den allgemein anerkannten Regeln der Technik ausgeführt werden, ebenso muss ihre Dichtigkeit nachgewiesen werden. Sie müssen korrosions- und medienbeständig sein (Edelstahl 1.4571, Hochdruck-Polyethylen).
- Buntmetalle sind nicht biogasbeständig. Die Gasleitungen erhalten die Markierungsfarbe Gelb und Zeichen für die Durchflussrichtung.

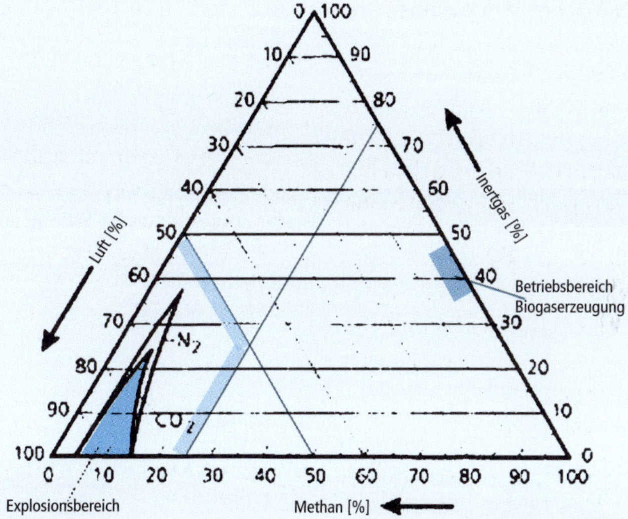

Anmerkungen zum Gebrauch:

- Sind die Konzentrationen von 2 dieser Gase bekannt, kann auf die Konzentration des 3ten geschlossen werden
- Die Skaleneinteilung für Luft (0 – 100%) kann durch die Skalierung für Sauerstoff (0 - 21%) ersetzt werden
- Ein Biogas-Luftgemisch kann nur zur Entzündung gebracht werden, wenn:
  - Methananteil mind. 4,4% und nicht mehr als 16%
  - CO_2- (Inertgas-)anteil unter etwa 25% und
  - O_2-Anteil größer 15% beträgt
- Ein Biogas-Luftgemisch brennt nicht selbständig, wenn:
  - Methankonzentration größer 24%, oder
  - O_2-Anteil geringer etwa 12% ist.

Zur Einschätzung des Explosions- oder Brandrisikos sollten die Konzentrationen der Einzelgase außerhalb der (hellblau) dargestellten Grenzen liegen.

6.1 Drei-Stoff-Diagramm für Biogas mit Empfehlungen für den Gebrauch.

- Auf Dauer technisch dichte Anlagenteile sind vor der ersten Inbetriebnahme sowie nach längeren Betriebsunterbrechungen, Veränderungen, Reparatur oder Umbauarbeiten größeren Ausmaßes als Ganzes oder in Abschnitten auf Dichtheit zu prüfen. Technisch dichte Anlagen, deren Dichtheit durch Wartung und Überwachung ständig gewährleistet wird, sind zusätzlich regelmäßig entsprechend einem Prüfplan zu prüfen.
- Armaturen müssen aus sicherem Stand heraus betätigt werden können. Ventile zur Gasentnahme sind gegen unbeabsichtigtes Öffnen zu sichern.
- Korrekte Ausrüstung mit explosionsgeschützten elektrischen und nicht elektrischen Betriebsmitteln in Ex-Bereichen. Die Einteilung der Ex-Bereiche ist vom Arbeitgeber durchzuführen. Es ist entsprechend schon während der Anlagenplanung eine Abstimmung zwischen Arbeitgeber und Planer durchzuführen.
- Korrekte Gaswarnanlagen in gefährdeten Bereichen auf Grundlage der Gefährdungsbeurteilung.
- Redundante Überwachung kritischer Anlagenparameter (z.B.Fermenterfüllstand).
- Hart verdrahtete sicherheitsrelevante Messtechnik.
- Umfassendes Not-Aus-System: An kritischen Arbeitsbereichen der Biogasanlage sind Not-Aus-Schalter zu installieren (z.B. außerhalb BHKW-Container, Feststoffvorlage).
- Netzunabhängige Notstromversorgung für die Sicherheitsketten, Alarmierung und Protokollierung.
- Die Anlage ist ausfallsicher („Fail-safe") zu errichten.
- Es sind ausreichende Blitzschutzanlagen und ein vollständiger Potentialausgleich zu installieren.
- Gasspeicher müssen den Erfordernissen entsprechend gasdicht, druckfest, medien-, UV- und temperaturbeständig sein. Nicht formstabile Folienspeicher müssen durch eine Gebäudehülle vor Witterung geschützt werden. Ab einem Betriebsdruck von 100 mbar (1000 mmWS) gelten die Bestimmungen der Druckbehälterverordnung.

Regelungsschwerpunkte bei Biogasanlagen

Regelungsschwerpunkte	Gesetze, Verordnungen
Anlagensicherheit bei Errichtung und Betrieb	• Geräte- und Produktionssicherheitsgesetz • Explosionsschutz-Richtlinie BGR 104 und BGR 132 • Betriebssicherheitsverordnung • Europäische Richtlinie 94/9/EG • Unfallverhütungsvorschriften und berufsgenossenschaftliche Regelungen • Technische Regeln für Betriebssicherheit (TRBS) z.B. TRBS 2152 – Gefährliche Explosive Atmosphäre
Geräte- und Produktsicherheit	• Geräte- und Produktsicherheitsgesetz und Europäische Richtlinien • Geräte- und Produktsicherheitsverordnung: mindestens GPSGV 1 Niederspannungsrichtlinie • GPSGV 9 Maschinenverordnung, • GPSGV 11 und evtl. 14
Schutz von Beschäftigten bei der Arbeit	• Arbeitsschutzgesetz, • Betriebssicherheitsverordnung, • Biostoffverordnung, Unfallverhütungsvorschriften, • landwirtschaftliche Vorschriften über Sicherheit und Gesundheit • Technische Regeln für Betriebssicherheit (TRBS) z.B. TRBS 1111 – Gefährdungsbeurteilung und Sicherheitstechnische Bewertung • TRBS 1203 – Befähigte Personen

Tabelle 6.2 Regelungsschwerpunkte bei Biogasanlagen, aus [69].

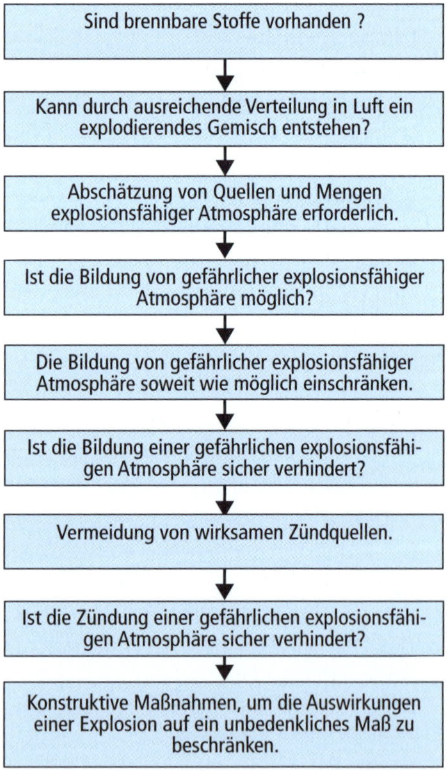

6.2 Vorgehen bei der Gefährdungsbeurteilung.

- Die Wärmedämmung der Gärbehälter muss mindestens normal entflammbar (B2) sein, in unmittelbarer Umgebung um Gasaustrittsöffnungen sollte sie schwer entflammbar (B1) sein.
- In der Umgebung von Gasspeichern und Gärbehältern sind Schutzbereiche vorzusehen, in denen Feuer, Rauchen und die Erzeugung von Funken verboten sind. Gelbe Schilder mit schwarzer Schrift müssen darauf hinweisen. Die Größe der Schutzbereiche variiert je nach Gasvolumen, Behälterbauart und Baustoff (Abb. 6.3).
- Die Schutzabstände richten sich nach der Explosionsgefährdung. Zone 0 sind solche Bereiche, in denen ständig eine gefährliche explosionsfähige Atmosphäre besteht (sollte im Normalbetrieb bei Biogasanlagen nicht vorkommen!). Zone 1 umfasst die Bereiche, in denen damit zu rechnen ist, dass eine explosionsfähige Atmosphäre aus Gasen gelegentlich auftritt (z.B. um die Mündung von Abblaseleitungen). Zone 2 umfasst Bereiche, in denen nicht damit zu rechnen ist, dass eine explosionsfähige Atmosphäre aus Gasen auftritt.
- Explosionsgefährdete Bereiche sind in einem Ex-Zonen-Plan zu dokumentieren.
- Schieber in Pumpschächten (z.B. in der Vorgrube) sind so auszuführen, dass sie ohne Einsteigen in den Schacht bedient werden können.
- Kondensatabscheider und Sicherheitseinrichtungen müssen stets zugänglich sein.
- Druckvorlagen mit Sperrflüssigkeit müssen leicht kontrolliert und gewartet werden können und gegen das Austreten von Flüssigkeit sowie gegen Frost gesichert sein.

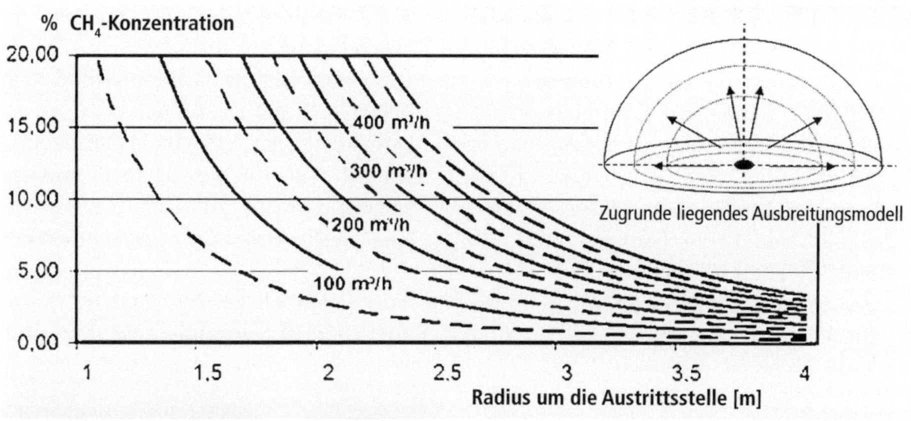

6.3
CH_4-Konzentration in Abhängigkeit von der Menge und vom Abstand zur Austrittsstelle (ruhende Atmosphäre). Die Verdünnung von Biogas in der Luft hängt vom Volumenstrom ab. Angenommene CH_4-Konzentration im Biogas: 55%. Die Gasgeschwindigkeit an der Austrittsstelle ist unberücksichtigt.

6.4
Beispiel einer Unter-/Überdrucksicherung (Fa. Biogaskontor Köberle).

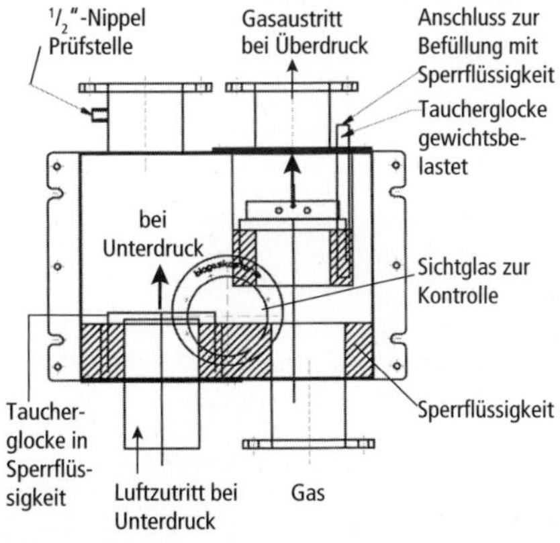

6.5
Schnitt durch die Unter-/Überdrucksicherung (Fa. Biogaskontor Köberle).

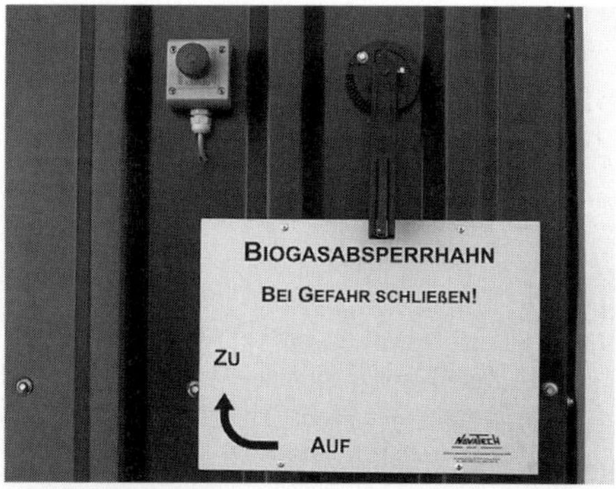

6.6 Gasabsperrhahn und Not-Aus-Schalter am BHKW.

- Vor Gasverbrauchern müssen bauartzugelassene Flammendurchschlagsicherungen (Flammenfilter) angeordnet sein.
- Gasbehälter und Gasspeicher müssen mit Über- und Unterdrucksicherung versehen sein, die keine Absperrmöglichkeit haben. Flüssigkeitsverschlüsse müssen auslauf- und frostsicher sein (Abb. 6.4 und 6.5). Die Abblasleitung der Drucksicherung muss ins Freie führen.
- Aufstellräume für Gasheizgeräte und BHKW müssen eine Querlüftung mit genügend großen, nicht verschließbaren Öffnungen (Zuluft im Fußbodenbereich, Abluft unter der Decke) haben.
- Durch einen gut sichtbar gekennzeichneten „BHKW-Not-Aus-Schalter“ und ein Gasabsperrventil außerhalb des Aufstellungsraumes muss das Aggregat jederzeit abgeschaltet werden können (Abb. 6.6). Je nach Sicherheitskonzept kann ein automatisches Absperrventil notwendig sein.
- Die Gasinstallationen einschließlich der gasführenden Rohrleitungen sind nach DVGW-Regeln zu installieren und zu prüfen.
- Ausreichender Brandschutz sowie ausreichende Löschwasserversorgung. Abstimmung mit der zuständigen Ortsfeuerwehr. Erstellung eines Feuerwehrplans.

Musterbetriebsanleitung für eine Biogasanlage bei Störungen
Raum für Gasspeicher • Gaszufuhr absperren • Gasspeicher entleeren • Betreten für befugte Personen nur nach ausreichender Belüftung; Mitnahme einer zweiten Person (die in der Nähe der Speicheröffnung bleibt) und Sicherung mit einer Rettungsleine
Heizung • Achtung: bei austretendem Heizungswasser Verbrühungsgefahr!
Maschinenraum und Blockheizkraftwerk • Gaszufuhr außerhalb des Maschinenraumes absperren • Aus-Taster außerhalb des Maschinenraumes betätigen • ggf. Zwangsbelüften (z. B. bei Gasgeruch) • bei Gasgeruch das Betätigen von Lichtschaltern, offenes Feuer und Funkenbildung unbedingt unterlassen! Explosionsgefahr!
Elektrotechnik • Arbeiten an elektrischen Anlagen dürfen nur vom Fachmann durchgeführt werden
Gülleleitungen und Schieber, Pumpen und Mixer • Verstopfungen unverzüglich beseitigen • Bei Störung im Pumpsystem: alle Schieber schließen; nachdem die Pumpe stillgesetzt wurde, Stromversorgung abschalten und Schalter gegen unbefugtes Betätigen sichern. Dies gilt besonders bei Arbeiten in Vorgruben und Gärbehältern!
Gruben und Schächte • Achtung: Vor dem Einsteigen und während des Aufenthalts in Gruben und Kanälen muss sichergestellt sein, dass keine Erstickungs-/Vergiftungsgefahr besteht und ausreichend Atemluft vorhanden ist. • Betriebseinrichtungen sind zuverlässig gegen Einschalten zu sichern. • Für ausreichende Belüftung ist zu sorgen. • Bei unzureichender Belüftung besteht Erstickungs-, Vergiftungs-, Brand- und Explosionsgefahr.

Tabelle 6.3 Musterbetriebsanleitung für eine Biogasanlage bei Störungen [70].

Organisatorische Anforderungen

- Vorliegen einer vollständigen Dokumentation aller Anlagenteile nach den Vorgaben der Maschinenrichtlinie. Ein Exemplar der Dokumentation ist auf der Anlage und für die Beschäftigten zugänglich aufzubewahren.
- Vor Inbetriebnahme ist die Biogasanlage von einem Sachverständigen abzunehmen.
- Erstellung einer Gefährdungsbeurteilung durch den Arbeitgeber vor Aufnahme der Arbeiten.
- Sicherheitstechnische Unterweisung der Beschäftigen vor Erstaufnahme der Tätigkeiten und regelmäßig widerkehrend.
- Erstellung eines Ex-Schutz-Dokumentes für die Anlage.
- Installation erforderlicher Warn- und Hinweisschilder auf Grundlage der Gefährdungsbeurteilung.
- Automatische Weiterleitung sicherheitsrelevanter Störungen an die diensthabende Stelle.
- Biogasanlagen sind vor Inbetriebnahme sowie in bestimmten Fristen wiederkehrend auf ihren ordnungsgemäßen Zustand hinsichtlich Montage, Installation, Aufstellungsbedingungen und sicherer Funktion zu prüfen.

Sicherheitsspezifische Betrachtungen einer Biogasanlage sind nicht nur für den Regelbetrieb, sondern auch für Störung und Wartung durchzuführen.
Ergibt sich aus der Gefährdungsbeurteilung, dass ein Umgang mit Gefahrstoffen nicht auszuschließen ist, so sind Betriebsanweisungen für die bei der Arbeit benutzten Arbeitsmittel zu erstellen. Bei der Erstellung von Betriebsanweisungen sind insbesondere zu beachten:

1. Arbeitsplatzspezifische Gegebenheiten,
2. Vorschriften der Gefahrstoffverordnung und ihre Anhänge,
3. Sicherheitsdatenblätter,
4. Technische Regeln für Gefahrstoffe sowie sonstige allgemein anerkannte sicherheitstechnische, arbeitsmedizinische und Hygieneregeln.

Für den Betrieb einer Biogasanlage ist eine Betriebsanleitung zu erstellen. Darin sind neben dem Regelbetrieb auch Betriebszustände wie Erst-Inbetriebnahme, Außerbetriebsetzen, erneute Inbetriebnahme und Störungen zu betrachten. Die ordnungsgemäße Betriebsführung inkl. Wartungs- und Kontrolltätigkeiten sind aufzunehmen.
In Tabelle 6.3 und 6.4 sind Bedienungshinweise bei Störung und Außerbetriebnahme der Anlage aufgelistet. Solche Hinweise sind praktischerweise dort zu hinterlegen, wo sie im Notfall griffbereit sind. Eine Betriebsanleitung für den Normalbetrieb wird in Kapitel 4 „Verfahrenstechnik / Wartung“ gegeben. Für einen sicheren Betrieb sind auch die Ausführungen in den Kapiteln „Prozessüberwachung“ sowie „Anlagenüberwachung“ hilfreich.
Abschließend sei zum Thema „Sicherheitstechnik“ nochmals darauf hingewiesen, dass die hier aufgeführten Punkte zwar wichtig und typisch sind, aber allein noch nicht ausreichen, alle Sicherheitsanforderungen zu erfüllen. Der Bezug der relevanten Schriften und Verordnungen ist daher dringend empfohlen.

Musteranleitung für die Außerbetriebnahme einer Biogasanlage
1. Substratzuführung in den Gärbehälter unterbinden, Entnahme erfolgt weiterhin. Die Entnahmemenge des Substrates darf nicht größer werden als die erzeugte Gasmenge.
2. Kann die Entnahmemenge an Substrat größer werden als die erzeugte Gasmenge, wird der Gärbehälter vom Gaserfassungssystem abgesperrt und die Verbindung zur Atmosphäre hergestellt, z. B. durch Entleeren der Sperrflüssigkeitsvorlage.
3. Gasspeicher vom Gasbehälter trennen, um Gasrückfluss zu vermeiden.
4. Pumpen und Rührwerke sind abzuschalten und gegen Wiedereinschalten zu sichern.
5. Im Schutzabstand um den Gärbehälter sind Zündquellen zu vermeiden.
6. Vor dem Einsteigen und während des Aufenthalts im Gärbehälter muss sichergestellt sein, dass keine Erstickungs-/Vergiftungsgefahr besteht und ausreichend Atemluft vorhanden ist, Betriebseinrichtungen sind zuverlässig gegen Einschalten zu sichern. Für ausreichende Belüftung ist zu sorgen. Bei unzureichender Belüftung besteht Erstickungs-, Brand- und Explosionsgefahr.
Entleerte Behälter enthalten immer noch Restmengen an Substrat. Diese sollten mit kalten Wasser nochmals aufgerührt und dann ausgepumpt werden. Das kalte Wasser reduziert die biologische Aktivität der Bakterien und dadurch die Methanbildung.
Vorsicht auch bei Schwefelkrusten im Fermenter, die können sehr leicht brennen und sind hochgiftig!

Tabelle 6.4
Musteranleitung für die Außerbetriebnahme einer Biogasanlage [70].

6.2 Inbetriebnahme

Die Inbetriebnahme einer Biogasanlage erfordert besondere Vorkehrungen und Maßnahmen. Es müssen diverse Prüfungen und Abnahmen organisiert und durchgeführt werden.

Das gesamte Gassystem ist auf Dichtigkeit zu prüfen. Die Dokumentation einzelner Aggregate (Betriebs- und Wartungsanleitungen, Zertifikate) als auch der gesamten Biogasanlage muss vorliegen. Dazu gehören unter anderem eine Anleitung zur Inbetriebnahme, eine Gefährdungsbeurteilung sowie ein Explosionsschutzdokument. Die Biogasanlage ist nach §14 Betriebssicherheitsverordnung bzw. nach § 29a Bundes-Immissionsschutzgesetz von einer befähigten Person abzunehmen.

Aus technischer Sicht ist die Inbetriebnahme der Anlage nur bei einwandfreier Funktion der Sicherheitseinrichtungen und unter Beachtung der in den Betriebsanleitungen der Unterlieferanten/Hersteller aufgeführten Vorschriften und Hinweise zur Sicherheit zulässig.

Wird auch nur eine dieser Einrichtungen durch Störungen oder Fehlverhalten außer Funktion gesetzt, sollte das Betriebspersonal die Inbetriebnahme unterbrechen und die Fehlfunktion beseitigen. Hierbei muss ganz besonders auf mögliche Unfallgefahren geachtet werden. Jede geplante Maßnahme sollte im Vorhinein auf mögliche Folgen und Auswirkungen durchdacht werden. Gerade bei der Inbetriebnahme führen überstürzte Handlungen auf Grund von mangelndem Wissen und Fehlinterpretation zu fatalen Folgen.

Kontrollaufgaben vor der Inbetriebnahme:
Die nachfolgenden Punkte können nur eine beispielhafte Übersicht über die wichtigsten Kontrollaufgaben vor der Inbetriebnahme sein. Die Punkte sind an jede Biogasanlage im Detail anzupassen. Die Ergebnisse der Kontrollen sollten unbedingt schriftlich festgehalten werden. Ansonsten läuft der Betreiber Gefahr, etwas zu übersehen. Da er im Schadensfall letztendlich immer haftet, kann er mit den Kontrollergebnissen zumindest die Erfüllung seiner Sorgfaltspflicht belegen.

- Die Installation aller Rohrleitungen, Behälteranschlüsse und Armaturen ist besonders auf Dichtheit, sichere Befestigung, Funktion sowie ggf. Stellung hin überprüft worden. Die entsprechenden Druckprüfungsprotokolle liegen vor.
- Alle Tanks / Behälter wurden auf Leckagen bzw. Undichtigkeiten überprüft. Die entsprechenden Protokolle der Überprüfung auf Dichtigkeit liegen vor.
- Die elektrischen Einrichtungen sind von einem Elektrofachbetrieb auf Übereinstimmung mit den einschlägigen VDE-Vorschriften überprüft und abgenommen sowie spannungsversorgt. Die entsprechenden Bestätigungen des Elektrofachbetriebes liegen vor.
- Regel-, Kontrollvorrichtungen und Messtechnik, insbesondere alle sicherheitstechnischen Einrichtungen wurden auf bestimmungsgemäße Funktion getestet. Die Beschreibung der Funktionstests sowie die Ergebnisse liegen vor.
- Alle Motoren und Antriebe wurden getestet (richtige Funktion und Drehrichtung). Die Bestätigung der damit beauftragten Person oder des Durchführenden liegt vor.
- Die Über-/Unterdrucksicherung am Fermenter enthält noch keine Sperrflüssigkeit.
- Die Gasabsperrklappe am Fermenter nach der Unter-/Überdrucksicherung in der Gasleitung ist geschlossen.
- Die Schieber vom Zu- und Ablauf des Nachgärbehälters sind geschlossen.
- Der Nachgärbehälter ist bis zum maximalen Betriebsfüllstand mit Wasser oder Gülle gefüllt.
- Der Gas-Hauptabsperrhahn in der Gasleitung vor dem Eintritt in den BHKW-Raum ist geschlossen.

Empfehlungen zur Inbetriebnahme:
Für eine rasche Entwicklung der notwendigen biologischen Aktivität im Fermenter ist es wichtig, ausreichend Bakterienkulturen in den Fermenter einzubringen sowie eine gleichbleibende Temperatur zu gewährleisten. Das Inbetriebnahmekonzept ist an die vorhandene Technik sowie an das zur Verfügung stehende Impfmaterial anzupassen. Generell können folgende Aussagen getroffen werden:

- Ideal als Impfschlamm für die Inbetriebnahme ist z.B. aktives Material aus dem Nachgärer einer Biogasanlage mit ähnlichem Substrat und ähnlicher Betriebstemperatur. Wird dieses bereits erwärmte Material in den Fermenter gepumpt, verringert sich der Energie- und Zeitaufwand für die Beheizung, und die vorhandenen Bakterien werden sehr schnell Biogas produzieren. Steht dieses Material nicht in ausreichender Menge zur Verfügung, ist Rindergülle eine gute Alternative. Durch die Verdauungsprozesse in den Rindermägen enthält die Gülle bereits die notwendigen Bakterien zur Methanbildung. Sollte noch weiteres Volumen notwendig sein, kann als verbleibende Option Wasser eingesetzt werden.

- Die Geschwindigkeit der Fermenterbefüllung sollte an die Heizleistung angepasst werden. Täglich sollte nur so viel Substrat zugeführt werden, wie auch aufgeheizt werden kann. Das Substrat sollte ohne Unterbrechung auf die gewünschte Temperatur erwärmt werden. Auf eine ausreichende Brennstoffversorgung ist zu achten. Wird auch Wasser eingesetzt, sollte dies zuerst in den Fermenter gepumpt und aufgeheizt werden.
- Die Wirkung der installierten Fermenterheizung ist von der Bauart und Leistung der Rühreinrichtung abhängig. Insbesondere innenliegende Heizungsrohre können die Wärme nur bei ausreichender Strömungsgeschwindigkeit im Fermenter effizient auf das Substrat übertragen. Die Rührwerke sind entsprechend in Betrieb zu nehmen.
- Zündquellen im Gasbereich des Fermenters müssen während der Inbetriebnahme zwingend ausgeschlossen werden, denn während der Inbetriebnahme ist im Regelfall davon auszugehen, dass im Fermenter zeitweilig ein entzündungsfähiges Biogas-Sauerstoff-Gemisch vorliegt!
- Nicht Ex-geschützte Rührwerke dürfen in diesem Fall nur vollständig eingetaucht betrieben werden.
- Es ist ratsam die weiteren Gärbehälter (Nachgärer, gasdicht abgedecktes Gärrestlager) für die Inbetriebnahmephase komplett mit Wasser oder Gülle zu füllen. Dadurch wird das vorhandene Gasvolumen minimiert und explosive Bereiche werden schneller durchfahren. Alternativ kann das Gassystem vollständig z.B. mit Stickstoff oder Kohlendioxid gespült werden.
- Bei Verwendung einer biologischen Entschwefelung (Einblasen von Luft) ist zu berücksichtigen, dass diese erst in Betrieb genommen werden sollte, wenn bereits Biogas produziert wird und kein Sauerstoff mehr im Gas enthalten ist. Da auch die Schwefelbakterien eine Zeit brauchen, um ihre maximale Leistungsfähigkeit zu erreichen, kann es dadurch während der Inbetriebnahme zu erhöhten Schwefelwasserstoffkonzentrationen im Biogas kommen. Es empfiehlt sich dann z.B. die Zugabe von Eisensalzen zum Impfschlamm, um den Schwefel zu fällen.

Die Gasproduktion setzt in der Regel nach wenigen Stunden bis Tagen ein. Das Gas kann wegen seiner schlechten Qualität nur mit Hilfe einer Stützfeuerung, z.B. Fackel mit Stützfeuerung oder Zündstrahl-BHKW, verbrannt werden. Steht derartiges nicht zur Verfügung, muss das Schlechtgas kontrolliert abgeblasen werden, z.B. über die Drucksicherung am Behälter. Die Gaszusammensetzung ist täglich hinsichtlich CH_4-, CO_2- und O_2-Konzentration zu überwachen. Wichtig ist im weiteren Verlauf der Inbetriebnahme und im Betrieb, dass die Fermentertemperatur binnen mehrerer Tage nicht um mehr als ± 2 K (mesophiler Betrieb) und ± 0,5 K (thermophiler Betrieb) schwankt.

Kontrollaufgaben am Ende der Inbetriebnahme

Die Anlage ist aus biologisch/technischer Sicht betriebsbereit, wenn mindestens alle folgenden Bedingungen erfüllt sind. Wie weiter oben bereits erwähnt, sind die notwendigen Kontrollen anlagenspezifisch:

- Sollfüllstand des Fermenters erreicht.
- Fermentertemperatur auf Soll-Wert sowie dessen weitere Einhaltung technisch sowie brennstoffseitig gesichert.
- Alle Sicherheitseinrichtungen, insbesondere Unter-/Überdrucksicherungen sind im ordnungsgemäßen Zustand und in Funktion.
- Die Gasabsperrklappen an Fermenter, Nachgärer und vor dem BHKW sind geöffnet.
- Die Kondensatabscheidung in der Gasstrecke ist in Betrieb und funktionstüchtig. Die Kondensatabführung ist ordnungsgemäß eingebaut und betriebsbereit.
- Gasqualität im Rohgas: > 45% CH_4 und < 5% O_2.
- Schlammkennwerte sind in Ordnung (z.B. Essigsäureäquivalent < 1.000 mg/l; pH-Wert im Bereich 7,2-7,9). Hierbei ist zu beachten, dass diese Kennwerte von den eingesetzten Substraten sowie von Betriebsparamentern abhängen. Es empfiehlt sich, vor dem Ende der Inbetriebnahme hierzu fachlich fundierte Angaben einzuholen.
- Keine geschlossene Schwimmdecke bzw. zunehmende Schaumbildung im Fermenter.
- Die von Behörden oder Einrichtungen, die mit der Überwachung beauftragt sind, geforderten Überprüfungen sind nach den regionalen Richtlinien erfolgt und die Sachverständigen haben einer Inbetriebnahme schriftlich zugestimmt.

Leistungssteigerung nach der Inbetriebnahme

Nachdem festgestellt wurde, dass die Anlage aus biologisch/technischer Sicht betriebsbereit ist, muss der Fermenterinhalt (Schlammmilieu) auf den Nenndurchsatz der Fütterung angepasst werden. Hierbei ist insbesondere auf die Bakterienkultur sowie die Einsatzgrenzen der Technik Rücksicht zu nehmen.

- Die Inbetriebnahme des BHKW, anderer Gasverbraucher oder der Biogasaufbereitung ist mit einem Servicetechniker des Herstellers durchzuführen.
- Vorzugsweise wird die Beschickung des Fermenters stufenweise erhöht.

Als grober Richtwert kann täglich die organische Fracht um 5% der Zielfracht (= Nenndurchsatz = 100%) erhöht werden. Dabei ist zumindest einmal täglich die Reaktion des Bakterienmilieus auf die Belastungssteigerung hin zu prüfen. Als zeitnahe Instrumente können eingesetzt werden:

- Bestimmung der freien organischen Säuren (FOS) und – oder zumindest – der Pufferkapazität (TAC). Die Bestimmung der Einzelsäuren, insbesondere der Propionsäure und längerkettigen Fettsäuren, dauert i.d.R. mindestens 2 Tage. Damit ist eine zeitnahe Reaktion erschwert. Dennoch sollten die Einzelsäuren sicherheitshalber, wenn keine Erfahrung vorliegt, mit bestimmt werden.
- Bestimmung des pH-Wertes. Dies ist aber nur hilfreich bei rasch versäuernden Substraten und einem Fermenterinhalt mit relativ geringem Puffervermögen, z.B. bei der Rübenvergärung.
- Beobachtung der Schlammoberfläche hinsichtlich zunehmender Schaumbildung.
- Messung der Gaszusammensetzung hinsichtlich stark fallender Methan- oder steigender Kohlendioxidgehalte. Hierbei ist zu berücksichtigen, dass im Zuge der Belastungssteigerung i.d.R. eben diese Auswirkungen eintreten. War der Methangehalt aber schon auf über 50% – oder etwa in der zu erwarteten substratabhängigen Konzentration im Normalbetrieb – und fällt er binnen Tagen auf unter 45%, oder um > 5 -10% absolut, dann sollte die Belastungssteigerung eingestellt werden. Führt dies binnen Tagesfrist nicht zur Umkehrung der fallenden Tendenz, muss die Fütterungsrate zurückgenommen werden.
- Erfassung der Gasbildungsrate. Dies ist hilfreich bei der Bewertung der Gaszusammensetzung hinsichtlich ihrer Bedeutung bei der Leistungssteigerung.

Weitere Parameter, wie beispielsweise das Redoxpotential, oder die Bestimmung der Ammonium-Stickstoff-Konzentration im Gärschlamm sind fallweise hinzu zu ziehen.

In günstigen Fällen, z.B. wenn der Fermenter überwiegend mit passendem Impfschlamm befüllt wurde, kann nach etwa 20 Tagen der Nenndurchsatz erreicht werden. Im Vorfeld sollten die Kosten der Beschaffung von Impfschlamm mit den barwerten Vorteilen eines raschen Volllastbetriebs verglichen werden. Der Bezug von warmem Impfschlamm bringt in vielen Fällen deutliche Energiekosteneinsparungen bei der Inbetriebnahme mit sich.

In Abhängigkeit der Anlagengröße, deren Komplexität sowie eigener einschlägiger Erfahrung sollte der Betreiber die Hinzuziehung eines ausgewiesenen erfahrenen Fachmanns für die Inbetriebnahme erwägen.

7 Genehmigung von Anlagen

Der Aufwand für die Genehmigung von Biogasanlagen ist mit der zunehmenden Anzahl der Anlagen und mit den durch die Cofermentation einhergehenden Auflagen und Anforderung nahezu linear gestiegen. Es sind vielfältige Gesetze und Verordnungen, Anleitungen, Regelwerke, die für die Genehmigung einer Biogasanlage relevant sein können. Die Unterstützung eines erfahrenen Planungsbüros oder eines Beraters ist daher dringend zu empfehlen und kann das Verfahren deutlich begrenzen und abkürzen.

Grundsätzlich besteht ein Recht auf Genehmigung dann, wenn öffentlich-rechtliche Vorschriften sowie Belange des Arbeitsschutzes dieser nicht entgegenstehen. Zu diesen Vorschriften, welche die Einrichtung und den Betrieb der Anlage betreffen, gehören insbesondere:

- das Bauplanungsrecht (Stichwort Privilegierung),
- das Immissionsschutzrecht,
- das Baurecht,
- das Arbeitsschutzgesetz,
- das Wasserschutzrecht,
- das Naturschutzrecht und
- das Abfallrecht.

Die Umsetzung der genannten Gesetze erfolgt anhand von Verordnungen, die zum Teil (Baurecht, Wasserschutz) auf Landesebene geregelt sind und so von Bundesland zu Bundesland unterschiedlich sein können. Für den Immissionsschutz und v.a. den Arbeitsschutz gibt es eine Fülle von Richtlinien, überwiegend von den Berufsgenossenschaften herausgegeben, die es zu beachten gilt.

Die Voraussetzung für eine Genehmigung einer Biogasanlage nach Baurecht oder Bundes-Immissionsschutzgesetz (BImSchG) ist ihr Status im Bauleitplan (Stichworte: Flächennutzungsplan, Bebauungsplan, privilegiertes Bauen im Außenbereich, §§33-35 Baugesetzbuch). Der Status sollte ganz am Anfang mit der zuständigen Behörde geklärt werden. Ein Verfahren zur Erstellung bzw. Änderung eines Flächennutzungsplanes oder eines Bebauungsplanes, ist zeit- und damit auch kostenaufwändig. Realistisch sollte dafür etwa 1 Jahr angesetzt werden. Es ist ein Verfahren mit Öffentlichkeitsbeteiligung, was einen offenen Umgang des Vorhabens gegenüber den Anwohnern nahe legt.

Es gibt zwei Arten der Genehmigung (Abb. 7.1)

- Genehmigung nach Baurecht
- Genehmigung nach dem BImSchG.

Die Entscheidung, ob die Biogasanlage nach Baurecht oder BImSchG genehmigt werden muss, richtet sich nach der 4. Bundes-Immissionsschutzverordnung (BImSchV). In der 4. BImSchV im Anhang sind genehmigungspflichtige Anlagen aufgeführt, wobei die meisten von Leistungsgrenzen oder Anlagengrößen abhängen.

Ab 2012 ist die 4. BImSchV um die Ziffer 1.15 ergänzt: Anlagen zur Erzeugung von Biogas. Dann sind alle Biogasanlagen, die mehr als 1,2 Mio. Nm³ Rohgas im Jahr erzeugen, genehmigungspflichtig nach BImSchG. Die in Abb. 7.1 genannten Anlagen sind weiterhin zu berücksichtigen.

Zum BImSchG gehört auch die 12. BImSchV, besser bekannt als „Störfallverordnung". Die Lagerung von hochentzünd-

7.1 Genehmigung von landwirtschaftlichen Biogasanlagen.

lichem Gas, laut EG-Richtline RL 67/548/EWG gehört auch Biogas dazu, kann dazu führen, dass die Anlage in den Geltungsbereich der 12. BImSchV fällt, falls eine Lagerungsmenge von 10.000 kg Biogas überschritten wird. Durch abgedeckte Gärrestlager mit variablen Füllständen entstehen bei entleerten Behältern z.T. so große Gaslager, dass die Mengengrenze überschritten wird. Dann greifen die Grundpflichten der Störfallverordnung (u.a. weitreichende Dokumentationspflichten, Risikoanalyse der Anlagensicherheit). Einige Bundesländer geben einfache Hilfen heraus (z.B. Niedersachsen, Hessen), mit dem die zu veranschlagende Lagerungsmenge berechnet werden kann.

Die *Genehmigung nach Baurecht* ist mittlerweile ähnlich aufwändig wie ein Genehmigungsverfahren nach BImSchG. Das Verfahren ist zwar noch immer weniger formell, aber sämtliche Fachbehörden, die auch beim BImSchG-Verfahren einbezogen werden, werden üblicherweise auch beim Genehmigungsverfahren nach Baurecht einbezogen. Der Nachteil der Genehmigung nach Baurecht ist die ungenügende Rechtssicherheit beim Betrieb der Anlage. Es wird nur der Bau der Anlage genehmigt. Der Betrieb der Anlage kann später untersagt werden.

Die *Genehmigung nach dem Bundes-Immissionsschutzgesetz* ist aufwändig. Es empfiehlt sich eine Abstimmung mit den Fachbehörden parallel zur Antragserstellung. Das Verfahren hat den Vorteil, dass die Genehmigung eine höhere Rechtssicherheit mit sich bringt. Es werden der Betrieb und der Bau der Anlage genehmigt. Außerdem wirkt die BImSchG-Genehmigung konzentrierend, d.h. es sind weitere Anträge enthalten (z.B. Bauantrag).

Das Verfahren nach BImSchG kann parallel zum Bauleitverfahren geführt werden. Innerhalb des BImSchG-Antrages findet eine Vorprüfung zur Umweltverträglichkeit („allgemeine oder standortbezogene Vorprüfung des Einzelfalls“) nach dem Umweltverträglichkeit-Gesetz (UVPG) statt. Es ist eine überschlägige Prüfung der zuständigen Behörde, ob die Anlage sich negativ auf Schutzgüter (Mensch, Natur, Wasser) auswirken kann.

Es gilt der Grundsatz, Emissionen (Geruch, Lärm, Luftverunreinigung) zu vermeiden bzw. einzugrenzen. Die Anforderungen dazu werden in den Technischen Anleitungen Luft (TA-Luft) und Lärm (TA-Lärm) aufgeführt. Hauptsächlich verursacht der Betrieb einer Biogasanlage folgende Emissionen, auf die die TA-Lärm und die TA-Luft Anwendung finden:

- Geruch und Lärm beim Umgang mit den Inputstoffen,
- Luftverunreinigungen und Lärm der Blockheizkraftwerke,

Die TA-Luft enthält unter anderem folgende Vorgaben:

Ablauf des Genehmigungsverfahrens		
Baurecht	**§ 19 BImSchG** (vereinfachtes Verfahren)	**§ 10 BImSchG** (förmliches Verfahren)
	Beratung vor Antragstellung (mit den Genehmigungsbehörden)	Beratung vor Antragstellung (mit den Genehmigungsbehörden)
Antragstellung: a) Antrag b) Antragsunterlagen: - Topographische Karte - Bauvorlage - Anlagen und Betriebsbeschreibung	**Antragstellung**: a) Antrag b) Antragsunterlagen: - Topographische Karte, - Bauvorlage, - Anlagen u. Betriebsbeschreibung, - Schematische Darstellung, - Maschinenaufstellungsplan, - Immissions prognose, - Reststoffplan	
		Öffentliche Bekanntmachung
		Auslegung des Antrages und der Unterlagen für einen Monat
		Erörterungstermin
	ggf. Beteiligung anderer Behörden ggf. Einholung von Sachverständigengutachten für eine Umweltverträglichkeitsprüfung	
Prüfung	Prüfung durch Genehmigungsbehörde	
Entscheidung	Entscheidung	
Zustellung der Entscheidung	Zustellung der Entscheidung	
ggf. Widerspruch durch - Antragsteller	ggf. Widerspruch durch - Antragsteller	ggf. Widerspruch durch - Antragsteller - betroffene Dritte
ggf. Klage vor dem Verwaltungsgericht		

Tabelle 7.1 Abfolge des Genehmigungsverfahrens.

- Mindestabstand zur nächstgelegenen Wohnbebauung von 300 - 500 m bei mehr als 10 t pro Tag Durchsatz und Abfällen wie Bioabfall.
- Bauliche und betriebliche Anforderungen bezüglich Annahme von Substraten (Abluftfilter), Ableitung von Sickerwasser. Lagerkapazität, Prozesswasser, Abgasbehandlung, Geruch etc.
- Emissionsgrenzwerte im Abgas sind einzuhalten (z.B. Grenzwert für Formaldehyd: 60 mg/m³ Abgas).
- Die Geruchsemission für Biofilter muss unter 500 Geruchseinheiten (GE) pro m³ Abgas liegen.

Das Einbringen von Wirtschaftsdüngern wie Gülle und Mist in die Biogasanlage macht eine veterinärrechtliche Zulassung notwendig. Nach der Verordnung (EG) Nr. 1069/2009 ist Gülle ein tierisches Nebenprodukt, das auch ohne Vorbehandlung (Pasteurisierung) verarbeitet werden kann. Innerhalb des Genehmigungsantrages ist die Zulassung mit dem zuständigen Veterinär abzustimmen und zu beantragen. Im Seuchenfall auf einem abgebenden Viehbetrieb werden hygienische Maßnahmen auf der Biogasanlage notwendig, für die schon im Vorfeld Vorkehrungen getroffen werden sollten (z.B. Desinfektionsmöglichkeit für Fahrzeuge).

Gärreste werden als schwach wassergefährdend, wie Gülle, angesehen. Daraus ergeben sich hauptsächlich bautechnische Anforderungen an die Biogasanlage (Rückhaltevermögen, Leckageerkennung für Behälter, doppelte Absperrschieber, etc.).

Weiter stellt der Wasserschutz Anforderungen an das Niederschlagswasser, das auf den versiegelten Flächen der Biogasanlage anfällt. Ggf. werden hier zusätzliche Anträge (z.B. zum Einleiten) notwendig, da das Wasserrecht nicht unter die oben erwähnte konzentrierende Wirkung des BImSchG fällt.

Das Ausbringen der Gärreste unterliegt den Anforderungen der Dünge- und Düngemittelverordnung sowie der „Verordnung über das Inverkehrbringen und Befördern von Wirtschaftsdünger" (WDüngV) aus 2010. Hier werden Flächen- und Liefernachweise gefordert, Grenzen für Nährstoffe, Fremdstoffe sowie zulässige Ausgangsstoffe zum Düngemittel vorgegeben.

Während des Betriebs der Biogasanlage anfallende, nachweispflichtige Abfälle (z.B. Altöl) müssen über eine dafür zugelassene Firma entsorgt werden.

Im Vorfeld des Anlagenbaus stellen der Arbeitsschutz und damit die Betriebssicherheitsverordnung Anforderungen an den Betreiber bzw. Arbeitgeber. Dabei wird eine Gefährdungsbeurteilung verlangt. Für eine Biogasanlage ergibt sich daraus immer, dass auch ein Explosionsschutzdokument (Ex-Schutz-Dokument) erstellt werden muss. Ein Ergebnis daraus ist ein Ex-Zonenplan. Für die Erstellung der genannten Dokumente ist der Betreiber verantwortlich.

8 Erneuerbare-Energien-Gesetz, Gasnetzzugangs- und Gasnetzentgeld-Verordnung

Das Erneuerbare-Energien-Gesetz (EEG) und weitere Gesetze in Folge haben die Rahmenbedingungen für die Biogaserzeugung und –nutzung derart verändert, dass ein Anlagenbetreiber nicht umhin kommt, sich mit dem Gepflogenheiten des Strom- und Gasmarktes, den Netzen und ihren Aufgaben näher vertraut zu machen. Dabei sind die Auswirkungen des EEG und der mit dem Gesetz verbundenen Regelungen so komplex, dass es notwendig erscheint, auf manche Begrifflichkeiten hier näher einzugehen. So wird von einem Anlagenbetreiber heute weitaus mehr Wissen über die Strommärkte verlangt als noch vor 10 Jahren. Dieses Wissen kann aber durchaus dazu beitragen, höhere Erlöse zu erzielen, vor allem wenn es darum geht, mit aus Biogas erzeugtem Strom zu handeln.

8.1 Der deutsche Strom- und Gasmarkt

Um Strom von seiner Erzeugungsstelle zum Verbraucher zu leiten, durchfließt er verschiedene Netze mit unterschiedlicher Spannung. Die europäischen ebenso wie die deutschen Stromnetze werden mit Wechselstrom und einer Netzfrequenz von 50 Hz betrieben. Obwohl alle elektronischen Haushaltsgeräte (Radio- und Fernsehempfänger, Computer etc.) für ihre Stromversorgung Gleichstrom benötigen, zählt in der Energieversorgung der große technische Vorteil von Wechselstrom, dass er sich mit Hilfe eines Transformators leicht in andere Spannungen umwandeln lässt.

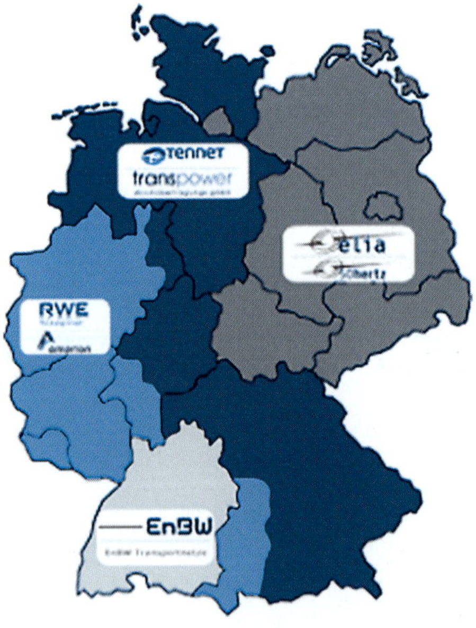

8.1
Deutsche Übertragungsnetzgebiete von TenneT, Elia, RWE und EnBW (Quelle: Wikipedia)

Das Höchstspannungsnetz ist ein *Übertragungsnetz* und dient zum Transport des Stromes über große Entfernungen, mit einer Spannung von 220 oder 380 kV. Es verteilt die von Kraftwerken erzeugte und ins Netz eingespeiste Energie zu den Transformatoren, die nahe an den Verbraucher liegen. Auch ist es über sogenannte Kuppelleitungen an das internationale Verbundnetz angeschlossen. In Deutschland sind es nur vier Firmen, die als Übertragungsnetzbetreiber (ÜNB) auftreten (siehe Abb. 8.1) und Deutschland in vier Regelzonen einteilt:

- Tennet TSO GmbH (TenneT, vormals transpower stromübertragungs gmbh und Tochter der E.ON AG)
- 50 Hertz Transmission GmbH (Muttergesellschaft Elia System Operator, vormals Vattenfall Europe Transmission)
- Amprion GmbH (RWE, bis Ende 2009 Firmierung unter RWE Transportnetz Strom)
- EnBW Transportnetze AG (EnBW)

Zu ihren Aufgaben gehört es, neben dem Betrieb der überregionalen Stromnetze für die Instandhaltung und Dimensionierung zu sorgen und allen Stromlieferanten freien Zugang zu den Netzen zu ermöglichen. Sie sind auch zuständig dafür, Netzschwankungen vorzubeugen. Diese entstehen z.B. dann, wenn die zu einem Zeitpunkt erzeugte elektrische Energie, nicht der verbrauchten elektrischen Energie entspricht. Die Prognose von Stromerzeugung und -verbrauch geschieht auf der Ebene der Bilanzkreise durch die Bilanzkreisverantwortlichen, welche in der Regel die Stromversorger (EVU) sind. Sie fassen rechnerisch die Einspeise- und Entnahmemengen von Strom zusammen und melden diese viertstündliche dem zuständigen ÜNB, so dass der Strombedarf relativ genau prognostiziert und gedeckt werden kann. Lediglich die Abweichungen von der Prognose werden, um Netzschwankungen zu verhindern, mit Regelenergie gedeckt. Die Vorhaltung der Regelenergie ist Aufgabe der Übertragungsnetzbetreiber.

Kommt es im Netz zu einem Bedarf an Regelenergie (z.B. durch unerwartet hohen Stromverbrauch bei Übertragung eines Fußballspiels oder Kraftwerksausfall) so werden zunächst die Stromreserven aller im europäischen Verbundnetz beteiligten ÜNB angezapft (Primärregelung, innerhalb von 5 sec). Danach ist das betroffene ÜNB für den Ausgleich zuständig (Sekundärregelung, Minutenreserve), und dauert die Netzschwankung länger als 60 Minuten, so sind die betroffenen Bilanzkreise für den Ausgleich zuständig (siehe Abb. 8.2). Im Jahr 2010 war nur an 24 Stunden im Jahr ein Bedarf an Regelenergie vorhanden. Daraus wird ersichtlich, dass die Relevanz des Regelenergiemarktes für einen Biogasanlagenbetreiber, welcher ganzjährig Energie anbieten kann, relativ gering ist. Allerdings sind es eben die Erlöse, die die Teilnahme am Regelenergiemarkt interessant machen. Zum einen wird die Leistungsbereitschaft vergütet und zum anderen dann die tatsächliche abgerufene Leistung. Je nach Versorgungslage im Stromnetz können für eine Kilowattstunde bis zu 1,50 €/kWh – sechsmal mehr als Endverbraucher zahlen – erzielt werden. Dabei sprechen die ÜnB vor allem den Wind- und Photovoltaikanlagen die Schuld für derart hohe Regelenergiekosten zu. Dass dies nicht stimmen kann, wird dadurch bestätigt, dass trotz deutlich steigender Wind- und Photovoltaikanlagen die tatsächlich bereitgestellte Regelleistung in den letzten Jahren konstant bzw. leicht rückläufig war. Die zunehmend verbesserten Wetterprognosemodelle ermöglichen heute schon eine sehr genaue Vorhersage, so dass der Anteil der Erneuerbare Energien am deutschen Energiemarkt nicht zu einer Erhöhung der Regelenergie führt.

Die *Regelenergie* wird über eine gemeinsame Internetplattform der Übertragungsnetzbetreiber täglich bis monatlich ausgeschrieben und eingekauft (www.regelenergie.net). Dabei geht es nicht nur darum, fehlende Stromkapazitäten aufzufüllen, sondern auch um die Vermeidung von zu viel Stromeinspeisung (z.B. durch hohes Windaufkommen). Dann müssen Kraftwerke zu- oder abgeschaltet bzw. hinauf- oder hinunter geregelt werden. Da Biogas eine speicherbare Energieform ist und die Höhe der Stromeinspeisung relativ problemlos steuerbar ist, bietet sich hier ein neues Betätigungsfeld für Anlagenbetreiber, ihren Strom zu verkaufen. Für Biogasanlagenbetreiber ist vor allem die Teilnahme an der Minutenreserve interessant, denn da hat man 15 Minuten Zeit, die Energie bereitzustellen. Die Primärreserve und die Sekundärreserve müssen in bis zu 5 Sekunden bereitgestellt werden, was einen enormen Steuerungsaufwand für die Biogasanlage bedeutet. Allerdings setzt die Aufnahme in den Pool der Regelenergieanbieter für die Minutenreserve eine Anlagenleistung von 15 MW und das Durchlaufen des Präqualifikationsverfahrens voraus, indem technische und organisatorische Details abgefragt (Dauer etwa 2 Monate) und eine technische Anlagenprüfung durchgeführt werden.

Da 15 MW Anlagenleistung in der Regel von Anlagenbetreibern nicht erreicht wird, bietet sich für Biogasanlagenbetreiber nur der Zusammenschluss mit anderen Anlagenbetreibern zu einem virtuellen Kraftwerk an, welches dann gemeinsam als ein Kraftwerk am Markt agiert. Anreiz dafür sind im neuen EEG (2012) die Management- und Flexibilitätsprämie sowie die Erlöse aus der Teilnahme am Regelenergiemarkt. Diese Art der direkten Stromvermarktung hat bislang nicht die notwendige Transparenz erlangt, die hilfreich wäre, um Anlagenbetreibern den Einstieg zu erleichtern. Für landwirtschaftliche Biogasanlagenbetreiber, deren Hauptarbeitsfeld die Landwirtschaft ist, ist es kaum zuzumuten sich auch noch mit diesem breiten Themenfeld auseinanderzusetzen.

Die fehlende Transparenz ist wohl mit ein Grund, warum sich bereits spezielle Dienstleister gefunden haben, die viele kleine Biogasanlagen zu einem Pool zusammenschließen, um die notwendige Leistung zu erreichen und als virtuelles Kraftwerk am Regelenergiemarkt teilnehmen zu können.

Strukturdaten zum Strom- und Gasmarkt

	Strom		Gas	
	ÜNB	VNB	FNB	VNB
Zahl der Netzbetreiber	4	866	18	695
Stromnetz-/Gasnetzlänge	34.954 km	1.696.742 km	46.682 km	452.722 km
Zahl der Letztverbraucher	145	48.196.504	867	13.576.423
Entnahmemengen der Letztverbraucher	28,3 TWh	439,7 TWh	261,9 TWh	651,9 TWh
ÜNB: Übertragungsnetzbetreiber, VNB Verteilnetzbetreiber				

Tabelle 8.1 Strukturdaten zum Strom und Gasmarkt in Deutschland.
Quelle: Bundesnetzagentur, Markt und Wettbewerb Energie Kennzahlen 2010

Analog zum Übertragungsnetzbetreiber gibt es *Verteilnetzbetreiber*, welche im Anschluss an die Übertragungsnetze der Höchstspannungsebene die Stromdurchleitung auf Hoch-, Mittel und Niederspannungsebene durchführen.

Das Hochspannungsnetz (50 bis 150 kV) sorgt für die Grobverteilung elektrischer Energie und ist ein Verteilnetz. Leitungen führen hier in verschiedene Regionen, Ballungszentren oder große Industriebetriebe. Abgedeckt wird ein Leistungsbedarf von 10 bis 100 MW.

Das Mittelspannungsnetz (6 bis 30 kV) verteilt den Strom an die Transformatorstationen des Niederspannungsnetzes oder Einrichtungen wie zum Beispiel Behörden, Schulen oder Industriebetriebe. Stadtwerke, die ebenfalls Kraftwerke, oft auch mit Kraft-Wärme-Kopplung, betreiben, speisen ihren Strom in dieses Netz ein.

Die Niederspannungsnetze mit einer Spannung von 230 V und 400 V sind für die Feinverteilung zuständig. Und leiten den Strom an die privaten Haushalte, kleinere Industrie- und Gewerbebetriebe weiter. Sie weisen im Gegensatz zu den Übertagungsnetzen eine stark verästelte Struktur mit relativ geringen Energieflüssen auf. Verteilnetzbetreiber sind typischerweise Energieversorgungsunternehmen, aber auch kommunale Einrichtungen wie Stadtwerke o.ä. Die Verteilnetze werden zunehmend wieder von den Kommunen zurückgekauft und in Eigenregie betrieben. Bekanntestes Beispiel sind die Schönauer Elektrizitätswerke im Schwarzwald, die 1991 als Bügerinititative erstmals in Deutschland das Verteilnetz zurückgekauft haben und nun selbst bestimmen, welche Art von Strom, zu welchem Preis durch ihre Netze an den Endkunden fließt.

Im Jahr 2010 waren etwa 880 Verteilnetzbetrieber und ca. 1060 Stromlieferanten sowie die vier im Bundesgebiet agierenden Übertragungsnetzbetreiber tätig. Alle werden von der Bundesnetzagentur kontrolliert und überwacht, welche mit Ge- oder Verboten in das Marktgeschehen eingreifen darf.

Analog zu den Stromnetzen funktionieren die Gasnetze (siehe Tabelle 8.1). Den Gastransport (Gasdruck bis zu 100 bar) über weite Strecken übernehmen die *Fernleitungsnetzbetreiber* (*FNB*). Die Verteilnetzbetreiber (VNB) liefern Gas (Gasdruck 4 bis 16 bar) an Endkunden, welche mit einem Gasdruck von unter 0,1 bar(Niederdruck) angeschlossen werden. Auch bei den Gasnetzen wird darauf geachtet, möglichst ein Gleichgewicht zwischen Gasbezug und -verbrauch herzustellen. Die tatsächliche Ausspeisung von Gas (Allokation) wird mit der prognostizierten abgeglichen.

8.2 Stromhandel

Strom wird entweder bilateral (OTC Handel) oder an der European Energy Exchange AG (EEX) in Leipzig gehandelt. Über Dreiviertel des Stromvolumens in Deutschland wird bilateral verhandelt. Nur etwa 25% des Stromvolumens wird an der EEX gehandelt.

Im Strom-Terminmarkt (EEX) werden langfristige Wochen-, Monat-, Quartals- und Jahresverträge gehandelt. Der Strom-Spotmarkt (EPEX), der kurzfristige Handel, läuft über eine gemeinsame Gesellschaft EPEX in Paris. Der Intradaymarkt bedient die während eines Tages auftretenden kurzfristigen Änderungen durch Kraftwerksausfall oder unerwartete Nachfrage-Spitzen der Kunden. Seit 2010 veröffentlicht die EEX den European Electricity Index (ELIX), der einen Referenzpreis für den europäischen Strommarkt darstellt. Er wird täglich für den nächsten Tag errechnet.

An den Spotmärkten wurden 2010 Durchschnittsstrompreise von 44,49 €/MWh für Deutschland und Österreich erzielt.

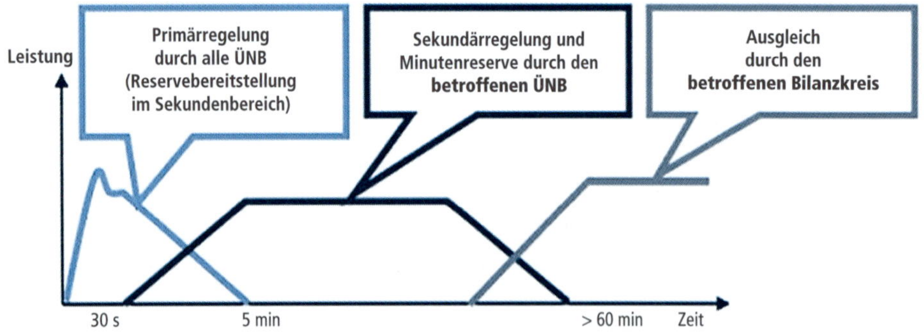

8.2
Abblauf des Einsatzes der Regelenergie (Quelle: Transpower Gmbh)

8.3 Das EEG

Begonnen hatte alles mit dem Stromeinspeisegesetz von 1990. Durch die Stromabnahmepflicht und die Festlegung von Einspeisevergütungen, welche die externen Kosten konventioneller Stromerzeugung berücksichtigen, sollten „faire Bedingungen" für erneuerbare Energieträger geschaffen werden. Die im Stromeinspeisegesetz festgelegte 5%-Grenze wurde bald überschritten, die geografische Verteilung der Kosten machte eine Anpassung nötig und führte 2000 zur Einführung des Erneuerbare Energien Gesetzes EEG. Es sind die garantierte Netzanbindung, Abnahme und Einspeisung von Strom sowie der festgelegte und garantierte Strompreis, die das EEG im Detail zu etwas Besonderem machen.

Bis zum Jahr 2020 soll der Anteil der Erneuerbaren Energien (EE) an der Stromversorgung in Deutschland auf mindestens 35% steigen, bis 2050 auf 80%! Der Anteil Erneuerbarer Energien am Bruttostromverbrauch hat sich seit Einführung des EEG von ca. 6% auf ca. 17% (2010) erhöht. Erst der internationale Vergleich zeigt, wie einzigartig und erfolgreich dieses Gesetz den Ausbau Erneuerbarer Energien fördert (siehe Abb. 8.3). Im Gegensatz zur Entwicklung in Deutschland hat sich der Anteil der Erneuerbaren Energien weltweit bzw. in der OECD kaum geändert. Und der steigende Anteil in der EU ist zu großen Teilen auf den deutschen Ausbauerfolg zurückzuführen.

Mittlerweile haben bereits 19 europäische Mitgliedsstaaten – weltweit sind es 44 Staaten – das Einspeisesystem übernommen, um Erneuerbare Energien auf dem Strommarkt zu fördern.

Aktuelle Zahlen liegen aus dem Jahr 2009 vor (EEG Statisitkbericht der Bundesnetzagentur). Im Bundesgebiet lag die gesamte installierte Leistung der nach EEG vergüteten Anlagen bei 41.355 MW (Abb. 8.4). Niedersachsen und Bayern führen die Bundesländer an. Thüringen, Hessen, Sachsen, Mecklenburg-Vorpommern und Rheinland-Pfalz bilden die Schlusslichter. Von den rund 4000 MW installierter Leistung der nach EEG vergüteten Biomasseanlagen stammen allein 20% aus Bayern, 17% aus Niedersachsen und 13% aus Baden-Württemberg.

Betrachtet man die verschiedenen erneuerbaren Energieformen Solar, Biomasse, Wasser, Gas, Geothermie und Wind (Tab.8.3), so stieg deren installierte Leistung von 2008 nach 2009 um 19%. Die Biomasseanlagen haben zwar nur einen Anteil von 10% an der installierten Leistung, liefern aber immerhin 31% der tatsächlich eingespeisten Arbeit. Dagegen liefert die Windenergie bei 61% Anteil an der installierten Leistung nur 51% der tatsächlich eingespeis-

Zusammensetzung des Strompreises	Preis	Anteil
KWK-Umlage	0,2 ct/kWh	1%
Vertrieb	0,8 ct/kWh	3%
Messung	0,8 ct/kWh	3%
EEG-Umlage	1,1 ct/kWh	5%
Konzessionsabgabe	1,8 ct/kWh	8%
Stromsteuer	2,0 ct/kWh	9%
Erzeugung	6,9 ct/kWh	30%
Netzentgelt	5,9 ct/kWh	25%
Mehrwertsteuer	3,7 ct/kWh	16%
Summe	**23,2 ct/kWh**	**100%**

Tabelle 8.2
Zusammensetrzung des Strompreises (Stand 2009, www.unendlich-viel-energie.de).

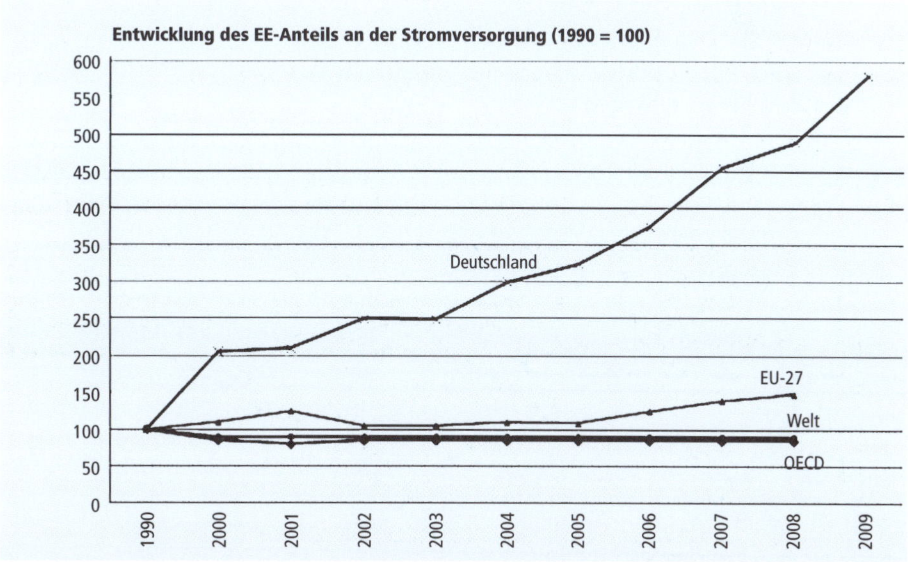

8.3
Entwicklung des Anteils der erneuerbaren Energien an der Stromerzeugung in verschiedenen Regionen bezogen auf das Jahr 1990.
Quelle: EEG-Erfahrungsbericht 2011

ten Arbeit. Die Solarbranche steuert 9% der tatsächlich eingespeisten Arbeit bei (bei 24% der installierten Leistung). Trotz der erfreulichen Marktentwicklung in Deutschland zeigt ein Blick auf Tab. 8.5, dass der Anteil der Erneuerbaren Energien am gesamten Energiebedarf noch relativ gering ist. Gerade einmal 17% des deutschen Strombedarfs, 10% des deutschen Wärmebedarfs und nur 6% des Kraftstoffverbrauchs werden klimafreundlich und nachhaltig erzeugt.

EEG-Umlage

Finanziert werden die Mehrkosten der Förderung der EE gegenüber konventionellem Strom von den Stromverbrauchern über die sogenannte EEG-Umlage im Strompreis, die in der Stromrechnung zu den Grundkosten des Stroms hinzugerechnet werden. Letztlich funktioniert die Finanzierung nach dem Verursacher-Prinzip: Wer viel Strom benötigt, fördert auch entsprechend viel Strom aus EE. Die Umlage steigt, je höher der Anteil der EE am Energiemix in Deutschland ist. Deshalb wurde das Instrument der Degression eingeführt. Man geht also davon aus, dass Biogasanlagen, je mehr davon gebaut werden, kostengünstiger angeboten werden, so dass der Einspeisetarif deshalb sinken kann. Das soll ein ungehindertes Steigen der EEG-Umlage verhindern. Experten erwarten, dass die Umlage in den nächsten fünf Jahren noch moderat steigen wird und dann abfällt. Jedenfalls lassen sich die Strompreiserhöhungen nicht immer ursächlich mit dem Anstieg der EEG-Umlage begründen. Vergleicht man die Zusammensetzung der Stromkosten (Tab. 8.2), so macht die EEG-Umlage auch zukünftig nur den geringeren Anteil aus (5 bis 15%).

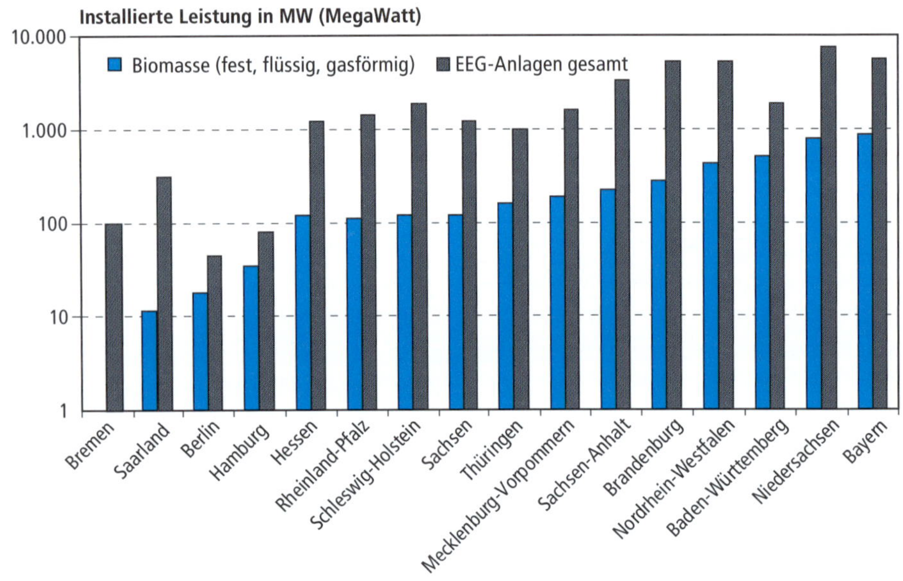

8.4 Installierte Leistung in MW von nach EEG vergüteten Anlagen. (Stand 2009, EEG Statistikbericht 2011)

Leistung, Arbeit und Vergütung von Erneuerbaren Energien							
	Installierte Leistung MW	%	Zuwachsrate gegenüber 2008	Eingespeiste Arbeit GWh	%	Einspeisevergütung Mio.€/a	%
Solar	9914	24	62%	6576	9	3156	29
Biomasse	4102	10	7%	22980	31	3700	34
Wasser	1340	3	6%	4878	6	382	4
Gas	641	2	0%	2019	3	143	1
Geothermie	8	0,02	140%	19	1	4	0
Wind	25350	61	11%	38589	51	3395	32
Summe	41355	100	19%	75053	100	10779	100

Tabelle 8.3 Installierte Leistung, eingespeiste Arbeit und geleistete Einspeisevergütung nach Branchen 2009 (EEG Statistikbericht 2011)

Clearingstelle EEG

Die Clearingstelle EEG wurde 2007 durch das Bundesministerium für Umwelt, Naturschutz und Reaktorsicherheit (BMU) eingerichtet. Aufgrund der vielen ungeklärten Fragen, die sich aus der Umsetzung des EEG in die Praxis ergeben, sollte eine „neutrale Einrichtung zur Klärung konkreter Streitigkeiten und abstrakter Anwendungsfragen im Bereich des Erneuerbare-Energien-Gesetzes (EEG)" geschaffen werden. Sie bietet keine Rechts- oder Projektberatung, unterstützt aber durch ihre unabhängige Fachkompetenz die beteiligten (Streit)Parteien bei der Lösungsfindung. Die Empfehlungen der Clearingstelle EEG sind nicht rechtlich bindend. Nutzen kann die Clearingsstelle jeder, der aus dem EEG berechtigt ist. Erfreulicherweise werden keine Gebühren oder Entgelte für die Inanspruchnahme erhoben.

Bundesnetzagentur

Eine weitere für die Biogasbranche relevante Einrichtung ist die Bundesnetzagentur. Ihre Aufgabe ist es, für Liberalisierung und Deregulierung auf dem Elektrizitäts- und Gasmarkt zu sorgen. Sie verfügt über Informations- und Untersuchungsrechte sowie Sanktionsmöglichkeiten, wenn Unternehmen ihren Pflichten nicht nachkommen. Ihre wichtigste Aufgabe erscheint allerdings die Offenlegung der Daten bezüglich der Einspeisung von Erneuerbaren Energien in das Strom- und Gasnetz. Deshalb sind alle EEG-Anlagenbetreiber verpflichtet, die dafür notwendigen Daten jährlich zur Verfügung zu stellen. Für den interessierten Laien geben diese Berichte einen sehr kompakten Überblick über die branchenspezifische Entwicklung der Stromeinspeisung, der Vergütungshöhe, der Direktvermarktung und des Grünstromprivilegs sowie der Gaseinspeisung .

8.4 Vergütung nach EEG 2012

Die aktuellen Vergütungssätze sind in Tabelle 8.4 aufgeführt. Für Anlagen, die vor 2012 in Betrieb genommen wurden, gelten die Tarife des im jeweiligen Inbetriebnahmejahr gültigen EEG. Die Vergütung setzt sich zusammen aus Grundvergütung und Vergütung der Rohstoffklasse I und/oder II. Dabei wird die Vergütungshöhe anteilig aus dem Energiegehalt des jeweils verwendeten Substrates errechnet. Welches Substrat eingesetzt wird und in welche Vergütungsklasse es fällt, regelt die Biomasseverordnung. Im Anhang 1 sind die Energiegehalte der Substrate aufgelistet, die keine Vergütung erhalten, aber erlaubt sind, wie z.B. Altbrot, Getreideausputz u.ä. Im Anhang 2 sind die Energiegehalte typischer landwirtschaftlicher Kulturarten gelistet und Anhang 3 beinhaltet extensive Kulturarten, Gesundungsfrüchte wie Phacelia, Zwischenfrüchte sowie Wirtschaftsdünger. Zum Nachweis der verwendeten Substrate ist ein Einsatzstoff-Tagebuch (Art, Menge, Einheit, Herkunft) zu führen. Wird das Biogas in das Erdgasnetz eingespeist, gibt es je nach Nennleistung der Biogasaufbereitungsanlage einen zusätzlichen Bonus zwischen 1und 3 ct/kWh.

Anlagen, die mindestens 80% Gülle oder Mist von Rind, Schwein, Ziege, Schaf, Pferd und eine maximale installierte Anlagenleistung von 75 kW_{el} vor Ort (keine Satelliten-BHKW) aufweisen, erhalten 25 ct/kWh. Bei großen Anlagen zwischen 500 und 5000 kW geht die Vergütung für Wirtschaftsdünger der Vergütungsklasse II auf 6 ct/kWh zurück.

Außerdem gelten noch folgende Bedingungen:

- Alle Anlagen über 100 kW installierter Leistung müssen eine ferngesteuerte Regelung zur Einspeiseleistung aufweisen, so dass der Netzbetreiber die Anlagenleistung bei Bedarf reduzieren kann.
- Neu zu errichtende Gärrestlager müssen gasdicht sein, das Volumen muss 150 Tage Verweilzeit gewährleisten. Zusätzliche Gasverbrauchseinrichtungen (Gasfackel) zur Vermeidung von Biogasfreisetzung im Störfall sind ebenso Pflicht.
- Alle Anlagen müssen eine Mindestwärmenutzung von 60% der in der Kraft-Wärme-Kopplung anfallenden Wärme nachweisen. Für die Prozesswärme werden 25% angerechnet, also müssen Wärmeabnehmer für 35% des Wärmeaufkommens vorhanden sein. Eine Ausnahme gilt hier, wenn im Durchschnitt über das Jahr mindestens 60% (Massen-%) des Substrates aus Gülle oder Mist besteht.
- Der Anteil von Mais (Silomais, CCM, Lieschkolbenschrot, Körnermais) und Getreidekorn darf nicht mehr als 60% von der Gesamtsubstratmenge (Masse) ausmachen, sonst verringert sich der Vergütungsanspruch. Ein Umweltgutachter überprüft dies jährlich.
- Neu ist, dass eine Vermischung zwischen landwirtschaftlichen Substraten und Sub-

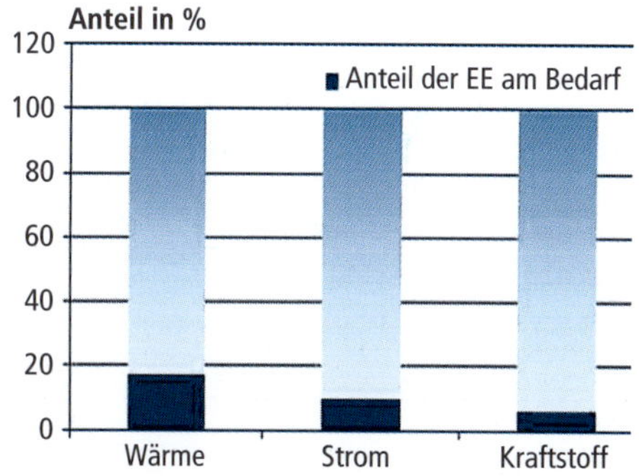

8.5
Anteil der Erneuerbaren Energieträger (EE) am Strom-, Wärme- und Kraftstoffbedarf in Deutschland.
(Stand 2010, Quelle: unendlich-viel-energie)

Vergütungen von eingespeistem Strom aus Biogasanlagen nach EEG 2012

Leistungsklassen bis kW	Grundvergütung ct/kWh	Einsatzstoffvergütungsklasse I ct/kWh	Einsatzstoffvergütungsklasse II ct/kWh	Vergärung von Bioabfällen ct/kWh	Gasaufbereitungsbonus ct/kWh	bei Nennleistung der Gasaufbereitungsanlage
75		25		-		
150	14,3	6,0	8,0	16	3	bis 700 Nm^3/h
500	12,3	6,0	8,0	16	2	bis 1000 Nm3/h
750	11,0	5,0/2,5	8,0/6,0	14	1	bis 1400 Nm^3/h
5000	11,0	4,0/2,5	8,0/6,0	14		
20000	6,0	0,0	0,0	14		

Tabelle 8.4 Vergütungstabelle nach EEG 2012

straten, die der Bioabfallverordnung unterliegen, möglich ist. Aber Achtung, die landwirtschaftliche Anlage wird dann automatisch eine Bioabfallbehandlungsanlage mit den entsprechenden technischen und rechtlichen Anforderungen.

- Bei Vergärung von Bioabfällen müssen 90% der Substrate auch Abfälle im Sinne der Bioabfallverordnung (Anhang 1 Nr. 1) sein und die Anlagen müssen mit einer Nachrotte ausgestattet sein.
- Ab 2013 sinkt die Grundvergütung jährlich um 2%.

Sämtliche relevanten Gesetze und Verordnungen wie die Biomasseverordnung und ihre Anhänge 1 bis 3 sowie eine detaillierte Erläuterung zur Vergütungsstruktur des EEG 2012 finden sich auch auf der Hompage des Fachverbandes Biogas e.V.

Direktvermarktung

EEG-Anlagenbetreiber können den in ihrer Anlage erzeugten Strom an Dritte veräußern. Dann entfällt der EEG-Vergütungsanspruch. Es besteht die Möglichkeit, den gesamten erzeugten Strom direkt zu vermarkten oder nur einen Anteil, für den verbleibenden Rest wird dann die Einspeisevergütung des EEG in Anspruch genommen.

Hintergrund dieser Regelung ist, dass nach Auslaufen der EEG-Vergütung der Betreiber seinen Strom am Strommarkt an Dritte verkaufen muss. Daher erscheint es vernünftig, die Betreiber frühzeitig und relativ risikolos an den Handel am Strommarkt heranzuführen. Außerdem wird dadurch das verstärkte Einspeisen von Strom gefördert, und zwar genau dann wenn er tatsächlich gebraucht wird. Große Biogasanlagen sollen so ihren Beitrag zur bedarfsgerechten Stromerzeugung leisten.

Risikolos sind die Versuche der Direktvermarktung deshalb, weil der Betreiber monatlich zwischen Direktvermarktung und EEG-Vergütung wechseln kann und durch die Gewährung der *Marktprämie* letztlich immer die Höhe der EEG-Vergütung erreicht. Als Entschädigung für den Mehraufwand erhält er zusätzlich eine Managementprämie.

Die *Marktprämie* wird monatlich von den ÜNB festgestellt. Es ist ein monatlicher Durchschnittswert für Strom der an der Strombörse EPEX am Spotmarkt gehandelt wurde (Tabelle 8.5).

Die Höhe der *Managementprämie* beläuft sich für Biogas auf 0,3 Cent je kWh im Jahr 2012 und sinkt bis zum Jahr 2015 stufenweise auf 0,225 Cent je kWh ab, bleibt aber in den darauf folgenden Jahren garantiert. Ab 2014 wird für Biogasanlagen ab 500 kW Leistung die Nutzung der Marktprämie verpflichtend.

Zusätzlich zur Marktprämie können Direktvermarkter vom Netzbetreiber für maximal 10 Jahre eine sogenannte *Flexibilitätsprämie* einfordern, wenn der gesamte Strom direkt vermarktet wird und die Anlage für einen bedarfsorientierten Betrieb technisch geeignet ist. Es muss eine jederzeit abrufbare Leistungsreserve von mindestens 20% bis maximal 50% der installierten Leistung vorhanden sein. Für diese Leistungsreserve erhält der Betreiber pro Jahr 130 € pro kW.

Grünstromprivileg

Stromhändler (meist Elektrizitätsversorgungsunternehmen) sind von der Zahlung der EEG-Umlage an den Übertragungsnetzbetreiber befreit, wenn sie, bezogen auf die gesamte von ihnen gelieferte Strommenge mindestens 50% Strom aus EEG-Anlagen an Letztverbraucher liefern (EEG §37). Der EEG-Strom der EEG-Anlagenbetreiber wird dabei direkt an den betreffenden Händler verkauft (Direktvermarktung). Dadurch entstehen dem Stromhändler Kostenvorteile gegenüber denen, die die EEG-Umlage entrichten müssen.

8.5 Stromabnahme und Netzanschluss

Neben der oben dargestellten Mindestvergütung ist im EEG auch die Abnahme- und Vergütungspflicht geregelt. Danach sind die Netzbetreiber verpflichtet, den gesamten angebotenen Strom abzunehmen und entsprechend den im EEG festgelegten Sätzen zu vergüten. Der Betreiber kann also sicher sein, dass sein Strom abgenommen und bezahlt werden muss.

Desweiteren ist im EEG geregelt, dass der Strom aus Biogas-BHKW-Anlagen vorrangig abzunehmen ist. Kann beispielsweise eine 20 kV-Leitung keinen Strom mehr aufnehmen, weil sie mit Strom aus konventionellen Kraftwerken ausgelastet ist, muss der Netzbetreiber den Strom aus der Biogasanlage vorrangig abnehmen. Der Netzbetreiber kann also nicht auf das bereits ausgelastete Netz verweisen. Ist das Netz zu schwach, um den Strom aufzunehmen, so ist der Netzbetreiber verpflichtet, das Netz auszubauen.

Aber der Netzbetreiber ist ermächtigt, Biogasanlagen vom Netz zunehmen, um Netzüberlastungen zu vermeiden (§11 EEG). Dazu müssen alle Anlagen eine Einrichtung zur ferngesteuerten Reduzierung der Einspeiseleistung aufweisen. Für diesen sogenannten „runtergeregelten“ Strom besteht Anspruch auf Vergütung und der Netzbetreiber hat binnen 4 Wochen einen Nachweis für die Erforderlichkeit der Maßnahme vorzulegen.

Grundsätzlich hat der Netzbetreiber die Netzausbaukosten und der Anlagenbetreiber die Anschlusskosten zu tragen. Dabei soll die Netzanbindung an dem Punkt stattfinden, wo sie technisch ohne Einschränkung und am kostengünstigsten möglich ist. Der Netzbetreiber ist weiterhin dazu verpflichtet, in Form einer nachvollziehbaren Netzberechnung kostenlos darüber Auskunft zu geben,

- ob das BHKW der geplanten Biogasanlage am Standort angeschlossen werden kann,
- wie groß die abnehmbare Strommenge am geplanten Standort ist,
- wo der vorgeschlagene Verknüpfungspunkt liegt und
- wie hoch insgesamt voraussichtlich die Kosten des Netzanschlusses sein werden.

Zum Vergleich empfiehlt es sich, hier auch das Angebot eines Elektrofachmannes über die Kosten und technischen Anforderungen zum Anschluss der Biogasanlage einzuholen.

In der Praxis ist die Zusammenarbeit mit den zuständigen Elektrizitätsversorgungsunternehmen zum notwendigen Netzanschluss allerdings alles andere als einfach. Einerseits gibt es sehr aufgeschlossene Unternehmen, die EEG-Anlagen unterstützen und die den Biogasanlagen wohlgesonnen gegenüberstehen; andererseits aber versucht die Mehrheit der Unternehmen immer noch, mit rechtlichen Einwendungen der Abnahme- und Vergütungspflicht Steine in den Weg zu legen. Aus diesem Grund hat der Fachverband Biogas einen juristischen Beirat gegründet, der sich strittigen Rechtsfragen und unklarer Formulierungen im EEG annimmt und sie zu klären versucht.

Auch zeigen sich immer wieder unglaubliche Unterschiede bei den Kosten von ein- und derselben Leistung. Vor allem die Ermittlung und Interpretation des technisch und wirtschaftlich günstigsten Anschlusspunktes führt immer wieder dazu, dass Kosten auf Anlagenbetreiber abgewälzt werden, die eigentlich dem Netzbetreiber zuzuschreiben sind. Es empfiehlt sich deshalb in vielen Fällen, beim Thema Netzanschluss einen Rechtsanwalt an der Seite zu haben. Eine Liste von sachkundigen Anwälten ist über den Fachverband Biogas e.V. zu beziehen. Außerdem kann die Clearingsstelle EEG befragt werden. Im Zweifel sollte man vertragliche Vereinbarungen mit dem EVU immer nur „unter Vorbehalt“ unterschreiben, denn damit werden unterschriebene Verpflichtungen, die sich im Nachhinein als nicht gesetzeskonform ergeben, unwirksam.

Auf jeden Fall wird die Kontaktaufnahme mit dem zuständigen EVU dringend empfohlen, und zwar auf jeden Fall frühzeitig vor Baubeginn. Dabei sind vor allem folgende Fragen zu klären: Welche Leistung soll eingespeist werden? Wo liegt der nächste Transformator? Reicht die vorhandene Versorgungsleitung des EVU aus? Was kostet der elektrische Anschluss?

Auch führt der Anlagenbegriff immer wieder zu Irritationen. Als Anlage per Gesetz wird nicht die gesamte Anlage (Fermenter, Lagerbehälter, Rührwerke, BHKW, Einbringtechnik etc.) betrachtet, sondern nur das BHKW. Gerade bei bestehenden Anlagen kommt es bei Erweiterung der Anlage durch ein BHKW zu Diskussionen, ob es sich bei dem BHKW nun um eine neue Anlage handelt und damit wieder 20 Jahre Vergütungsanspruch erwirkt wurde, oder ob es sich lediglich um eine Erweiterung handelt. Auch die Stellung der Satelliten-BHKW ist nicht eindeutig geklärt. Mehrere Anlagen (man meint BHKW) werden bezüglich des Vergütungsanspruches unabhängig von den Eigentumsverhältnissen als eine Anlage definiert (EEG 2012). Zur Klärung dieser Fragen, ist im Bedarfsfall juristischer Rechtsbeistand dringend empfohlen.

8.6 Gaseinspeisung und Gasnetzzugangsverordnung

Der Vorteil der Einspeisung von Biogas in das vorhandene Gasnetz besteht darin, dass die Strom- und vor allem die Wärmenutzung optimal an die gegebenen Verhältnisse angepasst werden kann. Biogas wird eingespeist und dieselbe Menge an einem anderen Ort ausgespeist (verbraucht). Wie beim Strom gibt es keinen tatsächlichen physischen Transport des Biogases zum (ggf. weit entfernten) Ausspeisungsort.

Die wichtigsten Vorteile sind

- Stromerzeugung dort, wo auch Abnehmer der Wärme vorhanden sind,
- Stromerzeugung dort, wo auch Strom benötigt wird,
- Stromerzeugung dann, wenn Strom gebraucht wird,
- Bei Einspeisung ins Erdgasnetz bleiben die Verwertungswege Strom, Wärme und Kraftstoff flexibel.

Erlöse aus Biogasstrom	
Direktvermarktung	Vergütung ct/kWh
EEG-Vergütung der Anlage z.B.	20,0
durchschnittlicher Marktpreis des vergangenen Monats (EPEX)	5,0
Managementprämie	0,3
Marktprämie (vom ÜNB) = EEG - Marktpreis + Managementprämie	15,3
tatsächlich erzielter Strompreis am Strommarkt (= mindestens der Marktpreis)	5,0
Gesamterlös (mindestens)	20.3

Tabelle 8.5
Mögliche Erlöse aus der Direktvermarktung von Biogasstrom.

Die neue Gasnetzzugangsverordnung von 2010 regelt speziell die Einspeisung von Biogas (Teil 11a). Darin wird festgelegt, dass die Netzanschlusskosten zu 75% vom Netzbetreiber zu tragen sind. Die Anschlusskosten für den Anschlussnehmer (Biogasbetreiber) dürfen 250.000 € nicht überschreiten, sofern die Verbindungsleitung nicht länger als 1 km ist. Überschreitet sie 1 km bis 10 km sind die Kosten anteilig (25% der Biogasbetreiber) zu verteilen. Ist die Verbindungsleitung länger als 10 km, muss sie der Biogasbetreiber selbst zahlen. Die Betriebs- und Wartungskosten der Anschlussleitung trägt der Netzbetreiber. Der Netzanschluss muss dauerhaft zur Verfügung stehen, und ein gemeinsamer Realisierungsfahrplan muss vereinbart werden. Für die Netzverträglichkeitsprüfung wurden Preise zwischen unter 2000 € und über 10.000 € verlangt. Netzentgelte für die Durchleitung des Gases übernehmen die Netzbetreiber.

Die Vergütungssätze des EEG gelten bei Gaseinspeisung nur dann, wenn Biogas eingespeist wird, um an anderer Stelle wieder entnommen und verstromt zu werden. Hierbei muss der rechnerische Nachweis erbracht werden, dass die erzeugte Strommenge der eingespeisten Gasmenge entspricht. Es besteht also keine Abnahme- und Vergütungspflicht wie beim Strom!

2010 haben 44 Anlagen 270 Mio. m³ Biogas ins Gasversorgungsnetz eingespeist. Die Zielvorgaben liegen allerdings bei 6 Milliarden m³ jährlich, bis 2030 sogar 10 Mill. m³ jährlich. Insofern sind die Ergebnisse des Biogas-Monitoringberichts der Bundesnetzagentur sehr ernüchternd. Ein Grund für die geringe Einspeisung ist die Preissituation am Gasmarkt. Der Marktpreis (Einkauf) für fossiles Erdgas liegt aktuell bei durchschnittlich 1,7 Cent pro Kilowattstunde (Stand 2011). Gaskunden bezahlen in etwa 8 ct/kWh. Dagegen lagen die Herstellungskosten für aufbereitetes Biogas in Erdgasqualität zwischen 1,3 und 9,3 Cent pro kWh, im Mittel bei 6,2 Cent. Die Einkaufspreise für Biogas lagen zwischen 6,5 und 8,3 ct/kWh und die Verkaufspreise zwischen 6,3 und 9,3 ct/kWh. Bei diesen Preisen ist es unerlässlich, einen Abnehmer für das eingespeiste Biogas zu haben, um einen Vergütungsanspruch nach dem EEG zu erhalten.

Es zeichnet sich ab, dass die Gasnetzbetreiber ähnlich verzögernd agieren wie die Stromnetzbetreiber. Die Inbetriebnahme des Netzanschlusses dauerte durchschnittlich zehn Monate ab Anschlussbegehren.

Ein wesentlicher Streitpunkt im Zusammenhang mit dem Netzanschluss ist, analog zum Stromanschluss, die Definition des gesamtwirtschaftlich kostengünstigsten und technisch umsetzbaren Anschlusspunktes. Es empfiehlt sich auch hier, die Clearingstelle EEG sowie den juristischen Beirat des Fachverbandes Biogas zu kontaktieren.

Unter Umständen ist auch beim Thema Netzanschlusspunkt ein juristischer Beistand zu empfehlen.

Grundsätzlich besteht natürlich auch die Möglichkeit, das Biogas nicht aufzubereiten und ein eigenes Biogasnetz aufzubauen oder ein bestehendes Erdgasnetz umzufunktionieren. Beispiele für Biogasnetze gibt es bereits (z.B. Bioenergie Region Wendland oder etwa in Güssing, Österreich).

9 Anlagenplanung, Kosten und Wirtschaftlichkeit

Wird der Bau einer Biogasanlage in Erwägung gezogen, so ist die Einbindung einer solchen Anlage in die Betriebsabläufe unter technischen, organisatorischen und arbeitswirtschaftlichen Gesichtspunkten frühzeitig und sorgfältig zu prüfen und zu planen (siehe Abb. 9.1). Entsprechend wird es in den Kapiteln 9.1 bis 9.5 um die Konzeption, Dimensionierung und Planung der Anlagenkomponenten gehen.

In Anbetracht der vergleichsweise hohen Investitionen müssen neben der Anlagenplanung auch betriebswirtschaftliche Überlegungen und Berechnungen angestellt werden. Dazu wird in Kap. 9.6 die Vorgehensweise bei einer Kosten-Nutzen-Rechnung dargestellt. In Kapitel 9.7 werden anhand von vier Beispielen die Berechnung der Wirtschaftlichkeit erläutert und die Kosten dem Nutzen der Biogaserzeugung gegenüber gestellt und vergleichbar gemacht.

Die Checkliste zum Werdegang einer Biogasanlage zeigt übersichtlich, welche Schritte auf dem Weg zur fertigen Biogasanlage erforderlich sind. Zu welchem Zeitpunkt ein Berater, Planer oder Hersteller hinzugezogen wird, muss der einzelne selbst entscheiden.

9.1 Checkliste beim Bau einer Biogasanlage

1. *Grundsätzliches Interesse* an selbst erzeugter, regenerativer Energie und der Biogasanlagentechnik: Informationen einholen über den Fachverband Biogas e.V.(FVB), über das Amt für Landwirtschaft (AELF), durch Fachzeitschriften und Bücher, durch Tagungen und Kurse sowie über erfahrene Biogasanlagenbetreiber.
2. *Besichtigung von Biogasanlagen*, möglichst von solchen, die unter ähnlichen Voraussetzungen arbeiten, wie sie der eigene Betrieb bietet.
3. *Klären der Wirtschaftlichkeit einschließlich Kostenaufstellung* durch eine kompetente Stelle (z.B. AELF, Landtechnische Universitäten, Ingenieurbüros oder Hersteller von Biogasanlagen). Wichtig ist, bei den Gasausbeuten und Stromerträgen keine Spitzenwerte, sondern Durchschnittswerte einzusetzen.
4. Welche Wärmeverwertungsmöglichkeiten bestehen (Trocknen,Heizen)? Können Nachbarn als Wärmeabnehmer bereits im Vorfeld eingebunden werden?
5. Vor allem bei größeren Bauvorhaben unbedingt auf die Akzeptanz in der Bevölkerung achten. Durch frühzeitige Einbindung und wirtschaftliche Teilhabe kann die Skepsis gegenüber Biogasanlagen deutlich vermindert werden.
6. *Klären der Fördermöglichkeiten,* z.B. über die Informationsschriften des FVB, über das AELF, Landtechnische Universitäten, Ministerien oder Zeitschriften. Die Förderprogramme sind meist unterschiedlich aufgebaut und stellen unterschiedliche Anforderungen an den Interessenten (z. B. Junglandwirt, ländlicher Raum, Umweltschutz, keine Cofermentation). Eines haben alle Förderungen gemeinsam: Es darf mit der Maßnahme nicht begonnen werden, ehe die Förderzusage erteilt wurde.
7. *Klären der Finanzen*: Ist ausreichend Eigenkaptial vorhanden? Wie sieht die Liquidität des Gesamtbetriebes vor und nach der Investition aus? Zu überlegen ist hier auch, ob andere Investitionen in den kommenden Jahren nötig werden und ob es vernünftig ist, das Eigenkapital derart lange zu binden.
8. *Möglichkeiten der Zupacht und des Zukaufs von NawaRo prüfen:* Sowohl für die Festlegung der Größe und Art der Biogasanlage als auch für die Einspeisetarife ist es entscheidend zu wissen, welche Stoffe verwendet werden und in welcher Menge und wie lange sie sicher zur Verfügung stehen. Bei Zupacht sollte auf eine lange und rentable Regelung geachtet werden. Ebenso sollte beim Zukauf von Substraten auch auf ihre Verfügbarkeit über Jahre hinweg geachtet werden. Unter Umständen entsteht durch den Bau neuer Biogasanlagen ein Konkurrenzdruck auf Flächen und Substrate.

9. *Möglichkeiten der Cofermentation prüfen*: Dasselbe gilt bei der Nutzung organischer Reststoffe. Sowohl für die Größe und Art der Biogasanlage als auch für die Vergütung ist entscheidend, ob Cofermentation mit organischen Reststoffen betrieben werden soll. Wenn ja, dann ist wiederum entscheidend, welche Cofermentationsstoffe eingesetzt werden sollen.

10. *Liefervertrag für Cofermentationsstoffe*: Grundsätzlich ist zu beachten, dass für die Lieferung der Zuschlagstoffe entweder ein *ordentlicher Vertrag* mit einer Mindestlaufzeit von 5 Jahren abgeschlossen werden sollte, damit sich die zusätzlichen Kosten beim Bau der Biogasanlage auch amortisieren, ggf. auch bei Verlust der Fördergelder. Lässt sich kein Vertrag abschließen, muss die Biogasanlage sich auch nach Wegfall der Zuschlagstoffe (z.B. nach einem halben Jahr) noch wirtschaftlich betreiben lassen. Will man Cofermentation betreiben, ist eine Vollkostenrechnung aufzustellen. Diese sollte auch die Aufwendungen für die Vergärung, die Verstromung, die Lagerung und auch für die Ausbringung des Cosubstrates beinhalten. Nur auf die Reststoffvergütung, den zusätzlichen Gas- und Stromertrag zu schauen, wäre grundlegend falsch.

11. *Festlegen der Art und Größe der Biogasanlage*: Sind alle obigen Punkte geklärt, kann mit der Auslegung der Biogasanlage begonnen werden. Hierbei sollte berücksichtigt werden, ob der Betrieb bezüglich des Viehbestandes in den nächsten 5 bis 10 Jahren entscheidend vergrößert oder verkleinert wird. Anhand der Ausgangsmaterialien (Festmist oder Gülle, NawaRo, ggf. auch Reststoffe) ist ein geeigneter Anlagentyp auszuwählen.

12. *Planung und Genehmigung*: Für den Bau einer Biogasanlage ist immer die Genehmigung der zuständigen Behörde erforderlich, selbst wenn es sich um die Umnutzung eines bestehenden Güllebehälters zum Fermenter handelt. Auch wenn der Maschinenraum in einem bestehenden Gebäude eingerichtet wird, ist hierfür eine Genehmigung erforderlich. Für einen Antrag auf Genehmigung sind mindestens folgende Unterlagen und Pläne erforderlich:

- Betriebsbeschreibung mit Angaben zu Einsatzstoffen, Feuerungsleistung, Substratfluss
- Auszug aus einer topografischen Karte, üblicherweise im Maßstab 1:25.000;
- Auszug aus dem Katasterplan mit Flurstücksnr.; üblich M 1:1.000 bzw. 1:5.000 (je nach Flurstückgröße);
- Lageplan M 1:500 oder 1:1.000 (je nach Ausmaß der Gesamtanlage);
- Baupläne M 1:100 oder kleiner, (je nach Notwendigkeit der Detailtiefe und Ausmaß des Details) einschließlich Schnitte, Grundrisse und Ansichten;
- Rohrleitungspläne mit Höhenangaben und Stücklisten (sofern eine Verrohrung zwecks Güllemanagement erforderlich ist);
- Zeichnung der Einrichtung des Maschinenraumes mit den erforderlichen Installationen;
- Heizungsschema mit Anbindung der Wärmeerzeuger und Verbraucher;
- Stromflussdiagramm zur Einbindung des Blockheizkraftwerkes in den Betrieb;

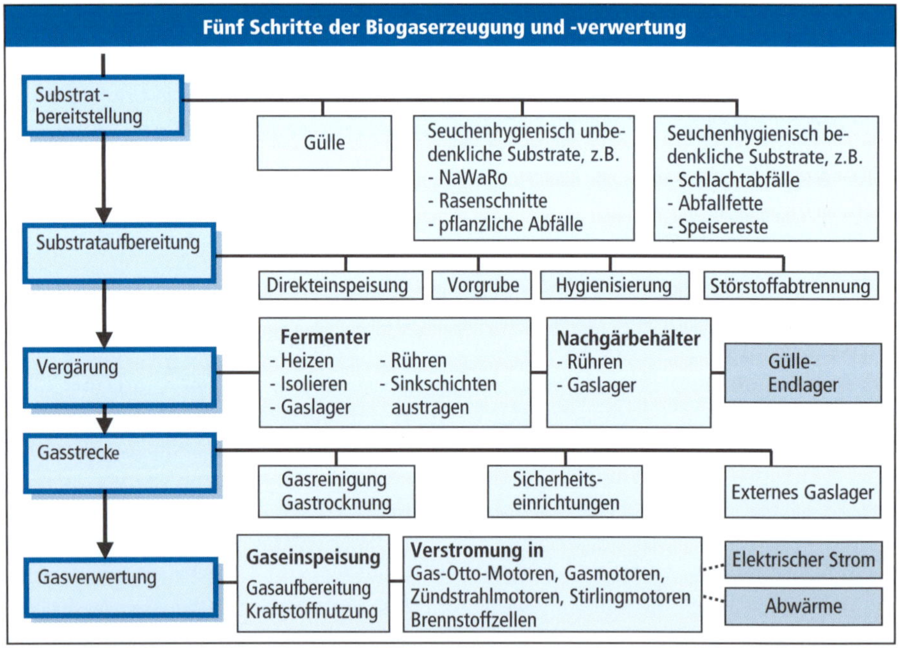

9.1 Fünf Schritte der Biogaserzeugung und -verwertung.

- Gasschema, Gasleitungsverlauf, Gasspeicher, Gassicherheitsstrecke.

13. *Einholen von Angeboten für die Anlagenteile*: Für jedes Bauteil einer Biogasanlage gibt es mehrere Anbieter. Aus technischen und kaufmännischen Gründen ist es erforderlich, sich über die Vor- und Nachteile einzelner Produkte aufklären zu lassen. Das Vergleichen von verschiedenen Angeboten verschafft einen guten Überblick über den Umfang der Leistung. Beim Anfordern der Angebote ist darauf zu achten, dass dem Hersteller der genaue Verwendungszweck sowie die Einsatzbedingungen mitgeteilt werden. Nur so kann er sich bei einem Defekt oder bei Totalausfall nicht aus der Verantwortung ziehen. Auch die Garantiebedingungen sind auszuhandeln (z.B. Beginn bei Auslieferung oder nach Einbau). Eine Betriebs- und Wartungsanleitung gehört zu jedem maßgeblichen Bauteil dazu.

14. *Bau der Biogasanlage:* Folgende Fragen sollten Sie sich beim Bau der Biogasanlage stellen:

- Wer ist für die termingerechte Beschaffung der benötigten Anlagenteile zuständig?
- Wer übernimmt die Bauleitung, wer die Bauüberwachung?
- Wer handelt die Anschlussbedingungen mit dem örtlichen Stromversorger aus?
- Haben die Handwerker die Fähigkeiten und Zulassungen, Installationen an einer Biogasanlage vorzunehmen?
- Wer weist die Handwerker in die Planung der Anlage ein?
- Wer nimmt die Biogasanlage nach der Fertigstellung ab?
- Wer prüft die gestellten Rechnungen auf Vollständigkeit oder unberechtigte Ansprüche?
- Wer wickelt Garantiefälle ab?
- Wer nimmt die Inbetriebnahme vor?
- Wer weist Sie in die Anlage ein?
- Wer erstellt Ihnen eine Betriebsanleitung passend für Ihre Anlage?
- Wer führt die Abnahmeprüfungen durch und erstellt die Dokumente zum Explosionsschutz?
- Wer nimmt an einer Betreiberschulung teil (Betreiber und mindestens eine weitere Person)?

15. *Nach der Inbetriebnahme:* Folgendes ist nach der Inbetriebnahme der Biogasanlage zu erledigen:

- Anmeldung der Biogasanlage beim Hauptzollamt, zur Energiesteuerentlastung beim Betrieb von Zündstrahl-Aggregaten.
- Fertigstellungsanzeige ans Landratsamt schicken.
- Abnahmeprotokolle des Heizungs- und Gasinstallateurs sowie des Elektrikers an die Berufsgenossenschaft schicken. Die Biogasanlage wird im Rahmen der wiederkehrenden Prüfung durch die Berufsgenossenschaften abgenommen.
- Inbetriebnahme des Blockheizkraftwerkes mit dem Energieversorgungsunternehmen vereinbaren und durchführen.
- Eventuell Abschluss von Zusatzversicherungen.
- Feststellen von Fehlern im Aufbau der Biogasanlage und Beheben bzw. Beseitigen der Ursache.
- Wiederkehrende Messungen der Gasqualität bezüglich Schwefelwasserstoff- und Methangehalt.

16. *Schriftverkehr:* Für alle Zusagen, Abmachungen und sonstige Dinge, die verhandelbar sind, gilt in Deutschland nach wie vor das gesprochene Wort. Das Problem bei Unstimmigkeiten ist jedoch die Nachweisbarkeit (Lediglich ein Zeuge hat hier einen Nutzen). Aus diesem Grund empfiehlt es sich, alles schriftlich festzuhalten, auch wenn es anfänglich nicht erforderlich erscheint.

9.2 Anlagenkonzeption

Wenn das grundsätzliche Interesse für Biogas vorhanden ist und eine erste Wirtschaftlichkeitsanalyse die Sinnhaftigkeit dieses Betriebszweiges gezeigt hat, dann sind konzeptionelle Überlegungen zu tätigen, die das Projekt Biogasanlage konkreter werden lassen.

Arbeitszeit

Die Zeiten sind vorbei, in denen eine halbe Stunde pro Tag ausreichte, um den Betrieb einer Biogasanlage zu bewerkstelligen. Sowohl die Substrate als auch die Technik sind aufwändiger geworden und obendrein hat die Dokumentationspflicht deutlich zugenommen.

Im Rahmen eines wissenschaftlichen Messprogramms zur Bewertung von landwirtschaftlichen Biogasanlagen an der FAL in Braunschweig wurden die in Tabelle 9.1 dargestellten Richtwerte für den Arbeitszeitbedarf für den Betrieb von Biogasanlagen ermittelt. Daraus wird deutlich, dass für die Dokumentation, Datenerfassung, Büroarbeiten, sonstige allgemeine Organisationsdienste und Kontrollgänge fünf Stunden pro Woche benötigt werden. Die Wartungsarbeiten einschließlich kleinerer Reparaturen benötigen 3,5 Stunden, während für die eigentliche Störungsbeseitigung nur 1,5 Stunden erhoben wurden. Für die Substratzuteilung ist es schwierig, Richtwerte anzugeben, da dieser Zeitaufwand sehr stark vom Automatisierungsgrad der Anlage und der täglich zuzuführenden Substratmenge abhängt. Bei Mitvergären von festen Substraten (Silomais, Festmist, Rasenschnitt u.a.) sollte man realistischerweise mindestens 1 Stunde pro Tag kalkulieren. Das Befüllen, Vermischen und Zerkleinern dauert seine Zeit. Nur bei flüssigen Substraten, die über Vorlagebehälter gepumpt werden, kann man mit einem geringeren Zeitaufwand für die Substratzuführung rechnen.

Insgesamt müssen also mindestens 2,3 Stunden pro Tag oder 860 Akh pro Jahr für die Biogasanlage an Zeit zur Verfügung stehen, wenn man für die Substratzuführung 1 Stunde kalkuliert.

Hinzu kommt noch der Arbeitsaufwand für den Anbau und die Einlagerung von nachwachsenden Rohstoffen und die Ausbringung des Gärrestes. Für die Ausbringung mit einem 12 m³ Pumptankwagen und Schleppschuh auf 5 ha Parzellen und 3 km Hof-Feld-Entfernung kann man 1,88 Akh/ha ansetzen.

Wichtig bei der Kalkulation des Arbeitszeitbedarfes ist es, ehrlich mit sich selbst und seinen Kapazitäten umzugehen. Was nützt die Biogasanlage, wenn die Zeit für den Anbau der Substrate nicht reicht. Und auch ein Blick auf die Bedürfnisse der Familie schadet hier nicht.

Arbeitszeitbedarf für den Betrieb einer Biogasanlage

Arbeitsbereich	Arbeitszeitbedarf h/Woche	Arbeitszeitbedarf h/Jahr
Kontrollgang, Datenerfassung	2,9	150,8
Kleinreparaturen	1,1	57,2
Allgemeine Wartung	1,2	62,4
BHKW Wartung	1,2	62,4
Allgemeine Organisation	1,8	93,6
Störungsarbeiten	1,5	78,0
Substratmanagement		351,2
Gesamt		**855,6**

Tabelle 9.1 Arbeitszeitbedarf für den Betrieb einer Biogasanlage (FAL).

Standort der Anlage

Bei der Standortwahl sind zwei grundsätzliche Aspekte stets zu berücksichtigen:

- Die *Erreichbarkeit der Anlagenkomponenten*: Die Anlage muss einer täglichen Kontrolle unterzogen werden; daher sollten die einzelnen Baukörper so angeordnet werden, dass diese Kontrolle mit geringem Zeitaufwand verbunden ist. Kurze Wege sind sinnvoll.
- *Erweiterungsmöglichkeit der Anlage*: Zum zweiten ist immer zu prüfen, ob eine Erweiterung der Anlage möglich ist. Erfahrungsgemäß sind die Anlagen im Laufe der Zeit nicht kleiner geworden, im Gegenteil: In der Regel werden die Substratmengen und die BHKW-Leistung im laufenden Betrieb erhöht, so dass die Option der Vergrößerung immer gegeben sein sollte.

Bei der Suche nach dem Fermenterstandort ist folgendes zu berücksichtigen:

- *Die Grundwasser- und Bodenverhältnisse* haben Einfluss auf die Befahrbarkeit sowohl beim Bau als auch später beim Substrattransport. Ebenso beeinflussen sie die Möglichkeit, die Behälter ober- oder unterirdisch zu bauen.
- *Geländeform und Höhenunterschiede* haben sowohl auf die Behälteranordnung (freier Überlauf oder mittels Pumpe) als auch auf die Einbringung der Substrate in den Fermenter (Rampe) einen Einfluss.
- *Die Entfernungen* zu Stall (Gülle, Wärmeverlust), Strom- und Wärmeanbindung haben sowohl einen Einfluss auf die notwendige Technik und deren Kosten (Pumpen, Länge der Leitungen) als auch auf die Arbeitszeit des Betreibers.

- Bei der Standortfrage muss auch die Größe der *Einbringtechnik und deren Anbindung* bedacht werden. Ist ausreichend Platz für die Substratlagerung und die Anfahrt vorhanden?
- Werden ausreichende *Abstände zu Gebäuden und Nachbarn* eingehalten, um Geruchs- und Lärmbelästigungen auszuschließen? Dabei ist es hilfreich, die vorherrschenden Windrichtungen mit in die Überlegungen einzubeziehen.

Bei der Frage, wo die Lagerbehälter ihren Platz finden, kommt es auf die Anzahl und Größe der Behälter an. Das notwendige Lagervolumen wiederum wird dadurch bestimmt, ob es sich um eine Einzel- oder Gemeinschaftsanlage handelt. Soll die Lagerungsmöglichkeit zentral zugänglich sein oder in mehreren dezentralen Behältern am Feld geschehen? Zu klären ist außerdem, ob die anvisierten Standorte für die Anfahrt von u.U. mehreren Traktoren (Lärm, Geruch, Anfahrbarkeit) geeignet sind.

Bei der Wahl des Standortes für den Maschinenraum (BHKW) gilt es wiederum die Entfernungen zu den anderen Aggregaten (Länge der Gasleitung) und zu den Strom- und Wärmeabnehmern zu berücksichtigen. Große Entfernungen verursachen lange Leitungen und hohe Kosten. Außerdem sollte gerade der Maschinenraum rasch und täglich erreicht werden können.
Ferner ist bei der Standortwahl für den Maschinenraum eine mögliche Geruchs- und Lärmentwicklung zu berücksichtigen und auf eine ausreichende Durchlüftungsmöglichkeit zu achten.

Generell sollten bei der Standortfrage auch die Erfordernisse des Brandschutzes einbezogen werden, vor allem wegen der einzuhaltenden notwendigen Abstände.

Möglichkeiten der Energienutzung

Bei der Standortwahl sind auch die Optionen der Energienutzung zu prüfen. Wo kann Strom in welcher Menge eingespeist und an welchen Stellen kann wieviel Wärme genutzt werden? Ist eine Vergrößerung des Stromanschlusses nötig und zukünftig möglich? Wird bei der kalkulierten Strommenge eine Trafostation nötig und wo kann sie ggf. Platz finden (dabei auf die Zugänglichkeit des Stromanschlusses achten!).

Ein gutes wirtschaftliches Ergebnis ist viel rascher zu erreichen, wenn ein zusätzlicher Wärmeabnehmer gefunden werden kann. Deshalb sind bei der Standortwahl unbedingt die Möglichkeiten der Wärmenutzung zu klären. Nachteilig bei der Wärmevermarktung wirkt sich aus, dass in den Sommermonaten relativ viel Wärme und in den Wintermonaten erheblich weniger Wärme zur Verfügung steht. Dabei gibt es unendlich viele Möglichkeiten, wie Wärme sinnvoll und gut genutzt werden kann. Dies kann nur für jeden Einzelfall individuell geklärt werden (Fernwärme-/Nahwärmenutzung in Wohnsiedlungen, Industriegebieten, Altenheim, Gärtnerei, Holztrocknung u.a.).

Aus wirtschaftlicher Sicht kann es durchaus Sinn machen, die Anlage nicht direkt am landwirtschaftlichen Betrieb sondern in der Nähe eines Industriegebietes o.ä. zu platzieren, wenn dort Wärmeabnehmer gefunden werden können.

Zukunftsvision des Gesamtbetriebes

Zur Konzeption gehört auch die Diskussion, wohin sich der Betrieb generell entwickeln soll.

- Steht eine Umstrukturierung oder Neuorientierung (z.B. Umstellung auf Bio) bevor?
- Bleibt der Tierbestand und Tierart bestehen oder sollen Teile davon aufgegeben oder verändert werden?
- Welche Arbeitskräfte stehen zur Verfügung und wie lange noch (Opa, Kinder)?
- Ist die Betriebsfläche im eigenen Besitz und wie wird sich die Fläche in den nächsten Jahren entwickeln (Verfügbarkeit von Pachtflächen, -preise)?

Anhand dieser Fragen sollte geklärt werden, ob das Projekt „Biogasanlage“ auf sicheren, planbaren und erweiterungsfähigen Füßen steht.

Sind all diese konzeptionellen Überlegungen getroffen, so stehen beim nächsten Planungsschritt „Wahl der Verfahrenstechnik“ für eine Standardanlage folgende Optionen zur Verfügung:

- Ein- oder mehrstufiges Verfahren?
- Feststoff- oder Nassvergärung?
- Speicher- oder Durchflussanlage?
- Liegender oder stehender Fermenter mit oder ohne Nachgärbehälter?
- Zündstrahl- , Gasottomotor oder alternative Motortechniken?
- Mit Asynchron- oder Synchrongenerator?
- Foliengasspeicher oder externer Speicher?

Es ist ratsam, diese Entscheidungen nicht allein, sondern zusammen mit einer/m erfahrenen Berater/in oder Ingenieurbüro zu treffen. Die überwiegende Mehrheit der derzeit gebauten landwirtschaftlichen Biogasanlagen sind einstufige Nassvergärungsanlagen nach dem Durchflussprinzip mit Nachgärbehälter.

9.3 Anlagendimensionierung

Nach der Anlagenkonzeption ist die *Dimensionierung der Anlagenkomponenten* der nächste wichtige Punkt im Planungsprozess. In der Praxis wird sich die Dimensionierung nicht immer so schnell und eindeutig in den 6 Schritten erledigen lassen, die im folgenden beschrieben werden. Betriebsbedingte Umstände, räumliche Gegebenheiten oder ungünstige Bemessungsergebnisse können im Einzelfall dazu führen, dass es sinnvoll erscheint, die Dimensionierungsschritte mehrmals mit geänderten Vorgaben zu wiederholen, um zu einer optimalen Auslegung zu kommen.

Fermentergröße

Bei der Berechnung des Fermentervolumens unterscheidet man zwischen dem effektiven, d.h. nutzbaren Volumen und dem Gesamtvolumen des Fermenters. Das effektive Volumen ist der Raum, der auch tatsächlich von dem zugeführten Substrat eingenommen wird. Dazu kommt noch der Gasraum, der je nach Anlagenform unterschiedlich groß sein kann. Bei Rundbehältern werden meisten 60 cm in der Höhe dazugegeben. Und je nach betrieblicher Situation kann es Sinn machen, noch einen Sicherheitszuschlag für Erweiterungsoptionen der Anlage einzukalkulieren.

Die Fermentergröße wird im wesentlichen durch zwei Parameter bestimmt:

1. die Verweilzeit und
2. die Faulraumbelastung.

Obwohl die theoretisch notwendige Verweilzeit zum Abbau der Organik in Laborbatchversuchen viel kürzer ist, haben sich in der Praxis 50 - 80 Tage für die Vergärung von nachwachsenden Rohstoffen und Wirtschaftsdünger bewährt. Dadurch ergibt sich bei bekannten Substrataufkommen und einer gewählten Verweilzeit das nutzbare Fermentervolumen

Zur Abschätzung des Substrataufkommens können für Wirtschaftsdünger die in Tabelle 3.17 angegebenen Werte herangezogen werden. Wegen der Abhängigkeit des Gasertrages von der Tierart und von der Haltungsform sind die jeweiligen Güllemengen ggf. getrennt in Rechnung zu stellen. Hinzu gerechnet werden die Substrate wie z.B. Gras- oder Maissilage und andere organische Materialien, die mit zur Vergärung herangezogen werden sollen. Hier ist zu beachten, dass 1 t Substrat *im* Fermenter 1 m^3 Substrat entspricht (Umrechnungstabelle im Anhang)!

[1] Tägl. Gülleaufkommen =
Zahl der Tiere · tägl. Gülle-/Mistanfall je Tierart

[2] Tägl. Substratmenge = m^3 Substrat (z.B. Maissilage)

[3] Gesamte tägliche Substratmenge = Gülleaufkommen + Substratmenge [1+2]

[4] nutzbare Fermentervolumen =
tägl. Substrataufkommen [1+2] · gewählte Verweilzeit

[5] Gesamtes Fermentervolumen =
nutzbares Volumen + Gasraum + eventuell Sicherheitszuschlag

Beispiel
100 GV-Milchvieh-Betrieb mit
20 ha Silomais zur Biogaserzeugung

Tägl. Gülleaufkommen
= 50 l/(d·GV) ·100 GV = 5000 l/d
= 5 m^3/d

Jährl. Gülleaufkommen
= 5 m^3/d x 365 d = 1825 m^3/a bzw. t/a
Substratmenge = Maissilage von 20 ha
= 50 t Frischmasse/ha x 20 ha =1000 t/a

Substrataufkommen gesamt:
2825 t bzw. m^3 pro Jahr

Verweilzeit einer volldurchmischten Durchflussanlage mit hohem Anteil an NawaRo: 70 Tage

Effektive Fermentervolumen
= (2825 m^3 : 365 d) x 70 d = 542 m^3
plus Gasraum bei Betondecke (mindestens 60 cm) = 100 m^3

Gesamtfermentervolumen = ca. 650 m^3

Bei einem täglichen Substratanfall von ca. 8 m^3 ergibt sich bei einer Verweilzeit von 70 Tagen ein Volumenbedarf von rund 650 m^3, das entspricht einem Behälter mit einem Durchmesser von 13 m und eine Höhe von 4,8 m.

Einfluss der Faulraumbelastung auf die Volumenberechnung

Aus dieser Berechnung ist allerdings noch nicht ersichtlich, mit welcher Intensität bzw. Faulraumbelastung die Anlage gefahren wird. Deshalb ist es sinnvoll, das notwendige Fermentervolumen bei einer prozessbiologisch günstigen Faulraumbelastung zu bestimmen.

Zur Berechnung des Fermentervolumens unter Berücksichtigung der Faulraumbelastung geht man folgendermaßen vor:

Zuerst sind die Trockensubstanz- und organische Trockensubstanzgehalte der zu vergärenden Materialien zu bestimmen. Näherungsweise werden in der weiteren Betrachtung die Liter- und Kilogramm-Angaben gleichgesetzt.

[4] org. Trockenmasseaufkommen
= oTS-Gehalt · Güllemenge +
oTS-Gehalt · Substratmenge

Ist das Aufkommen an organischer Trockenmasse ermittelt, kann mit Hilfe der Richtwerte für die vertretbare Faulraumbelastung das Behältervolumen bestimmt werden. Allgemein sollte die Faulraumbelastungen unter 3 - 4 kg oTS/m³ Fermentervolumen und Tag liegen. Je schwieriger sich das Substrat prozessbiologisch verhält, also beispielsweise bei einseitiger Substratzusammensetzung, Monovergärung, rasch abbaubaren Substanzen, geringer Pufferkapazität (viele NawaRo), umso niedriger sollte die Faulraumbelastung gewählt werden.

Im oben begonnenen Beispiel bei einer Mischung aus Gülle und Maissilage kann sie 3 kg oTS/m³ und Tag betragen.

Beispiel

Die Bestimmung des TS- und oTS-Gehaltes einer Mischung ist in Kapitel 3 beschrieben.

- TS-Gehalt der Gülle: 8%
- oTS-Gehalt der Gülle: 85% in der TS

8% der Gülle sind trockene, feste Substanz, d.h. in 1 m³ Gülle (1000 Liter = 1000 kg/m³) sind 80 kg feste Substanz. Davon wiederum ist ein Anteil von 85% organischer Herkunft, der Rest sind anorganische Aschebestandteile. In 1000 kg Gülle sind demnach 68 kg organische Trockensubstanz, die zur Biogasproduktion zu Verfügung stehen. Bei 5 m³ Gülle pro Tag (siehe obiges Beispiel) errechnen sich hieraus *340 kg organische Trockensubstanz (oTS)*, die täglich dem Fermenter zugeführt werden.

Für 20 ha Silomais mit einem Hektarertrag von 50 t Frischmasse, einem TS-Gehalt von 33% und einem oTS-Gehalt von 96% in der Trockensubstanz gilt dann folgendes:

1 Tonne Silomais entsprechen 330 kg Trockenmasse, von der 96% organischer Herkunft sind:

oTS-Ertrag/t =
= 330 kg TS/t · 0,96 = 316,8 kg oTS/t

Gesamt-Maismenge =
Anbaufläche (ha) · Ertrag (t/ha) =
20 ha·50 t/ha = 1000 t Maissilage/Jahr

Jährl. Gesamt-oTS-Menge aus Silomais =
1000 t/a · 316,8 kg oTS/t =
= 316.800 kg oTS/Jahr

Gesamt-oTS-Menge pro Tag aus Silomais =
316.800 kg oTS/a : 365 Tage/a
= *868 kg oTS/Tag*

Bei dem Beispiel-Betrieb mit 100 GV Milchvieh und 20 ha Silomais errechnet sich das tägliche Aufkommen an organischer Trockenmasse zu:

- Gülle = 340 kg/d oTS
- Mais = 868 kg/d oTS
- organisches Trockenmasseaufkommen gesamt = 1.208 kg/d oTS

Berechnung des Fermentervolumens bei gewählter Faulraumbelastung

[5] nutzbare Fermentervolumen in m³ =
= org. Trockenmasseaufkommen (kg oTS/d)
: Faulraumbelastung (kg oTS/m³·d)

Nutzbares Fermentervolumen =
= 1208 kg oTS/d : 3 kg oTS/m³·d =
= 403 m³

Zur Vergärung der täglichen Substratmenge von ca. 8 m³ ist also mindestens ein effektives Fermentervolumen von 403 m³ nötig, um eine Faulraumbelastung von 3 kg oTS nicht zu überschreiten. Bei Berücksichtigung des Gasraumes und eines Sicherheitszuschlages ergibt sich auch bei dieser Betrachtung ein Fermentervolumen von 650 m³.

Berechnung der Faulraumbelastung bei gegebenen Fermentervolumen

Umgekehrt ist es ebenso hilfreich, bei gegebenem Fermentervolumen die Faulraumbelastung zu kontrollieren:

[5] Faulraumbelastung =
= org. Trockenmasseaufkommen (kg oTS/d)
: nutzbares Fermentervolumen (m³)

Faulraumbelastung =
= 1208 kg oTS/d : 542 m³
= 2,2 kg oTS/m³·d

Die Faulraumbelastung errechnet sich aus dem Gesamttrockenmasseaufkommen organischer Herkunft geteilt durch das nutzbare Fermentervolumen (ohne Gasraum) und liegt in diesem Beispiel bei 2,2 kg oTS/m³ und Tag und damit relativ niedrig.

Die Faulraumbelastung könnte also noch erhöht werden, z.B. indem noch mehr Mais zugeführt wird. Prozessbiologisch ist bei dieser Belastung und Substratzusammensetzung kaum mit Störungen zu rechnen.

Berechnung des Trockensubstanzgehaltes der Mischung

TS-Mischung in % =

$$\frac{\text{TS-Aufkommen gesamt in kg}}{\text{Volumenaufkommen gesamt in m}^3}$$

Gegeben:
Täglich werden 5 m³ Gülle mit 8% TS und 2,74 t Silomais mit 33% TS in den Fermenter gebracht (im Fermenter entspricht 1 t dem Volumen von 1 m³):

TS-Aufkommen Gülle : 80 kg TS · 5 m³ = 400 kg
TS-Aufkommen Mais : 330 kg TS · 2,74 t = 904 kg
TS-Aufkommen gesamt: 1304 kg

Volumenaufkommen gesamt:
5 m³ Gülle + 2,74 m³ Silomais = 7,7 m³ ≙ 7.700 kg
TS-Mischung in % = = 1304 kg/7.700 kg = 0,169 = 17%

In 7,7 m³ Substrat sind 1.304 kg feste trockene Substanz. In 1 m³ sind etwa 170 kg TS bzw. 17%. Die Mischung aus 5 m³ Gülle und 2,74 t Silomais hat einen TS-Gehalt von 17%.

Ermittlung der Gasproduktion

Aus den ermittelten Substratmengen und den zugehörigen oTS-Gehalten lässt sich die zu erwartende Biogas- bzw. Methanproduktion errechnen, wenn die Gasausbeute pro kg oTS bekannt ist bzw. ein entsprechender Wert (siehe Kapitel 3) eingesetzt wird. Die Multiplikation der anfallenden Menge an organischer Trockensubstanz mit der zu erwartenden Gasausbeute je kg oTS ergibt die tägliche Gasproduktion.

[4] Tägliche Gasproduktion (m³ Biogas/d) = tägl. oTS-Aufkommen · spez. Gasausbeute

Tägliche Methanmenge (m³ CH_4/d) = tägl. oTS-Aufkommen · spez. Methanausbeute

Die Gleichung gilt natürlich nur, wenn die Anlage kontinuierlich und gleichmäßig Gas produziert.

Beispiel

Gasausbeute Gülle:
162 Liter Methan bzw. 294 Liter Biogas pro kg oTS

Gasausbeute Silomais:
318 Liter Methan bzw. 600 Liter Biogas pro kg oTS

Tägl. Methanmenge aus Gülle =
= 340 kg oTS/d · 162 Liter Methan/kg oTS (bzw. 294 l Biogas/kg oTS x 55% Methangehalt) = *55 m³ Methan/d.*

Dies entspricht einer Biogasmenge von 100 m³/d.

Tägl. Methanmenge aus Mais =
= 868 kg oTS/d x 318 Liter Methan/kg oTS (bzw. 600 l Biogas/kg oTS x 53% Methangehalt) = *276 m³ Methan/d.*

Dies entspricht einer Biogasmenge aus Silomais von 521 m³/d.

Insgesamt ergibt sich damit eine tägliche Methanproduktion von = 331 m³ Methan/d, was einer Gesamt-Biogasmenge von 621 m³/d entspricht.

Ermittlung des Prozessenergiebedarfs

Der Heizenergiebedarf einer Biogasanlage setzt sich zusammen aus dem Wärmebedarf für das Aufheizen des frisch einzubringenden Substrates und dem Wärmebedarf des Fermenters zum Ausgleich der Transmissionswärmeverluste. Letzterer ist sehr stark von der Güte der Wärmedämmung abhängig.

Da vor allem das *Anwärmen des Substrates* auf Fermentertemperatur viel Energie benötigt, ist bei der Planung und beim Bau der Heizung Wert auf eine optimale Energieübertragung zu legen. Verschiedene Anlagenbauer versuchen ihre Biogasanlagen so zu bauen, dass das Frischsubstrat entweder in einem separaten Rohr innerhalb des Fermenters oder in speziellen Wärmetauschern von dem ausgefaulten Substrat vorgewärmt wird.

Durch das Anwärmen des Frischsubstrates vor dem Einbringen kann auch bei größeren Chargen eine zu starke Temperaturabsenkung im Fermenter und somit ein Rückgang der Gasproduktion vermieden werden. Während Tabelle 9.2 der Ermittlung der Wärmeverluste des Fermenters in Abhängigkeit von der Faulraumgröße dient, ist aus Tabelle 9.3 der Wärmebedarf für die Substrataufheizung bei unterschiedlichen TS-Gehalten zu entnehmen. Es zeigt sich, dass der spezifische Prozessenergiebedarf für die Substrataufheizung umso höher ist, je niedriger der TS-Gehalt ist, denn Wasser lässt sich schwerer erwärmen als Feststoffe. Je dicker der Substratbrei, umso günstiger ist es für den Prozessenergiebedarf.

- **Faustzahl**

Je m³ Faulraum werden ca. 200 bis 500 kWh/a (Durchschnitt 350 kWh/a) an Prozessenergie für Aufheizen und Wärmeverlustausgleich benötigt.

Berechnung des Prozessenergiebedarfs

Die folgenden Beispiele zeigen, dass der Energiebedarf für den Wärmeverlustausgleich im Vergleich zum Bedarf für die Aufheizung relativ niedrig ist.

Beispiel 1:

100 GV-Milchviehbetrieb

200 m³ Fermentervolumen; Gülleaufkommen: 5 m³/d mit 8% Trockensubstanzgehalt; das ergibt bei 80 kg TS pro m³ Gülle insgesamt 400 kg TS/d

Wärmeverlustausgleich:

Q_1 = 0,347 kWh/m³ · 200 m³ = 69,4 kWh/d

Substrataufheizung:

Q_2 = 400 kg TS · 0,560 kWh/kg TS =
= 224,0 kWh/d

Gesamt-Prozesswärmebedarf =
= Q_P = $Q_1 + Q_2$ = 293,4 kWh/d

Der errechnete Biogasertrag ´von 100 GV Milchvieh liegt bei 133 m³/d. Hieraus errechnet sich bei einem Methangehalt von 60% ein Gesamt-Energieinhalt von ca. 797 kWh (= 133 m³ Methan/d x 0,6 x 10 kWh/m³ Heizwert). Bei einem thermischen Wirkungsgrad der BHKW-Anlage von 50% sind dann ca. 399 kWh_{therm} an nutzbarer Wärme zu erwarten (797 kWh x 0,50). Es werden also ca. 74% der nutzbaren Wärme (293 von 399 kWh/d) für den Prozess benötigt.

Beispiel 2:

100 GV-Milchviehbetrieb und 20 ha Silomais 650 m³ Fermentervolumen; 5 m³/d Gülleaufkommen + 2,7 t/d Silomais

Durch die Silomaiszugabe erhöht sich der TS-Gehalt auf 17% der Anfangsmischung

TS-Aufkommen = 1304 kg/d

Wärmeverlustausgleich:

Q_1 = 0,233 kWh/m³ · 650 m³ = 151,5 kWh/d

Substrataufheizung: Q_2 =
= 1304 kg TS · 0,245 kWh/kg = 319,5 kWh/d

Gesamt-Prozesswärmebedarf = Q_P =
= $Q_1 + Q_2$ = 471 kWh/d

Die errechnete tägliche Energiemenge aus 100 GV Milchvieh und 20 ha Silomais beträgt ca. 3.309 kWh/d. Bei gleichen Voraussetzungen wie in Beispiel 1 (50% thermischer Wirkungsgrad im BHKW) errechnen sich 1.655 kWh_{therm} an nutzbarer Wärme. Setzt man den Prozesswärmebedarf vom 471 kWh/d dazu ins Verhältnis, wird ersichtlich, dass der Anteil der Prozesswärme an der Gesamtabwärme entscheidend gesenkt werden kann; er liegt hier bei ca. 28%.

Bestimmung der BHKW-Leistung

Biogas wird heute fast ausschließlich zur Stromerzeugung in Block-Heiz-Kraft-Werken benutzt. Bei der Auswahl eines geeigneten BHKW ist die Anpassung der Leistung an die Gaserzeugung wichtig, einerseits, um die produzierte Gasmenge möglichst vollständig verwerten zu können, und andererseits, um den Motor bzw. die Motoren nicht in einem sehr ungünstigen Teillast-Betrieb fahren zu müssen.

In der Praxis sind zwei verschiedene Betriebsweisen gebräuchlich. Im ersten Fall wird ein Aggregat so auf die Gasproduktion abgestimmt, dass es nahezu im 24-Stunden-Betrieb läuft. Bei dieser Lösung kommt man mit einem relativ geringen Gasspeichervolumen aus. Im zweiten Fall, vor allem bei größeren Anlagen, kommen zwei BHKW zum Einsatz, wobei eines im 24-Stunden-Betrieb arbeitet und das zweite bei Spitzenstrombedarf (Melken, Schroten, Gebläsebetrieb etc.) zugeschaltet wird. Hierbei ist jedoch ein größerer Gasspeicher erforderlich.

Spezifische Heizleistung für den Wärmeverlustausgleich am Fermenter

Fermenter-volumen m³	Fermenter-oberfläche m²	Spezifische Heizleistung W/m³
50	86	576
100	131	439
200	207	347
300	257	299
400	322	270
500	372	250
600	416	233

Tabelle 9.2
Spezifischer Prozessenergiebedarf für den Wärmeverlustausgleich bei unterschiedlichen Faulraumgrößen. (nach Perwanger)
U-Wert = 0,3 W/m²·K; Außentemperat. 7°C

Spezifischer Prozessenergiebedarf für Substrataufheizung

Trockensubstanz-gehalt %	Spezifischer Prozess-energiebedarf Wh/kg TS
3	1480
4	1110
5	890
6	740
7	640
8	560
9	490
10	445
11	400
12	370
18*	245
20	222
24	185
26	160

*ab hier extrapoliert

Tabelle 9.3
Spezifischer Prozeßenergiebedarf für Substrataufheizung bei unterschiedlichen TS-Gehalten bei mesophiler Betriebsweise (nach Perwanger).

Leistung des Blockheizkraftwerks

Die Leistung soll ausreichen, um im 24-Stunden-Betrieb die Gasproduktion von 100 GV plus 20 ha Silomais zu verwerten. Als Faustzahlen (vgl. Kap. 14.2) für die BHKW-Dimensionierung können näherungsweise folgende Zahlen verwendet werden:

- 100 GV Milchvieh = 10 – 15 kW installierte, elektrische Leistung
- 1 ha Silage (Mais/Gras) = 1,5 - 3 kW installierte, elektrische Leistung
- 1 m^3 Fermenter (netto) ergibt bei Gülle und NawaRo ca. 1 m^3 Biogas am Tag.
- 1 m^3 Biogas am Tag entsprechen 100 W zu installierende Leistung.

Zum Beispiel liefern 400 m^3 Fermentervolumen 400 m^3 Biogas pro Tag, ausreichend etwa für ein 40 kW-BHKW.

Für den obigen Beispielsbetrieb ist eine BHKW-Leistung je nach Gülleanfall, Silomais-Ertrag und BHKW-Art (100 GV, 20 ha Silomais, Gas- oder Zündstrahl-Motor) von 50 – 75 kW nötig.

Zur genauen Berechnung der notwendigen BHKW-Leistung muss die tägliche erzeugte Methanmenge bekannt sein. Da nicht immer Volllast gefahren werden kann, empfiehlt sich ein Sicherheitszuschlag zur errechneten Leistung in der Größenordnung von 20%. Zur Berechnung sind folgende Kennwerten nötig.

Heizwert von Methan: 10 kWh/m_N^3
Heizwert von Zündöl: 10 kWh/l
Zündölverbrauch des Motors:
ca. 11 l/100 m_N^3 Methan
Elektrischer Wirkungsgrad des BHKW:
28 – 42%

[5] Tägliche Stromerzeugung = tägliche Methanproduktion · Heizwert Methan · el. Wirkungsgrad BHKW

[6] *Elektrische Leistung des BHKW* = tägliche Stromproduktion /24 Stunden

Berechnung für einen Gasmotor

Tägliche Gasproduktion
= 331 m^3/d Methan
Elektr. Wirkungsgrad bei einem Gasmotor:
= 33%

[5] Tägliche Stromerzeugung =
= 331 m^3/d · 10 kWh/m^3 · 0,33 =
= 1092 kWh elektr. Strom

[6] *Elektrische Leistung des BHKW* =
= 1092 kWh_{el}/d : 24h/d = 45,5 kW

[7] plus 20% Sicherheitszuschlag ergibt eine BHKW-Leistung von 55 $kW_{elektrisch}$

In der Praxis wird man in diesem Fall, um ausreichende Reserven vorzuhalten, ein BHKW mit ca. 55 kW Nennleistung einsetzen.

Berechnung für einen Zündstrahlmotor

Tägliche Gasproduktion = 331 m^3/d Methan

Zugeführte Zündölmenge bei
11 l Zündöl/100 m^3 Methan = 36,4 l

Gesamtenergiemenge brutto =
= Energie aus Biogas + Energie aus Zündöl
= 331 m^3 · 10 kWh/m^3 + 36,4 l · 10 kWh/l
= 3673 kWh Energie

Elektr. Wirkungsgrad bei einem Zündstrahlmotor: = 36%

[5] Tägliche Stromerzeugung =
= 3673 kWh · 0,36 = 1322 kWh

[6] *Elektrische Leistung des BHKW* =
= 1322 kWh_{el}/d : 24 h/d = 55,1 kW

[7] plus 20% Sicherheitszuschlag =
= 65 kW

In der Praxis wird in diesem Fall, um ausreichende Reserven vorzuhalten, ein BHKW mit ca. 65 kW Leistung eingesetzt.

Gülle-Lagervolumen

Die Gesamtkapazität des Lagers sollte für 180 bis 200 Tage ausreichen. Für eine bedarfsgerechte Düngung sind Lagerkapazitäten von 280 Tagen nötig. Dabei spielt die Volumenreduzierung durch den Abbau der organischen Trockensubstanz wegen des niedrigen Ausgangs-Trockensubstanzgehaltes von 8% sowie des niedrigeren Abbaugrades der Gülle von ca. 40% eine untergeordnete Rolle. Etwas anders sieht es beim Silomais aus. Hier werden bei einem Abbaugrad von 60% je Tonne Frischmasse 198 kg der organischen Trockenmasse entfernt.

Mit dem Anteil aus der Gülle gelangen pro Jahr insgesamt 255 t organische Trockensubstanz als Biogas aus dem System. Dies entspricht bei 2800 Tonnen jährlichen Substratinput gerade einmal 9%. Dem entsprechend sollte bei einem 100 GV-Betrieb mit einem täglichen Gülleanfall von 5 m^3 und einem Jahresinput an Silomais von 1000 Tonnen ein Lagerraum von 1300 m^3 (1800 m^3) vorhanden sein, um eine Lagerkapazität für 180 (250) Tage zu erreichen (Tabelle 9.4).

Bei Speicher-Durchfluss-Anlagen kann das Fermentervolumen mit kleinen Abstrichen (Restgüllemenge zum Impfen) in das Lagervolumen mit eingerechnet werden. Gerade für die landwirtschaftliche Praxis ist ausreichender Lagerraum von entscheidender Bedeutung, da beim Biogasverfahren der Anteil an schnellwirkendem Stickstoff zunimmt und somit die Gülle noch gezielter eingesetzt werden muss, um Stickstoffverluste zu vermeiden.

Gas-Speichervolumen

In der Regel wird die BHKW-Leistung an die Gasproduktion angepasst, so dass keine großen Gasspeicher nötig sind. Anders liegt der Fall, wenn man den Strom zu bestimmten Zeiten einspeisen will oder für Wartungsarbeiten einen Puffer haben möchte. In der Regel werden als Zwischenspeicher Foliengassäcke mit 50 bis 150 m³ Speichervolumen eingesetzt.

Beispielberechnung der erforderlichen Lagerkapazität						
	Frischmasse pro Jahr	TS-Gehalt	TS pro Jahr	Abbaugrad der TS	Abgebaute TS-Menge	Restsubstrat-menge
Gülle	1800 t	8%	144 t	40%	57,6 t	1742,4 m^3/a
Silomais	1000 t	33%	330 t	60%	198,0 t	802,0 m^3/a
Gesamt	**2800 t**		**474 t**		**255,6 t**	**2544,4 m^3/a**

Tabelle 9.4 Beispiel für die Berechnung der Lagerkapazität.

9.4 Hinweise zur Ausschreibung und Auftragsvergabe an Firmen

Auch bei vorwiegend im Eigenbau erstellten Anlagen ist es vielfach sinnvoll, mehrere Angebote für die einzelnen Komponenten einzuholen und einen genauen Leistungs- und Kostenvergleich anzustellen. Denn am Ende ist nicht immer das billigste Angebot auch das günstigste. Wichtig ist vor allem, die Zuverlässigkeit der Produkte und der Anbieter sowie deren Seriosität zu prüfen (am besten über Referenzen).

Erheblich schwieriger ist der Vergleich von Angeboten bei der Ausschreibung von firmenerstellten Biogasanlagen. Hier ist vor allem darauf zu achten, inwieweit die Offerten direkt vergleichbar sind und in welchen Punkten sich die Angebote vom Umfang her unterscheiden. Unter Umständen ist es ratsam einen unabhängigen Fachmann zur Beurteilung heranzuziehen.

Die Auftragsvergabe an die ausführenden Firmen kann direkt durch den Bauherrn erfolgen, doch hat die Einschaltung eines fachkundigen Planungs- bzw. Ingenieurbüros manche Vorteile, häufig auch finanzielle. Eine laufend aktualisierte Liste von Anlagenplanern, Firmen oder Lieferanten von Komponenten gibt der Fachverband Biogas e.V. in Freising heraus. Ein wichtiger Gesichtspunkt für deren Auswahl ist auch, wie schnell bei nicht vorhersehbaren Problemen während der Bauphase ein Fachmann vor Ort sein kann. Deshalb arbeiten solide Planer, um eine gute Baubetreuung zu gewährleisten, oft nur regional begrenzt, sofern sie nicht über zuverlässige Außendienststellen verfügen.

Durch den gleichzeitigen Bau mehrerer baugleicher Biogasanlagen lassen sich Investitionskosten entscheidend senken (Bremervörder Modell), und zwar einerseits durch den organisierten Einkauf einzelner Komponenten wie z.B. Pumpen, Rührwerke, BHKW, andererseits aber auch durch die gemeinsame Organisation der Baustellen und Bautrupps bei den zukünftigen Anlagenbetreibern. Zusätzlich hat dieses Modell noch den Vorteil, dass bei Urlaub oder Krankheitsfall Kollegen die Anlage leicht mit betreuen können, da sie baugleich wie die eigene ist.

9.5 Bautechnische Planung

Nachdem die Konzeption, die Wahl des Anlagentyps und die Anlagendimensionierung vorgenommen sind, geht es an die bautechnische Planung. Vor allem bei oberirdisch angeordneten Baukörpern sind schon frühzeitig die Kommune sowie der Landkreis in die Planung einzubeziehen (eventuell in Form einer Bauvoranfrage).

Der Gülle- und Substratbereich

Wie schon erwähnt, spielen die innerbetrieblichen Voraussetzungen für die Einbindung der Biogaserzeugung eine entscheidende Rolle. Optimal ist die Güllefführung vom Stall über die Vorgrube zum Fermenter und von dort zum Endlager so zu planen, dass man mit möglichst wenig Pumpen auskommt. Außerdem ist zu berücksichtigen, ob und in welchem Umfang organische Reststoffe oder Nachwachsende Rohstoffe mit vergärt werden sollen. In diesem Fall muss die Anordnung der Komponenten so ausgelegt sein, dass die Dosier- und Einbringtechniken entsprechend angeordnet werden können.

Während sich unterirdische Behälter meist ohne zusätzlichen Flächenbedarf in den Betrieb einpassen lassen, müssen für oberirdische Behälter (Fermenter, Nachgärbehälter, Substratendlager) Flächen bereitgestellt werden. Beispielsweise werden für einen stehenden Rundbehälter mit 200 m^3 Inhalt (8 m Durchmesser, 4 m Höhe) mindestens 50 m^2 Grundfläche benötigt, bei liegenden Tankanlagen kann der Flächenbedarf – einschließlich einer erforderlichen Hülle – ein Mehrfaches davon betragen.

Die Wärmedämmung ist in der Regel als Außenisolierung angebracht. Bei oberirdischen Behältern, vor allem bei liegenden Tankanlagen, wird meist Mineralwolle eingesetzt, welche vor Witterungseinflüssen zu schützen ist; denn eine Durchfeuchtung oder Durchlüftung der Dämmschicht kann die Dämmwirkung entscheidend verschlechtern. In den Boden eingelassene Fermenter aus Ortbeton werden vorwiegend auf der Außenseite mit extrudiertem Polystyrol isoliert, d.h. die Isolierung wird vor dem Anfüllen der Erde auf den Beton aufgebracht. Nur beim nachträglichem Umbau von bestehenden Güllebehältern sowie im Deckenbereich erfolgt die Wärmedämmung auf der Innenseite.

Der Flächen- bzw. Raumbedarf zur Unterbringung der Heizungstechnik ist gering und spielt für die Bauplanung eine untergeordnete Rolle. Lediglich für den Pufferspeicher, der bei BHKW-Anlagen die Abwärme aufnimmt, muss genügend Platz vorgesehen werden. Meist werden diese Behälter mit bis zu 5 m^3 Inhalt in unmittelbarer Nähe des bzw. der BHKW aufgestellt.

Bei der Verwertung von Silagen sind ausreichend Siloflächen zu berücksichtigen. Zusätzlich sollten die Strecken von Silo zur Einbringtechnik so kurz wie möglich sein.

Bei Zukauf von NawaRo müssen ausreichend große Lagermöglichkeiten vorhanden sein. Je nach Fassungsvermögen nehmen auch die Einbringtechniken und Dosierstationen größere Flächen ein.

Bei der Mitverwertung von organischen Reststoffen wie Schlempe, Fette müssen diese in entsprechend großen Behältern zwischengelagert werden. Hier ist zu berücksichtigen, dass eine Anlieferung ohne Umstände möglich sein sollte und dass bestimmte Stoffe unangenehm riechen. So sollten flüssige Substrate wie Pansenabpresswasser, Fettabscheiderfette u.ä., welche mittels Tankwagen angeliefert werden, über geschlossene Schlauch- bzw. Rohrleitungen in das Zwischenlager befördert werden. Im Hinblick auf die Anlieferung schwankender Mengen sind Behälter zu wählen, die mindestens das 1,5 fache einer durchschnittlichen Einzelanlieferung fassen. Vor allem bei der Cofermentation von Fetten ist dafür zu sorgen, dass das Substrat pneumatisch oder mechanisch gerührt werden kann, um eine Klumpenbildung zu vermeiden.

Zudem müssen Fettabscheiderfette ebenso wie eine Reihe anderer Stoffe vor der Fermentation hygienisiert werden (vgl. Kap. 11). Die Hygienisierungsvorrichtung sollte ebenso wie die vorgeschriebene Registriervorrichtung für den Hygienisierungsvorgang in einem Gebäude untergebracht sein; dafür sind mindestens 10 m^2 Fläche zu veranschlagen.

Die folgenden 4 Anlagenbeispiele zeigen einige Möglichkeiten, die Komponenten und Einrichtungen anzuordnen, und machen deutlich, welcher Platz nötig ist.

Die Gasführung / Verrohrung

Gasseitig sind die Leitungsquerschnitte und die Leitungsführung vom Fermenter zum Gasspeicher festzulegen und die Gasmengenerfassung, die Gasreinigung und die Gastrocknung auf den errechneten Gasertrag abzustimmen.

Bei dem im Fermenter entstehenden Gasgemisch handelt es sich um ein „nasses" Gas, das auf dem Weg zum Motor (d.h. zur BHKW-Anlage) gereinigt und „entfeuchtet" werden muss. Um auf kostspielige Gasreinigungs- und -trocknungsanlagen verzichten zu können, ist dafür Sorge zu tragen, dass das Gas auf dem Weg vom Fermenter

Beispiel 1

- Biogasanlage mit Gülle-, Gras- und Silomaisvergärung,
- Feststoffdosierer (20 m³-Horizontalmischer) im Hofbereich,
- 2 x 65 kW-Gasmotor-BHKW,
- stehende Beton-Rundbehälter mit befahrbaren Decken,
- stehendes Paddelrührwerk im Hauptfermenter,
- Tauchmotor-Propeller-Rührwerke im Nachgärer und im Endlager,
- vollständige Wärmenutzung im Wohnhaus und Wirtschaftsgebäude.

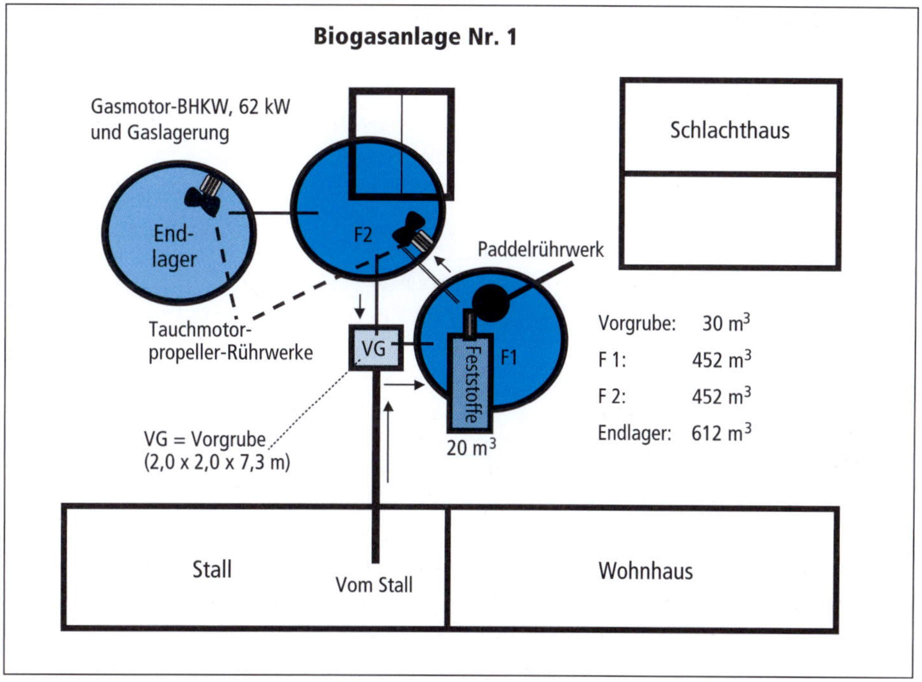

Beispiel 2

- Biogasanlage mit Gülle-, Gras-, CCM- und Silomaisvergärung,
- Feststoffdosierer (13 m³ Vertikalmischer) im Hofbereich,
- 180 kW-Gas-Motor-BHKW,
- 140 kW-Zündstrahl-BHKW,
- stehende Beton-Rundbehälter mit befahrbaren Decken,
- 2 Stabmixer im 1. Fermenter,
- 1 Stabmixer im 2. Fermenter,
- Langachsrührwerk im Endlager,
- Abwärmenutzung zur Hackschnitzeltrocknung.

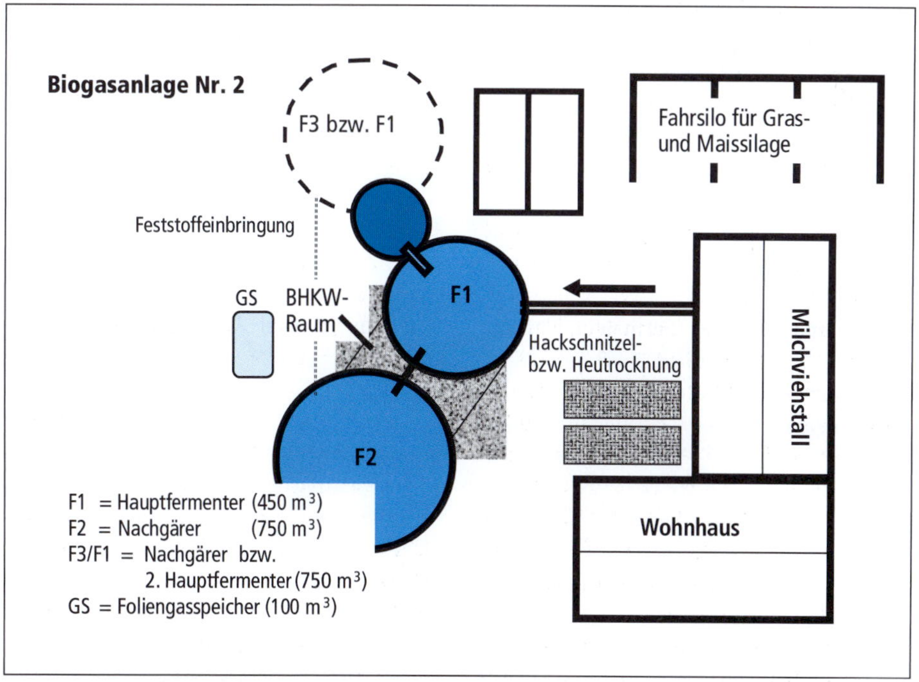

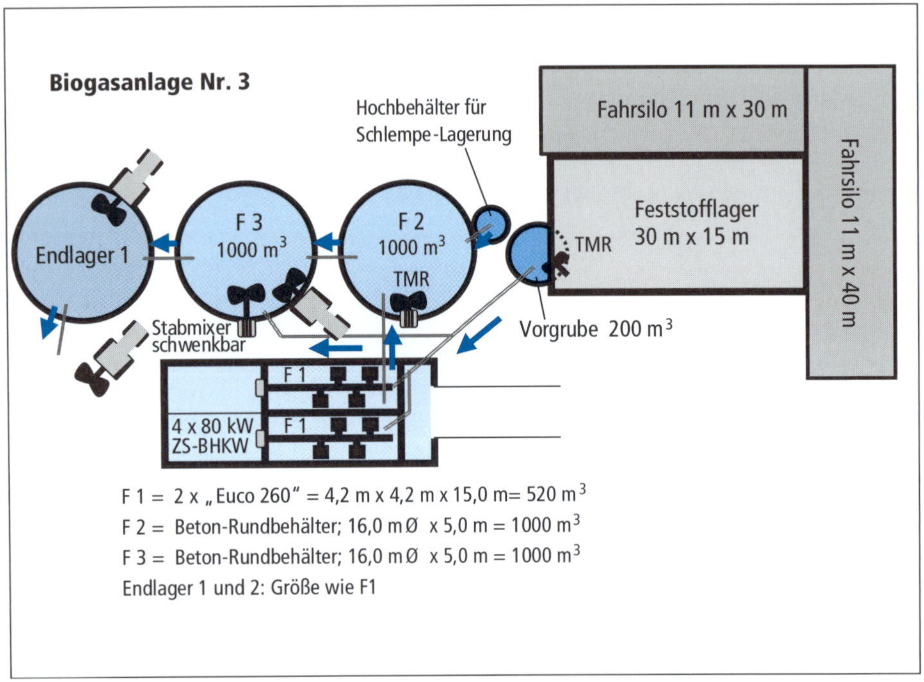

Beispiel 3

- Biogasanlage im Außenbereich zur Vergärung von Gülle, Gras, Silomais, Festmist und landwirtschaftlichen Reststoffen,
- 240 kW-Gasmotor-BHKW (ersetzt ein Zündstrahl-BHKW mit 80 kW),
- 3 x 80 kW-Zündstrahlmotor-BHKW,
- zwei liegende Fermenter mit je 260 m^3,
- zwei stehende Fermenter mit Folienhauben und Tauchmotor-Propeller-Rührwerken bzw. seitlich eingebautem Stabmixer

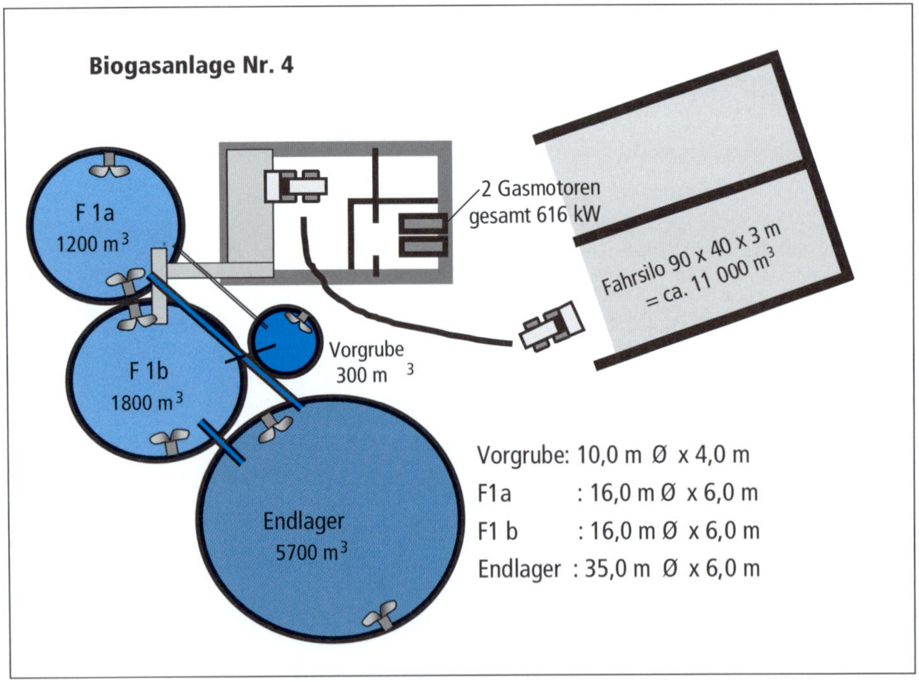

Beispiel 4

- Biogas-Gemeinschaftsanlage mit vorwiegender Silomais- und Grasvergärung im Außenbereich,
- Feststoffdosierer mit Abfräsvorrichtung und Schrägkettenförderer,
- 50 m^3 Fassungsvolumen,
- zwei 308 kW Gasmotor-BHKW,
- zwei stehende, oberirdisch angeordnete Rundfermenter mit insgesamt 3000 m^3 Fassungsvolumen,
- Endlager mit 5700 m^3,
- alle Behälter mit Folienabdeckung,
- je Fermenter und im Endlager zwei hydraulisch angetriebene Tauchmotor-Propeller-Rührwerke.

zum BHKW abgekühlt wird. Deshalb ist die Gasleitung ein Stück weit durch eine hinreichend kühle Zone zu verlegen, wo die Feuchtigkeit im Gas kondensiert; zum anderen ist dieses Leitungsstück mit Gefälle zu verlegen und an der tiefsten Stelle eine Abscheidevorrichtung für das Kondensat vorzusehen. Die Gasstrecke mit Sicherheitseinrichtungen, Gasuhren, Luft-Dosierpumpen für Gasentschwefelung usw. befindet sich in der Regel im BHKW-Gebäude.

Die Gasverwertung

Mit dem zuständigen EVU ist die Frage des Verknüpfungspunktes für die Netzeinspeisung zu klären. Hier werden meist den räumlichen und betrieblichen Gegebenheiten angepasste einzelbetriebliche Regelungen vereinbart, welche vor allem von der einzuspeisenden Strommenge und von der Stromversorgung in der näheren Umgebung der Biogasanlage abhängen. Bei den Kosten des Netzanschlusses gibt es trotz gleicher Anschlussbedingungen Kostenschwankungen von mehreren 100%. Deshalb ist es hier dringend ratsam, einen Sachverständigen einzuschalten, der die angegebenen Anschlussbedingungen und daraus geforderten Anschlusskosten beurteilen kann. Gerade in diesem Bereich versucht oftmals der Elefant, die Maus allein durch seine Größe zu beeindrucken. Wer hier nicht frühzeitig verhandelt und die Anschlusskosten berechnen lässt, der erlebt oftmals sein blaues Wunder und ist gegen eine spätere Kostenexplosion nicht gefeit.

Wegen der unvermeidlichen Motorengeräusche (Luft- und Körperschall) ist die BHKW-Anlage so zu installieren, dass sie weder Nachbarn noch den Betreiber selbst stört (durch Lärm, aber auch durch die Abgase). Dazu muss ein umbauter Raum vorhanden sein. Es empfiehlt sich, diesen Aufstellungsraum für das BHKW nicht zu klein zu wählen, um neben Motor, Generator, Schalttafel und Wärmetauscher auch den oder die Pufferspeicher sowie die Gasstrecke unterzubringen. Von hier aus erfolgt in der Regel auch die Verteilung der Abwärme an die einzelnen Verbraucher wie Güllevorwärmung, Fermenterheizung u.a. Auch an Erweiterungsoptionen sollte gedacht und die Möglichkeit, ein weiteres BHKW zu platzieren, unter Umständen gleich mit berücksichtigt werden.

Des weiteren gilt es, die nicht als Prozesswärme gebrauchte, verbleibende Restwärme nutzbringend zu verwerten. Bei der Verwertung im BHKW kann im Durchschnitt ein thermischer Wirkungsgrad von 55% bei Gas-Otto-Motoren bzw. 50% bei Zündstrahlmotoren erreicht werden. Bezogen auf eine Brennstoffzufuhr von 1 m^3 Biogas mit 60% Methan heißt das, dem BHKW können 3,30 kWh/m^3 bzw. 3,00 kWh/m^3 Nutzwärme entnommen werden. Der Teil der Wärme, der nicht für den Prozess gebraucht wird, steht für anderweitige Nutzung zur Verfügung. Dabei kommen vorrangig die Warmwasserbereitung sowie die Heizung der zum Betrieb gehörenden Wohngebäude in Betracht. Mit der Überschusswärmekönnen zusätzlich noch landwirtschaftliche Produkte getrocknet werden, und zwar sowohl eigene wie auch solche aus anderen Betrieben, z.B. Wagentrocknung bei Getreide, Körnermais etc. Die Warmluft für die Trocknung wird in diesem Fall über einen Wasser-Luft-Wärmetauscher erzeugt.

Fazit: Wenn schon ein Häuschen für das BHKW gebaut wird, sollte dieser Raum einigermaßen großzügig bemessen werden. Auch der Platzbedarf für die Gaszwischenspeicherung mit einem Volumen von immerhin 50 bis 150 m^3 muss im Rahmen der anlagentechnischen Planung bedacht werden.

Die Heizung

Die Heizung ist so zu planen, dass die geforderte Gärtemperatur erreicht wird. In der Regel ist es empfehlenswert, die Dimensionierung des Heizkreislaufes und der Heizflächen von einem Fachmann vornehmen zu lassen. Für die Gülleanwärmung auf Gärtemperatur wird hauptsächlich die Motorabwärme des BHKW herangezogen, welche in einen Pufferspeicher eingespeist wird. Damit die Temperaturschwankungen im Fermenter beim Einbringen der Gülle nicht zu groß werden, ist es sinnvoll, kleinere Mengen in Intervallen einzupumpen.

Die Wärmedämmung des Fermenters

Um die Wärmeverluste der Biogasanlage niedrig zu halten, ist der Fermenter gut zu isolieren. Natürlich sollte der Nutzen der Wärmedämmung (die eingesparte Wärmeenergie) in einer vernünftigen Relation zu den Kosten für die Dämmung stehen.

Bei der mesophilen Vergärung (35°C) ist ein U-Wert von 0,3 W/m^2·K und bei der thermophilen Vergärung (55°C) ein U-Wert von 0,2 W/m^2·K oder weniger anzustreben. Hieraus ergibt sich für den Betrieb von Biogasanlagen mit Faulraumtemperaturen von 35 bis 55°C eine Dämmstoffstärke von 10 bis 18 cm. Der Zusammenhang von Wärmeverlust und Wärmedurchgang bei verschiedenen Temperaturstufen sowie die resultierende Isolierstärke ist Abb. 9.2 zu entnehmen. Es empfiehlt sich, die Behälterbaufirma in die Planung einzubeziehen, denn die Isolierung der Biogasanlage im Boden- und im Deckenbereich muss bereits bei der Herstellung des Behälters berücksichtigt werden. Am besten sind auch hier mehrere Angebote einzuholen.

Beispiel

Zu erstellen ist ein Fermenter mit 650 m³ Volumen (13 m Durchmesser, 4,8 m tief). Die Dämmstärke bei Außenwand und Decke soll 15 cm betragen, am Boden 2 mal 5 cm.

- Dämmstoffbedarf Außenwand: 30 m³
- Dämmstoffbedarf Decke: 20 m³
- Dämmstoffbedarf Boden 20 m³
- *Dämmstoffbedarf gesamt* ca. 70 m³

Bei spezifischen Dämmstoffkosten von 120 bis 150 €/m³ (für Polystyrol ohne Verarbeitung) ergeben sich Materialkosten von ca. 8.400 bis 10.500 €.

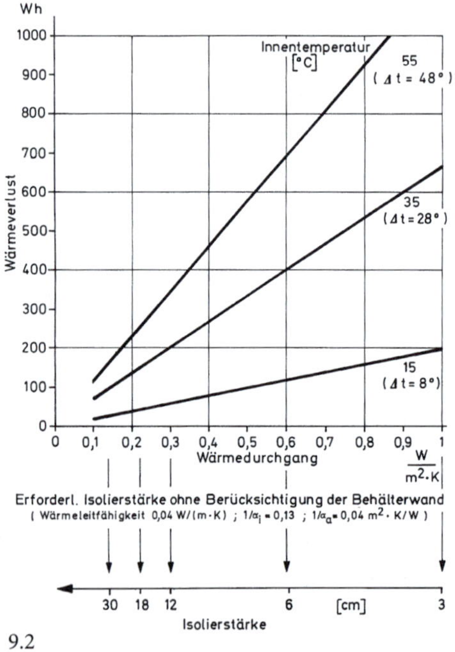

9.2
Wärmeverlust pro m² Wandfläche und Tag in Abhängigkeit vom Wärmedurchgang (nach Perwanger).

9.6 Kosten und Nutzen der Biogaserzeugung

Der Kern jeder Wirtschaftlichkeitsbetrachtung liegt im Vergleich von Kosten und Nutzen einer Einrichtung. Ist der geldwerte Nutzen der Biogaserzeugung geringer als die jährlich anfallenden Kosten, so ist unter wirtschaftlichen Gesichtspunkten vom Bau einer Biogasanlage abzusehen (Abb. 9.3).

Um diese Kosten-Nutzen-Abwägung anschaulich zu machen, werden im folgenden zunächst Hinweise zur Ermittlung der Investitionskosten von Biogasanlagen gegeben. Die Abschreibung der Kapitalkosten – ggf. unter Berücksichtigung einer Verzinsung – zusammen mit den Kosten für Reparatur, Wartung und Betrieb ergeben die jährlichen Kosten der Anlage. Einen nicht unwesentlichen Anteil spielen bei NawaRo-Anlagen die Kosten für die Substrate. Diesen laufenden Kosten wird – an Beispielen erläutert – der finanzielle Nutzen der Biogaserzeugung gegenübergestellt. Umgekehrt lässt sich aus dem finanziellen Nutzen auch ein Richtwert für die maximal vertretbaren Investitionskosten ableiten. Diese umgekehrte Reihenfolge des Vorgehens kann für grundsätzliche planerische Vorüberlegung ebenfalls sehr sinnvoll sein.

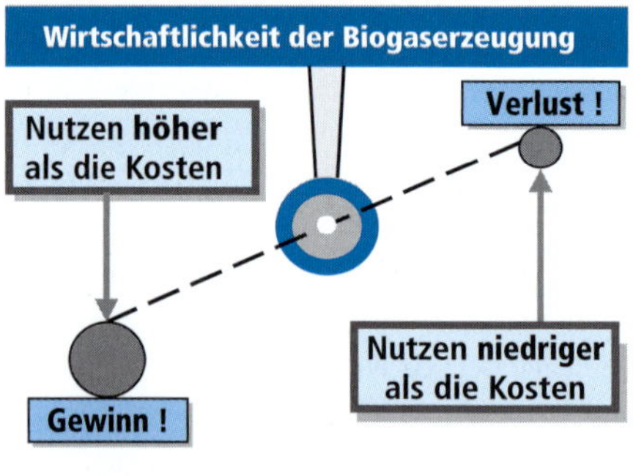

9.3 Wirtschaftlichkeit der Biogaserzeugung

Kosten der Biogaserzeugung

Die jährlichen Kosten einer Biogasanlage errechnen sich aus:

1. den Investitionskosten (Abschreibung, Verzinsung, Versicherung),
2. den Betriebskosten (Reparatur und Wartung),
3. bei Zündstrahlmotoren den Kosten für das Zündöl,
4. den Lohnkosten und
5. den Substratbereitstellungskosten.

Investitions- und Betriebskosten

Die Investitionskosten sind von einer Vielzahl von Faktoren abhängig und verändern sich laufend. Im wesentlichen setzen sie sich aus folgenden Kosten zusammen:

- Planung und Genehmigung
- Substrate
- Substratbevorratung z.B. Silos, Bergehallen etc.
- Einbringtechnik
- Fermenter, Lagerung
- Ausbringung
- Verstromung (BHKW und Anbindung), Gaseinspeisung

Hinweise zur Kostenübersicht auf Seite 191

Die genannten Preise für Fermenter, Tragluftdach, Einbringtechnik, Steuerung, externe Entschwefelung, BHKW-Technik, Silolagerraum, Verkehrsfläche verstehen sich inkl. Errichtung und Montage.

Pumpen, Heizungsverrohrung, Wärmedämmung, Rührwerke, Folienhaube aus EPDM, Fördertechnik, Einbringung in Fermenter, Wiegetechnik, Separator, Gastechnik, Nahwärmeleitung beinhalten nur die Lieferung des Materials.

Kosten wichtiger Komponenten in Biogasanlagen

Fermenter

Ortbeton ohne Decke, Isolierung und ohne Einbauten	60 – 90 €/m³ Behältervolumen
Fermenter komplett isoliert und ausgerüstet ohne Decke, ohne Einbauten	88 - 120 €/m³
Fermenterdecke aus Ortbeton, ohne Korrosionssch. bis 15 m ø	15 – 40 €/m³
Fermenter komplett ausgerüstet inkl. interner Entschwefelung und Gasspeicherdach	225 - 300 €/m³ bei 450-3000 m³ Fermentervolumen

Pumpen

Excenterschneckenpumpe, Drehkolbenpumpe 10 kW	ab 8500 €
Kreiselpumpen	ab 7.000 €
Tauchschneidepumpe 10 kW	ab 7.000 €

Heizungsverrohrung

Kunststoffrohr DN 20 (20 Kreise nötig) MT-Rohr (mit Aluminium Layer) oder PEX-Rohr	2 – 5 €/m

Wärmedämmung

Styropor,	60 – 80 €/m³
Styrodur	120 – 150 €/m³

Rührwerke

Tauchmotorrührwerke, 11 - 15 kW	6.000 - 10.000 €
Verstelleinrichtung	6.000 €
Langachsrührwerke (Stabmixer) 15 - 18 KW	9000 - 18.000 €
Paddelrührwerke 15 - 18 kW	15.000 - 35.000 €

Foliengasspeicher

Folienhaube (1,5 mm stark)	16 €/m²
EPDM-Folienhaube, Fermenter Ø 10 m	2000 €
Fermenter Ø 16 m	4000 €
Tragluftdach inkl Holzunterkonstruktion, Spannetz, Klemmschiene, Stützluftgebläse, Füllstandsanzeige und Über-/Unterdrucksicherung inkl. Montage	
für Fermenter Ø 10 m	17.000 €
für Fermenter Ø 16 m	28.000 €

Einbringtechnik

Dosiervorlage: Schubboden oder Schubwand:	30-50 m³	35.000 - 45.000 €
Feststoffdosierer, Feststoffmischer	15-30 m³	20.000 - 40.000 €

Fördertechnik

Schnecken (D= 25 cm, je nach Werkstoff und Baulänge)	800-1.600 €
Förderbänder lfd. m	500 - 800 €

Einbringung in Fermenter

Stopfschnecke	5.000 - 10.000 €

Steuerung (nur Zeit- + Gewichtsdosierung Substrateintrag) 3.000 - 4.500 €

Wiegetechnik geeicht, Funkfernsteuerung, Tara, Software 25.000 - 30.000 €

Separator 10 m³ Substrat /h 30.000 - 40.000 €

Gastechnik

Interne Entschwefelung mit Lufteinblasen	1.000 - 2.000 €
Externe Entschwefelung 240 m³ Biogas/h	40.000 €
Gasuhr 50 - 250 m³/h	1.000 - 2.500 €
Biogasfackel 30 - 250 m³/h	12.000 - 30.000 €
Über/Unterdrucksicherungen (bis 250 m³/h)	1.000 - 2.500 €

Gasverwertung

Gasverdichter 250 m³/h	25.000 €
Gasleitungen, Kondensatabscheider, Sicherungen	Pauschal etwa 120 €/m

Container 5.000 - 15.000 €

zur Unterbringung v. Pumpen, Wärmetauscher u. Prozessleittechnik

Gas-Otto-BHKW

inkl. Modulsteuerung, Kühlwasser- und Abgaswärmetauscher, Ölnachfülleinrichtung, Abgasschalldämpfer, Abgasrohr, Tischkühler (Not-/Gemischkühler), Verdichter, Montage vor Ort, Inbetriebnahme, Abnahme

170 kW	1.000 €/kW
230 kW	800 €/kW
500 kW	650 €/kW
1000 kW	550 €/kW

BHKW Zündstrahler

Motor-Generator, Modulsteuerung, Kühlwasser- u. Abgaswärmetauscher, Ölnachfülleinrichtung, Abgasschalldämpfer, Abgasrohr, Tischkühler (Notkühler), Heizölzähler, Montage vor Ort, Inbetriebnahme, Abnahme

80 kW	1.000 €/kW
100 kW	800 €/kW
300 kW	550 €/kW
1000 kW	500 €/kW

Trafo 20.000 - 40.000 €

Nahwärmenetz

Wärmeleitung (2-strangig)	150 €/m
Hausübergabestation	3.000 - 4.000 €/m

Messeinrichtungen

Gasanalysegerät (Methan, Schwefelwasserstoff)	ab 5.000 €
Gasanalysegerät inkl. Gasmenge	15.000 €
Drägerröhrchen Schwefel, Ammoniak	6 €/Stück

Silolagerraum

Siloplatte (ohne Wände)	15 €/m³
Fahrsilo	25 €/m³
Verkehrsfläche (asphaltierte Fläche inkl. Unterbau Trag- und Deckschicht, für hohe Verkehrslast	80 - 100 €/m³

Preise wichtiger Komponenten für landwirtschaftliche Biogasanlagen. Die Preise (ohne Mwst.) sind als Anhaltswerte zu verstehen: Es ist immer ratsam die Preise durch mehrere verschiedene Angebote zu überprüfen. Die Kosten für Erdarbeiten, Wegebau und Gestaltung sind vor Ort zu ermitteln.

Waren es früher die Kosten für den Baukörper und die KWK-Anlage allein, die 67% der Investitionen ausmachten, so kommen heute zusätzlich die Kosten für Substrate, Substratbereitstellung und –einbringung hinzu. Auch die Planungskosten sind aufgrund der aufwändigen Genehmigungspraxis gestiegen. Und die Kosten für die Stromanbindung haben sich auch wegen der größeren BHKW deutlich erhöht. In den 80er und 90er Jahren wurden Biogasanlagen überwiegend im Eigenbau erstellt. Mit zunehmender Größe werden die Anlagen von Firmen komplett erstellt, entsprechend geht der Anteil an Eigenleistung zurück.

Die Höhe der Investitionskosten wurde noch vor wenigen Jahren an den im Betrieb befindlichen Tieren bzw. an der Fermentergröße gemessen. Nachdem jedoch zum einen die Güllevergärung weitgehend an Bedeutung verloren hat und zum anderen die Anlagengröße, bezogen auf das Behältervolumen, oft nicht eindeutig definiert werden kann (zählt der überdachte Lagerbehälter zum Fermentervolumen dazu oder nicht?), wurde die installierte, elektrische Leistung als Maßstab für die Biogasanlagengröße herangezogen. Aber auch diese Kennzahl – angegeben in €/kW_{el} – ist in dieser Form oft irreführend, da in vielen Betrieben mehrere BHKW an der Biogasanlage stehen, aber nicht immer in Betrieb sind.

Ein Beispiel:
Auf einem Betrieb mit 650.000 € Investitionskosten stehen zwei BHKW mit 200 bzw. 100 kW, wobei das erste im Volllastbetrieb arbeitet und das zweite nur bei Bedarf zugeschaltet wird. Wird nur das erste BHKW berücksichtigt, betragen die spezifischen Investitionskosten 3.250 €/kW, werden beide BHKW in die Betrachtung einbezogen, sinken diese auf 2.170 €/kW. Besser erscheint hier die Berechnung nach der jährlich erzeugten Strommenge geteilt durch die Jahreslaufzeit der BHKW (8760 Stunden).

Im Beispiel:
Erzeugte Strommenge pro Jahr =
1.980.000 kW : 8760 Stunden = 226 kW
Spez. Investitionskosten:
650.000 € : 226 kW = 2.875 €/kW.

Bei den spezifischen Investitionskosten spielt die Anlagengröße die entscheidende Rolle. Gerade im Bereich bis 100kW ist eine sehr große Degression der Investitions-

Vereinfachte Berechnung der Kosten der Biogaserzeugung					
Investitionen					
Tägl. Substratmenge	[ ] m³/d		Verweilzeit	[ ]	Tage
Fermentergröße				[ ]	m³
spezifische Investitionskosten Fermenter				[ ]	€/m³
Installierte elektr. Leistung BHKW				[ ]	kW
spezifische Investitionskosten BHKW				[ ]	€/kW_{el}
Investitionskosten für die Biogasanlage					
Fermenterraum				[ ]	€
BHKW				[ ]	€
Investitionskosten gesamt				[ ]	**€**
spezifische Investitionskosten:				[ ]	€/kW
Kapitalaufwand – geschätzte Jahreskosten					
Abschreibung:	langlebige Güter	______	60% Anteil 20 Jahre	[ ]	€/Jahr
		______	40% Anteil 10 Jahre	[ ]	€/Jahr
	Zündstrahlmotor	______	4,5 Jahre	[ ]	€/Jahr
	Gasmotor	______	8 Jahre	[ ]	€/Jahr
Zinssatz:		______	6,0%	[ ]	€/Jahr
Versicherung:			0,5%	[ ]	€/Jahr
Grundstückspacht:		______ €/Jahr		[ ]	€/Jahr
Reparaturen/Wartung:	Bau	______	2,0%	[ ]	€/Jahr
	Technik	______	3,0%	[ ]	€/Jahr
	BHKW	______	0,4 ct/$kWh_{el.}$	[ ]	€/Jahr
Zündölkosten:	______ l/a	______ €/l		[ ]	€/Jahr
Lohnkostenansatz:	______ Stunden/a		15,0 €/Std.	[ ]	€/Jahr
Kosten für Substratbereitstellung:		______ ha	______ €/ha	[ ]	€/Jahr
Gesamtbetriebskosten der Biogasanlage				[ ]	**€/Jahr**

Tabelle 9.5: Beispiel für eine vereinfachte Berechnung der Kosten der Biogaserzeugung.

kosten festzustellen und erst ab einer Anlagengröße von über 200 kW ist nur noch eine geringfügige Senkung der spez. Investitionskosten möglich. Folgende Faustzahlen dienen der Abschätzung (siehe Kap. 14.2):

- Bis 100 kW_{el} Leistung: spez. Investition 3500 – 5000 €/kW
- 100 - 250 kW_{el} Leistung: spez. Investition 2500 – 3500 €/kW
- über 250 kW_{el} Leistung: spez. Investitionssumme 2000 – 3000 €/kW.

Die Investitionskosten dienen als Grundlage zur Ermittlung der laufenden Betriebskosten. Ein vereinfachtes Formblatt zur Ermittlung der Investitionskosten zeigt Tabelle 9.5.

Technik/Bau: Die baulichen Anlagen werden mit 60% an den Gesamtinvestitionen veranschlagt und auf 20 Jahre abgeschrieben, die Technik mit 40% Gesamtinvestitionen veranschlagt und auf 10 Jahre abgeschrieben.

Das *BHKW* wird separat abgeschrieben, da hier eine niedrigere Lebensdauer gegeben ist. Bei Zündstrahlmotoren wird die Lebensdauer auf 4,5 und bei Gasmotoren auf 8 Jahren angesetzt. Wenn Zündstrahl-BHKW eingesetzt werden, müssen noch die Kosten für das Zündöl berücksichtigt werden. Zusätzlich kann berücksichtigt werden, dass die genannte Lebensdauer nur für den Motor gilt, der Generator hält bei ordnungsgemäßer Betriebsweise bedeutend länger.

Zinssatz: Bei der Berechnung der Zinsen (Fremdfinanzierung) wird angenommen, dass im Mittel 50% der Investitionssumme als Darlehen mit 6% zu verzinsen ist.

Für die *Instandsetzung der Technik* werden 3,0% (von 40% der Investitionssumme) und die *Instandhaltung* des Baukörpers 2,0% (von 60%) als jährliche Kosten angenommen.

Reparatur/Wartung: Bei diesem Posten werden für die Technik 3% und für den Bau 2% der jeweiligen Investitionssumme angesetzt.

Lohnkostenansatz: Die tägliche Arbeitszeit hängt sehr stark vom Automatisierungsgrad der Anlage und von den einzubringenden Substraten ab. Für weitere Betrachtungen kann folgender Richtwert angesetzt werden:

- 3 – 7 Akh/kW und Jahr.

Beispiele:

- 100 kW und 6 Akh/kW und Jahr ergibt 600 AKh/Jahr = ca. 1,65 Stunden pro Tag
- 500 kW und 3,5 Akh/kW und Jahr ergibt 1750 Akh/Jahr = ca 4,8 Stunden pro Tag

Substratkosten: Gülle aus dem eigenen Betrieb fällt kostenlos an, und wird in den Beispielrechungen nicht bewertet. Jedoch sind im eigenen Betrieb erzeugte oder zugekaufte NawaRo mit Kosten verbunden und daher in die Kalkulation einzubeziehen. Auch müssen die dadurch resultierenden Lagerungs- und Ausbringkosten berücksichtigt werden. Eventuell fallen auch *Pachtkosten* an.

Bei *Cofermentation* zusätzlicher Stoffe, die nicht zu den nachwachsenden Rohstoffen gehören, müssen Kosten für Hygienisierung, Kontrolle, Annahme und Lagerung sowie für die Ausbringung kalkuliert werden.

Nutzen der Biogaserzeugung

Verstromungserlöse: Die Haupteinnahmequelle derzeit ist der Erlös aus der Verstromung. Diese Einnahmen können sich aus mehreren Positionen zusammensetzen (siehe Vergütungstabelle Kapitel 8). Die Höhe des Grundtarifes unterliegt vom Zeitpunkt der Errichtung der Biogasanlage einer jährlichen Degression von 2 %, für die Vergütung der Rohstoffklassen trifft dies nicht zu.

Abwärmenutzung: Der Teil der Wärme, der nicht für den Prozess gebraucht wird, steht für anderweitige Nutzung zur Verfügung. Der Wert der überschüssigen Abwärme ist naturgemäß stark davon abhängig, ob zahlende Wärmeabnehmer gefunden werden können. Die Verwertung zur Heizung von Wohnhaus und Stallungen kann zu beträchtlichen Einsparungen an Heizkosten führen. Im Aktuellen EEG (2012) wird eine Wärmenutzung von 60 % gefordert, davon dürfen für die Erhaltung der Prozesswärme 25 % angerechnet werden.

Nutzen der Nebeneffekte: Die positiven Nebeneffekte der anaeroben Behandlung wie Abbau der Trockensubstanz und Erhöhung der Fließfähigkeit, erhöhter Ammonium-Stickstoff-Anteil, Ersatz von mineralischem Dünger, Geruchsminderung etc. werden im Einzelfall unterschiedlich zu werten sein. Es ist sehr schwierig, die verschiedenen Effekte in Euro und Cent darzustellen. Unter günstigen Voraussetzungen kann der Nutzen mit 0,50 bis 1,00 €/m^3 Substrat und mehr angesetzt werden. In der betriebswirtschaftlichen Betrachtungsweise spielen diese Effekte jedoch eine untergeordnete Rolle.

Durch Cofermentation mit organischen Reststoffen aus der Industrie kann der Nutzen der Biogasanlage verbessert werden. Zum einen ist bei vielen Substraten eine erhebliche Steigerung der Gasproduktion gegeben, zum anderen können für die zu entsorgenden organischen Materialien *Abnahmeerlöse* erzielt werden.

Förderungsmöglichkeiten

Im Rahmen der Förderprogramme für die Nutzung Erneuerbarer Energien und CO_2-Einsparung werden verstärkt auch Biogasanlagen bezuschusst. Dies erfolgt zum einen durch zinsgünstige Darlehen, aber auch in

Form von nicht rückzahlbaren Zuschüssen. Von den Ländern wird die Förderung der Biogastechnologie sehr unterschiedlich gehandhabt. Die Antragsstellung erfolgt hierbei zumeist bei den Ministerien für Landwirtschaft, Umwelt oder Wirtschaft. Der Bund fördert Biogasanlagen weiterhin im Rahmen der Richtlinie zur Förderung von Maßnahmen zur Nutzung Erneuerbarer Energien je nach Anlagengröße mittels Teilschulderlass oder zinsgünstigem Darlehen (Kreditanstalt für Wiederaufbau). Inzwischen fördern auch einige Kommunen, regionale Institutionen und EVU mit finanziellen Anreizen diese Form der Nutzung Erneuerbarer Energien. Neben diesen Programmen wird der Bau von Biogasanlagen auch von der EU z.B. über Maßnahmen zur regionalen Entwicklung (ELER, EFRE) finanziell unterstützt. Anlaufstellen für die Beantragung sind in erster Linie die Landwirtschaftsämter. Einen aktuellen Förderungsüberblick von Länder und Bund bietet der Fachverband Biogas auf seiner Homepage. Auch wissen meist die Berater und Planer von Biogasanlagen über die aktuelle Förderungssituation Bescheid.

9.7 Beispielrechnungen zur Ermittlung der Wirtschaftlichkeit der Biogaserzeugung

Die Wirtschaftlichkeit der Biogaserzeugung ist von vielen Faktoren abhängig. So muss in erster Linie darauf geachtet werden, dass die Kosten überschaubar sind. Neben den Investitionskosten sind hier vor allem die Substratkosten zu berücksichtigen. Gerade bei einer Konzentration von Biogasanlagen mit der Vergärung von NawaRo kann es zu Engpässen bei der Substratversorgung kommen, was die Kosten entsprechend in die Höhe treibt. Hier gilt es mit langfristigen Verträgen unguten Überraschungen vorzubeugen. Am günstigsten wirken sich in der Regel Substrate aus, welche kostenlos erhältlich sind und zudem noch eine Vergütung nach dem EEG erhalten.

Die Annahmen und Ergebnisse in den folgenden Beispielen können in der Praxis nach oben oder unten abweichen. Hierfür sind unterschiedliche Grundannahmen verantwortlich, die das Ergebnis einer Berechnung beeinflussen können. Am Beispiel Silomais können hier unterschiedliche, spezifische Gasausbeuten, Trockenmassegehalte und Flächenerträge herangezogen werden. Hohe Gaserträge, günstige Voraussetzungen bei der Verstromung und niedriger Prozessstromverbrauch sind nur einige Punkte, die den Nutzen der Biogaserzeugung erhöhen. So bringt ein 1% höherer oder niedrigerer elektrischer Wirkungsgrad bei der Verstromung bei einem 100 kW-BHKW etwa 3.400 € Mehr- oder Mindereinnahmen, ein 5% höherer/niedrigerer Methangehalt Einnahmen-Abweichungen von rund 11.000 € So kann es bei der Planung durch Fehleinschätzungen bei mehreren Faktoren zu erheblichen Unterschieden im Ergebnis kommen, die den Erfolg des Betriebszweiges „Biogaserzeugung" entscheidend beeinflussen. Generell gilt die Maxime:

- Kosten minimieren – Nutzen maximieren.

Im folgenden werden vier Beispiele betrachtet und durchgerechnet, um die Wirtschaftlichkeit der Biogaserzeugung unter verschiedenen Bedingungen zu zeigen:

1. Milchviehbetrieb mit 100 GV (incl. Nachzucht) + 20 ha Silomais, Abwärmenutzung im eigenen Betrieb
2. Milchviehbetrieb mit 100 GV (incl. Nachzucht) + 100 ha Silomais, Abwärmenutzung im eigenen Betrieb
3. Milchviehbetrieb mit 100 GV (incl. Nachzucht) + 20 ha Silomais + 1000 Tonnen Geflügelkot, Abwärmenutzung im eigenen Betrieb
4. Milchviehbetrieb mit 100 GV (incl. Nachzucht) + 20 ha Silomais + 1000 Tonnen Geflügelkot, Nutzwärme-Verwendung der erzeugten Abwärme.

Im aktuellen EEG 2012 setzt sich der Preis für die zu vergütende Kilowattstunde Strom anhand der eingesetzten Substrate anlagenspezifisch zusammen. Es gibt also keinen allgemein gültigen Preis pro kW Strom. In den vorliegenden Beispielen wurde konservativ mit einem Strompreis von 17,5 ct gerechnet. Die geforderte 60 % Wärmenutzung (EEG 2012) wurde nur in Beispiel 4 nennenswert finanziell bewertet, da eine Wärmenutzung nicht sofort auch eine Vergütung bedeuten muss.

1. Milchviehbetrieb mit 100 GV (incl. Nachzucht) + 20 ha Silomais, Abwärmenutzung im eigenen Betrieb

Im ersten Beispiel wird ein 100 GV-Milchviehbetrieb mit zusätzlicher Vergärung von 20 ha Silomais untersucht (wobei diese Beispielannahmen bereits in vorangegangenen Kapiteln zur Anlagendimensionierung herangezogen wurden). In diesem Betrieb werden pro Tag 5 m³ Gülle und 2,7 t Silomais für die Biogaserzeugung bereitgestellt. Bei einer ausreichenden Verweilzeit von ca. 70 Tagen mit einem Gärraumzuschlag von 20% ist mit einer Fermentergröße von 650 m³ zu rechnen. Für die Ermittlung der Investitionskosten werden die Kosten für den Fermenterraum mit 275 €/m³ und für das BHKW mit 700 €/kW installierte elektrische Leistung angenommen. Hieraus errechnen sich die Gesamt-Investitionen von 217.288 €. Dies entspricht bei der ermittelten Leistung des BHKW von 55 kW spezifischen Investitionskosten von 3.951 €/kW.

Die Substratkosten sind ausschließlich auf den Silomais konzentriert, die Gülle kann bei den Kosten vernachlässigt werden. Hohe Kosten bei der Bereitstellung von NaWaRo und hierbei vor allem oft extrem hohe Pachtpreise beeinflussen die Wirtschaftlichkeit beträchtlich. Bei den Ausbringkosten wird lediglich der Silomais angesetzt, da die Gülleausbringung nicht der Biogasanlage, sondern der Milchviehhaltung angelastet werden muss.

Den Kosten sind die Erträge aus der Biogaserzeugung gegenüber zu stellen. Hierbei werden die in Tabelle 9.6 angegebenen Daten herangezogen. Die Menge des erzeugten Biogases aus Gülle spielt mit lediglich 15% an der Gesamt-Biogaserzeugung nur eine untergeordnete Rolle. Von Bedeutung ist der Methangehalt von ca. 54%, der vor allem durch den niedrigen Methangehalt des Silomaises geprägt ist. Der Verstromungs-Wirkungsgrad ist mit 33% angegeben, ein Wert, der auch bei kleineren BHKW erreicht werden sollte. Die Gesamtstromerzeugung liegt bei ca. 400.000 kWh pro Jahr, welche mit 17,5 ct/kWh vergütet wird. Der für den Betrieb der Anlage erforderliche Strom für Pumpen, Rührwerke etc. wird mit 8% der Gesamtstromerzeugung angenommen und mit 12ct/kWh kalkulatorisch angesetzt. Er wird vorwiegend zugekauft, da dieser in der Regel preisgünstiger ist als der selbsterzeugte Strom.

Die Dungwertsteigerung, vorwiegend durch die Änderung der Stickstoff-Komponenten gegeben, wird pauschal mit 0,50 €/t Substrat berechnet, so dass in diesem Fall dieser Teil mit ca. 1.400 € zu Buche schlägt.

Kosten der Biogaserzeugung – Beispiel 1	
Tägliche Substratmenge	7,7 m³
Verweilzeit	70 Tage
Fermentergröße	650 m³
Installierte Leistung	55 kW
Investitionskosten Fermenter (275 € pro m³ Fermenter)	178.788 €
Investitionskosten BHKW (700 € pro kW BHKW-Leistung)	38.500 €
Gesamt-Investitionskosten	217.288 €
Spez. Investitionskosten	3.951 €/kW
Substratkosten: - Gülle	keine
- Silomais 1400 €/ha	28.000 €/a
Lohnkosten: 360 Std/a x 15 €/Std.	5.400 €/a
Substratausbringkosten 800 m³ x 4 €/ m³	3.200 €/a
Gesamtkosten	**64.262 €/a**

Tabelle 9.6:
Kosten der Biogaserzeugung (ohne Stromanschlußkosten) Beispiel 1

Tabelle 9.7
Nutzen der Biogaserzeugung Beispiel 1

Die Wärmeverwertung wird hier nur sehr begrenzt mit in die Berechnung einbezogen. Im Gegensatz dazu zeigt das Beispiel 4 mit seiner relativ hohen Abwärmemenge, wie eine entsprechende Abwärmenutzung das Ergebnis verändert. Die Nutzwärme wird mit 4 ct/kWh berechnet, ein Wert, der jedoch Schwankungen unterliegt.

Wirtschaftlichkeit im Beispiel 1

Im Ergebnis ist der Nutzen dieser relativ kleinen Anlage nur unwesentlich höher als die Kosten, das heißt, es ist kaum Gewinn zu erwirtschaften. Die Wirtschaftlichkeitsrechnung ist geprägt durch die hohen spezifischen Investitionskosten mit den daraus resultierenden, hohen laufenden Kosten so-

Erträge der Biogaserzeugung – Beispiel 1	
100 GV Milchvieh	100 m³/d
20 ha Silomais	520 m³/d
Gesamt	620 m³/d = 226.300 m³/a
durchschnittlicher Methangehalt	54%
Verstromungs-Wirkungsgrad	33%
keine Gasverwertung an	5 Tagen
Grundtarif	11,5 ct/kWh
NaWaRo-Bonus	6,0 ct/kWh
Prozessstromverbrauch	8%
Gesamtstromerzeugung	397.742 kWh
Erlös aus Gesamtstromerzeugung	**68.842 €**
Kosten für Zukaufstrom	12 ct/kWh
Menge an Zukaufstrom	31.819 kWh
Kosten für Prozessstrom	**3.818 €**
Dungwert (pauschal 0,50 €/t)	1400 €
zusätzliche Wärmeverwertung	30.000 kWh
Preis je kWh	4 ct/kWh
Nutzen der Wärmeverwertung	**1.200 €**
Nutzen der Nebeneffekte	–
Gesamtnutzen	**67.624 €/a**

wie dem hohen Anteil an kostenintensivem Substrat. Dadurch schließt die Biogaserzeugung mit einem, wenn auch nur leichtem Plus von 3.360 €/a ab. Jedoch sind hierbei schon 5.400 € Lohnkosten für die Betreuung der Biogasanlage mit berücksichtigt. Eine Reduzierung der Investitionskosten um ca. 25% könnte den Gewinn auf ca. 10.000 €/a steigern.

Fazit: Kleine Biogasanlagen mit einem hohen Anteil an NawaRo, lassen sich nur unter äußerst günstigen Bedingungen wie niedrigen Investitions- und Substratkosten betriebswirtschaftlich sinnvoll betreiben.

2. Milchviehbetrieb mit 100 GV (incl. Nachzucht) + 100 ha Silomais, Abwärmenutzung im eigenen Betrieb

Dieses Beispiel kann als nahezu ausschließliche NawaRo-Vergärungsanlage angesehen werden. Zur täglichen Menge von 5 m³ Gülle mit etwa 8% Trockenmasse kommen hierbei ca. 15 t Silomais mit einem TS-Gehalt von 32%, so dass der durchschnittliche TS-Gehalt bei der Substrateinbringung bei 26% liegt.

Berechnung der Faulraumbelastung:

- oTS-Einbringung: 4943 kg/d
- effektiver Faulraum: 1400 m³
- Faulraumbelastung: 3,53 kg oTS/m³ Faulraum

Die Berechnung der Kosten (Tabelle 9.8) erfolgt ähnlich wie in Beispiel 1, die Investitionskosten für die Fermenter sind auf Grund der hohen TS-Gehalte mit entsprechender Einbring- und Rührtechnik etwas höher als im Beispiel 1 und das BHKW je kW installierte Leistung geringfügig günstiger angesetzt. Jedoch reduzieren sich die spezifischen Investitionskosten durch den hohen Anteil an Silomais mit dem dann notwendigen, großen Verstromungsaggregat entsprechend.

Bei der Berechnung des Erlöses aus dem Stromverkauf wurde mit einem durchschnittlicher Tarif von 17 ct/kWh gerechnet.

Besonders positiv wirkt sich in dieser Betrachtung der höhere Verstromungs-Wirkungsgrad aus, der mit 37% angenommen wurde. Die Biogaserzeugung stammt zu über 96% aus dem vergorenen Silomais, so dass die Gülle lediglich einen stabilisierenden Faktor darstellt. Die Güllevergärung trägt lediglich mit ca. 12.500 € zum Erlös bei.

Wirtschaftlichkeit im Beispiel 2

In Beispiel 2 ist ein Gewinn von ca. 51.400 €/a zu erwarten. Trotz der Kosten für die Substratbereitstellung ergibt sich hier ein deutlich positives Ergebnis, das zum einen durch den günstigeren Verstromungs-Wirkungsgrad und zum anderen durch die niedrigeren, spezifischen Investitionskosten gegeben ist.

Fazit: Trotz entsprechender Kosten für das Substrat lassen sich Biogasanlagen in dieser Größenordnung (100 ha Silomais) gewinnbringend betreiben. Es ist zu berücksichtigen, dass in diesen Beispielen auch die Arbeit mit ca. 16 000 €/a veranschlagt ist.

Kosten der Biogaserzeugung – Beispiel 2	
Tägliche Substratmenge	20 m³
Verweilzeit	70 Tage
Fermentergröße	1.680 m³
Installierte Leistung	263 kW
Investitionskosten Fermenter (275 € pro m³ Fermenter)	504.000 €
Investitionskosten BHKW (550 € pro kW BHKW-Leistung)	171.000 €
Gesamt-Investitionskosten	675.000 €
Spez. Investitionskosten	2.566 €/kW
Substratkosten: - Gülle	keine
- Silomais 1400 €/ha	140.000 €/a
Lohnkosten: 1080 Std/a · 15 €/Std.	16.200 €/a
Substratausbring. 4000 m³ x 4 €/ m³	16.000 €/a
Gesamtkosten	**261.226 €/a**

Tabelle 9.8: Kosten der Biogaserzeugung (ohne Stromanschlußkosten) Beispiel 2.

Tabelle 9.9 (rechts)
Nutzen der Biogaserzeugung im Beispiel 2.

Erträge der Biogaserzeugung – Beispiel 2	
100 GV Milchvieh	100 m³/d
100 ha Silomais	2.600 m³/d
Gesamt	2.700 m³/d = 985.500 m³/a
durchschnittlicher Methangehalt	53,4%
Verstromungs-Wirkungsgrad	37%
keine Gasverwertung an	5 Tagen
Grundtarif (bis 150 kW)	11,5 ct/kWh
Grundtarif (über 150 kW)	9,9 ct/kWh
durchschnittl. Grundtarif	11,0 ct/kWh
NaWaRo-Bonus	6,0 ct/kWh
Gasverwertung mit Gasmotor	0,17 ct/kWh
Prozessstromverbrauch	8%
Gesamtstromerzeugung	1.920.478 kWh
Erlös aus Gesamtstromerzeugung	**326.481 €**
Kosten für Zukaufstrom	12 ct/kWh
Menge an Zukaufstrom	153.638 kWh
Kosten für Prozessstrom	**- 18.437 €**
Dungwert (pauschal 0,50 €/t)	**3.400 €**
zusätzliche Wärmeverwertung	30.000 kWh
Preis je kWh	4 ct/kWh
Nutzen der Wärmeverwertung	**1.200 €**
Nutzen der Nebeneffekte	-
Gesamtnutzen	**312.645 €/a**

3. Milchviehbetrieb mit 100 GV (incl. Nachzucht) + 20 ha Silomais + 1000 t Geflügelkot, Abwärmenutzung im eigenen Betrieb

Bei der Biogaserzeugung in diesem Beispiel fallen nur beim Silomais Substratkosten an. Dafür liefert er etwa die Hälfte der Gasproduktion. Die Substratmischung aus Gülle, Mais und Geflügelkot ist für einen optimalen Biogasprozess vorteilhaft. Die alleinige Vergärung von Geflügelkot ist problematisch, durch die Mischung kann jedoch das hohe Gasertragspotenzial des Trockenkotes voll genutzt werden.

Daten des trockenen Geflügelkotes:

- 45% Trockensubstanz, davon 75% organische Trockensubstanz
- spezifische Gasausbeute: 500 l/kg oTS
- Methangehalt: 65%
- Gasproduktion: 169 m^3/t Frischmasse
- Gasproduktion: 168.900 $m^3/a = 463\ m^3/d$

Berechnung der Faulraumbelastung

- oTS-Einbringung: 2.185 kg/d
- eff. Faulraumgröße: 840 m^3
- Faulraumbelastung: 2,60 kg oTS/m^3 Faulraum

Die Kosten der Biogaserzeugung (vgl. Tabellen 9.10 und 9.11) setzen sich in diesem Beispiel aus rund 28.000 € (= 1/3 der Gesamtkosten) für das Substrat Silomais sowie knapp 20.000 € für Lohn und Substratausbringung zusammen. Die gegenüber Beispiel 1 verdoppelte BHKW-Leistung bei einer nur um ca. 70% höheren Gasproduktion resultiert aus dem erheblich höheren Methangehalt von ca. 65% durch die Geflügelkotvergärung sowie eines um 2% höheren elektrischen Wirkungsgrades. Für die Gesamtmischung errechnet sich ein Methangehalt von 58,7%. Der Geflügelkot wird frei Haus geliefert, so dass hier nur Kosten ab Hof anfallen.

Der Nutzen bei der Vergärung von größeren Mengen an Substrat mit hohem TS-Gehalt liegt vor allem bei der hohen Gaserzeugung bezogen auf die Tonne Frischmasse.

Wirtschaftlichkeitsbetrachtung

Die Wirtschaftlichkeitsrechnung der Geflügelmistvergärung zusätzlich zu den 20 ha Silomais und der Gülle ist gekennzeichnet durch mehrere positive Einflüsse. Neben der hohen Gasausbeute und dem CH_4-Gehalt im Biogas von ca. 65% wirkt sich die kostenfreie Annahme des Geflügelkotes günstig aus. Vor allem sind es aber die um fast die Hälfte geringeren Fermenterkosten und die 5fach niedrigeren Substratkosten im Vergleich zu Beispiel 2, die einen Gewinn von 48.700 €/a trotz der nicht gerade geringen, spezifischen Investitionskosten von 3.200 €/kW ermöglichen.

Fazit: Bei der Wirtschaftlichkeitsbetrachtung kommt hier vor allem die kostenfreie Substratbereitstellung durch trockensubstanzreiches Material und die Einsparung von Fermentervolumen zum Tragen, so dass bei wesentlich geringerem Kapitaleinsatz gegenüber Beispiel 2 ein vergleichbarer Gewinn möglich ist.

Kosten der Biogaserzeugung – Beispiel 3	
Tägliche Substratmenge	12 m^3
Verweilzeit	70 Tage
Fermentergröße	1.008 m^3
Installierte Leistung	110 kW
Investitionskosten Fermenter (275 € pro m^3 Fermenter)	277.200 €
Investitionskosten BHKW (700 € pro kW BHKW-Leistung)	74.067 €
Gesamt-Investitionskosten	351.267 €
Spez. Investitionskosten	3.201 €/kW
Substratkosten: - Gülle	keine
- Geflügelkot	keine
- Silomais 1400 €/ha	28.000 €/a
Lohnkosten: 720 Std/a · 15 €/Std.	10.800 €/a
Substratausbring. 1600 m^3 x 4 €/ m^3	6.400 €/a
Gesamtkosten	**84.230 €/a**

Tabelle 9.10 Kosten der Biogaserzeugung (ohne Stromanschlußkosten) Beispiel 3

Tabelle 9.11 (rechts)
Nutzen der Biogaserzeugung Beispiel 3

Erträge der Biogaserzeugung – Beispiel 3		
100 GV Milchvieh		100 m^3/d
20 ha Silomais		520 m^3/d
1000 t/a Hühnerkot, trocken		463 m^3/d
Gesamt	1.083 m^3/d =	395.300 m^3/a
durchschnittlicher Methangehalt		58,7%
Verstromungs-Wirkungsgrad		35%
keine Gasverwertung an		5 Tagen
Grundtarif		11,5 ct/kWh
NaWaRo-Bonus		6,0 ct/kWh
Gasverwertung mit Gasmotor		0,175 ct/kWh
Prozessstromverbrauch		8%
Gesamtstromerzeugung		801.019 kWh
Erlös aus Gesamtstromerzeugung		**138.642 €**
Kosten für Zukaufstrom		12 ct/kWh
Menge an Zukaufstrom		64.081 kWh
Kosten für Prozessstrom		**- 7.689 €**
Dungwert (pauschal 0,50 €/t)		**1.900 €**
zusätzliche Wärmeverwertung		30.000 kWh
Preis je kWh		4 ct/kWh
Nutzen der Wärmeverwertung		**1.200 €**
Nutzen der Nebeneffekte		–
Gesamtnutzen		**134.052 €/a**

4. Milchviehbetrieb mit 100 GV (incl. Nachzucht) + 20 ha Silomais + 1000 t Geflügelkot, 50% Abwärme genutzt

Bei der Biogaserzeugung fallen große Mengen Abwärme an. Ein Teil wird für die Biogasanlage gebraucht, der größere Teil kann einer sinnvollen Verwertung zugeführt werden. Mit den steigenden Preisen für fossile Energieträger wird die Abwärmenutzung lukrativ und ist im aktuellen EEG (2012) auch gefordert . Das Beispiel 4 soll dies im Vergleich zu Beispiel 3 verdeutlichen, indem der Preis für die Abwärme voll berücksichtigt wird (siehe auch Kap. 5.4).

Die Kosten der Biogaserzeugung (Tabelle 9.12) steigen im Vergleich zu Beispiel 3 auf Grund der Investitionskosten für die Abwärmenutzung um ca. 6.000 €/a. Die Investitionskosten für die Abwärmeverwertung sind dabei mit 50.000 € angesetzt.

Der Nutzen in Beispiel 4 (Tabelle 9.13, Abb.9.4) entspricht dem aus Beispiel 3, zuzüglich den Erträgen aus der genutzten Abwärme, welche mit einem Preis von 4 ct/kWh (entspricht einem Heizölpreis von ca. 40 ct/l) angesetzt wurde. Hierbei wurde der elektrische Wirkungsgrad der Verstromung mit 35% und der thermische Wirkungsgrad mit 55% angesetzt. Daraus errechnet sich eine Stromkennzahl von 0,64, welche entscheidend ist für die Berechnung der Wärmenutzung.

Fazit: Eine zusätzliche Abwärmenutzung über den Eigenbedarf hinaus führt bei den steigenden Energiekosten zu einem deutlich höheren Gewinn. Die Abwärmenutzung hat in diesem Fall am zusätzlichen Erlös einen Anteil von 15% (Abb. 9.4).

Kosten der Biogaserzeugung – Beispiel 4	
Tägliche Substratmenge	12 m³
Verweilzeit	70 Tage
Fermentergröße	1.008 m³
Installierte Leistung	110 kW
Investitionskosten Fermenter (325 € pro m³ Fermenter)	327.600 €
Investitionskosten BHKW (700 € pro kW BHKW-Leistung)	74.067 €
Gesamt-Investitionskosten	401.667 €
Spez. Investitionskosten	3.661 €/kW
Substratkosten: - Gülle	keine
- Geflügelkot	keine
- Silomais 1400 €/ha	28.000 €/a
Lohnkosten: 720 Std/a · 15 €/Std.	10.800 €/a
Substratausbring. 1600 m³ x 4 €/ m³	6.400 €/a
Gesamtkosten	**90.127 €/a**

Tabelle 9.12
Kosten der Biogaserzeugung (ohne Stromanschlußkosten) im Beispiel 4

Tabelle 9.13 *(rechts)*
Nutzen der Biogaserzeugung im Beispiel 4

Erträge der Biogaserzeugung – Beispiel 4	
100 GV Milchvieh	100 m³/d
20 ha Silomais	520 m³/d
1000 t/a Hühnerkot, trocken	463 m³/d
Gesamt	1.083 m³/d 395.300 m³/a
durchschnittlicher Methangehalt	58,7%
Verstromungs-Wirkungsgrad	35%
Thermischer Wirkungsgrad	55%
Stromkennzahl	0,64
keine Gasverwertung an	5 Tagen
Grundtarif	11,5 ct/kWh
NaWaRo-Bonus	6,0 ct/kWh
Gasverwertung mit Gasmotor	
Prozessstromverbrauch	8%
Gesamtstromerzeugung	801.019 kWh
Gesamtabwärme	1.258.744 kWh
Erlös aus Gesamtstromerzeugung	**138.642 €**
Kosten für Zukaufstrom	12 ct/kWh
Menge an Zukaufstrom	64.081 kWh
Kosten für Prozessstrom	**- 7.689 €**
Dungwert (pauschal 0,50 €/t)	**1.900 €**
Genutzte Abwärme	629.372 kWh
Preis je kWh Abwärme	4 ct/kWh
Nutzen der Wärmeverwertung	**25.175 €**
KWK-Bonus	**8.010 €**
Gesamtnutzen	**166.037 €/a**

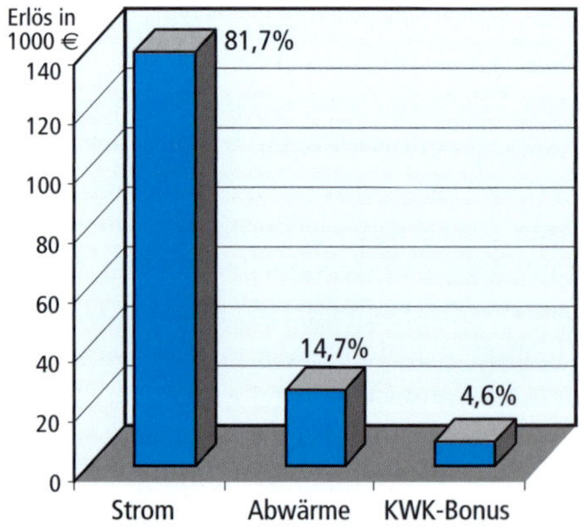

9.4: Anteil der Erlöse aus Strom, Abwärme bei 50%iger Nutzung und KWK-Bonus im Beispiel 4

5. Vergleich der vier Beispiele

Die in den Berechnungsvarianten ermittelten Ergebnisse zeigen, dass vor allem kleine Biogasanlagen unter 100 kW nur unter günstigsten Bedingungen gewinnbringend arbeiten können. Hier kommt es sehr auf einen kostengünstigen Bau der Anlage an. Die Substrate müssen unter den angesetzten Durchschnittskosten von 1.400 €/ha Silomais bereitgestellt werden, etwa durch besonders günstige betriebliche Rahmenbedingungen. Nur dann können diese Anlagen gewinnbringend betrieben werden und nur dann ist eine Investition in diesen Betriebszweig sinnvoll. Größere Biogasanlagen, wie in Beispiel 2 beschrieben mit 263 kW installierter Leistung und mit den Substraten Gülle und Silomais von 100 ha, weisen bei relativ hohen Kosten und Nutzen einen deutlichen Gewinn auf (vgl. Abb. 9.5).

Die Ursache für die hohen Kosten liegen im wesentlichen in den Fermenter- und Substratbereitstellungskosten. Substrate wie Silomais mit einem vergleichbar niedrigen TS-Gehalt von 30% belegen und verbrauchen viel Fermentervolumen (vgl. auch Kapitel 3). Der Gewinn ist dann im Vergleich zum eingesetzten Kapital niedrig. Wesentlich günstiger sieht es im Beispiel 3 aus, wobei hier trotz der relativ kleinen Anlagengröße von 110 kW die positiven Eigenschaften der Geflügelkotvergärung (kostenloses Substrat, hoher TS-Gehalt mit hohem Methangehalt, guter Gasertrag) zum Tragen kommen. TS-reiches Material braucht weniger Fermentervolumen und hält die Fermenterkosten gering. Die hohen Gasausbeuten und die kostenfreie Substratbereitstellung tun ein Übriges, um einen Gewinn von 50.000 € zu erzielen. Um diesen Gewinn zu realisieren, musste im Vergleich zur Variante 2 um 180.000 € weniger Kapital eingesetzt werden. Das Risiko der Investition und der Kreditvergabe ist damit deutlich niedriger als bei Beispiel 2. Das Beispiel widerlegt auch die verbreitete Meinung, dass nur 250kW-Anlagen und mehr rentabel sind. Auch Anlagen mit nur 110 kW können vergleichbare Ergebnisse erzielen. Es kommt eben nicht nur auf die installierten kW an. Am günstigsten schneidet Variante 4 ab, wobei hier vor allem die Erlöse der Abwärme ausschlaggebend sind. Hier ist das Verhältnis von eingesetztem Kapital zum Gewinn am größten.

Ausschlaggebend aber sind die Investitionskosten. Sie sind bisher trotz höherer Stückzahlen nicht gesunken. Aufgrund der immer noch ansteigenden Anforderungen an Sicherheit, Technik und Betreiber ist auch für die nahe Zukunft keine Trendwende absehbar. Die Rechnung bleibt also weiterhin eng. Da ist derjenige im Vorteil, der viel Eigenleistung einbringen kann.

Bei allen Beispielen gilt zu beachten, dass Arbeit geschaffen und vernünftig bezahlt wird. Die Chancen für einen Landwirt, in einem anderen Wirtschaftszweig Zusatzeinkommen zu erwirtschaften, sind heute eher weniger günstig. Dies kann also auch ein Grund sein, sich für den Bau einer Biogasanlage zu entscheiden. Und nicht zuletzt kann der Erhalt des eigenen landwirtschaftlichen Betriebes und die sinnvolle Verwertung der Flächen ein weiteres Argument sein.

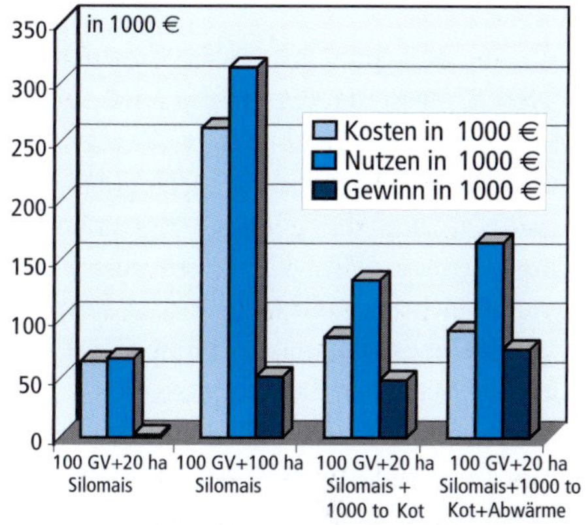

9.5: Gegenüberstellung von Kosten, Nutzen und Gewinn bei den 4 Beispielen.

10 Umwelteffekte der Biogaserzeugung

Bereits in Kapitel 1.2 wurde darauf hingewiesen, dass die Erzeugung und sinnvolle Nutzung von hochwertiger Energie nicht das einzige Ziel der Biogastechnik ist. Vielmehr spielen die gülleverbessernden und umweltrelevanten Wirkungen eine zunehmend wichtige Rolle. Leider sind diese Wirkungen aber bei weitem nicht so erforscht und in Maß und Zahl zu fassen wie z.B. die Gasproduktion. Vor allem gelingt es immer noch nicht genügend, sie finanziell zu bewerten. Dennoch sollen nachfolgend die wichtigsten Kenntnisse und Ergebnisse zusammengestellt und, soweit möglich, bewertet werden. Vorausgeschickt werden muss, dass die positiven Wirkungen natürlich nur dann in vollem Umfang eintreten, wenn die Biogasanlage gut funktioniert und die organische Trockensubstanz zu mindestens 40% abgebaut wird. Bei zu kurzen Verweilzeiten oder zu hoher Faulraumbelastung kann das Substrat nicht wirksam verbessert werden.

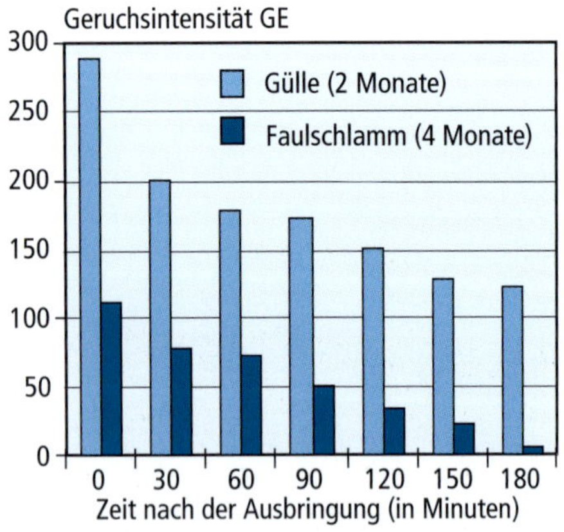

10.1
Geruchsabbau von Schweinegülle und Faulschlamm nach der Ausbringung
(aus [56], bearbeitet).

Verminderung der Geruchsintensität

Die Verringerung der Geruchsintensität bei Gülle ist für viele Landwirte ein entscheidender Grund für den Bau einer Anlage. Die Geruchsstoffe entstehen vor allem durch biochemische Prozesse beim Abbau flüchtiger, unangenehm riechender organischer Säuren.

Gemessen wird die Geruchsintensität mit einem Olfaktometer. Nach Untersuchungen des Instituts für Siedlungswasserbau, Wassergüte und Abfallwirtschaft der Universität Stuttgart hat Biogasgülle im Laborversuch nur ein Zehntel, im Praxisversuch die Hälfte bis ein Drittel der Geruchsintensität einer normal gelagerten Gülle. An der Bayerischen Landesanstalt für Tierzucht in Grub wurden ähnliche Versuchsergebnisse mit Rindergülle ermittelt. Untersuchungen am Institut für Landtechnik der Universität Kiel zeigten, dass bei Faulschlamm aus einer Biogasanlage schon 3 Stunden nach der Ausbringung kein Geruch mehr messbar ist. Die Vergleichsgülle von Schweinen verliert zwar in der gleichen Zeit auch an Geruch, doch ist das Niveau wesentlich höher (Abb. 10.1).

Gülle aus einer gut funktionierenden Biogasanlage ist zwar nicht geruchlos, aber in der Regel so geruchsarm, dass gerade die nicht-landwirtschaftliche Bevölkerung sich entscheidend weniger belästigt fühlt. Vor allem werden die unangenehm und stechend riechenden Stoffe abgebaut, insbesondere bei Schweinegülle.

Erhöhung der Geruchsintensität

Bei der Vergärung können aber auch Geruchsemissionen entstehen. Vor allem in den Arbeitsbereichen Anlieferung und Einbringung sowie bei der Ausbringung des vergorenen Substrates treten sie häufig auf (Tabelle 10.1). Dabei sind es vor allem Substrate aus dem außerlandwirtschaftlichen Sektor, wie z.B. Biotonne oder Reststoffe aus der Agroindustrie, die zu erhöhten Geruchsbelastungen führen. Auch die Art und Weise, wie die Substrate in den Fermenter eingebracht werden, hat Einfluss auf die Belastung. Techniken, die zu einer hohen Verwirbelung des Substrates und damit potenziell zu einer hohen Verflüchtigung von Geruchsstoffen führen wie z.B. offene Einspülsysteme, sind bei geruchsintensiven Stoffen zu vermeiden.

Bei großen Anlagen müssen deshalb die Orte der Geruchsentstehung eingehaust und mit einem Luftfilter versehen werden. Solche Geruchsemissionen sind nicht zu unterschätzen und haben schon zur Schließung der Biogasanlage und zum Entzug der Betriebsgenehmigung geführt! Und wer keine Anti-Biogas Demonstration am Hof haben will, nimmt Rücksicht auf die Nachbarschaft.

Verringerung der Ätzwirkung

Die Verringerung der Ätzwirkung und die Verbesserung der Pflanzenverträglichkeit haben mehrere Ursachen. Einmal ist es der Abbau nichtflüchtiger und ätzend wirkender organischer Säuren, erkennbar am steigenden pH-Wert. Außerdem werden Schleim- und Faserstoffe abgebaut, die bei der Rohgülle das Ablaufen von den Pflanzen behindern. Auch durch den Trockenmasseabbau wird die Biogasgülle dünnflüssiger und neigt dadurch weniger zur Verkrustung auf der Pflanzenoberfläche. Zu beachten ist jedoch, dass die Ätzwirkung zwar deutlich verringert, aber nicht vollständig beseitigt wird, so dass auch Biogasgülle bei Überdosierung, oder wenn sie warm ausgebracht wird, Ätzschäden hervorrufen kann.

Verbesserung der Fließfähigkeit

Die Verbesserung der Fließfähigkeit und Homogenität ist ebenfalls eine unumstrittene positive Nebenwirkung. Sie lässt sich durch den schon erwähnten Abbau der Trockenmasse sowie der Schleim- und Faserstoffe erklären. Was letztere betrifft, ließe sich ein ähnlicher Effekt auch durch Verdünnen der Rohgülle mit der gleichen Menge Wasser erreichen, was sich aber in der Praxis wegen der hohen Wasser- und Transportkosten nicht bewährt hat.

Die Landwirte schätzen es sehr, dass sich Biogasgülle leichter rühren, pumpen und gleichmäßiger verteilen lässt. Außerdem dringt sie durch die wesentlich geringere Viskosität schneller und tiefer in den Boden ein, was zusätzlich geruchsmindernd wirkt und Stickstoffverluste durch Ausgasen von Ammoniak verringert.

Verbesserte Nährstoffverwertung

Der weitgehende Erhalt der Nährstoffe erklärt sich durch den unter Luftabschluss verlaufenden Gärprozess. Im Gegensatz zur offenen Lagerung von Gülle und Mist (mit Stickstoffverlusten von 20 bis 40%) treten keine Verluste an Pflanzennährstoffen durch Verdunstung oder Auswaschung mit Niederschlagswasser auf. Allerdings hat Biogasgülle in der Regel einen höheren Ammoniumgehalt als unbehandelte Gülle (Tabelle 10.2). Damit ist die Gefahr von Stickstoffverlusten durch Ausgasen von Ammoniak bei der Ausbringung größer.

Deshalb sollte Biogasgülle unbedingt bodennah (z.B. mit Schleppschlauchtechnik) ausgebracht und rasch eingearbeitet werden (Abb. 10.1).

Quellen für Geruchsemissionen

Emissionen	Emissionsquellen	Bemerkungen
Geruchsemissionen generell	- Anlieferung - Lagerung - Einbringung - Vorgrube - Undichtigkeiten - (Endlager) - Ausbringung	Geruchsemissionen werden tendenziell durch den Abbau geruchsverursachender Substanzen in der Gülle erniedrigt. Sie können aber einzelbetrieblich durch z.B. den Einsatz von Cosubstraten, mangelhafter Anlagentechnik, Betriebsstörungen und Verunreinigungen zunehmen.
Ammoniak (NH_3)	- (Vorgrube) - Endlager - Ausbringung	Ammoniakemissionen nehmen aufgrund des Umbaus der N-Verbindungen in Ammonium-Stickstoff sowie durch pH-Wert- und Temperaturerhöhung im Endlager zu. Dies gilt tendenziell auch für die Ausbringung. Verringert wird der Effekt jedoch durch eine bessere Fließfähigkeit der vergorenen Gülle und durch schnelleres Einsickern in den Boden.
Methan (CH_4)	- (Vorgrube) - Undichtigkeiten - Endlager - (Ausbringung)	Methanemissionen sind klimarelevant (CO_2-Äquivalent: 23). Bei ordnungsgemäßem Betrieb der Anlage und Verwertung des Gärrestes kann von einer Reduzierung der Methanemissionen ausgegangen werden. Ausreichende Verweilzeit ist nötig!
Luftgetragene Keime	- (Vorgrube) - (Einbringung) - (Biomüll-Sortiereinricht.) - (Endlager) - (Ausbringung)	Die Anzahl der Keime wird bei ordnungsgemäßem Anlagenbetrieb erniedrigt. Eine Keimerhöhung wäre durch den Einsatz von Cosubstraten bei unsachgemäßer Behandlung denkbar.
Lachgas (N_2O)	- (Vorgrube) - Endlager - (Ausbringung)	Lachgasemissionen sind klimarelevant (CO_2-Äquivalent: 310). Sie werden in der Regel reduziert. Bei Abdeckung des Endlagers mit Schwimmschichten aus Stroh können die N_2O-Emissionen ansteigen.

Tabelle 10.1 Entstehungsorte für Geruch. [verändert aus 69]

10.1 Schleppschlauchverteiler zur bodennahen Gülleausbringung mit reduziertem Stickstoffverlust.

Die verbesserte Fließfähigkeit, gekoppelt mit dem höheren Ammoniumanteil, führt aber auch zur schnelleren Aufnahme durch Boden und Pflanzen und damit zu höheren Erträgen. Beispielsweise zeigten Untersuchungen an Winterraps deutliche Ertragsunterschiede der Düngervarianten mit vergorener und unvergorener Gülle [58].

Der organisch gebundene Stickstoff in der Biogasgülle besteht vorwiegend aus abgestorbenen Methanbakterien und wird im Boden langsam mineralisiert. Phosphor, Kali und Kalzium bleiben unverändert vollständig erhalten.

Das Spurenelement Schwefel nutzen die Pflanzen zur Eiweißbildung. Bei der früher üblichen Verbrennung von nicht entschwefeltem Biogas ging es in Form von Schwefeldioxid als Schadstoff in die Luft. Bei der heute praktizierten Entschwefelung durch Einblasen geringer Luftmengen (siehe Kapitel 5) fällt dagegen elementarer Schwefel an, der zusammen mit der Gülle wieder auf die Felder zurückgeführt wird.

Manche Landwirte befürchten immer noch, dass der Gülle mit dem Biogas auch „Kraft" entzogen wird und dass dies negative Auswirkungen auf das Pflanzenwachstum hat. Es stimmt zwar, dass der Biogasgülle durch den Abbau organischer Trockensubstanz Kohlenstoff entzogen wird und der Boden Kohlenstoffverbindungen zum Aufbau von Humus braucht. Aber die zur Humusbildung beitragenden Kohlenstoffverbindungen sind überwiegend schwer abbaubare, also jene, die auch im Biogasprozess nicht abgebaut werden. Insofern scheint die Befürchtung unbegründet, dass durch Biogasnutzung die Humuswirkung der Gärreste schlechter werden. Im Gegenteil im ökologischen Landbau, der ohne mineralische Düngung zu Recht kommen muss, rechnet man durch die deutlich positive Düngewirkung von Gärresten mit Ertragszuwächsen von 10 bis 25% im Vergleich zur üblichen Stallwirtschaft [72]. Damit kann hier die Vergärung als Verfahren zur Verbesserung der Ertragssituation im ökologischen Anbau beitragen.

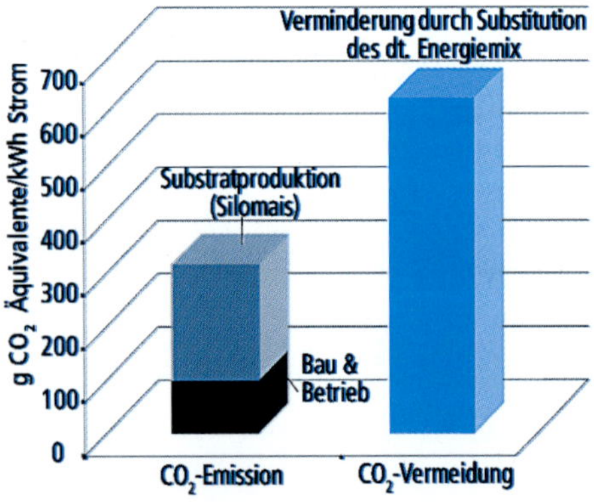

10.2 CO_2-Emission und CO_2-Vermeidung durch Biogasanlagen.

Verminderung der klimarelevanten Treibhausgase: Methanbelastung

Methan ist zu etwa 20% am Treibhauseffekt beteiligt und nach CO_2 (50%) das zweitschädlichste Treibhausgas. Ammoniak wirkt ätzend auf Pflanzenbestände, was in der Nähe großer Tierhaltungen am Vergilben der Blätter oder Absterben ganzer Waldbestände beobachtet werden kann. Außerdem wird es durch Niederschläge in den Boden eingetragen, was sich negativ auf Wald und Grünflächen auswirkt. Bei der offenen Lagerung von Mist und Gülle sind Methan- und Ammoniakverluste unvermeidlich. Die Verminderung der Methan- und Ammoniakbelastung der Luft durch das geschlossene Biogasverfahren ist eine wichtige Umweltschutzmaßnahme. Auch beim Ausbringen von Gärrückständen fällt die Methanemission deutlich geringer aus als bei unvergorenem Material [71]. Auch Lachgasemissionen, die beim anaeroben als auch aeroben Umbau von Stickstoff entstehen können, sind beim Biogasverfahren reduziert.

Zu diesem positiven Einfluss auf die klimarelevanten Emissionen kommt noch die Vermeidung von Emissionen durch die Substitution von fossilen Energieträgern. Derzeit verursacht eine kWh Strom aus dem deutschen Energiemix eine Emission von etwa 630 g CO_2-Äquivalente. Wird diese durch Strom aus Biogas ersetzt, werden diese Emissionen vermieden. Abgezogen werden müssen, die für die Erzeugung von 1 kWh Biogasstrom angefallenen Emissionen. Dabei werden die Emissionen für Bau und Betrieb und die der Substratbereitstellung berücksichtigt. Man rechnet mit etwa 98 g CO_2-Äquivalenten pro kW_{el} durch Bau und Betrieb und ca. 220 g für die Erzeugung von beispielsweise Silomais. Eine solche Gegenüberstellung (Klimabilanz) zeigt dann, ob das Verfahren Biogaserzeugung zur Stromproduktion mehr Emissionen vermeidet als es verursacht und umgekehrt [151]. Landwirtschaftliche Biogasanlagen haben in der Regel immer eine positive Klimabilanz (siehe Abb. 10.2) und leisten dadurch einen positiven Beitrag zum Klimaschutz. Dasselbe gilt für die Energiebilanz. Biogasanlagen erzeugen weit mehr Energie als sie verbrauchen. Unterschiedliche Studien kommen zu einem Input/Outputverhältnis von 2 bis 6. Je kWh, die für die Erzeugung von Strom aus Biogas benötigt werden, können 2 bis 6 kWh zur Verfügung gestellt werden [151]. Die große Schwankung hängt stark von den Transportkilometern ab. Je weiter das Substrat gefahren werden muss, umso weniger Energie bleibt übrig.

Die Nutzung von Biogas trägt damit zur Schonung der noch bestehenden fossilen Energiereserven bei.

Verringerung der Nitratauswaschung

Die Verringerung von Nitratauswaschungen in das Grundwasser oder in Oberflächengewässer ist ein indirekter Effekt. An sich ist Biogasgülle ebenso auswaschungsgefährdet wie Rohgülle, wenn sie außerhalb der Vegetationszeit ausgebracht werden. Dadurch, dass Biogasgülle aber pflanzenverträglicher ist, kann sie als schnellwirkender Kopfdünger auf wachsende Pflanzenbestände ausgebracht werden. Der Stickstoff wird größtenteils von den Pflanzen genutzt und nur zu einem geringen Teil nach unten verfrachtet.

Verringerung der Keimfähigkeit

Die Verringerung der Keimfähigkeit von Unkrautsamen hängt ähnlich wie die Hygienisierung vom Temperaturniveau und von der Verweilzeit ab. Viele Versuche zeigen, dass die Keimfähigkeit deutlich reduziert wird (siehe Kapitel 11). Die Biogastechnik trägt damit auf natürlichem Wege zur Unkrautbekämpfung bei.

Hygienisierung der Gülle

Die Hygienisierungswirkung von Biogasanlagen ist unbestritten. Damit tragen sie allgemein zur Minderung des Übertragungsrisikos von pathogenen Erregern und Krankheiten bei.

Schnellere Beweidung

Untersuchungen der Sächsischen Landesanstalt für Landwirtschaft 1999 mit Rindern haben ergeben, dass es bei mit Biogasgülle behandelten Flächen zu einer guten Abweidung kam, wogegen konventionelle Gülleparzellen unberührt blieben [58]. Eine rasche Futtervorlage bei Düngung mit Biogasgülle wurde also bestätigt. Neben der Schleppschlauchausbringung wird zusätzlich nach ca. 3 Tagen eine Bearbeitung mit Netzegge oder Striegel empfohlen.

Bewertung der Umwelteffekte

Biogasanlagen tragen zu einem erheblichen Teil bei, negative Umweltwirkungen zu vermeiden. Sie verringern und vermeiden Emissionen, tragen effektiv zum Klimaschutz bei und liefern einen erneuerbaren und speicherbaren Energieträger.

Sie unterstützen den Gedanken der Kreislaufwirtschaft und damit die Schließung von Nährstoffkreisläufen. Bei fachgerechter Anwendung des ausgefaulten Substrates kann die Düngereinsparung bis zu 36% ausmachen (Ergebnisse einer Umfrage der Landtechnik Weihenstephan bei 35 Biogasanlagenbetreibern, vgl. Abb. 10.3). Sie reduzieren die Keim- und Unkrautbelastung und tragen damit zur Erhaltung der Gesundheit von Mensch, Tier und Pflanze bei. Letztendlich ermöglicht dieser Effekt eine Verringerung des Herbizideinsatzes.

Die positiven Umwelteffekte bei der Nutzung des Biogasverfahrens kommen allerdings nur zum Tragen, wenn die Anlagen fachgemäß betrieben werden.

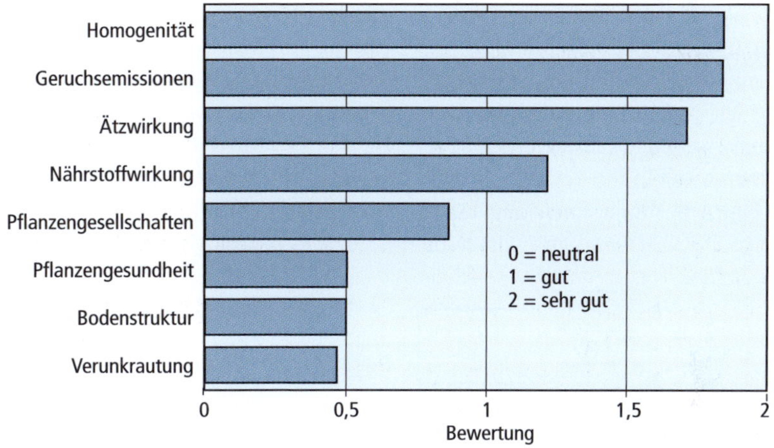

10.3 Veränderung anaerob behandelter Gülle gegenüber Rohgülle (Durchschnittsergebnis einer Umfrage bei 35 landwirtschaftlichen Biogasanlagen).

Veränderung der Stickstoffzusammensetzung durch das Biogasverfahren			
		Ausgangsgülle (Rinder- u. Schweinegülle gemischt)	Biogasgülle
TS-Gehalt	[%]	6,5	5,1
organische Substanz	[%]	4,8	3,5
pH-Wert		7,3	8,0
N	[kg/m³]	3,9	4,0
NH_4-N	[kg/m³]	2,2	2,4
P_2O_5	[kg/m³]	1,7	1,6
K_2O	[kg/m³]	4,6	4,8

Tabelle 10.2 Veränderung der Stickstoff-Zusammensetzung in der Gülle beim Biogasverfahren (Ergebnisse der LWK Niedersachsen).

11 Hygienisierungswirkung von Biogasanlagen

Die in Deutschland durch EHEC-Erreger ausgelösten Todesfälle und die vielen zum Teil schwer erkrankten Menschen haben die Diskussion über die Verbreitung von Krankheiten und Seuchen durch Biogasanlagen erneut angeheizt. Experten wollten nicht ausschließen, dass sich in Biogasanlagen Killerkeime entwickeln können. Im ersten Moment scheint dies gar nicht so abwegig, sind doch in einer Biogasanlage Milliarden an Mikroorganismen (z.B. Bakterien, Viren) vorhanden, und der Betreiber tut alles, um die Rahmenbedingungen für das Wachstum so optimal wie möglich zu gestalten. Aber der Fermenter ist kein Ort, indem sich Mikroorganismen ungehindert vermehren können. Im Gegenteil, die in einem Biogasfermenter ablaufenden biologischen Prozesse fördern zwar das Wachstum der Bakteriengruppen, die zur Methanbildung beitragen, verhindern aber parallel dazu, dass andere dem Prozess nicht förderliche Mikroorganismen überhand nehmen. Der Biogasprozess läuft in so klar definierten, engen Grenzen ab, dass sich selbst für die am Biogasprozess beteiligten Mikroorganismen keine Möglichkeit ergibt, sich ungehindert zu vermehren. Nimmt eine Gruppe zu rasch zu, wird sie durch ihre eigenen Stoffwechselprodukte gehemmt. Nicht zuletzt zählt die anaerobe Vergärung zu den am längsten in der Natur vorkommenden und am besten angepassten Prozessen, in denen sich die Gruppe der Archeae seit Millionen von Jahren spezialisiert hat. Die Sorge, ein Biogasfermenter könnte zur Kaderschmiede für Killerkeime werden, scheint also unberechtigt zu sein. So zeigte sich auch beim EHEC-Erreger, dass er wahrscheinlich über Saatgut ins Land eingeführt wurde.

Aber EHEC, BSE, Vogelgrippe oder die zunehmende Ausbreitung von Botulismuserregern bei Milchkühen zeigen, dass den Hygienemaßnahmen und vor allem der Prävention eine wichtige Aufgabe zukommt, um den Kontakt von Mensch, Tier und Pflanze mit Krankheitserregern vorsorglich auf ein Minimum zu reduzieren. Immerhin werden Milliarden Euro für die Gesundheit von Mensch, Tier und Pflanze ausgegeben. Dem muss sich auch die Biogasbranche stellen.

Die Einführung der ressourcenschonenden Kreislaufwirtschaft hat neue hygienische Herausforderungen geschaffen. Während an natürlichen Standorten überwiegend nicht krankheitserregende Mikroorganismen vorgefunden werden, treten bei der Verarbeitung von Abfällen und tierischen Exkrementen häufig krankheitserregende Mikroorganismen in hoher Anzahl auf, die Mensch, Tier und oder Pflanze befallen können [135]. Diese Erreger gilt es nicht zu eliminieren, sondern soweit zu reduzieren, dass von ihnen keine Infektionsgefahr mehr aus geht.

Tierische Exkremente sind nie frei von Mikroorganismen. Gülle enthält beispielsweise bis zu 10^{10} Mikroorganismen pro Milliliter, von denen aber nur ein sehr geringer Anteil infektiös ist. Die Krankheitserreger werden von infizierten Nutztieren ausgeschieden und gelangen in den Stallmist bzw. in die Gülle.

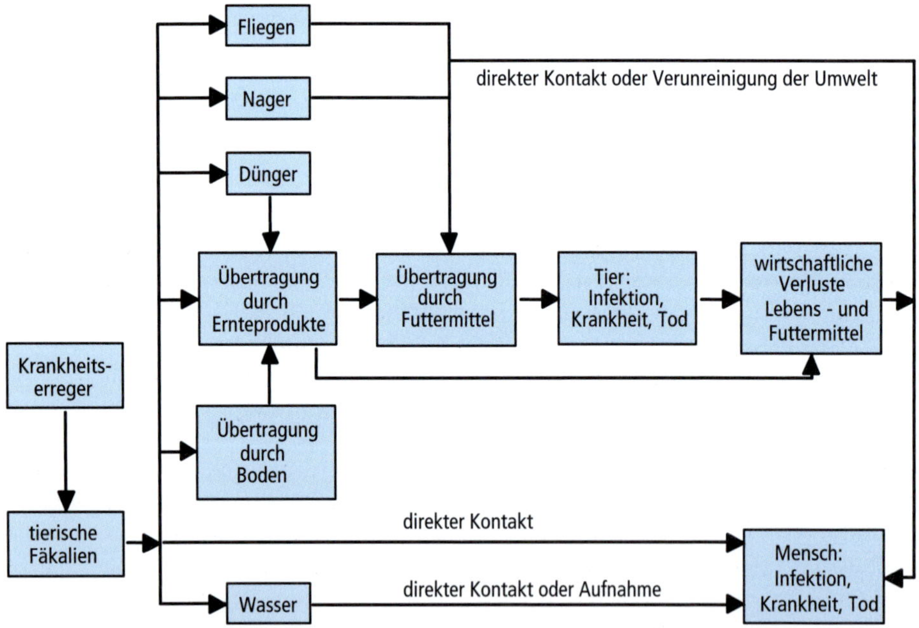

11.1 Übertragungsmöglichkeiten der Krankheitserreger aus tierischen Fäkalien [123].

Gülle enthält auch unzählige keimfähige Unkrautsamen, die über die Ausbringung verbreitet werden. Bei der traditionellen Festmistverwertung besteht dieses Risiko nicht in diesem Maße, da der Mist während der Lagerung häufig Temperaturen von über 55°C erreicht. Diese Temperatur reicht aus, um Krankheitserreger abzutöten [114].

Die möglichen Verbreitungswege von Krankheitserregern aus tierischen Exkrementen sind in Abb. 11.1 dargestellt. Es wird deutlich, dass die Ausbreitung der Krankheitserreger durch verschiedene Überträger auch außerhalb des eigenen Bestandes geschehen kann. Über die tierischen Fäkalien gelangen die Krankheitserreger in den Boden, auf Pflanzen, ins Grundwasser und eventuell zum Menschen.

Ebenso können die bei Cofermentationsanlagen eingesetzten organischen Reststoffe wie Speise- oder Bioabfälle für Tier oder Mensch gefährliche Krankheitserreger enthalten. Tabelle 11.1 nennt einige solcher Krankheitserreger, die sowohl in tierischen Exkrementen wie auch organischen Abfällen nachgewiesen wurden [110, 112, 122, 123]. Das Vermischen solcher Substrate führt logischerweise zur Erhöhung der Krankheits- und Seuchengefahr. Außerdem ist anzunehmen, dass durch den zunehmenden Transport von Gülle und Substraten zu und von Biogasanlagen das Risiko für die Aus- und Verbreitung von Erregern steigt.

Im Interesse des Gesundheitsschutzes von Mensch und Tier, aber auch der Pflanzengesundheit, sollten deshalb generell Maßnahmen ergriffen werden, welche die Möglichkeit der Infektion oder gar Seuchenausbreitung so weit wie möglich unterbinden. Dazu gehören zu allererst Maßnahmen, die unabhängig davon, ob Gülle behandelt oder Cosubstrate zugeführt werden, den sorgsamen Umgang mit diesen gewährleisten [124]:

- ausreichend lange Lagerung,
- rasche Einarbeitung in den Boden,
- Vermeidung von Emissionen durch Einsatz von Schleppschläuchen,
- Einhaltung einer ausreichenden Karenzzeit bei Weidehaltung.
- ausreichender Abstand zu Gewässern.

Werden dem Flüssigdünger Cosubstrate zugefügt, die ein seuchenhygienisches Risiko mitbringen, muss vom Landwirt ein höchstmögliches Maß an Sorgfalt verwendet werden. Der Gesetzgeber verlangt dann u.U. eine Pasteurisierung, außerdem kann er die Ausbringung reglementieren (BioAbfVo, Anhang 1).

Günstigerweise führt der Biogasprozess zur Verringerung der pathogenen Keime und damit zur Reduktion des Krankheitsrisikos. Im Folgenden soll geklärt werden, welche Faktoren die Hygienisierungswirkung ausmachen und beeinflussen, ob diese ausreichen, um die Anforderungen aus wissenschaftlicher und rechtlicher Sicht zu erfüllen, und welche Konsequenzen für die Praxis sich daraus ergeben.

11.1 Anforderungen an die Hygienisierungswirkung

Das Ausbringen von Gülle, Biogasgülle bzw. Gärrest stellt eine Möglichkeit der Krankheitsübertragung dar. Als wichtige Maßnahme zur Unterbrechung der Übertragungswege wird daher eine an pflanzenbaulichen und ökologischen Gesichtspunkten orientierte Anwendung und unter bestimmten Voraussetzungen auch eine Behandlung der Gülle empfohlen bzw. gefordert.

Gleichzeitig sei allerdings angemerkt, dass es bisher keine Berichte von einem tatsächlichen Ausbruch einer Krankheit nach der Anwendung von Gülle [124, 136] bzw. Biogasgülle und von einer dadurch bedingten Seuchenausbreitung gibt. Viele Wissenschaftler sehen die Möglichkeit der Seuchenübertragung durch Gülle zwar grundsätzlich gegeben, die Wahrscheinlichkeit des Krankheitsausbruchs jedoch als sehr gering an [129]. Es ist anzunehmen, dass Übertragungswege wie Tierarzt, Postbote, verseuchte Futtermittel, Transportfahrzeuge u.ä. ein höheres Risiko für die Verbreitung einer Krankheit darstellen als der Weg über die Ausbringung (Düngung). Diese Zusammenhänge gelten auch für den Erreger der Botulismuskrankheit (ein bodenbürtiges Bakterium Clostridium botulinum) [139]. Bislang gibt es keine Erkenntnisse, dass die Vergärung von Gülle ursächlich mit den zunehmenden Botulismusfällen in einigen Gebieten der Bundesrepublik zusammenhängt.

Die Gefahr der Verbreitung von Erregern über die Auswaschung ins Grundwasser wird bei sachgemäßer Gülleausbringung als sehr gering eingestuft und bei einer Bodenmächtigkeit von 1,50 m sogar ausgeschlossen [130]. Für den Menschen ist eine direkte Infektionsgefahr vor allem dann gegeben, wenn Obst- und Gemüseanbauflächen mit Gülle gedüngt und die Früchte anschließend sofort verzehrt werden (unwahrscheinlich).

Infektionserreger in Flüssigmist und in organischen Abfällen		
Bakterien	**Viren**	**Parasiten**
Salmonellen	Erreger der Maul- und Klauenseuche	Spulwürmer
Escherichia coli	Schweinepest	Palisadenwürmer
Tuberkelbakterien	Bläschenkrankheit der Schweine	Saugwürmer
Milzbrandbakterien	Schweineinfluenza	Leberegel
Brucellen	Oldenburger Schweineseuche (TGE)	Lungenwürmer
Leptospiren	Rota-Virus-Infektionen	Magenwürmer
Mykobakterien	Teschener Erkrankung	
Rotlaufbakterien	Aujszky'sche Krankheit	
Clostridien	Atypische Geflügelpest	
Streptokokken	Blauzungenerkrankung	
Enterobacter	Retro-, Parvo-, Echo-, Enteroviren	

Tabelle 11.1 Infektionserreger in Flüssigmist und organischen Abfällen [111].

Aus wissenschaftlicher Sicht wird das in der Biogasanlage behandelte Substrat dann als seuchenhygienisch unbedenklich eingestuft, wenn das Verfahren in der Lage ist, die Anzahl von Testkeimen wie Enterococcus faecalis oder Salmonella Senftenberg um 5 Zehnerpotenzen und bei thermoresistenten Viren, wie etwa Parvovirus um mindestens 3 Zehnerpotenzen zu reduzieren [137].

Salmonella darf im Ablauf der Anlage nicht nachgewiesen werden. Die Anzahl Bakterien von Escherichia coli und Enterococcaceae dürfen bei 5 Proben nur einmal den Schwellenwert von 1000 überschreiten [137]. Dann wird davon ausgegangen, dass die verbleibenden Keime (Bakterien, Viren, Parasiten) nicht mehr in der Lage sind, eine Krankheit bzw. eine Seuchenübertragung zu verursachen.

11.2 Einflussfaktoren auf die Hygienisierungsleistung

Einflussfaktor Temperatur

Einzellige Lebewesen verhalten sich gegenüber Temperaturerhöhungen grundsätzlich anders als höherentwickelte Organismen. Während letztere durch komplexe Ausweich- und Anpassungsmechanismen zum Teil äußerst spezifisch auf eine thermische Veränderung reagieren können, sind die Möglichkeiten für Mikroorganismen sehr beschränkt. Dies gilt nicht nur für einzelne Mikroorganismen, sondern für die gesamte Population.

Je höher die Behandlungstemperatur, umso höher ist die Inaktivierungswirkung der Biogasanlage auf die Mikroorganismen. Erzielen mesophil betriebene Anlagen nur eine Keimreduktion von ein bis zwei Zehnerpotenzen, so wird bei thermophilen Anlagen schon eine ausreichende Hygienisierungswirkung erreicht [130, 131, 132].

Einflussfaktor Zeit

Generell gilt, dass die Hygienisierungswirkung umso stärker ist, je länger sich der Organismus in einem ungünstigen Umweltmilieu aufhalten muss. So überleben beispielsweise Darmbakterien oft mehrere Wochen oder sogar Monate im Güllelagerbehälter. Dasselbe gilt für Parasiteneier. Den Verlust der Lebensfähigkeit erreichen alle Organismen in thermophilen Anlagen schneller als in mesophilen. In der Regel ist nach zwei Wochen thermophiler Behandlung eine ausreichende Hygienisierung erreicht.

Für bestimmte Stoffe ist die Hygienisierungszeit genau vorgeschrieben (siehe Tabelle 11.2). So verlangt der Gesetzgeber bei der Cofermentation von Speiseabfällen vor deren Einbringen in den Fermenter eine einstündige Hygienisierung bei 70°C.

Eine 3- bis 4-monatige *garantierte* Lagerung (ohne dass Frischgülle zugeführt wird) würde ebenfalls ausreichen, um aus seuchenhygienischer Sicht einen unbedenklichen Dünger herzustellen. Aber kaum ein Landwirt verfügt über solche Lagerkapazitäten.

Einflussfaktor pH-Wert

Substrate mit pH-Werten im neutralen Bereich bieten Mikroorganismen meist bessere Überlebensbedingungen als saure oder alkalische. In den ersten Wochen der Güllelagerung tritt ein starker Abfall des pH-Wertes ein, der dazu führt, dass Mikroorganismen inaktiv werden (bis zu 90%). Gründe werden in der toxischen Wirkung organischer Säuren gesehen. Diese Versauerung tritt ebenso während der anaeroben Vergärung auf. Die nachfolgende Zunahme des pH-Wertes während der Vergärung führt ebenso wie die Versauerung zur Erhöhung der Inaktivierungswirkung. Allerdings sind diese pH-Verschiebungen in einer volldurchmischten Biogasanlage nicht so stark ausgeprägt. Hier bleibt der pH-Wert im neutralen bis schwach alkalischen Bereich.

Art der Gülle als Einflussfaktor

Es hat sich gezeigt, dass die Überlebensdauer von Mikroorganismen von der Art der Gülle abhängt. Beispielsweise überleben Salmonellen in Rindergülle am längsten. Schweinegülle enthält im Vergleich zur Rindergülle häufiger Infektionserreger, bedingt u.a. durch höhere Bestandsdichten und einen größeren Anteil an zugekauften Futtermitteln, die oft Infektionserreger enthalten [124].

Protektive Effekte als Einflussfaktor

Sogenannte „protektive Effekte" (beschützende Effekte) können dazu führen, dass Mikroorganismen einer schädlichen Einwirkung für gewisse Zeit noch verhältnismäßig gut widerstehen können. Ein protektiver Effekt ist z.B. die Verklumpung oder die Adsorption von Mikroorganismen an feste Bestandteile der Gülle, wodurch die Inaktivierung erst mit einer gewissen Zeitverzögerung einsetzt. Es ist anzunehmen, dass solche Mechanismen bei ausreichend langer Verweilzeit und hohen Temperaturen versagen [124].

Einflussfaktor Trockensubstanzgehalt

Der Einfluss des TS-Gehaltes auf die Inaktivierungswirkung ist noch nicht eindeutig geklärt. Dennoch konnte nachgewiesen werden, dass Salmonellen bei einem TS-Gehalt von mehr als 7% am längsten überleben [124].

Einflussfaktor Ammoniakgehalt

Es besteht ein deutlicher Zusammenhang zwischen der Ammoniakkonzentration in der Gülle und der Inaktivierung von Mikroorganismen [121]: Je höher der Ammoniakgehalt in der Gülle, umso besser ist die Inaktivierung. Da der Anteil an Ammoniak bei der vergorenen Gülle höher ist als bei Rohgülle, ist die Reduzierungswirkung durch anaerobe Vergärung auf jeden Fall erhöht.

Einflussfaktor Verfahrenstyp

Die Unterschiede in der Hygienisierungswirkung verschiedener Anlagetypen liegen darin begründet, dass bei Rührkesselfermentern neu zugeführtes Substrat das bereits entseuchte Substrat wieder kontaminieren kann. Eine Mindestverweilzeit kann nicht garantiert werden. Dies kann mit semikontinuierlichen Verfahren umgangen werden, bei denen das behandelte Substrat den Reaktor verlässt, bevor das unbehandelte zugeführt wird.

Bei längs durchströmten Reaktoren wird angenommen, dass sich alle Substratteile gleichmäßig durch den Reaktor bewegen, so dass die Verweilzeit für alle Partikel gleich hoch ist. Doch kann es auch hier zu Kurzschlussströmen im Reaktor kommen, so dass die Verweilzeit nicht unbedingt der Mindestverweilzeit entspricht [115]. Der Einbau von Strömungshindernissen im Reaktor zur Vermeidung von Kurzschlussströmen hat sich wegen Sinkschichtenbildung nicht bewährt.

Tabelle 11.2:
Hygienisierungspflichtige Materialien (nach ABfallVO, Anhang 1 und EU HygieneVO 1774)

Hygienisierungspflichtige Materialien
(nach ABfallVO, Anhang 1 und EU HygieneVO 1774)

Materialien dürfen, auch als Bestandteil eines Gemisches, nur dann auf Dauergrünland aufgebracht werden, wenn sie zuvor einer Pasteurisierung (70°C; mindestens 1 Stunde) unterzogen wurden.
Des weiteren ist eine Verwertung nur erlaubt, soweit Bestimmungen des Tierkörperbeseitigungs- oder Tierseuchengesetzes dem nicht entgegenstehen.

Abfallbezeichnung gem. Abfallverzeichnis-verordnung AVV (in Klammern: Abfallschlüssel)	**Verwertbare Abfallarten**
Für Verzehr oder Verarbeitung ungeeignete Stoffe (02 02 03)	• Fettabfälle (Fleisch-, Fischverarbeitung) Fettabfälle dürfen nur in Anlagen zur anaeroben Behandlung eingesetzt werden.
Schlämme aus der betriebseigenen Abwasserbehandlung (02 02 04)	• Inhalt von Fettabscheidern und Flotate (Fleisch-, Fischverarbeitung) Beispielhafte Herkünfte: Schlachtereien und Fleischverarbeitung; unvermischt mit sonst. Abwässern. Inhalte von Fettabscheidern und Flotate dürfen nur in Anlagen zur anaeroben Behandlung eingesetzt werden.
Biologisch abbaubare Küchen- und Kantinenabfälle (20 01 08)	• Küchen- und Kantinenabfälle
Speiseöle und –fette (20 01 25)	• Speiseöle- und Fritierfette
Kategorie 2 nach 1774	• Substrate, die nicht BSE-relevant sind; Substrate aus dem Schlachtungsprozess wie Magen-Darm-Inhalt, Tiermaterial mit Arzneimitteln u.ä.. Diese Substrate müssen bei mehr als 3 bar, länger als 20 Minuten und über 133°C drucksterilisert werden.

11.3 Reduktion von pathogenen Krankheitserregern

Zur Bestimmung der Keimreduzierungsleistung von Biogasverfahren werden sogenannte Test- oder Indikatororganismen verwendet, die besonders hartnäckig um ihr Überleben kämpfen. Bei den Bakterien wird *Salmonella Senftenberg* als Testorganismus verwendet, aus der Gruppe der Viren der besonders hitzestabile *Parvovirus*. Wenn beide Organismen nicht mehr nachweisbar sind, geht man davon aus, dass auch alle anderen relevanten Pathogene und Parasiten nicht mehr infektiös sind. Dies wurde in unzähligen älteren Versuchen [130, 131, 132, 128, 126, 124, 123, 122] wie auch neueren [137, 138, 140, 141, 142] bestätigt.

Ergebnisse aus Praxisanlagen bestätigen, dass thermophile Anlagen (55°C Gärtemperatur) auch diese Viren und Bakterien abtöten bzw. unter die Nachweisgrenze reduzieren. In der Regel sind innerhalb von 2 Tagen alle relevanten tier- und humanpathogenen Erreger nicht mehr nachweisbar [130, 131, 132, 137]. Eine direkte Prozessprüfung bei 55°C nach der BioAbfV ergab, dass *Salmonella Senftenberg* in wenigen Minuten und das *Parvovirus* in 24 h um 4 Zehnerpotenzen reduziert werden [133, 137].

Auch mesophil betriebene Anlagen erzielen eine nennenswerte Keimreduzierung, allerdings nicht so rasch wie bei thermophiler Betriebstemperatur. Während bei thermophiler Faulung z.B. die sehr hitzeresistenten Fäkalstreptokokken nach 48 Stunden nicht mehr lebensfähig sind, dauert dies bei mesophiler Faulung (35°C) dreimal so lange (144 Stunden) [130, 137, 138]. Abb. 11.2 und 11.3 machen die oben genannten Zusammenhänge noch einmal deutlich.

Untersuchungen zu pflanzlichen Krankheitserregern (Phytopathogene) wie bakterielle Ringfäule, Kartoffelkrebs, Maisbeulenbrand oder Ährenfusarium in Labor- wie auch Praxisanlagen zeigen dieselben Ergebnisse. Der Biogasprozess, vor allem die Faktoren Zeit und Temperatur reduziert die Pathogene, die meisten Erreger starben innerhalb weniger Stunden bzw. Tage [141].

Für die Praxis bedeutet dies, dass Biogasanlagen die Anzahl der im Substrat vorhandenen Mikroorganismen, egal ob krankheitserregend oder nicht, reduzieren. Die Biogastechnologie kann also auch zur Prävention eingesetzt werden.

Da aufgrund der technischen Gegebenheiten nicht ausgeschlossen werden kann, dass das ausgefaulte Substrat mit frischen, möglicherweise infiziertem Substrat zusammen kommt, bleibt bei der Nutzung solcher Stoffe immer ein gewisses Restrisiko bestehen. Daher verlangt der Gesetzgeber bei der Vergärung von bestimmten Risikostoffen wie Speiseabfälle o.ä. eine Hygienisierung des Materials.

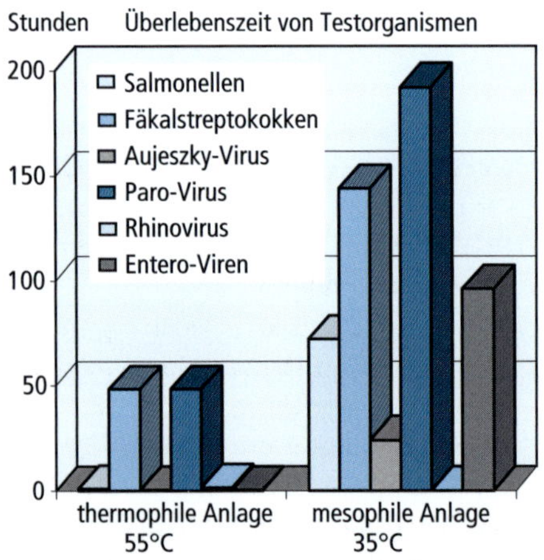

11.2
Überlebenszeiten von Testorganismen bei mesophiler und thermophiler Faulung mit Cofermentation [130].

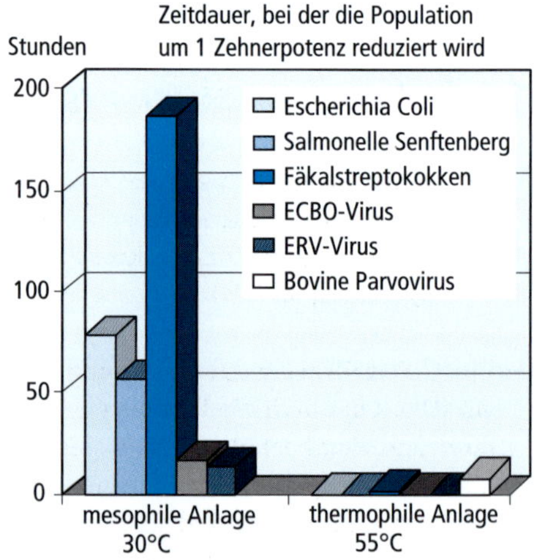

11.3
Zeitdauer, um die Population von Testorganismen um eine Zehnerpotenz zu reduzieren [133].

11.4 Reduktion von Unkrautsamen

In der Gülle ist auch eine Vielzahl von Unkrautsamen enthalten, die den Verdauungstrakt der Tiere unbeschadet überstanden und ihre Keimfähigkeit nicht verloren haben. Dadurch kann es bei der Ausbringung von Gülle zur Verbreitung dieser Samen kommen.

Untersuchungen an der Universität Hohenheim und an der Bodenkultur Wien ergaben, dass bei 55°C schon nach 24 Stunden die untersuchten Unkrautsamen nicht mehr keimfähig waren [134, 140]. Auch der mesophile Betrieb bei 35°C reduzierte die Keimfähigkeit von Winterweizen, Raps, Ackerfuchsschwanz und Ackersenf auf Null. Den Verlust der Keimfähigkeit erreichte das Ackerhellerkraut erst nach etwas mehr als einem Tag. Die Samen von Tomate, stumpfblätterigem Ampfer und weißem Gänsefuß zeigten sich als besonders widerstandsfähig. Tomate und Ampfer waren erst nach einer Woche nicht mehr keimfähig und der weiße Gänsefuß benötigte fast 3 Wochen, um seine Keimfähigkeit zu verlieren (Abb. 11.4).

Insgesamt zeigt sich also, dass durch die Vergärung und anschließende Lagerung eine deutliche Reduktion der Keimfähigkeit von Samen zu erwarten ist. Nach drei Wochen geht die Keimfähigkeit auch von hartnäckigen Unkräutern verloren [140]. Wieder sind es die Faktoren Zeit und Temperatur, die den Haupteinfluss auf die Reduzierungsleistung haben. Mit der Vergärung kann der Unkrautdruck deutlich reduziert werden. Vor allem für gemeinschaftlich genutzte Biogasanlagen und für biologisch wirtschaftende Betriebe kann dieser Effekt von Interesse sein.

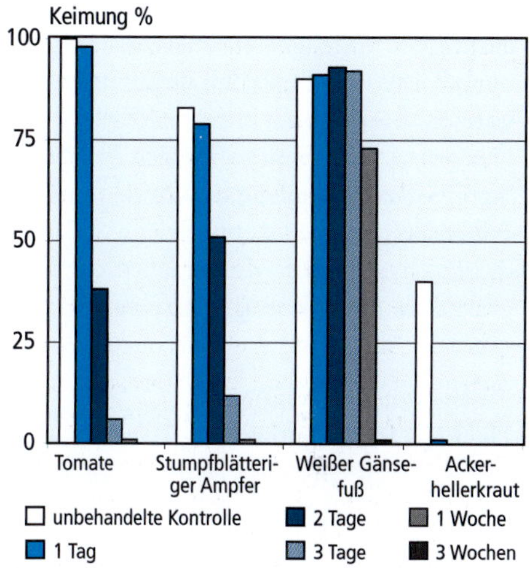

11.4
Reduzierung der Keimfähigkeit von Unkrautsamen durch den Biogasprozess.

11.5 Hygienisierungsleistung von Biogasanlagen

- Der Biogasprozess reduziert eine Anzahl von viralen, bakteriellen und parasitären Krankheitserregern sowie Unkrautsamen und eignet sich als Verfahren zur Hygienisierung.
- Die Gesamthygienisierungsleistung wird am stärksten durch die Faktoren Temperatur und Zeit beeinflusst. Je länger und höher der Temperatureinfluss, umso größer ist der Erfolg der Reduzierung. Verfahrenstypen, die eine Mindestverweilzeit des Substrats annähernd garantieren und Kurzschlussströme vermeiden, sind zu bevorzugen.
- Durch Cofermentation und Einleiten häuslicher Abwässer in die landwirtschaftliche Biogasanlage steigt das seuchenhygienische Risiko. Eine fachgerechte Handhabung der Substrate wird vorausgesetzt. Die Bioabfallverordnung und die EU-Hygieneverordnung schreiben diese Handhabung vor.
- Um die Anforderungen der BioAbfV zu erfüllen, muss das Verfahren eine Keimreduzierung um 5 Zehnerpotenzen nachweisen. Mesophile Anlagen erfüllen diese Anforderungen bislang nicht. Thermophile Anlagen hingegen erzielen eine ausreichende Keimreduktion. Je nach Cosubstrat wird eine Hygienisierungseinrichtung vor dem Einbringen in den Fermenter notwendig.
- Will man der Tatsache Rechnung tragen, dass die Güllewirtschaft eine potenzielle Übertragungsgefahr von Krankheiten in sich birgt, sollte die Biogastechnologie vor allem in viehstarken Regionen mit hohem Seuchendruck zur prophylaktischen Desinfektion als Beitrag zur „guten fachlichen Praxis“ eingesetzt werden.

11.6 Hygienisierungspflichtige Substrate

Trotz der Hygienisierungsleistung der Biogasanlagen verlangen europäische und nationale Gesetzgebungen bei bestimmten risikoreichen Substraten eine zusätzliche Hygienisierung. Über dem nationalen Recht steht das EU-Recht. Dementsprechend muss die Behandlung der Substrate, wenn sie unter die EU-Hygieneverordnung fallen, die darin geregelten Anforderungen erfüllen.

EU-Hygieneverordnung

Die EU-Hygieneverordnung (Nr. 1774) teilt die Substrate in 3 Kategorien mit unterschiedlichem Risikopotenzial ein:

- *Kategorie 1* ist die höchste Risikostufe und beinhaltet Substrate wie BSE-verdächtige Tiere sowie Speise- und Küchenabfälle aus grenzüberschreitenden Transporten. Diese Stoffe dürfen nicht in die Biogasanlage gelangen.
- In die *Kategorie 2* werden Substrate gestuft, die nicht BSE-relevant sind: Substrate aus dem Schlachtungsprozess wie Magen-Darm-Inhalt, Tiermaterial mit Arzneimitteln u.ä. Diese Substrate müssen bei mehr als 3 bar, länger als 20 Minuten und über 133°C drucksterilisert werden.
- In der *Kategorie 3* befindet sich Material mit geringem seuchenhygienischen Risiko wie z.B. Speisereste aus nationalem Verkehr oder genussfähige Abfälle aus Schlachthöfen. Um es in einer Biogasanlage zu verwerten, muss es bei mindestens 70°C und 60 Minuten lang mit einer Teilchengröße von unter 12 mm erhitzt werden.

Bioabfallverordnung

Ähnlich wie in Dänemark wird auch in Deutschland in der BioAbfV die Herkunft der Abfälle berücksichtigt: Im Anhang 1 der BioAbfV sind die einzelnen Substrate und ihre Verwertungsmöglichkeiten genau aufgelistet. Je nach Gefahrenpotenzial wird eine bestimmte Behandlung der Substrate oder des Endproduktes gefordert (aerobe oder anaerobe Behandlung, Pasteurisierung, Aufbringungsverbot auf Dauergrünland etc.). Dabei ist es unerheblich, welche Menge an Cosubstraten zugeführt wird. In der Praxis ist der Zeit- und Geldaufwand für die gegebenenfalls notwendigen Hygienisierungseinrichtungen und Laborprüfungen enorm, was vor allem bei kleineren Anlagen oftmals das „Aus" für die Cofermentation bedeutet.

Für hygienisierungspflichtige Stoffe wird der Nachweis der seuchen- und phytohygienischen Unbedenklichkeit verlangt durch

- eine direkte Prozessprüfung (wenn der eingebrachte Testkeims Salmonella Senftenberg nicht mehr nachweisbar ist, gilt die Prüfung bestanden) und
- eine indirekte Prozessprüfung (Einhaltung bestimmter Temperatur-Zeit-Kombinationen) der Anlage sowie
- eine Endproduktkontrolle (keine Salmonellen, weniger als 2% keimfähige Tomatensamen/Probe; Befallsindex für den Erreger der Kohlhernie unter 0,5 und der Richtwert für das Tabak-Mosaik-Virus unter 8 Läsionen/Pflanze).

Für Küchen- und Kantinenabfälle, Fettabfälle, Inhalte von Fettabscheidern und Flotate ist eine Pasteurisierung (1 Stunde lang bei 70°C) zwingend erforderlich, wenn das Substrat auf Dauergrünland ausgebracht werden soll. Für mit Fusarien verseuchte Getreidepartien gilt dasselbe.

Hygienisierungsverfahren

Als Hygienisierungsverfahren stehen sowohl absätzige Verfahren, die nach dem Batchprinzip arbeiten, als auch kontinuierliche Verfahren zur Verfügung. Bei den absätzigen Verfahren wird ein Vorbehälter mit innenliegenden Wärmetauschern und Rührwerk gefüllt und über den erforderlichen Zeitraum erhitzt. Durch eine Erhöhung der Behälterzahl kann die täglich zu erhitzenden Menge gesteigert werden. Optimal sind drei Behälter. Im ersten wird befüllt und erhitzt, im zweiten pasteurisiert und der dritte dient zur Abkühlung und Entleerung. Beim kontinuierlichen Hygienisierungsverfahren durchläuft das Substrat nacheinander die Zonen der Erwärmung, Pasteurisierung und Abkühlung.

12 Blick über den Zaun

12.1 Afrika, Asien und Lateinamerika

Die Biogastechnologie wird in den Industrienationen überwiegend zur Stromproduktion eingesetzt. In den meisten anderen Ländern aber wird damit hauptsächlich der Brennstoff Holz ersetzt und Biogas wird direkt als Energieträger zum Kochen verwendet. Eine weitere häufige Anwendung der Technologie in diesen Ländern ist die Reinigung zentral gesammeltem städtischem Kommunalabwasser und die Reduzierung von pathogenen Keimen und Gerüchen. In vielen dieser Länder gibt es inzwischen staatliche Förderprogramme für Lehrgänge, Baukurse und für den Bau von Anlagen.

Auch wenn Deutschland in Europa und unter den Industrienationen eine Spitzenstellung bei der Anwendung der Biogastechnik einnimmt, insbesondere im Bereich der landwirtschaftlichen Anlagen, bei der Cofermentation und der Abfallvergärung, so hat die landwirtschaftliche Biogastechnologie doch in einigen asiatischen Ländern vor allem für kleine landwirtschaftliche Betriebe eine viel größere Verbreitung erlangt.

In Indien, China und Nepal begann man schon Anfang der 70er Jahre, intensiv an der Erforschung und Einführung einfacher Biogasanlagen zu arbeiten. Man hatte festgestellt, daß Frauen und Kinder zunehmend an schweren Augenentzündungen erkrankten, die bis zur Blindheit führten. Männer hingegen blieben davon weitgehend verschont, weil sie sich nicht in den Küchen aufhielten, wo mit schlechtem Brennmaterial auf offenem Feuer gekocht wurde. Dort wurde längst erkannt, daß der Einsatz von Biogas zum Kochen diesen Teufelskreis durchbrechen kann (Abb. 12.1). Zusätzlich wurden die hygienischen Aspekte sehr stark geschätzt. Die unzureichende sanitäre Versorgung in Entwicklungsländern und die Umweltverschmutzung durch organische Abfälle, erzeugen Gesundheitsprobleme durch Trinkwasserkontaminierung und die massenhafte Vermehrung von Schädlingen. Biogasanlagen bieten dort nicht nur Vorteile für Umwelt und Hygiene, sondern auch Chancen zur lokalen Energieerzeugung und –versorgung. In den meisten dieser Länder arbeiten kleine und kleinste Biogasanlagen mit einem Faulrauminhalt zwischen 1 und 4 m^3 (Abb. 12.2). Daneben gibt es aber auch mittlere Anlagen mit 10 bis 100 m^3 Fermentervolumen für ein Dorf und noch größere Anlagen für Cooperativen.

Bis auf die wenigen Großanlagen baut man Biogasanlagen in diesen Regionen mit warmem Klima unterirdisch und ohne Heizung. Eine Übersicht über gebräuchliche Typen zeigt Abb. 12.3. Es wird großer Wert auf

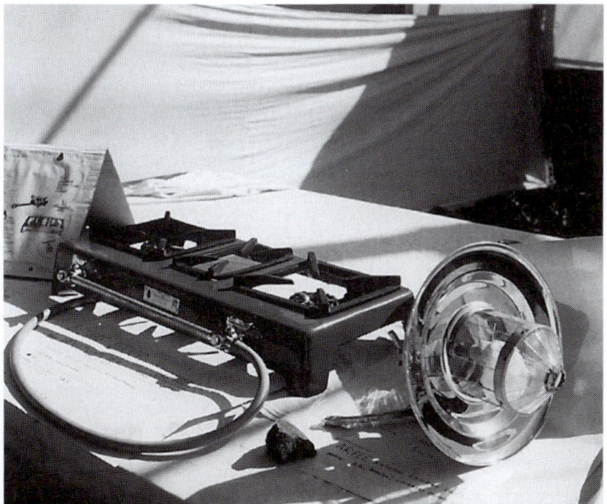

12.1
Hier die wichtigsten Geräte zur Biogasverwertung in Entwicklungsländern: Links ein zweiflammiger Gaskocher, rechts eine Gaslaterne mit auswechselbarem Glühstrumpf.

12.2
Indische Familien-Biogasanlage, Gobargas-Typ. Vorn die viereckige Mischgrube, links der Einfüllstutzen, rechts der Fermenter im Boden mit der schwimmenden Gasglocke.

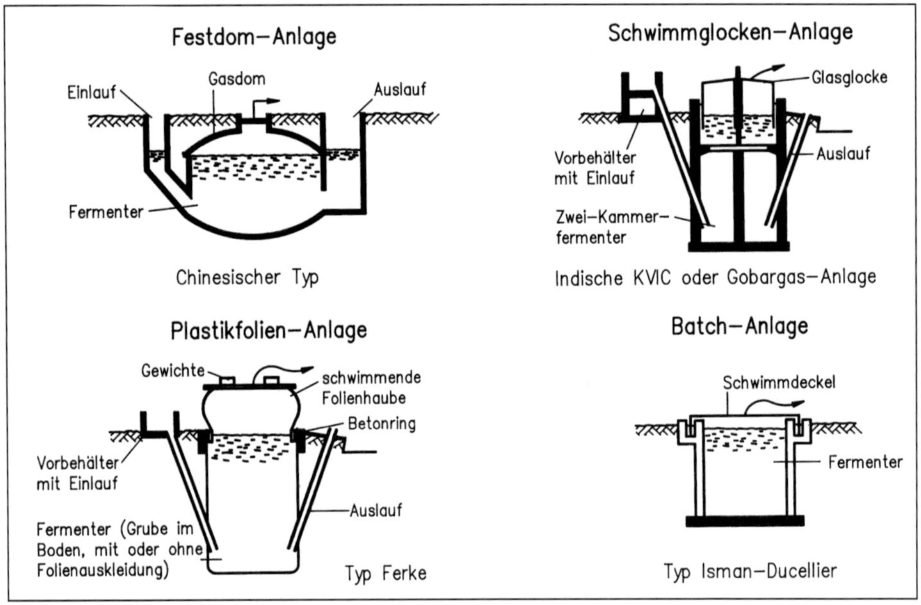

12.3 Einfache, unbeheizte Biogasanlagen in Entwicklungsländern.

Baustoffe gelegt, die vor Ort verfügbar oder preiswert zu beschaffen sind: Ziegel, Steine und Beton. Stahl wird vor allem für Gasglocken und zur Armierung (Ferrozement) verwendet. Aber auch mit Folien und Planen aus Kunststoff wird gearbeitet, insbesondere für den Gasspeicher.

Das chinesische Ur-Modell die *Festdom-Anlage* mit Mannloch besteht aus einer unterirdischen Kammer (Faulraum) mit einer Kuppel für die Gasspeicherung. In diesem Modell bilden Faulraum und Gasspeicher eine Einheit. Die konstruktiven Details einer Biogasanlage (mit oder ohne interner Rückhaltewand, und die Größe des integrierten Gasspeicher) sind abhängig von den weiteren Behandlungsschritten und der geplanten Biogas-Nutzung. Ein spezielles Design, das sogenannte Biogas-Absetz-Design, erreicht, dass die Verweilzeit des Schlamms (SRT) länger als die hydraulische Verweilzeit (HRT) ist; Trennwände in der Anlage werden hinzugefügt, wenn das System als alleiniges Abwasserbehandlungssystem eingesetzt wird. Der abgesetzte mineralisierte Schlamm muss vom Boden der Biogas-Anlage in regelmäßigen Abständen entfernt werden.

Im *Schwimmglocken Reaktor* wird über dem Faulbehälter eine „Gasglocke“ platziert, in der sich das im Faulraum produzierte Biogas sammelt. Die Glocke schwimmt entweder direkt auf dem Faulgut oder in einem eigenen Wasserring. So gibt es zwei getrennte Strukturen für die Gas-Produktion und Sammlung.

Abgedeckte Lagune. Eine abgedichtete Lagune kann für die anaerobe Stabilisierung von Gärsubstraten mit einer gas-undurchlässigen Abdeckung (PVC, EPDM oder HDPE) betrieben werden, um das Biogas zu erfassen. Nachteile sind der Flächenbedarf für anaerobe Lagunen und Probleme mit der Schlamm-Sedimentation, wenn Fermenter nicht über ein Rührwerk verfügen.

Führend und bewundernswert hinsichtlich der Zahl der Biogasanlagen, bei den Aktivitäten und bei der Weiterentwicklung und Praxiseinführung, aber auch in der Zielstrebigkeit sind vor allem die Volksrepublik China und Indien.

In *China* gibt es heute etwa 5 Millionen kleine Biogasanlagen [61, 75]. Begonnen hatte alles 1927 in Shantou, Provinz Guangdong. Luo Guorui entwickelte eine kleine landwirtschaftliche Biogasanlage, mit der Gas für Beleuchtung produziert wurde. Das Design folgte den bereits bekannten städtischen Haus-Klärgruben. Dies war wohl die weltweit erste landwirtschaftliche Biogasanlage. Heute schätzt man das technische Potenzial von Energie durch Biogas in China auf bis zu 145 Milliarden Kubikmeter Gas pro Jahr. Diese Menge würde ausreichen, um die gesamte chinesische Landbevölkerung mit Energie zum Kochen und Beleuchten zu versorgen. Die Bereitstellung dieser Menge würde etwa 200 Millionen Biogasanlagen erfordern, woraus sich ein noch nicht genutztes Potential von 97,5% ergibt.

Die meisten Anlagen sind Festdom-Systeme mit einer Größe zwischen 6 und 10 m^3 Inhalt. Nur wenige Anlagen werden größer gebaut und erreichen 20 bis 50 m^3 und mehr. Das Festdom-Prinzip hat den Vorteil, daß die ganze Anlage nur aus Steinen und ohne Stahlglocke errichtet werden kann. Das Gas wird unter dem kuppelförmigen Dom gespeichert und steht unter dem relativ hohen Druck des in die Entnahme- und Ausgleichskammer verdrängten ausgefaulten Substrats. Nachteilig sind der stark schwankende Gasdruck und die Gefahr von Undichtigkeiten durch Poren oder Risse im Dom.

In *Indien* wurde die erste Biogasanlage schon 1887 im Lepra-Krankenhaus von Bombay gebaut. 1939 begannen Forschungsarbeiten am Landwirtschaftlichen Forschungsinstitut Neu Delhi mit Rindermist. 1952 wurde von dem weltweit bekannten indischen Biogaspionier J. J. Patel das erste Modell einer Kleinstbiogasanlage mit schwimmender Gasglocke entwickelt, von dem 1955 etwa 500 gebaut wurden. Dieser Typ wurde als „Gobargasanlage" bekannt und ist neben der chinesischen Festdomanlage in der Welt am meisten verbreitet.

Indien ist mit 3 Millionen Anlagen einer der Spitzenreiter bei der Nutzung von Biogasanlagen. Mit einer Vielzahl an Förderungsprogrammen schlägt die indische Politik eine klare und eindeutige Richtung ein. Es herrschen klare Regelungen zur Stromeinspeisung, zur Durchleitung des Stroms, selbst zur Vergütung des eingespeisten Stroms. Der Einspeisetarif für Strom liegt seit Jahren weit oberhalb des Konsumentenpreises.

Die Regierung *Nepal*s ist seit langem bemüht, die Energieversorgung seiner Einwohner zu verbessern. Seit 1975 fördert sie den Bau von Biogasanlagen. 100.000 Anlagen liefern Gas für Herde und Lampen. Bereits ab zwei Rindern kann eine solche Anlage betrieben werden. Die häuslichen Latrinen werden ebenfalls angeschlossen. Der erzeugte vergorene Faulschlamm wird kompostiert und so zum wertvollen Dünger. Bis 2009 sollen weitere 200.000 Anlagen gebaut werden [75].

In keinem Land wurde in den letzten Jahren so deutlich wie in *Kuba*, dass regenerative heimische Energie für die unabhängige Entwicklung eines Landes eine so große Bedeutung haben kann. Die Ursache für die Förderung alternativer Energien in Kuba liegt vor allem in der politischen und wirtschaftlichen Entwicklung. Durch das amerikanische Handelsembargo, das seit 1962 bis heute andauert, und durch den Zusammenbruch der Sowjetunion war Kuba 1990 gezwungen, auf eigene Energien umzustellen. Ergebnis der landesweiten Kampagne zur Einführung alternativer Energien sind zahlreiche Biogasanlagen, Sonnenkollektoren und Windräder überall auf der Insel. Kuba deckt heute ein Drittel seines Energiebedarfs aus erneuerbaren Energiequellen. Inzwischen gibt es an allen Universitäten des Landes einen Studiengang für Erneuerbare Energien.

Nach der ersten Ölkrise gab es sehr starke Förderungsbemühungen, u.a. auch mit deutscher Unterstützung, vor allem durch die Gesellschaft für Technische Zusammenarbeit GTZ (heute GIZ). 17 verschiedene Länderprojekte in Afrika, Asien und Lateinamerika wurden von deutscher Seite durchgeführt. Die Biogas-Verbreitung in Afrika geht zurück in die frühen 1970er Jahre. Politiker und Entscheidungsträger aus verschiedenen afrikanischen Staaten besuchten Indien und begeisterten sich für die Biogas-Technologie. Die indische Regierung und später auch die chinesische Regierung zeigten (und demonstrieren heute noch gerne) ihre Biogas-Technologien indem ein entsandtes Experten-Team einige Biogasanlagen baut und Techniker ausbildet. Da jedoch meist keine Mittel für langfristige Verbreitungs-Programme zur Verfügung gestellt wurden, führten diese Ansätze jedoch zu späteren Pannen beim Bau, Betrieb und Management der Anlagen. Über den ganzen Kontinent verstreut, vor allem in landwirtschaftlichen Einrichtungen, finden sich indische und chinesische Demonstrationsbiogasanlagen.

Tabelle 12.1
Biogasprogramme zur Förderung und Umsetzung von Biogasanlagen und Anzahl der Biogasanlagen weltweit (ohne Anspruch auf Vollständigkeit).

Biogasprogramme in Afrika, Asien und Amerika

Land	Biogasprogramme seit ... / von - bis	Anlagen (geschätzt)
Afrika		
Algerien	1937-1951	
Burundi	1984 - 1992	300
Äthiopien	1977 - 2013	120, 14000 geplant
Kenia	1955 - 2011	600
Lesotho	1980-2003	300
Marokko	1995 - 2008	95
Tansania	1975 - 2008	520
Tunesien	1982-2011	28
Ruanda	2000 -2012	100, 14000 geplant
Asien		
Bangladesch	1972 - 2012	900, 3 Mio. geplant
China	1927 - 2010	47 Millionen
Indien	1946 - heute	20 Millionen
Nepal	1955 - heute	200000
Pakistan	1974 - heute	17000
Philippinen	1965 -1996	
Thailand	1950 - heute	5500
Vietnam	1960 - 2020	1,1 Millionen 1,2 Mio. geplant
Zentral- und Südamerika		
Belize	1988 - 2010	23
Bolivien	1986 - 2007	320
Jamaika	1985 - 2002	
Kolumbien	1985 - 2005	25
Kuba	1970 - 2010	1000
Nicaragua	1980-2010	

1980 startete das Deutsche Bundesministerium für Wirtschaftliche Zusammenarbeit (BMZ) ein „Überregionales Biogas Verbreitungs-Programm“ (1980-1993). Aus den Problemen und Misserfolgen in der Vergangenheit lernte man, dass nur ein „integrierten Ansatz“ langfristig Erfolg würde bringen können: (1) keine Kompromisse in technischer Qualität (Baumaterial, Gasleitung), (2) nur erprobte Baudesigns.

Mit Unterstützung einer Chinesisch-Niederländisch-Deutschen Initiative starteten 2007 erneut 27 Vertreter von afrikanischen Staaten in Nairobi (Kenia) offiziell die “Biogas for better Life Initiative”. Die Initiative konzentriert sich zunächst auf jene Länder mit dem größten Marktpotenzial für Haushaltsbiogasanlagen; bis zum Jahre 2020 sollen 2 Millionen Anlagen gebaut werden. Auf der Länderliste stehen Kenia, Mali, Sambia, Niger, Ghana, Malawi, Lesotho, Swasiland, und Sudan.

In Mittel- und Südamerika sind Biogasanlagen als Technologie im Sektor der Erneuerbaren Energien anerkannt, und dennoch fehlt in vielen Ländern Wissen und Erfahrung mit modernen Technologievarianten. Auch in Ländern wie Japan, Australien, Neuseeland, Chile und Argentinien werden zunehmend Biogasaktivitäten wahrgenommen. Ein erster Versuch diese Aktivitäten zusammenzutragen, wurde im Sektorprojekt „Anaerobtechnologie“ (1998) der GTZ/Eschborn mit einer weltweiten Analyse der Ist-Situation Rechnung getragen [61].

Seit Anfang der 90er Jahre setzt sich der Trend hin zu größeren Anlagen fort. Megafarmen in Asien, Afrika und Lateinamerika mit 10.000 Rindern und über 100.000 Schweinemastplätzen, mit Abstand die größten Gewässerverschmutzer in den jeweiligen Regionen, fragen diese Technologie nach [61]. Zusätzlich führt die Erkenntnis, ohne Alternativen zu den knappen fossilen Erdölreserven nicht mehr auszukommen, dazu, dass aufstrebende Industrieländer wie Indien und China sich für die KWK-Technik auf der Basis von Biogas aus landwirtschaftlicher Herkunft stark interessieren.

Tab.12.1 gibt einen weltweiten Überblick über die Anlagenzahl in den jeweiligen Ländern.

12.2 USA

Selbst in den USA steigt das Interesse für diese Technologie. Und obwohl dort viel zum Thema Biogasverfahrenstechnik geforscht und entwickelt wurde, dem Land ein sehr großes Potenzial an geeigneter Biomasse zur Verfügung steht und obendrein die Voraussetzungen aufgrund der Betriebsgrößenstruktur günstig sind, ist die Zahl der landwirtschaftlichen Biogasanlagen verschwindend gering. Nur 170 landwirtschaftliche Biogasanlagen verteilen sich über die Fläche der Vereinigten Staaten von Amerika. Das Potenzial für Energie aus Gülle wird auf etwa 13 Mio. MWh Strom oder eine Kapazität von 1670 MW pro Jahr geschätzt. Das größte landwirtschaftliche Potenzial für die Umsetzung von Anlagen liegt nach Angaben der amerikanischen Umweltbehörde EPA in Iowa, North Carolina (Schweine) und Kalifornien (Rinder) [158]. Doch langsam aber stetig wächst das Interesse - viele deutsche Biogasfirmen haben Anfragen aus Amerika (Abb. 12.4).

Das Umdenken in Amerika und überall auf der Welt wird nicht zuletzt gefördert durch die zunehmenden kriegerischen und terroristischen Auseinandersetzungen um Ressourcen und Energiequellen und durch die steigende Zahl von Umweltkatastrophen infolge der Klimaveränderungen.

12.4:
Deutsche Anlagenbauer arbeiten nun auch schon in USA und bieten dort technische Lösungen an: Vir-Clar Farm, Wisconsin, 2 x 2600 m^3 Fermenter, 70 m^3/d Rindergülle, 330 kW BHKW von SEVA-Caterpillar. (Firma Biogas Nord GmbH).

12.3 Osteuropa

Ein ähnliches Desinteresse an Erneuerbaren Energien wie in den USA herrschte bis zu den tiefgreifenden Veränderungen in den Gebieten hinter dem „Eisernen Vorhang". Es war ein wichtiges Ziel der kommunistischen Politik, die Volkswirtschaft mit billiger und unbegrenzt zur Verfügung stehender Energie zu versorgen. Bis 1990 lag der Strompreis in der UdSSR bei 1 Kopeke pro Kilowattstunde (weniger als 0,5 ct/kWh), Nachtstrom war kostenlos. Heute ist Energie knapp und teuer geworden, viele osteuropäische Staaten wie Estland, Lettland, Litauen, Weißrußland, Ukraine, Moldavien, Georgien, Armenien, Kasachstan und Mongolei müssen Öl und Gas aus Rußland zu Weltmarktpreisen importieren. Inzwischen hat es zwar in diesen Staaten auch mehr oder weniger intensive Versuche mit Biogas gegeben, aber eine breite Anwendung in der Praxis erfolgt bisher kaum.

Eine Ausnahme machten seinerzeit die DDR, Polen, Rumänien und Ungarn. In der DDR gab es schon vor der Wiedervereinigung 8 Großanlagen mit 700 bis 16.000 m^3 Fermenterinhalt. Die Zahl der Anlagen mag gering erscheinen, aber das Gesamt-Fermentervolumen war größer als das aller westdeutschen Anlagen zusammen. Heute laufen noch vier dieser Anlagen in Plauen, Nordhausen, Frankenförde und Rippershausen.

In Polen hat IBMER (Institut für Bauen, Mechanisierung und Energie in der Landwirtschaft, Warschau) Biogasanlagen in Beton- und Stahlbauweise mit 20, 25 und 100 m^3 Fermentergröße entwickelt (Abb. 12.5). In den 80er Jahren wurden etwa 10 Anlagen gebaut, nach unterschiedlichen Angaben laufen heute noch bis zu 5 Anlagen davon.

In Rumänien gab es zwischen 1958 und 1982 ein staatliches Biogasprojekt mit 400 Anlagen. Die Technik sollte in den Bereichen Kommune, Landwirtschaft und Agroindustrie Anwendung finden. Heute läuft noch eine aus dieser Zeit.

In Ungarn gab es 17 landwirtschaftliche Biogasanlagen heute läuft eine;

Heute räumt man vor allem Ungarn, Slowenien, Slowakei und Tschechien, Polen, Rumänien und Litauen aufgrund ihrer Spezialisierung auf tierische Veredelung gute Voraussetzungen zur Biogasnutzung ein. Und diese Länder machen sich auf den Weg die Bedingungen für Biogasanlagen zu verbessern. Spitzenreiter ist Tschechien. Mit etwa 250 Anlagen kann es sich mit Westeuropa messen. Auch die Slovakei zieht mit bereits 35 Anlagen nach. Polen möchte bis 2020 knapp 1000 MW aus Biogas landwirtschaftlicher Herkunft bereitstellen. 10 neue Großanlagen sollen als Leuchtturmprojekte Nachahmer schaffen. Vor allem die Unabhängigkeit von Gasimporten hat auch das Interesse an Gaseinspeisetechnologien geweckt.

Ähnlich ist es in den übrigen osteuropäischen Ländern. Das Interesse und der Erfahrungsaustausch in Tagungen, Seminaren und Messen sind groß, dies wird nicht zuletzt durch die Übersetzung dieses Buches ins Tschechische und Ungarische bestätigt sondern auch durch die nahezu in jedem Land existierenden Biogasverbände, die vor Ort versuchen, die Rahmenbedingungen zu verbessern (Kontaktadressen Anhang).Die deutschen Firmen drängen in diese Märkte, nicht zuletzt, um sich von der unsteten deutschen Energiepolitik unabhängig zu machen.

12.5:
Diese von IBMER (heute: Baltic Renewable Energy Centre) entwickelte polnische Biogasanlage hatte eine Zusatzheizung mit Sonnenkollektoren.

12.4 Entwicklungen in Westeuropa

In Westeuropa sind bis in die 70er Jahre hinein fast in allen Ländern erfolgreiche Biogasentwicklungen gelaufen. Viele dieser Entwicklungen sind nicht zuletzt wegen der Strom- und Ölpreispolitik wieder versandet. Nun zeigt sich wieder eine europaweite Zunahme an Biogasanlagen und ein verstärktes Interesse an der Technologie, was insbesondere auf die europäische Energie- und Klimapolitik und die in einigen Ländern geltenden Einspeisevergütungen zurückzuführen ist (Abb. 12.6).

In 19 europäischen (weltweit sind es 44 Staaten) wurde das Einspeisesysteme nach deutschem Vorbild übernommen. Eine Mengenregelungen (Quotenmodell), in dem der Staat feste, verbindliche Zielwerte für den Ausbau regenerativer Energieerzeugung vorgibt, welches z.B. in Großbritannien eingeführt wurde, hat sich als Förderinstrument nicht bewährt. Gleichwohl gibt es unterschiedliche Ausgestaltungen der Vergütungen in den verschiedenen Ländern. Österreich beispielsweise hat neben der gesicherten Einspeisevergütung Zielwerte für die Gesamtmenge an Ökostrom aus Biogas eingeführt. Werden diese überschritten, kommen keine zusätzlichen Biogasanlagen in den Genuss der Einspeisevergütung.

Mit geschätzten 7000 Anlagen für das Jahr 2012 (Fachverband Biogas e.V.) nimmt Deutschland die absolute Führungsposition in Europa ein. Bis 2000 kamen auch noch Impulse aus Dänemark. Denn interessanterweise haben in Deutschland die Hofanlagen die größte Verbreitung gefunden, während sich in Dänemark die zentralen Großanlagen durchgesetzt haben (Abb. 12.7). Kooperationen der beiden Länder hatten zum Ziel, das Bild etwas umzudrehen. So gibt es heute neben den 22 großen Gemeinschaftsanlagen etwa 60 Einzelhofanlagen nach deutschem Muster. Trotz der Bemühungen setzt man in Dänemark wieder auf große Anlagen mit nachgeschalteter Separation, in denen Biomüll, Gülle und Energiepflanzen gemeinsam vergoren werden. Auch in Deutschland tauchten vermehrt zentrale Lösungskonzepte in den Planungen auf. 40 Biogasanlagen mit jeweils 500 kW BHKW-Leistung im Verbund wie sie 2006 in Mecklenburg-Vorpommern realisiert wurden, bleiben bislang in Deutschland Einzelfälle. Die hohen rechtlichen und sicherheitsrelevanten Auflagen bei einer gemeinsamen Vergärung von landwirtschaftlichen Substraten und Bioabfällen verhindern in Deutschland Zentralanlagen nach dem Vorbild Dänemarks.

Die skandinavischen Länder sowie die Mittelmeerländer beginnen langsam, sich

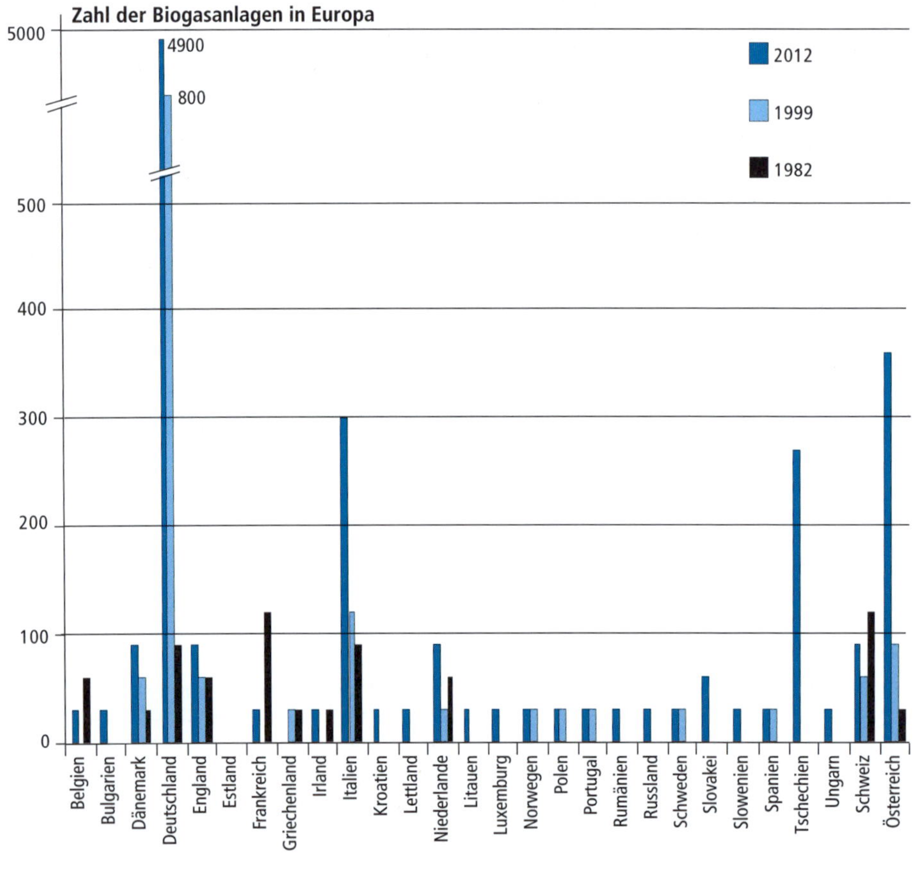

12.6
Vergleich der Anzahl der Biogasanlagen in Europa 1982, 1999 und 2012 [verändert, 64].

stärker für diese Technologie einzusetzen. In der Regel liegen in diesen Ländern Erfahrungen mit der Biogastechnologie nur aus der kommunalen und agroindustriellen Abwasserreinigung vor. Eine Anwendung im landwirtschaftlichen Sektor blieb dagegen aus. In den skandinavischen Ländern ist eine Ursache dafür sicherlich die bereits hohen Anteile von Wasser- und Windkraft am dortigen Energiemix, die die Notwendigkeit andere Technologien umzusetzen reduzieren. In den südlichen Ländern sind die Gründe u.a. in den fehlenden Umweltstandards bei der Güllelagerung und der fehlenden Wärmeverwertung zu suchen.

Auch die Bemühungen des europäischen Netzwerk Anerobic Digestion (AD-Nett, 1998-2003), den Stand der Technologie und seine Anwendungshindernisse in den verschiedenen Ländern zu erfassen [64], haben bislang nicht zu einer verstärkten Nutzung geführt. Einzig in Großbritannien erfolgte in den letzten Jahren eine verstärkte Anwendung der landwirtschaftlichen Biogastechnologie. 40 Anlagen wurden im landwirtschaftlichen Sektor gebaut und die nationalen Rahmenbedingungen für die Technologie geöffnet.

Das einzige beständige europäische Netzwerk, das sich mit der Biogastechnologie auseinandersetzt, ist die Internationale Energieagentur (Task 24 und 37 der IEA). Aber auch in diesem Gremium liegt das Augenmerk auf der großtechnischen Nutzung, wohl wegen der fehlenden Praxisbeispiele für die landwirtschaftliche Anwendung, die letztlich nur Deutschland und Österreich im nennenswerten Umfang einbringen können.

Erst seit 2009 vertritt ein Europäischer Biogasverband (European Biogas Association) die Interessen und Förderung der Biogasbranche auf Europäischer Ebene (Adresse im Anhang).

In den deutschsprachigen Ländern Österreich und Italien geht der Bau von Biogasanlagen stetig voran, nur in der Schweiz, ein altes erfahrenes Biogasland, kommt die Biogaseuphorie nicht ins Rollen. Die Teller-Tank-Diskussion und mögliche Folgen aus der Intensivierung der Bodennutzung führen in der Schweiz zur starken Skepsis gegenüber NawaRo-Anlagen.

12.7 Großbiogasanlage in Dänemark.

12.5 Biogas in Österreich

In Österreich sind derzeit etwa 350 landwirtschaftliche Biogasanlagen (Stand 2011) mit einerinstallierten Leistung von etwa 90 MW_{el}. in Betrieb. Die Entwicklung der Anlagenzahl ist deutlich abhängig von der Förderungspraxis. Erstmals wurde ab dem Jahr 2003 eine Ökostromverordnung aufgelegt, die den Strom aus Biogas zu besonderen Tarifen abnimmt. 2012 wurde sie novelliert, die aktuellen Tarife sind in Tabelle 12.2 aufgelistet. Diese Ökostromverordnung machte es auch in Österreich attraktiv Biogasanlagen zu bauen. Bis 2002 gab es ca. 60 Biogasanlagen. Diese Zahl stieg bis 2004 auf 160 Stück. Innerhalb nur eines Jahres verdoppelte sich die Zahl auf etwa 300 Anlagen. Der rasante Zubau endete in 2005 und bis heute kamen nur etwa 30 Anlagen hinzu. Dieses extrem unregelmäßige Zuwachsverhalten hat mit der Ausgestaltung des Ökostromgesetzes zu tun. Österreich hat zwar auch wie Deutschland garantierte auf 13 Jahre festgelegte Tarife für die Erzeugung von Strom aus Biogas, aber eine zusätzliche Deckelung in Form

Einspeisevergütungen für Biogas in Österreich (13 Jahre Laufzeit)	
	Vergütung in ct/kWh
Stromeinspeisung (13 Jahren Laufzeit) [1]	
– bis 250 kW	18,5
– 250 - 500 kW	16,5
– über 500 kW	13,0
bei Einsatz nicht rein landwirtschaftlicher Produkte	20% Abzug
Gaseinspeisung [1]	
– bis 500 kW	16,5
– über 500 kW	13,0
Technologiebonus Erdgasaufbereitung	2
KWK-Bonus	2
[1] Einspeisevergütung für Biogas aus landwirtschaftlichen Produkten (Wirtschaftsdünger und Energiepflanzen) mit mindestens 30% tierischem Wirtschaftsdünger	

Tabelle12.2 Ökostromtarife für Biogas in Österreich (ÖSVO 2012)

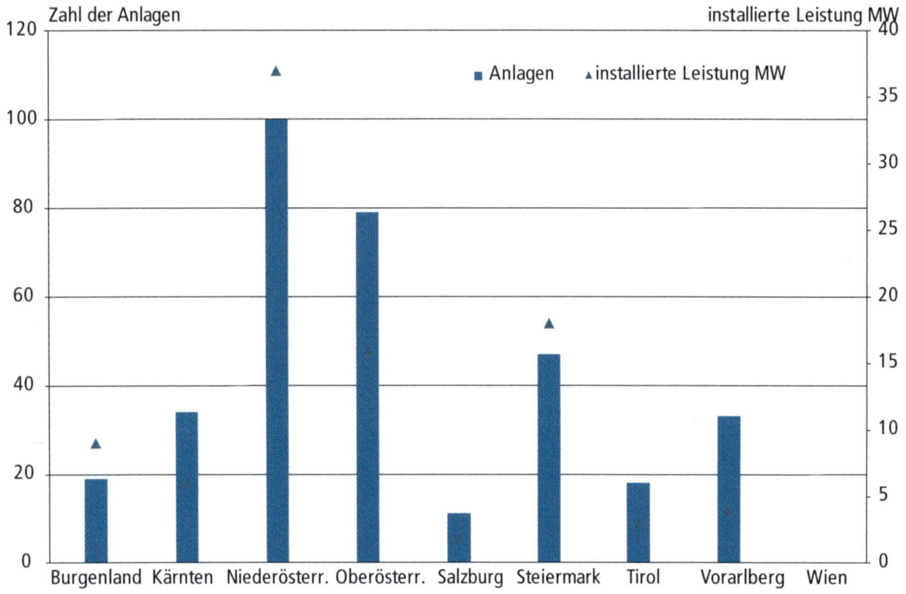

12.8 Regionale Verteilung der Biogasanlagen in Österreich. Quelle: Arge kompost & biogas 2012.

von jährlichen Ausbauzielen eingeführt. Ist das Ausbauziel für Biogas erreicht (für Biomasse und Biogas 1,3 TWh/Jahr), werden keine weiteren Anlagen genehmigt.

Die meisten Biogasanlagen sind in den Acker- und Viehregionen von Niederösterreich, Oberösterreich und Steiermark angesiedelt. Dort hat es auch den stärksten Zuwachs in den letzten Jahren gegeben (Abb. 12.8). Aus wirtschaftlichen Gründen werden auch in Österreich überwiegend Energiepflanzen (Silomais, Grassilage, Grünschnitt) gemeinsam mit tierischen Exkrementen (Gülle) als Substrat verwendet. Hinzu kommt dass bei Substraten nicht landwirtschaftlichen Ursprungs ein Abzug auf den Einspeisetarif von 20 % fällig wird.

Das Potenzial für Anlagen, die ausschließlich mit nicht landwirtschaftlichen Reststoffen betrieben werden, wird in Österreich auf 150 bis 350 Stück (je nach Größe) geschätzt. Man rechnet damit dass, dieses Potenzial in den nächsten Jahren auch ausgeschöpft wird. Betreiber solcher Anlagen werden kommunale und private Abfallentsorger und Betriebe der Nahrungsmittelindustrie sein, für die der Ertrag aus der Stromproduktion zweitrangig ist, da alle Kosten durch Entsorgungsgebühren gedeckt werden.

Allgemein zeichnet sich ein Trend zu Gemeinschaftsanlagen ab. Gemeinschaftsanlagen sind nach heutigem Stand des Wissens eine ausgezeichnete Lösung für die österreichische kleinstrukturierte Landwirtschaft. Das finanzielle Risiko wird breiter gestreut, die Biogasanlagen können größer und daher meist kostengünstiger gebaut und betrieben werden. Abb. 12.8 zeigt die Anlagenverteilung und die Größen der Anlagen. Die meisten Anlagen in Österreich sind kleiner als 500 kW. Es gibt nur drei Anlagen die eine installierte Leistung von 1 MW oder mehr haben.

Auffallend häufig wird in Österreich Biogas auf Erdgasqualität aufbereitet. Bereits 2005 wurde die erste Aufbereitungsanlage in Pucking in Betrieb genommen. Es folgten neun weitere (Tabelle 12.3).

Neuer Markt für Biogas in Österreich

Biogas als Erdgassubstitution stellt einen neuen Markt für Biogasanlagenbetreiber dar. In Österreich ist die Einspeisung in das öffentliche Erdgasnetz von gereinigtem Biogas seit Juni 2005 Realität, da die technischen Voraussetzungen erstmalig auch im Sinne der Gasnetzbetreiber erfüllt worden sind. In Österreich muss Erdgas eine Normqualität, genannt G31, erfüllen. Wird Biogas in das Erdgasnetz eingespeist, muss es auf mindestens 97% CH_4 gereinigt werden, um diese Norm zu erreichen. Von den verschiedenen Techniken der Gasaufbereitung (siehe Kapitel 5) sind derzeit die Aminwäsche, das Druckwechselverfahren und die Membrantechnologie im Einsatz.

Die 18 kW_{el}-Anlage in Pucking (OÖ) wurde schon damals seit 11 Jahren konventionell mit Hühner- und Schweinegülle betrieben. Gemeinsam mit der Oberösterreichischen Ferngas AG wird in einer neu errichteten Biogasreinigungsanlage das gesamte Biogas auf G31-Niveau gereinigt und in das vorhandene Erdgasnetz eingespeist. Die Vergütung des gereinigten Biogases erfolgt auf Basis des geltenden Einspeisetarifs für Ökostrom. Die Anlage arbeitet nach dem Druckwechselprozess mittels Adsorber. Kohlendioxid (CO_2) wird über Aktivkohle und Molekularsieb adsorbiert, das heißt, aus dem Biogas abgetrennt, so dass nur Methan (CH_4) mit einem Reinheitsgrad von 97% übrig bleibt. Schwefelwasserstoff (H_2S) wird in einem eigenen Reinigungsschritt mittels Biotropfkörper bereits zuvor aus dem Biogas entfernt. Das Schema des Biogasreinigungsprozesses ist in Abb. 12.10 dargestellt.

Ein weiteres Verfahren der Gasaufbereitung ist das Gaspermeationsverfahren mit

12.9 Fermenter mit 2 x 3.000 m³ der Biogasgemeinschaftsanlage Bruck/Leitha (10 Gesellschafter). Foto: W. Graf

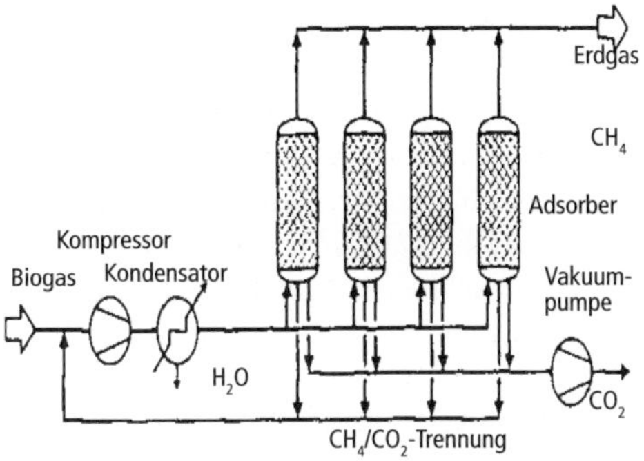

12.10 Das CO_2 wird im Druckwechselprozess an einem Adsorber adsorbiert. Methan tritt in einer Konzentration von etwa 97% aus der Anlage aus und wird in der Übergabestation in das Erdgasnetz eingespeist.
Quelle: Anton Friedl, Michael Harasek, Walter Graf 2005

12.11 Biogasreinigungsanlage in Pucking (z.Zt. ca. 10 m³/h), Platzbedarf etwa vier Baucontainer. Foto: W. Graf

12.12 H_2S-Biotropfkörperreinigung in Pucking. Foto W. Graf

einer Polymermembran, eingesetzt in St. Martin im Burgenland. Ein Verfahren, das neu von der TU-Wien entwickelt wurde [186]. Biogas wird mit einem bestimmten Druck (2 bis 80 bar) durch eine Membran gepresst, dabei wird das CO_2 abgetrennt, wobei gleichzeitig das Methan getrocknet wird (Abb. 12.13, Abb.12.14). Dadurch wird die Einspeisung in das bestehende Hochdrucknetz (70 bar) auch für größere Mengen Biogas (100 bis 1.000 m^3 pro Stunde) realistisch. Durch die Kombinationstechnik (Reinigung und Trocknung des Gases) gestalten sich die Reinigungskosten sehr günstig. Eine Schwachstelle bei dieser Technik ist allerdings ein zu hoher H_2S- und Stickstoffanteil im Rohgas. Das setzt eine andere Entschwefelungstechnik als bei der Druckwechseladsorptionsanlage voraus, da sich mit der Luftzufuhr einer konventionellen biologischen Entschwefelung der Stickstoffanteil im Biogas erhöht. Stickstoff lässt sich von Methan nur schwer trennen und verringert im Reingas den angestrebten Heizwert.

Der Betreiber der Anlage in St. Martin hat dieses Problem einerseits durch pflanzenzüchterische Maßnahmen (gezielte Auswahl von Energiepflanzen mit geringem Schwefelanteil in der Biomasse), andererseits durch die richtige Auswahl von leistungsfähigen Aktivkohlefiltern gelöst.

Tabelle 12.3
Biomethan-Produktion in Österreich
(Quelle klima:aktiv 2011)

Biomethanproduktion in Österreich			Verfahren und Verwendung
1	Bruck/Leitha	Energiepark Bruck/Leitha	Membrantechnologie
2	Engerwitzdorf	Naturgas Engerwitzdorf GmbH	Aminwäsche
3	Pucking	OÖ Gas-Wärme GmbH	PSA - Erste Biogasaufbereitungsanlage in Österreich
4	Eugendorf	GRASKRAFT REITBACH	PSA - zertifiziertes Biomethan aus dem Erdgasnetz (CNG-Tankstelle)
5	Asten	Linz AG	DWW - Einspeisung des Biomethans ins Erdgasnetz
6	Margarethen am Moos	EVM	Membrantechnologie - CBG Inseltankstelle - reines Biomethan tankbar
7	Wiener Neustadt	EVN	Membrantechnologie - im Probebetrieb
8	Rechnitz	Entsorgung Stipitz	PSA - CBG Inseltankstelle - reines Biomethan tankbar
9	Leoben	LE Gas	Aminwäsche - derzeit nicht in Betrieb
10	Steindorf	Salzburg AG	PSA - Einspeisung des Biomathans ins Erdgasnetz
11	Güssing		CBG Inseltankstelle, Planung eines Biogas Mikronetzes

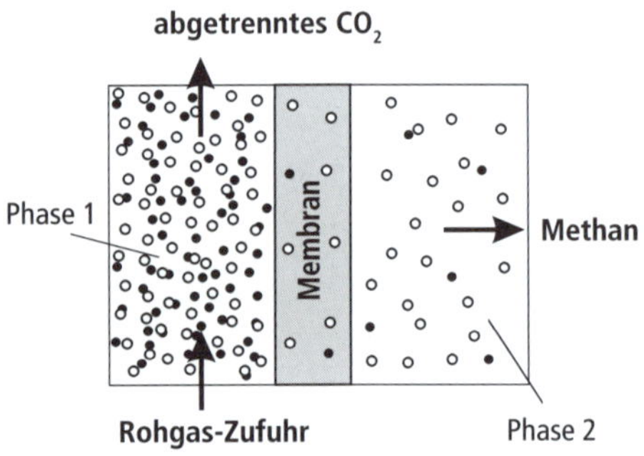

12.13
Rohgas wird mit Druck durch die Membran gepresst. CH_4 und CO_2 werden in zwei Phasen von-einander getrennt. Quelle: Anton Friedl, Michael Harasek, Walter Graf 2005

12.14
Biogasreinigungsanlage bei Josef Priedl in St. Martin. Leistung derzeit bis 10 m^3/h. Platzbedarf etwa einem Baucontainer entsprechend. Foto W. Graf

12.6 Biogasanlagen in der Schweiz

Der Bau von landwirtschaftlichen Biogasanlagen hat in der Schweiz eine lange Tradition. Seit der ersten Erdölkrise 1973 werden Anlagen gebaut mit einer Kulmination im Jahr 1981 mit 33 Anlagen pro Jahr. Damals wurde auch nicht primär auf die Wirtschaftlichkeit der Anlagen in Bezug auf die Energieproduktion geachtet, sondern der verbesserten Düngequalität des Gärguts eine deutlich höhere Bedeutung zugemessen.

Unter dem Druck der stagnierenden Subventionen für die Landwirtschaft, den sinkenden Produktpreisen (Milch, Zuckerrüben, etc.), d.h. letztlich der geschrumpften Kapitalbasis, geht heute die Entwicklung der Biogasanlagen deutlich langsamer vor sich (Abb.12.15). Im Jahr 2011 dürften nochmals 10 Anlagen neu gebaut worden sein.

Anders als zum Beispiel in Deutschland gibt es in der Schweiz keine effiziente Einspeisevergütung. Zwar werden seit der Inkraftsetzung im Jahr 2009 im europäischen Vergleich die höchsten Tarife für Biogasstrom bezahlt – in Abhängigkeit der elektrischen Leistung bis zu 32 Ct/kWh –, da die Vergütung aber über alle erneuerbaren Energieträger gedeckelt ist bei 0,6 Rappen pro genutzte kWh, erhalten seit rund zwei Jahren keine Anlagen mehr den höheren Tarif. Ab 2013 wird zwar der Deckel auf 0,9 Rappen/kWh angehoben (total rund 500 Mio. Franken für alle Erneuerbaren), Berechnungen zeigen aber, dass auch dann nur die Anlagen neu eine Vergütung erhalten, die sich vor dem 1.Juli 2009 angemeldet hatten. Es ist davon auszugehen, dass im Jahr 2013 der Deckel aufgehoben wird, da das Schweizer Parlament grundsätzlich den Ausstieg aus der Atomenergie entschieden hat, d.h. es werden keine bestehenden Atommeiler mehr ersetzt. Das detaillierte Vorgehen, wie das zu erreichen ist, wird 2013 entschieden. Dazu gehört auch die verstärkte Förderung der Erneuerbaren.

Die Zahl der Biogasanlagen wird in der Schweiz aber auch dann noch bescheiden bleiben aus zwei Gründen: erstens dürfen in der Schweiz maximal 20% NawaRo verwendet werden, weil nicht mal zur Produktion von Nahrungsmitteln genügend Land zur Verfügung steht. Zweitens sind Cosubstrate aus Abfall sehr beschränkt. Eine kürzlich erstellte Studie hat gezeigt, dass maximal rund 700 landwirtschaftliche Anlagen gebaut werden könnten mit 20% Cosubstraten oder mehr realistisch rund 300 bis 400 Anlagen. Dazu kommen noch 30 bis 40 gewerbliche Anlagen mit hohem Grüngutanteil sowie an die 100 Klärgasanlagen, die vor allem Lebensmittelabfälle übernehmen, die früher in die Schweinefütterung gingen, sowie industrielle Abfälle.

Getrennt gesammelte Grünabfälle bilden ein wesentliches Cosubstrat in gewerblichen Biogasanlagen, die ausnahmslos zur Vergärung von Feststoffen gebaut wurden. Der

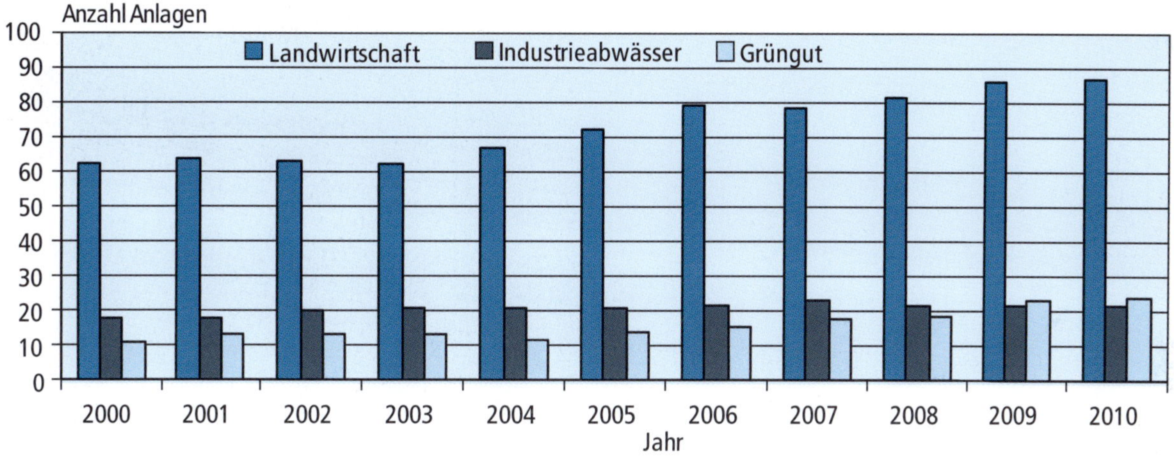

12.15 Entwicklung der Zahl landwirtschaftlicher Biogasanlagen in der Schweiz.

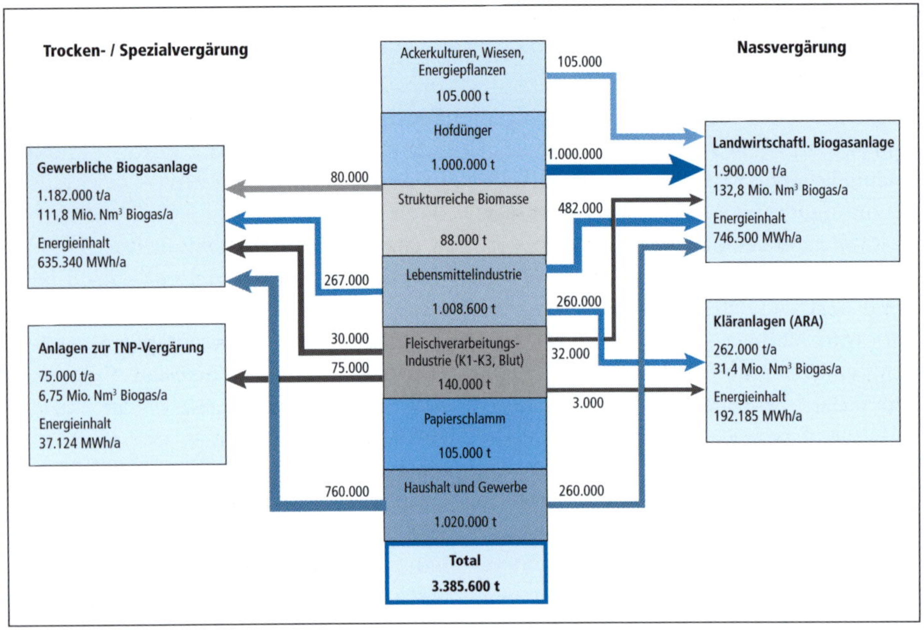

12.16 Stoffströme von abfallartigen Co-Substraten in der Schweiz.

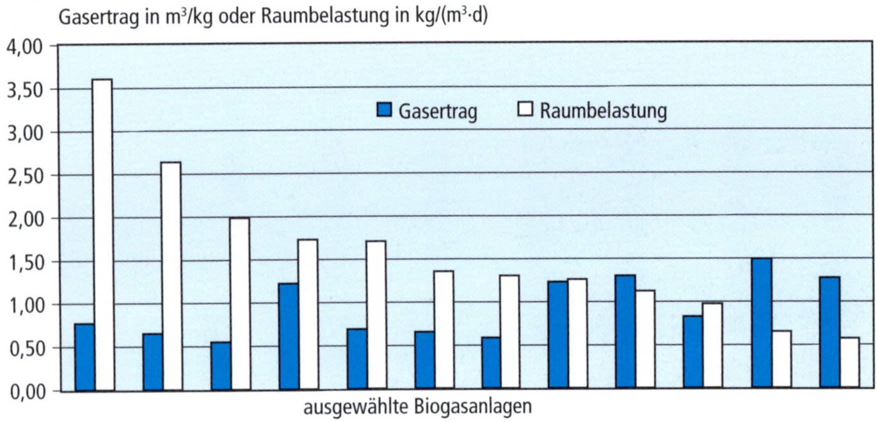

12.17 Vergleich von Raumbelastung und Gasertrag ausgewählter Anlagen

Durchschnittspreis für die Annahme von Grüngut beträgt in der Schweiz rund 140 Franken pro Tonne (ca. 112 €). Leicht abbaubare organische Abfälle um die sich sowohl landwirtschaftliche und gewerbliche Anlagen wie auch ARA's bemühen, haben inzwischen einen horrend hohen Preis erhalten. Spitzenreiter dabei ist Glycerin aus der Biodiesel Produktion das schon mal Preise um SFR 300.- pro Tonne (ca. 240 €) erzielt. Fette sind kaum mehr zu haben, sie gehen alle in die Biodieselproduktion.

Die Verbesserung der Gärgut- und Kompostqualität ist den beteiligten Verbänden ein großes Anliegen, um endlich einen adäquaten Preis für die Produkte (Gärgut und Kompost) erzielen zu können. Landwirtschaftliche Anlagen, welche mehr als 100 t pro Jahr an Cosubstraten verarbeiten, unterstehen einer Kontrolle durch die Kantone, mit Kriterien, welche identisch mit denjenigen gewerblicher Gär- und Kompostieranlagen sind. Dabei wird sowohl der Betrieb (Annahme, Verkauf, Aufbereitung, Behandlung), die Hygiene (Betriebstemperatur, Aufenthaltszeit) wie auch der Dünger- und Schwermetallgehalt kontrolliert (Jahresbericht Inspektorat 2011: https://www.mpsecure.ch/cvis/index.aspx?site=informationen).

Anlagentypen

Bei den alten Anlagen hat man eine große Varietät in der Bau- und Betriebsform gefunden. Es gab sowohl Überflur-Fermenter aus Holz, Stahl, Beton und Kunststoff sowie Unterflur-Fermenter aus Beton. Hochsilos waren ebenso vertreten wie liegende Stahltanks. Die Fermenter wurden in der großen Mehrzahl mit Paddel, bzw. Haspeln umgewälzt, was damals in Deutschland kaum bekannt war.

Die Beschickung erfolgte in absätziger Form, kontinuierlich oder die Anlage wurde als Speichersystem betrieben. In den 90er Jahren waren fünf Feststoff-Vergärungsanlagen im Batch-Verfahren in Betrieb. Sie konnten zur Beschickung und zur Entnahme des Mistes entweder oben geöffnet werden oder verfügten über ein frontales Tor. Weder das sogenannte Garagensystem noch das Verfahren mit den Körben sind also grundlegend neue Systeme. In der ersten Phase, als man Strom noch nicht einspeisen konnte (bis zum Energiegesetz von 1990), stand die Produktion von Wärme im Vordergrund. Psychrophil betriebene Fermenter waren daher recht verbreitet neben den mesophilen, da sie bei günstigeren Baukosten die besseren thermischen Wirkungsgrade erzielten.

Heute findet man ausschließlich die „gesamteuropäischen" Anlagen, d.h. meist mesophil betriebene Durchflussverfahren mit stehenden Silos, i.d.R. aus Beton, welche oben mit einer Folie abgedeckt sind. Wie in Deutschland werden zunehmend Paddelrührwerke eingesetzt, da neben der Gülle vermehrt Grünabfälle eingesetzt werden, die mit Tauchpropellern nur schlecht durchmischt werden können.

Anlagenbetrieb

Eine Erhebung unter den neueren Anlagen im Sommer 2005 (Genesys GmbH) im Rahmen eines Projektes der Stromwirtschaft (axpo) zeigt, dass die meisten Fermenter bei tiefer Beladung betrieben werden (Abb.12.17). Daraus resultiert eine lange Aufenthaltszeit (bis 80 Tage), eine geringe Raumbelastung (im Schnitt um 1,3 $kg/m^3 \cdot d$) und eine geringe spezifische Gasproduktion (um $1 m^3/m^3$ Fermenterinhalt). Oft sind es technische Gründe, welche keine höhere Beschickung erlauben.

Dank der Entsorgungsgebühr und dem Verkauf des aussortierten und zu Schnitzeln verarbeiteten Holzes können die Anlagen trotzdem wirtschaftlich betrieben werden.

Ein Vergleich der spezifischen Gaserträge, wie sie von den Bauern angegeben wurden, mit den berechneten Daten aufgrund von Literaturangaben ergab große Abweichungen. Mit einer Ausnahme waren alle Angaben der Landwirte um bis zu 100% höher (Genesys GmbH, 2005). Das lässt darauf schliessen, dass die Bauern nicht alle Cosubstrate deklarieren, oder im negativen Fall, dass sie über die Cosubstrate nicht genau Buch führen.

Anlagenbeispiel: Pfister, Altishofen

In Altishofen, Kanton Luzern, fanden sich 2002 verschiedene Bauern für den gemeinsamen Bau einer Biogasanlage zusammen. Der Ort liegt in unmittelbarer Nähe einer der ersten Biogasanlagen in der Schweiz (Wauwiler Moos), welche auch heute noch in Betrieb ist. Die Entwicklung des Projektes ist sehr typisch für die Schweiz: Ideen reifen sehr langsam, wenn aber einmal die Initialzündung erfolgt ist, dann geht die Abwicklung sehr schnell. Die neun Bauern haben sich im November 2002 zum ersten Mal ernsthaft zusammengesetzt, haben im Anschluss einige Anlagen besucht und sich mit Herstellern unterhalten, haben geplant, gebaut und am 4.11. 2004, nach gerade einmal zwei Jahren, ist die Anlage der Firma Genesys in Betrieb gegangen (Abb.12.18).

12.18 Biogasanlage mit Trommelkompostierung in Altishofen. Rechts steht der Fermenter, in der Bildmitte unter dem Scheunendach die zwei Trommeln, links ist der Technikraum mit BHKW und Steuerung

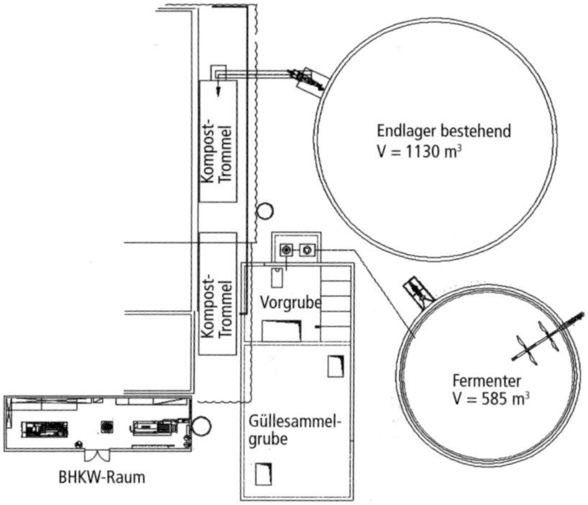

12.19: Grundriss der Anlage (Grafik Genesys GmbH)

Auslöser für den Anlagenbau war – neben der Möglichkeit Ökostrom zu verkaufen – die Not, ein neues Güllemanagement erarbeiten zu müssen. Der Kanton Luzern kennt „holländische Verhältnisse“: Der Tierbestand im Vergleich zur Fläche ist viel zu hoch, was teilweise zu massiven Gewässerverschmutzungen geführt hat. Um die Bestände zu halten, müssen daher Teile der Gülle verkauft werden. Die Biogasanlagenplanung war daher stark auf dieses Element ausgerichtet worden.

Für den Betrieb der Anlage haben sich zwei Bauern zur Altishofen Biogas GmbH zusammengeschlossen. Die sieben weiteren Landwirte haben sich vertraglich verpflichtet, ihre Gülle und den Mist der Anlage zuzuleiten. Mit dabei sind Rinderhaltungsbetriebe (Mast und Milchvieh), Schweinezucht- und Schweinemastbetriebe sowie zwei Legehennenbetriebe. Vier der Betriebe haben Aufstallungen mit Gülle und fünf mit Mist. Der Trockensubstanzgehalt ist – nicht zuletzt wegen des Hühnerkots – mit knapp über 12% relativ hoch. Total liefern die Betriebe rund 7.000 t pro Jahr Hofdünger zur Anlage, welche auf dem Betrieb eines der Initiatoren steht (vgl. Tabelle 12.4).

Biogasanlage Altishofen	
Gesamtkosten:	1.000.000,- CHF
Bauzeit:	4 Monate
Inbetriebnahme:	4.November 2004
Elektrische Leistung BHKW:	2x100 kW
Elektrischer Wirkungsgrad BHKW:	38%
Stromertrag netto:	1.200.000 kWh/a
Strom für Haushalte:	300 (à 4 Personen)
Wärmeertrag brutto:	1.500.000 kWh/a
Gärgutmenge:	7.000 t/a (Gülle und Mist)
Cosubstrat:	1.000 t/a (diverse)
Düngererdemenge (festes Endprodukt):	1.000 t/a
Arbeitsbelastung für den Betreiber:	3,0 h/d

Tabelle 12.4: Daten der Biogasanlage Altishofen.

Die angelieferten flüssigen Substrate werden in eine neu gebaute Vorgrube (60 m³) angeliefert, trockene und geruchlose Stoffe können auf der betonierten Mistplatte gelagert werden (Abb. 12.19). Neben Mist und Hühnerkot stehen Glycerin, Getreideabgang, Mühlenstaub und Obsttreber saisonal zur Verfügung. Glycerin wird als Gasproduzent gratis angenommen, für die anderen Substrate bestehen Annahmegebühren. Die Cosubstrate sind wegen der hohen Tierzahl pro Flächeneinheit eng begrenzt.

Von der Vorgrube wird der thermophil betriebene Fermenter (50 bis 54°C) mit einem Nutzvolumen von 530 m³ einmal pro Tag beschickt. Die durchschnittliche Verweilzeit beträgt 27 Tage mit einer unteren Grenze von 20 Tagen. Der höchstmögliche TS-Gehalt im Fermenter ist 12%, da sonst mit dem schräg liegenden Rührwerk nicht mehr genügend durchmischt werden kann. Die thermophile Betriebsweise ist vom kantonalen Veterinäramt verlangt worden, um die Hygiene beim überbetrieblichen Einsatz der Gülle garantieren zu können. Die Gülle muss garantiert während 20 Stunden bei über 50°C ohne Zugabe von frischem Substrat vergoren werden. Dazu ist ein relativ aufwändiges Kontrollprogramm installiert worden.

Um die Düngerbelastung der Betriebe zu reduzieren, wird der vergorene Feststoff abgetrennt und „exportiert“. Während der Beschickung läuft der Separator (Schneckenpresse), um das Niveau im Fermenter konstant zu halten. Mit einer Pumpe wird die vergorene Gülle dem Separator zugeführt, welcher an der Lagergrube angeordnet ist. Der flüssige Teil überläuft in die bestehende Lagergrube mit einem Fassungsvermögen von insgesamt 1.130 m³, der feste Anteil rutscht direkt in die Kompost- und Trocknungstrommeln. In der ersten Trommel (Kompostiertrommel) findet während zwei Wochen die eigentliche Nachrotte bei 65°C statt. Damit keine Randzonen entstehen, wird diese Trommel alle drei Minuten für eine Minute gedreht. Diese Bedingungen garantieren, dass ein hygienisch einwandfreies Produkt entsteht.

Von der ersten Trommel fällt der Frischkompost automatisch in die Zweite und wird dort mit der restlichen Abwärme des BHKW auf einen TS-Gehalt von >40% getrocknet. Im Sommer wird ein höherer TS-Gehalt erreicht, da mehr Wärme zur Verfügung steht. Die Trocknungstrommel läuft nur dann, wenn das BHKW ebenfalls in Betrieb ist. Nach insgesamt 24 Tagen Nachrotte und Trocknung wird die fertige Düngererde automatisch mit einem Förderband aus der zweiten Trommel befördert und auf dem gedeckten Lagerplatz aufgehäuft. Wie bei allen Genesys-Anlagen wird die Gas- und Gärgutqualität regelmäßig kontrolliert.

Täglich werden maximal 1.200 m³ Biogas produziert und dem BHKW im Technikraum zugeführt. Es handelt sich um Zündstrahlaggregate der neuesten Generation. Die Abgase des Motors werden mit einem Russfilter und einem speziellen SCR-Katalysator mit eigener Steuerung und Überwachung gereinigt. So werden die Emissionsgrenzwerte gemäß Schweizer Luftreinhalte-Verordnung weit unterschritten. Der Technikraum ist mit einer Gasüberwachung ausgestattet und garantiert so höchste Sicherheit.

Mit der Zugabe von Treber lassen sich die Leistungsspitzen steuern. Zur Zeit läuft erst das eine der zwei BHKW über 24 Stunden durch. Mit dem zweiten werden die Spitzen abgedeckt.

12.7 Biogasanlagen in Italien

Auch in Italien hat es in den 90er Jahren eine Biogasbewegung gegeben. Rund 80 landwirtschaftliche Biogasanlagen zählte Tilche 1983 [86]. Bis 2006 liefen davon etwa noch 50 Anlagen. Die Biogasanlagen wurden überwiegend als Abwasserreinigungsanlagen mit einer sehr einfachen Technik installiert. In der Regel wurden die Güllelagunen mit Folien abgedeckt. Die Verbesserung der Umweltbelastung stand bei diesen Anlagen im Vordergrund. Daher finden sie sich überwiegend in den extrem viehstarken Regionen von Umbrien, Lombardei und Emilia Romana. Vor allem werden dort Schweine gehalten und die dünne Gülle führt zu Geruchs- und Verwertungsproblemen.

Heute laufen in Italien etwa 280 Anlagen, wobei 90% davon in Norditalien installiert sind. Die Zahl hat sich von 2007 nahezu verdoppelt. Mit 28 ct/kWh für Strom aus Biogas verfügt Italien über einen der höchsten Einspeisetarife. Das Potenzial inklusive der viehstarken Regionen Umbrien, Lombardei und Emilia Romana wird auf 1800 Mio. m^3 Biogas geschätzt. Ein besonderes Potenzial wird in der Nutzung von Biogas für Transportzwecke gesehen. Italien verfügt über die meisten Gasautos und mit das größte ausgebaute Gas- und Tankstellennetz innerhalb Europas [185] (Abb.12.20).

Die Biogassituation in Südtirol

In Südtirol – und das gilt wohl auch für ganz Italien – sind zur Zeit noch kaum Planungsbüros oder Anlagenbauer für die landwirtschaftliche Biogastechnologie vorhanden. Der überwiegende Teil der Verfahrenstechnik kommt aus dem Ausland, insbesondere aus Deutschland.

Erst in den letzten Jahren ist verstärktes Interesse der landwirtschaftlichen Betriebe an der Biogastechnik zu beobachten. Grund dafür dürften wohl die neuen, wirtschaftlich interessanten, staatlichen Einspeistarife für Strom aus Erneuerbaren Energie sein. Sofern dieser Strom ins öffentliche Netz eingespeist wird, werden Grünzertifikate für 8 Jahre gewährt, über die der eingespeiste Strom mit ca. 9 ct/kWh vergütet wird.

Der Bau-Boom von weiteren Biogasanlagen entspringt jedoch auch der Einsicht einer verbesserungsbedürftigen Umweltsituation. Potenziale sind in den großen Tierhaltungsbetrieben ebenso in großen Mengen vorhanden wie für NawaRo–Anlagen.

In Südtirol sind etwa 25 Einzelanlagen in Betrieb, deren Größe zwischen 20 und 130 GVE liegt. Außerdem gibt es noch sieben Gemeinschaftsanlagen (Prad am Stilfserjoch, Sand in Taufers, Terenten, Aldein). Die meisten Anlagen in Südtirol sind in der östlichen Landeshälfte zu finden, im westlichen Teil (Vinschgau) sind es nur zwei Anlagen. Dies ist wohl darauf zurückzuführen, dass speziell im Vinschgau nur kleinere landwirtschaftliche Betriebstrukturen vorherrschen.

Insgesamt wird in Südtirol der Wirtschaftsdünger von ca. 4.500 GVE vergoren. Die installierte elektrische Leistung liegt bei rund 3000 kW, die produzierte Strommenge liegt bei rund 13 Mio kWh. Durch die kontrollierte Vergärung werden ca. 500 Tonnen Methan und 700 Tonnen CO_2 weniger in die Atmosphäre freigegeben.

Die Gemeinschaftsbiogasanlage in Prad am Stilfsersjoch

Die Situation der landwirtschaftlichen Betriebe im Vinschgau ist geprägt von kleinen Betriebsstrukturen, Haufendörfern und Platzmangel an der Hofstelle, was private Bauten und die wirtschaftliche Führung einer Biogasanlage sehr erschwert.

Die Gemeinschaftsanlage in Prad gilt als Pilotprojekt, weit über unsere Landesgrenzen

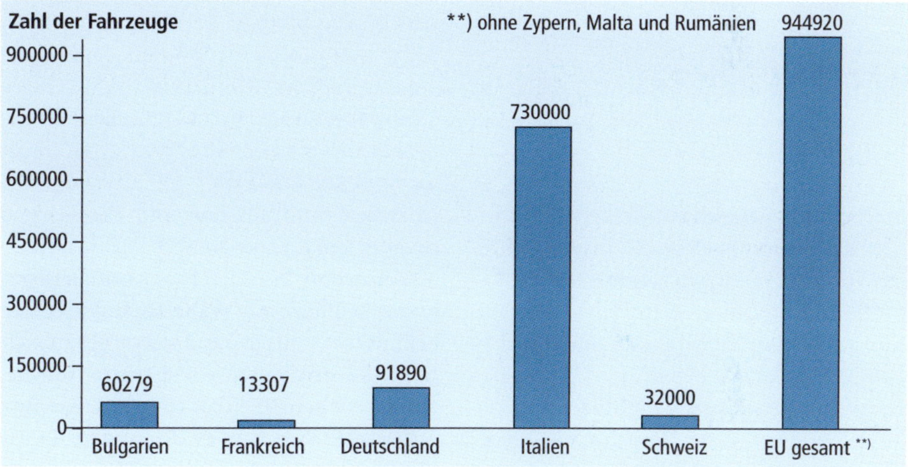

12.20: Anzahl Gasfahrzeuge in der EU (Quelle: NGVA Europe, 2011)

12.21 Güllefass der Gemeinschaftsanlage Prad

12.22 Gemeinschaftsanlage Prad; von links: Fetttank, Fermenter und Nachgärbehälter mit Gasspeicher

hinaus, kann sie doch mit einigen Besonderheiten aufwarten, welche Lösungen für diese strukturellen Probleme zeigen.

Die Anfangsidee war, eine Gemeinschaftsbiogasanlage zu bauen, um die nicht ausreichend vorhandenen Lagerkapazitäten für Wirtschaftsdünger der einzelnen Betriebe zu erhöhen und die Geruchsemission der verteilten, verbesserten Gülle zu reduzieren und somit eine bessere Akzeptanz der Landwirtschaft bei Tourismus und Bevölkerung zu erreichen.

Also wurde im Mai 1999 vom Ortsbauernrat in Prad eine Studie in Auftrag gegeben, welche Aufschluss darüber geben sollte, welche Größe diese Anlage haben müsste, um sie wirtschaftlich zu führen. Diese Studie wurde vom E-Werk Prad, dem Landwirtschaftsinspektorat Schlanders und vom Leader Programm (EU-Programm zur Förderung strukturschwacher Gebiete) unterstützt und vom Ingenieurbüro Krieg & Fischer GmbH, Göttingen ausgeführt. Die Ergebnisse der Studie, in der eine Anlagengröße von 600 GVE ermittelt wurde, wurde anfang 2000 den Landwirten aus Prad vorgestellt. Es wurde ein Arbeitskomittee eingesetzt, welches mit der Aufgabe betraut wurde, die notwendige Schritte zur Finanzierung, zum Standort und Führung der Anlage auszuloten. Im Juli 2000 wurde die Biogasgenossenschaft mit 34 Gründungsmitgliedern mit einer Beteiligung von 500 GVE gegründet. Die Anlage wurde von der Firma Krieg & Fischer GmbH, Göttingen geplant und gebaut. Die Planungsarbeiten zum Bau der Fermenter wurden an das örtliche Ingenieurbüro Pohl in Latsch vergeben. Baubeginn war im April 2001, im Oktober 2001 konnte der Bau fertiggestellt werden.
Für ihre vorbildliche nachhaltige und sozialverträgliche Energieversorgung erhielt die Gemeinde Prad 2010 den Oscar „der erneuerbaren Energiequellen".

Standort der Anlage

Als Standort für die Anlage wurde ein 3.000 m² großes Grundstück 4 km nördlich des Ortszentrums von Prad gewählt. Zusätzlich wurden 2 weitere Güllelager mit je 4 Behältern östlich und westlich des Dorfkernes errichtet.

Der Transport der Gülle wird vollständig von der Genossenschaft organisiert und finanziert; durchgeführt wird er vom Maschinenring Vinschgau. Die Genossenschaft hat ein großes Güllefass angekauft (Abb. 12.20), zwei Mitglieder des MR-Vinschgau übernehmen mit ihren Traktoren den Transport der Gülle von den Hofstellen zur Biogasanlage; bei der Rückfahrt wird vergorene Gülle zum Feldlager transportiert. Gleichzeitig werden von diesen Mitgliedern und einer weiteren Person Wartung und Betrieb der Anlage übernommen. Einzelne, kleine Betriebe liefern ihren Festmist selbst direkt zur Anlage.

Die vergorene Gülle kann von jedem Mitglied mittels Magnetkarte vom Feldlager abgeholt werden, wobei die Menge durch einen Durchflussmengenzähler registriert wird. Diese Daten werden dann mittels Computer einmal pro Woche vom Feldlager auf den Computer der Biogasanlage übertragen. Jedes Mitglied muss seine angelieferte Menge auch wieder abholen.

Wird Festmist anstatt Gülle geliefert, kann das Mitglied einen speziellen Abrollcontainer mieten, in den er den Mist lagert. Ist der Container voll, wird er vom LKW zur Biogasanlage geliefert, wo er zur Gülle in der Vorgrube gemischt wird. Die Abrechnung erfolgt hier ebenso wie bei der Gülle.

Besonderheiten dieser Anlage

Die Anlage besitzt keine eigene KWK–Anlage, so dass der gesamte Strombedarf über die E-Werk-Genossenschaft bezogen werden muss. Die Energie zur Beheizung der Fermenter wird von einem Gaskessel geliefert, der mit dem eigenen Biogas betrieben wird. Das restliche Biogas wird durch eine 2,6 km lange Gasleitung zum Fernheizwerk der E-Werk-Genossenschaft Prad geliefert. Dort wird das gelieferte Biogas in mehreren Zündstrahl-BHKW verstromt und ins genossenschaftseigene Stromnetz eingespeist. Die in dieser KWK Anlage anfallende Wärme wird in das Fernwärmenetz des E-Werkes geleitet. Die Kosten für die Gasleitung und für die Um- und Aufrüstung der bestehenden KWK-Anlagen wurden komplett vom E-Werk übernommen. Zur Finanzierung dieser Zusatzkosten behält das E-Werk 50% der Grünzeritifikate ein. Die Wartungspflicht der Biogasanlage Prad endet beim Gasverdichter. Durch diese besondere Kombination ist es gelungen, die Investitionen und den Wartungsaufwand für die Biogasanlage zu senken, sowie auch eine wesentliche Verbesserung der Energienutzung zu erreichen. Die gesamten Investitionskosten einschließlich des Güllefasses und der Mistcontainer lagen bei 1,1 Millionen €.

Abrechnung mit dem E-Werk

Der erzeugte Strom sowie die gewonnene Wärme werden am jeweiligen Zähler abgelesen und über den Wirkungsgrad der Motoren auf die gelieferte Primärenergie zurückgerechnet. Es wird die gesamte gelieferte Primärenergie bezahlt. Der Preis je kWh der Biogas-Energie ist gekoppelt an den kWh-Preis des zum Motorenbetrieb verwendeten Dieselöles. Zusätzlich erhält die Biogasgenossenschaft 50% aus dem Verkauf der Grünzertifikate.

Abrechnung mit den Landwirten

Die Genossenschaftsmitglieder haben gemäß ihrem eigenen Lagerbedarf Anteile an der Lagerkapazität erworben (1 GVE entspricht ca. 8 - 12 m^3 Lagerraum für 103 €). Durch die gemeinschaftliche Organisation können die Lagerkosten extrem niedrig gehalten werden, was der eigentliche Vorteil für die beteiligten Landwirte ist.

Der Landwirt erhält für seine Gülle in Abhängigkeit von den aktuellen Treibstoffkosten derzeit 3,04 € /t plus Mwst. Damit werden die Transport- und Ausbringkosten von und zur Anlage, zum Lager und zum Feld gedeckt. Neben der besonders günstigen Güllelagerung sind weitere Vorteile die Einsparung der Lagerkapazität am eigenen Hof, die verbesserte Düngewirkung, die Einsparung von Transportkosten, da die Lager näher bei den Feldern stehen, sowie die Einsparung an Ausbringkosten, denn während der Vegetationszeit wird die Gülle gleich auf die Felder der Mitglieder ausgebracht.

Die Anlage wurde am 2.1.2002 in Betrieb genommen. Bislang wurden 2,7 Millionen kWh an das E-Werk geliefert. Der Eigenverbrauch an Wärme liegt bei ca. 420.000 kWh/a.

Die Beschickung der Fermenter erfolgt abwechselnd alle 3 Stunden mit Gülle und alle 3 Stunden mit Fett. Die mit zu vergärenden Äpfel und der Trester werden wöchentlich angeliefert und in der Vorgrube mit der Gülle vermengt.

Daten der Gemeinschaftsanlage Prad	
Substrate 2004	
Rindergülle	11.3000 m³
Festmist	800 m³
Äpfel und Apfeltrester	1200 t
Bratfett, Fritieröle	80 t
werden hygienisiert geliefert	
Anlagendaten	
Vorgrube	235 m³, 10 m ø, 3 m tief
Fetttank	28 m³
2 Fermenter	je 735 m³, 12,5 m ø, 6 m hoch
Nachgärbehälter	1.580 m³, 20 m ø, 5 m hoch
Gasspeicher	500 m³
(im Nachgärbehälter integriert)	
2 Feldlager mit je 2 Lagerbehälter	je 1270 m³ 18 m ø, 5 m hoch
Fermenterheizung	Heizungsleitungen im Behälter
Rührwerk je Fermenter	7,5 kW
Rührwerkvorgrube	11 kW
Rührwerknachgärbehälter	15 kW
Rührwerk Feldlager	7,5 kW
Verweildauer	35 Tage
Gärtemperatur	38°C
Faulraumbelastung	rund 3 kg oTS/m³·d

Tabelle 12.5
Technische Daten der Gemeinschaftsanlage Prad.

13 Typische Beispiele realisierter Anlagen

Biogasanlagen werden zumeist als individuelle, auf die Bedürfnisse jedes Betriebes abgestimmte Lösungen realisiert, keine Anlage gleicht der anderen. Im Folgenden wurden Beispiele ausgesucht, die möglichst das gesamte Anwendungsspektrum der Anlagentechnik zeigen. Dennoch kann mit dieser Auswahl nur ein Bruchteil der Variationen vorgestellt werden, die bereits realisiert wurden. Die Anlagen wurden nach folgenden Kriterien ausgewählt:

- *Substratart:* Gülle, Mist, Energiepflanzen; agroindustrielle, kommunale Reststoffe; hygienisierungspflichtige Substrate
- *Substratzusammensetzung:* Monovergärung (nur Gülle, nur Energiepflanzen); Cofermentation; Stoffe, die eine Stickstoffproblematik herbeiführen (Hühnertrockenkot)
- *Größe der Anlagen*
- *Fermenterbauart:* liegend, stehend; Beton, Stahl; mit Rührwerksvarianten
- *Betriebsweise:* Einstufig, zweistufig
- *Wärmenutzung:* verschiedene Varianten
- *Betriebskonzept:* Einzel-, Gemeinschaftsanlagen

Die dargestellten Anlagen wurden von Firmen geplant und gebaut, die allesamt langjährige Erfahrungen in diesem Bereich haben. Der Fachverband Biogas hat ein Sonderheft „Beste Beispiele aus der Praxis 2011" herausgegeben. Weitere Anlagenbeispiele wurden von verschiedenen Einrichtungen dokumentiert, wie z.B. der Fachagentur für Nachwachsende Rohstoffe (FNR), vom Bundesministerium für Verbraucherschutz, Ernährung und Landwirtschaft (BMVEL) und sowie vom Kuratorium für Technik und Bauwesen in der Landwirtschaft. Zusätzlich zeigen einzelne Anbieter auf ihrer Homepage im Internet auch Referenzanlagen, die einen Überblick über Konzepte und die technischen Lösungen ermöglichen. Außerdem können über die Regionalgruppen des Fachverbandes Biogas e.V. Praxisanlagen in der eigenen Region in Erfahrung gebracht werden.

13.1 Kleine Gülleanlage 75 kW Betrieb Krey

Der Betrieb Krey liegt im südwestlichen Schleswig-Holstein bei Sankt Margarethen, in der sogenannten Elbmarsch. Zum Betrieb gehören ca. 180 Milchkühe mit Nachzucht und Bullenmast (insgesamt ca. 250 GV) sowie 180 ha Grünland, wobei ein Anteil Naturschutzflächen sind. Die Jungtiere werden im Sommer auf die Insel Pagensand gebracht. Für die Entscheidung zum Bau der Biogasanlage waren mehrere Aspekte ausschlaggebend:

- Vorteile beim Aufbringen der vergorenen Gülle auf Gras: keine Verätzungen und schnelle Verfügbarkeit der Nährstoffe.
- Es wurde Lagerraum für die Gülle benötigt.
- Verwertung des 5. Schnitts zur Erhaltung der Grasqualität.
- Bei vielen Betrieben in der Region fällt Mist an, der aber sehr schlecht auf Grünland ausgebracht werden kann (eine Einarbeitung ist wegen schwerer Tonböden nicht möglich).
- Die Investition stellt eine finanzielle Absicherung für den Betrieb dar, der in wenigen Jahren vom Sohn übernommen werden soll.

Die Anlage der Fa. agriKomp (Güllewerk) ist insofern etwas Besonderes, als der Fermenter und die BHKW-Einheit fertig vorinstalliert auf einem LKW (Schwertransport) quasi betriebsbereit geliefert werden. Dadurch verkürzt sich die Bauzeit deutlich, hier auf vier Wochen. Mit einem Autokran wird die Anlage auf das vorbereitete Fundament gesetzt, so dass nach etwa 1 bis 2 Wochen auch die Verrohrung der Anlage fertiggestellt ist. Um die Gülle aus dem Stall in die Anlage zu leiten, ist meist eine zusätzliche externe Exzenterschneckenpumpe notwendig, ansonsten wird der gesamte Pumpaufwand von einer bereits in der Anlage integrierten Exzenterschneckenpumpe (Leistung 5,5 kW) erledigt. Die Güllemenge von ca. 14 m^3 wird in Portionen über den Tag verteilt in den Fermenter (120 m^3, direkt hinter der BHKW-Einheit) gepumpt. Aus dem 7 m^3 fassenden externen Einbringsystem (Vielfraß, Fa. agriKomp) kommen noch etwa 3 m^3 Rindermist täglich hinzu.

Das Paddelrührwerk (1,1 kW) geht längs durch den ganzen Fermenter. Die Paddel sind an der Welle so angeordnet, dass die Feststoffe zurückgehalten werden. Dadurch liegt die tatsächliche Verweilzeit höher als die theoretisch errechenbare, die bei der Anlage Krey bei gerade mal 8 Tagen liegt. Dementsprechend ist auch die Faulraumbelastung mit 10-15 kg oTS/m^3 hoch. Die Gülle wird durch einem Gegenstromwärmetauscher, der dem vergorenen Substrat am Ende des Fermenters die Wärme entzieht, vorerwärmt. Im Fermenter wird das Gesamtsubstrat auf eine Temperatur von 55°C durch an der Wand befestigte Heiztaschen erwärmt. Die thermophile Betriebsweise ist bewusst gewählt, um bei der geringen Verweilzeit einen ausreichend hohen Abbau zu gewährleisten. Etwa 70% des Biogases stammen aus dem Fermenter, der Rest wird im Endlager gebildet. Das abgedeckte Endlager mit 20 m Durchmesser (1800 m³) muss eine Lagerkapazität von 150 Tagen aufweisen. Da Nachgärbehälter nicht als Lagerbehälter angerechnet werden, wurde auf einen zusätzlichen Nachgärbehälter verzichtet. Damit im Endlager trotz fehlender Heizung noch ein anaerober Abbau stattfinden kann, wird regelmäßig Substrat von der integrierten Exzenterschneckenpumpe über einen integrierten Substraterhitzer gepumpt und auf 35-40 °C erwärmt. Das Endlager wird mit einem Tauchmotorrührwerk (15 kW) gerührt.

Im Gaslager (über dem Endlager) wird das Biogas an der Holzbalkendecke durch Lufteinblasen entschwefelt und über eine Gasreinigungsstrecke (Gasverdichter, Gaskühler, Aktivekohlefilter) mit einem Schwefelgehalt unter 20 ppm vom Zündstrahlaggregat angesaugt (4,9 l Hubraum, 4 Zylinder SISU Motor). Der Zündölbedarf liegt bei etwa 1 Liter/h. Der Lagertank (4000 l) für das Rapsmethylesther (nur normierte Qualität) ist in der BHKW-Einheit untergebracht.

Der elektrische ebenso wie der thermische Wirkungsgrad liegen bei 40%. Der thermische Wirkungsgrad kann durch den Austausch des Abgaswärmetauschers mit einem Niedertemperaturwärmetauscher auf 65% erhöht werden. Damit wäre dann die Anbindung von zusätzlichen Wärmeverbrauchern wie Nachbarwohnhäuser auch bei diesen kleinen Anlagen möglich. Die Wärme, die derzeit anfällt, wird im Wohnhaus und im Melkstand verbraucht. Zusätzlich wird über eine Milchkühlung durch Kälteadsorption nachgedacht.

Der Strombedarf der Anlage liegt bei nur 7% der Stromproduktion.

13.1.1 Fermenter und BHKW-Einheit werden in einem vorinstalliert per Schwerlaster geliefert, der Baukran stellt die Anlage auf das Fundament.

13.1.2 Gasdichtes Endlager mit Fermenter und BHKW-Einheit.

13.1.3 Einbringtechnik (Vielfraß) und Fermenter- und BHKW-Einheit.

Aufgrund der geologischen Besonderheiten in der Elbmarsch (1 m Ton auf 14 m Moor) wurden die Anlage und das neue Endlager auf insgesamt 38 Pfählen gebaut. Die Anlage wurde im Juli 2011 in Betrieb genommen und fuhr bereits Mitte August 2011 Volllast.

Im Kauf der Anlage ist eine wöchentliche biologische Betreuung der Anlage für ein Jahr enthalten. Die Kosten für die Gesamtanlage inklusiv Fundament, Endlager, Einbringtechnik, externer Pumpe ohne Stromanschluss liegen bei ca. 550.000 €, also bei 7500 €/kW.

Die Anlage wurde von der Firma agriKomp, 91732 Merkendorfgeplant. www.agrikomp.de, www.biogastechnik.de

13.2 Pfropfenstromanlage mit Problemsubstrat Hühnermist und Klärschlammtrocknung Biogasanlage Zirngibl

Die Biogasanlage Zirngibl besticht durch ihre kompakte Bauweise (Abb. 13.2.1). Das Fermentergebäude enthält neben dem Fermenter zusätzlich noch den Anlieferbereich (Feststoffzufuhr), die Schaltwarte inkl. Sanitärbereich, einen Aufenthalts-, Pumpen-, Separator-, Trafo- und den Maschinenraum mit BHKW.

Dazu kommt eine Fahrsiloanlage, bestehend aus zwei Kammern zur Lagerung der nachwachsenden Rohstoffe, eine Vorgrube, eine Mehrkammerausfaulgrube für häusliche Abwasser, ein Lagerplatz für das Separatorgut und der gasdichte verschlossene Lagerbehälter für den Gärrest. Im Foliendach des Lagerbehälters erfolgt die Zwischenspeicherung des entstehenden Biogases, bevor dieses anschließend dem BHKW zugeführt wird.

Die Anlage ist entsprechend den Verfahrensschritten in folgende Gruppen gegliedert:

- Substrate mit der Anlieferung und Lagerung (Vorgrube, Fahrsilo, Lagerplatz des Hühnertrockenkot (HTK) im Klärschlammtrocknungsgebäude,
- Substrataufbereitung mit der Feststoffzufuhr,
- Fermentertechnik,
- Gasführendes System mit Ableitung, Entschwefelung, Trocknung, Gasspeicherung,
- Gasnutzung mit BHKW (Strom und Wärme) einschließlich Aktivkohlefilter/Katalysator
- Gärrestlagerung fest und flüssig und dessen Nutzung einschließlich Fahrsilo und Lagerplatz.

Die zu vergärenden Basismaterialien in dieser landwirtschaftlichen Biogasanlage bilden nachwachsende Rohstoffe (Maisilage, GPS, CCM, Zuckerrüben usw.) und Wirtschaftsdünger wie Hühnertrockenkot, Entenmist sowie Milchvieh- und Schweinegülle von benachbarten Betrieben. Der Betrieb Zirngibl ist ein reiner Ackerbaubetrieb (330 ha). Etwa ein Drittel der Flächen wird zur Energiepflanzenerzeugung genutzt, zwei Drittel zur Nahrungsmittelproduktion (Getreide, Zuckerrüben).

Die Zwischenlagerung des angelieferten Wirtschaftsdüngers (Hühnertrockenkot, Entenmist usw.) befindet sich in dem Gebäude, in dem auch die Klärschlammtrocknung untergebracht ist (keine Wiedervernässung, Staub- bzw. evtl. Geruchsbildung). Die Übergabe aus der Vorgrube in den Fermenter erfolgt mittels Pumpe und Druckleitung.

Die Silage und der Wirtschaftsdünger werden mittels Radlader zur Feststoffzufuhr des Fermenters gebracht. Dort erfolgt eine schrittweise Aufgabe des Materials. Bei der Feststoffzufuhr handelt es sich um einen Schubbodendosierer (Fassungsvermögen ca. 80 m³) mit anschließender Spiralschnecke (Förderleistung max. 20 t/h, Leistung 1,2 kW/t, Fa. BioG).

Die Substrate werden dem rechteckigen Fermenter mindestens einen Meter unterhalb des Füllstandes zugeführt, wodurch gewährleistet ist, dass kein Biogas aus dem Fermenter entweichen kann. Die kalten Substrate aus der Vorgrube durchströmen vorher den Doppelrohrwärmetauscher. Dadurch wird eine stabilere Prozessführung im Fermenter gewährleistet.

Das Nutzvolumen des Fermenters beträgt etwa 2.020 m³. Hieraus errechnet sich, auf der Grundlage der Inputstoffmengen von etwa 34,8 t pro Tag, eine hydraulische Verweildauer von mind. 58 Tagen. Die Faulraumbelastung liegt zwischen 4 - 5 kg pro m³ Fermentervolumen und Tag. Im Fermenter wird das Substrat mit zwei RVT-Haspelrührwerke nach dem Beton-Mischsystem durchmischt.

Das Gärsubstrat wird über die Verdrängerpumpe (15-30 m³/h, 7,5 kW, Fa. Pumpenfabrikwangen GmbH) aus dem Fermenter abgezogen und über den Doppelrohrwärmetauscher gepumpt. Das Hüllrohr wird mit dem Warmwasserkreislaufs des BHKWs verbunden und im Gegenstromprinzip durchflutet. Aus der Temperaturanforderung (Überwachung mittels zweier Temperaturfühler) des Fermenters ergibt sich die Laufzeit des Heizsystems. Aufgrund der hohen Wärmeübertragungsrate des Doppelrohrwärmetauschers arbeitet das Heizsystem energiesparend. Bei einem Defekt im Heizsystem muss der Fermenter nicht entleert werden. Das Heizsystem ist von außen komplett vom Fermenter trennbar. Selbst eine Reinigung des Wärmetauschers kann von außen durchgeführt werden. Der Pumpe ist eine Zerkleinerungseinrichtung vorgeschaltet, dadurch wird das Gärsubstrat weiter aufgeschlossen und die nachgeschaltete Pumpe vor Pumpenstopfern und Verschleiß durch größere Fremdkörper geschützt.

Bei den Rührwerken handelt es sich um zwei, je 27 m lange, horizontal gelagerte Wellen, mit einem Wellendurchmesser von etwa 270 mm (Gesamtleistung des Antriebs 18,5 kW, Fa. RVT Rühr- und Verfahrenstechnik GmbH). An dieser Welle sind am Umfang verteilt Paddel angeschraubt. Der Energiebedarf der Rühreinrichtung richtet sich nach der Drehzahl (ca. 3 – 5 U/min), der Neigung des Substrates zu Schwimm- und/oder Sinkschichtenbildung und dem Trockenmassegehalt des Gärsubstrates.

Die Steuerung des Rührwerks erfolgt über einen Frequenzumrichter, über den auch die momentane Stromaufnahme des Getriebemotors gemessen werden kann.

Die Anlage ist mit Schaugläsern, Unter- und Überdrucksicherungen und einer Schaumfalle ausgestattet.

Das im Fermenter entstehende Biogas wird über Rohrleitungen dem Gasspeicher (Fassungsvermögen 2.100 m³ ≙ 2.583 kg), einem gasdichten Foliendach auf dem Lagerbehälter, zugeführt. Hier wird das Biogas bis zur weiteren Nutzung zwischengespeichert. Im Gasspeicher erfolgt eine Vor-Entschwefelung durch Luftzufuhr. Zusätzlich wird das Gas durch einen Aktivkohlefilter im Maschinenraum gereinigt (dann ca. 10 – 50 ppm H_2S). Die Nutzungsdauer der Aktivkohle beträgt ca. 3-4 Monate.

Auf eine konstant niedrige Schwefelkonzentration wird besonders geachtet, um die Standzeit des Motoröls zu verlängern. Nach Angaben des Betreibers sind nur so Standzeiten des Motoröls von 3000 Betriebsstunden möglich. Die Wasserstoff- und die Methankonzentration werden permanent gemessen und online übermittelt (Gasmessgerät der Fa. AWITE Bioenergie GmbH). Beide Werte dienen der Steuerung der Anlage, denn die Methan- und die Wasserstoffkonzentration reagieren bei Über- bzw. Unterfütterung gegenläufig und rasch. Dadurch lässt sich die Qualität des Abbauprozesses kontinuierlich überwachen und eine exakte Steuerung des Prozesses verwirklichen.

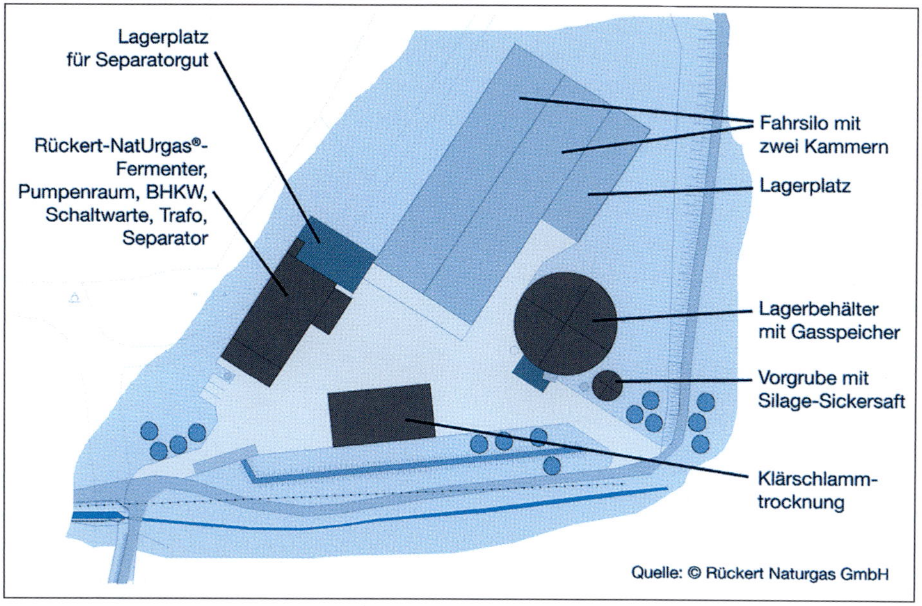

13.2.1 Lageplan der Biogasanlage Zirngibl nach dem Rückert NatUrgas®-Verfahren mit Klärschlammtrocknung

13.2.2 Die Anlage Zirngibl

Das Biogas wird über den Gasverdichter von etwa 30°C auf 45°C erwärmt. Hierdurch wird die relative Feuchtigkeit herabgesetzt, bevor es über eine Edelstahlleitung in den Maschinenraum auf dem Fermentergebäude geleitet und dort im BHKW (in Strom (549 kW_{el}) und Wärme (570 kW_{th})umgewandelt wird.

Die Fackelanlage ist auf dem Flachdach des Maschinenraumgebäudes installiert, daneben befindet sich die Schaltwarte.

Daten zur Anlage Zirngibl in 84066 Mallersdorf-Pfaffenberg
Pfropfenstromanlage, patentiertes NatUrgas®-Verfahren
Inbetriebnahme: 12/2010
Vorgrube Volumen: 250 m³
Fahrsilo: ca. 2.260 m² (2 Kammern)
Feststoffzufuhr: BioG, 80 m³
Fermentervolumen: 2.420 m³ brutto 2.020 m³ netto
Gasspeicher: 2.100 m³
Lagerbehälter (brutto) mit Folienhaube: 4.740 m³ (d=28m, h=8m)
BHKW: GE Jenbacher AG
Installierte elektrische BHKW-Leistung: 549 kW_{el}
Installierte thermische BHKW-Leistung: 553 kW_{th}
Futtermischung: Maissilage, GPS, CCM, Zuckerrüben, Entenmist, Hühnertrockenkot, Schweine- und Milchviehgülle
Wärmekonzept: Klärschlammtrocknung
Besonderheiten: Gasfackel, Produktion von Fest-Flüssig-Dünger, Nahwärmeversorgung und Klärschlammtrocknung
Zusätzlicher Lagerplatz: A = 440 m²
Lagerplatz für Hühnertrockenkot (HTK), Entenmist in Klärschlammtrocknungshalle A = 59,6 m²
Waage: A = 54 m²
Lagerplatz: fester Gärrest (Separatorgut) A = 239 m²
Tankplatte am Lagerbehälter für flüssigen Gärrest A = 50 m²

Nach dem Fermenter wird das vergorene Substrat in eine feste und eine flüssige Phase mit einem Separator (7,5 kW, Fa. UTS) getrennt. Der flüssige Gärrest (3-5% TS) wird im Lagerbehälter gespeichert, während der feste Gärrest (25-30% TS) auf dem Lagerplatz für Separatorgut zwischengelagert wird, bevor er auf landwirtschaftlichen Flächen bzw. anteilig an die Zulieferer als Dünger zurückgegeben wird.

Zur Verdünnung bzw. Animpfung mit aktiver Gärsubstanz des Inputmaterials wird flüssiger Gärrest (Recyclat) je nach Bedarf direkt nach der Separierung wieder dem Fermenter zugeführt. Anfallendes verschmutztes Oberflächenwasser auf dem Lagerplatz wird der Vorgrube zugeleitet.

Die flüssige Gärrestphase wird im Lagerbehälter, der mit einer doppelten Folienhaube abgedeckt ist, gespeichert. Das Fassungsvermögen des Lagerbehälters ist so ausgelegt, dass er zweimal pro Jahr entleert wird (mind. Speicherzeit: 180 Tage). Die Entnahme erfolgt mit einer Elektro-Tauchpumpe in drucklose Fässer. Der flüssige Gärrest wird als Dünger in der Landwirtschaft verwertet.

Die Steuerungs- und Überwachungsparameter der Biogasanlage werden in der Schaltwarte der Biogasanlage, aber auch direkt zur Betriebsstätte des Herrn Zirngibl übermittelt, so dass ein reibungsloser Anlagenbetrieb ermöglicht werden kann. Der Maschinenraum ist mit zwei Gaswarnsensoren und einer Zwangsbelüftung ausgestattet.

Neben der Biogasanlage wurde eine Klärschlammtrocknungsanlage errichtet. Dazu wurde mit der Fa. EON Bayern ein langfristiger Lieferungs- und Abnahmevertrag geschlossen. Die Fa. EON führt in der Region die Klärschlammentsorgung durch und spart sich durch die Trocknung des Klärschlamms Transportkosten (etwa ¼ geringeres Gewicht). Außerdem wird der Heizwert des Klärschlamms auf etwa das Niveau von Braunkohle erhöht. Der TS-Gehalt des angelieferten Schlammes liegt zwischen 20 und 30% und wird mit 32 bis 35 €/t vergütet. Der Klärschlamm wird im Annahmebunker vorgelegt, gelangt über Austragsböden und Austragsschnecke in den Vorlagebehälter. Eine Eintragpumpe fördert eine dosierte Menge Klärschlamm zum Trockner und sorgt so für einen kontinuierlichen und gleichmäßigen Eintrag in die Trocknung. Über einen Verteiler, bestehend aus der Verteilschnecke und dem –schlitten, wird der Schlamm gleichmäßig auf die beiden übereinander angeordneten Trocknerbänder verteilt, die den zu trocknenden Klärschlamm durch den Trocknerschacht tragen. Zur Trocknung werden drei Lamellenwärmetauscher mit dem Warmwasser aus dem Blockheizkraftwerk beschickt. Nach einer Verweilzeit von über 2 h wird der getrocknete Klärschlamm an die Austragsschnecke übergeben. Eine Schrägförderschnecke führt den Klärschlamm dann dem dafür vorgesehenen Lagerplatz zu. Von dort wird der Klärschlamm etwa wöchentlich abgeholt und im Zementwerk thermisch verwertet. Die Abluft des Trockners wird in einem zweistufigen Verfahren behandelt.

Die Investitionskosten der Anlage lagen bei 2.860.000 € zzgl. ca. 600.000 € für die Trocknung , das entspricht bei 549 kW einer spezifischen Investition von 4.400 €/kW. Zur Bedienung der Anlage ist ein täglicher Arbeitsaufwand von 3 Stunden notwendig, wobei 1 Stunde für die Substrateinbringung und die dazugehörigen Arbeiten aufgewendet werden. Die Betriebskosten liegen bei etwa 1% der Investitionskosten. Der Eigenstrombedarf der Biogasanlage und der Klärschlammtrocknung liegt bei jeweils 5% der Stromerzeugung.

Interessant ist bei dieser Anlage, dass sie mit einem relativ schwer handhabbaren Substrat betrieben wird. Hühner- und Entenmist hat einen sehr hohen Stickstoffgehalt von 20-30 kg/t. Dadurch steigt die Gefahr der Ammoniakhemmung. Der Substratinput wurde auf einen Stickstoffgehalt von 7-8 kg/t Frischmasse eingestellt. Die Anlage läuft derzeit mit einer Ammonium-Konzentrationen von nahezu 4,5 kg/t Substrat problemlos.

Planer: NatUrgas Rückert GmbH, 91207 Lauf a.d. Pegnitz, www.naturgas-rueckert.de

13.3 Biobetrieb und Biogasanlage ergänzen sich Biogasanlage Vogel

Zunehmend interessieren sich auch Biobetriebe für die Nutzung von Biogas. Zum einen ist das nachhaltige Wirtschaften für Biobetriebe ein wesentliches Element ihrer Wirtschaftsweise, zu dem die umweltverträgliche Erzeugung von Energie nur allzu gut passt. Zum anderen müssen Biobetriebe auf die chemische Unterstützung in der Beikrautregulierung und in der Düngung verzichten und sind auf das Wirtschaften mit der Natur und in naturnahen Kreisläufen angewiesen. Die Nutzung des Biogasverfahrens beinhaltet aus pflanzenbaulicher Sicht zwei interessante Aspekte für Biobetriebe: Zum einen die Reduzierung von Unkrautsamen und Krankheitserregern und zum anderen die Aufbereitung der natürlichen, organischen Dünger durch die Wandlung des gebundenen und schwerlöslichen Stickstoffs in einen erhöht pflanzenverfügbaren mineralischen Stickstoff, dem Ammoniumstickstoff.

Auch in der ökologischen Landwirtschaft macht sich ein Strukturwandel bemerkbar. Die Spezialisierung geht in vielen Betrieben weg von der Tierhaltung, die fester Bestandteil der Düngerlieferung war, und zunehmend hin zu reinen Ackerbaubetrieben, die ohne Wirtschaftsdünger rein über Fruchtfolge und Zwischenfrüchte die Nährstoffversorgung sicherstellen müssen.

Dabei haben Leguminosen-Grasgemenge (wie z.B. Kleegras) in Ackerbaubetrieben eine besonders wichtige Rolle in der Fruchtfolge bekommen; sie dienen zur Stickstoffsammlung und Unkrautregulierung. Ein Anteil solcher Zwischenfrüchte von mindestens 15-20% in der Fruchtfolge wird als Minimum für den ökologischen Ackerbau angesehen. Ein Nachteil der Stickstoff-Wirkung des Kleegrases ist die ungezielte Düngerwirkung. Es verbleibt einfach am Feld und wird je nach Witterungsverlauf mineralisiert, wobei der Stickstoff freigesetzt wird, ohne dass man auf Zeitpunkt und Menge Einfluss nehmen könnte. Obendrein reduzieren die Knöllchenbakterien aufgrund der hohen N-Versorgung im Boden ihre Aktivität, wodurch die Stickstoffsammelleistung der Bakterien abnimmt.

Inzwischen integrieren zunehmend mehr Ackerbauern eine Biogasanlage in ihre Fruchtfolge und in ihr Betriebsmanagement und fahren den Kleegras-Aufwuchs ab in die Biogasanlage. Durch die Vergärung kommt es zu den bekannten Effekten: Abbau der Trockensubstanz, Verengung des C-N-Verhältnisses und Erhöhung des mineralischen Anteils der Stickstoffverbindungen. Es entsteht ein gezielt einsetzbarer Dünger mit einer verbesserter Pflanzenverfügbarkeit. Dieser kann gelagert und wegen der hohen Pflanzenverträglichkeit genau dann eingesetzt werden, wenn der Bestand draußen es braucht. Das Abfahren der Leguminosen vom Feld erhöht außerdem die Stickstoff-Fixierungsleistung der Bakterien im Boden und verbessert die Wachstumsbedingungen der Leguminosen.

Eine aktuelle Untersuchung in Österreich zum Thema „Biogas in Biobetrieben“ kam zu folgenden Erkenntnissen [91]: Die Integration einer Biogasanlage kann das Betriebseinkommen erhöhen, im Untersuchungsbeispiel um 19%. Ein Drittel der Einkommenserhöhung kam durch Einnahmen aus der geänderten Fruchtfolge und zwei Drittel durch die Verwertung von Luzerne in der Biogasanlage (Energie und Dünger) zustande. Das Interesse ist groß, so dass sich auch Universitäten und Forschungseinrichtungen mit geeigneten Energiefruchtfolgen und entsprechenden Techniken beschäftigen (z.B. Universität Gießen: Dr. Kurt Möller; Universität Kassel-Witzenhausen: Prof. Scheffer, Dr. Karpenstein-Machan; Prof. Möller; Lehrstuhl für Ökologischen Landbau im Wissenschaftszentrum Weihenstephan: Prof. Hülsbergen).

Denn mitunter ist die Höhe der Stickstofffracht im Substrat und die dadurch hervorgerufene Hemmung der Bakterien durch Ammoniak ein Problem bei der Vergärung von Leguminosen-Gras-Gemengen. In der aktuellen Praxis wird die Stickstoffproblematik gelöst durch entsprechende Substratzusammensetzung bei geringer Faulraumbelastung, langer Verweilzeit und niedriger Gärtemperatur. Ohne Zweifel besteht hier noch größerer Erkenntnisbedarf.

Im folgenden seien beispielhaft vier Ökobetriebe genannt, die wegen der Düngeraufbereitung eine Biogasanlage gebaut haben:

- Hofgut Holland in Ochsenhausen (Baden-Württemberg) mit 60 kW-BHKW, Kleegras-Ganzpflanzensilage (GPS), seit Oktober 2003 in Betrieb. www.hofgut-hollandhof.de

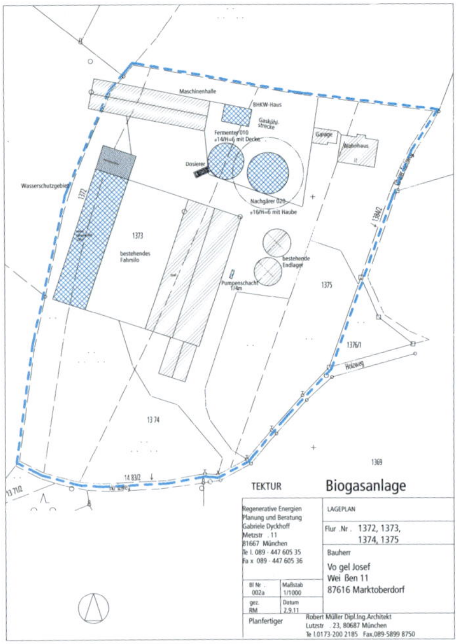

13.3.1 Lageplan der Anlage Vogel

13.3.2 Fermenter mit Tragluftdach der Anlage Vogel

13.3.3 BHKW (Gasmotor, Bayernwerk) der Anlage Vogel

- Der Biobetrieb Allmannsbeck bei Dingolfing hat sich ausschließlich auf die Erzeugung von Speisegetreide und Energie mittels Biogasanlage mit 500 kW-BHKW spezialisiert.
- Die Biogasanlage des Biobetriebes Ebeling, seit 2004 in Betrieb, wurde ein Jahr lang von der Bundesforschungsanstalt in Braunschweig wissenschaftlich begleitet.
- Die Biogasanlage des Biobetriebes Vogel soll im Folgenden näher vorgestellt werden. Sie ist seit 2010 in Betrieb.

In der Anlage Vogel werden jährlich 6.000 t Kleegras- und Maissilage, Gülle und Festmist verwertet. Der tägliche Substratinput liegt bei 16 bis 17 t, davon sind etwa 1,7 t Kleegras, 3,2 t Maissilage, 0,8 t Getreidekorn (oder andere Stoffe, die auf dem Markt zu erhalten sind) und 0,55 t Festmist und ca.10,4 t Rindergülle. Silagesickersaft wird auch in der Anlage mitvergoren. Die Rindergülle des 180 GV Milchviebetriebes wird direkt aus dem Stallkanal über eine Exzenterschneckenpumpe in den Fermenter gepumpt. Kurz vor dem Pumpen homogenisiert ein 3 kW Stabmixer das Substrat.

Die Dosierung in den Fermenter erfolgt über einen direkten Schneckeneintrag (Stopf- und Auflöseschnecke) seitlich mit Trichter mit einem Fassungsvermögen von 12 m^3. Der Fermenter hat ein Volumen von 993 m^3 mit Decke und der Nachgärbehälter in Ortbetonbauweise mit einem Tragluftdach hat ein Volumen von 1.200 m^3. Beides sind vollständig durchmischte Reaktoren und über einen Freispiegelüberlauf verbunden, so dass kein Pumpen erforderlich ist. Die Verweildauer des Substrates beträgt etwa 50 Tage im Fermenter und etwas über 70 Tage im Endlager, insgesamt also über 120 Tage. Der Fermenter wird bei einer Gärtemperatur von 43°C betrieben. Die Beheizung erfolgt durch VA-Wandheizungsrohre. Die Rührtechnik im Fermenter besteht aus einem Großflügelrührwerk (Marke Rema) mit 15 kW Antriebsleistung. Bislang ist ein Rührwerk ausreichend, die nachträgliche Installation eines 15 kW-TM Rührwerkes ist bereits vorbereitet und wäre einfach durchzuführen. Der Nachgärbehälter ist mit einem Tauchmotorrührwerk ausgestattet. Nach Durchlaufen beider Fermenter gelangt das Substrat in die bestehenden End-

lager (bestehende alte Güllebehälter) mit etwa 1200 m³ Lagerkapazität. Die Behälter sind auch hier mit einem Freispiegelüberlauf verbunden, so dass kein Pumpen erforderlich ist.

Das Gas wird drucklos (max. 2 mbar) in dem Tragluftdach über dem Nachgärbehälter gespeichert. Die Entschwefelung erfolgt biologisch durch Einblasen von Luft in den Gasraum. Die Gasqualität ist gekennzeichnet durch die Bestandteile an CH_4, CO_2, O_2 und H_2S, im vorliegenden Fall wird ein Methangehalt von ca. 53% erreicht, während der Schwefelgehalt unter 50 ppm liegt.

Anfang 2010 wurde ein Bayern-BHKW mit 100 kW elektrischer Leistung in Betrieb genommen. Seit Dezember 2011 ist ein zweiter 100 kW-MAN-Gasmotor der Fa. Hagl hinzugekommen. Das zweite BHKW ist wärmegeführt dimensioniert, so dass im Jahresdurchschnitt eine mittlere Leistung von ca. 150 kW gefahren werden. Der stündliche Gasverbrauch liegt bei Volllast bei ca. 50 m³ Biogas je Motor. Über ein angeschlossenes Nahwärmenetz werden ab Frühjahr 2012 8 Häuser im Dorf beheizt. Dazu werden insgesamt ca. 600 m Fernwärmenetz benötigt. Zusätzlich werden noch das eigene Wohnhaus und die Werkstatt beheizt. Die Anlage wird mittels SPS gesteuert und die Daten zentral an einem PC erfasst. Übrig bleibt ein Gärrest von ca. 2000 t/a, der als Dünger verwertet wird.

Die Erfahrungen sind nach Angaben des Betreibers gut. Schwierigkeiten bei der Durchmischung und dem Überlauf gab es mit ungehäckselten Ladewagengras. Seitdem gehäckseltes Material eingesetzt wird, sind bislang keine weiteren Störungen aufgetreten. Regelmäßig gemessen wird bislang nur der pH-Wert.

Geplant wurde die Anlage vom Ingenieurbüro Gabriele Dyckhoff in Zusammenarbeit mit der Biogasprojekte GmbH (www.biogas-dyckhoff.de, www.biogasdk.de), die Kosten lagen ohne den Eigenanteil bei ca. 550.000 €, incl. zweitem Motor.

13.4 Zweifstufige Anlage, Direkteinbringung und Hydrolyse – Biogasanlage L&H-Energie

Eine verschleißarme und energiesparende Art der Einbringtechnik macht die Gemeinschaftsbiogasanlage L&H- Energie interessant. Täglich werden 7,5 t Mais, 2 t Gras und 2 t Festmist (Rind, Schaf wechselnd) sowie etwas Gülle nicht über ein Dosiersystem, sondern direkt über eine Laderschaufel in den 200 m³ Hydrolysebehälter eingebracht (Hydrobull®–Hydrolyserührsystem der Fa. Rohn). Die Befüllung erfolgt mit einer 2,5 m breiten Greifschaufel am Teleskoplader, der mit einem Wiegesystem ausgerüstet ist. Zwei Großflügelrührwerke mit bis zu 2,7 m Spannweite sind schräg bzw. senkrecht eingebaut. Das Rührsystem erzielt eine hohe Einrührleistung von bis zu 50 t/Std. ohne Wartezeiten. Besonders schwieriges Material wie langfaseriges Gras oder Schaf- und Pferdemist können so gut verarbeitet werden, gleichzeitig können die Fremdkörper auf den Grubenboden absinken und werden abgeschieden.

In die Entnahmeleitung ist zusätzlich ein Rotacut (Zerkleinerer) eingebaut, der sämtliches Material problemlos zerkleinert und derart homogenisiert, dass die nachfolgend benötigte Rührwerksleistung niedrig bleibt. Die Hydrolyserührwerke (2 x 18 kW) haben eine niedrige Leistungsaufnahme von durchschnittlich 12 kW und laufen täglich etwa 100 Minuten. Der Fermenter (1500 m³) wird ca. alle 2 Stunden für 20 Minuten mit einem Großflügelrührwerk (Leistungsaufnahme nur ca. 4 kW) gerührt. Der Nachgärbehälter (1500 m³) muss dann nur noch einmal pro Woche gerührt werden, da die Homogenität des Substrates sehr hoch ist.

13.4.1
Anlage H&L, kompakte Bauweise, zu sehen ist die Direkteinbringung in die Hydrolyse.

Der Eigenenergiebedarf der Anlage bleibt mit ca. 6% niedrig. Für die Fütterung incl. Rotacut und Befüll-/Recyclatpumpe wird davon 2% benötigt. Nach ca. 1,5 Jahren Laufzeit mussten bisher noch keine Verschleißteile bei den Pumpen und Rührwerken bzw. beim Zerkleinerer ausgetauscht werden.

Die Hydrolyseeinheit (TS Gehalt ca.14%) wird einmal täglich (bei Arbeitsengpässen alle 2 Tage) befüllt. Sie verfügt über eine permanente Absaugung und ist vom TÜV sicherheitstechnisch abgenommen. Aus ihr werden 12 mal täglich ca. 3,5 m³ Substrat über den Tag verteilt in den Fermenter gepumpt. Die Anlage verfügt über eine automatische Auslastungsoptimierung, wobei der Computer selbständig die Fütterungsmengen aus der Hydrolyse anhand verschiedener Parameter anpasst, so dass der Motor annähernd im Volllastbereich arbeitet. Dies ist laut den Betreibern gerade bei den in ihrer Anlage häufig wechselnden Komponentenmengen mit unterschiedlichem Energiegehalt von großem Vorteil, da es nicht notwendig ist, die Futterration jedes Mal exakt neu zu berechnen. Die Frischgülle, ca. 8 m³/Tag, wird aus einer Annahmegrube im Intervall in die Hydrolyse gepumpt. Die Verweildauer des Substrats in der Hydrolyse liegt bei etwa 3 - 4 Tagen, im Fermenter bei ca. 75 Tagen. Die Faulraumbelastung im Fermenter ist mit 2,5 kg/m³ niedrig. Die organischen Säuren im Fermenter liegen unter 300 mg/l Fermenterinhalt und deuten auf einen sehr stabilen Prozess hin.

Die Temperatur in der Hydrolyse liegt bei ca. 30°C. Der Fermenter wird mit ca. 40°C betrieben. Das Biogas hat einen Methangehalt von 65% und wird per Luftzufuhr im Foliengasspeicher (Volumen ca. 400 m³) entschwefelt und in einem 250 kW-Gasmotor (Fa. Hagl/ MAN) verstromt.

Die Wärme wird für 3 Wohnhäuser genutzt, noch in diesem Jahr soll eine Wärmeleitung in den benachbarten Ort verlegt werden. Die Anlage braucht etwa 18 % der Wärme. Die Investitionskosten der Anlagen lagen bei ca. 980.000 €, ohne Radlader.

Bei geruchsbelasteten Substraten oder an Standorten, die nah an einer Wohnbebauung liegen, kann über die Hydrolyseeinwurföffnung eine Hydroschleuse (Fa. Rohn) gesetzt werden (Abb. 13.4.2). Sie besteht aus einer oberen und unteren Kammer, deren Abmessung sich aus der Größe der jeweiligen Laderschaufel ergibt. Das Substrat fällt durch einen Trichter mit Gitterrost auf die Wiegeplatte, die sich nach Stabilisierung des Gewichtes automatisch hydraulisch öffnet und wieder schließt. Das Futter landet dann auf dem unteren Edelstahlschieber, der über ein Wasserschloss abgedichtet ist. Dieser öffnet sich erst wieder, nachdem der obere Schieber geschlossen wurde. Dadurch soll das Austreten von Geruchsstoffen verhindert werden. Der Fahrer wird bei der exakten Rationsfütterung durch ein Breitbanddisplay unterstützt, das u.a. die Komponentennamen und Gewichte anzeigt. Die Steuerung erfolgt über eine Funkfernbedienung. Die Hydrolysegase werden über einen Biofilter abgesaugt.

Die Anlage wurde von der Firma Rohn, 91610 Insingen geplant und gebaut. Die Hydrolyseschleuse und das Hydrobull®-Hydrolyserührsystem wurden zum Patent angemeldet.

Planung: Fa. Rohn, 91610 Insingen; www.rohn-biogas.de

13.4.2
Unterirdischer Hydrolysebehälter mit Befüllschleuse und Biofilter (links) der Fa. Rohn. Die Anlage befindet sich 10 m neben dem Parkplatz des wärmeabnehmenden Gewächshauses und verarbeitet Hühnermist, Maissilage und GPS.

13.5 Zwischenschaltung einer Aufbereitung (ThermDes) – Biogasanlage Quenstedt

Die 500 kW Biogasanlage in Quenstedt (Landkreis Mansfeld-Südharz, Sachsen-Anhalt) wurde im Jahre 2009 gebaut und in Betrieb genommen. In dieser Anlage werden ausschließlich Rindermist mit einem Anteil von 40% und Maissilage eingesetzt. Da durch den hohen Feststoffanteil besondere Anforderungen an die Anlagentechnik gestellt werden, haben sich die Betreiber für das mehrstufige ARCHEA-Anlagenkonzept mit zwei liegenden Fermentern (je 200 m^3 Fermentervolumen, Hydrolyse bei 42°C), einer thermischen Desintegrationsstufe (1,2 m^3 Fermentervolumen, ThermDes bei 70°C) und einem nachfolgenden Fermenter (1800 m^3 Fermentervolumen, Methanstufe bei 50°C) entschieden.

In dieser Anlage werden jährlich 3500 t Rindermist (mit einem TS-Gehalt von ca. 35 - 40%) und 6000 t Maissilage (mit einem TS-Gehalt von ca. 32%) verarbeitet. Daraus entstehen jährlich ca. 1,95 Mio. m^3 Biogas mit einer Methankonzentration von 55%, welches dann in zwei 250 kW_{el}-Zündstrahlmotoren von der Fa. Schnell verstromt wird. Die BHKW haben einen elektrischen Wirkungsgrad von 45% und erzeugen somit ca. 4,2 Mio. kWh Strom pro Jahr. Etwa 20% der thermischen und 7,5% der elektrischen Energie werden für den Prozess benötigt. Die überschüssige Wärme wird fast komplett durch die Kombination einer Holztrocknung auf dem Anlagengelände und einer Fernwärmetrasse zum angrenzenden Wohnviertel genutzt. Die durchschnittliche Wärmeabgabe liegt bei ca. 70% oder 3 bis 3,5 Mio. kWh pro Jahr. Dabei wird in den Heizperioden die Holztrocknung gedrosselt, um der Wärmebereitstellung den Vorrang zu geben. In den Sommermonaten geschieht dies umgedreht.

Die Feststoffe werden parallel über einen Futtermischwagen mit integrierter Wiegeeinrichtung und über ein Schneckenfördersystem in die beiden Hydrolysestufen eingebracht. Die Fütterung wird in einer Intervallschaltung betrieben und dabei werden je Intervall ca. 1000 kg Substrat zugegeben.

In den liegenden Hydrolysestufen findet der Aufschluss der einzelnen Bestandteile statt. Dabei liegt die Raumbelastung in jedem Fermenter bei ca. 12 bis 15 kg oTS/m^3·d.

13.5.1 *unten links*
Anlage Quenstedt, mit den zwei liegenden und zwei stehenden Fermentern

13.5.2 Lageplan Anlage Quenstedt

13.5.3
ThermDes Einheit zwischen liegenden und stehenden Fermenter (alle 3 Bilder: Archea)

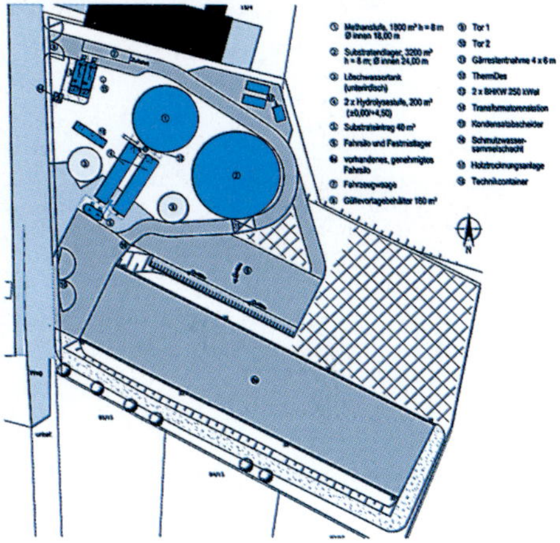

Durch das zentral liegende Rührwerk über die komplette Länge von 20 m findet eine nahezu ideale Durchmischung statt. Dabei entstehen in den liegenden Hydrolysestufen keine Probleme mit Sink- und Schwimmschichten. Ein Sandaustrag ermöglicht die Entnahme von Sand und Steinen. Die Verweilzeit in diesen Stufen beträgt je Stufe ca. 5 - 10 Tage. Die Methanbildung hat dann schon begonnen. Aus den Hydrolysestufen wird das Substrat durch die ThermDes-Anlage gepumpt. Darin wird das Substrat auf über 70°C erhitzt, so dass die Zellwände von schwer abbaubarem Material aufplatzen. Die Verweilzeit in dieser Stufe beträgt ca. 1 Stunde. Durch den besseren Aufschluss lässt sich die Verweilzeit in der Methanstufe reduzieren. Die Methanstufe ist ein stehender Betonfermenter mit einen flexiblen Gasspeicherdach und einem Volumen von ca. 2000 m³. Die Holzdecke dient auch als Besiedelungsfläche für die Schwefelbakterien. Entschwefelt wird durch Luftzufuhr und über einen Aktivkohlefilter im BHKW.

Die Verweildauer in diesem Fermenter liegt bei ca. 60 Tagen. Der Fermenter ist mit einer Wandheizung und 2 Großflügel TMR (Amaprop KSB mit je 6 kW) ausgestattet und wird bei 55°C betrieben. Aus diesem Fermenter gelangt das vergorene Substrat durch Überlaufleitungen in das gasdichte Endlager mit etwa 3200 m³ Fermentervolumen. Das Endlager ist unbeheizt und mit 3 TMR (Amamix KSB mit je 8 kW) ausgestattet. Der Trockensubstanzgehalt des Inputmaterials liegt bei ca. 32%, nach dem Hauptfermenter bei 15% und geht im Endlager dann auf 8% zurück.
Die Aggregate der kompletten Anlage haben einen max. Anschlusswert von insgesamt 250 kW und verbrauchen etwa 7,5% der Bruttoenergie. Die Gasqualität wird automatisch erfasst und aufgezeichnet. Der Methangehalt liegt im Durchschnitt bei 53%.

Durch das mehrstufige Anlagenkonzept wird die Abbaurate deutlich verbessert und die Gasbildungsrate im Vergleich zu konventionellen Anlagen kann um 10 - 15% gesteigert werden. Die Substrate stammen von zwei Landwirten (ein Maislieferant mit bis 150 ha Anbaufläche und ein Mistlieferant mit 466 GVE Rinder) aus der direkten Umgebung. Die Landwirte sind hier Substratlieferer und nehmen den Gärrest zurück.

Die Investitionskosten für dieses in der Praxis jahrelang bewährte schlüsselfertige ARCHEA-Anlagenkonzept liegen bei ca. 4500 €/kW. Darin sind alle Nebenkosten wie Einzäunung, Fahrsilo, alle Erdarbeiten, Netzanschluss und eine eichfähige Waage bereits enthalten. Die Anlage ist fremdfinanziert und wurde von der Archea Anlagenbau GmbH geplant und gebaut; sie wird von der Fa. Archea Service GmbH, ebenfalls ansässig in 31840 Hessisch-Oldendorf (info@archea.de), betrieben.

13.6.1
Biogasanlage Unsleben (889 kW), 2 Fermenter, 2 Nachgär- und 2 Lagerbehälter, Silageflächen.

13.6 Gasaufbereitung und Nahwärmeversorgung – Biogasanlage Unsleben

Die Biogasanlage Unsleben ist ein landwirtschaftliches Gemeinschaftsprojekt mit der Rechtsform einer GmbH & Co KG. Begonnen hatte es 2007 mit der Suche nach dauerhaften Wärmeabnehmern. Erst dann wurden im 10 km Umkreis der Wärmeabnehmer Landwirte gesucht, die bei der Gemeinschaftsbiogasanlage mitmachen sollten. Wärmeabnehmer sind eine Gärtnerei und die Bayerische Rhöngas, welche die Gemeinde Unsleben mit Nahwärme versorgt und daher bereits über ein Nahwärmenetz verfügt; zusammen werden etwa 500 kW Wärme benötigt. Die Landwirte waren schnell gefunden, insgesamt sind 23 Landwirte an der Unslebener Biogasanlage beteiligt (Stand 2010). Nur zwei Jahre später wurde eine Erweiterung der Anlage geplant, da die Bayerische Rhöngas großes Interesse an dem Biogas zeigte, so dass nun neben Strom und Wärme auch noch ca. 660 Nm³/h Biogas an den Energieversorger verkauft wird. Dieser bereitet das Biogas zu 350 Nm³ Biomethan auf und speist es in das eigene Gasnetz ein (Abb.13.6.3).

Die beteiligten Landwirte haben einerseits ein Lieferrecht, aber auch eine Lieferpflicht. Jeder Landwirt konnte sich je nach eigener finanzieller und materieller (bezogen auf die Substrate) Situation an der GmbH & Co KG beteiligen. 80 % der benötigten Substrate sind auf 20 Jahre Laufzeit gesichert und kommen von den Gesellschaftern selbst. Dadurch wird eine hohe Rohstoffsicherheit erzielt. Nur 20% der benötigten Substrate werden flexibel am freien Markt ein-

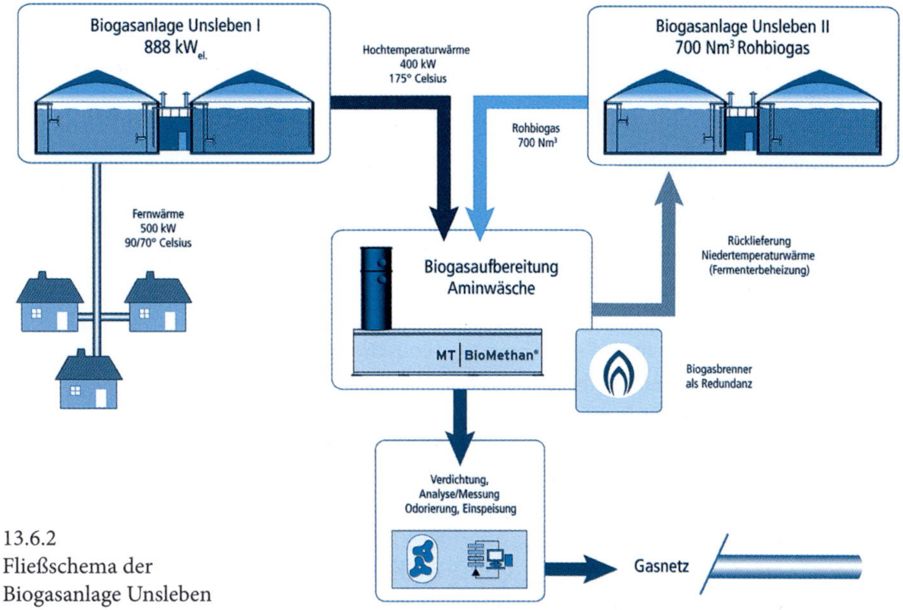

13.6.2
Fließschema der Biogasanlage Unsleben

13.6.3
Biogasaufbereitungsanlage an der Biogasanlage Unsleben (Kapazität 700 Nm³ Biogas/h) der Fa. MT Biomethan GmbH

gekauft. Als Substrate werden überwiegend Mais und GPS, aber auch Kartoffeln, Zuckerrüben, Rotkraut und Zwiebel verarbeitet. Gülle wird nur sporadisch angeliefert, da kaum Tierhaltungsbetriebe in der Region zu finden sind. Mais hat im Landkreis Rhön-Grabfeld einen Anteil an der Ackerfläche von nur 8%. In der Region wird zu 70% Getreide angebaut, so dass der Maisanbau die Fruchtfolge auflockert.

Der Substratpreis (überwiegend für Mais) wurde an den Weizenpreis gekoppelt. Die Landwirte erhalten den Deckungsbeitrag für Weizen plus 100 €. Der Deckungsbeitrag wird jährlich anhand des aktuellen Börsenwertes (Stichtag) ermittelt. Zusätzlich wurde eine Unter- und Obergrenze für den Substratpreis festgelegt. Bisher wurden für Mais zwischen 26 und 35 €/t FM frei Siloplatte bezahlt.

Daten zur Biogasanlage Unsleben
Silofläche: 14.000 m²
BHKW-Gasmotor: Fa. Jenbacher 889 kW elektrischer Wirkungsgrad: 40,1 % thermischer Wirkungsgrad: 44 %
Einbringtechnik: 60 m³ + 120m³
Rotacut: Vogelsang
Fermenter: 1 x 2200 m³, 1 x 4245 m³ 3 x Tauchmotorrührwerke Fa. Arnold (je 17kW)
Nachgärbehälter: 1x 2200 m³, 1 x 4245 m³ 3 x Tauchmotorrührwerke Fa. Arnold (17kW)
Gärrestlager: 1 x 4200 m³, 2 x 7065 m³ 2 x Tauchmotorrührwerke Fa. Arnold (17kW)
Tragluftdach-Gasspeicher 10.500 m³
Gasentschwefelung: Lufteinblasen + Aktivkohlefilter
Gasaufbereitung: drucklose Aminwäsche Wärmebedarf: 400 kW Aufbereitungsleistung: 700 Nm³/h Einspeisekapazität: 350 Nm³/h

Die Substrate werden an der Anlage einsiliert. Zur Stabilisierung der Biologie wird eine Mineralstoffmischung eingesetzt, zur Homogenisierung ein Rotacut der Fa. Vogelsang. Versuche zur Erhöhung der Gasausbeute laufen mit Enzymen und hochfrequenten Strahlen.

Der Gärrest (75% der gelieferten Substratmenge) muss zurückgenommen werden, er wird an der Anlage gelagert, via Chip werden die Mengen kontrolliert. Da es sich um eine veredelungsschwache Region handelt, wird der Gärrest gerne abgenommen.

Die Gasaufbereitungsanlage (Fa. MT Biomethan) gehört der Bayerischen Rhöngas und arbeitet nach dem Verfahren der drucklosen Aminwäsche. Dieses Verfahren benötigt Wärme zur Reinigung des Biogas, die wiederum von der Biogasanlage Unsleben bereitgestellt wird (ca. 400 kW Wärme). Der Preis für diese Wärme wurde mit 3,5 ct/kWh auf 20 Jahre festgelegt. Die Anlage wurde nach dem EEG 2009 genehmigt und erhält den KWK-Bonus.
Der Preis für die Wärme, die ins Unslebener Nahwärmenetz gespeist wird (ca. 500 kW), richtet sich nach dem Heizölpreis und wird jährlich festgelegt.

Der Preis für das Biogas, das an die Bayerische Rhöngas verkauft wird, ist zu 75% fest auf 20 Jahre und zu 25% flexibel. Der veränderliche Anteil des Gaspreises wird quartalsweise an Hand der HEL-Notierung angepasst. Die Mindestanforderungen für das Biogas sind durchschnittlich 52% CH_4, 47% CO_2, maximal 0,5% O_2/N_2, maximal 200 ppm H_2S und 2000 ppm HS. Messeinrichtung und –kosten übernimmt die Bayerische Rhöngas.

Die beiden Fermenter der Anlage werden parallel betrieben. Etwa 42 t bzw. 67 t Substrat werden täglich mit einem Teleskoplader den beiden Einbringsystemen für die Fermenter zugeführt. Alle 30 Minuten werden daraus etwa 2,5 t den Fermentern zugeführt. Die Faulraumbelastung liegt beim kleineren Fermenter bei 4,9 kg oTS/m³ Faulraum und beim größeren bei 3,8 kg oTS/m³ Faulraum (bezogen auf Fermenter und Nachgärbehälter). Die Fermentertemperatur liegt bei 42°C. Der biologische Prozess wird wöchentlich bis 14tägig mit FOS/TAC-Analysen durch den Hersteller der Anlage kontrolliert (Fa. MT Energie).

Die Investitionskosten beliefen sich auf etwa 3.200 €/kW inklusive Lader und Silagefläche. Der Eigenstrombedarf der Anlage liegt bei etwa 6,5% der Stromerzeugung.

Die Biogasanlage und die Gasaufbereitungsanlage wurden von der Fa. MT Energie und MT Biomethan GmbH, Zeven (www.mt-energie.com) geplant und gebaut. Betrieben wird sie von der Agrokraft Streutal GmbH & Co.KG.

14 Anhang

14.1 Umrechnung von Gewicht in Volumen

Gärsubstrat	Einheit	Volumen in m^3
Festmist frisch	1 t	0,93
Trockenkot Geflügel	1 t	0,76
Maissilage	1 t	0,76
Grassilage	1 t	0,75
Ganzpflanzensilage (Getreide)	1 t	0,75
Lieschkolbensilage LKS	1 t	0,63
Rübenblattsilage	1 t	0,90
Getreide (Körner), Rapssaat	1 t	0,25
CornCobMix	1 t	0,45
Zuckerrüben	1 t	0,80
Futterrüben	1 t	0,90
Kartoffeln	1 t	0,90
Grünmais	1 t	0,80
Kleegras	1 t	0,90
Rotklee Pflanze	1 t	0,88

Gärsubstrat	Einheit	Volumen in m^3
Wiesengras	1 t	0,87
Raps Ganzpflanze	1 t	0,90
Stroh	1 t	0,60
Stroh aufgeschlos. (NaOH, NH_3)	1 t	0,52
Wiesenheu	1 t	0,48
Kartoffelschlempe frisch	1 t	1,00
Backabfälle	1 t	0,15
Bierhefe gekocht	1 t	0,93
Biertreber	1 t	0,85
Biertreber trocken	1 t	0,45
Kartoffelflocken, -schrot	1 t	0,26
Kartoffelpreßpülpe	1 t	0,84
Kartoffelpreßpülpe trocken	1 t	0,32
Kartoffelschälabfall	1 t	0,91
Leinenextraktionsschrot	1 t	0,36

Gärsubstrat	Einheit	Volumen in m^3
Magermilch	1 t	1,00
Malzkeime	1 t	0,42
Melasse	1 t	0,39
Milchzuckermelasse	1 t	0,79
Molke teilentzuckert, trocken	1 t	0,33
Molke	1 t	1,00
Obsttrester Apfel	1 t	0,86
Rapsextraktionsschrot	1 t	0,43
Rapskuchen kaltpress. 15% Fett	1 t	0,35
Rapsöl	1 t	0,00
Weizenkleie	1 t	0,45
Weizennachmehl	1 t	0,25
ZR-Naßschnitzel	1 t	0,91
ZR-Preßschnitzel	1 t	0,83
ZR-Trockenschnitzel	1 t	0,19

14.2 Faustzahlen

1 GV Rind	liefert	ca. 250 m^3 CH_4/Jahr
1 GV Schwein	liefert	ca. 155 m^3 CH_4/Jahr
1 GV Huhn Kot	liefert	ca. 800 m^3 CH_4/Jahr
1 m^3 Biogas	enthält ca.	5 - 7 kWh gesamt, entsprechend 1,8 - 2,5 kWh_{el} (bei $\eta = 35\%$)
1 m^3 Methan	enthält ca.	10 kWh gesamt 3,5 kWhel (35 % Wirkungsgrad)
1 m^3 Biogas	enthält ca.	50 - 70% Methan (CH_4) 30 - 50% Kohlendioxid (CO_2) + Restgase
1 kW inst. elektrische Leistung	erfordert	ca. 2400 m^3 Methan
1 kW inst. elektrische Leistung	erfordert	ca. 8 GV Rind

1 ha Silomais/Futterrüben	bringt	ca. 3500 - 6000 m^3 Methan/ha
1 ha Corn-Cob-Mix	bringt	3000 - 3500 m^3 Methan/ha
1 ha Wiesengras intensiv	bringt	2000 - 3000 m^3 Methan/ha
1 t = 1m^3 Gülle	bringt	12 - 26 m^3 Methan
1 t Silomais (30%TS)	bringt	85 m^3 Methan
1 t CCM (60% TS)	bringt	180 m^3 Methan
1 t Wiesengras (35% TS)	bringt	85 m^3 Methan
1 ha Silomais/Futterrüben	erfordert	ca. 10 - 20 m^3 Faulraum
1 ha Silage (Silomais/Futterrüben)	liefert Gas für	1,5 - 3 kW install. elektrische Leistung
1 m^3 Fermentervolumen netto	liefert ca. entsprech.	1 m^3 Biogas 0,1 kW zu install. elektr. Leistung

100 GV-Fermenter liegend	hat	150 m^3 Faulraum
100 GV-Fermenter stehend	hat	250 m^3 Faulraum
Zündölbedarf je 1 kW_{el}		0,6 - 0,7 Liter/Tag bei 10% Zusatz
BHKW-Laufzeit pro Jahr		8200 h/a
Kosten Wartung/Reparatur BHKW		1,5 ct/kWh Gas-Otto-Motor 0,5-1 ct/kWh Zündstrahl-Motor
Laboranlayse		120 €
Erntekosten Mais		6 €/t FM
Kosten für Silolagerung u. Einbringung		4 €/t FM
Substratlager Silage		30 €/t FM
Bereitstellungskosten Silomais frei Siloplatte		25-30 €/t FM

Investitionskosten Biogasanlage	800-1800 €/GV
Investitionskosten Biogasanlage - bis 100 kW_{el} install. Leistung - 100-250 kW_{el} install. Leistung - > 250 kW_{el} install. Leistung	3000 - 6000 €/kW elektr. Leistung 4000 - 6000 €/kW 3500 - 4000 €/kW 3000 - 3500 €/kW
Gasaufbereitung (250 - 500 Nm^3/h Biogas) inkl. Betriebsmittel,Reparat., Abschreib., Zins - Druckwasserwäsche - Druckwechseladsorption	 5–7 ct/Nm^3 5-6 ct/Nm^3
Kosten CNG-Tankstelle 4000 h/a, 360 d/a, incl. Speicher, Zapfsäule, Verdichter, Installationen, Rohrleitungen, Bau für 400.000 m^3 aufbereitetes Biogas/a	Investition: 200.000 € Betriebskosten: 20.000 €/a

Die hier angegebenen Werte zu Gasausbeuten und Flächenerträgen sind sehr zurückhaltend geschätzte Richtwerte.

14. 3 Verzeichnis der Abkürzungen

BHKW	Blockheizkraftwerk
BSB	Biochemischer Sauerstoffbedarf
BSB_5	Biochemischer Sauerstoffbedarf in 5 Tagen
BImSchG	Bundesimmissionsschutzgesetz
CCM	Corn Cob Mix ,
LKS	Lieschkolbenschrot
CH_4	Methan
C/N	Kohlenstoff-Stickstoff-Verhältnis
CO_2	Kohlendioxid
CSB	Chemischer Sauerstoffbedarf
DOC	gelöster organischer Kohlenstoff (Disolved Organic Carbon)
EVU	Elektrizitätsversorgungs-unternehmen
GV	Glühverlust
GV	Großvieheinheit (GVE)
GPS	Ganzpflanzensilage
H_u	unterer Heizwert
H_2	Wasserstoff
S^{2-}	Sulfid
H_2S	Schwefelwasserstoff
H_2SO_4	Schwefelsäure
HCl	Salzsäure
HRT	hydraulische Verweilzeit (Hydraulic Retention Time)
kW	Kilowatt
kW_{el}	elektrische Leistung
kW_{th}	thermische Leistung
KWK	Kraftwärmekopplung
NawaRo	Nachwachsende Rohstoffe
η_{oTR}	Abbaugrad d.organischen Feststoffe
η_{CSB}	CSB-Abbaugrad
$\eta_{el.}$	elektrischer Wirkungsgrad
$\eta_{th.}$	thermischer Wirkungsgrad
N_{ges}	Gesamtstickstoff
NH_3	Ammoniak
NH_4-N	Ammonium-Stickstoff
NfE	N-freie (stickstofffreie) Extraktstoffe
Nm^3	Normkubikmeter (Normbedingungen für Gase: 1,01 bar, 0 °C)
N_{org}	organisch gebundener Stickstoff
oTR	organischer Trockenrückstand (gleichbedeutend: oTS)
oTS	organische Trockensubstanz (gleichbedeutend: oTR)
PCB	Polychlorierte Biphenyle
P_2O_5	Phosphat
pH-Wert	Maß der H^+-Ionenkonzentration
RF	Rohfaser (XF)
RL	Rohfett (XL)
RP	Rohprotein (XP)
SO_4^{2-}	Sulfat
T	Temperatur
TKN	Gesamtstickstoff nach Kjeldahl (Summe aus NH_4-N und N_{org})
TOC	Kohlenstoff in der organischen Fraktion (Total Organic Carbon)
TR	Trockenrückstand (gleichbedeutend: TS)
TS	Trockensubstanz (gleichbedeutend: TR)
V	Volumen
v	Geschwindigkeit
Vol.-%	Volumen-Prozent

Begriffe aus der Analytik

TS Trockensubstanz: Maß für den Feststoffgehalt im Substrat. Sie umfasst die festen organischen sowie die mineralischen Bestandteile.
Bestimmung: Trocknung bei 105°C bis zur Gewichtskonstanz (ca. 24 h)

oTS Anteil der organischen Bestandteile an der TS. Auch biologisch schwer abbaubare organische Verbindung sind enthalten.
Bestimmung: Veraschung der TS bei 600°C. Berechnung als Gewichts-Differenz zum GV
oTS = TS – GV

GV Glühverlust = mineralischer Bestandteil an der TS.
Bestimmung: Veraschung der TS bei 600°C

CSB Menge an Sauerstoff, die zum Oxidieren aller organischen und anorganischen Inhaltsstoffe benötigt wird.
Bestimmung: Oxidation mit Kaliumdichromat in Gegenwart von Silbersulfat, maßanalytische Bestimmung des Überschusses

Viskosität, hier: Zähigkeit von Flüssigkeiten. Die Viskosität von Gülle streut in einem sehr weiten Bereich (100 – 10.000 mPa).
Bestimmung: Fallversuch einer Kugel durch eine zähe Flüssigkeit

Thixotropie: Bei thixotropen Substanzen (z.B. Rindergülle) verrringert sich die Viskosität durch das Rühren. Sie beruht auf der Eigenschaft der Substratkolloide, Wasser in den Solvathüllen zu binden. Dieses wird durch Scherkräfte wieder freigesetzt.

pH-Wert: Negativer dekadischer Logarithmus der H^+ - Ionenkonzentration. Bestimmung: Messung im wässrigen Milieu mittels ionenselektiver Elektrode

Pufferkapazität Ein Puffer ist die Mischung einer schwachen Säure oder Base mit ihrem Salz. Die Pufferkapazität ist die Stoffmenge einer starken Base bzw. starken Säure, die nötig ist, um den pH-Wert um eine pH-Einheit zu verändern.
Bestimmung: Titration mit H_2SO_4 auf pH = 4,4

Org. Säuren Summenparameter für C_1- bis C_6-Säuren (Ameisen-, Essig-, Propion-, Butter-, Valerian- und Cabronsäure).
Bestimmung: Ansäuern auf pH = 2, Filtration, Gaschromatographie

H_2S Quantitativer Nachweis von H_2S im Gas.
Bestimmung: Absorption mit Farbumschlag in Meßröhrchen

CH_4 Bestimmung: Infrarot-Sensor, oder zur Abschätzung Berechnung als Differenzvolumen zu CO_2 plus Faktor (bei Entschwefelung durch 5 Vol.-% Luftzugabe in den Gasraum)
CH_4 = 100 – CO_2-Gehalt – 5%

15 Anschriften

Aufgrund der stark gestiegenen Zahl an Einrichtungen, die sich mit der Biogastechnologie wirtschaftlich, wissenschaftlich oder technisch beschäftigen, kann nur eine Auswahl an Kontaktadressen an dieser Stelle wieder gegeben werden. In der ersten Auflage zählte man 75 Planer, Anlagen- und Komponentenhersteller. Heute sind es weit über 350 Unternehmen. Sie können im Rahmen dieser Schrift nicht mehr aufgelistet werden. Eine laufend aktualisierte Liste von Planern, Herstellern, Komponentenlieferern und anderen Dienstleistungen gibt der Fachverband Biogas e.V (www.biogas.org). heraus. Ebenso erhalten sie dort die Adressen von Rechtsanwälten des Juristischen Beirats und von Ansprechpartnern des Verbandes in den jeweiligen Regionen. Mittlerweile gibt es auch Biogas Chats im Internet, in denen sich über alle möglichen Fragen ausgetauscht wird (z.B. www.schlattman.de/forum/).

Die hier aufgelisteten Einrichtungen verfügen im Allgemeinen über langjährige Kompetenzen und einen guten Überblick der Aktivitäten in den einzelnen Regionen.

Wissenschaft und Forschung

ATZ Entwicklungszentrum, Biologische Verfahrenstechnik, ATZ Entwicklungszentrum
An der Maxhütte 1, 92237 Sulzbach-Rosenberg,
www.atz.de

Bayerische Landesanstalt für Landwirtschaft, Institut für Landtechnik und Tierhaltung, Am Staudengarten 3, 85354 Freising, Dr. Andreas Weber, Tel. 08161/71-3450, Fax 08161/71-4048, Email: TierundTechnik@LfL.bayern.de, www.lfl.bayern.de

Bayerische Landesanstalt für Landwirtschaft. Institut für Ländliche Strukturentwicklung, Betriebswirtschaft und Agrarinformatik, Menzinger Str. 54, 80638 München, Agraroekonomie@LfL.bayern.de

Universität für Bodenkultur Wien, Interuniversitäres Department für Agrarbiotechnologie, IFA-Tulln, Konrad Lorenz Strasse 20, A-3430 Tulln, Tel.: +43 / 2272 / 66280 – 100, Fax: +43 / 2272 / 66280 - 77 , Email: rudolf.krska@boku.ac.at, www.ifa-tulln.ac.at

Department für Nachhaltige Agrarsysteme, Ao. Univ.Prof. Thomas Amon, Universität für Bodenkultur, Peter Jordanstr. 82, A-1190 Wien, www.boku.ac.at

Universität für Bodenkultur, Univ.Prof. Dipl.-Ing. Dr. Andreas Gronauer, Institut für Landtechnik , Peter-Jordan-Straße 82, 1190 Wien,
Tel: (+43) 1 / 47654-3501
Email: andreas.gronauer@boku.ac.at

Entwicklungs-, Beratungs- u. Anwendungszentrum für die verstärkte Nutzung von Biomasse im ländlichen Raum, EBA, Steingrubenstr. 5, 91746 Weidenbach/Triesdorf; Tel: 09826-18-266
www.triesdorf.de/EBA

Institut für Solare Energieversorgungstechnik ISET, Verein an der Universität Kassel e.V., Rodenbacher Chaussee 6, 63457 Hanau; Tel.: 0618158-2701, Fax: 0618158-2702
hanau@iset.uni-kassel.de

Fraunhofer Institut für Grenzflächenforschung und Bioverfahrenstechnik, Prof. Dr. W. Trösch, Nobelstr. 12, 70569 Stuttgart, Tel.: 0711-970-4220, Fax 4200, www.igb.fraunhofer.de
Troesch@igb.fraunhofer.de

HAWK HHG, Fakultät Ressourcenmanagement Fachgebiet NEUTec, Rudolf-Diesel-Str. 12, 37085 Göttingen, Tel.: 0551-30738-22
krieg@hawk-hhg.de; www.hawk-hhg.de/neutec

Hochschule für Angewandte Wissenschaften Hamburg, Departement Biotechnologie, Lohbrugger Kirchstr. 65, 21033 Hamburg, www.haw-hamburg.de

Leibniz-Institut für Agrartechnik, Potsdam-Bornim e.V., Max-Eyth-Allee 100 , 14469 Potsdam, Tel.: +49 (0)331 5699 0, Telefax:+49 (0)331 5699 849 , Email: atb@atb-potsdam.de

Institut für organischen Landbau, Universität Gießen, Karl Glöcknerstr. 21c, 35394 Gießen
Kurt.a.moeller@agrar.uni-giessen.de

Johann Heinrich von Thünen-Institut, Bundesforschungsinstitut für Ländliche Räume, Wald und Fischerei, Bundesallee 50
38116 Braunschweig, (ehemals FAL),
www.vti.bund.de, info@vti.bund.de

Universität Hohenheim, Institut für Umwelt- und Tierhygiene, Garbenstr. 30, Laborbau 295, 70599 Stuttgart, www.uni-hohenheim.de

Universität Hohenheim , Landesanstalt für Landwirtschaftliches Maschinen- und Bauwesen, Garbenstraße 9, 70599 Stuttgart,
www.uni-hohenheim.de,
H.Oechsner@uni-hohenheim.de

Landwirtschaftliche Lehranstalten Triesdorf, Fachhochschule Weihenstephan, Fachbereich Landwirtschaft, 91746 Weidenbach,
www.triesdorf.de

Sächsisches Landesamt für Umwelt, Landwirtschaft und Geologie, Pillnitzer Platz 3,
01326 Dresden, www.smul.sachsen.de/lfulg

Thüringer Landesanstalt für Landwirtschaft, Naumburger Str. 98, 07743 Jena ,
www.thueringen.de/de/tll

Technologie- und Förderzentrum (TFZ) ,
Schulgasse 18, 94315 Straubing,
www.tfz.bayern.de

FAT Tänikon Eidgenössische Forschungsanstalt für Agrarwirtschaft und Landtechnik CH-8356 Ettenhausen/Schweiz ; Tel.: 0041-52-368-3131/ 3651190 www.fat.ch, info@fat.admin.ch

Universität Kassel, Institut für Nutzpflanzenkunde (INK), FB 11, Steinstr. 19, 37213 Witzenhausen, Prof. Dr. Konrad Scheffer,
Tel.: +49 5542/98-1229, Fax-1230,
Email: haber@uni-kassel.de

Verbände, Vereine, Gruppen und Beratungsstellen

Agentur für Erneuerbare Energien e.V. ,
Deutschland hat unendlich viel energie
Reinhardtstr. 18, 10117 Berlin ,
Tel. 030/200535-3, Fax 030/200535-51,
kontakt@unendlich-viel-energie.de

Biogasforum Bayern, Abeitsgemeinschaft Landechnik und landwirtschaftliches Bauwesen in Bayern e.V., (ALB Bayern e.V), Vöttinger Str. 36, 85354 Freising, Tel.: 08161/71-3460, Fax: 08161/71-5307. www.biogas-forum-bayern.de

Bundesamt für Landwirtschaft und Ernährung, Deichmanns Aue 29, 53179 Bonn, Tel: 02 28/68 45-0, Fax -34 44, www.ble.de

Bundesverband BioEnergie e.V. (BBE), Godesberger Allee 142-148, 53175 Bonn, Tel.: 0228/81002-22, Fax: -58, info@bioenergie.de, www.bioenergie.de

Bundesverband Erneuerbare Energie e.V. BEE, Teichweg 6 , 33100 Paderborn, Tel.: 05252-939800, Fax 529 45, info@bee-ev.de, www.bee-ev.de

CARMEN Centrales Agrar-Rohstoff-Marketing und Entwicklungsnetzwerk, Schulgasse 18, 94315 Straubing; Tel.: 09421/960300; www.carmen-ev.de

Fachagentur Nachwachsende Rohstoffe e.V. (FNR), Hofplatz 1, 18276 Gülzow, www.fnr.de, www.bio-energie.de

Fachverband Biogas e.V.; Dr. Claudius da Costa Gomez, Angerbrunnenstr. 12, 85356 Freising, Tel: 08161/98466-0; www.biogas.org; info@biogas.org

Graskraft e.V.; Roland Schnell, Nazarethkirchstr. 51, 13347 Berlin, Tel.: 089/595 393; Fax: 089/598 147, info@graskraft.de

Bundesgütegemeinschaft Kompost e.V., Von-der-Wettern-Straße 25, 51149 Köln, Tel: 49-(0)22 03-3 58 37-0, Fax +49-(0)22 03-35837-12, info@kompost.de

Clearingstelle EEG, Charlottenstraße 65, 10117 Berlin, Fax: 030 206 14 16-79, www.clearingstelle-eeg.de

EBA - European Biogas Association, Renewable Energy House, ue d'Arlon 63-65, B - 1040 Brussels, Belgium, Tel: +32 2400 1087, Fax +32 2546 1934 info@european-biogas.eu www.european-biogas.eu

Hessenenergie, Gesellschaft für rationelle Energienutzung mbH, Mainzerstr. 98-102, 65189 Wiesbaden, Falk von Klopothek, Tel: 0611/74623-19, Fax: 0611/718224

Internationales Biogas- und Bioenergie Kompetenzzentrum , Fachgruppe Biogas GmbH, Am Feuersee 6, 74592 Kirchberg/Jagst, Telefon: +49 7954 926203, Telefax: +49 7954 926204, E-Mail: info(at)biogas-zentrum.de, ibbk.fachgruppe-biogas.de

Internationale Energieagentur, www.iea.org

Kuratorium für Technik und Bauwesen in der Landwirtschaft KTBL, Bartningstr. 49, 64289 Darmstadt, Tel.: 06151-70010, ktbl@ktbl.de

Landwirtschaftszentrum Haus Düsse, Zentrum für Nachwachsende Rohstoffe, Ostinghausen, 59505 Bad Sassendorf, Tel: 0 29 45 / 989 – 0, Fax: 0 29 45 / 989 – 133, Email: HausDuesse@lwk.nrw.de

Betreiber-Vereinigungen

Biogasgemeinschaft GmbH, Langer Weg 4, 33775 Versmold/ Westfalen Lippe, Tel.: 5423 48216

Biogas Vereinigung Ostbayern (BVO), Alte Römerstr. 125, 85435 Erding, Martin Barth, Tel.: 08122/9024 19, Fax: 08122/478957, www.biogasvereinigung.de; biogasvereinigung@t-online.de

Rotenburger Modell, Industriestr. 11, 27404 Rhadereistedt, Herr Fitschen, Tel.: 04285 / 92 58-58, Fax: 04285 / 92 58-60; roro-biogas@gmx.de

Rottaler Modell, BME GmbH Haberskirchnerstr. 16 94436 Simbach, Tel. 09954 - 90 240 Fax 09954 - 90 241, Email: bme_gmbh@t-online.de

Soltauer Biogas und Rohstoff D. Rabe GmbH & Co KG; Ostlandsiedlung 27, 27383 Scheeßel, Tel.: 04263/ 9850280, Fax: 04263/ 98 50285, info@soltauer-biogas.de

Beratungsstellen im europäischen Ausland

Belgien

Unit of Bioengineering (GEBI), Catholic University of Louvain, Bâtiment, De Serres, Place Croix du Sud 2/19, B-1348 Louvain-la-Neuve (Belgium), Tel.: +32-10-473646, Fax: +32-10-474745, Prof. Henry Naveau, Prof. E-J. Nyns, Email: butaye@gebi.ucl.ac.be & naveau@gebi.ucl.ac.be,

Dänemark

Nordic Folkecenter for Renewable Energy, Kammersgaardsvej 16, Sdr. Ydby, DK-7760 Hurup Thy, Denmark, Tel: + 45 9795 6600, Fax +45 9795 6565, Email: info@folkecenter.dk

The Danish Biogas Association, Kurt Hjort-Gregersen, c/o Bioenergigruppen, Niels Bohrs Vej 9, DK-6700 Esbjerg Tel.: (+45) 6550 4167 Fax: (+45) 6550 1091 E-mail: khg@bio.sdu.dk

University of Southern Denmark, The Department of Bioenergy, Tel: +45 6550 4168, Fax: +45 6550 1091, E-mail: tas@bio.sdu.d, Teodorita Al Seadi

England

The Anaerobic Digestion and Biogas Association, Room 318,Canterbury Court, Kennington Park, 1-3 Brixton Road, London, SW9 6DE, enquiries@adbiogas.co.uk

Finnland

Finnish Biogas Association (Suomen Biokaasuyhdistys), PO Box 1173, FIN-00101 Helsinki, Ari Lampinen Telephone +358-50-3119522 Fax Email info@biokaasuyhdistys.net, www.biokaasuyhdistys.net

Frankreich

AAMF - Association des Agriculteurs Méthaniseurs de France, 6, rue de La Rochefoucauld, 75009 PARIS, Tél : 0381547178, aamf@trame.org, www.pardessuslahaie.net

Griechenland

Hellenic Biogas Assosiation, Panepistimiou 16, Athens, www.helbio.gr

Italien

Centro Ricerche Produzioni Animali C.R.P.A. (S. Piccinini), Corso Garibaldi 42, I-42100 Reggio Emilia, Tel.: +39-522-436999; www.crpa.it Email: info@crpa.it -

Consorzio Italiano Bio-Gas, Energia Kwerde, Via Einstain, Cascina Codazza (LO), Tel: +39 349.4740890, Email: info@consorziobiogas.it

Irland

The Irish BioEnergy Association, 55 Crann Ard, Clonmel, Tipperary, Ireland, contact@irbea.org.

Luxemburg

L-E.E. Landwirtschaft, Energie und Umwelt, Postfach 69; L-6131 Junglingster, Tel.: +352-2678341 schummer@lee.lu

Luxemburg Biogas-Vereinigung,Boite postale 13, L-5505 Canach, Tél.: +352 621 724 732, Fax: +352 26 71 00 86, www.biogasvereenegung.lu

Litauen

Lithuanian biogas association, Pramones ave. 21, 51328, Kaunas, Lithuania, Phone (+370 37) 452162, fax (+370 37) 452152
E-mail: info@lbda.lt, www.lbda.lt

Niederlande

Netherlans Agency for Energy and Environment NOVEM; Catharijnesingel 59, Postbus 8242 , NL-3503 RE Utrecht, Tel.: +31-30-2393493; Fax: -2316491; www.senternovem.nl

Österreich

ARGE Kompost & Biogas Österreich Franz-Josefs-Kai 1 1010 Wien T. 0043 1-890 1522 F. 0043 810-9554 063965
Email : buero@kompost-biogas.info

Lokale Energieagentur, Auersbach 130, A-8330 Feldbach, Tel. +43-3152-8575-510, office@lea.at

Polen

Baltic Renewable Energy Centre EC BREC, ul. Mokotowska 4/6 Warszawa PL-00-641 Poland Phone: +48 22 825 46 52 **Fax:** +48 22 875 86 78
Email: biuro@ieo.pl

Polish Biogas Association, Aleja Zwycięstwa 96/98, 81-001 Gdynia, Polska,
Tel.: +48 (58) 6228181, Fax.: +48 (58) 6228181,
E-Mail: info@pba.org.pl

Schweden

Swedish Biogas Association, Box 49 134, S-10029 Stockholm, Schweden,
Tel.: +46-8-6921850; Fax: +46-8-6544615,
www.sbgf.org,

Schweiz

Biogas Forum, Nova Energie, Elggerstr. 36, CH-8356 Ettenhausen, Dr. Arthur Wellinger
Tel.: 0041-52-3683470, Fax: -3654320,
arthur.Wellinger@novaenergie.ch

FAT Tänikon Eidgenössische Forschungsanstalt für Agrarwirtschaft und Landtechnik CH-8356 Ettenhausen, Tel.: 0041-52-368- 3131 / 3651190; www.fat.ch, info@fat.admin.ch

Geschäftsstelle Biomasse Schweiz, Zollikerstr. 65, 8702 Zollikon, Tel. 044 393 12 14
Fax 044 395 12 34, info@biomasseschweiz.ch

Slowakei

Slowakische Energieagentur, Bajkalska 27, SK-827 99 Bratislava; Tel.: +421-48-4142354,
Email: lem@seabb.sk

Spanien

AEBIG, Asociación Española de Biogás, Calle de Galileo núm. 7, planta 6 puerta 12, 28015 Madrid, Tel +34 902 00 66 87, aebig@aebig.org

Tschechien

Ceská bioplynová asociace o. s., Na Zlaté stoce 1619, 370 05 České Budějovice,
Email: info@czba.cz, sekretariat@czba.cz

CZ Biom – Czech Biomass Association, U Ctyr domu 1201/3, 140 00 Prague 4, Tel.: +420 241 730 326, Fax: +420 241 730 340,
Email: sekretariat@biom.cz, www.biom.cz; www.czbiom.cz

Ungarn

Hungarian Biogas Association, President: Prof. Dr. Kornél L. KOVÁCS, e-mail: elnok@biogas.hu, H-6726 , Középfasor 52. Szeged, HUNGARY, Tel: +36 62/546 941,Fax: +36 62/544 352,
Email: titkarsag@biogas.hu

Amerika

American Biogas Council, 1211 Connecticut Ave, NW, Suite 600, Washington, DC 20036-2701, info@americanbiogascouncil.org

China

University of Science and Technology, Beijing (USTB), 30 Xueyuan Road, Haidian District, Beijing 100083 P. R.China,
Tel: +86-10-62332541 +86-10-62332469,
Fax+86-10-62327878,
Email: dfa@ustb.edu.cn, io@ustb.edu.cn

Indien

India Biogas Association, info@biogas-india.com., www.biogas-india.com

Biogas-Beratungsstellen für Entwicklungsländer

Deutsche Gesellschaft für Internationale Zusammenarbeit (GIZ), Dag-Hammarskjöld-Weg 1-5, 65726 Eschborn, Tel: 06196-79-0, Fax: -79-1115, Email: info@giz.de, www.giz.de

Bremen Overseas Research and Development Association (BORDA), Fahrenheitstr. 9, D - 28359 Bremen, Tel.: 0421/13718, Fax: 0421/165 53 23 Email: office@borda.de, www.borda-net.org

Artefact e.V., Zentrum für angepasste Technik und internationale Entwicklungszusammenarbeit, Bremsbergallee 35,
24960 Glücksburg, Werner Kiwitt,
Tel.: 04631/6116-0, Fax: 04631/6116-28. info@artefact.de. www.artefact.de

Einrichtungen, die Gärversuche zur Bestimmung der Gasausbeute durchführen

Mittlerweile gibt es eine Vielzahl an Labore, die diese Dienstleistung anbieten und es hat eine Professionalisierung und Standardisierung der Versuchsdurchführung stattgefunden. Auch gehört es in den Servicebereich vieler Firmen, heute ihre Anlagen prozessbiologisch zu betreuen. Hier sind nur noch die wissenschaftlichen Einrichtungen genannt, die Gärversuche durchführen. Eine umfangreiche Liste von Laboranbietern findet sich auf www.biogas.org.

Bayerische Landesanstalt für Landwirtschaft, Institut für Landtechnik und Tierhaltung, Vöttinger Straße 36, 85354 Freising, Freising:
Tel. 08161/71-3450 • Fax 08161/71-4048,
Email: TierundTechnik@LfL.bayern.de

Zentrum für Umwelttechnologie an der Fachhochschule Gießen-Friedberg, Wiesenstraße 14, 35390 Gießen,
Tel 0641/309-2334, Fax: 0641/309-2917

Landesanstalt für Landwirtschaftliches Maschinen- und Bauwesen, Universität Hohenheim, Dr. Hans Oechsner, Garbenstraße 9, 70599 Stuttgart, Tel.: 0711-459-0;
Email: H.Oechsner@uni-hohenheim.de

Department für Nachhaltige Agrarsysteme, Universität für Bodenkultur, Ao.Univ.Prof. Dipl.-Ing. Dr. agr. Thomas Amon,
Peter Jordanstr. 82, 1190 Wien, Österreich
Tel.: +43/1/47654-3502
thomas.amon@boku.ac.at

Leibniz-Institut für Agrartechnik, Potsdam-Bornim e.V, Max-Eyth-Allee 100 , 14469 Potsdam, Tel.: 0331-56990, Telefax:+49 (0)331 5699 849, Email: atb@atb-potsdam.de

Fraunhofer-Institut für Umwelt-, Sicherheits- und Energietechnik (UMSICHT), Osterfelder Str. 3, 46047 Oberhausen, Fr. Dr. Merrettig-Bruns, Tel.: 0208/8598–0; Fax -1290, info@umsicht.fraunhofer.de
www.umsicht.fraunhofer.de

Institut für Wärmetechnik und Thermodynamik, TU Bergakademie Freiberg, Akademiestr. 6, 09599 Freiberg,
Tel.: 03731/39-0, www.tu-freiberg.de

Universität für Bodenkultur Wien, Interuniversitäres Department für Agrarbiotechnologie, IFA-Tulln, Konrad Lorenz Strasse 20,
A-3430 Tulln, Tel.: +43 / 2272 / 66280 – 100,
Fax: +43 /2272 /66280-77 , Email: rudolf.krska@boku.ac.at, www.ifa-tulln.ac.at

16 Literaturverzeichnis

[1] Akademie für Umwelt und Energie (Hrsg.), 1995: Biogastechnologie - Ein Beitrag zur nachhaltigen Kreislaufwirtschaft. Akademie für Umwelt und Energie, Reihe Forschung, Band 5, Laxenburg/Österreich,

[2] Baader, W.; Dohne, E.; Brenndörfer, M., 1978: Biogas in Theorie und Praxis. KTBL-Schrift Nr. 229, Darmstadt

[3] Besson, J.-M.; Daniel, R.; Lehmann, V.; Soder, M.,1987: Unterschiede im Keimungsverhalten von Unkrautsamen nach Behandlung von gelagerter, belüfteter und methanvergorener Gülle. Mitteilungen Schweizer Landwirtschaft 3

[4] BORDA: Report-International Conference on Biogas 10. - 15.1.1990 Pune, India. Biogas-Forum, Zeitschrift für Biogas in Entwicklungsländern. ISBN 0-936-8728.

[5] Brack, J.,1995: Beschreibung, Energiebilanzierung und Wirtschaftlichkeitsbetrachtung einer landwirtschaftlichen Biogasanlage mit Cofermentation. Diplomarbeit an der Fachhochschule Gießen-Friedberg

[6] Buswell, A.M.; Mueller, H.F., 1952: Mechanism of Methane Fermentation. Industrial and Engineering Chemistry 44.

[7] Eggersglüß, W.,1980: 16 Jahre Stromerzeugung in Moos. Landtechnik, Heft 8-9

[8] Eggerslüß, W. 1980: Zur Wirtschaftlichkeit der Anlage Benediktbeuern. Sonnenenergie und Wärmepumpe, Heft 1/1980

[9] Englert, G., 1981: Wirtschaftlich optimale Wärmedämmung von Biogasanlagen. Grundlagen der Landtechnik, Band 31 (1981), Nr.3

[10] Enquete-Kommission: Schutz der Erdatmosphäre. 3. Aufl. 1990, C.F. Müller Verlag, Karlsruhe

[11] Fachverband Biogas: Berichte zu den Biogastagungen 1990 - 1996 an der Bauernschule Hohenlohe.

[12] GATE, 1995: Bibliography on Biogas, Part II, Biogas Plants. Deutsches Zentrum für Entwicklungstechnologie, Eschborn

[13] Gosch, A.1984: Anaerober Abbau von flüssigen Abfällen aus Tierhaltungen. Dissertation am Institut für Landtechnik Giessen, veröffentlicht in: Forschungsbericht Agrartechnik Nr. 95 der Max-Eyth-Gesellschaft

[14] Hauer, I., 1993: Biogas-, Klärgas- und Deponiegasanlagen im Praxisbetrieb. Landtechnische Schriftenreihe Nr. 192, ÖKL Wien.

[15] Häusler, F. 1981: Erfahrungsbericht über landwirtschaftliche Biogasanlagen in Österreich. Landtechnische Schriftenreihe Nr. 86, ÖKL Wien.

[16] Henning, R., 1986: Reduktion v. Schwefelwasserstoff (H2S) in Biogas durch Einleiten von Luft in den Gasspeicher. GTZ PN 75.2195.8-01.200, Eschborn.

[17] Hilpert, R.; Winter, J.; Kandler, O.,1983: Fütterungszusätze und Desinfektionsmittel als Störfaktoren bei der anaeroben Faulung landwirtschaftlicher Abfälle. In: Anaerobe Abwasser und Schlammbehandlung. Münchener Beiträge zur Abwasser-, Fischerei- und Flußbiologie, Bd. 36, R. Oldenbourg Verlag, München

[18] Huber, S.; Ballheimer, A.E.; Haidn, B., 1995: Strohbedarf, Mistanfall und Mistfluß im Tretmiststall für Milchvieh. In: Bau und Technik in der Tierhaltung. Tagungsband zur 2. Internationalen Tagung des Instituts für Agrartechnik, Potsdam-Bornim.

[19] Imhoff, K., 1947: Treibgasgewinnung aus festen Abfallstoffen. Gesundheits-Ingenieur

[20] Kaltschmitt, M., 1993: Biogas, Potentiale und Kosten. KTBL-Arbeitspapier 178, Darmstadt

[21] Kaltwasser, B.J., 1980: Biogas. Regenerative Energieerzeugung durch anaerobe Fermentation organischer Abfälle in Biogasanlagen. Bauverlag Wiesbaden

[22] Kloss, R., 1986: Planung von Biogasanlagen. Oldenbourg Verlag, München/Wien

[23] Köberle, E., 1992: Entschwefelung von Biogas, Praxiserfahrungen mit dem biokatalytischen Entschwefelungsverfahren. Herrmannsdorfer Entwicklungsgesellschaft, Sonnenhausen

[24] Köberle, E., 1995: Verstromung von Biogas in BHKW. Tagungsband zur Biogastagung des Fachverbandes Biogas vom 3. - 6.1. 1995, Weckelweiler

[25] KTBL-Taschenbuch Landwirtschaft. 17. Aufl. 1994/95, Kuratorium für Technik und Bauwesen in der Landwirtschaft (KTBL), Darmstadt

[26] Kuhn, E., 1993: Biogasverfahren in Betrieben der Großproduktion. KTBL-Arbeitspapier 193, Darmstadt

[27] Kuhn, E., 1995: Kofermentation. KTBL-Arbeitspapier 219, Darmstadt

[28] Lesetschko, B.; Schulz, H.,1996: Deutsch-Russisch-Ukrainisches Wörterbuch über

Sonnenenergie, Windkraft und Biogas. Schriftenvertrieb der Landtechnik Weihenstephan.
[29] Maurer, K.,1980: Anlage Bernloch seit 1959 in Betrieb. Sonnenenergie und Wärmepumpe, Heft 1/1980, S. 37 u. 38
[30] Meynell, P.J., 1976: Methane, Planning a Digester. Prism Press, Dorset, England
[31] Noack, W., 1955: Biogas in der Landwirtschaft. Elsner Verlag, Darmstadt 1955
[32] Oheimb, R.v., 1993: Kosten landwirtschaftlicher Biogaserzeugung. KTBL-Arbeitspapier 185, Darmstadt
[33] Orth, H.-W., 1981: Verbraucher von Biogas und ihr Einfluß auf die Auslegung einer Biogasanlage. Grundlagen der Landtechnik Band 31 (1981), Nr. 2, S. 60 - 64
[34] Palz, W., 1985: Biogasanlagen in Europa. Verlag TÜV-Rheinland, Köln
[35] Perwanger, A., 1986: Untersuchung und Optimierung von Biogasanlagen in der Praxis mit technisch-ökonomischer Vergleichsauswertung; Erstellung von Bauanleitungen. Abschlußbericht zum BMFT-Forschungsprojekt FB-T 86-217, Fachinformations-Zentrum Karlsruhe
[36] Pirkelmann (Hrsg.),1991: Pferdehaltung. 2.Aufl., Ulmer Verlag, Stuttgart 1991
[37] Roediger, H., 1967: Die anaerobe alkalische Schlammausfaulung. 3. Aufl., Oldenbourg Verlag, München/Wien
[38] Sasse, L., 1987: Die Biogasanlage - Entwurf und Details einfacher Anlagen. 2. Aufl., Vieweg Verlag, Braunschweig/Wiesbaden
[39] Schäfer, R., 1982: Beurteilung des Biogasverfahrens an Hand von Modellen. KTBL-Schrift Nr. 284, Darmstadt
[40] Schnagl, R., 1995: Biogasanlage mit Rasenschnittvergärung. Diplomarbeit an der Fachhochschule Weihenstephan
[41] Schnell, R., 1991: Biogas, die immer wieder verpaßte Chance. 1. Aufl., Selbstverlag, Berlin
[42] Schulz, H.,1983: Aktuelle Möglichkeiten und Probleme bei der Erzeugung und Nutzung von Biogas. in: Anaerobe Abwasser- und Schlammbehandlung. Münchener Beiträge zur Abwasser- und Flußbiologie der Bayerischen Landesanstalt für Wasserforschung, Band 36, Oldenbourg Verlag, München/Wien
[43] Schulz, H., 1994: Schlüsselfunktion für Biogas. Energie, Jahrg. 46, Nr 10,
[44] Schulz, H., 1979: Wird Biogas aktuell? Top Agrar 1979, Heft 8
[45] Schulz, H.; Krieg, A., Mitterleitner, H., 1992: Güllebehandlung in Biogasanlagen. Landtechnik-Schrift Nr. 2, Tagungsband zur Landtechnischen Jahrestagung am 11.11.1992 in Neumarkt, S. 64 - 72
[46] Schulz, H.; Mitterleitner, H., 1991: Erfahrungen mit landwirtschaftlichen Biogasanlagen. Sonnenenergie und Wärmepumpe, Heft 1/1991
[47] Schulz, H.; Mitterleitner, H., 1988: Erhebung von Daten an Praxis-Biogasanlagen. Endbericht zum Forschungsvorhaben der Schweisfurth-Stiftung, München
[48] Schulz, H.; Mitterleitner, H., 1991: Praktische Erfahrungen mit dem Betrieb von Speicherbiogasanlagen. In: Energie aus der Landwirtschaft - Reststoffe und speziell produzierte Rohstoffe. Schriftenreihe des Bayerischen Landwirtschaftsministeriums Nr. 39.
[49] Graskraft, 1995: Abschlußbericht zum Forschungsprojekt. TBW GmbH, Frankfurt
[50] Thomé-Kozmiensky, K.J., 1989: Biogas, Anaerobtechnik in der Abfallwirtschaft. EF-Verlag für Energie- und Umwelttechnik, Berlin
[51] TÜV Bayern, 1992: Zusammenstellung der wichtigsten technischen Regeln und Vorschriften bezüglich Biogasanlagen. TÜV Bayern e.V., Westendstr. 199, 80686 München
[52] VWEW: Richtlinien für den Parallelbetrieb von Eigenerzeugungsanlagen mit dem Niederspannungsnetz des Elektrizitätsversorgungsunternehmens (EVU). 3. Aufl., Verlags- und Wirtschaftsgesellschaft der Elektrizitätswerke, Frankfurt/Main 1991
[53] Walther, A., 1985: Die Heizungsdimensionierung von Biogasanlagen. Zeitschrift Gas, Wasser, Abwasser. Nr. 2, S. 62 - 66
[54] Weber, F., 1980: Biogasanlage Langenau. Sonnenenergie und Wärmepumpe, Heft 1/1980
[55] Wellinger, A. et al., 1991: Biogas-Handbuch. 2. Aufl., Verlag Wirtz, CH-Aarau
[56] Wenzlaff, R.; Jonkanski, F.,1984: Biogas. RKL-Schrift 0.4, Kiel
[57] Sicherheitsregeln für landwirtschaftliche Biogasanlagen. 1993. Wirtschaftministerium Baden-Württemberg, Stuttgart.
[58] Jäkel, K., 1999: Umweltwirkung von Biogasgülle. Biogas-Journal 3/99 Fachverband Biogas e.V.
[60] Landesamt für Umweltschutz, Messungen an 10 Biogasanlagen, Bayern.
[61] Euler, H.,1999: Blick über den Zaun - Biogastechnologie im internationalen Vergleich. TBW GmbH, Frankfurt/Main
[62] Kaiser, H., 1994: Unternehmensberatung, zitiert aus FAL Braunschweig Prof. Weiland.
[63] Biogas-Ergebnisse des LTV Arbeitskreises „Biogas" von 97-99, Landtechnischer Verein, Weihenstephan
[64] Ortenblad, H., 2000: Anaerobic digestion: Making energy and solving modern waste problems. AD-Nett Report 2000, Herning Municipal Utilities
[65] Mitterleitner, H., 1999: Biogas-Menge u. Qualität, Institut für Landtechnik, Weihenstephan, LTV-Arbeitskreis Biogas.
[66] Falbe, J. et al (Hrsg), 1992: Römpp Chemie Lexikon; Georg Thieme Verlag, Stuttgart
[67] Kirchgeßner, M., 1987: Tierernährung. DLG Verlag, Frankfurt am Main
[68] KTBL (Hrsg), 2005: Gasausbeute in landwirtschaftlichen Biogasanlagen. KTBL-Arbeitsgruppe Biogaserträge.
[69] STMUGV, 2004: Biogashandbuch Bayern und Materialienband. www.umweltministerium.bayern.de
[70] Technische Grundlagen für die Beurteilung von Biogasanlagen BMWA 2003
[71] Wulf, S., 2003: Emissionen von Spurengasen während der Lagerung und nach der Ausbringung von Kofermentationsrückständen. Biogas Journal 1 /2003
[72] Möller, K., 2003: Systemwirkung der Biogaswirtschaft im Ökologischen Landbau. Biogas Journal 1/2003
[73] Strauch R., Frank, R., 2004: Brandversuch an einem Foliengasspeicher aus EPDM Folie. Biogas Journal 1/2004
[74] Handreichung Biogasgewinnung und –nutzung, FNR 2004
[75] Kreditanstalt für Wiederaufbau, Erneuerbare Energien. www.kfw.de
[76] Neumann H., 2004: Gut gerührt ist halbvergoren. Neue Energie 11/2004

[78] Baserga, U., 1998: Covergärung. FAT Berichte Nr. 512
[79] Linke, B., Mähnert, P., 2005: Einfluss der Raumbelastung auf die Gasausbeute von Gülle und Nachwachsenden Rohstoffen. In: Tagungsband 2005, Fachverband Biogas
[80] Keymer, U. 2005: Ökonomie der Substrate. Carmen –Forum 2005
[81] Finis, P., 1983: Verwertung von Produktionsrückständen in der Ernährungsindustrie. In: Handbuch der Müll- und Abfallbeseitigung, Loseblatt-Sammlung, Abschnitt 8560. Verlag E. Schmidt, Berlin
[82] Gesetz über die Verwertung und Entsorgung von Abfällen (Abfallgesetz - AbfG) vom 27.8.1986, BGBl. S.1410
[83] Gesetz zur Vermeidung von Rückständen, Verwertung von Sekundärrohstoffen und Entsorgung von Abfällen, Entwurf, Stand: 22.6.1992, Bundesministerium für Umwelt, Naturschutz und Reaktorsicherheit, Referat WA II 2, WA II 2 - 30101/1
[84] Arbeitsgemeinschaft ARBI-PROBAG (Hrsg.), 1991: Vergärung biogener Abfälle aus Haushalt, Industrie und Landschaftspflege. In: Schriftreihe des Bundesamtes für Energiewirtschaft Nr. 47. Bern: Eidgenössische Drucksache und Materialzentrale
[85] Lotter, S.; Stegmann, R., 1989: Verfahren zur anaeroben Behandlung organischer Siedlungsabfälle. In: Biogas: Anaerobtechnik in der Abfallwirtschaft. Berlin: EF-Verlag
[86] Tilche A., et al., 1983: A complete census of the anerobic digester operating in Italy on animal wastes. ENEA-RT/FARE-SIN(83),3, Rome
[87] Pölz W., Salzenegger S., 2005: Biogas im Verkehrssektor, bmvit, Berichte 283 Wien 2005
[88] Schulz W., Hille M., Tentscher W.; 2003 Untersuchung zur Aufbereitung von Biogas zur Erweiterung der Nutzungsmöglichkeiten. Gutachten f. Bremer Energiekonsens GmbH
[89] Prechtl S., 2003: Erfahrungen bei der thermophilen Vergärung von nachwachsenden Rohstoffen und Substraten mit hohem Stickstoffgehalt. Biogas Journal 2/2003
[90] Kaiser, F., 2005: Mündliche Mitteilung. Landesanstalt f. Landwirtschaft. Bayern
[91] Walla, C., 2005: Energiepflanzenproduktion im Biobetrieb.Universität für Bodenkultur Wien, walla@boku.ac.at
[92] Krieg, A., 2005: Mündliche Mitteilung. www.kriegfischer.de
[93] Trösch, W., 2002: Prozessdynamik im Anaerobreaktor-Mikrobiologie und Prozesstechnik. Tagungsband 2002. 11. Jahrestagung Fachverband Biogas e.V-
[94] Bröker, E., 1991: Gemeinsame Vergärung von Klärschlamm und organischen Abfällen. In: Korrespondenz Abwasser 8/91, Seite 1068-1073
[95] Gosch, A.; Luthardt-Behle, T., 1991: Erhöhung der Faulgasproduktion in kommunalen Kläranlagen durch Cofermentation von Klärschlamm und zusätzlichen Fremdsubstraten. In: Forschungsbericht Abwassertechnologie, Nr.: 02WS8631/6, BMFT
[96] Scherer, P.A., 1989: Biogastechnik - Grundlagen und Besonderheiten der anaeroben Prozeßführung. In: Biogas: Anaerobtechnik in der Abfallwirtschaft. Berlin: EF-Verlag
[97] Krieg A., 2000: Eigene Zusammenstellung. www.kriegfischer.de
[98] Wiemer, K.; Kern, M. (Hrsg.), 1994: Grundlagen und Verfahren der Anaerobtechnik. 1. Aufl. Witzenhausen: M.I.C. Baeza-Verlag 1994; 256 Seiten
[99] Kaiser, F., 2004: Methanerträge verschiedener Nachwachsender Rohstoffe. Biogas-Journal 2, November 2004
[100] Schmitz, H., 2004: Evaluierung des Stands der Technik von Biogasanlagen in Nordrhein Westfalen abgeleitet anhand einer Biogas-Betreiberdatenbank und ausgewählten Monitoring Projekten. Universität Trier
[101] Sedlmeier J., 2005: Energieerzeugung mit landwirtschaftlichen Energiepflanzen. Aktuelle Triesdorfer Praxisdaten. Vortrag an der 14.Jahrestagung des IBBK, Weckelweiler
[102] Karpenstein-Machan, M., 2005: Energiepflanzenanbau für Biogasanlagenbetreiber. DLG Verlag
[103] Seyfried C.F, Saake, M., 1986: Verfahren der anaeroben Reinigung von Industrieabwässern. Korrespondenz Abwasser, 10/86, S. 877-893
[104] Vollmer, 1982: Abbaugeschwindigkeit der Stoffgruppen
[105] Böhnke, E., 1993: Anaerobtechnik. Springer-Verlag; Berlin. Heidelberg.
[106] Helffrich D., Oechsner H., 2003: Hohenheimer Biogasertragstest – Vergleich verschiedener Laborverfahren zur Vergärung von Biomasse, Agrartechnische Forschung 9 (2003) Heft 3
[107] Kroiss H., 1986: Anaerobe Abwasserreinigung, Wiener Mitteilungen Bd.62, Technische Universität Wien.
[108] EBA Zentrum Triesdorf 2000: Gasbildung bei unterschiedlichen Futterqualitäten (Schimmel an Futterrübe).
[109] Krieg, A., 2002: Biogasseminar: „Biogasanlage konkret“ 2002, Bildungsstätte Bayer. Bauernverband, Herrsching
[110] Bendixen, H.J., 1994: Safeguards against pathogens in Danish biogas plants. Vortragsmanuskript, 7th International Symposium on Anaerobic Digestion, 23.-27.01.1994, Cape Town, South Africa. 629 - 638.
[111] Berg, G., Metcalf T.G., 1978: Indicators of viruses in waters. zitiert aus [123].
[112] Braun, R., 1982: Biogas-Methangärung organischer Abfälle. Innovative Energietechnik. Springer-Verlag. 153.
[113] Derbyshire und Brown, 1978 zitiert aus [124]
[114] Esbeko, J., 1985: Guidelines concerning hygienic animal manure handling. Swedish Univ. of Agric. Science, Report 14, Skara, Sweden, 105 - 114 zitiert aus [1122].
[115] Kuhn, E., 1994: Zur hygienisierenden Wirkung des Biogasverfahrens. KTBL. Darmstadt.
[116] Lang, A., 1987: Mikrobiologische Untersuchungen über die Eignung verschiedener Indikatororganismen zur seuchenhygienischen Beurteilung von Klärschlamm, zitiert aus [123]
[117] Nees, C., 1988: Vergleichende Seuchenhygienische Untersuchungen bei verschiedenen Kombinationen aerober und anaerober Klärschlammbehandlungsverfahren. 105 - 123.
[118] Ohlsen et al., 1985: Survival of bacteria and parasites during anaerobic digestion, zitiert aus [123].
[119] Philipp, W., 1994: Verwertung biologischer Abfälle. Vortrag, Kasseler Abfalltage.
[120] Plym-Foreshell, L., 1983: Survival of Salmonella bacteria and Ascaris suum eggs in a thermophilic biogas plant, zitiert aus [123]
[121] Pohlig-Schmitt, M., 1987: Seuchenhygienische Untersuchungen bei der thermophilen

und mesophilen anaeroben alkalischen Faulung von kommunalem Klärschlamm. 147.
[122] Rückert, V., 1991: Mikrobiologische Untersuchungen zur aeroben und anaeroben Flüssigmistbehandlung. Dissertation, Universität Hohenheim. 4.
[123] Silvers, G., 1990: Hygienisch-mikrobiologische Untersuchungen an der mesophil-thermophil arbeitenden Biogasanlage eines Milchviehbetriebes. Dissertation, Universität Hohenheim. 14 - 16.
[124] Soldierer, W., 1991: Experimentelle Untersuchungen zum Einfluss thermischer Desinfektion von Flüssigmist auf die Vermehrungsfähigkeit ausgewählter Mikroorgansimen. 14.
[125] Steiner, A.; Kandler, O., 1983: Anaerober Abbau von Schlachthofabfällen, zitiert aus [123].
[126] Strauch, D., 1990/2: Zur Problematik der Gülleausbringung in Wasserschutzgebieten. Forum Städte-Hygiene 41. 206-208.
[127] Strauch, D., Menke, G., 1992: Die Relevanz der Hygienediskussion bei der Sammlung und Kompostierung von Bioabfällen. Abfallwirtschaft 9. Gütesicherung und Vermarktung von Bioabfallkompost 1992. Hrsg. K. Wiemer und M. Kern. 259 - 285.
[128] Strauch, D., Philipp, W., Menke, G., Bruns, C., 1993: Aspekte der Hygiene (Humanhygiene, Veterinärhygiene und Phytohygiene) und des Arbeitsschutzes. KTBL. 109-124
[129] Thunegard, 1975: zitiert aus [124]
[130] Philipp, W., 1998: Ausbringung von Biogasgülle in Wasserschutzgebieten. Tagungsband „50Jahre Biogas in der Landwirtschaft", Hrsg. Fachverband Biogas e.v.
[131] Bendixen, H.J., 1998: Hygienische und sanitäre Anforderungen an dänische Biogasanlagen. Tagungsband „50Jahre Biogas in der Landwirtschaft", Hrsg. Fachverband Biogas
[132] Philipp,W.; Martens, W., 2000: Hygieneuntersuchungen - Anforderungen; Probleme, Lösungswege. Tagungsband „Mit Biogas ins nächste Jahrtausend", Hrsg. Fachverband Biogas e.v.
[133] Böhm et al, 2000: Abschlussbericht zum Forschungsvorhaben zur Findung von geeigneten Indikatororganismen zur Bewertung der seuchenhygienischen Unbedenklichkeit von Produkten aus der Kompostierung und Anaerobanlagen. Inst. Für Umwelt- und Tierhygiene der Univ. Hohenheim.
[134] Schrade, S. et al., 2003: Einfluss des Bioagsprozesses auf die Keimfähigkeit von Samen. Landtechnik 2/2003. 90-91.
[135] Hoppenheidt, K. & W. Mücke, 2000: Hygieneanforderungen an Verfahren und Produkte bei der Bioabfallverwertung. LfU-Seminar „Vollzug der Bioabfallverordnung" – 06.06.2000, Augsburg.
[136] Böhm, R., 2005: Auswirkungen der veränderten rechtlichen Rahmenbedingungen auf die Verwertung organischer Rest- und Abfallstoffe in Kofermentationsanlagen aus der Sicht der Hygiene (EU-Bund-Land) unveröffentlichter Bericht, Institut für Umwelt- und Tierhygiene sowie Tiermedizin mit Tierklinik der Universität Hohenheim, Stuttgart.
[137] Ade-Kappelmann, K., 2008: Untersuchungen zur seuchenhygienischen Unbedenklichkeit von Gärresten aus Bioabfällen nach der Behandlung in Anaerobanlagen. Dissertation. Universität Berlin.
[138] Drca M., 2007: Seuchenhygienisch-mikrobiologische Untersuchungen an einer mesophil betriebenen Biogasanlage zur Verwertung von Speiseresten in Verbindung mit methodischen Untersuchungen zum Nachweis von Salmonellen und Escherichia coli aus biologischem Material. Dissertation. Universität Leipzig.
[139] Lebhuhn, M., 2010: Chronischer Botulismus, Botulinumtoxikosen bei Mensch und Tier –Chronischer Botulismus in Milchviehherden? Was ist dran? Summary der Tagung vom 30. September bis 1. Oktober 2010 Agrar- und Veterinär-Akademie (AVA), Horstmar-Leer.
[140] Gansberger, M., Weinhappel, M. Leonhardt, C., Brandstetter, A.,Schally, H. & P. Liebhard. 2009: Einfluss der Verweildauer ausgewählter Unkrautsamen in Biogasanlagen auf die Keimfähigkeit. Mitt. Ges. Pflanzenbauwiss. 21, 1–xxx (2009).
[141] Friedrich, R. , Kaemmerer, D. Büttner, P. & L. Seigner, 2009: Evaluierung des Hygienisierungspotentials des Biogasprozesses im Hinblick auf phytopathogene Schaderreger. Internationale Wissenschaftstagung Biogas Science 2009. Erding. LFL, Schriftenreihe 16. Bd.2.
[142] Mokry, M & R. Kluge, 2009: Inhaltsstoffe von Gärprodukten sowie Möglichkeiten zu ihrer geordneten pflanzenbaulichen Verwertung. Landinfo 5/2009
[143] Keymer, U. & H. Pahl, 2009: Wieviel dürfen Substrate frei Eintrag – kosten? Biogas Forum Bayern. Nr. V-6/2009.
[144] Weiland, P., 2006: Anforderungen an Pflanzen seitens des Biogasanlagenbetreibers. 12. Thüringer Bioenergietag, 2. Nov. Erfurt.
[145] Sticksel, E., Salzeder, G., Weber, G., Aigner, A., Eder, J. & A. Aigner, 2009: Ansätze zur optimierung von Fruchtfolgen für Biogasbetriebe unter bayerischen Anbaubedingungen. Internationale Wissenschaftstagung Biogas Science 2009. Erding. LFL, Schriftenreihe 15. Bd.1.
[146] Strauß, Ch., Vetter, A. & A. Nehring, 2009: Entwicklung und vergleich standortangepasster Produktionssysteme für Energiepflanzen. Internationale Wissenschaftstagung Biogas Science 2009. Erding. LFL, Schriftenreihe 15. Bd.1.
[147] Bischof, R. 2009:Ganzpflanzengetreide als ergänzendes Biogassubstrat. Thüringer Landesanstalt für Landwirtschaft, Jena.
[148] Sticksel, E., Salzeder, G., Eder, J., Hofmann, D. & A. Aigner, 2009: Anbauempfehlung für Grünroggen als Substrat für die Biogaserzeugung. Landesanstalt für Landwirtschaft, Bayern.
[149] Rippel, G., 2009: Sicherung der Bodenfruchtbarkeit beim Anbau von energiepflanzen. Landesanstalt für Landwirtschaft, Institut für Agrarökologie, Ökologischen Landbau und Bodenschutz. Bayern
[150] Neumann, H., Loges, R. & F.Taube, 2009: Ausdehnung der Maisanbaufläche infolge des „Biogas-Booms 2 – ein Risiko für Feldvögel?, Berichte über Landwirtschaft", Heft 1, Mai 2009, Band 87
[151] Eder, B., 2007: Pflanzenbauliche Untersuchungen zum Einfluss von Genotyp und Anbauverfahren auf die Ertragsbildung und das Methanbildungspotenzial von Mais (Zea mays L.) Dissertation. TU München, Wissenschaftszentrum Weihenstephan.
[152] Richter, R. &G. Rößl, 2010: Höhere Verluste bei nicht abgedeckten Silos, Ergebnisse ei-

ner Feldstudie. Biogas Forum Bayern. Nr II-2/2010.

[153] Böhmer, R., V. Loch & R. Schleicher, 2011: Gülle- und Gärresttransport (Teil 1)Biogas Forum Bayern. Nr II-12/2011.

[154] Wendland, M., Diepolder, M. & P. Capriel, 2011:Leitfaden für die Düngung von Acker- und Grünland. Gelbes Heft. LFL-Information.2011

[155] Hülsbergen, K.J, 2010: Chancen der CO2-Einlagerung in den Boden. Prof. Dr. Kurt-Jürgen Hülsbergen, Lehrstuhl für Ökologischen Landbau, Technische Universität München, 2010

[156] Holly, L., 2011: Alternative für Biogasanlagen? Biogas Journal 4/2011

[157] FNR, 2010: Standortangepasste Anbausysteme für Energiepflanzen, Fachagentur Nachwachsende Rohstoffe, Gülzow.

[158] EPA, 2010: Market Opportunities for Biogas Recovery Systems at U.S. Livestock Facilities. Agstar, Environmental Protection Agency, EPA December 2010

[159] Durst, L., & M. Eberlein, 2011: Silagen, Energie nicht verschenken. Biogas Journal 1_2011

[160] Scherer, P. 2010: Wirkungsweise von Spurenelementen in der Biogasversorgungskette. Fachtagung Spurenelemente in Biogasanlagen, Wirkungsweise, Versorgungswege, Handlungsempfehlungen. Energieagentur Region Göttingen e.V. 17.05.2011

[161] Vollmer, R., Wachsmann, G., Krieg, A., 2011: Abschlussbericht Monofermentation von Maissilagen aus Standorten unterschiedlicher Bodenbeschaffenheit (FKZ 220 02908/ 220 14308), Fachagentur für nachwachsende Rohstoffe (FNR)

[162] Baader, W., 2011: Entwicklung landwirtschaftlicher Biogasanlagen – 1944 bis 1990. Biogas Journal 1_2011.

[163] Anonymus, 2011: Jubiläumsband 1991-2011 zur 20. Jahrestagung. Hrsg. Fachverband Biogas, Freising.

[164] Rauh,S., 2011: Perspektiven der Biogasnutzung als Teil der deutschen Energieversorgung. KTBL-Schrift 488.

[165] Frautz, B., 2006: Fermentation von fusarienbelastetem Getreide. 15. Jahrestagung IBBK „Biogas und Bioenergie in der Landwirtschaft". IBBK, Weckelweiler.

[166] Koch, K., M. Lebhuhn, M. Effenberg, 2010: Verfahrenstechnische und mikrobiologische Optimierung des anaeroben Abbaus landwirtschaftlicher Biomasse. GFP Tagung, Freising. 13. Und 14. April 2011

[167] Schieder, D., Gronauer, A., Lebuhn,M., Bayer, K.,Beck, J. Hiepp, G., Binder, S., 2010: Prozessmodell Biogas. Biogasforum Bayern. Nr.III 3/2010.

[168] Lindorfer, H., Waltenberger, R.,Köllner, K. Braun, R., Kirchmayr, R. (2008): New data on temperature optimum and temperature changes in energy crop digesters. Bioresource Technology Vol.99/15.

[169] Bischofsberger, W., Dichtl, N. Rosenwinkel K.-H-, Seyfried, C.-F., Böhnke, B., 2005: Anaerobtechnik. Springer verlag. ISBN: 978-3-540-06850-1

[170] Pobeheim, H., Munk, B.,Johansson, J., Guebitz, G.M., 2010: Influence of trace elements on methane formation from a synthetic model substrate for maize silage. Bioresource technology 101.

[171] Burgstaler, J., Wiedow, D., Godlinski, F., Kanswoh, N., 2011: Einsatz von Natriumhydrogencarbonat in landwirtschaftlichen Biogasanlagen, Landbauforschung - vTI Agriculture and Forestry Research 4 2011 (61)343-352 343

[172] Lebuhn, M., Andrade, D., Bauer, C., Gronauer, A., 2010: Intensivierung des Anaeroben Biomasseabbaus zur Methanproduktion aus nachwachsenden Rohstoffen. FNR-Abschlussbericht.

[173] IS Forschungsgesellschaft mbH & Universität Hohenheim, 2008: Method for producing biogas in controlled concentrations of trace elements. Patent, veröffentlicht von WIPO/PCT, Publication number: WO 2008/145362 A1.

[174] Lemmer A., Vintiloiu A., Preissler D., Bastam C., Baeuerle, Mathies E., Ramhold D. & Oechsner H., 2010: Untersuchungen zum Einsatz von Mineralstoffen in Biogasanlagen. Gülzower Fachgespräche Band 35, S.45-77. Hrsg: Fachagentur Nachwachsende Rohstoffe (FNR) Gülzow. ISBN: 978-3-942-147-03-3

[175] Preißler, D., Lemmer, A., Oechsner, H., Jungbluth, T., 2009: Prozessoptimierung in Biogasanlagen, Landesanstalt für Landwirtschaftliches Maschinen- und Bauwesen Möglichkeiten der Universität Hohenheim, Bioenergie Fachtagung Herbertingen-Marbach, 06. Februar 2009

[178] Lindorfer H., Fritz Th., Banemann D. & Nelles M., 2011: Specific trace element demand in the anaerobic digestion of biomass and solid wastes. In: Biogas engineering and application Editor: Dong R. & Raninger B., China Agricultural University Press, Peking, ISBN 978-7-5655-0190-6, S. 95-102.

[179] Pobeheim H., Munk B., Lindorfer H. & Guebitz G.M., 2010: Impact of nickel and cobalt on biogas production and process stability during semi-continuous anaerobic fermentation of a model substrate for maize silage. 2010 Elsevier Ltd.

[180] Hölker U., 2007: Enzymatische Aufbereitung von Biomasse für die Biogasverwendung - Ergebnisse aus dem NSBE-Projekt und aus der Praxis. International Energy Farming Congress, Papenburg.

[181] Heiermann M., Quinones T.S., Budde J., Schaff J., Hilse A. & Plöchl M., 2010: Prozessoptimierung durch den Einsatz von Enzymen in Biogasanalgen. Gülzower Fachgespräche Band 35, S. 83-94. Hrsg: Fachagentur Nachwachsende Rohstoffe (FNR) Gülzow. ISBN: 978-3-942-147-03-3

[182] Schimpf, U. & Valbuena, R., 2009: Effizienzsteigerung der Biomethanisierung durch Enzymzusätze. Bornimer Agrartechnische Berichte 68, S. 44-56.

[183] Koch K., Gepperth S., Andrade D., Ebertseder F. & Gronauer A., 2010: Hilfsmitteleinsatz bei der Biogaserzeugung – Überblick u. Erfahrungen aus Labor und Praxis. Gülzower Fachgespräche Band 35, S16-31. Hrsg: Fachagentur Nachwachsende Rohstoffe (FNR) Gülzow. ISBN: 978-3-942-147-03-3

[184] Wagner D. Bischoff M. & Heuwinkel H., 2010: Quantifizierung der Wirkung von mineralischen Biogasadditiven bei der Vergärung von Nachwachsenden Rohstoffen und deren Verifizierung in der Praxis. Optimus Schlussbericht, APMA Services GmbH, Förderkennzeichen 22014906, 2008. http://www.optimus-biogas.de/

[185] Colonna, N., 2011: State of Biogas in Italy. Transnational Forum on Biogas Warschau 2011, ENEA, Italien.

[186] Harasek, M., Wukovits, W., 2001: Effiziente Möglichkeiten zur Aufarbeitung von Biogas – speziell in Hinblick auf die Erzielung hoher Methangehalte. Studie im Auftrag der Biogas Produktionsges.m.b.H., St. Martin (Bgld.). Technische Universität Wien.

[187] Wenzel, B. & J. Nitsch, 2010: Langfristszenarien und Strategien für den Ausbau der Erneuerbaren Energien in Deutschland bei Berücksichtigung der Entwicklung in Europa und global. BMU - FKZ 03MAP146

17 Die Autoren

So wie sich die Inhalte des Buches verändern, so hat sich auch die Autorenschaft verändert. Erfinder dieses Buches und erster Herausgeber war

Dr. Heinz Schulz († 1998). Er war Landwirtschaftsdirektor an der Landtechnik Weihenstephan / TU München und leitete dort die Abteilung Umwelt- und Energietechnik. Als passionierter Praktiker hat er viele Techniken zur Nutzung dauerhafter Energiequellen auf seinem Hof selbst erprobt.

Als er 1998 starb, übernahm **Dr. Barbara Eder,** Jahrgang 1967, die Herausgeberschaft. Geboren auf einem Tiroler Bauernhof, Diplom-Agraringenieurin, arbeitete sie während ihres Studiums bei Dr. Schulz an der Landtechnik Weihenstephan. Nach mehrjähriger Tätigkeit in einem Ingenieurbüro für Anaerobtechnologie war sie von 1996 bis 1998 im Vorstand des Fachverband Biogas e.V. die letzten beiden Jahre als Vorsitzende des Vereins tätig. Seit 1993 ist sie selbständige Biogasberaterin mit Schwerpunkten in Prozessbiologie, Energiepflanzenanbau, Biogasschulungen, Beratung bei Konzeption und Verfahrensauswahl. Zusätzlich arbeitet sie seit 2003 an der Landesanstalt für Landwirtschaft am Institut für Pflanzenbau und Pflanzenzüchtung u.a. im Bereich Energiepflanzenanbau in Freising. Sie lebt in Bernried am Starnberger See. barbaraeder@nexgo.de

Andreas Krieg (Dipl.Ing.agr.), bei der Erstauflage als Cofermentationsspezialist und heute für die Verfahrenstechnik, Sicherheit und Genehmigung von Biogasanlagen im Buch zuständig, war ebenso von Beginn an dabei. Ein ausgewiesener Fachmann, Gründungsmitglied des Fachverband Biogas e.V., plante und baute seine erste Biogasanlage bereits im Jahre 1985. Unter Dr. Heinz Schulz an der Landtechnik Weihenstephan arbeitete er an der Einführung der Cofermentation. Unter dem Projekttitel: Gras-Kraft, befassten Dr. Schulz und Krieg sich mit der Nutzung der heutigen NawaRo. Nach einigen Jahren bei Generalunternehmen und Ingenieurbüros gründete er 1999 zusammen mit Torsten Fischer das Ingenieurbüro Krieg&Fischer in Göttingen. Seit 2009 ist er Dozent an der Akademie für Erneuerbare Energien in Lüchow, ferner forscht und lehrt er an der Fachhochschule für angewandte Wissenschaft und Kunst in Göttingen. krieg@hawk-hhg.de

Dr. Harald Lindorfer (Dipl. Ing. FH), Ingenieur Umwelttechnik und promovierter Biotechnologe, hat sich bereits in seiner Doktorarbeit mit der Optimierung von anaeroben Prozessen und der Weiterentwicklung bestehender Biogasanlagentechnik an der Universität für Bodenkultur in Wien befasst. Er beschäftigte sich mit der Prozessbiologie von hoch belasteten Fermentersystemen. Seit 2007 arbeitet er bei der Firma Schaumann BioEnergy GmbH, wo er für die Produktentwicklung von Zusatzstoffen, die Beratung und prozessbiologische Betreuung von Biogasanlagen zuständig ist. Er verfasste das Kapitel „Fördernde Substanzen".
Harald.Lindorfer@schaumann-bioenergy.eu

Dr. Arthur Wellinger, beschäftigt sich schon seit über 30 Jahren mit Biogas. Er ist ein international anerkannter Experte auf diesem Gebiet. Er ist Geschäftsführer von Nova Energie in der Schweiz, Mitglied in der TASK 24 Gruppe der Internationalen Energieagentur und seit 2009 Präsident des Europäischen Biogasverbandes. Sein Schwerpunkt liegt in der Beratung, Planung und Bau von landwirtschaftlichen Biogasanlagen und Industrieanlagen. Er verfasste das Kapitel Biogas in der Schweiz. Arthur.Wellinger@novaenergie.ch

Heinz-Peter Mang und **Elisabeth Huba-Mang** (Afrika, Asien, Lateinamerika) sind weit über 20 Jahre in Sachen Biogas in Entwicklungsländern unterwegs. Aktuell arbeitet Heinz-Peter Mang an der University für Science and Technology in Peking und betreut dort weltweit Biogasprojekte, Elisabeth Huba-Mang arbeitet im selben Feld von Lesotho aus.
hpmang@t-online.de, elisabeth@ted-biogas.org

Mitgewirkt in früheren Auflagen haben außerdem

Hans Mitterleitner, († 2009) war 37 Jahre an der Landtechnik Weihenstephan beschäftigt und hat hautnah die verschiedenen Epochen der Biogastechnologie ab den frühen 80er Jahren verfolgt. Schwerpunkt seiner Aufgaben war die Umsetzung neuer Forschungsergebnisse in die Praxis. Kapitel 9: Analgenplanung stammte von ihm.

Walter Graf, (Biogas in Österreich) Fachjournalist für Umwelt und Energie und ehemaliger Vorsitzender des österreichischen Biogasverbandes, bemühte sich über die Grenzen hinaus um die Forcierung erneuerbarer Energieträger im allgemeinen und die Verbreitung der Biogastechnik im Speziellen.

Karl Heinz Stocker (Biogas in Südtirol) ist Landwirt und Obmann der Landwirtschaftlichen Genossenschaft der Biogasanlage in Prad am Stilfserjoch in Südtirol, die er 2004 gemeinsam mit 34 Landwirten realisiert hat. Stockerhof, Agums 45, I-39026 Prad am Stilfserjoch. Tel./Fax: 0039-0473-616340

Stichwortverzeichnis

Weitere Bücher im ökobuch Verlag

Ingo Gabriel, Heinz Ladener, Hrsg.

Vom Altbau zum Niedrigenergie- und Passivhaus

Energietechnische Gebäudesanierung in der Praxis: Katalog erprobter Wärmedämmkonstruktionen, Empfehlung zur Haustechnik-Erneuerung, Tipps zu Ausschreibung u. Ausführung. 9.Aufl. 2010, 272 S., 29,90 €

Ingo Gabriel

Praxis: Holzfassaden

Material, Planung, Ausführung. Das Buch zeigt die gestalterischen Möglichkeiten moderner Holzfassaden und stellt zahlreiche vorbildliche Lösungen mit allen Details vor. 3.Aufl.2011, 21x21 cm, 113 S.m.v.farb. Abb. 28,- €

Gernot Minke, Benjamin Krick

Handbuch Strohballenbau

Ein Konstruktionshandbuch, das Konzeption, Bautechnik und Details beschreibt, um aus Strohballen gut gedämmte, dauerhafte Häuser zu bauen. 2.neu bearbeitete Aufl. 2009, 160 S.m.v.farb. Abb., 21x28 cm 28,90 €

Charles Filleux, Andreas Gütermann

Solare Luftheizsysteme

Grundlagen, Planung und Ausführung solarer Luftkollektoranlagen zur Heizungsunterstützung. Kollektoren, Speicher, Systeme, neun ausgeführte Beispiele. 2. Aufl. 2009, 174 S. m. v. Abb., 17x24 cm 19,90 €

Philipp Brückmann

Autonome Stromversorgung

Auslegung, Aufbau und Praxis autonomer Stromversorgungsanlagen mit Batteriespeicher für Beleuchtung und für netzferne Handwerks- u. Landwirtschaftsbetriebe. 2.Aufl. 2010, 110 S. m.v. Abb., 17x24 cm 15,90 €

Irmela Fromme, Uta Herz

Lehm- und Kalkputze

Mörtel herstellen, Wände verputzen, Oberflächen gestalten. Das Buch vermittelt die Materialkenntnisse und gibt Anleitungen zur Verarbeitung von Lehm- und Kalkputzen. 158 S. m.v.farb. Abb., 1. Aufl. 2012 36,00 €

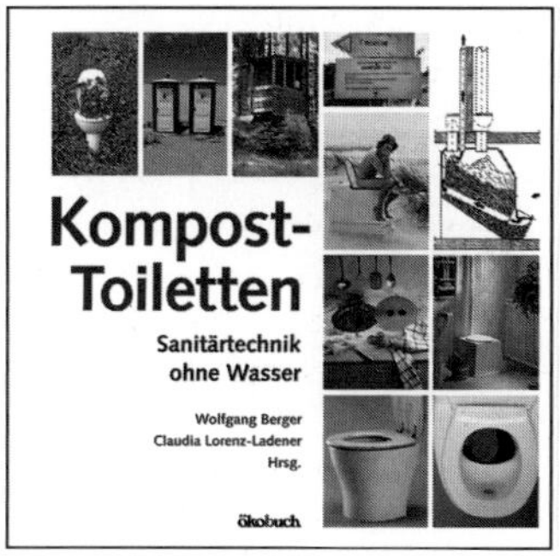

Gernot Minke

Dächer begrünen – einfach und wirkungsvoll

Praxisnaher, leicht verständlicher Ratgeber, der zeigt, wie Wohn- und Bürogebäude, Garagen und Carports mit einem Gründach ausgestattet werden. Mit Konstruktionsdetails von Dachaufbauten, Begrünungssystemen, Kosten und Hinweisen für den Selbstbau. 4. Aufl. 2010, 94 S. 12,95 €

Gernot Minke

Handbuch Lehmbau

Ein umfassendes Lehrbuch und Nachschlagewerk, das die ganze Vielfalt der Einsatzmöglichkeiten und Verarbeitungstechniken des Baustoffes Lehm zeigt und die materialspezifischen Eigenschaften praxisnah erläutert.
8. Aufl. 2012, 220 S. m. vielen z.T. farb. Abb. geb. 38 €

Herbert und Astrid Gruber

Neues Bauen mit Stroh

Bauen mit großformatigen Quadern aus gepreßtem Stroh: gebaute Beispiele, erprobte Bauformen und Konstruktionen, Besonderheiten, neue Projekte u. Forschungen. 3. erw. Aufl. 2008, 112 S. m. v. z.T. farb. Abb., 14,90 €

Walter Lack

Abwasserreinigung mit Pflanzen

Das Praxishandbuch, das den Bau alle Arten von dezentralen, umweltfreundlichen Abwasserreinigungsanlagen behandelt: Mehrkammergruben, Pflanzenbeete und Klärschlammvererdung. 206 S. m.vielen farb. Abb., geb. 1. Aufl. 2006 28,90 €

Wolfgang Berger, Cl. Lorenz-Ladener, Hrsg.

Kompost-Toiletten

Umfassende Abhandlung über Grundlagen, Konzepte und Beispiele wasserloser Sanitärtechnik und die verschiedenen Komposttoilettensysteme. 1. Aufl.2008, 214 S. m.farb.Abb., 29,90 €

Frank Späte, Heinz Ladener

Solaranlagen

Grundlagen, Planung und Bau solarer Wärmeerzeugungsanlagen. Kompendium der Sonnenkollektortechnik: Warmwasserbereitung, Schwimmbad- u. Raumheizung, Großanlagen. Technik, Auslegung, Beispiele. 11. Aufl. 2011, 277 S.m.v. Abb., gebunden 29,90 €

J. Spitzer, R. Dittrich

Trockenmauern für den Garten

Bauanleitungen und Gestaltungsideen. Mit einfachen Werkzeugen und geringem materiellen Einsatz schöne und dauerhafte Trockenmauern für Grundstücke, Sitzplätze und Hochbeete bauen. Mit vielen ausgeführten Beispielen. 3. Aufl. 2012, 93 S. m.v. farb. Abb., 17 x 24 cm 13,95 €

Rolf Behringer, Michael Götz

Kochen mit der Sonne

... in Mitteleuropa. Beschreibung käuflicher Solarkocher sowie Bauanleitung für einen Solarofen. Mit Tipps aus der Praxis u. vielen erprobten Koch- u. Backrezepten. 87 S. m.v. farb. Abb., 1. Aufl. 2008 13,95 €

Hermann F. Block

Wir pflanzen eine Laube

Beginnend bei den Grundlagen des Bauens mit lebenden Gehölzen wird gezeigt, wie im Hausgarten eine Laube mit stabilem Dach und Fenstern wachsen kann. Mit Anleitungen für das Formen von Bänken und Tischen. 1. Aufl. 2008, 101 S. m.v.farb. Abb., 15,90 €

Claudia Lorenz-Ladener, Hrsg.

Lauben und Hütten

Einfache Paradiese zum Selbstbauen. Bauanleitungen für einfache Behausungen (Tipi, Baumhaus, Kuppelbau etc.), sowie leicht zu errichtende Lauben im Garten. 4. Aufl. 2009, 190 S. m.v.Abb., 22,90 €

David Stiles

Kleine Baumhäuser und Hütten

... kinderleicht gebaut. Das Buch zeigt, wie Baum- und Stelzenhäuser gebaut werden. Mit Anleitungen für verschiedene Konstruktionen und Bildern realisierter Beispiele. 93 S. mit v. Abb., 4. Aufl. 2010 12,95 €

Hans-P. Ebert, Thorsten Beimgraben

Heizen mit Holz

Günstiger Holzeinkauf, Zurichten des Waldholzes, Lagerung und Trocknung, Anforderungen an Feuerstelle und Schornstein, die verschiedenen Ofentypen und ihre Einsatzbereiche. Mit vielen Tipps und großem Lieferantenverzeichnis. 157 S. m.v.Abb., 14. Aufl. 2011 12,95 €

Otl Aicher

Die Küche zum Kochen

Werkstatt einer neuen Lebenskultur. Wer keine uniforme Einbauküche haben möchte, wird in diesem Buch durchdachte Gestaltungsvorschläge und viele Hinweise zur sinnvollen Ausstattung finden. 110 S. m. vielen Abb. 2. Aufl. 2006, geb. 22,00 €

Peter Himmelhuber

Terrassen und Decks aus Holz selbst gebaut

Planungsüberlegungen, sinnvolle Konstruktionen, Materialempfehlungen. Viele Beispiele und Schritt-für-Schritt-Bilder vermitteln das Wissen zum Bau schöner Holzdecks. 1. Aufl. 2011, 102 S.m.v. farb. Abb. 14,95 €

Claudia Lorenz-Ladener, Hrsg.

Holzbacköfen im Garten

Detaillierte Bauanleitungen vom einfachen Lehmofen bis zum gemauerten Brotbackhäuschen. Mit vielen Erfahrungen und Ratschlägen sowie pfiffigen Tips u. Rezepten. 138 S.m.v.Abb., 14. Aufl. 2011 15,90 €

Claudia Lorenz Ladener

Naturkeller

Grundlagen, Planung und Bau von naturgekühlten Lagerräumen im Haus oder Freiland, um für Obst und Gemüse geeignete Überwinterungsmöglichkeiten zu schaffen. 139 S. m.v. farb. Abb., 12. Aufl. 2012 19,90 €

Karl-Heinz Böse

Regenwasser für Garten und Haus

Ein kompetenter Ratgeber für Planung u. Bau von Regenwassersammelanlagen nach dem Stand der Technik: Bemessung, Genehmigung, Speichertanks, Pumpen, und Zubehör. 109 S. m.v. Abb., 6. Aufl. 2011 12,95 €

Unsere Bücher erhalten Sie in allen Buchhandlungen.
Preisstand: 1.5.2012 - Änderungen vorbehalten!

ökobuch Verlag GmbH

79216 Staufen · Postfach 1126 ✆07633-50613 ✉ 07633-50870
Email: oekobuch@t-online.de · http://www.oekobuch.de/